现代数学基础

9 无限维空间上的测度和积分

——抽象调和分析

（第二版）

■ 夏道行 著

U0343299

高等教育出版社·北京

内容简介

本书系统地总结了作者和国内外数学家在无限维空间上测度和积分论研究中所得到的某些结果，部分尚属初次发表．全书包括六章：测度论的某些补充知识，正泛函与算子环的表示，具拟不变测度的群上调和分析，线性拓扑空间上的拟不变测度及调和分析，Gauss 测度，Bose-Einstein 场交换关系的表示．另有两个附录，介绍阅读本书所需的一些知识．本书供高等学校数学系高年级学生、研究生及这方面的数学工作者、理论物理工作者参考．

图书在版编目 (CIP) 数据

无限维空间上的测度和积分：抽象调和分析 / 夏道行著 . — 2 版 . —北京：高等教育出版社，2008. 12（2020.7重印）
ISBN 978-7-04-025317-7

Ⅰ . 无… Ⅱ . 夏… Ⅲ . ①无限维 – 测度论②无限维 – 积分 – 函数论　Ⅳ . ① O174.12

中国版本图书馆 CIP 数据核字（2008）第 149349 号

策划编辑	王丽萍	**责任编辑**	李　鹏	**封面设计**	张　楠
版式设计	陆瑞红	**责任校对**	殷　然	**责任印制**	赵义民

出版发行	高等教育出版社	网　　址	http://www.hep.edu.cn
社　　址	北京市西城区德外大街 4 号		http://www.hep.com.cn
邮政编码	100120	网上订购	http://www.landraco.com
印　　刷	北京虎彩文化传播有限公司		http://www.landraco.com.cn
开　　本	787 mm × 1092 mm　1/16		
印　　张	20.75	版　　次	1965 年 4 月第 1 版
字　　数	410 千字		2009 年 1 月第 2 版
购书热线	010 – 58581118	印　　次	2020 年 7 月第 2 次印刷
咨询电话	400 – 810 – 0598	定　　价	69.00 元

新 版 序

无限维空间上测度和积分的研究起源于随机过程理论, 特别是 Wiener 过程的理论. 自上世纪 50 年代, 关于特征泛函, 极限定理, 样本空间, 广义随机过程的研究都和它有密切的联系. 更值得注意的是, 许多学科, 如量子力学, 量子场论, 统计物理学, 不可逆热力学, 相对论, 湍流理论, 反应堆计算, 编码问题等中间都出现了无限维空间上的积分问题. 然而在这些领域中无限维空间上积分的进一步应用却遇到了许多较大的困难, 也缺乏处理的方法, 看来需要对它作进一步的研究.

本书只是对无限维空间上测度和积分的某些方面作初步介绍且侧重于抽象调和分析. 它大体上分为三部分: 一、正泛函和算子环的表示 (第二章), 这是抽象调和分析的基础, 这些内容虽然不应全部包含在无限维空间测度和积分理论的范围内, 但和它有密切联系. 二、关于拟不变测度的抽象调和分析 (第三、四章), 其中除几个定理外, 较多是著者及同事和研究生的成果. 这种调和分析可能为进一步研究无限维空间上测度和积分问题提供工具. 因为无限维空间 (非局部紧群) 上不存在平移不变测度, Segal, I.E. 和 Gel'fand, I.M. 等人提出了拟不变测度的概念并开始这方面的研究. 三、量子场论中的数学问题之一: Bose–Einstein 场交换关系的表示 (第六章), 其中也包含前两部分的应用. 另外, 作为无限维空间测度论中重要例子的 Gauss 测度也列为一章 (第五章).

本书的初版是在一年时间内, 著者从事教学, 研究, 教学行政工作的同时, 又要参加小四清、下厂、下乡的情况下抽空写成的. 当时中山大学郑曾同教授审读了部分手稿, 提出了一些宝贵意见. 复旦大学数学系函数论教研组泛函分析小组的教师和研究生, 特别是严绍宗, 也对本书提出过宝贵意见. 当时虽然著者感到立即出版会有许多不妥之处, 但预感到如不付梓, 也许就不能出版了. 初版出版后, 当时在香港中文大学执教的 Elmer J.Brody 曾对本书提出长达几十页的一些问题. 但收到他的

信时已是 "文革" 初期. 著者当时对海外来信不但不敢回, 而且未及详阅就立即销毁以防受累. 后来他将初版译成英文在美国 Academic Press 于 1972 年出版, 并加了许多译者注. 这次再版就吸收了其中的某些意见.

上世纪 70 年代, 在国外出版了无限维空间上测度和积分论方面的另一些专著, 如 Schwartz[1], Skorokhod[1], Watanabe[1]. 但都是在与本书不同方向上的发展. 据著者所知, 欧美一些学术著作中引用着本书, 而且据说有些导师指定本书, 作为他们的研究生的必读材料. 因此著者再版本书, 并作了必要的修改. 是为序.

夏道行

(Vanderbilt 大学)

2008 年 6 月 于上海寓所

初 版 序

　　无限维空间上测度和积分的研究起源于随机过程理论, 特别是 Wiener 过程的理论. 近年来, 关于特征泛函, 极限定理, 样本空间, 广义随机过程的研究都和它有密切的联系. 更值得注意的是, 最近十多年来在许多学科, 如量子力学, 量子场论, 统计物理学, 不可逆热力学, 相对论, 湍流理论, 反应堆计算, 编码问题等中都出现了无限维空间上的积分问题. 然而在这些领域中, 无限维空间上积分的进一步应用却遇到了许多深刻的困难, 也缺乏处理的方法. 看来似乎值得对这个新的课题作进一步的研究.

　　过去国内外都还没有书籍介绍这方面的成果. 据笔者所知, 只有 Friedrichs, K.O. 在 1957 年左右写过一本讲义 ——《希尔伯特空间上的积分》, 但未见发行. 并且除 Wiener 积分外, 无限维空间上测度和积分的数学理论大部分是在 1956 年后才发展起来的, 由于这方面的论文牵涉的知识面较广, 初学的人感到困难较大, 因而笔者不揣寡陋, 写出这本书, 为国内同志进行与这方面有关的研究提供 "铺路石子".

　　在这一册中着重介绍抽象调和分析, 大体上分为三部分: 一、正泛函和算子环的表示 (第二章), 这是抽象调和分析的基础, 虽然不应全部包含在无限维空间测度和积分理论的范围内, 但和它有密切联系. 二、关于拟不变测度的抽象调和分析 (第三, 四章), 其中除几个定理外, 较多的是国内的成果. 这种调和分析可能为进一步研究无限维空间上测度和积分问题提供工具. 三、量子场论中的数学问题之一: Bose–Einstein 场交换关系的表示 (第六章), 其中也包含前面两部分的应用. 另外, 作为无限维空间测度论中重要例子的 Gauss 测度也列为一章 (第五章).

　　有关在无限维空间积分问题的应用中大量出现的所谓 "连续积分" 问题, 积分与泛函变分方程的联系以及其他应用等, 准备放在下册中讨论.

　　我们假设读者已经熟习 Halmos《测度论》一书, 或已具备相当于该书的知识,以及泛函分析的基本知识, 如一般常见的泛函分析书中的内容. 还希望读者对拓扑空间, 拓扑群, 线性拓扑空间的基本概念已有一些了解, 例如可查阅关肇直《拓扑空间概论》一书, 本书的第一章及附录 I, II 也提供了一些补充的预备知识.

　　由于笔者水平及表达能力的限制, 加以写成本书的时间较短, 缺点一定很多, 谬误之处亦属难免, 希望读者不吝指正.

　　本书承中山大学郑曾同教授审读了部分手稿, 提出了一些宝贵的意见. 复旦大学数学系函数论教研组泛函分析小组的教师和研究生, 特别是严绍宗同志, 也对本书提出过一些宝贵的意见. 在此一并致谢.

夏道行

1964 年 11 月 于上海, 复旦大学

目　　录

第一章 测度论的某些补充知识

本书中所用到的测度论的一些概念和知识大多采自 Halmos 著《测度论》一书, 此后在本书中将直接引用而不加以说明. 在第一章中介绍测度论的一些补充知识, 其中有些不包括在 Halmos 书中, 这些知识也是后面各章的基础.

本书中有时要讨论不是全 σ–有限的测度. 然而一般的非全 σ–有限的测度性质不很好, 例如 Radon–Nikodym 定理就不成立, 因此我们在 §1.2 考察可局部化测度, 它不一定是全 σ–有限的, 但保留了全 σ–有限测度的某些性质. 而且群上常用的测度是可局部化的, 因而可局部化测度也是够广泛的一类测度. 关于可局部化测度比较深入的性质留到 §2.4 中介绍.

在 §1.3 中我们将介绍 Kolmogorov 定理. 这是由有限维空间测度构造无限维空间测度的一个基本定理, 这里写出比较一般的形式, 它和局部凸线性拓扑空间投影极限概念有一定联系, 因而可以用来作为从 Banach 空间上测度构造局部凸线性拓扑空间上测度的一个工具.

在 §1.4 中介绍 Kakutani 内积, 它不仅是研究乘积空间测度等价性的一个量, 而且是研究拟不变测度的一个重要的量.

§1.1 测度论中某些概念

1° 测度的一种扩张, 测度的限制

本书中把 Halmos[1] 中关于可测集的概念作一些推广.

定义 1.1.1 设 $(G, \mathfrak{B})$ 是可测空间. 设 $A \subset G$, 且对每个 $B \in \mathfrak{B}, A \cap B \in \mathfrak{B}$, 则称 A 是关于 $(G, \mathfrak{B})$ 的可测集. 记这种可测集全体为 $\tilde{\mathfrak{B}}$.

显然 $\mathfrak{B} \subset \widetilde{\mathfrak{B}}$, 而且 $\widetilde{\mathfrak{B}}$ 是 G 上的 σ–代数. 若 $\mathfrak{B}$ 是代数, 则 $\mathfrak{B} = \widetilde{\mathfrak{B}}$.

设 f 是 G 上实 (复) 函数. 如果对于实数直线 (复平面) 上每个 Borel 集 A, 集 $\{g | f(g) \in A\} \in \widetilde{\mathfrak{B}}$, 那么称 f 是 $(G, \mathfrak{B})$ 上的可测函数.

定义 1.1.2 设 $(G, \mathfrak{B}, \mu)$ 是测度空间. 作 $(G, \widetilde{\mathfrak{B}})$ 上的集函数 $\tilde{\mu}$ 如下: 当 $A \in \widetilde{\mathfrak{B}}$ 时,

$$\tilde{\mu}(A) = \sup_{B \in \mathfrak{B}} \mu(A \cap B).$$

称 $\tilde{\mu}$ 为测度 μ 的扩张.

容易证明, 当 $A \in \mathfrak{B}$ 时, $\tilde{\mu}(A) = \mu(A)$. 因此以后仍记 $\tilde{\mu}$ 为 μ, 这不致发生混淆. 今后对于任何测度空间 $(G, \mathfrak{B}, \mu)$, 当必要时, 总是把它延拓成 $(G, \widetilde{\mathfrak{B}}, \mu)$.

再将 $(G, \widetilde{\mathfrak{B}}, \mu)$ 扩张成完备的测度空间 $(G, \mathfrak{B}^*, \mu^*)$, 若 f 关于 $(G, \mathfrak{B}^*)$ 为可测的, 则称 f 是 $(G, \mathfrak{B}, \mu)$ 上的可测函数.

当 $B \in \widetilde{\mathfrak{B}}$, 且 $\mu(B) = 0$ 时称 B 为 μ–零集, 简称零集.

定义 1.1.3 设 $(G, \mathfrak{B}, \mu)$ 是测度空间, $A \subset G$, 令

$$\mathfrak{B}_A = \{E \cap A | E \in \mathfrak{B}\},$$

称它是 $\mathfrak{B}$ 在 A 上的限制.

若有 $C \in \mathfrak{B}$ 使 $C \backslash A$ 的内测度

$$\mu_*(C \backslash A) = 0, \tag{1.1.1}$$

作 $\mathfrak{B}_A$ 上的集函数 μ_A 如下: 当 $E \in \mathfrak{B}$ 时,

$$\mu_A(A \cap E) = \mu(E \cap C). \tag{1.1.2}$$

称 μ_A 为测度 μ 在 A 上的限制, 这个 μ_A 和 C 有关.

引理 1.1.1 [1] 设 $(G, \mathfrak{B}, \mu)$ 是测度空间, A 是 G 的子集适合条件 (1.1.1), 则 μ 在 A 上的限制 μ_A 有确定的意义, 而且 $(A, \mathfrak{B}_A, \mu_A)$ 也是测度空间.

证 这个引理中要证明的只是 μ_A 的意义的确定性, 其余的部分是显然的.

设 $E, F \in \mathfrak{B}$, 而且 $A \cap E = A \cap F$, 要证明 μ_A 的确定性也就是要证明

$$\mu(E \cap C) = \mu(F \cap C). \tag{1.1.3}$$

不妨设 $E \subset F$, 不然的话, 换 F 为 $E \cup F$ 即可. 那么由 $A \cap E = A \cap F, E \subset F$ 立即可知

$$A \cap (F \backslash E) = 0,$$

---

[1] 参看 Halmos[1].

即 $C\setminus A \supset (C\cap F)\setminus(C\cap E)$, 但 $\mu_*(C\setminus A)=0$, 因此 $\mu((F\cap C)\setminus(E\cap C))=0$, 这就是 (1.1.3). 证毕.

2° 函数空间 $\mathcal{L}_k^2(\Omega)$

我们后面要用到取值于 Hilbert 空间中的向量的抽象函数的空间. 先引进如下的概念.

定义 1.1.4 设 H 是 Hilbert 空间, $\Omega=(G,\mathfrak{B},\mu)$ 是一测度空间, 又设 f 是 Ω 上的抽象函数, (i) 对每个 $g\in G, f(g)\in H$, (ii) 对每个 $u\in H$, 数值函数 $(f(g),u), g\in G$ 是 Ω 上可测函数, (iii) 值域 $\{f(g)|g\in G\}$ 包含在 H 的一个可析子空间中. 那么称 f 是可测函数, 这种函数全体记成 $M(H,\Omega)$.

容易看出, $M(H,\Omega)$ 按函数加法及数与函数的乘法成为线性空间.

引理 1.1.2 设 $\{e_\lambda, \lambda\in\Lambda\}$ 是 Hilbert 空间 H 上完备就范直交系, 则 $f\in M(H,\Omega)$ 的充分必要条件是存在一列 $\{\lambda_n\}\subset\Lambda$ 以及 Ω 上一列可测函数 f_{λ_n}, 使

$$f(g)=\sum_{n=1}^\infty f_{\lambda_n}(g)e_{\lambda_n}. \tag{1.1.4}$$

证 设 f 满足引理 1.1.2 的条件, 则 f 的值域包含在 $\{e_{\lambda_n}, n=1,2,\cdots\}$ 张成的可析空间之中, 而且 $(f(g),u)=\sum f_{\lambda_n}(g)(e_k,u)$ 是可测的. 反之, 若 f 是可测的, 设 M 是包含 f 的值域的可析线性闭子空间, 设 $\{\varphi_k\}$ 是 M 的完备就范直交系, 对每个 k 必有一列 $\{\lambda_n^{(k)}\}\subset\Lambda$, 使得

$$\varphi_k=\sum(\varphi_k,e_{\lambda_n^{(k)}})e_{\lambda_n^{(k)}},$$

因此 f 的值域含在 $\{e_{\lambda_n^{(k)}},k,n=1,2,\cdots\}$ 张成的可析线性闭子空间中. 由于 $(f,e_{\lambda_n^{(k)}})$ 是 Ω 上的可测函数, 而且

$$f(g)=\sum_{n,k=1}^\infty (f,e_{\lambda_n^{(k)}})e_{\lambda_n^{(k)}},$$

所以满足引理中条件. 证毕.

系 1.1.3 若 $\varphi,f\in M(H,\Omega)$, 则 $(f(g),\varphi(g))$ 是 Ω 上可测函数. 特别, $\|f(g)\|^2$ 是 Ω 上可测函数.

证 利用引理 1.1.2, 有 $\{e_{\lambda_n}\}$ 使 (1.1.4) 成立, 因此

$$(f(g),\varphi(g))=\sum(f(g),e_{\lambda_n})\overline{(\varphi(g),e_{\lambda_n})},$$

立即知道 $(f(g),\varphi(g))$ 是可测函数. 证毕.

定义 1.1.5　设 H 是 Hilbert 空间, $\Omega = (G, \mathfrak{B}, \mu)$ 是测度空间, 令 $\mathfrak{L}^2(H,\Omega)$ 为 $M(H,\Omega)$ 中满足条件

$$\int_G \|f(g)\|^2 d\mu(g) < \infty \tag{1.1.5}$$

的函数全体, 按内积

$$(f,\varphi) = \int_G (f(g), \varphi(g)) d\mu(g) \tag{1.1.6}$$

所成的内积空间[①].

记 $L_2(\Omega)$ (或 $L^2(\Omega)$) 为通常的可测平方可积函数空间.

定理 1.1.4　设 $\{e_\lambda, \lambda \in \Lambda\}$ 是 H 中完备就范直交系, $H_\lambda = \{f(g)e_\lambda | f \in L^2(\Omega)\}$. 那么

$$\mathfrak{L}^2(H,\Omega) = \sum_{\lambda \in \Lambda} \oplus H_\lambda. \tag{1.1.7}$$

证　设 $f \in \mathfrak{L}^2(H,\Omega)$. 由引理 1.1.2, 有一列 $\{\lambda_n\} \subset \Lambda$ 使 (1.1.4) 成立. 又因为 $|f_{\lambda_k}(g)| \leqslant \|f(g)\|$, 所以 $f_{\lambda_k} \in L^2(\Omega)$, 即 $f_{\lambda_k}(g)e_{\lambda_k} \in H_{\lambda_k}$. 因此 $f \in \sum_{k=1}^{\infty} \oplus H_{\lambda_k}$. 也就是说 f 落在 (1.1.7) 右边. 证毕.

我们再留意, 若 $f_{\lambda_k}(\cdot)e_{\lambda_k} \in H_{\lambda_k}, k = 1, 2, \cdots$, 而且

$$\sum \|f_{\lambda_k}(\cdot)e_{\lambda_k}\|^2 < \infty,$$

那么按 (1.1.4) 作 $f \in M(H,\Omega)$, 这时

$$\int_\Omega \|f(g)\|^2 d\mu(g) = \sum \int_\Omega |f_{\lambda_k}(g)|^2 d\mu(g) = \sum \|f_{\lambda_k}(\cdot)e_{\lambda_k}\|^2 < \infty.$$

因此 $f \in \mathfrak{L}^2(H,\Omega)$. 由此易证

系 1.1.5　$\mathfrak{L}^2(H,\Omega)$ 是 Hilbert 空间.

我们可以看出 $\mathfrak{L}^2(H,\Omega)$ 与 H 的具体形式关系不大, 重要的是 H 的维数 —— 即 H 中完备就范直交系的势. 若 H 是 k 维的, 则改记 H 为 H_k, 改记 $\mathfrak{L}^2(H,\Omega)$ 为 $\mathfrak{L}_k^2(\Omega)$. 特别当 $k = 1$ 时, H_1 可视为实数直线 (或复数平面), 这时 $\mathfrak{L}_1^2(\Omega)$ 就是 $L^2(\Omega)$.

一般, 我们令 $L^p(\Omega)$(或 $L_p(\Omega)$), $p \geqslant 1$, 表示 Ω 上 p 方可积的可测函数全体按通常的线性运算及范数

$$\|f\|_p = \left(\int_G |f(x)|^p d\mu(x) \right)^{\frac{1}{p}}$$

[①]由系 1.1.3, $(f(g), \varphi(g)), g \in G$, 确是 Ω 上可测函数. 又由于条件 (1.1.5), $\int_G \|f(g)\|\|\varphi(g)\|d\mu(g) < \infty$, 则 $\int_G |(f(g), \varphi(g))|d\mu(g) \leqslant \int_G \|f(g)\|\|\varphi(g)\|d\mu(g) < \infty$, 即 (f, φ) 有确定意义. 容易验证, (f, φ) 确是 $\mathfrak{L}^2(H,\Omega)$ 上内积.

所成的 Banach 空间. 又令 $L_\infty(\Omega)$(或 $L^\infty(\Omega)$) 表示 Ω 上本性有界可测函数全体按通常运算及范数

$$\|f\|_\infty = \inf_{\mu(E)=0} \sup_{x \in G \setminus E} |f(x)|$$

所成的 Banach 空间.

3° 决定集

定义 1.1.6 设 $(G, \mathfrak{B})$ 是一可测空间, $\mathfrak{B}$ 是 σ–代数, 又设 $\mathfrak{D}$ 是 $(G, \mathfrak{B})$ 上一族可测函数, 而且不存在任何子 σ–代数 $\mathfrak{B}_1 \subset \mathfrak{B}, \mathfrak{B}_1 \neq \mathfrak{B}$, 使 $\mathfrak{D}$ 成为 $(G_1, \mathfrak{B}_1)$ 上的可测函数族. 那么称 $\mathfrak{D}$ 是 $(G, \mathfrak{B})$ 上的决定 (函数) 集, 称 $\mathfrak{B}$ 是由 $\mathfrak{D}$ 决定的 G 上 σ–代数.

容易知道, 设 G 为一集, $\mathfrak{D}$ 是 G 上的一族函数, 那么唯一地存在着由 $\mathfrak{D}$ 决定的 σ–代数 $\mathfrak{B}$. 事实上, 只要令 $\mathfrak{B}$ 是包含形如

$$\{g | f(g) \in C, g \in G\}, \quad f \in \mathfrak{D}$$

(C 是 Borel 集) 的一切集的最小 σ–代数就可以了.

定义 1.1.7 设 $\Omega = (G, \mathfrak{B}, \mu)$ 是一测度空间, $\mathfrak{D}$ 是 Ω 上的一族可测函数, 如果对于 Ω 的任一 σ–有限集 A, 当记 $\mathfrak{B}_A$ 是由 $\mathfrak{D}$ 决定的 A 上的 σ–代数时, Ω 的每个含在 A 中的可测子集必和 $\mathfrak{B}_A$ 中某一集相差一 μ–零集, 那么称 $\mathfrak{D}$ 是 Ω 上的决定 (函数) 集.

显然, 若 $\mathfrak{D}$ 是 $(G, \mathfrak{B})$ 上决定集, 则 $\mathfrak{D}$ 必是 $(G, \mathfrak{B}, \mu)$ 上的决定集.

引理 1.1.6 设 $\mathfrak{D}$ 是测度空间 Ω 上的一族有界可测函数, 而且 $\mathfrak{D}$ 按通常的运算成为含单位元 1 的代数, 同时 $\mathfrak{D}$ 又是 Ω 上的决定集.

任取 $\rho \in L^1(\Omega), \rho \geqslant 0$, 令 $L^2(\Omega, \rho)$ 是 Ω 上适合条件

$$\|f\| = \left(\int_G |f(g)|^2 \rho(g) d\mu(g)\right)^{\frac{1}{2}} < \infty$$

的可测函数 f 全体按范数 $\|f\|$ 所成的赋范空间, 那么 $\mathfrak{D}$ 是在 $L^2(\Omega, \rho)$ 中稠密的.

证 令 $\mathfrak{G}$ 是形如

$$\prod_{j=1}^n \{x | f_j(x) \in (a_j, b_j]\}^{①}, \quad f_j \in \mathfrak{D} \tag{1.1.8}$$

的集全体, $\mathfrak{F}$ 是 $\mathfrak{G}$ 中有限个集的和集全体所成的集族, 那么 $\mathfrak{F}$ 是代数. 事实上, $G \in \mathfrak{F}$ 是显然的. $\mathfrak{F}$ 中的任意有限个集的和集或通集也显然属于 $\mathfrak{F}$. 只要证明 $\mathfrak{F}$ 中集的余集

---

① 这里 $a_j < b_j$. 而当 $b_j = \infty$ 时, $(a_j, b_j]$ 表示大于 a_j 的实数全体.

属于 $\mathfrak{F}$, 就知道 $\mathfrak{F}$ 是代数. 容易看出, 只要证明 $\mathfrak{G}$ 中集的余集属于 $\mathfrak{F}$ 即可, 而这一点可由下式立即得到:

$$G \setminus \bigcap_{j=1}^{n} \{x | f_j(x) \in (a_j, b_j)\}$$

$$= \bigcup_{j=1}^{n} \{x | f_j(x) \in (-\infty, a_j]\} \bigcup_{j=1}^{n} \{x | f_j(x) \in (b_j, \infty)\},$$

因此 $\mathfrak{F}$ 是代数.

令 $\mathfrak{D}^\circ$ 是 $\mathfrak{D}$ 在 $L^2(\Omega, \rho)$ 中的包, 那么由于 $\mathfrak{D}$ 是线性的, $\mathfrak{D}^\circ$ 是线性闭子空间. 现在来证明对一切 $E \in \mathfrak{F}$, E 的特征函数 $C_E \in \mathfrak{D}^\circ$. 设 $f_1, \cdots, f_n \in \mathfrak{D}$, 那么必有正数 ξ 使得对一切 $g \in G, |f_j(g)| \leqslant \xi, j = 1, 2, \cdots, n$. 作区间 $[-\xi, \xi]$ 上的函数

$$\psi_j(x) = \begin{cases} 1, & x \in (a_j, b_j] \cap [-\xi, \xi], \\ 0, & x \in [-\xi, \xi] \setminus (a_j, b_j]. \end{cases}$$

容易证明, 存在多项式序列 $\{p_{mj}; j = 1, \cdots, n; m = 1, 2, \cdots\}$, 使得

$$\max_{|x| \leqslant \xi} |p_{mj}(x)| \leqslant 2, \tag{1.1.9}$$

而且, 对每个 j, 当 $x \in [-\xi, \xi]$ 时,

$$\lim_{m \to \infty} p_{mj}(x) = \psi_j(x). \tag{1.1.10}$$

若记 (1.1.8) 中的集为 E, 那么由 (1.1.10) 容易看出

$$\lim_{m \to \infty} \prod_{j=1}^{n} p_{mj}(f_j(g)) = \prod_{j=1}^{n} \psi_j(f_j(g)) = C_E(g). \tag{1.1.11}$$

因为 $\mathfrak{D}$ 是具有单位元 1 的代数, 因此 $\varphi_m(g) = \prod_{j=1}^{n} p_{mj}(f_j(g)) \in \mathfrak{D}$. 由 (1.1.9), $|\varphi_m(g)| \leqslant 2^n$. 再根据 Lebesgue 控制收敛定理, 得到

$$\lim_{m \to \infty} \|\varphi_m - C_E\| = 0.$$

因此, 当 $E \in \mathfrak{G}$ 时 $C_E \in \mathfrak{D}^\circ$. 若 $E_1, E_2 \in \mathfrak{G}$, 则 $E_1 \cap E_2 \in \mathfrak{G}$. 又由

$$C_{E_1 \cup E_2} = C_{E_1} + C_{E_2} - C_{E_1 \cap E_2}$$

和 $\mathfrak{D}^\circ$ 的线性, 得知 $C_{E_1 \cup E_2} \in \mathfrak{G}$. 因此对一切 $E \in \mathfrak{F}, C_E \in \mathfrak{D}^\circ$.

若 $\mathfrak{D}^\circ \neq L^2(\Omega, \rho)$, 必有非零的向量 $\varphi \in L^2(\Omega, \rho)$, 使得 $\varphi \perp \mathfrak{D}^\circ$. 因此对一切 $E \in \mathfrak{F}$,

$$\int_E \bar{\varphi} \rho d\mu = \int C_E \bar{\varphi} \rho d\mu = 0. \tag{1.1.12}$$

利用积分的可列可加性得知, 对于包含 $\mathfrak{F}$ 的最小 σ–代数 $\mathfrak{F}_1$ 中的集 E, (1.1.12) 也成立. 令 $A = \{g|\rho(g) > 0\}$, 那么 A 是 Ω 的 σ–有限集. 由 $\mathfrak{D}$ 的决定性, 对于 A 的每个可测子集 F, 必有 $E \in \mathfrak{F}_1$, 使 $E \cap A$ 与 F 只差一 μ–零集. 因此由 (1.1.12) 得到

$$\int_F \bar{\varphi}\rho d\mu = \int_{E \cap A} \bar{\varphi}\rho d\mu = \int_E \bar{\varphi}\rho d\mu = 0.$$

所以对几乎一切 $g \in A, \varphi(g) = 0$. 这就是说, φ 为 $L^2(\Omega, \rho)$ 中的零向量, 这是矛盾, 因此 $\mathfrak{D}^\circ = L^2(\Omega, \rho)$. 证毕.

4° 乘积空间上的测度

我们注意, 虽然 Halmos[1] 中只考察过可列个测度空间的乘积, 事实上那些处理方法也可用来定义任意个测度空间的乘积, 这里不准备详细叙述. 今后记测度空间族 $\{\Omega_\alpha = (G_\alpha, \mathfrak{B}_\alpha, \mu_\alpha), \alpha \in \mathfrak{A}\}$ 的乘积空间为 $\underset{\alpha \in \mathfrak{A}}{\times} \Omega_\alpha$ 或 $(\underset{\alpha \in \mathfrak{A}}{\times} G_\alpha, \underset{\alpha \in \mathfrak{A}}{\times} \mathfrak{B}_\alpha, \underset{\alpha \in \mathfrak{A}}{\times} \mu_\alpha)$. 我们再列出下面一些明显的事实.

设 $(G, \mathfrak{B}, \mu_k), k = 1, 2$, 是两个测度空间, $(H, \mathfrak{F}, \nu_k), k = 1, 2$ 是另外两测度空间, 那么 $(G \times H, \mathfrak{B} \times \mathfrak{F})$ 上的测度 $\mu_1 \times \nu_1$ 对于 $\mu_2 \times \nu_2$ 绝对连续的充要条件是 $\mu_1 \ll \mu_2, \nu_1 \ll \nu_2$. 这时有

$$\frac{d\mu_1 \times \nu_1(g, h)}{d\mu_2 \times \nu_2(g, h)} = \frac{d\mu_1(g)}{d\mu_2(g)} \frac{d\nu_1(h)}{d\nu_2(h)}. \tag{1.1.13}$$

设 $\{\Omega_n = (G_n, \mathfrak{B}_n, \mu_n), n = 1, 2, \cdots\}$ 是一列概率测度空间, $\Omega = (G, \mathfrak{B}, \mu) = \underset{n=1}{\overset{\infty}{\times}} \Omega_n$. 记 $\Omega^{(n)} = \underset{\nu=1}{\overset{n}{\times}} \Omega_\nu = (G^{(n)}, \mathfrak{B}^{(n)}, \mu^{(n)})$. 对于每个 $f \in L^2(\Omega^{(n)})$, 作 Ω 上的函数 $g \to f(g^{(n)})$, 这里 $g = \{g_1, g_2, \cdots, g_n, \cdots\} \in G$ 而 $g^{(n)} = \{g_1, \cdots, g_n\} \in G^{(n)}$. 显然这个函数属于 $L^2(\Omega)$. 这样把 $L^2(\Omega^{(n)})$ 嵌入 $L^2(\Omega)$ 成为 $L^2(\Omega)$ 的闭线性子空间. 令 P_n 是 $L^2(\Omega)$ 到 $L^2(\Omega^{(n)})$ 的投影算子. 今证

引理 1.1.7 $\{P_n\}$ 强收敛于恒等算子 I.

证 显然有 $P_1 \leqslant P_2 \leqslant \cdots \leqslant P_n \leqslant \cdots$, 我们只要证明 $Q = \bigcup_{n=1}^{\infty} L^2(\Omega^{(n)})$ 在 $L^2(\Omega)$ 中稠密就可以了. 令 $\mathfrak{D}$ 是 Q 中有界可测函数全体, 显然 $\mathfrak{D}$ 是含有单位元 1 的代数. 然而对任何 n 及 n 维空间的 Borel 集 E,

$$\widetilde{E} = \{g|g = \{g_1, g_2, \cdots\} \in G, \{g_1, \cdots, g_n\} \in E\}$$

的特征函数 $C_{\widetilde{E}} \in L^2(\Omega^{(n)})$. 因此 $C_{\widetilde{E}} \in \mathfrak{D}$. 又形如 $\widetilde{E}$ 的集全体张成 $\mathfrak{B}$. 因此 $\mathfrak{D}$ 是 Ω 的决定集. 根据引理 1.1.6, $\mathfrak{D}$ 是 $L^2(\Omega)$ 中稠密子集. 证毕.

5° 直接和测度

定义 1.1.8 设 $\Omega_\alpha = (G_\alpha, \mathfrak{B}_\alpha, \mu_\alpha), \alpha \in \mathfrak{A}$, 是一族测度空间, 其中 $\{G_\alpha, \alpha \in \mathfrak{A}\}$

是一族互不相交的集. 记 $G = \bigcup\limits_{\alpha \in \mathfrak{U}} G_\alpha$. 令 $\mathfrak{B}$ 是下面形式的集:

$$A = \bigcup_{\nu=1}^{\infty} A_{\alpha_\nu}, \quad A_{\alpha_\nu} \in \mathfrak{B}_{\alpha_\nu}, \quad \{\alpha_1, \alpha_2, \cdots, \alpha_n, \cdots\} \subset \mathfrak{U} \tag{1.1.14}$$

的全体. μ 是 $(G, \mathfrak{B})$ 上的如下的集函数: 当 A 形如 (1.1.14) 时,

$$\mu(A) = \sum_{\nu=1}^{\infty} \mu_{\alpha_\nu}(A_{\alpha_\nu}).$$

那么称 $\Omega = (G, \mathfrak{B}, \mu)$ 为测度空间 $\{\Omega_\alpha, \alpha \in \mathfrak{U}\}$ 的直接和. 又当 $\mu_\alpha(G_\alpha) < \infty, \alpha \in \mathfrak{U}$ 时, 我们称 $\{G_\alpha, \alpha \in \mathfrak{U}\}$ 是 Ω 的一个剖分.

显然, 定义 1.1.8 中的 Ω 确是测度空间.

引理 1.1.8 设 $\Omega = (G, \mathfrak{B}, \mu)$ 是一族测度空间 $\{(G_\alpha, \mathfrak{B}_\alpha, \mu_\alpha), \alpha \in \mathfrak{U}\}$ 的直接和. 那么 $B \in \widetilde{\mathfrak{B}}$ 的充要条件是对每个 $\alpha \in \mathfrak{U}$,

$$B \cap G_\alpha \in \widetilde{\mathfrak{B}}_\alpha, \tag{1.1.15}$$

而且这时

$$\mu(B) = \sum_{\alpha \in \mathfrak{U}} \mu_\alpha(B \cap G_\alpha). \tag{1.1.16}$$

证 若 B 满足条件 (1.1.15), 对形如 (1.1.14) 的 A, 显然

$$A \cap B = \bigcup_{\nu=1}^{\infty} (A_{\alpha_\nu} \cap B).$$

因为 (1.1.15), $A_{\alpha_\nu} \cap B \in \mathfrak{B}_{\alpha_\nu} \subset \mathfrak{B}$. 因此 $B \in \widetilde{\mathfrak{B}}$. 反之, $B \in \widetilde{\mathfrak{B}}, A_\alpha \in \mathfrak{B}_\alpha$, 则有

$$(B \cap G_\alpha) \cap A_\alpha = B \cap A_\alpha \in \mathfrak{B},$$

然而 $B \cap A_\alpha \subset G_\alpha$, 因此 $B \cap A_\alpha \in \mathfrak{B}_\alpha$, 即得 (1.1.15).

再来证明 (1.1.15). 设 $A \in \mathfrak{B}$ 形如 (1.1.14), 则

$$\mu(B \cap A) = \sum \mu_{\alpha_i}(B \cap A_{\alpha_i}) \leqslant \sum \mu_\alpha(B \cap G_\alpha),$$

即得

$$\mu(B) = \sup_{A \in \mathfrak{B}} \mu(B \cap A) \leqslant \sum \mu_\alpha(B \cap G_\alpha). \tag{1.1.17}$$

若 (1.1.17) 的右边是有限数, 则 $\mu_\alpha(G_\alpha \cap B) > 0$ 的 α 最多只有可列个, 记为 $\alpha_1, \cdots,$ $\alpha_n, \cdots$, 因此

$$\sum_\alpha \mu_\alpha(G_\alpha \cap B) = \sum \mu_{\alpha_i}(G_{\alpha_i} \cap B). \tag{1.1.18}$$

当 (1.1.17) 右边 $= \infty$ 时, 当然也可以找到 $\alpha_1, \cdots, \alpha_n, \cdots \in \mathfrak{U}$ 使 (1.1.18) 成立, 然而 $\mu_{\alpha_i}(G_{\alpha_i} \cap B) = \mu(G_{\alpha_i} \cap B)$, 因此

$$\mu(B) \geqslant \sum_{\alpha_i} \mu(G_{\alpha_i} \cap B) \geqslant \sum \mu_{\alpha_i}(G_{\alpha_i} \cap B). \tag{1.1.19}$$

将 (1.1.17), (1.1.18) 和 (1.1.19) 结合起来, 即得 (1.1.16).

系 1.1.9 在引理 1.1.8 条件下, 设 $B \in \tilde{\mathfrak{B}}$, 则 B 为 μ-零集的充要条件是对一切 $\alpha \in \mathfrak{U}, \mu_\alpha(B \cap G_\alpha) = 0$.

例 1.1.1 设 $\Omega = (G, \mathfrak{B}, \mu)$ 是测度空间, 若 $G_n, n = 1, 2, \cdots$ 是 $\mathfrak{B}$ 中的一列互不相交的集, $\mu(G_n) < \infty$, 且 $G = \bigcup_{n=1}^{\infty} G_n$, 则 $\{G_n, n = 1, 2, \cdots\}$ 是 Ω 的一个剖分.

设 $\Omega = (G, \mathfrak{B}, \mu)$ 是测度空间, $\{G_\alpha, \alpha \in \mathfrak{U}\} \subset \mathfrak{B}$ 为一族互不相交的集且 $G = \bigcup_{\alpha \in \mathfrak{U}} G_\alpha$. 当 $\mathfrak{U}$ 是不可列集时, $\{G_\alpha, \alpha \in \mathfrak{U}\}$ 不一定是 Ω 的剖分. 例如 G 是 $[0, 1]$ 区间, μ 是 Lebesgue 测度, 显然 $\{\{\alpha\}, \alpha \in [0, 1]\}$ 不是 $[0, 1]$ 的剖分

设 $\Omega_\alpha = (G_\alpha, \mathfrak{B}_\alpha, \mu_\alpha), \alpha \in \mathfrak{U}$ 是一族测度空间, $\Omega = (G, \mathfrak{B}, \mu)$ 是它们的直接和. 若对每个 $\alpha \in \mathfrak{U}$, 在 G_α 上给定了关于 $\Omega_\alpha = (G_\alpha, \mathfrak{B}_\alpha, \mu_\alpha)$ 可测的函数 f_α, 那么定义 G 上的函数 f 如下: 当 $g \in G_\alpha$ 时,

$$f(g) = f_\alpha(g).$$

因为对每个 Borel 集 A 和 $\alpha \in \mathfrak{U}$, 集

$$\{g|f(g) \in A\} \cap G_\alpha = \{g|f_\alpha(g) \in A\}$$

是可测的, 因此 f 是可测的. 此外, 容易证明

引理 1.1.10 设 $\Omega = (G, \mathfrak{B}, \mu)$ 是一测度空间族 $\{\Omega_\alpha = (G_\alpha, \mathfrak{B}_\alpha, \mu_\alpha), \alpha \in \mathfrak{U}\}$ 的直接和, 把每个 $f_\alpha \in L^2(\Omega_\alpha)$ 延拓成 G 上的函数, 但在 $G \setminus G_\alpha$ 中规定为 0, 那么

$$L^2(\Omega) = \sum_{\alpha \in \mathfrak{U}} \oplus L^2(\Omega_\alpha).$$

6° 群上的测度

我们后面常用的群上测度是下面的一种测度.

定义 1.1.9 设 G 是一群, $\mathfrak{B}$ 是 G 的某些子集组成的 σ-环, $\Omega = (G, \mathfrak{B}, \mu)$ 是测度空间. 如果有 G 的正常子群 G_0, 和 G 按 G_0 的左 (右) 陪集系 $\{G_\alpha, \alpha \in \mathfrak{U}\}$ 使 $G_\alpha \in \mathfrak{B}$, 而且 G_α 是 σ-有限的; 又若记 $\mathfrak{B}_\alpha, \mu_\alpha$ 为 $\mathfrak{B}, \mu$ 在 G_α 上的限制, 如果 Ω 是 $\{(G_\alpha, \mathfrak{B}_\alpha, \mu_\alpha), \alpha \in \mathfrak{U}\}$ 的直接和, 则称 Ω 是准 σ-有限的.

定义 1.1.10　设 G 是拓扑空间, $(G, \mathfrak{B}, \mu)$ 是测度空间. 如果对每个 $x_0 \in G$, 必有 x_0 的环境 $V \in \mathfrak{B}$ 使 $\mu(V) < \infty$ (μ 在 V 上的限制是 σ–有限的), 则称 $(G, \mathfrak{B}, \mu)$ 是局部有限的 (局部 σ–有限的).

例如当 G 是局部紧群时, G 上的 Haar 测度空间就是局部有限的.

当 $(G, \mathfrak{B}, \mu)$ 是局部有限的测度空间时, 对 G 中每个紧集 C, 必有开集 $O \in \mathfrak{B}$, 使 $\mu(O) < \infty$.

事实上, 对于每个 $x \in C$ 有 x 的环境 $V_x \in \mathfrak{B}$ 使 $\mu(V_x) < \infty$. 由 C 的紧性, 必有 $x_1, \cdots, x_n$ 使 $O = V_{x_1} \cup \cdots \cup V_{x_n} \supset C$. 这个 $O \in \mathfrak{B}$, 而且 $\mu(O) \leqslant \sum\limits_{\nu=1}^{n} \mu(V_{x_\nu}) < \infty$.

引理 1.1.11　设 G 是局部紧群, $\mathfrak{B}$ 是由 G 中一切紧集张成的 σ–环, 如果 $(G, \mathfrak{B}, \mu)$ 是局部 σ–有限的测度空间, 那么它是准 σ–有限的.

证　不妨设 $(G, \mathfrak{B}, \mu)$ 是局部有限的. 任取 G 中单位元 e 的环境 V, 使 V 的包 C 为紧集, 而且 $C = C^{-1}$. 令 C^i 表示 $\overbrace{CC\cdots C}^{i}$. 作

$$G_0 = \bigcup_{i=1}^{\infty} C^i.$$

由于 C 是紧集, C^2 是乘积拓扑空间 $G \times G$ 中紧集 $C \times C$ 经过连续映照 $(x, y) \to xy$ 后的像, 所以 C^2 是紧集. 同样地 C^i 是紧集, 也就是说 C^i 是测度有限集, 因此 G_0 是 σ–有限的.

令 $\{G_\alpha, \alpha \in \mathfrak{U}\}$ 是 G 按 G_0 的左陪集系, 显然 G_α 也是可列个紧集的和, 因此 G_α 也是 σ–有限的. 今证 $(G, \mathfrak{B}, \mu)$ 是 $\{(G_\alpha, \mathfrak{B}_\alpha, \mu_\alpha), \alpha \in \mathfrak{U}\}$ (这里 $\mathfrak{B}_\alpha, \mu_\alpha$ 是 $\mathfrak{B}, \mu$ 在 G_α 上的限制) 的直接和. 由于 $\mathfrak{B}$ 是由 G 中紧集全体张成的, 只要证明对每个紧集 $K \subset G$,

$$\mu(K) = \sum_{\alpha} \mu_\alpha(K \cap G_\alpha)$$

就可以了. 由于 $\mu_\alpha(K \cap G_\alpha) = \mu(K \cap G_\alpha)$, 只要证明使 $\mu(K \cap G_\alpha) > 0$ 的 α 最多只有可列个. 事实上, 因为 K 是紧集, 必有有限个 $x_1, \cdots, x_n$ 使

$$\bigcup_{\nu=1}^{n} (x_\nu V) \supset K.$$

设 $x_\nu \in G_{\alpha_\nu}$, 由于 $C = C^{-1}, G_{\alpha_\nu} C = G_{\alpha_\nu}$, 所以

$$K \subset \bigcup_{\nu=1}^{n} G_{\alpha_\nu}.$$

因而当 $\alpha \neq \alpha_1, \cdots, \alpha_n$ 时 $K \cap G_\alpha = 0$, 即 $\mu(K \cap G_\alpha) = 0$. 证毕

系 1.1.12 局部紧拓扑群上的 Haar 测度空间是准 σ-有限的.

下面我们再介绍局部紧群上有关 Haar 测度的积分的一些知识. 在下面的三个命题中都设 G 是局部紧群, 而且, $\Omega = (G, \mathfrak{B}, \mu)$ 是 G 上左不变 Haar 测度空间.

引理 1.1.13 设 $a \in L^1(\Omega), \xi \in L^1(\Omega)$ (或 $L^2(\Omega)$). 记

$$(a * \xi)(g) = \int_G a(g_1)\xi(g_1^{-1}g)d\mu(g_1), \tag{1.1.20}$$

则 $a * \xi \in L^1(\Omega)(L^2(\Omega))$. 又当 G 是交换群时 $a * \xi = \xi * a$.

证 设 $\xi \in L^1(\Omega)$. 由 Fubini 定理,

$$\int_G \left(\int_G |a(g_1)\xi(g_1^{-1}g)|d\mu(g_1) \right) d\mu(g)$$
$$= \int_G \left(\int_G |a(g_1)\xi(g_1^{-1}g)|d\mu(g) \right) d\mu(g_1)$$
$$= \int_G |a(g_1)|d\mu(g_1) \int_G |\xi(g_1)|d\mu(g_1), \tag{1.1.21}$$

因此 $a * \xi \in L^1(\Omega)$. 而且 $\|a * \xi\|_1 \leqslant \|a\|_1 \|\xi\|_1$.

设 $\xi \in L^2(\Omega)$. 由 Cauchy 不等式,

$$\left(\int_G |a(g_1)\xi(g_1^{-1}g)|d\mu(g_1) \right)^2$$
$$\leqslant \int_G |a(g_1)|d\mu(g_1) \int_G |a(g_1)||\xi^2(g_1^{-1}g)|d\mu(g_1). \tag{1.1.22}$$

又 $\xi^2 \in L^1(\Omega)$, 在 (1.1.21) 中以 ξ^2 易 ξ 就得到

$$\int_G \left(\int_G |a(g_1)||\xi^2(g_1^{-1}g)|d\mu(g_1) \right) d\mu(g) \leqslant \|a\|_1 \|\xi\|_2^2. \tag{1.1.23}$$

在 (1.1.22) 两边对 g 积分之, 并利用 (1.1.23), 我们得到

$$\int_G \left(\int_G |a(g_1)\xi(g_1^{-1}g)|d\mu(g_1) \right)^2 d\mu(g) \leqslant \|a\|_1^2 \|\xi\|_2^2.$$

因此 $a * \xi \in L^2(\Omega)$ 而且 $\|a * \xi\|_2 \leqslant \|a\|_1 \|\xi\|_2$.

当 G 是交换群时, μ 也是右不变的, 而且 $d\mu(g_1) = d\mu(g_1^{-1})$, 在 (1.1.20) 中令 $g' = gg_1^{-1}$, 则 (1.1.20) 化成

$$(a * \xi)(g) = \int a(g'^{-1}g)\xi(g')d\mu(g'),$$

即得 $a * \xi = \xi * a$. 证毕.

引理 1.1.14　设 $\xi, \eta \in L^2(\Omega)$, 则必有 $\{a_n\} \subset L^1(\Omega)$ 使

$$\lim_{n\to\infty} \|a_n * \xi - \xi\|_2 = \lim_{n\to\infty} \|a_n * \eta - \eta\|_2 = 0. \tag{1.1.24}$$

证　设 U 是 G 中单位元的一个环境, 且 $\mu(U) < \infty$. 作

$$Z_U(g) = \begin{cases} \dfrac{1}{\mu(U)}, & g \in U, \\[3mm] 0, & g \overline{\in} U, \end{cases}$$

则 $Z_U \in L^1(\Omega)$. 这时 $\displaystyle\int_G Z_U(g)d\mu(g) = 1$, 因而

$$(Z_U * \xi)(g) - \xi(g) = \int Z_U(g_1)(\xi(g_1^{-1}g) - \xi(g))d\mu(g_1).$$

记 $\xi(g_1^{-1}g) = \xi_{g_1}(g)$. 在 (1.1.20) 中以 Z_U 代替 a, 又以 $\xi(g_1^{-1}g) - \xi(g)$ 代替 $\xi(g_1^{-1}g)$, 并且对 g 进行积分得到

$$\|Z_U * \xi - \xi\|_2^2 \leqslant \int_G \left(\int_G Z_U(g_1)|\xi(g_1^{-1}g) - \xi(g)|d\mu(g_1) \right)^2 d\mu(g)$$

$$\leqslant \|Z_U\|_1 \int_G |Z_U(g_1)| \|\xi_{g_1} - \xi\|_2^2 d\mu(g)$$

$$\leqslant \sup_{g_1 \in U} \|\xi_{g_1} - \xi\|_2^2.$$

我们知道对给定正数 ε, 存在着具有紧支集的连续函数 ξ', 使 $\|\xi' - \xi\|_2 < \varepsilon/3$. 而对于 ξ', 有单位元的环境 V_ε 使得当 $U \subset V_\varepsilon, g_1 \in U$ 时,

$$\|\xi'_{g_1} - \xi'\|_2 < \varepsilon/3,$$

因此对于这个 U, 利用 $\|Z_U\|_1 = 1$ 得到

$$\|Z_U * \xi - \xi\| \leqslant \|Z_U * (\xi - \xi')\|_2 + \|\xi - \xi'\|_2 + \|Z_U * \xi' - \xi'\|_2$$

$$\leqslant 2\|\xi - \xi'\|_2 + \max_{g_1 \in U} \|\xi'_{g_1} - \xi'\|_2 < \varepsilon.$$

对于 $\eta \in L^2(\Omega)$ 及 $\varepsilon > 0$, 也有单位元的环境 W_ε 使得当 $U \subset W_\varepsilon$ 时,

$$\|Z_U * \eta - \eta\|_2 < \varepsilon.$$

取 $a_n = Z_{V_{\frac{1}{n}} \cap W_{\frac{1}{n}}}$ 那么

$$\|a_n * \xi - \xi\|_2 < \frac{1}{n}, \quad \|a_n * \eta - \eta\|_2 < \frac{1}{n}.$$

即得 (1.1.24). 证毕.

系 1.1.15　设 $\xi \in L^2(\Omega)$. 若对一切 $a \in L^1(\Omega), a * \xi = 0$, 则 $\xi = 0$.

证　取 $\{a_n\} \subset L^1(\Omega)$ 使 (1.1.24) 成立. 则由 $a_n * \xi = 0$ 及 (1.1.24) 立即得到 $\xi = 0$.

7° 拓扑空间上正则测度

在本书中, 我们将较多地限制于研究拓扑空间 (不必是局部紧的) 上的正则测度.

定义 1.1.11 设 G 是拓扑空间, $(G, \mathfrak{B}, \mu)$ 是一测度空间, 如果对每个 $E \in \mathfrak{B}$,

$$\mu(E) = \inf\{\mu(U)|U \in \mathfrak{B}, U \text{ 为包含 } E \text{ 的开集}\},$$

那么称 $(G, \mathfrak{B}, \mu)$ 是外正则的. 如果对每个 $E \in \mathfrak{B}$,

$$\mu(E) = \sup\{\mu(C)|C \in \mathfrak{B}, C \text{ 是 } E \text{ 中闭紧集}\},$$

那么称 $(G, \mathfrak{B}, \mu)$ 是内正则的. 如果 $(G, \mathfrak{B}, \mu)$ 既是内正则又是外正则的, 那么称 $(G, \mathfrak{B}, \mu)$ 是正则的.

我们先研究测度空间成为正则的某些条件.

引理 1.1.16 设 G 为拓扑空间, $(G, \mathfrak{B}, \mu)$ 为全有限测度空间,[①] 那么它成为外正则测度空间的充要条件是对每个 $E \in \mathfrak{B}$, 有

$$\mu(E) = \sup\{\mu(F)|F \in \mathfrak{B}, F \text{ 为含在 } E \text{ 中闭集}\}. \tag{1.1.25}$$

证 我们知道 $(G, \mathfrak{B}, \mu)$ 成为外正则的充要条件是对每个 $E \in \mathfrak{B}$, 有开集序列 $\{O_n\} \subset \mathfrak{B}$ 适合 $O_n \supset E, \mu(O_n) \to \mu(E)$. 记 $G \setminus E = E'$, 那么外正则的充要条件就是有 $F_n(= G \setminus O_n) \subset E'$, 使得 $\mu(F_n) \to \mu(E')$, 而这也就是条件 (1.1.25). 证毕.

引理 1.1.17 设 G 是可析的距离空间, $(G, \mathfrak{B}, \mu)$ 为全有限测度空间, 又设一切球都在 $\mathfrak{B}$ 中, 那么对任何正数 ε, 必有完全有界集 $C \in \mathfrak{B}$, 使 $\mu(G \setminus C) < \varepsilon$.

证 设 $\{x_n\}$ 为 G 的稠密点列. 记 $S(x, a)$ 为以 x 做中心 a 做半径的闭球, 那么对任何自然数 k,

$$\bigcup_{n=1}^{\infty} S\left(x_n, \frac{1}{k}\right) = G.$$

因此有自然数 $p(k)$ 使得

$$\mu\left(\bigcup_{n=1}^{p(k)} S\left(x_n, \frac{1}{k}\right)\right) > \mu(G) - \frac{\varepsilon}{2^k}. \tag{1.1.26}$$

作集

$$C = \bigcap_{k=1}^{\infty} \bigcup_{n=1}^{p(k)} S\left(x_n, \frac{1}{k}\right) \in \mathfrak{B}.$$

---

① 这里 $\mathfrak{B}$ 是代数.

由 (1.1.26) 容易看出

$$\mu(G \setminus C) \leqslant \sum_{k=1}^{\infty} \mu\left(G \setminus \bigcup_{n=1}^{p(k)} S\left(x_n, \frac{1}{k}\right)\right) < \varepsilon.$$

然而由 C 的作法, C 是完全有界的. 事实上, 对任何 $\delta > 0$, 取自然数 k 使 $\frac{1}{k} < \delta$, 那么 $x_1, \cdots, x_{p(k)}$ 成为 C 的 δ-网. 证毕.

定理 1.1.18　设 G 是可析的完备距离空间, $\mathfrak{B}$ 是由 G 的一切闭集张成的 σ-代数, μ 是 $(G, \mathfrak{B})$ 上的全有限测度, 那么 $(G, \mathfrak{B}, \mu)$ 是正则的测度空间.

证　根据引理 1.1.17, 对每个自然数 n, 必有紧集 C_n 使

$$\mu(G \setminus C_n) < \frac{1}{n}. \tag{1.1.27}$$

由于 C_n 也是 Baire 集而且是紧集. 把测度 μ 限制在 C_n 上时, μ 是 C_n 上的正则测度. 因此对每个 $E \in \mathfrak{B}$, 有紧集 $F_n \in \mathfrak{B}$, 使 $F_n \subset E \cap C_n$ 而且

$$\mu((E \cap C_n) \setminus F_n) < \frac{1}{n}, \tag{1.1.28}$$

由于 $E \setminus F_n \subset G \setminus C_n + [(E \cap C_n) \setminus F_n]$. 从 (1.1.27), (1.1.28) 得到

$$\mu(E) < \mu(F_n) + \frac{2}{n}.$$

因此得到 $\mathfrak{B}$ 中一列闭紧集 $F_n \subset E$ 使 $\mu(F_n) \to \mu(E)$. 这就证明了 $(G, \mathfrak{B}, \mu)$ 的内正则性, 再由引理 1.1.16, 测度 μ 是外正则的. 证毕.

8° 概率论中的某些术语

我们简略地叙述一下后面用到的概率论中的一些术语. 设 $S = (\Omega, \mathfrak{B}, P)$ 是概率测度空间, $X(\omega), \omega \in \Omega$ 是 S 上的可测函数, 那么称 $X(\omega)$ 是 (S 上的) 一个随机变量[①]. 称

$$E(e^{iX(\cdot)t}) = \int_{\Omega} e^{iX(\omega)t} dP(\omega), \quad -\infty < t < \infty$$

为随机变量 X 的特征函数. 如果 $X(\cdot) \in L^1(S)$, 称

$$E(X) = \int_{\Omega} X(\omega) dP(\omega)$$

为随机变量 X 的平均值或数学期望. 如果 $X \in L^2(S)$, 称

$$\sigma(X) = E((X - E(X))^2) = \int_{\Omega} (X(\omega) - E(X))^2 dP(\omega)$$

---

①本书中一般只考察实函数的情况.

为 X 的方差. 如果 X, Y 是两个随机变量而且 $X(\cdot), Y(\cdot) \in L^2(S)$, 称

$$E(XY) = \int X(\omega)Y(\omega)dP(\omega)$$

为 X 和 Y 的相关数. 设 $X_1, \cdots, X_n$ 是 S 上的 n 个随机变量. 作 n 维实空间 R_n 上的 Borel 测度 μ 如下: 若 E 是 R_n 中的 Borel 集, 则规定

$$\mu(E) = P(\{\omega | (X_1(\omega), \cdots, X_n(\omega)) \in E\}).$$

这个 μ 是概率测度, 称它是 $X_1, \cdots, X_n$ 的联合 (概率) 分布. 有时称函数

$$F(x_1, \cdots, x_n) = P(\{\omega | X_\nu(\omega) \leqslant x_\nu, \quad \nu = 1, 2, \cdots, n\})$$

为 $X_1, \cdots, X_n$ 的联合分布函数. 特别当 $n = 1, X = X_1$ 时称 μ (相应地 F) 为随机变量 X 的概率分布 (分布函数). 容易算出, 若 μ 是 $X_1, \cdots, X_n$ 的联合分布, 则对于任何有界 Baire 函数 f 有

$$E(f(X_1, \cdots, X_n)) = \int f(X_1(\omega), \cdots, X_n(\omega))dP(\omega)$$
$$= \int_{-\infty}^{\infty} \cdots \int_{-\infty}^{\infty} f(x_1, \cdots, x_n)d\mu(x_1, \cdots, x_n).$$

9° 测度之间的绝对连续性与奇异性

我们再介绍关于 Radon-Nikodym 导数的极限定理. 为此先引进下面的概念.

定义 1.1.12 设 $S = (\Omega, \mathfrak{B}, P)$ 是概率测度空间, $\mathfrak{B}_1, \cdots, \mathfrak{B}_n$ 是一组 σ-代数, $\mathfrak{B}_1 \subset \mathfrak{B}_2 \subset \cdots \subset \mathfrak{B}_n \subset \mathfrak{B}$. 又设 $x_1(\omega), \cdots, x_n(\omega)$ 是 S 上的一组 (实的) 随机变量, 又 x_i 关于 $(\Omega, \mathfrak{B}_i)$ 是可测的. 如果对任何 $1 \leqslant i < n$, 以及任何集 $\Lambda \in \mathfrak{B}_i$, 有

$$\int_\Lambda x_i(\omega)dP(\omega) \leqslant \int_\Lambda x_{i+1}(\omega)dP(\omega), \tag{1.1.29}$$

那么称 $\{x_i, \mathfrak{B}_i, i = 1, \cdots, n\}$ 组成 S 上的半鞅.

显然, 若 $\{x_i, \mathfrak{B}_i, i = 1, \cdots, n\}$ 是半鞅则对于任何正数 c 及任何 $\Lambda \in \mathfrak{B}_i$ 有

$$\int_\Lambda \max(x_i(\omega) - c, 0)dP(\omega) = \int_{\Lambda\{\omega | x_i(\omega) \geqslant 0\}} (x_i(\omega) - c)dP(\omega)$$
$$\leqslant \int_{\Lambda\{\omega | x_i(\omega) \geqslant 0\}} (x_{i+1}(\omega) - c)dP(\omega)$$
$$\leqslant \int_\Lambda \max(x_{i+1}(\omega) - c, 0)dP(\omega).$$

因此 $\{\max(x_i(\omega) - c, 0), \mathfrak{B}_i, i = 1, \cdots, n\}$ 也是半鞅.

我们还要用到下面的一些量. 设 $\xi_1, \cdots, \xi_n$ 是任意一组实数, r_1 和 r_2 是两个实数, $r_1 < r_2$. 记 ν_1 是满足 $\xi_j \leqslant r_1$ 的指标 j 中最小的一个, ν_2 是满足 $\xi_j \geqslant r_2, j > \nu_1$ 的指标 j 中最小的一个, ν_3 是满足 $\xi_j \leqslant r_1, j > \nu_2$ 的指标 j 中最小的一个, $\cdots$ 如果继续下去, 得到

$$\xi_{\nu_1} \leqslant r_1, \quad \xi_{\nu_2} \geqslant r_2, \quad \xi_{\nu_3} \leqslant r_1, \quad \xi_{\nu_4} \geqslant r_2, \cdots.$$

这样可能定义的 ν_i 中 i 的最大数设为 m. 记 β 为不超过 $\dfrac{m}{2}$ 的最大整数, 称为 $\xi_1, \cdots, \xi_n$ 穿过 $[r_1, r_2]$ 的次数.

引理 1.1.19 设 $\{x_i(\omega), \mathfrak{B}_i, i = 1, \cdots, n\}$ 是概率测度空间 $S = (\Omega, \mathfrak{B}, P)$ 上的半鞅. 设 r_1, r_2 是两个实数, $r_1 < r_2$. 对每个 $\omega \in \Omega$, 记 $\beta(\omega)$ 为 $x_1(\omega), \cdots, x_n(\omega)$ 穿过 $[r_1, r_2]$ 的次数. 那么

$$E(\beta) \leqslant \frac{1}{r_2 - r_1} E(\max(x_n - r_1, 0))$$
$$\leqslant \frac{1}{r_2 - r_1} (E(|x_n|) + |r_1|). \tag{1.1.30}$$

证 我们留意 (1.1.30) 第二个不等式是显然的. 今证第一个. 先设

$$r_1 = 0, \quad x_i(\omega) \geqslant 0, \quad i = 1, \cdots, n, \quad \omega \in \Omega. \tag{1.1.31}$$

对每个 $\omega \in \Omega$, 视 $x_1(\omega), \cdots, x_n(\omega)$ 为上面的 $\xi_1, \cdots, \xi_n$, 得到相应的数 $\nu_1(\omega)(= 1), \cdots, \nu_{m(\omega)}(\omega)$ 及 $\beta(\omega)$. 容易看出 $\beta(\omega)$ 是可测函数. 以后为方便起见, 对于适合关系 $m(\omega) < j \leqslant n$ 的 j, 规定 $\nu_j(\omega) = n + 1$. 这样得到的 $\nu_1(\omega), \cdots, \nu_n(\omega)$ 也是 S 上可测函数. 我们再定义可测函数 $u_2, \cdots, u_n$ 和 x

$$u_j(\omega) = \begin{cases} 1, & j \leqslant \nu_1(\omega), \\ 1, & \nu_i(\omega) < j \leqslant \nu_{i+1}(\omega), \text{ 但 } i \text{ 为偶数} \\ 0, & \nu_i(\omega) < j \leqslant \nu_{i+1}(\omega), \text{ 但 } i \text{ 为奇数} \end{cases}$$

$$x(\omega) = x_1(\omega) + \sum_{j=2}^{n} u_j(\omega)(x_j(\omega) - x_{j-1}(\omega)),$$

那么

$$\Lambda_{j-1} = \{\omega | u_j(\omega) = 1\}$$
$$= \bigcup_{\substack{i \text{ 为偶数} \\ i \leqslant j-1}} (\{\omega | \nu_i(\omega) < j\} \setminus \{\omega | \nu_{n+1}(\omega) < j\}). \tag{1.1.32}$$

然而 (1.1.32) 最右边的集是由 $x_1(\omega), \cdots, x_{j-1}(\omega)$ 确定的. 因此 $\Lambda_{j-1} \in \mathfrak{B}_{j-1}$. 利用 (1.1.29) 得到

$$\int_{\Lambda_{j-1}} (x_j(\omega) - x_{j-1}(\omega)) dP(\omega) \geqslant 0.$$

由此得到

$$\int_\Omega x(\omega)dP(\omega)$$
$$= \int_\Omega x_1(\omega)dP(\omega) + \sum_{j=2}^n \int_{\Lambda_{j-1}} (x_j(\omega) - x_{j-1}(\omega))dP(\omega) \geqslant 0.$$

另一方面,

$$x(\omega) \leqslant x_n(\omega) - r_2\beta(\omega),$$

所以

$$0 \leqslant \int_\Omega x(\omega)dP(\omega)$$
$$\leqslant \int_\Omega x_n(\omega)dP(\omega) - r_2 \int_\Omega \beta(\omega)dP(\omega). \qquad (1.1.33)$$

因此 (1.1.30) 在 (1.1.31) 的情况下成立. 对一般情况, 只要考察

$$x_j'(\omega) = \max(x_j(\omega) - r_1, 0).$$

由前所述, $\{x_j', \mathfrak{B}_j, j = 1, \cdots, n\}$ 也是半鞅. 再考察 $x_1', \cdots, x_n'$ 穿过 $[0, r_2 - r_1]$ 的次数. 它就是 $x_1, \cdots, x_n$ 穿过 $[r_1, r_2]$ 的次数. 这时 $x_1', \cdots, x_n'$ 和 $[0, r_2 - r_1]$ 满足条件 (1.1.31), 因此类似于 (1.1.33) 有

$$0 \leqslant \int_\Omega x_n'(\omega)dP(\omega) - (r_2 - r_1) \int_\Omega \beta(\omega)dP(\omega),$$

这就是 (1.1.30). 证毕.

定理 1.1.20 设 Ω 为一集, $\mathfrak{B}_1, \cdots, \mathfrak{B}_n, \cdots$ 和 $\mathfrak{B}$ 都是 Ω 中子集组成的 σ–代数,

$$\mathfrak{B}_1 \subset \mathfrak{B}_2 \subset \cdots \subset \mathfrak{B}_n \subset \cdots \subset \mathfrak{B},$$

而 $\mathfrak{B}$ 即是由 $\bigcup_{n=1}^\infty \mathfrak{B}_n$ 张成的. 设 P, Q 是 $(\Omega, \mathfrak{B})$ 上的两个概率测度, 而且 $Q \ll P$[①]. 作 $(\Omega, \mathfrak{B}_n)$ 上的概率测度 P_n, Q_n,

$$P_n(E) = P(E), \quad Q_n(E) = Q(E), \quad E \in \mathfrak{B}_n,$$

显然 $Q_n \ll P_n$. 设 $\dfrac{dQ_n(\omega)}{dP_n(\omega)}$ 和 $\dfrac{dQ(\omega)}{dP(\omega)}$ 分别是它们的 Radon–Nikodym 导数, 那么对几乎所有 (按测度 P) 的 $\omega \in \Omega$,

$$\lim_{n\to\infty} \frac{dQ_n(\omega)}{dP_n(\omega)} = \frac{dQ(\omega)}{dP(\omega)}.$$

[①] 即 Q 关于 P 为绝对连续的.

证　令 $x_n(\omega) = \dfrac{dQ_n(\omega)}{dP_n(\omega)}, x(\omega) = \dfrac{dQ(\omega)}{dP(\omega)}$. 那么 x_n 关于 $\mathfrak{B}_n$ 是可测的而且当 $\Lambda \in \mathfrak{B}_n$ 时, 由 $Q_n(\Lambda) = Q_{n+1}(\Lambda) = Q(\Lambda)$ 和

$$\int_\Lambda x_n(\omega)dP(\omega) = \int_\Lambda x_n(\omega)dP_n(\omega) = Q_n(\Lambda),$$

立即得到

$$\int_\Lambda x_n(\omega)dP(\omega) = \int_\Lambda x_{n+1}(\omega)dP(\omega)$$
$$= \int_\Lambda x(\omega)dP(\omega) = Q(\Lambda). \tag{1.1.34}$$

由 (1.1.34) 首先知道对任何 $n, \{x_i, \mathfrak{B}_i, i = 1, \cdots, n\}$ 成为半鞅. 今证 $\lim\limits_{n\to\infty} x_n(\omega)$ 几乎处处存在. 记

$$x^*(\omega) = \overline{\lim_{n\to\infty}} x_n(\omega), \quad x_*(\omega) = \underline{\lim_{n\to\infty}} x_n(\omega).$$

如果 $\lim\limits_{n\to\infty} x_n(\omega)$ 不几乎处处存在, 必有正数 $r_1 < r_2$ 使集

$$A = \{\omega | x^*(\omega) > r_2 > r_1 > x_*(\omega)\}$$

具有正的概率测度. 若令 $\beta_n(\omega)$ 为 $x_1(\omega), \cdots, x_n(\omega)$ 穿过 $[r_1, r_2]$ 的次数. 那么当 $\omega \in A$ 时, $\lim\limits_{n\to\infty} \beta_n(\omega) = \infty$. 但由引理 1.1.19,

$$E(\beta_n) \leqslant \frac{1}{r_2 - r_1}(1 + r_1). \tag{1.1.35}$$

又因为 $\beta_1(\omega) \leqslant \beta_2(\omega) \leqslant \cdots \leqslant \beta_n(\omega) \leqslant \cdots$, 根据 Levi 引理, 由 (1.1.35) 应该有 $\lim\limits_{n\to\infty} \beta_n(\omega)$ 几乎处处小于 ∞. 这是矛盾. 因此存在 S 上可测函数 $x_\infty(\omega)$ 使得几乎处处成立

$$\lim_{n\to\infty} x_n(\omega) = x_\infty(\omega). \tag{1.1.36}$$

我们再证明 S 上的可积函数列 $\{x_n(\omega)\}$ 具有等度绝对连续的不定积分. 事实上, 对任何正数 $\varepsilon > 0$, 有正数 δ 使得当 $\Lambda \in \mathfrak{B}, P(\Lambda) \leqslant \delta$ 时,

$$Q(\Lambda) = \int_\Lambda x(\omega)dP(\omega) < \varepsilon/2.$$

另一方面, 由于 $\int_\Omega x_n(\omega)dP(\omega) = Q_n(\Omega) = 1$, 所以

$$P\left(\left\{\omega \Big| x_n(\omega) \geqslant \frac{1}{\delta}\right\}\right) \leqslant \delta \int_\Omega x_n(\omega)dP(\omega) \leqslant \delta.$$

因此当 $P(\Lambda) \leqslant \dfrac{\varepsilon\delta}{2}$ 时,

$$
\begin{aligned}
&\int_\Lambda x_n(\omega) dP(\omega)\\
&\leqslant \int_{\Lambda\{\omega | x_n(\omega) < \frac{1}{\delta}\}} x_n(\omega) dP(\omega) + \int_{\{\omega | x_n(\omega) \geqslant \frac{1}{\delta}\}} x_n(\omega) dP(\omega)\\
&< \frac{1}{\delta} P(\Lambda) + Q\left(\left\{\omega \Big| x_n(\omega) \geqslant \frac{1}{\delta}\right\}\right) \leqslant \varepsilon.
\end{aligned}
$$

这就证明了 $\{x_n(\omega)\}$ 具有等度绝对连续不定积分. 因此从 (1.1.36) 和著名的 Vitali 定理知道, $x_\infty(\omega) \in L^1(S)$, 因而 $x_\infty(\omega)$ 是几乎处处有限的, 而且对一切 $\Lambda \in \mathfrak{B}$,

$$
\lim_{n\to\infty} \int_\Lambda x_n(\omega) dP(\omega) = \int_\Lambda x_\infty(\omega) dP(\omega).
$$

然而由 (1.1.34), 当 $\Lambda \in \mathfrak{B}_n, m \geqslant n$ 时,

$$
\int_\Lambda x_m(\omega) dP(\omega) = \int_\Lambda x(\omega) dP(\omega).
$$

因此对一切 $\Lambda \in \bigcup\limits_{n=1}^{\infty} \mathfrak{B}_n$,

$$
\int_\Lambda x_\infty(\omega) dP(\omega) = \int_\Lambda x(\omega) dP(\omega). \tag{1.1.37}
$$

然而 $\mathfrak{B}$ 是 $\bigcup\limits_{n=1}^{\infty} \mathfrak{B}_n$ 张成的 σ-代数, 所以对一切 $\Lambda \in \mathfrak{B}$, (1.1.37) 也成立. 这就说明了 $x_\infty(\omega)$ 几乎处处等于 $x(\omega)$. 证毕.

我们再给出判别两测度相互奇异的一个条件.

引理 1.1.21　设 P_1, P_2 是可测空间 $(G, \mathfrak{B})$ 上两个测度. 如果对任何正数 ε, 必有 $A_\varepsilon \in \mathfrak{B}, B_\varepsilon \in \mathfrak{B}$ 使 A_ε 与 B_ε 不交, $G = A_\varepsilon \cup B_\varepsilon$,

$$
P_1(A_\varepsilon) < \varepsilon, \quad P_2(B_\varepsilon) < \varepsilon.
$$

那么 P_1 与 P_2 奇异.

证　作

$$
A = \bigcap_{m=1}^{\infty} \bigcup_{n=m}^{\infty} A_{\frac{1}{2^n}}, \quad B = \bigcup_{m=1}^{\infty} \bigcap_{n=m}^{\infty} B_{\frac{1}{2^n}}.
$$

那么

$$
A \cup B = G, \quad A \cap B = \varnothing.
$$

而且

$$P_1(A) = \lim_{m \to \infty} P_1 \left(\bigcup_{n=m}^{\infty} A_{\frac{1}{2^n}} \right) \leqslant \lim_{m \to \infty} \sum_{n=m}^{\infty} \frac{1}{2^n} = 0,$$

$$P_2(A) = \lim_{m \to \infty} P_1 \left(\bigcap_{n=m}^{\infty} B_{\frac{1}{2^n}} \right) \leqslant \lim_{m \to \infty} P_1 \left(B_{\frac{1}{2^n}} \right) = 0.$$

因此 P_1 与 P_2 是相互奇异的. 证毕.

§1.2　可局部化测度空间

1° 可测集族中的半序

定义 1.2.1　设 $\Omega = (G, \mathfrak{B}, \mu)$ 是一个测度空间, $\widetilde{\mathfrak{B}}$ 是它的可测集全体, $\mathfrak{B}_0$ 表示零集全体. 当 $E, F \in \widetilde{\mathfrak{B}}$ 而且 $(E \setminus F) \cup (F \setminus E) \in \mathfrak{B}_0$ 时, 我们称 E 和 F 是等价的, 记做 $E \sim F$. 当 $E, F \in \widetilde{\mathfrak{B}}$ 而且 $E \setminus F \in \mathfrak{B}_0$ 时, 我们记为 $E \prec F$.

显然等价关系 "$\sim$" 和顺序关系 "$\prec$" 有下面的性质: 当 $E, F, H \in \widetilde{\mathfrak{B}}$ 时,

(i) $E \sim E$; (ii) 若 $E \sim F$, 则 $F \sim E$; (iii) 若 $E \sim F$, $F \sim H$, 则 $E \sim H$; (iv) 若 $E \sim F$, 则 $E \prec F$; (v) 若 $E \prec F$, $F \prec E$, 则 $E \sim F$; (vi) 若 $E \prec F$, $F \prec H$, 则 $E \prec H$.

因此若在 $\widetilde{\mathfrak{B}}$ 中视互相等价的集为同一元素, 则 $\widetilde{\mathfrak{B}}$ 按顺序 "$\prec$" 为半序集. 我们按半序集的上界 (下界), 上确界 (下确界) 等引进如下的概念.

定义 1.2.2　设 $\mathfrak{F}$ 是 $\widetilde{\mathfrak{B}}$ 的子集, $K \in \widetilde{\mathfrak{B}}$. 如果对一切 $E \in \mathfrak{F}$ 都有 $E \prec K$, 那么称 K 为 $\mathfrak{F}$ 的上界. 如果 K_0 是 $\mathfrak{F}$ 的上界而且对 $\mathfrak{F}$ 的任何上界 K 都有 $K_0 \prec K$, 那么称 K_0 是 $\mathfrak{F}$ 的上确界, 记做 $K_0 = \bigvee_{E \in \mathfrak{F}} E$. 类似地可以定义下界和下确界, 记 $\mathfrak{F}$ 的下确界为 $\bigwedge_{E \in \mathfrak{F}} E$.

容易看出, 当 $\mathfrak{F}$ 是有限集或可列集时, $\bigvee_{E \in \mathfrak{F}} E \sim \bigcup_{E \in \mathfrak{F}} E$, $\bigwedge_{E \in \mathfrak{F}} E \sim \bigcap_{E \in \mathfrak{F}} E$.

设 $\mathfrak{F}$ 是 $\widetilde{\mathfrak{B}}$ 的子集, 因为当 $K \in \widetilde{\mathfrak{B}}$ 时 $\Omega \setminus K \in \widetilde{\mathfrak{B}}$, 容易看出

$$\Omega \setminus \bigvee_{E \in \mathfrak{F}} E \sim \bigwedge_{E \in \mathfrak{F}} (\Omega \setminus E), \tag{1.2.1}$$

$$\Omega \setminus \bigwedge_{E \in \mathfrak{F}} E \sim \bigvee_{E \in \mathfrak{F}} (\Omega \setminus E). \tag{1.2.2}$$

引理 1.2.1　设 E 是测度有限集, $\mathfrak{F}$ 是 E 的一族可测子集, 那么 $\mathfrak{F}$ 必有上确界而且有一列 $E_n \in \mathfrak{F}$, $n = 1, 2, \cdots$, 使得 $\bigcup_{n=1}^{\infty} E_n$ 是 $\mathfrak{F}$ 的上确界.

证 令

$$\mathfrak{F}_1 = \left\{ \bigcup_{n=1}^{\infty} F_n \Big| F_n \in \mathfrak{F}, n = 1, 2, \cdots \right\}.$$

那么 $\mathfrak{F}_1$ 中任意可列个集的和集仍在 $\mathfrak{F}_1$ 中. 令

$$\alpha = \sup_{F \in \mathfrak{F}_1} \mu(F). \tag{1.2.3}$$

则 $\alpha \leqslant \mu(E) < \infty$. 因此有一列 $\lambda_n \in \mathfrak{F}_1, n = 1, 2, \cdots$ 使

$$\alpha = \lim_{n \to \infty} \mu(\lambda_n). \tag{1.2.4}$$

作 $E_0 = \bigcup_{n=1}^{\infty} \lambda_n \in \mathfrak{F}_1$, 则 $\alpha \geqslant \mu(E_0) \geqslant \mu(\lambda_n)$. 再由 (1.2.4) 知道

$$\mu(E_0) = \alpha.$$

今证 $E_0 = \bigvee_{F \in \mathfrak{F}} F$. 显然, 当 $F \in \mathfrak{F}$ 时 $F \in \mathfrak{F}_1$, 因此 $E_0 \cup F \in \mathfrak{F}_1$. 然而由 (1.2.4) 知道 $\mu(E_0 \cup F) \leqslant \alpha = \mu(E_0)$, 这样, $E_0 \cup F \setminus E_0$ 是零集. 因此 E_0 是 $\mathfrak{F}$ 的上界. 另一方面, 若 K 是 $\mathfrak{F}$ 的上界, 由于 E_0 必是 $\mathfrak{F}$ 中可列个 $E_n, n = 1, 2, \cdots$ 的和,

$$E_0 \setminus K \subset \bigcup_{n=1}^{\infty} (E_n \setminus K)$$

为 μ–零集. 即 $E_0 \prec K$. 所以 E_0 是上确界. 证毕.

系 1.2.2 设 E 是 σ–有限集, $\mathfrak{F}$ 是它的一族可测子集, 那么 $\mathfrak{F}$ 必有上确界, 而且存在一列 $E_n \in \mathfrak{F}, n = 1, 2, \cdots$, 使得 $\bigcup_{n=1}^{\infty} E_n = \bigvee_{F \in \mathfrak{F}} F$.

证 将 E 分解成一列互不相交的测度有限的集 $E^{(n)}, n = 1, 2, \cdots$ 的和. 令 $\mathfrak{F}^{(n)} = \{AE^{(n)} | A \in \mathfrak{F}\}$, 根据引理 1.2.1, 对每个 n, 存在一列 $F_{kn} \in \mathfrak{F}, k = 1, 2, \cdots$, 使得

$$\bigcup_{k=1}^{\infty} (F_{kn} \cap E^{(n)}) = \bigvee_{A \in \mathfrak{F}^{(n)}} A.$$

容易证明这时

$$\bigcup_{k,n=1}^{\infty} F_{kn} = \bigvee_{A \in \mathfrak{F}} A.$$

证毕.

引理 1.2.3 设 $\Omega = (G, \mathfrak{B}, \mu)$ 为测度空间, $\mathfrak{F} \subset \mathfrak{B}$ 而且 $\mathfrak{F}$ 为向上集, 即对任何 $A, B \in \mathfrak{F}$ 有 $C \in \mathfrak{F}$ 使 $A \prec C, B \prec C$. 记 E 为 $\mathfrak{F}$ 的上确界, 则

$$\mu(E) = \sup_{A \in \mathfrak{F}} \mu(A).$$

证　由于当 $A \in \mathfrak{F}$ 时 $A \prec E$, 所以 $\mu(A) \leqslant \mu(E)$. 因此只要证明当 $\alpha = \sup\limits_{A \in \mathfrak{F}} \mu(A) < \infty$ 时 $\mu(E) \leqslant \alpha$ 即可. 这时有 $A_n \in \mathfrak{F}, n = 1, 2, \cdots$, 使 $\mu(A_n) \to \alpha$. 由于 $\mathfrak{F}$ 是向上的, 不妨设

$$A_1 \prec A_2 \prec \cdots \prec A_n \prec \cdots.$$

作 $A = \bigcup\limits_{n=1}^{\infty} A_n$, 则 $\mu(A) = \alpha$. 今证 A 是 $\mathfrak{F}$ 的上界. 否则, 有 $K \in \mathfrak{F}$ 使 $\mu(K \setminus A) > 0$. 但这时有 $B_n \in \mathfrak{F}$ 使

$$K \prec B_n, \quad A_n \prec B_n,$$

因此当 $n \to \infty$ 时,

$$\alpha \geqslant \mu(B_n) \geqslant \mu(K \cup A_n) = \mu(K \setminus A_n) + \mu(A_n)$$
$$\to \mu(K \setminus A) + \alpha > \alpha.$$

这是矛盾. 证毕.

引理 1.2.4　设 $\Omega = (G, \mathfrak{B}, \mu)$ 是测度空间, $\mathfrak{F} \subset \mathfrak{B}$ 而且 $\mathfrak{F}$ 中任何两个不同的集 F, F' 都有 $\mu(F \cap F') = 0$. 设 E 是 $\mathfrak{F}$ 的上确界, 则

$$\mu(E) = \sum_{F \in \mathfrak{F}} \mu(F). \tag{1.2.5}$$

证　设 (1.2.5) 右边是 ∞, 则有 $\{F_n | n = 1, 2, \cdots\} \subset \mathfrak{F}$ 使 $\sum\limits_{n=1}^{\infty} \mu(F_n) = \infty$. 然而由于 E 是 $\mathfrak{F}$ 的上确界, E 是 $\{F_n\}$ 的上界, 所以 $\mu(E) \geqslant \mu\left(\bigcup\limits_{n=1}^{\infty} F_n\right) = \sum\limits_{n=1}^{\infty} \mu(F_n) = \infty$. 若 $\sum\limits_{F \in \mathfrak{F}} \mu(F) < \infty$, 则 $\mathfrak{F}$ 中不是零集的最多只有可列个, 记为 $F_1, F_2, \cdots$. 容易看出 $\bigcup\limits_{n} F_n$ 是 $\mathfrak{F}$ 的上确界, 因此 E 与 F 等价, 即得 (1.2.5). 证毕.

2°　可测集与投影算子

设 $L^2(\Omega)$ 是 Ω 上平方可积函数全体所成的 Hilbert 空间 (见 §1.1), 对每个 $E \in \widetilde{\mathfrak{B}}$, 记 C_E 为 E 的特征函数,

$$C_E(g) = \begin{cases} 1, & \text{当 } g \in E, \\ 0, & \text{当 } g \in G \setminus E. \end{cases}$$

又令 H_E 是 $L^2(\Omega)$ 中在 E 外为零的函数全体所成的闭线性子空间, P_E 是 $L^2(\Omega)$ 到 H_E 的投影算子. 那么 $(P_E f)(g) = C_E(g) f(g), f \in L^2(\Omega)$.

我们注意, 一般说来 Hilbert 空间 H 的线性闭子空间全体按包含关系 $\subset$ 成为半序集. 对于任何一族线性闭子空间 $\mathfrak{F}$ 必有下确界. 它是 $\mathfrak{F}$ 中一切集的闭子空间的公共部分, 记为 $\bigwedge_{M \in \mathfrak{F}} M$. $\mathfrak{F}$ 也有上确界, 它是包含 $\mathfrak{F}$ 的一切集的闭子空间的公共部分. 或是说由 $\bigcup_{L \in \mathfrak{F}} L$ 中向量作线性组合得到一个线性子空间, 再作它的包就是所要的闭线性子空间 ——$\mathfrak{F}$ 的上确界, 记成 $\bigvee_{M \in \mathfrak{F}} M$.

相应地 H 中的 (直交) 投影算子全体按大小关系 "$\leqslant$" 也成一半序集, 由于投影算子与闭线性子空间是一一对应的, 而且这个对应关系也保持顺序不变, 即是说若 P, Q 是 H 中的投影算子, 则 $PH \subset QH$ 等价于 $P \leqslant Q$. 因此若 $\mathfrak{F}_1$ 是 H 中的一族投影算子, 则 $\mathfrak{F}_1$ 有上确界 P, 它是由条件

$$PH = \bigvee_{Q \in \mathfrak{F}_1} QH$$

决定的. 记为 $P = \bigvee_{Q \in \mathfrak{F}_1} Q$. 类似地 $\mathfrak{F}_1$ 有下确界, 记为 $\bigwedge_{M \in \mathfrak{F}_1} M$.

我们注意, 当 $E, F \in \mathfrak{B}$ 时, 显然 $E \sim F$ 的充要条件是 $H_E = H_F$ (或 $P_E = P_F$), 而 $E \prec F$ 的充要条件是 $H_E \subset H_F$ (或 $P_E \leqslant P_F$).

引理 1.2.5 设 $\mathfrak{F} \subset \mathfrak{B}, E \in \mathfrak{B}$, 则 $E = \bigvee_{F \in \mathfrak{F}} F$ 的充要条件是

$$P_E = \bigvee_{F \in \mathfrak{F}} P_F. \tag{1.2.6}$$

证 设 $E = \bigvee_{F \in \mathfrak{F}} F$, 则当 $F \in \mathfrak{F}$ 时 $F \prec E$, 因此 $P_F \leqslant P_E$. 因此

$$P_E \geqslant \bigvee_{F \in \mathfrak{F}} P_F. \tag{1.2.7}$$

设 $f \in H_E$, 则集 $\mathfrak{M}_f = \{g | f(g) \neq 0\} \setminus E$ 为零集. 这个 $\mathfrak{M}_f$ 是 σ-有限的. 令 $\mathfrak{F}_f = \{A \cap \mathfrak{M}_f | A \in \mathfrak{F}\}$. 根据系 1.2.2, 有一列 $A_n \in \mathfrak{F}, n = 1, 2, \cdots$, 使得 $\bigcup_{n=1}^{\infty}(A_n \cap \mathfrak{M}_f) \sim \bigvee_{A \in \mathfrak{F}} (A \cap \mathfrak{M}_f)$. 然而容易验证 $\bigvee_{A \in \mathfrak{F}} (A \cap \mathfrak{M}_f) \sim \left(\bigvee_{A \in \mathfrak{F}} A \right) \cap \mathfrak{M}_f = E \cap \mathfrak{M}_f \sim \mathfrak{M}_f$. 因此当 $N \to \infty$ 时,

$$\left\| f - C_{\underset{n=1}{\overset{N}{\bigcup}} A_n} f \right\|^2 = \int_{\mathfrak{M}_f \setminus \underset{n=1}{\overset{N}{\bigcup}} A_n} |f(g)|^2 d\mu(g) \to 0. \tag{1.2.8}$$

又容易看出 $C_{\underset{n=1}{\overset{N}{\bigcup}} A_n} f \in H_{\underset{n=1}{\overset{N}{\bigcup}} A_n} \subset \bigvee_{F \in \mathfrak{F}} H_F$. 而 $\bigvee_{F \in \mathfrak{F}} H_F$ 又是闭集, 从 (1.2.8) 看出

$f \in \bigvee\limits_{F \in \mathfrak{F}} H_F$. 即

$$H_E \subset \bigvee_{F \in \mathfrak{F}} H_F.$$

因此 $P_E \leqslant \bigvee\limits_{F \in \mathfrak{F}} P_F$. 把这个不等式和 (1.2.7) 结合起来就得到 (1.2.6). 至于条件 (1.2.6) 的充分性的证明留给读者.

引理 1.2.5 指出了集族上确界与相应的投影算子族上确界的联系.

3° 可局部化测度空间的定义和一些性质

定义 1.2.3　设 $\Omega = (G, \mathfrak{B}, \mu)$ 是一个测度空间, 满足下面两条件: (i) 若 $B \in \mathfrak{B}, \mu(B) > 0$, 必有 $E \in \mathfrak{B}, E \subset B$, 使 $0 < \mu(E) < \infty$; (ii) 令 $\widetilde{\mathfrak{B}}$ 是它的可测集全体, 对于任何 $\mathfrak{F} \subset \widetilde{\mathfrak{B}}$, 必然存在着它的上确界 $\bigvee\limits_{A \in \mathfrak{F}} A \in \widetilde{\mathfrak{B}}$. 那么称 Ω 是可局部化测度空间.

由系 1.2.2 立即知道

例 1.2.1　全 σ-有限 (或全有限) 测度空间必是可局部化测度空间.

又如设测度 μ' 与 μ 等价, 当 Ω 是可局部化测度空间时, $\Omega' = (G, \mathfrak{B}, \mu')$ 也是可局部化测度空间.

我们写出下面一类重要的可局部化测度空间.

定理 1.2.6　可局部化测度空间族的直接和测度空间是可局部化的.

证　设 $\Omega = (G, \mathfrak{B}, \mu)$ 是可局部化测度空间族 $\Omega_\xi = (G_\xi, \mathfrak{B}_\xi, \mu_\xi), \xi \in \Xi$ 的直接和. 设 $\mathfrak{F} \subset \widetilde{\mathfrak{B}}$. 今证 $\mathfrak{F}$ 在 $\widetilde{\mathfrak{B}}$ 中有上确界.

作 $\mathfrak{F}_\xi = \{F \cap G_\xi | F \in \mathfrak{F}\}$. 根据假设, $\mathfrak{F}_\xi$ 有上确界 $E_\xi \in \widetilde{\mathfrak{B}}_\xi$. 作 $E = \bigcup\limits_{\xi \in \Xi} E_\xi$, 这是 $\widetilde{\mathfrak{B}}$ 中的元素而且是集族 $\{E_\xi, \xi \in \Xi\}$ 的上确界. 今证 E 是 $\mathfrak{F}$ 的上确界.

当 $F \in \mathfrak{F}$ 时, 由于对每个 $\xi \in \Xi, (F \setminus E) \cap G_\xi = F \cap G_\xi \setminus E_\xi$ 是零集, 所以 $F \setminus E \in \mathfrak{B}_0$. 即 E 为 $\mathfrak{F}$ 的上界. 另一方面, 若 K 是 $\mathfrak{F}$ 的任一上界, 则对每个 $F \in \mathfrak{F}$ 和每个 $\xi \in \Xi, (F \setminus K) \cap G_\xi = (F \cap G_\xi) \setminus (K \cap G_\xi)$ 为零集, 即 $K \cap G_\xi$ 是 $\mathfrak{F}_\xi$ 的上界, 所以 $E_\xi \setminus (K \cap G_\xi)$ 为零集. 也就是说 $(E \setminus K) \cap G_\xi$ 是零集. 因而 $E \setminus K \in \mathfrak{B}_0$. 此外, 显然每个测度无限的集必含有一个正有限测度的子集. 因此 Ω 是可局部化的. 证毕.

例 1.2.2　群上的准 σ-有限的测度, 特别言之, 局部紧群上的 Haar 测度, 是可局部化的.

后面还要用到下面的概念.

定义 1.2.4　设 $(G, \mathfrak{B}, \mu)$ 是测度空间, 任取 $E \in \widetilde{\mathfrak{B}}$, 令 $[E]$ 表示 $\{F | F \sim E, F \in \widetilde{\mathfrak{B}}\}$, 即 $\widetilde{\mathfrak{B}}$ 按等价关系 $\sim$ 划出的等价类. 令 $\mathfrak{U}$ 是这些等价类全体. 当 $[E], [F] \in \mathfrak{U}$ 时,

令 $[E] \vee [F] = [E \vee F], [E] \wedge [F] = [E \wedge F]$, 称 $\mathfrak{U}$ 为相应于测度空间 $(G, \mathfrak{B}, \mu)$ 的可测环. 又定义 $\mathfrak{U}$ 上的函数 μ 如下:

$$\mu([E]) = \mu(E),$$

称 μ 为可测环 $\mathfrak{U}$ 上的测度, 称 $(\mathfrak{U}, \mu)$ 为相应于测度空间 $(G, \mathfrak{B}, \mu)$ 的测度环.

设 $\Omega = (G, \mathfrak{B}, \mu)$ 与 $\Omega' = (G', \mathfrak{B}', \mu')$ 是两个测度空间, $(\mathfrak{U}, \mu)$ 和 $(\mathfrak{U}', \mu')$ 是相应的测度环. 如果存在着 $\mathfrak{U}$ 到 $\mathfrak{U}'$ 上的一一映照 φ 满足如下的条件:

$$\varphi([\varnothing]) = [\varnothing], \quad \varphi([G]) = [G],$$
$$\varphi(\xi \wedge \eta) = \varphi(\xi) \wedge \varphi(\eta), \quad \varphi(\xi \vee \eta) = \varphi(\xi) \vee \varphi(\eta), \tag{1.2.9}$$

而且 $\mu(\xi) = 0$ 与 $\mu'(\varphi(\xi)) = 0$ 等价, 则称测度空间 Ω 与 Ω' 是等价的.

当 $G = G', \mathfrak{B} = \mathfrak{B}'$ 时, 如果 $\varphi([E]) = [E]$, 那么这里等价的概念就是可测空间上 μ 与 μ' 二测度等价.

§1.3 Kolmogorov 定理

在 Halmos [1] 的第七章介绍过乘积空间, 显然那里的讨论很容易地推广到任意个空间的乘积, 下面我们所谈的乘积空间、乘积测度空间都是指任意个空间的乘积.

1° 测度空间族的投影极限

我们现在要把乘积测度空间的概念作一些推广.

定义 1.3.1 设 $(\Gamma_\lambda, \mathfrak{B}_\lambda), \lambda \in \Lambda$ 是一族可测空间, Λ 是向上半序集. 又设当 $\lambda \prec \lambda', \lambda, \lambda' \in \Lambda$ 时 $P_\lambda^{\lambda'}$ 是 $\Gamma_{\lambda'}$ 到 Γ_λ 的映照, 而且当 $A \in \mathfrak{B}_\lambda$ 时 $(P_\lambda^{\lambda'})^{-1}(A) \in \mathfrak{B}_{\lambda'}$ (换言之, $P_\lambda^{\lambda'}$ 是 $(\Gamma_{\lambda'}, \mathfrak{B}_{\lambda'})$ 到 $(\Gamma_\lambda, \mathfrak{B}_\lambda)$ 的可测映照), 满足如下的相容条件: 当 $\lambda \prec \lambda', \lambda' \prec \lambda''$ 时,

$$P_{\lambda'}^{\lambda''} P_\lambda^{\lambda'} = P_\lambda^{\lambda''}. \tag{1.3.1}$$

那么称 $\{P_\lambda^{\lambda'}, \lambda \prec \lambda', \lambda, \lambda' \in \Lambda\}$ 是可测空间族 $\{(\Gamma_\lambda, \mathfrak{B}_\lambda), \lambda \in \Lambda\}$ 的相容投影算子族.

若有集 Γ, 及 Γ 到 Γ_λ 上[①]的映照 P_λ 适合如下条件: 当 $\lambda \prec \lambda'$ 时,

$$P_\lambda^{\lambda'} P_{\lambda'} = P_\lambda. \tag{1.3.2}$$

记 $\mathfrak{B}_\lambda^* = \{P_\lambda^{-1}(A) | A \in \mathfrak{B}_\lambda\}$. 称 $P_\lambda^{-1}(A)$ 为 Γ 中以 $A \in \mathfrak{B}_\lambda$ 为基的相应于 λ 的 Borel 柱. 记 $\mathfrak{B}_0$ 为一切 Borel 柱全体, $\mathfrak{B}_0 = \bigcup_{\lambda \in \Lambda} \mathfrak{B}_\lambda^*$. 我们用 $\mathfrak{B}$ 表示由 Γ 的子集组成的

[①] 即 $P_\lambda(\Gamma) = \Gamma_\lambda$.

包含 $\mathfrak{B}_0$ 的最小 σ-环. 称 $(\Gamma, \mathfrak{B})$ 为可测空间族 $\{(\Gamma_\lambda, \mathfrak{B}_\lambda), \lambda \in \Lambda\}$ 的 (关于投影族 $\{P_\lambda, \lambda \in \Lambda\}$ 的) 投影极限.

我们注意, 当 $\lambda \prec \lambda'$ 时 $\mathfrak{B}_\lambda^* \subset \mathfrak{B}_{\lambda'}^*$, 又对每个 $\lambda \in \Lambda, \mathfrak{B}_\lambda^*$ 是一个 σ-环. 于是易知 $\mathfrak{B}_0$ 是环, 但 $\mathfrak{B}_0$ 不一定是 σ-环.

定义 1.3.2　设 μ 是 $\mathfrak{B}_0$ 上的非负集函数, 而且对每个 $\lambda \in \Lambda$, 当我们把 μ 限制在 $\mathfrak{B}_\lambda^*$ 上时, 它是测度, 那么称 μ 是 $(\Gamma, \mathfrak{B}_0)$ 上的柱测度.

显然, μ_0 在 $\mathfrak{B}_0$ 上是有限可加而不一定是可列可加的.

定义 1.3.3　设 $(\Gamma_\lambda, \mathfrak{B}_\lambda, \mu_\lambda), \lambda \in \Lambda$ 是一族测度空间, $\{P_\lambda^{\lambda'}, \lambda \prec \lambda', \lambda, \lambda' \in \Lambda\}$ 是一族投影算子. 如果当 $\lambda \prec \lambda'$ 时, 对一切 $A \in \mathfrak{B}_\lambda$,

$$\mu_\lambda(A) = \mu_{\lambda'}((P_\lambda^{\lambda'})^{-1}A), \tag{1.3.3}$$

那么称这族测度 $\mu_\lambda, \lambda \in \Lambda$ (或测度空间族 $(\Gamma_\lambda, \mathfrak{B}_\lambda, \mu_\lambda), \lambda \in \Lambda$) 关于投影算子族 $\{P_\lambda^{\lambda'}\}$ 是相容的.

定义 1.3.4　设 $(\Gamma, \mathfrak{B}_0)$ 是可测空间族 $(\Gamma_\lambda, \mathfrak{B}_\lambda), \lambda \in \Lambda$ 的投影极限. 设 μ_0 为 $(\Gamma, \mathfrak{B}_0)$ 上的柱测度. 记 μ_λ 为 $(\Gamma_\lambda, \mathfrak{B}_\lambda)$ 上如下的测度: 当 $A \in \mathfrak{B}_\lambda$ 时,

$$\mu_\lambda(A) = \mu_0(P_\lambda^{-1}(A)). \tag{1.3.4}$$

称 $(\Gamma, \mathfrak{B}_0, \mu)$ 为测度空间族 $(\Gamma_\lambda, \mathfrak{B}_\lambda, \mu_\lambda), \lambda \in \Lambda$ 的投影极限.

引理 1.3.1　设 $(\Gamma, \mathfrak{B}_0)$ 是可测空间族 $(\Gamma_\lambda, \mathfrak{B}_\lambda), \lambda \in \Lambda$ 的投影极限, μ_λ 是 $(\Gamma_\lambda, \mathfrak{B}_\lambda)$ 上的测度. 那么在 $(\Gamma, \mathfrak{B}_0)$ 上存在柱测度 μ_0, 使 $(\Gamma, \mathfrak{B}_0, \mu_0)$ 为 $\{(\Gamma_\lambda, \mathfrak{B}_\lambda, \mu_\lambda), \lambda \in \Lambda\}$ 的投影极限的充要条件是 $\{(\Gamma_\lambda, \mathfrak{B}_\lambda, \mu_\lambda), \lambda \in \Lambda\}$ 成为相容的测度族.

证　设 $\{(\Gamma_\lambda, \mathfrak{B}_\lambda, \mu_\lambda), \lambda \in \Lambda\}$ 是相容的. 作 $\mathfrak{B}_0$ 上集函数 μ_0 如下: 若 $A \in \mathfrak{B}_\lambda, P_\lambda^{-1}(A) \in \mathfrak{B}_\lambda^*$, 规定

$$\mu_0(P_\lambda^{-1}(A)) = \mu_\lambda(A). \tag{1.3.5}$$

今证 μ_0 有确定的意义. 即若 $A \in \mathfrak{B}_\lambda, A' \in \mathfrak{B}_{\lambda'}$ 且 $P_\lambda^{-1}(A) = P_{\lambda'}^{-1}(A')$, 则

$$\mu_{\lambda'}(A') = \mu_\lambda(A). \tag{1.3.6}$$

事实上, 这时有 $\lambda'' \in \Lambda, \lambda \prec \lambda'', \lambda' \prec \lambda''$. 根据 (1.3.1) 和 (1.3.2), 我们有 $(P_{\lambda'}^{\lambda''})^{-1}A' = P_{\lambda''}(P_{\lambda'}^{-1}A') = P_{\lambda''}(P_\lambda^{-1}A) = (P_\lambda^{\lambda''})^{-1}A$, 因此从 (1.3.3) 得到

$$\mu_{\lambda'}(A') = \mu_{\lambda''}((P_{\lambda'}^{\lambda''})^{-1}A') = \mu_{\lambda''}((P_\lambda^{\lambda''})^{-1}A) = \mu_\lambda(A).$$

这就是 (1.3.6). 这就得到 $(\Gamma, \mathfrak{B}_0)$ 上的柱测度 μ_0 (它在 $(\Gamma, \mathfrak{B}_\lambda^*)$ 上的可列可加性容易由 μ_λ 的可列可加性导出).

反之, 设 $(\Gamma, \mathfrak{B}_0, \mu_0)$ 是 $\{(\Gamma_\lambda, \mathfrak{B}_\lambda, \mu_\lambda), \lambda \in \Lambda\}$ 的投影极限. 那么任取 $A \in \mathfrak{B}_\lambda$, 当 $\lambda \prec \lambda'$ 时, 由 (1.3.2) 得到 $P_\lambda^{-1}(A) = P_{\lambda'}^{-1}((P_\lambda^{\lambda'})^{-1}A)$. 因此由 (1.3.4) 得到

$$\mu_\lambda(A) = \mu_0(P_\lambda^{-1}(A)) = \mu_0(P_{\lambda'}^{-1}(P_\lambda^{\lambda'})^{-1}A) = \mu_{\lambda'}((P_\lambda^{\lambda'})^{-1}A).$$

这就得到了测度族 $\{\mu_\lambda, \lambda \in \Lambda\}$ 的相容性.

下面给出一个重要的例.

例 1.3.1 设 $(\Gamma_\alpha, \mathfrak{B}_\alpha), \alpha \in \mathfrak{U}$ 是一族可测空间, Λ 为 $\mathfrak{U}$ 的非空有限子集全体. 在 Λ 中规定半序 (称之为自然顺序) 如下: 若 $\lambda, \lambda' \in \Lambda$ 且 $\lambda \subset \lambda'$, 则令 $\lambda \prec \lambda'$, 显然 Λ 是向上半序集. 对每个 $\lambda \in \Lambda$, 作乘积可测空间 $(\Gamma_\lambda, \mathfrak{B}_\lambda) = \left(\underset{\alpha \in \lambda}{\times} \Gamma_\alpha, \underset{\alpha \in \lambda}{\times} \mathfrak{B}_\alpha \right)$. 特别当 λ 只含有一个 α 时, 我们把 Γ_λ 与 Γ_α 一致起来. 当 $\lambda = \{\alpha_1, \cdots, \alpha_n\}$ 时, 记 Γ_λ 中的点为 $\omega_\lambda = (\omega_{\alpha_1}, \cdots, \omega_{\alpha_n})$, 其中 $\omega_{\alpha_\nu} \in \Gamma_{\alpha_\nu}$. 若 $\lambda \prec \lambda'$, 不妨记 $\lambda' = \{\alpha_1, \cdots, \alpha_m\}, m \geq n$. 作 $\Gamma_{\lambda'}$ 到 Γ_λ 的映照 $P_\lambda^{\lambda'}$ 如下:

$$P_\lambda^{\lambda'}(\omega_{\alpha_1}, \cdots, \omega_{\alpha_m}) = (\omega_{\alpha_1}, \cdots, \omega_{\alpha_n}).$$

容易看出这族映照 $\{P_\lambda^{\lambda'}\}$ 满足相容条件 (1.3.1). 称 $\{P_\lambda^{\lambda'}\}$ 为自然投影算子族.

令 Γ 为乘积空间 $\underset{\alpha \in \mathfrak{U}}{\times} \Gamma_\alpha$. 对每个 $\omega \in \Gamma$, 用 ω_α 表示 ω 的 α-坐标. 对于每个 $\lambda \in \Lambda, \lambda = \{\alpha_1, \cdots, \alpha_n\}$, 记 P_λ 为映照

$$\omega \to \omega_\lambda = (\omega_{\alpha_1}, \cdots, \omega_{\alpha_n}),$$

称之为 Γ 到 Γ_λ 上的自然投影, 特别当 λ 只含有单元素 α 时, 就记 P_λ 为 P_α. 容易看出 $\{P_\lambda\}$ 与 $\{P_\lambda^{\lambda'}\}$ 适合关系 (1.3.2). 令 $\mathfrak{B}_0$ 为 Γ 中 Borel 柱全体. 那么称 $(\Gamma, \mathfrak{B}_0)$ 为可测空间族 $(\Gamma_\lambda, \mathfrak{B}_\lambda), \lambda \in \Lambda$ 的典型投影极限. 这时, $(\Gamma, \mathfrak{B})$ 就是可测空间族 $(\Gamma_\alpha, \mathfrak{B}_\alpha), \alpha \in \mathfrak{U}$ 的乘积.

设 μ_α 是 $(\Gamma_\alpha, \mathfrak{B}_\alpha)$ 上的概率测度. 对每个 $\lambda \in \Lambda, \lambda = \{\alpha_1, \cdots, \alpha_n\}$, 我们令 μ_λ 是 $(\Gamma_\lambda, \mathfrak{B}_\lambda)$ 上的乘积测度 $\overset{n}{\underset{k=1}{\times}} \mu_{\alpha_k}$. 那么测度空间族 $(\Gamma_\lambda, \mathfrak{B}_\lambda, \mu_\lambda)$ 是相容的. 根据 Halmos [1], 在 $(\Gamma, \mathfrak{B})$ 上存在着乘积测度 μ 使 $(\Gamma, \mathfrak{B}, \mu)$ 为 $\left(\underset{\alpha \in \mathfrak{U}}{\times} \Gamma_\alpha, \underset{\alpha \in \mathfrak{U}}{\times} \mathfrak{B}_\alpha, \underset{\alpha \in \mathfrak{U}}{\times} \mu_\alpha \right)$. 我们把 μ 限制在 $\mathfrak{B}_0$ 上得到一个柱测度 μ_0, 而 $(\Gamma, \mathfrak{B}_0, \mu_0)$ 就是测度空间族的投影极限. 这时 μ_0 在 $\mathfrak{B}_0$ 上是可列可加的.

一般地说, 对于一族相容测度空间族 $(\Gamma_\lambda, \mathfrak{B}_\lambda, \mu_\lambda), \lambda \in \Lambda$ 的投影极限 $(\Gamma, \mathfrak{B}_0, \mu_0)$, 我们最感兴趣的问题是柱测度 μ_0 的可列可加性. 当 μ_0 是可列可加测度时, μ_0 可以延拓成 σ-环 $\mathfrak{B}$ 上测度 μ. 上面已经举出了一个最简单的情况, 在上述例中 μ_0 为可列可加的.

下面我们在 Γ_λ 为拓扑空间情况下来研究 μ_0 的可列可加性.

定义 1.3.5　设 $(\Gamma_\lambda, \mathfrak{T}_\lambda), \lambda \in \Lambda$ 是一族拓扑空间, Λ 是向上半序指标集. 又设当 $\lambda, \lambda' \in \Lambda, \lambda \prec \lambda'$ 时存在 $\Gamma_{\lambda'}$ 到 Γ_λ 上的连续映照 $P_\lambda^{\lambda'}$, 它们满足相容条件 (1.3.1). 则称 $\{P_\lambda^{\lambda'}\}$ 是拓扑空间族 $\{(\Gamma_\lambda, \mathfrak{T}_\lambda), \lambda \in \Lambda\}$ 的 (相容) 投影算子族.

设 Γ 是一集, 存在着 Γ 到 Γ_λ 上的映照 P_λ, 它们适合如下的条件: 当 $\lambda, \lambda' \in \Lambda, \lambda \prec \lambda'$ 时 (1.3.2) 成立.

再规定 Γ 中的拓扑如下: 对每个 $\lambda \in \Lambda$, 记

$$\mathfrak{T}_\lambda^* = \{P_\lambda^{-1}(A) | A \in \mathfrak{T}_\lambda\}.$$

记 $\mathfrak{T}_0 = \bigcup_{\lambda \in \Lambda} \mathfrak{T}_\lambda^*$.[①]　令 $\mathfrak{T}$ 是包含 $\mathfrak{T}_0$ 的最弱拓扑. 那么称 $(\Gamma, \mathfrak{T})$ 是拓扑空间族 $\{(\Gamma_\lambda, \mathfrak{T}_\lambda), \lambda \in \Lambda\}$ 的 (关于投影算子族 $\{P_\lambda, \lambda \in \Lambda\}$ 的) 投影极限. 显然, 这种投影极限若存在并非是唯一的.

这时, 如果对于任何一列 $\{\lambda_n\} \subset \Lambda$,

$$\lambda_1 \prec \lambda_2 \prec \cdots \prec \lambda_n \prec \cdots, \tag{1.3.7}$$

以及按拓扑 $\mathfrak{T}_{\lambda_n}^*$ 的闭紧集 E_n,

$$E_1 \supset E_2 \supset \cdots \supset E_n \supset \cdots, \tag{1.3.8}$$

只要每个 E_n 不空, $\bigcap_{n=1}^\infty E_n$ 就不空, 那么称投影极限 $(\Gamma, \mathfrak{T})$ 为投影完全的.

引理 1.3.2　设 $(\Gamma, \mathfrak{T})$ 是 Hausdorff 拓扑空间族 $\{(\Gamma_\lambda, \mathfrak{T}_\lambda), \lambda \in \Lambda\}$ 的投影极限, 如果对任何适合条件 (1.3.7) 的一列 $\{\lambda_n\} \subset \Lambda$ 以及任何一列适合条件 (1.3.9) 的元素列 $\{\xi_n, n = 1, 2, \cdots\}$,

$$\xi_n \in \Gamma_{\lambda n}, \quad \text{当 } m \geqslant n \text{ 时 } P_{\lambda n}^{\lambda m} \xi_n = \xi_n, \tag{1.3.9}$$

必有 $\xi \in \Gamma$ 使得对一切 n,

$$P_{\lambda n} \xi = \xi_{\lambda n},$$

那么 $(\Gamma, \mathfrak{T})$ 是投影完全的.

证　任取满足条件 (1.3.7) 的 $\{\lambda_n\} \subset \Lambda$, 及满足条件 (1.3.8) 的按拓扑 $\mathfrak{T}_{\lambda_n}^*$ 闭紧的一列非空集 E_n. 今证 $\bigcap_{n=1}^\infty E_n$ 不空.

因为 $P_{\lambda_m} E_m$ 是 $(\Gamma_{\lambda_m}, \mathfrak{T}_{\lambda_m})$ 中的闭紧集而且当 $m \geqslant n$ 时 $P_{\lambda_n}^{\lambda_m}$ 是连续映照, 所以 $P_{\lambda_n} E_m = P_{\lambda_n}^{\lambda_m} P_{\lambda_m} E_m$ 是 $(\Gamma_{\lambda_n}, \mathfrak{T}_{\lambda_n})$ 中的闭紧集. 因此, $(\Gamma_{\lambda_1}, \mathfrak{T}_{\lambda_1})$ 中的单调非空闭紧子集列 $\{P_{\lambda_1} E_m, m = 1, 2, \cdots\}$ 必有公共点 ξ_{λ_1}.

[①] 称 $\mathfrak{T}_0$ 中元素为 Γ 中的开柱.

由于 $\xi_1 \in P_{\lambda_1}E_m, m = 1, 2, \cdots$, 所以 $P_{\lambda_1}^{-1}\xi_1 \bigcap E_m$ 不空. 由于设 $(\Gamma_\lambda, \mathfrak{T}_\lambda)$ 满足 Hausdorff 公理, 又由于 $P_{\lambda_1}^{-1}\xi_1 = P_{\lambda_m}^{-1}(P_{\lambda_1}^{\lambda_m})^{-1}\xi_1$, 所以 $P_{\lambda_1}^{-1}\xi_1$ 按 $\mathfrak{T}_{\lambda_m}^*$ 为闭集. 因此 $P_{\lambda_1}^{-1}\xi_1 \bigcap E_m$ 是 $\mathfrak{T}_{\lambda_m}^*$ 中的非空闭紧集. 把前面的讨论施之于集列

$$P_{\lambda_1}^{-1}\xi_1 \bigcap E_2 \supset \cdots \supset P_{\lambda_1}^{-1}\xi_1 \bigcap E_m \supset \cdots,$$

那么 $\{P_{\lambda_1}(P_{\lambda_1}^{-1}\xi_1 \bigcap E_m), m = 2, 3, \cdots\}$ 有公共点 ξ_2. 因此

$$P_{\lambda_1}^{\lambda_2}\xi_2 = \xi_1, \quad \xi_2 \in P_{\lambda_2}E_m, \quad m = 2, \cdots.$$

如果继续讨论下去, 我们得到一列元素 $\{\xi_n, n = 1, 2, \cdots\}$, 它们具有如下性质:

$$\text{当 } m \geqslant n \text{ 时 } P_{\lambda_n}^{\lambda_m}\xi_m = \xi_n \in P_{\lambda_n}E_m, \tag{1.3.10}$$

由 (1.3.10) 知道 $\{\xi_{\lambda_n}\}$ 适合条件 (1.3.9). 因此有 $\xi \in \Gamma$ 使得对一切 $n, P_{\lambda_n}\xi = \xi_{\lambda_n}$. 因此再由 (1.3.10) 得到

$$P_{\lambda_n}\xi \in P_{\lambda_n}E_n, n = 1, 2, \cdots.$$

但 E_n 是按 $\mathfrak{T}_{\lambda_n}^*$ 的闭集, 因此 $\xi \in E_n, n = 1, 2, \cdots$, 即 $\bigcap\limits_{n=1}^{\infty} E_n$ 不空. 证毕.

例 1.3.2 设 $(\Gamma_\alpha, \mathfrak{T}_\alpha), \alpha \in \mathfrak{A}$ 是一族拓扑空间, 令 Λ 为 $\mathfrak{A}$ 的有限子集全体所成的集族. 按例 1.3.1 的办法规定 Λ 的半序, 并对每个 $\lambda \in \Lambda$, 作乘积拓扑空间 $(\Gamma_\lambda, \mathfrak{T}_\lambda) = \left(\mathop{\times}\limits_{\alpha\in\lambda}\Gamma_\alpha, \mathop{\times}\limits_{\alpha\in\lambda}\mathfrak{T}_\alpha\right)$. 特别, 当 λ 只含有一个 α 时, 我们把 λ 和 α 一致起来. 又根据例 1.3.1. 引进投影算子族 $\{P_\lambda^{\lambda'}\}$. 作拓扑空间族 $\{(\Gamma_\alpha, \mathfrak{T}_\alpha), \alpha \in \mathfrak{A}\}$ 的乘积拓扑空间 $(\Gamma, \mathfrak{T})$. 又按例 1.3.1 引进算子 $\{P_\lambda\}$. 容易看出 $(\Gamma, \mathfrak{T})$ 也就是拓扑空间族 $\{(\Gamma_\lambda, \mathfrak{T}_\lambda), \lambda \in \Lambda\}$ 的投影极限, 称这种投影极限为典型投影极限.

下面引理中, 设 $(\Gamma_\alpha, \mathfrak{T}_\alpha), \alpha \in \mathfrak{A}$ 是 Hausdorff 空间族.

引理 1.3.3 典型投影极限必是投影完全的.

证 只要验证引理 1.3.2 中的条件就可以了. 任取满足条件 (1.3.7) 的序列 $\{\lambda_n\} \supset \Lambda$. 不妨设

$$\lambda_n = \{\alpha_1, \alpha_2, \cdots, \alpha_{k_n}\} \subset \mathfrak{A}.$$

若 $\{\xi_n\}$ 是满足条件 (1.3.9) 的元素列, 则必有 $\eta_{\alpha_m} \in \Gamma_{\alpha_m}$ 使

$$\xi_n = \{\eta_{\alpha_1}, \cdots, \eta_{\alpha_{k_n}}\}.$$

作 $\xi \in \mathop{\times}\limits_{\alpha\in\mathfrak{A}}\Gamma_\alpha$ 如下: ξ 的第 α_m 坐标为 $\eta_{\alpha_m}, m = 1, 2, \cdots$, 而 ξ 的别的坐标可以任意选定. 显然 ξ 满足条件 (1.3.9). 因此典型投影极限满足引理 1.3.2 中的条件. 由引理 1.3.2, $(\Gamma, \mathfrak{T})$ 是投影完全的. 证毕.

在 §4.3 中还要举出满足引理 1.3.2 中条件的另一例.

2° 柱测度的可列可加性

我们先就一般情况写出下面结果, 这是在无限维空间上构造测度的基本定理.

定理 1.3.4 设 $(\Gamma_\lambda, \mathfrak{T}_\lambda)$ 是拓扑空间, $(\Gamma_\lambda, \mathfrak{B}_\lambda, \mu_\lambda)$ 是正则概率测度空间, $\lambda \in \Lambda$. 设 $\{P_\lambda^{\lambda'}\}$ 是 $\Gamma_{\lambda'}$ 到 Γ_λ 上的相容的投影算子族, 它们既是连续的又是可测的. $\{P_\lambda\}$ 是 Γ 到 Γ_λ 的相容的投影算子族. 设 $(\Gamma, \mathfrak{T})$ 为拓扑空间族 $(\Gamma_\lambda, \mathfrak{T}_\lambda)$, $\lambda \in \Lambda$ 的投影极限, 而且是投影完全的. $(\Gamma, \mathfrak{B}_0, \mu_0)$ 为相容的测度空间族 $(\Gamma_\lambda, \mathfrak{B}_\lambda, \mu_\lambda)$, $\lambda \in \Lambda$ 的投影极限. 那么柱测度 μ_0 必是可列可加的.

证 根据 Halmos[1] §9 定理 F, 只要证明对于 $\mathfrak{B}_0$ 中任何一列柱

$$B_1 \supset B_2 \supset \cdots \supset B_n \supset \cdots,$$

当

$$\lim_{n \to \infty} \mu_0(B_n) = L > 0 \tag{1.3.11}$$

时, 有 $\bigcap\limits_{n=1}^{\infty} B_n \neq 0$.

这时必有 $\lambda_n \in \Lambda$, 使 $B_n \in \mathfrak{B}_{\lambda_n}^*$. 不妨设

$$\lambda_1 \prec \lambda_2 \prec \lambda_3 \prec \cdots \prec \lambda_n \prec \cdots. \tag{1.3.12}$$

事实上, 由于 Λ 是向上半序集, 对于 λ_1, λ_2 必有 λ_2' 使 $\lambda_1 \prec \lambda_2', \lambda_2 \prec \lambda_2'$. 这时 $B_2 \in \mathfrak{B}_{\lambda_2}^* \subset \mathfrak{B}_{\lambda_2'}^*$, 因此只要易 λ_2 为 λ_2' 即可. 对 $n = 3, 4, \cdots$ 也一直如此处理, 因此有 $A_n \in \mathfrak{B}_{\lambda_n}$ 使 $B_n = P_{\lambda_n}^{-1}(A_n)$. 由于测度 μ_{λ_n} 的正则性, 有 Γ_{λ_n} 中的闭紧集 $C_n \in \mathfrak{B}_{\lambda_n}$ 使 $C_n \subset A_n$ 且

$$\mu_{\lambda_n}(A_n \setminus C_n) < \frac{L}{2^{n+1}}.$$

因此由 (1.3.4) 得到

$$\mu_0(B_n \setminus (P_{\lambda_n}^{-1} C_n)) < \frac{L}{2^{n+1}}. \tag{1.3.13}$$

令 $E_n = \bigcap\limits_{k=1}^{n} (P_{\lambda_k}^{-1} C_k)$. 由于 $P_{\lambda_k}^{-1} C_k \subset B_k$, 和

$$B_n \setminus E_n = \bigcup_{k=1}^{n} (B_n \setminus P_{\lambda_k}^{-1} C_k) \subset \bigcup_{k=1}^{n} (B_k \setminus P_{\lambda_k}^{-1} C_k),$$

以及 (1.3.13), 我们得到 $\mu_0(B_n \setminus E_n) < \frac{L}{2}$. 再由 (1.3.11) 得到

$$\mu_0(E_n) = \mu_0(B_n) - \mu_0(B_n \setminus E_n) > \frac{L}{2} > 0.$$

由此 E_n 不是空集, 然而 E_n 是 $\mathfrak{T}^*_{\lambda_n}$ 中的闭紧集, 且

$$E_1 \supset E_2 \supset \cdots \supset E_n \supset \cdots . \tag{1.3.14}$$

根据拓扑空间 $(\Gamma, \mathfrak{T})$ 的投影完全性, 从 (1.3.12) 和 (1.3.14) 得知

$$\bigcap_{n=1}^{\infty} E_n$$

不是空集, 因而 $\bigcap\limits_{n=1}^{\infty} B_n \supset \bigcap\limits_{n=1}^{\infty} E_n$ 更不是空集了. 定理证毕.

我们最有兴趣的是如下的 (Kolmogorov 的) 随机变量存在定理.

系 1.3.5[①] 设 $\mathfrak{A}$ 是一指标集, Λ 是 $\mathfrak{A}$ 的有限子集全体按自然顺序所成的向上集. 对每个 $\lambda = \{\alpha_1, \cdots, \alpha_n\} \in \Lambda$, 令 R_λ 为 n 维欧几里得空间, $\mathfrak{B}_\lambda$ 为 R_λ 中的 Borel 集全体所成的 σ-代数, 记 R_λ 中的点为 $x_\lambda = \{x_{\alpha_1}, \cdots, x_{\alpha_n}\}$. 设 μ_λ 是 $(R_\lambda, \mathfrak{B}_\lambda)$ 上的概率测度, 而且 $\{\mu_\lambda, \lambda \in \Lambda\}$ 是按如下的意义相容: 设 $\lambda = \{\alpha_1, \alpha_2, \cdots, \alpha_n\} \subset \{\beta_1, \cdots, \beta_m\} = \lambda'$. 任取 $E \in \mathfrak{B}_\lambda$, 则

$$\mu_{\lambda'}(\{x_{\lambda'} | \{x_{\alpha_1}, \cdots, x_{\alpha_n}\} \in E\}) = \mu_\lambda(E). \tag{1.3.15}$$

令 $\Gamma = \mathop{\times}\limits_{\alpha \in \mathfrak{A}} R_\alpha, \mathfrak{B} = \mathop{\times}\limits_{\alpha \in \mathfrak{A}} \mathfrak{B}_\alpha$, 那么必有 $(\Gamma, \mathfrak{B})$ 上唯一的概率测度 μ, 满足如下的条件: 当 $\lambda = \{\alpha_1, \cdots, \alpha_n\} \in \Lambda$, 记 $x = \{x_\alpha, \alpha \in \mathfrak{A}\}, E \in \mathfrak{B}_\lambda$ 时,

$$\mu(\{x | \{x_{\alpha_1}, \cdots, x_{\alpha_n}\} \in E\}) = \mu_\lambda(E). \tag{1.3.16}$$

通常称 μ_λ 或由 μ_λ 所决定的 R_λ 上的分布函数为 μ 的有限维概率分布.

证   由于 μ_λ 是 Borel 测度, 所以 μ_λ 是正则的, 又按例 1.3.1 作出投影算子族 $\{P^{\lambda'}_\lambda\}, \{P_\lambda\}$ 等, 而 (1.3.15) 说明了 $\{\mu_\lambda, \lambda \in \Lambda\}$ 按定义 1.3.3 是相容的. 利用引理 1.3.1 作为 $(\Gamma, \mathfrak{B}_0)$ 上的柱测度 μ_0, 这个柱测度满足条件 (1.3.16) 而且由 (1.3.16) 唯一决定. 在 Γ_λ 上取欧几里得拓扑 $\mathfrak{T}_\lambda$, 在 Γ 上取乘积拓扑 $\mathfrak{T}$, 那么 $(\Gamma, \mathfrak{T})$ 是 $\{(\Gamma_\lambda, \mathfrak{T}_\lambda), \lambda \in \Lambda\}$ 的典型投影极限 (见例 1.3.2). 根据引理 1.3.3, $(\Gamma, \mathfrak{T})$ 是投影完全的. 由定理 1.3.4 知道 μ_0 是可列可加的, 然而易知 $\mathfrak{B}$ 是包含 $\mathfrak{B}_0$ 的最小 σ-代数, 因此 μ_0 可以扩张成 $(\Gamma, \mathfrak{B})$ 上的概率测度 μ. 又 μ 的唯一性立即由 μ_0 的唯一性推出. 证毕.

我们还可以把系 1.3.5 用另外的形式叙述. 下面我们简称有限维欧几里得空间

[①]这里的一些术语见例 1.3.1.

上概率分布的特征函数[①]为特征函数.

系 1.3.5′ 设 $\mathfrak{A}$ 是一指标集, 任取 $\mathfrak{A}$ 中有限个元素 $\alpha_1, \cdots, \alpha_n$, 作有序组 $\xi = (\alpha_1, \cdots, \alpha_n)$ [②], 令 Ξ 是这种 ξ 的全体. 令 $\{F_\xi, \xi \in \Xi\}$ 是一族特征函数, 具有如下的性质: (i) 若 $\xi' = (\alpha_1', \alpha_2', \cdots, \alpha_n')$ 是 $\xi = (\alpha_1, \cdots, \alpha_n)$ 的一个置换, 则

$$F_{\xi'}(t_{\alpha_1'}, \cdots, t_{\alpha_n'}) = F_\xi(t_{\alpha_1}, \cdots, t_{\alpha_n}). \tag{1.3.17}$$

(ii) 当 $m \geqslant n$ 时,

$$F_{(\alpha_1, \cdots, \alpha_m)}(t_{\alpha_1}, \cdots, t_{\alpha_n}, 0, 0, \cdots, 0) = F_{(\alpha_1, \cdots, \alpha_n)}(t_{\alpha_1}, \cdots, t_{\alpha_n}). \tag{1.3.18}$$

记 R_α 为 1 维欧几里得空间, $\mathfrak{B}_\alpha$ 是 R_α 中 Borel 集全体, $\Gamma = \underset{\alpha \in \mathfrak{A}}{\times} R_\alpha, \mathfrak{B} = \underset{\alpha \in \mathfrak{A}}{\times} \mathfrak{B}_\alpha$, 记 Γ 中点 x 为 $\{x_\alpha, \alpha \in \mathfrak{A}\}$. 则必有 $(\Gamma, \mathfrak{B})$ 上唯一的概率测度 μ, 它适合如下的条件: 当 $\xi = (\alpha_1, \cdots, \alpha_n) \in \Xi$ 时, 成立着

$$F_\xi(t_{\alpha_1}, \cdots, t_{\alpha_n}) = \int_\Gamma e^{i(t_{\alpha_1} x_{\alpha_1} + \cdots + t_{\alpha_n} x_{\alpha_n})} d\mu(x). \tag{1.3.19}$$

证 设 λ 为 $\mathfrak{A}$ 的有限子集, 将 λ 中元素任意排成一组 $\xi = (\alpha_1, \alpha_2, \cdots, \alpha_n)$. 根据 F_ξ 作出 $R_\lambda = R_{\alpha_1} \times R_{\alpha_2} \times \cdots \times R_{\alpha_n}$ 上的 Borel 测度 μ_ξ 如下:

$$F_\xi(t_{\alpha_1}, \cdots, t_{\alpha_n}) = \int_{R_\xi} e^{i(t_{\alpha_1} x_{\alpha_1} + \cdots + t_{\alpha_n} x_{\alpha_n})} d\mu_\xi(x_{\alpha_1}, \cdots, x_{\alpha_n}). \tag{1.3.20}$$

利用条件 (1.3.17) 易知当 ξ 中元素次序调换时, 只要调动相应的坐标轴仍然得到相同的测度. 又由 (1.3.18) 可以推出 (1.3.15). 事实上, 若 $\xi' = \{\alpha_1, \cdots, \alpha_m\} \supset \{\alpha_1, \cdots, \alpha_n\}$, 则作测度

$$\mu_{\xi'}'(E) = \mu_{\xi'}\{(x_{\alpha_1}, \cdots, x_{\alpha_m}) | (x_{\alpha_1}, \cdots, x_{\alpha_n}) \in E\},$$

那么

$$\begin{aligned}
&F_{\xi'}(t_{\alpha_1}, \cdots, t_{\alpha_n}, 0, \cdots, 0) \\
&= \int \cdots \int e^{i(t_{\alpha_1} x_{\alpha_1} + \cdots + t_{\alpha_n} x_{\alpha_n})} d\mu_{\xi'}(x_{\alpha_1}, \cdots, x_{\alpha_n}) \\
&= \int \cdots \int e^{i(t_{\alpha_1} x_{\alpha_1} + \cdots + t_{\alpha_n} x_{\alpha_n})} d\mu_{\xi'}'(x_{\alpha_1}, \cdots, x_{\alpha_n}).
\end{aligned} \tag{1.3.21}$$

[①] 根据 Bochner-Khinchin 定理, n 个变元 $x = (x_1, \cdots, x_n)$ 的函数 $\varphi(x)$ 为某个概率分布的特征函数的充分必要条件是 (i) $\varphi(x)$ 是连续的; (ii) $\varphi(0) = 1$; (iii) φ 是正定的, 即对任何一组点 $x^{(1)}, \cdots, x^{(m)}$ 和复数 $\zeta_1, \cdots, \zeta_m$ 都有

$$\sum_{k,l=1}^m \varphi(x^{(k)} - x^{(l)}) \zeta_k \bar{\zeta}_l \geqslant 0.$$

[②] 这里当 $\alpha_1, \alpha_2, \alpha_3, \cdots, \alpha_n$ 的次序调动, 例如改成 $\alpha_2, \alpha_1, \alpha_3, \cdots, \alpha_n$ 时, $(\alpha_1, \alpha_2, \alpha_3 \cdots, \alpha_n)$ 和 $(\alpha_2, \alpha_1, \alpha_3, \cdots, \alpha_n)$ 看成不同的两组.

由 (1.3.18), (1.3.20), (1.3.21) 和由特征函数决定的测度的唯一性知道

$$\mu_{\xi'} = \mu_{\xi}.$$

因此 (1.3.15) 成立. 利用系 1.3.5 我们得到 $(\Gamma, \mathfrak{B})$ 上唯一的测度 μ, 它满足条件 (1.3.16).

因为 $P_\lambda, \lambda = \{\alpha_1, \cdots, \alpha_n\}$ 为可测变换, 根据 (1.3.16), (1.3.20) 立即推出 (1.3.19). 证毕.

3° 样本测度空间

定义 1.3.6　设 $\mathfrak{S} = (\Omega, \mathfrak{F}, \mu)$ 是概率测度空间, $\{x_\alpha(\ ), \alpha \in \mathfrak{A}\}$ 是 $\mathfrak{S}$ 上一族 (实) 随机变量, 我们也称 $\{x_\alpha(\ ), \alpha \in \mathfrak{A}\}$ 为 $\mathfrak{S}$ 上的随机过程. 又设 $\{x_\alpha(\ ), \alpha \in \mathfrak{A}\}$ 成为 $(\Omega, \mathfrak{F}, \mu)$ 上的决定族. 对每个 $\alpha \in \mathfrak{A}$, 作实数直线 R_α 和其上的 Borel 集全体 $\mathfrak{B}_\alpha$. 令 $\Gamma \subset \underset{\alpha \in \mathfrak{A}}{\times} R_\alpha$, $\mathfrak{B}$ 为 $\underset{\alpha \in \mathfrak{A}}{\times} R_\alpha$ 在 Γ 上的限制. $x_\alpha = x_\alpha(x)$ 表示 $x \in \Gamma$ 的第 α 坐标. 如果 $(\Gamma, \mathfrak{B})$ 上有概率测度 μ 使得对任何有限个 $\alpha_1, \cdots, \alpha_n$ 以及 n 维空间 Borel 集 E 成立着

$$\mu(\{x | (x_{\alpha_1}, \cdots, x_{\alpha_n}) \in E\})$$
$$= P(\{\omega | (x_{\alpha_1}(\omega), \cdots, x_{\alpha_n}(\omega)) \in E\}). \tag{1.3.22}$$

那么称 $(\Gamma, \mathfrak{B}, \mu)$ 是 ($\mathfrak{S}$ 的) 相应于随机过程 $\{x_\alpha(\omega), \alpha \in \mathfrak{A}\}(\omega \in \Omega)$ 的样本概率测度空间. 也称 $\{x_\alpha(x), \alpha \in \Omega\}(x \in \Gamma)$ 为随机过程的样本.

引理 1.3.6　样本概率测度空间必然存在.

证　对任意有限个 $\{\alpha_1, \cdots, \alpha_n\} \subset \mathfrak{A}$, 作 n 维空间上的测度:

$$\mu_{\{\alpha_1, \cdots, \alpha_n\}}(E) = P(\{\omega | (x_{\alpha_1}(\omega), \cdots, x_{\alpha_n}(\omega)) \in E\}) \tag{1.3.23}$$

容易验证测度族 $\{\mu_{\{\alpha_1, \cdots, \alpha_n\}}\}, \{\alpha_1, \cdots, \alpha_n\} \subset \mathfrak{A}$ 是相容的. 取 $\Gamma = \underset{\alpha \in \mathfrak{A}}{\times} R_\alpha$, 根据系 1.3.5, 有 $(\Gamma, \mathfrak{B})$ 上的概率测度使 (1.3.16) 成立, 而 (1.3.16) 与 (1.3.23) 合并起来推出 (1.3.22). 证毕.

现在顺便给出后面要用到的, 由样本空间测度的等价性或奇异性判别原来测度的等价性、奇异性的引理.

引理 1.3.7　设 $(\Gamma, \mathfrak{B}, \mu_k), k = 1, 2$ 分别是概率测度空间 $\mathfrak{S}_k = (\Omega, \mathfrak{F}, P_k), k = 1, 2$ 的样本概率测度空间. 它们的随机过程都是 $\{x_\alpha(\ ), \alpha \in \mathfrak{A}\}$, 而且这随机过程是 $\mathfrak{S}_k, k = 1, 2$ 上的决定族. 那么 $\mu_1 \ll \mu_2$ 的充要条件是 $P_1 \ll P_2$, 而 $\mu_1 \perp \mu_2$ 的充要条件是 $P_1 \perp P_2$.

证　我们作 Ω 到 Γ 上的映照 $\varphi : \omega \to x = \{x_\alpha(\omega), \alpha \in \mathfrak{A}\} \in \Gamma$. 那么 φ 是 $(\Omega, \mathfrak{F})$ 到 $(\Gamma, \mathfrak{B})$ 的可测映照. 由 (1.3.22) 容易证明: 当 $B \in \mathfrak{B}$ 时,

$$\mu_k(B) = P_k(\varphi^{-1}(B)), \quad k = 1, 2. \tag{1.3.24}$$

由于 $\{x_\alpha(\omega), \alpha \in \mathfrak{A}\}$ 是决定集, 而 $\{\varphi^{-1}(B) | B \in \mathfrak{B}\}$ 是 Ω 上使 $\{x_\alpha(\omega), \alpha \in \mathfrak{A}\}$ 为可测的最小 σ–代数. 对每个 $E \in \mathfrak{F}$ 必有 $B \in \mathfrak{B}$ 使

$$P_k((E \backslash \varphi^{-1}(B)) \bigcup (\varphi^{-1}(B) \backslash E)) = 0, \quad k = 1, 2. \tag{1.3.25}$$

若 $\mu_1 \ll \mu_2, P_2(E) = 0$, 今证 $P_1(E) = 0$. 设 $B \in \mathfrak{B}$ 使 (1.3.25) 成立, 则由 (1.3.24) 和 (1.3.25),

$$\mu_2(B) = P_2(E) = 0.$$

因此 $\mu_1(B) = 0$. 再由 (1.3.24) 和 (1.3.25) 得到

$$P_1(E) = \mu_1(B) = 0,$$

所以 $P_1 \ll P_2$. 其余的部分留给读者证明.

§1.4　Kakutani 距离

1° Kakutani 距离的初等性质

我们引入全有限测度空间的一种有用的距离.

定义 1.4.1　设 Γ 为一集, $\mathfrak{B}$ 是 Γ 的某些子集所成的 σ–代数, $\mathfrak{M}(\Gamma, \mathfrak{B})$ 是可测空间 $(\Gamma, \mathfrak{B})$ 上全有限测度全体, 任取 $m, n \in \mathfrak{M}(\Gamma, \mathfrak{B})$. 又取一测度 $r \in \mathfrak{M}(\Gamma, \mathfrak{B})$ 使 m, n 对于 r 为绝对连续的[①]. 记

$$\rho(m, n) = \int_\Gamma \sqrt{\frac{dm(\omega)}{dr(\omega)} \frac{dn(\omega)}{dr(\omega)}} dr(\omega), \tag{1.4.1}$$

其中 $\dfrac{dm}{dr}, \dfrac{dn}{dr}$ 分别表示 m 和 n 关于 r 的 Radon–Nikodym 导函数. 称 $\rho(m, n)$ 为 m 与 n 的 Kakutani 内积. 又记

$$d(m, n) = \left(\int \left(\sqrt{\frac{dm(\omega)}{dr(\omega)}} - \sqrt{\frac{dn(\omega)}{dr(\omega)}} \right)^2 dr(\omega) \right)^{\frac{1}{2}},$$

称之为 m 与 n 的 Kakutani 距离.

[①]这种 r 总是存在的, 例如取 $r = m + n$.

我们首先注意, $\rho(m,n)$ 和 $d(m,n)$ 实质上与 r 的选取无关.

事实上, 对 $(\Gamma, \mathfrak{B})$ 上的任何可测函数 $f(\omega)$, 只要积分

$$\int f(\omega)\sqrt{\frac{dm(\omega)}{dr(\omega)}}\sqrt{\frac{dn(\omega)}{dr(\omega)}}dr(\omega) \tag{1.4.2}$$

存在, 那么这个积分的值与 r 无关, 因为如果另有 r' 使

$$\int f(\omega)\sqrt{\frac{dm(\omega)}{dr'(\omega)}}\sqrt{\frac{dn(\omega)}{dr'(\omega)}}dr'(\omega) \tag{1.4.3}$$

存在, 取 $r'' = r + r'$. 那么容易算出 (1.4.2), (1.4.3) 都和

$$\int f(\omega)\sqrt{\frac{dm(\omega)}{dr''(\omega)}}\sqrt{\frac{dn(\omega)}{dr''(\omega)}}dr''(\omega)$$

相等. 所以 (1.4.2) 实质上与 r 无关. 今后就记 (1.4.2) 为

$$\int f(\omega)\sqrt{dm(\omega)dn(\omega)}.$$

此外容易看出 d 与 ρ 之间具有关系

$$d(m,n)^2 = m(\Gamma) + n(\Gamma) - 2\rho(m,n). \tag{1.4.4}$$

特别当 m, n 为概率测度时, (1.4.4) 化成

$$d(m,n)^2 = 2(1 - \rho(m,n)).$$

又 $d(m,n)$ 确为集 $\mathfrak{M}(\Gamma, \mathfrak{B})$ 上的距离.

引理 1.4.1 $\mathfrak{M}(\Gamma, \mathfrak{B})$ 上两个测度 m, n 相互奇异的充要条件是 m, n 的 Kakutani 内积为零.

证 我们知道, 若 $\rho(m,n) = 0$, 则对几乎所有 (按测度 r) 的 ω,

$$\frac{dm(\omega)}{dr(\omega)} \cdot \frac{dn(\omega)}{dr(\omega)} = 0. \tag{1.4.5}$$

记 $A = \left\{\omega \left| \frac{dm(\omega)}{dr(\omega)} = 0\right.\right\}$. 那么 $m(A) = \int_A \frac{dm(\omega)}{dr(\omega)}dr(\omega) = 0$. 然而在 $\Gamma \setminus A$ 上 $\frac{dm(\omega)}{dr(\omega)} \neq 0$, 由 (1.4.5) 得知在 $\Gamma \setminus A$ 上 $\frac{dn(\omega)}{dr(\omega)}$ 几乎处处为零. 同样地得到 $n(\Gamma \setminus A) = 0$. 所以 m 与 n 奇异. 引理中条件的必要性也可以类似地证明. 证毕.

2° Kakutani 内积的另一种表示法

我们现在要避免利用 Radon–Nikodym 导数来表示 Kakutani 距离. 这在后面第三, 四章有用处.

引理 1.4.2　设 μ, ν 是可测空间 $(G, \mathfrak{B})$ 上的两个概率测度. 设 $\mathfrak{F}$ 是 G 的一切可列剖分[①], 那么 μ, ν 的 Kakutani 内积

$$\rho(\mu, \nu) = \inf_{\{E_k\} \in \mathfrak{F}} \sum_k \sqrt{\mu(E_k)\nu(E_k)}. \tag{1.4.6}$$

若 G 是拓扑空间, μ, ν 又是正则测度, 则 (1.4.6) 中的 $\mathfrak{F}$ 可换成 $\mathfrak{F}_0, \mathfrak{F}_0$ 是由 $\mathfrak{B}$ 中闭紧集组成的一切可列剖分.

证　任取可列剖分 $\{E_k\} \in \mathfrak{F}$, 由 Schwarz 不等式

$$\int_{E_k} \sqrt{d\mu(g)d\nu(g)} \leqslant \sqrt{\mu(E_k)\nu(E_k)}$$

立即可知

$$\rho(\mu, \nu) \leqslant \sum_k \sqrt{\mu(E_k)\nu(E_k)} \tag{1.4.7}$$

再作 $(G, \mathfrak{B})$ 上的概率测度 $r = \frac{1}{2}(\mu + \nu)$. 由于 $\frac{d\mu(g)}{dr(g)}, \frac{d\nu(g)}{dr(g)}$ 是非负可测函数, 对任一数 $a > 1$, 作可测集

$$E_{k,l} = \left\{ g \left| a^{k-1} \leqslant \sqrt{\frac{d\mu(g)}{dr(g)}} < a^k, a^{l-1} \leqslant \sqrt{\frac{d\nu(g)}{dr(g)}} < a^l \right. \right\},$$

其中 k, l 是整数. 那么

$$\int_{E_{k,l}} \sqrt{\frac{d\mu(g)}{dr(g)}} \sqrt{\frac{d\nu(g)}{dr(g)}} dr(g) \geqslant a^{k+l-2} r(E_{k,l}), \tag{1.4.8}$$

然而

$$\mu(E_{k,l}) = \int_{E_{k,l}} \frac{d\mu(g)}{dr(g)} dr(g) \leqslant a^{2k} r(E_{k,l}), \tag{1.4.9}$$

$$\nu(E_{k,l}) \leqslant a^{2l} r(E_{k,l}). \tag{1.4.10}$$

由 (1.4.8)~(1.4.10) 我们得到

$$\int_{E_{k,l}} \sqrt{d\mu(g)d\nu(g)} \geqslant \frac{1}{a^2} \sqrt{\mu(E_{k,l})\nu(E_{k,l})}. \tag{1.4.11}$$

[①] 即 $\mathfrak{F}$ 中元素是 $\mathfrak{B}$ 中的一列互不相交的集 $\{E_k\}$, 而使 $G - \sum_k E_k$ 按测度 μ, ν 都是零集.

令 $F_1 = \left\{g \left| \dfrac{d\mu(g)}{dr(g)} = 0, \dfrac{d\nu(g)}{dr(g)} > 0 \right.\right\}$, $F_2 = \left\{g \left| \dfrac{d\mu(g)}{dr(g)} > 0, \dfrac{d\nu(g)}{dr(g)} = 0 \right.\right\}$, 那么 $\mu(F_1) = \nu(F_2) = 0$, 而且 $\{F_1, F_2\}\bigcup\{E_{k,l}\} \in \mathfrak{F}$. 因此由 (1.4.11) 得到

$$\rho(\mu, \nu) \geqslant \frac{1}{a^2}\sum_{k,l}\sqrt{\mu(E_{k,l})\nu(E_{k,l})} \geqslant \frac{1}{a^2}\inf_{\{E_k\}\in\mathfrak{F}}\sum_k\sqrt{\mu(E_k)\nu(E_k)}.$$

在上式中令 $a \to 1$, 并利用 (1.4.7) 立即得到 (1.4.6).

我们注意, 若 G 是拓扑空间, μ, ν 为正则测度, 那么对任何 $E \in \mathfrak{B}$, 必有一列互不相交的闭紧集 $\{F_l, l = 1, 2, \cdots\}$, 使 $F_l \subset E$ 而 $F_0 = E - \sum_l F_l$ 按测度 μ 与 ν 都是零集, 由 Schwarz 不等式有

$$\sum_{l\geqslant 0}\sqrt{\mu(F_l)}\sqrt{\nu(F_l)} \leqslant \sqrt{\sum_{l\geqslant 0}\mu(F_l)}\sqrt{\sum_{l\geqslant 0}\nu(F_l)}$$
$$= \sqrt{\mu(E)\nu(E)}. \tag{1.4.12}$$

因此若 $\{E_k\} \in \mathfrak{F}$, 必有 $\{F_{kl}\} \in \mathfrak{F}_0$ 使 $F_{kl} \subset E_k$, 而由 (1.4.12) 得到

$$\sum_k\sqrt{\mu(E_k)\nu(E_k)} \geqslant \sum_{kl}\sqrt{\mu(F_{kl})\nu(F_{kl})}.$$

因此

$$\inf_{\{E_k\}\in\mathfrak{F}}\sum_k\sqrt{\mu(E_k)\nu(E_k)} \geqslant \inf_{\{F_k\}\in\mathfrak{F}_0}\sum_k\sqrt{\mu(F_k)\nu(F_k)}. \tag{1.4.13}$$

但是 $\mathfrak{F}_0 \subset \mathfrak{F}$, 所以 (1.4.13) 中 "$\geqslant$" 可以易为 "$=$". 引理证毕.

3° 乘积测度的 Kakutani 内积

现在先考察有限个有限测度空间的乘积空间.

引理 1.4.3 设 $\Gamma_k, k = 1, 2, \cdots, l$ 是 l 个集, $\mathfrak{B}_k$ 是 Γ_k 中子集组成的 σ–代数, μ_k 和 ν_k 分别是 $(\Gamma_k, \mathfrak{B}_k)$ 上的有限测度. 记 $(\Gamma_l^*, \mathfrak{B}_l^*)$ 为乘积可测空间 $\left(\underset{k=1}{\overset{l}{\times}}\Gamma_k, \underset{k=1}{\overset{l}{\times}}\mathfrak{B}_k\right)$, μ_l^* 与 ν_l^* 分别是乘积测度 $\underset{k=1}{\overset{l}{\times}}\mu_k, \underset{k=1}{\overset{l}{\times}}\nu_k$ 那么

$$\rho(\mu_l^*, \nu_l^*) = \prod_{k=1}^l\rho(\mu_k, \nu_k). \tag{1.4.14}$$

证 设 r_k 是 $(\Gamma_k, \mathfrak{B}_k)$ 上的有限测度, $\mu_k, \nu_k \ll r_k$. 作 $(\Gamma, \mathfrak{B})$ 上的乘积测度 $r_l^* = \underset{k=1}{\overset{l}{\times}}r_k$. 由于 $\mu_k \ll r_k$, 所以 $\mu_l^* \ll r_l^*$. 同样地 $\nu_l^* \ll r_l^*$. 这时, 若记 $\omega_l^* = (\omega_1, \cdots, \omega_l), \omega_k \in \Gamma_k, \omega \in \Gamma$, 那么

$$\frac{d\mu_l^*(\omega_l^*)}{dr_l^*(\omega_l^*)} = \frac{d\mu_1(\omega_1)}{dr_1(\omega_1)}\cdots\frac{d\mu_l(\omega_l)}{dr_l(\omega_l)}. \tag{1.4.15}$$

对 ν^* 也有类似于 (1.4.15) 的等式. 由此立即算出 (1.4.14).

定理 1.4.4 设 $(\Gamma_k, \mathfrak{B}_k), k = 1, 2, \cdots$ 是一列可测空间, μ_k, ν_k 都是 $(\Gamma_k, \mathfrak{B}_k)$ 上的概率测度. 记 $(\Gamma, \mathfrak{B}) = \left(\underset{k=1}{\overset{\infty}{\times}} \Gamma_k, \underset{k=1}{\overset{\infty}{\times}} \mathfrak{B}_k \right), \mu = \underset{k=1}{\overset{\infty}{\times}} \mu_k, \nu = \underset{k=1}{\overset{\infty}{\times}} \nu_k$. 又设对一切 k, μ_k 与 ν_k 等价. 那么 μ 与 ν 或是相互等价的, 或是相互奇异的, μ 与 ν 等价 (奇异) 的充要条件是 $\prod\limits_{k=1}^{\infty} \rho(\mu_k, \nu_k) > 0 (= 0)$. 而且一般地有

$$\rho(\mu, \nu) = \prod_{k=1}^{\infty} \rho(\mu_k, \nu_k). \tag{1.4.16}$$

证 利用引理 1.4.3 中的可测空间 $(\Gamma_l^*, \mathfrak{B}_l^*)$ 与其上的测度 μ_l^*, ν_l^*. 我们首先注意, 由 (1.4.6) 和 $\rho(\mu_k, \nu_k) \leqslant 1, \rho(\mu_l^*, \nu_l^*), l = 1, 2, \cdots$ 是单调减少数列. 因此无限乘积

$$\prod_{k=1}^{\infty} \rho(\mu_k, \nu_k) = \lim_{l \to \infty} \rho(\mu_l^*, \nu_l^*) \tag{1.4.17}$$

或是收敛于正数或是发散于 0. 因此共分两种情况:

(i) $\lim\limits_{l \to \infty} \rho(\mu_l^*, \nu_l^*) = 0$

这时, 对任何正数 ε, 必有自然数 l, 使

$$\rho(\mu_l^*, \nu_l^*) < \varepsilon$$

取 $\mathfrak{B}_l^*$ 中集 $A_l^* = \left\{ \omega_l^* \left| \dfrac{d\mu_l^*(\omega_l^*)}{dr_l^*(\omega_l^*)} < \dfrac{d\nu_l^*(\omega_l^*)}{dr_l^*(\omega_l^*)} \right. \right\}$, 那么

$$
\begin{aligned}
\mu_l^*(A_l^*) &= \int_{A_l^*} \frac{d\mu_l^*(\omega_l^*)}{dr_l^*(\omega_l^*)} dr_l^*(\omega_l^*) \\
&\leqslant \int_{A_l^*} \sqrt{\frac{d\mu_l^*(\omega_l^*)}{dr_l^*(\omega_l^*)} \frac{d\nu_l^*(\omega_l^*)}{dr_l^*(\omega_l^*)}} dr_l^*(\omega_l^*) \\
&\leqslant \rho(\mu_l^*, \nu_l^*) < \varepsilon.
\end{aligned}
\tag{1.4.18}
$$

又由于 $\Gamma_l^* \backslash A_l^* = \left\{ \omega_l^* \left| \dfrac{d\mu_l^*(\omega_l^*)}{dr_l^*(\omega_l^*)} \geqslant \dfrac{d\nu_l^*(\omega_l^*)}{dr_l^*(\omega_l^*)} \right. \right\}$, 我们得到类似于 (1.4.18) 的公式

$$\nu_l^*(\Gamma_l^* - A_l^*) \leqslant \int_{\Gamma_l^* \backslash A_l^*} \sqrt{\frac{d\mu_l^*(\omega_l^*)}{dr_l^*(\omega_l^*)} \frac{d\nu_l^*(\omega_l^*)}{dr_l^*(\omega_l^*)}} dr_l^*(\omega_l^*) < \varepsilon. \tag{1.4.19}$$

今作 Γ 中以 A_l^* 为基的柱 $A_l = \{\omega | (\omega_1, \cdots, \omega_l) \in A_l^*\} \in \mathfrak{B}$, 其中 ω_m 表示 ω 的第 m 个坐标. 根据乘积测度的定义, $\mu(A_l) = \mu_l^*(A_l^*), \nu(A_l) = \nu_l^*(A_l^*)$. 由 (1.4.18) 和 (1.4.19) 得到

$$\mu(A_l) < \varepsilon, \quad \nu(\Gamma \backslash A_l) < \varepsilon.$$

根据 §1.1 的第 9 段, 此时 μ 与 ν 互相奇异, 再由引理 1.4.2, $\rho(\mu,\nu)=0$, 所以 (1.4.16) 成立.

(ii) $\lim\limits_{l\to\infty}\rho(\mu_l^*,\nu_l^*)>0$.

由于 μ_k 与 ν_k 等价, 不妨取 $r_k=\nu_k$. 我们注意, 对于每个 k, $\dfrac{d\mu_l^*(\omega_l^*)}{d\nu_l^*(\omega_l^*)}$ 可以看成 ω 的函数. 而且, 若记

$$\psi_l(\omega)=\sqrt{\frac{d\mu_l^*(\omega_l^*)}{d\nu_l^*(\omega_l^*)}},$$

则函数 $\psi_l\in L^2(\Gamma,\mathfrak{B},\nu)$. 容易算出, 当 $k\leqslant l$ 时, 由于 ψ_k 与 ψ_l 关于 $\mathfrak{B}_l^*$ 可测,

$$\int_\Gamma|\psi_l(\omega)-\psi_k(\omega)|^2 d\nu(\omega)$$
$$=2\left(1-\int_{\Gamma_l^*}\sqrt{\frac{d\mu_l^*(\omega_l^*)}{d\nu_l^*(\omega_l^*)}\frac{d\mu_k^*(\omega_k^*)}{d\nu_k^*(\omega_k^*)}}d\nu_l^*(\omega_l^*)\right).\tag{1.4.20}$$

再根据 (1.4.14) 即知

$$\int_{\Gamma_l^*}\sqrt{\frac{d\mu_l^*(\omega_l^*)}{d\nu_l^*(\omega_l^*)}\frac{d\mu_k^*(\omega_k^*)}{d\nu_k^*(\omega_k^*)}}d\nu_l^*(\omega_l^*)$$
$$=\int_{\Gamma_l^*}\prod_{p=1}^k\frac{d\mu_p(\omega_p)}{d\nu_p(\omega_p)}\prod_{p=k+1}^l\sqrt{\frac{d\mu_p(\omega_p)}{d\nu_p(\omega_p)}}d\nu_l^*(\omega_l^*)$$
$$=\prod_{p=k+1}^l\rho(\mu_p,\nu_p).\tag{1.4.21}$$

由于 (1.4.17) 是正数, $\lim\limits_{l\geqslant k\to\infty}\prod\limits_{p=k+1}^l\rho(\mu_p,\nu_p)=1$. 因此由 (1.4.20) 和 (1.4.21) 得知 $\{\psi_l\},l=1,2,\cdots$ 为 $L^2(\Gamma,\mathfrak{B},\nu)$ 中的基本点列, 它在 $L^2(\Gamma,\mathfrak{B},\nu)$ 中收敛于函数 ψ. 设 $A_m^*\in\mathfrak{B}_m^*$, 当 $l\geqslant m$ 时记 $A_l^*=\{(\omega_1,\cdots,\omega_l)|(\omega_1,\cdots,\omega_m)\in A_m^*\}$, 又记 $A=\{\omega|(\omega_1,\cdots,\omega_m)\in A_m^*\}$, 那么

$$\mu(A)=\lim_{\substack{l\geqslant m\\l\to\infty}}\mu_l^*(A_l^*)=\lim_{\substack{l\geqslant m\\l\to\infty}}\int_{A_l^*}\frac{d\mu_l^*(\omega_l^*)}{d\nu_l^*(\omega_l^*)}d\nu_l^*(\omega_l^*)$$
$$=\lim_{\substack{l\geqslant m\\l\to\infty}}\int_A\frac{d\mu_l^*(\omega_l^*)}{d\nu_l^*(\omega_l^*)}d\nu(\omega)=\int_A\psi^2(\omega)d\nu(\omega).$$

由此容易验证, 对一切 $A\in\mathfrak{B},\mu(A)=\int_A\psi^2(\omega)d\nu(\omega)$, 因此 μ 关于 ν 是全连续的, 而

且 $\dfrac{d\mu(\omega)}{d\nu(\omega)} = \psi^2(\omega)$. 类似地 ν 关于 μ 是全连续的. 即 μ 与 ν 是等价的, 而且

$$
\begin{aligned}
\rho(\mu, \nu) &= \int_\Gamma \psi(\omega) d\nu(\omega) \\
&= \lim_{l\to\infty} \int_\Gamma \sqrt{\frac{d\mu_l^*(\omega_l^*)}{d\nu_l^*(\omega_l^*)}} d\nu(\omega) = \lim_{l\to\infty} \int_{\Gamma_l^*} \sqrt{\frac{d\mu_l^*(\omega_l^*)}{d\nu_l^*(\omega_l^*)}} d\nu_l^*(\omega_l^*) \\
&= \lim_{l\to\infty} \rho(\mu_l^*, \nu_l^*).
\end{aligned}
$$

因此 (1.4.16) 成立. 证毕.

第二章 正泛函与算子环的表示

如所周知, 赋范代数上正泛函的积分表示理论是局部紧群上调和分析的基本工具. 事实上, 正泛函的积分表示本身就是抽象调和分析基本问题之一. 在本章中用无限维乘积空间测度的方法给出较广泛的一类交换线性拓扑代数上正泛函的表示定理, 揭示出正泛函积分表示问题与无限维乘积空间测度的联系.

由于我们后面要讨论非局部紧群, 这种群上缺少一个能作为调和分析工具的群代数, 因而通常研究局部紧群的赋范代数方法就失效了. 只能用 Hilbert 空间上交换弱闭算子代数的方法, 在 §2.4 中介绍这种代数与可局部化测度空间上乘法代数的联系, 更进一步研究可局部化测度空间的性质. 其中的结果主要是作为后面应用的工具.

§2.1 具有对合的线性拓扑代数的一些基本概念

1° 赋半范代数的概念

我们先复述一下 "代数" 的概念.

定义 2.1.1 设 R 是一集, 其中的元素用 $x, y, z, \cdots$ 来表示. 如果在 R 中定义了线性运算及元素间的乘法运算, 它们满足下面的条件:

(i) R 成为线性空间 (以实数域或复数域为系数域);

(ii) 当 λ 为数, $x, y, z \in R$ 时, $\lambda(xy) = (\lambda x)y = x(\lambda y), (xy)z = x(yz), (x+y)z = xz + yz, z(x+y) = zx + zy$,

那么称 R 是一个代数, 我们有时也称它为环. 如果对任何 $x, y \in R$ 恒有 $xy = yx$, 则称 R 是交换代数. 如果有 $\varepsilon \in R$ 使得对一切 $x \in R, xe = x$, 则称 e 是 R 的单位元.

设 R 是一代数, $|x|, x \in R$ 是 R 上的函数 (不恒为 0), 满足下面的条件: 当 λ 是数, $x, y \in R$ 时,

(i) $|x| \geqslant 0$,   (ii) $|x + y| \leqslant |x| + |y|$,

(iii) $|\lambda x| = |\lambda||x|$,   (iv) $|xy| \leqslant |x||y|$,

那么称 $|x|$ 是 R 上的一个半范 (在 Naĭmark [1] 中, 称为对称拟范数).

设 R 是代数, $\{|x|_\alpha, \alpha \in \mathfrak{A}\}$ ($\mathfrak{A}$ 是指标集) 是 R 上的一族半范, 而且对每个 $x \in R, x \neq 0$, 必有 $\alpha \in \mathfrak{A}$ 使 $|x|_\alpha > 0$, 那么称 R 按半范族 $\{|x|_\alpha, \alpha \in \mathfrak{A}\}$ 成为赋半范代数 (有些文献上也称这是局部可乘凸代数).

特别当 $\mathfrak{A}$ 中只有一个指标时, 这就是赋范代数. 又当 R 中只有可列个指标时, 例如 $\mathfrak{A}$ 是自然数全体, 我们称 R 按 $\{|x|_n, n = 1, 2, \cdots\}$ 成为赋可列半范代数. 又当 R 具有单位元 e 时我们常假设对一切 $\alpha, |e|_\alpha = 1$.

我们注意半范也是 R 上的一种拟范数, 因此 R 按拟范族 $\{|x|_\alpha, \alpha \in \mathfrak{A}\}$ 成为线性拓扑空间; 并且这个空间中元素的乘法运算是连续运算. 我们不去详细地刻划这个拓扑, 这里只用到 R 中元素列收敛的概念.

定义 2.1.2 设 R 按半范族 $\{|x|_\alpha, \alpha \in \mathfrak{A}\}$ 是赋半范代数, $\{x_m\}$ 是 R 中的元素列, $x \in R$, 如果对每个 $\alpha \in \mathfrak{A}$ 都有

$$\lim_{m \to \infty} |x_m - x|_\alpha = 0,$$

那么称 $\{x_m\}$ 收敛于 x, 记为 $x_m \to x$. 设 $\{x_m\}$ 是 R 中的一点列, 而且对每个 $\alpha \in \mathfrak{A}$,

$$\lim_{n, m \to \infty} |x_n - x_m|_\alpha = 0,$$

那么称 $\{x_n\}$ 是 R 中的基本点列. 当 R 中的每个基本点列必收敛于 R 中某个元素时, 称 R 是完备的[①]. 称完备赋范代数是 Banach 代数.

设 f 是 R 上的线性泛函. 如果存在有限个指标 $\alpha_1, \cdots, \alpha_n \in \mathfrak{A}$ 及正数 M, 使得对一切 $x \in R$, 成立着

$$|f(x)| \leqslant M \max(|x|_{\alpha_1}, \cdots, |x|_{\alpha_n}),$$

那么称 f 是 R 上的线性连续泛函.

当 R 是赋可列半范 $\{|x|_n, n = 1, 2, \cdots\}$ 时, 我们作新的半范序列 $\{|x|'_n\}$ 如下:

$$|x|'_n = \max(|x|_1, \cdots, |x|_n).$$

那么 $|x|'_1 \leqslant |x|'_2 \leqslant \cdots$, 而且这两个半范序列导出相同的拓扑. 因此以后对于赋可列半范代数, 我们总是假定它的半范序列 $\{|x|_n, n = 1, 2, \cdots\}$ 适合条件

$$|x|_1 \leqslant |x|_2 \leqslant \cdots \leqslant |x|_n \leqslant \cdots.$$

---

①在线性拓扑空间理论中称这种 R 为序列完备的.

此外容易证明, 赋半范代数 R 上线性泛函 f 成为连续的充要条件是: 对于 R 中任何收敛元素列 $\{x_n\}, x_n \to x$ 恒有 $f(x_n) \to f(x)$.

2° 对合和正泛函的概念

定义 2.1.3 设 R 是代数, $x \to x^*$ 是由 R 到 R 上的一一映照, 它满足下面的条件: 当 λ, μ 是数, $x, y \in R$ 时,

(i) $(\lambda x + \mu y)^* = \bar{\lambda} x^* + \bar{\mu} y^*$, (ii) $(xy)^* = y^* x^*$, (iii) $(x^*)^* = x$, 那么称映照 $x \to x^*$ 是 R 上的一个对合. 这时称 x^* 是 x 的共轭元素. 当 $x = x^*$ 时, 称 x 是自共轭的.

对于每个 $x \in R$, x^*x 是自共轭的. 当 R 具有单位元 e 时, e 必是自共轭的. 事实上, 因为 $e^* = e^*e$ 是自共轭的, 故 $e = (e^*)^* = e^*$, 即 e 也是自共轭的. 对每个 $x \in R$, 作自共轭元素

$$x_1 = \frac{x + x^*}{2}, \quad x_2 = \frac{x - x^*}{2i},$$

则 x 可以写成两个自共轭元素 x_1, x_2 的线性组合

$$x = x_1 + ix_2.$$

定义 2.1.4 设 R 是具有对合的代数, f 是 R 上的线性泛函, 如果对一切 $x \in R$, 成立着

$$f(x^*) = \overline{f(x)}, \tag{2.1.1}$$

则称 f 是对称的. 设 f 是 R 上的线性泛函, 它满足条件

$$f(x^*x) \geqslant 0, \quad x \in R, \tag{2.1.2}$$

那么称 f 是正泛函.

设 f 是具有对合的代数 R 上的正泛函, 任取 $x, y \in R$ 及复数 λ, 由于 (2.1.2),

$$f(x^*x) + \lambda f(x^*y) + \bar{\lambda} f(y^*x) + \lambda \bar{\lambda} f(y^*y)$$
$$= f((x + \lambda y)^*(x + \lambda y)) \geqslant 0. \tag{2.1.3}$$

又因为 $f(x^*x) \geqslant 0, f(y^*y) \geqslant 0$, 所以 $\lambda f(x^*y) + \bar{\lambda} f(y^*x)$ 是实数, 因此适当选取 λ 就知道

$$f(x^*y) = \overline{f(y^*x)}. \tag{2.1.4}$$

又由 (2.1.3) 立即可知, 当 $x, y \in R$ 时,

$$|f(x^*y)| \leqslant \sqrt{f(x^*x)}\sqrt{f(y^*y)}. \tag{2.1.5}$$

这个不等式称为正泛函的 Schwarz 不等式.

当 R 具有单位元 e 时, 在 (2.1.4) 中取 $y = e$ 得到 (2.1.1). 换句话说, 在具有单位元和对合的代数上, 一切正泛函都是对称的.

定义 2.1.5　设 R 是具有对合的赋半范代数, $\{|x|_\alpha, \alpha \in \mathfrak{A}\}$ 是它的半范族. 如果对一切 $\alpha \in \mathfrak{A}, x \in R$,

$$|x^*|_\alpha = |x|_\alpha, \tag{2.1.6}$$

那么称 R 是对称的赋半范代数.

我们注意这里的条件 (2.1.6), 实质上只是限定了对合 $x \to x^*$ 的连续性. 因为当条件 (2.1.6) 满足时 $x \to x^*$ 显然是连续的, 反之, 若对合 $x \to x^*$ 是连续的, 我们把 $|x|_\alpha$ 换成

$$|x|'_\alpha = \max(|x|_\alpha, |x^*|_\alpha),$$

这样得到新的半范族 $\{|x|'_\alpha, \alpha \in \mathfrak{A}\}$ 并不改变 R 的拓扑, 然而 $|x^*|'_\alpha = |x|'_\alpha$.

3° 可乘线性泛函

定义 2.1.6　设 R 是具有单位元 e 的代数, f 是 R 上的线性泛函, 满足条件
(i) 当 $x, y \in R$ 时, $f(xy) = f(x)f(y)$,
(ii) $f(e)=1$.
那么称 f 是 R 上的可乘线性泛函.

可乘线性泛函 f 也就是代数 R 到复数全体的同态映照.

在本书中, 我们感兴趣的是具有对合的代数上的对称的可乘线性泛函. 若 f 是具有对合的代数 R 上的对称可乘线性泛函, 那么当 $x \in R$ 时,

$$f(x^*x) = f(x^*)f(x) = \overline{f(x)}f(x) \geqslant 0.$$

所以在具有对合的代数上, 一切对称可乘线性泛函是正泛函. 后面我们要在某种赋可列半范代数上用对称可乘线性泛函来表示正泛函.

我们把对称可乘线性泛函全体记做 $\mathfrak{M}$.

下面要用无限维乘积空间中的点来表示对称可乘线性泛函. 首先用无限维乘积空间中的点来表示实线性泛函.

设 Φ 是线性空间, $\{x_\beta, \beta \in B\}$ 是 Φ 中一族线性无关向量, 而且 Φ 中任一向量必是 $\{x_\beta, \beta \in B\}$ 中有限个向量的线性组合. 这种向量集 $\{x_\beta, \beta \in B\}$ 是存在的 (尽管不是唯一的). 事实上, 令 $\mathfrak{F}$ 是 Φ 中线性无关向量集 ξ 全体所成的集族, 在 $\mathfrak{F}$ 中规定半序如下: 当 $\xi, \eta \in \mathfrak{F}$ 且 $\xi \subset \eta$ 时, 记 $\xi \prec \eta$. 利用 Zorn 引理可以证明 $\mathfrak{F}$ 中有极大元, 而这个极大元就是我们需要的向量集. 这个向量集 $\{x_\beta, \beta \in B\}$ 称做 Φ 中的线性基.

当线性空间 Φ 选定线性基 $\{x_\beta, \beta \in B\}$ 后, 对 Φ 上的每个线性泛函 f, 我们得到一族数 $\{f(x_\beta), \beta \in B\}$; 反之, 任意给定一族数 $\{u_\beta, \beta \in B\}$, 则有 Φ 上唯一的线性泛函 f 使 $f(x_\beta) = u_\beta, \beta \in B$, 这个泛函 f 的形式是

$$f(c_{\beta_1}x_{\beta_1} + \cdots + c_{\beta_n}x_{\beta_n}) = c_{\beta_1}u_{\beta_1} + \cdots + c_{\beta_n}u_{\beta_n}. \tag{2.1.7}$$

因此得到线性泛函全体与数组 $\{u_\beta, \beta \in B\}$ 全体之间的一一对应.

特别, 设 R 是具有对合并具有单位元 e 的代数, Φ 是 R 中自共轭元素全体, 那么 Φ 是实线性空间而且 $e \in \Phi$. 这时对 R 上的每个对称线性泛函限制在 Φ 上时得到 Φ 上的实线性泛函. 反之, Φ 上的每个实线性泛函 f 可以唯一地延拓成 R 上的对称线性泛函, 只要定义

$$f(x) = f\left(\frac{x+x^*}{2}\right) + if\left(\frac{x-x^*}{2i}\right), \quad x \in R$$

就好了.

作 Φ 的线性基 $\{x_\beta, \beta \in B\}$, 不妨设其中 $0 \in B, x_0 = e$ (单位元). 令 $A = B - \{0\}$. 对每个指标 $\beta \in A$, 作一个实数空间 E_β. 又令 E_0 是只含有实数 1 的单元素集. 作空间族 $\{E_\beta, \beta \in B\}$ 的乘积

$$E = \underset{\beta \in B}{\times} E_\beta, \tag{2.1.8}$$

其中的点记做 $u = \{u_\beta, \beta \in B\}, u_\beta$ 是 u 的 β- 坐标, $u_\beta \in E_\beta$. 根据 (2.1.7), 作出 R 上满足条件 $f(e) = 1$ 的对称线性泛函 f 与 $u \in E$ 之间的一一对应. 我们把相应的 f 与 u 一致化, 那么对称可乘线性泛函全体 $\mathfrak{M}$ 就可看成 E 的一个子集.

取 $x_\beta, x_{\beta'}, \beta, \beta' \in B$, 由于 $x_\beta, x_{\beta'} \in R, x_\beta x_{\beta'}$ 形如 $y + iz, y, z \in \Phi$. 因此有复数族 $\{c_{\beta\beta'}^k, k \in B\}$——其中只有有限个不是 0——使

$$x_\beta x_{\beta'} = \sum_k c_{\beta\beta'}^k x_k. \tag{2.1.9}$$

相应于关系式 (2.1.9), 我们作 E 的子集 $\mathfrak{M}_{\beta,\beta'}$, 它是 E 中满足条件

$$u_\beta u_{\beta'} = \sum_k c_{\beta\beta'}^k u_k \tag{2.1.10}$$

的点 $u = \{u_\beta, \beta \in B\}$ 的全体 (例如 $\mathfrak{M}_{0,0} = E$).

引理 2.1.1　$\mathfrak{M} = \bigcap_{\beta,\beta' \in B} \mathfrak{M}_{\beta,\beta'}.$

证　设 $u \in \bigcap_{\beta,\beta' \in B} \mathfrak{M}_{\beta,\beta'}$. 设 f 是相应于 u 的线性泛函 (见 (2.1.7)). 若 $x, y \in R$, 必有两族数 $\{\lambda_\beta, \beta \in B\}, \{\xi_\beta, \beta \in B\}$ (其中只有有限个不是零) 使得

$$x = \sum_\beta \lambda_\beta x_\beta, \quad y = \sum_{\beta'} \xi_{\beta'} x_{\beta'}.$$

则利用 (2.1.9) 得到

$$xy = \sum_{\beta,\beta',k} c_{\beta\beta'}^k \lambda_\beta \xi_{\beta'} x_k.$$

由于此时对于一切 β, β', u 满足 (2.1.10), 所以由 (2.1.7) 得到

$$f(xy) = \sum_{\beta, \beta', k} c_{\beta\beta'}^k u_k \lambda_\beta \xi_{\beta'} = \sum_{\beta, \beta'} u_\beta \lambda_\beta u_{\beta'} \xi_{\beta'} = f(x)f(y).$$

所以 f 是满足条件 $f(e) = 1$ 的对称可乘线性泛函, 即 $u \in \mathfrak{M}$.

反之, 设 $u \in \mathfrak{M}$, 则相应的泛函 f 具有可乘性, 将 f 作用于 (2.1.9) 式两边, 我们就得到 (2.1.10). 这样一来 $u \in \mathfrak{M}_{\beta,\beta'}, \beta, \beta' \in B$. 即 $\mathfrak{M} \subset \bigcap_{\beta,\beta'} \mathfrak{M}_{\beta,\beta'}$. 证毕.

我们在每个 E_β 中取欧几里得拓扑 (即欧几里得距离导出的拓扑), 在 E 中取乘积拓扑, 那么

$$\mathfrak{M} \text{ 是 } E \text{ 的闭子空间.} \tag{2.1.11}$$

事实上, 这时对每个 $\beta \in B$, 映照 $u \to u_\beta$ 是 E 上的连续函数, 因此 $u \to u_\beta u_{\beta'} - \sum_{k \in B} c_{\beta\beta'}^k u_k$ 也是连续函数, 它的零空间 $\mathfrak{M}_{\beta,\beta'}$ 是闭集. 由引理 2.1.1 立即得到 (2.1.11).

E 在 $\mathfrak{M}$ 上导出的相对拓扑称为 $\mathfrak{M}$ 上的弱拓扑, 今后如果没有特别声明, $\mathfrak{M}$ 上都是取这个弱拓扑, $\mathfrak{M}$ 按这个拓扑是 Hausdorff 空间.

下面我们再仿照把线性空间嵌入第二共轭空间的想法, 把 R 中的元素看成 $\mathfrak{M}$ 上的函数. 详言之, 对每个 $x \in R$, 作 $\mathfrak{M}$ 上的函数 $\hat{x}(f), f \in \mathfrak{M}$ 如下:

$$\hat{x}(f) = f(x).$$

令 $\hat{R}$ 是上述的这些函数全体, 按通常的线性运算及乘法, $\hat{R}$ 成为代数. 我们又在 $\hat{R}$ 上引进对合 $\hat{x} \to \hat{x}^*$ 如下:

$$(\hat{x})^*(f) = \overline{\hat{x}(f)}, \quad f \in \mathfrak{M}.$$

那么映照 $x \to \hat{x}$ 成为 R 到 $\hat{R}$ 的同态映照而且保持对合关系:

$$(\hat{x})^* = \widehat{x^*}.$$

我们为了方便起见以后就将 $\hat{x}(f)$ 改写为 $x(f)$.

当 $\mathfrak{M}$ 上赋以弱拓扑时, 对每个 $x \in R$, $\hat{R}$ 中的元素 $x(f), f \in \mathfrak{M}$, 是 $\mathfrak{M}$ 上的连续函数. 事实上, 这时有复数组 $c_{\beta_1}, \cdots, c_{\beta_n}$, —— n 是一有限数, $\beta_1, \cdots, \beta_n \in B$, —— 使得 $x = \sum_{\nu=1}^n c_{\beta_\nu} x_{\beta_\nu}$, 因此

$$x(f) = \sum_{\nu=1}^n c_{\beta_\nu} u_{\beta_\nu}, \quad u_{\beta_\nu} = f(x_{\beta_\nu}).$$

它是 $u_{\beta_1}, u_{\beta_2} \cdots, u_{\beta_n}$ 的连续函数. 因此 $x(f), f \in \mathfrak{M}$, 按弱拓扑是连续的.

4° 一些例

我们再给出后面用到的一些例.

例 2.1.1   设 A_n 是 n 个复变数 $z = (z_1, \cdots, z_n)$ 的整函数[①] $x(z)$ 全体. 按照通常函数的线性运算及乘法, R 成为具有单位元 1 的交换代数. 当 $x \in A_n$ 时我们规定 x^* 为如下的整函数:

$$x^*(z_1, \cdots, z_n) = \overline{x(\bar{z}_1, \cdots, \bar{z}_n)}.$$

显然 $x \to x^*$ 成为 A_n 上的对合. 我们现在来求出 A_n 上的对称可乘线性泛函全体.

对于任意固定的一组实数 $z^0 = (z_1^0, \cdots, z_n^0)$, 作 A_n 上的泛函

$$f_{z^0}: \quad x \to x(z^0).$$

容易看出 f_{z^0} 是 A_n 上的对称可乘线性泛函. 反过来, 设 f 是 A_n 上的对称可乘线性泛函, 由于函数 $z_\nu \in A_n, \nu = 1, 2, \cdots, n, z_\nu^* = z_\nu$, 记

$$z_\nu^0 = f(z_\nu),$$

则 $z_\nu^0, \nu = 1, 2, \cdots, n$, 是一组实数. 将 A_n 中每个函数 $x(z)$ 展开成幂级数

$$x(z) = \sum_{\nu_1, \cdots, \nu_n} a_{\nu_1 \cdots \nu_n} (z_1 - z_1^0)^{\nu_1} \cdots (z_n - z_n^0)^{\nu_n},$$

则

$$x(z) = x(z_1^0, \cdots, z_n^0) + \sum_{k=1}^{n} g_k(z)(z_k - z_k^0),$$

其中

$$g_k(z) = \sum_{\nu_k \geqslant 1} a_{0 \cdots 0 \nu_k \cdots \nu_n} (z_k - z_k^0)^{\nu_k - 1} \cdots (z_n - z_n^0)^{\nu_n}, \quad k = 1, 2, \cdots$$

都是整函数, 即 $g_k \in A_n$. 因此当 $f \in \mathfrak{M}$ 时, 由 $f(z_k) = z_k^0$ 得到

$$f(x) = x(z_1^0, \cdots, z_n^0) + \sum_{k=1}^{n} f(g_k) f(z_k - z_k^0) = f_{z^0}(x),$$

这里 $z^0 = (z_1^0, \cdots, z_n^0)$. 因此

$$z^0 \to f_{z^0}$$

实现了 n 维实空间 R_n 到 $\mathfrak{M}$ 的一一映照, 如果我们把 z^0 和 f_{z^0} 一致化, 那么 R_n 与 $\mathfrak{M}$ 一致化, 即当 $f = f_{z^0}$ 时,

$$x(f) = x(z^0).$$

_____

[①]即在整个 n 维复空间上解析的函数.

我们又可以在 A_n 上规定一列半范[1] $|x|_\alpha, \alpha = 1, 2, \cdots$ 如下:

$$|x|_\alpha = \max_{|z_\nu| \leqslant \alpha, \nu = 1, 2, \cdots, n} |x(z)|.$$

这样, A_n 按 $\{|x|_\alpha, \alpha = 1, 2, \cdots\}$ 成为赋可列半范代数. 这时, A_n 中元素列 $\{x_k\}$ 收敛于 x 的充要条件就是 $\{x_k(z)\}$ 内闭地均匀收敛于 $x(z)$. 还可以证明 A_n 是对称的, 完备的.

我们注意, A_n 是一个典型的交换对称赋半范代数. 理由如下: 若 R 是任意一个完备的、对称的、具有单位元的赋半范代数. 任取定 $y_1, \cdots, y_n \in R$. 当 $\varphi \in A_n$ 时, 将 φ 展开成幂级数

$$\varphi(z) = \sum_{\nu_1, \cdots, \nu_n} a_{\nu_1 \cdots \nu_n} z_1^{\nu_1} \cdots z_n^{\nu_n}.$$

这时, 由于 φ 是整函数, 容易证明对任何一组正数 $c_1, \cdots, c_n$, 有

$$\sum_{\nu_1, \cdots, \nu_n} |a_{\nu_1 \cdots \nu_n}| c_1^{\nu_1} \cdots c_n^{\nu_n} < \infty,$$

因此对于任一 $\alpha \in \mathfrak{U}$,

$$\sum_{\nu_1, \cdots, \nu_n} |a_{\nu_1 \cdots \nu_n}| |y_1|_\alpha^{\nu_1} \cdots |y_n|_\alpha^{\nu_n} < \infty.$$

再利用代数 R 的完备性, 级数

$$\sum_{\nu_1, \cdots, \nu_n} a_{\nu_1 \cdots \nu_n} y_1^{\nu_1} \cdots y_n^{\nu_n}$$

收敛于 R 中的元素, 记它们为

$$\varphi(y_1, \cdots, y_n).$$

这时有

$$\varphi(y_1, \cdots, y_n)^* = \varphi^*(y_1^*, \cdots, y_n^*).$$

特别当 $y_1, \cdots, y_n$ 是 R 中自共轭元素时, $\varphi \to \varphi(y_1, \cdots, y_n)$ 成为 A_n 到 R 中保持对合的同态映照. 这个映照的像记做 $R_{y_1, \cdots, y_n}$.

例 2.1.2 设 H 是内积空间, $\mathfrak{B}(H)$ 是 H 上线性有界算子全体. 按算子的运算, $\mathfrak{B}(H)$ 成为代数, 它以恒等算子 I 为单位元. 当 $A \in \mathfrak{B}(H)$ 时, 我们把 A 的共轭算子记做 A^*. 那么 $A \to A^*$ 是 $\mathfrak{B}(H)$ 上的对合. 又 $\mathfrak{B}(H)$ 按算子范数及上述对合成为对称赋范代数, 对每个 $\xi \in H$, 作 $\mathfrak{B}(H)$ 上的泛函

$$F_\xi(A) = (A\xi, \xi), \quad A \in \mathfrak{B}(H)$$

这是 $\mathfrak{B}(H)$ 上的连续正泛函.

---
[1]这里的半范 $|x|_\alpha$ 实际上是范数

我们称 $\mathfrak{B}(H)$ 以及它的子代数为空间 H 上的算子代数, 有时也称做算子环. 其中的范数及对合都是按例 2.1.2 中的规定.

在本书中最重要的一类正泛函是下面的例.

例 2.1.3 设 S 是一紧的拓扑空间. $C(S)$ 是 S 上连续函数全体, 按通常的函数运算, 范数

$$|x| = \max_{s \in S} |x(s)|, \quad x \in C(S),$$

及对合 $x \to x^*; x^*(s) = \overline{x(s)}, C(S)$ 成为具有单位元 1 的、变换、对称 Banach 代数. 设 $\mathfrak{B}$ 是 S 的闭子集全体张成的 σ-代数, μ 是 $(S, \mathfrak{B})$ 上的 (非负) 全有限测度, 那么

$$f(x) = \int_S x(s) d\mu(s), \quad x \in C(S)$$

是 $C(S)$ 上正连续泛函. 事实上, 这也是 $C(S)$ 上正泛函的一般形式.

例 2.1.4 设 R 是具有单位元和对合的代数, $\mathfrak{M}$ 是它的对称可乘线性泛函全体按弱拓扑所成的拓扑空间. $\mathfrak{D}$ 是 $\mathfrak{M}$ 的紧子集, $\mathfrak{B}$ 是由 $\mathfrak{D}$ 的闭子集张成的 $\mathfrak{D}$ 中的 σ-代数, μ 是 $(\mathfrak{D}, \mathfrak{B})$ 上的 (非负) 全有限测度. 那么泛函

$$f(x) = \int_{\mathfrak{D}} x(M) d\mu(M), \quad x \in R \tag{2.1.12}$$

有确定的意义. 事实上, 由于 $x \in R$ 时, $x(M)$ 是 $\mathfrak{M}$ 上的连续函数, 也是 $\mathfrak{D}$ 上的连续函数, 因而是有界的, 又限制在 $\mathfrak{D}$ 上时, 它是 $(\mathfrak{D}, \mathfrak{B})$ 上的可测函数, 所以 (2.1.12) 右边积分存在. 容易验证

$$f(x^*x) = \int_{\mathfrak{D}} |x(M)|^2 d\mu(M) \geqslant 0, \quad x \in R.$$

所以 f 是 R 上的正泛函. 下一节在某些情况下, 可证明 (2.1.12) 是 R 上正泛函的一般形式.

例 2.1.5 设 $\Omega = (G, \mathfrak{B}, \mu)$ 是测度空间, $L^\infty(\Omega)$ 是 Ω 上本性有界的可测函数全体, 按通常的线性运算及乘法成为代数. 又规定当 $x \in L^\infty(\Omega)$ 时,

$$||x|| = \text{本性上界}_{g \in G} |x(g)|; \quad x^*(g) = \overline{x(g)}, \ g \in G;$$

那么 $L^\infty(\Omega)$ 成为具有单位元的完备的对称 Banach 代数.

5° 连续函数代数

我们先引进一个记号. 设 f 和 g 是两个函数, 记

$$f \bigvee g = \max(f, g), \quad f \bigwedge g = \min(f, g).$$

下面是连续函数空间中的一个一般逼近定理.

定理 2.1.2 (Stone-Weierstrass)　　设 $\mathfrak{M}$ 是一紧空间, $R(\mathfrak{M})$ 是 $\mathfrak{M}$ 上的实连续函数全体, 按范数 $\|\varphi\| = \max\limits_{M \in \mathfrak{M}} |\varphi(M)|$ 所成的 Banach 代数. 设 Q 是 $R(\mathfrak{M})$ 的闭子代数, 满足如下条件①: 对于 $\mathfrak{M}$ 中任何两个不同点 M, N, 必有 $\varphi \in Q$ 使 $\varphi(M) = 0, \varphi(N) = 1$. 那么 Q 即是 $R(\mathfrak{M})$.

证　　(1) 先证当 $\varphi \in Q$ 时 $|\varphi| \in Q$. 事实上, 对任何正数 ε, 必有多项式 P 使得当 $|t| \leqslant \|\varphi\|$ 时,

$$\||t| - P(t)\| < \frac{\varepsilon}{2}. \tag{2.1.13}$$

令 $P_0(t) = P(t) - P(0)$, 则 P_0 是没有常数项的多项式. 因为 Q 是代数, 因此 $P_0(\varphi) \in Q$. 又由 (2.1.13), $\max\limits_{|t| \leqslant \|\varphi\|} \||t| - P_0(t)\| < \frac{\varepsilon}{2} + |P(0)| < \varepsilon$. 因此对一切 $M \in \mathfrak{M}$, 由 $|\varphi(t)| \leqslant \|\varphi\|$ 得知

$$\||\varphi|(M) - P_0(\varphi)(M)| < \varepsilon.$$

即 $\||\varphi| - P_0(\varphi)\| < \varepsilon$. 然而 Q 是闭的. 因此 $|\varphi| \in Q$.

由是, 当 $\varphi, \psi \in Q$ 时, $\varphi \bigvee \psi = \dfrac{\varphi + \psi + |\varphi - \psi|}{2} \in Q$, 同样地 $\varphi \bigwedge \psi \in Q$.

(2) 我们注意, 对 $\mathfrak{M}$ 中任何两点 M, N, 有 $\varphi \in Q$ 使 $\varphi(M) = 0, \varphi(N) = 1$, 调换 N, M 的位置即知有 $\psi \in Q$ 使 $\psi(N) = 0, \psi(M) = 1$. 因此对任何数 a, b, 函数 $a\varphi + b\psi \in Q$ 而 $(a\varphi + b\psi)(M) = b, (a\varphi + b\psi)(N) = a$.

对任何 $x(M) \in C(\mathfrak{M})$. 任取 $M, N \in \mathfrak{M}$, 由上所述有函数 $x_{M,N} \in Q$ 使 $x_{M,N}(M) = x(M), x_{M,N}(N) = x(N)$. 因此开集

$$U_{M,N} = \{u | x_{M,N}(u) < x(u) + \varepsilon\},$$
$$V_{M,N} = \{u | x_{M,N}(u) > x(u) - \varepsilon\}$$

都包含 M, N. 然而 $\{U_{M,N} | M \in \mathfrak{M}\}$ 是 $\mathfrak{M}$ 的开覆盖族, 因此有 $M_1, \cdots, M_n \in \mathfrak{M}$ 使 $U_{M_1,N} \bigcup \cdots \bigcup U_{M_n,N} \supset \mathfrak{M}$. 由 (1), 函数

$$x_N = x_{M_1,N} \bigwedge x_{M_2,N} \bigwedge \cdots \bigwedge x_{M_n,N} \in Q,$$

那么对一切 $u \in \mathfrak{M}, x_N(u) < x(u) + \varepsilon$. 记 $V_N = \bigcap\limits_{\nu=1}^{n} V_{M_\nu,N}$, 那么 V_N 也是 N 的环境, 而且当 $u \in V_N$ 时 $x_N(x) > x(u) - \varepsilon$. 类似地又存在有限个 $V_{N_1}, \cdots, V_{N_m}$ 使 $V_{N_1} \bigcup \cdots \bigcup V_{N_m} \supset \mathfrak{M}$. 再由 (1), 函数

$$\tilde{x} = x_{N_1} \bigvee x_{N_2} \bigvee \cdots \bigvee x_{N_m} \in Q.$$

但这时就有

$$x(u) - \varepsilon < \tilde{x}(u) < x(u) + \varepsilon, \quad u \in \mathfrak{M}.$$

①可以证明这个条件等价于对 $\mathfrak{M}$ 中任何两个不同点 M, N, 有 $\varphi \in Q$ 使 $\varphi(M) \neq \varphi(N)$, 又对任何 $M \in \mathfrak{M}$ 有 $\psi \in Q$ 使 $\psi(M) \neq 0$.

即 $\|\tilde{x} - x\| < \varepsilon$. 然而 Q 是闭集, 所以 $x \in Q$. 证毕

系 2.1.3 设 $C(\mathfrak{M})$ 是紧空间 $\mathfrak{M}$ 上复值连续函数全体所成的对称赋范代数 (见例 2.1.3). 设 S 是 $C(\mathfrak{M})$ 的对称闭子代数, 如果对 $\mathfrak{M}$ 中任何两个不同点 M, N, 必有 $\varphi \in S$ 使 $\varphi(M) = 0, \varphi(N) = 1$, 那么 $S = C(\mathfrak{M})$.

证 令 Q 是 S 中的实函数全体, 那么 Q 是 $R(\mathfrak{M})$ 的闭子代数. 对任何 $M, N \in \mathfrak{M}, M \neq N$. 由假设有 $\varphi \in S$ 使 $\varphi(M) = 0, \varphi(N) = 1$. 因为 S 是对称的, $\bar{\varphi} \in S$, 因此 $\psi = \dfrac{\varphi + \bar{\varphi}}{2} \in Q$. 这时仍有 $\psi(M) = 0, \psi(N) = 1$. 因此 Q 满足定理 2.1.2 中的条件, 因而 $Q = R(\mathfrak{M})$. 对于任何 $x \in C(\mathfrak{M}), x_1 = \dfrac{x + \bar{x}}{2}, x_2 = \dfrac{x - \bar{x}}{2i}$ 都在 $R(\mathfrak{M})$ 中, 因而在 Q 中由是 $x = x_1 + ix_2 \in S$, 即 $S = C(\mathfrak{M})$. 证毕.

§2.2 赋半范代数上正泛函的表示

我们首先证明具有单位元的、对称、完备、赋可列半范代数 R 上正泛函 f 的连续性. 这里线性泛函 f 的连续性和通常的意义一样, 即对于 R 中收敛于 0 的任何一列元素 $\{x_n\}$ 恒有 $f(x_n) \to 0$.

引理 2.2.1 设 R 是具有单位元 e 的、对称、完备、赋可列半范代数. 又设 f 是 R 上的正泛函, 那么 f 是连续的.

证 不妨设 $f(e) = 1$. 我们用反证法. 若 f 不是连续的, 则必有一列 $\{x_n\} \subset R, x_n \to 0$, 但 $f(x_n) \not\to 0$. 不妨设 (必要时选出 $\{x_n\}$ 的子列)

$$\varepsilon = \inf_n |f(x_n)| > 0. \tag{2.2.1}$$

在 Schwarz 不等式 (2.1.5) 中令 $x = x_n, y = e$, 则

$$|f(x_n)| \leqslant \sqrt{f(x_n^* x_n)}.$$

因此由 (2.2.1) 得到 $f(x_n^* x_n) \geqslant \varepsilon^2$. 又因 $x_n \to 0$, 所以 $x_n^* \to 0$. 令 $y_n = \dfrac{x_n^* x_n}{f(x_n^* x_n)}$, 则

$$y_n^* = y_n, \quad y_n \to 0, \quad f(y_n) = 1.$$

当 $x \in R$ 时, 记 $N_n(x) = \max(|x|_n, 1)$[①]. 由于 $y_n \to 0$, 必可以取出 $\{y_n\}$ 的子列 $\{z_n\}$ 使

$$\begin{aligned}
Q_n =\ & N_n(z_1) + (N_n(z_2) + (N_n(z_3) + (\cdots + (N_n(z_{n-1}) + |z_n|_n^2)^2 \cdots)^2)^2)^2 \\
& - \{N_n(z_1) + (N_n(z_2) + (N_n(z_3) + (\cdots + (N_n(z_{n-2}) \\
& + N_n(z_{n-1})^2)^2 \cdots)^2)^2)^2\} < \frac{1}{2^n}.
\end{aligned} \tag{2.2.2}$$

----
① 这里 $\{|x|_n, n = 1, 2, \cdots\}$ 表示 R 的半范数.

事实上, 若 $z_1, \cdots, z_{l-1}$ 都已取好, $z_\nu = y_{k_\nu}$ 而且使 (2.2.2) 当 $n = 1, 2, \cdots, l-1$ 时成立. 只要取 $k_l > k_{l-1}$ 使 $|y_{k_l}|_l$ 充分小, 则当 $z_l = y_{k_l}$ 时 (2.2.2) 对 $n = l$ 也成立 (由于 $\lim\limits_{n \to \infty} |y_n|_l = 0$, 这样的 k_l 总可以取到). 于是子序列 $\{z_n\}$ 已取好.

作 R 中的元素

$$\lambda_n = z_1 + (z_2 + (z_3 + (\cdots + z_n^2)^2 \cdots)^2)^2, \tag{2.2.3}$$

这是 $z_1, z_2, \cdots, z_n$ 的正系数多项式. 在 (2.2.3) 中将 z_ν 以复数 t_ν 代入时所得的正系数多项式记为 $P_n(t_1, \cdots, t_n)$. 容易看出, $\lambda_n - \lambda_{n-1}$ 也是 $z_1, \cdots, z_n$ 的正系数多项式, 这个多项式中以复数 t_ν 代 z_ν 时所得的正系数多项式记为 $S_n(t_1, \cdots, t_n)$, 那么易知

$$\begin{aligned}
|\lambda_n - \lambda_{n-1}|_n &\leqslant S_n(|z_1|_n, \cdots, |z_n|_n) \\
&\leqslant S_n(N_n(z_1), \cdots, N_n(z_{n-1}), |z_n|_n) \\
&= P_n(N_n(z_1), \cdots, N_n(z_{n-1}), |z_n|_n) \\
&\quad - P_{n-1}(N_n(z_1), \cdots, N_n(z_{n-1})) \\
&= Q_n < \frac{1}{2^n}.
\end{aligned} \tag{2.2.4}$$

由此可见 $\{\lambda_n\}$ 成为 R 中的基本点列, 它必收敛于 R 中的一个元素, 记为 χ_1. 由于 $z_\nu = z_\nu^*, \lambda_n = \lambda_n^*$, 因此 $\chi_1 = \chi_1^*$.

令 $\lambda_n' = z_2 + (z_3 + (z_4 + (\cdots + (z_{n-1} + z_n^2)^2 \cdots)^2)^2)^2$. 那么和 (2.2.4) 类似地可以证明

$$\begin{aligned}
|\lambda_n' - \lambda_{n-1}'|_n &\leqslant N_n(z_2) + (N_n(z_3) + (\cdots + (N_n(z_{n-1}) + |z_n|_n^2)^2 \cdots)^2)^2 \\
&\quad - \{N_n(z_2) + (N_n(z_3) + (\cdots + (N_n(z_{n-2}) \\
&\qquad + N_n(z_{n-1})^2)^2 \cdots)^2)^2\} \\
&= Q_n\{N_n(z_2) + (N_n(z_3) + (\cdots \\
&\qquad + (N_n(z_{n-1}) + |z_n|^2)^2 \cdots)^2)^2 \\
&\qquad + N_n(z_2) + (N_n(z_3) + (\cdots \\
&\qquad + (N_n(z_{n-2}) + N_n(z_{n-1})^2)^2 \cdots)^2)^2\}^{-1} \\
&< \frac{1}{2^n}.
\end{aligned}$$

上式中最后一步是由于 $N_n(x) \geqslant 1$. 因此有 $\chi_2 \in R$ 使 $\lambda_n' \to \chi_2$, 而且 $\chi_2 = \chi_2^*$. 又由于 $\lambda_n = z_1 + \lambda_n'^2$, 所以

$$\chi_1 = z_1 + \chi_2^2.$$

一直继续下去, 就得到环 R 中的一列元素 $\{\chi_n\}$ 适合

$$\chi_n^* = \chi_n, \quad \chi_n = z_n + \chi_{n+1}^2, \quad n = 1, 2, \cdots. \tag{2.2.5}$$

由 Schwarz 不等式 (2.1.5), 并注意到 $\chi_n^* = \chi_n, f(e) = 1$. 我们得到

$$f(\chi_n)^2 \leqslant f(\chi_n^2). \tag{2.2.6}$$

又由 $f(z_n) = 1$ 和 (2.2.5), (2.2.6) 得到

$$f(\chi_1) \geqslant 1 + f(\chi_2)^2 \geqslant 1 + (1 + f(\chi_3)^2)^2 \geqslant \cdots$$
$$\geqslant 1 + (1 + (1 + \cdots + (1 + f(\chi_n)^2)^2 \cdots)^2)^2 \geqslant n$$

对一切 n 成立, 但这是不可能的. 因此 f 是连续的. 证毕.

系 2.2.2 在引理 2.2.1 的假设下, 若 R 的半范族 $\{|x|_\alpha, \alpha = 1, 2, \cdots\}$ 又适合条件 $|x|_1 \leqslant |x|_2 \leqslant \cdots$, 则必有自然数 α 和正数 c 使得对一切 $x \in R$ 成立着

$$|f(x)| \leqslant c|x|_\alpha. \tag{2.2.7}$$

证 如果不然, 对每个 α, $\sup\limits_{|x|_\alpha \neq 0} |f(x)|/|x|_\alpha = \infty$. 因此对每个 n 有 $x_n \in R$ 使 $f(x_n) = 1, |x_n|_n < \dfrac{1}{n}$. 但这时显然有 $x_n \to 0$. 这和 f 的连续性矛盾. 证毕.

有例说明这个引理不能推广到赋不可列个半范的代数上.

我们注意, 不等式 (2.2.7) 还可以准确化, 使它成为

$$|f(x)| \leqslant f(e)|x|_\alpha. \tag{2.2.8}$$

事实上, 重复使用 Schwarz 不等式 (2.1.5), 并利用 (2.2.7) 可以得到

$$|f(x)| \leqslant f(e)^{\frac{1}{2}} f(x^*x)^{\frac{1}{2}} \leqslant f(e)^{\frac{1}{2}+\frac{1}{4}} f((x^*x)^2)^{\frac{1}{4}}$$
$$\leqslant f(e)^{\frac{1}{2}+\frac{1}{4}+\cdots+\frac{1}{2^m}} f((x^*x)^{2^{m-1}})^{\frac{1}{2^m}}$$
$$\leqslant f(e)^{1-\frac{1}{2^m}} c^{\frac{1}{2^m}} (|(x^*x)^{2^{m-1}}|_\alpha)^{\frac{1}{2^m}}.$$

令 $m \to \infty$ 就得到

$$|f(x)| \leqslant f(e) \lim_{m\to\infty} \sqrt[2^m]{|(x^*x)^{2^{m-1}}|_\alpha}. \tag{2.2.9}$$

然而 $|(x^*x)^{2^{m-1}}|_\alpha \leqslant |x^*|_\alpha^{2^{m-1}} |x|_\alpha^{2^{m-1}} = |x|_\alpha^{2^m}$, 因此由 (2.2.9) 立即推出 (2.2.8).

特别当 R 是赋范代数时, (2.2.8) 即为

$$|f(x)| \leqslant f(e)|x|, \quad x \in R, \tag{2.2.10}$$

其中 $|x|$ 为 R 上的范数. 这时的不等式 (2.2.10) 可以相当简单地证明 (见 Naĭmark [1]) 如下.

设 x 是自共轭的而且 $|x| \leqslant 1$. 考察二项式级数

$$(1 - \lambda)^{\frac{1}{2}} = 1 - \frac{\lambda}{2} - \frac{1}{2!}\frac{\lambda^2}{2^2} - \cdots, \tag{2.2.11}$$

而当 $\lambda = 1$ 时 (2.2.11) 右边收敛. 于是容易看出级数

$$y = e - \frac{x}{2} - \frac{x^2}{2!2^2} - \cdots - \frac{1 \cdot 3 \cdot \cdots \cdot (2n-1)}{n!2^n}x^n - \cdots \in R, \tag{2.2.12}$$

(2.2.12) 是指按范数收敛. 由于在 R 中 $|z| = |z^*|$, 从 x 的自共轭性导出 y 的自共轭性. 易知 $y^2 = e - x$. 但由 f 的正性 $f(y^2) = f(y^*y) \geqslant 0$, 因此

$$f(x) \leqslant f(e).$$

由此可见对于 R 中任何自共轭元素, (2.2.10) 成立. 再利用 Schwarz 不等式和 x^*x 的自共轭性得知对一切 $x \in R$, 成立着

$$|f(x)|^2 \leqslant f(e)f(x^*x) \leqslant f(e)^2|x^*x| \leqslant f(e)^2|x|^2,$$

这就是 (2.2.10).

但是这个证法显然不能推广到赋可列半范代数.

引理 2.2.3 设 A_n 是 n 变元整函数的代数 (见 [例 2.1.1]), 又设 f 是 A_n 上的正泛函, $f(1) = 1$. 那么必有 n 维实空间 R_n 中的有界闭集 D 以及 D 上的概率测度 μ, 使得当 $\varphi \in A_n$ 时,

$$f(\varphi) = \int_D \varphi(z)d\mu(z). \tag{2.2.13}$$

且满足 (2.2.13) 的 μ 是唯一的.

证 设 $|\varphi|_\alpha, \alpha = 1, 2, \cdots$ 是例 2.1.1 中所规定的 A_n 上的半范族. 根据例 2.1.1 和系 2.2.2, 必有正数 c 和自然数 α 使得不等式 (2.2.7) 对一切 $x \in A_n$ 成立.

对于任意实数组 $t = (t_1, \cdots, t_n) \in R_n$ 和复数组 $z = (z_1, \cdots, z_n)$, 记

$$t \cdot z = t_1 z_1 + \cdots + t_n z_n.$$

作函数 $\psi(t) = f(\exp{(it \cdot z)}) \in A_n$. 由 f 的连续性得到 $\varphi(t)$ 对 t 的连续性. 又 $\psi(0) = 1$. 设 $t^{(l)}, l = 1, 2, \cdots, k$ 是 R_n 中任意 k 个点, $\xi_1, \cdots, \xi_k$ 是任意 k 个复数, 记

$$x(z) = \sum_{l=1}^{k} \xi_l \exp{(it^{(l)} \cdot z)}.$$

那么

$$\sum_{l,m} \psi(t^{(l)} - t^{(m)})\xi_l \overline{\xi}_m = f(x^*x) \geqslant 0,$$

其中 $t^{(l)} - t^{(m)} = (t_1^{(l)} - t_1^{(m)}, \cdots, t_n^{(l)} - t_n^{(m)})$. 所以 ψ 又是正定函数. 由 Bochner-Khinchin 定理, 在 R_n 上存在唯一的概率测度 μ 使

$$f(e^{it \cdot x}) = \int_{R_n} e^{it \cdot x} d\mu(x). \tag{2.2.14}$$

首先证明测度 μ 集中在 R_n 的子集 $D = \{z \mid |z_\nu| \leqslant \alpha + 1, \nu = 1, 2, \cdots, n\}$ 上. 作函数列

$$g_m(t_1) = \frac{1}{\sqrt{2\pi}} \exp \left\{ -\frac{(t_1 + im)^2}{2} - \alpha m \right\}, \quad m = 1, 2, \cdots,$$

容易算出 A_n 中的元素

$$h_m(z) = \int_{-\infty}^{\infty} e^{it_1 z_1} g_m(t_1) dt_1 = \exp \left\{ -\frac{z_1^2}{2} + m(z_1 - \alpha) \right\}. \tag{2.2.15}$$

我们注意 (2.2.15) 中的积分按 A_n 中拓扑收敛, 因此在 (2.2.14) 中取 $t = (t_1, 0, \cdots, 0)$, 并在 (2.2.14) 两边乘以 $g_m(t_1)$ 后再对 t_1 进行积分, 左边利用 f 的连续性, 右边交换积分得

$$f(h_m) = \int_{R_n} h_m(x) d\mu(x) \geqslant \int_{x_1 \geqslant \alpha+1} e^{-\frac{x_1^2}{2} + m} d\mu(x). \tag{2.2.16}$$

由于 $|h_m|_\alpha \leqslant e^{\frac{\alpha^2}{2}}$, 在 (2.2.16) 中令 $m \to \infty$, 利用 (2.2.7) 即知 (2.2.16) 左边有界. 但右边除非 $\displaystyle\int_{z_1 \geqslant \alpha+1} e^{-\frac{z_1^2}{2}} d\mu(z) = 0$, 否则不可能是有界的.

因此半空间 $z_1 \geqslant \alpha + 1$ 的 μ–测度为 0. 再进行类似的讨论就知道测度 μ 集中在 D 上.

所以我们此后在 (2.2.14) 的积分中把 R_n 换成 D. 将 (2.2.14) 两边作运算

$$\frac{\partial^{k_1 + \cdots + k_n}}{\partial t_1^{k_1} \cdots \partial t_n^{k_n}},$$

容易证明这个运算作用到 (2.2.14) 左边时, 可以放到 $f(\cdot)$ 的里面, 而这个运算与 (2.2.14) 右边的积分运算可交换. 因此再令 $t = (0, \cdots, 0)$ 即得知 (2.2.13) 对于 $\varphi(z) = \prod\limits_{l=1}^{n} z_l^{k_l}$ 成立. 因而 (2.2.13) 对任一多项式成立. 再由于 f 的连续性和多项式全体在 A_n 中的稠密性推出 (2.2.13) 对一切 $\varphi \in A_n$ 成立. 至于测度 μ 的唯一性可由 Bochner-Khinchin 定理中测度 μ 的唯一性推出. 引理证毕.

利用 §2.1 中关于对称可乘线性泛函的表示通过 Kolmogorov 定理可以将引理 2.2.3 推广到更一般的代数上, 见定理 2.2.4, 这是迄今为止, 以抽象形式表述的最一般定理.

定理 2.2.4 设 R 是具有单位元的对称交换完备赋半范代数, $\mathfrak{M}$ 是 R 的对称可乘线性泛函全体所成的拓扑空间. 又设 f 是 R 上的正泛函, $f(e) = 1$. 那么存在

$\mathfrak{M}$ 的紧子集 $\mathfrak{M}_f$, 和 $\mathfrak{M}_f$ 上唯一的概率测度 μ 使得

$$f(x) = \int_{\mathfrak{M}_f} x(M)d\mu(M) \tag{2.2.17}$$

对一切 $x \in R$ 成立.

证 利用 §2.1 的方法, 任意选取 R 中由自共轭元素组成的线性基 $\{x_\beta, \beta \in B\}$. 对 B 中任意固定的 $\beta_1, \cdots, \beta_n$ 及 A_n 中任意函数 $\varphi(z_1, \cdots, z_n)$, 作出 $\varphi(x_{\beta_1}, \cdots, x_{\beta_n})$. 通过 f 作 A_n 上的泛函

$$\varphi \to f(\varphi(x_{\beta_1}, \cdots, x_{\beta_n})). \tag{2.2.18}$$

由于 $\varphi \to \varphi(x_{\beta_1}, \cdots, x_{\beta_n})$ 是 A_n 到环 $R_{x_{\beta_1}, \cdots, x_{\beta_n}}$ (它的意义见 §2.1) 的保持对合的同态, 所以 (2.2.18) 是 A_n 上的正泛函. 由引理 2.2.3, 存在 n 维实空间 $E_{\beta_1} \times \cdots \times E_{\beta_n}$ 中的有界闭集 $\mathfrak{D}_{\beta_1, \cdots, \beta_n}$ 及集中在其上的唯一概率测度 $\mu_{\beta_1, \cdots, \beta_n}$, 使得当 $\varphi \in A_n$ 时,

$$f(\varphi(x_{\beta_1}, \cdots, x_{\beta_n}))$$
$$= \int_{D_{\beta_1, \cdots, \beta_n}} \varphi(u_{\beta_1}, \cdots, u_{\beta_n})d\mu_{\beta_1, \cdots, \beta_n}(u_{\beta_1}, \cdots, u_{\beta_n}). \tag{2.2.19}$$

由于当 $m \geqslant n$ 时,

$$\int e^{i(t_1 u_{\beta_1} + \cdots + t_n u_{\beta_n})}d\mu_{\beta_1, \cdots, \beta_n}(u_{\beta_1}, \cdots, u_{\beta_n})$$
$$= f(e^{i(t_1 x_{\beta_1} + \cdots + t_n x_{\beta_n})}) = f(e^{i(t_1 x_{\beta_1} + \cdots + t_n x_{\beta_n} + 0 \cdot x_{\beta_{n+1}} + \cdots + 0 \cdot x_{\beta_m})})$$
$$= \int e^{i(t_1 u_{\beta_1} + \cdots + t_n u_{\beta_n})}d\mu_{\beta_1, \cdots, \beta_n}(u_{\beta_1}, \cdots, u_{\beta_m}),$$

这族有限维空间上的概率测度 $\{\mu_{\beta_1, \cdots, \beta_n}, \beta_1, \cdots, \beta_n \in B\}$ 是符合的. 不妨设 (2.2.19) 中的 $\mathfrak{D}_{\beta_1}$ (取 $n = 1$ 的情况) 为 $|u_{\beta_1}| \leqslant q_{\beta_1}$. 由于测度族 $\{u_{\beta_1, \cdots, \beta_n}\}$ 的符合性易知测度 $\mu_{\beta_1, \cdots, \beta_n}$ 集中在有界集 $|u_{\beta_\nu}| \leqslant q_{\beta_\nu}, \nu = 1, \cdots, n$ 上. 由 Kolmogorov 定理 (系 1.3.5′), 存在 $\mathfrak{D} = \underset{\beta \in B}{\times} \mathfrak{D}_\beta$ 上唯一的概率测度 μ, 使得对于任何相应于指标 $\beta_1, \cdots, \beta_n$ 及以 Borel 集 Q 为基的 Borel 柱 $\tilde{Q}$ 成立着 $\mu(\tilde{Q}) = \mu_{\beta_1, \cdots, \beta_n}(Q)$. 因此, 我们从 (2.2.19) 得到

$$f(\varphi(x_{\beta_1}, \cdots, x_{\beta_n})) = \int_{\mathfrak{D}} \varphi(u_{\beta_1}, \cdots, u_{\beta_n})d\mu(u). \tag{2.2.20}$$

设 $\{c^k_{\beta\beta'}\}$ 是 (2.1.9) 中的一族数. 由 (2.1.9) 和 (2.2.20) 我们得到

$$\int_{\mathfrak{D}} (u_\beta u_{\beta'} - \sum c^k_{\beta\beta'} u_k)^2 d\mu(u) = f((x_\beta x_{\beta'} - \sum c^k_{\beta\beta'} x_k)^2) = 0. \tag{2.2.21}$$

但可测集 $\mathfrak{D} \backslash \mathfrak{M}_{\beta\beta'}$ (见 §2.1) 是使 (2.2.21) 中被积分函数大于 0 的点 u 全体. 因此

$$\mu(\mathfrak{D} \backslash \mathfrak{M}_{\beta\beta'}) = 0. \tag{2.2.22}$$

我们把 $\mathfrak{M}$ 看成 $E = \underset{\beta}{\times} E_\beta$ 的子集. 今证 $\mathfrak{D} \bigcap \mathfrak{M}$ 的 μ 外测度 $\mu^*(\mathfrak{D} \bigcap \mathfrak{M})$ 为 1.

设 $\Gamma = \sum\limits_{n=1}^\infty \Gamma_n$ 是 E 中一列开柱的和而且适合

$$\Gamma \supset \mathfrak{D} \bigcap \mathfrak{M}. \tag{2.2.23}$$

根据 Halmos [1], 只要证明 $\mu(\Gamma) = 1$, 那么外测度 $\mu^*(\mathfrak{D} \bigcap \mathfrak{M}) = 1$.

因为 $\mathfrak{D} = \underset{\beta \in B}{\times} \mathfrak{D}_\beta$, 而 $\mathfrak{D}_\beta$ 为欧几里得直线上的紧集, 由 Tychonoff 定理 (见关肇直 [1]), $\mathfrak{D}$ 是 E 中的紧集. 令 Λ_n 为 $E \backslash \sum\limits_{\nu=1}^n \Gamma_\nu$, 它是 E 中的闭柱. 由 (2.2.23), 我们有

$$\mathfrak{D} \cap \mathfrak{M} \bigcap_{n=1}^\infty \Lambda_n = 0. \tag{2.2.24}$$

今证必有 Λ_n 和有限个 $\mathfrak{M}_{\beta_1, \beta'_1}, \cdots, \mathfrak{M}_{\beta_l, \beta'_l}$ 使

$$\mathfrak{D} \cap \Lambda_n \bigcap_{\nu=1}^l \mathfrak{M}_{\beta_\nu, \beta'_\nu} = 0. \tag{2.2.25}$$

不然的话, $\mathfrak{D}$ 中闭子集族 $\{\mathfrak{D} \cap \mathfrak{M}_{\beta, \beta'}, \beta, \beta' \in B\} \cup \{\Lambda_n \cap \mathfrak{D}, n = 1, 2, \cdots\}$ 中任意有限个集有公共点. 由 $\mathfrak{D}$ 的紧性得 $\mathfrak{D} \bigcap_{n=1}^\infty \Lambda_n \bigcap_{\beta, \beta'} \mathfrak{M}_{\beta, \beta'} \neq \varnothing$, 而由引理 2.1.1, 这和 (2.2.24) 矛盾. 因此 (2.2.25) 成立. 但是由 (2.2.22) 有 $\mu\left(E \backslash \bigcap_{\nu=1}^l \mathfrak{M}_{\beta_\nu, \beta'_\nu}\right) = 0$. 由 $\Lambda_n \cap \mathfrak{D} \subset E \backslash \bigcap_{\nu=1}^l \mathfrak{M}_{\beta_\nu, \beta'_\nu}$ 得到

$$\mu^*(\Lambda_n \cap \mathfrak{D}) = 0.$$

但是 $\mu^*(\mathfrak{D}) = 1$, 所以 $\mu(\Lambda_n) = \mu^*(\Lambda_n \cap \mathfrak{D}) = 0$, 即得 $\mu(\Gamma) = 1$. 因此 $\mu^*(\mathfrak{D} \cap \mathfrak{M}) = 1$.

再利用 §1.1 第一段的方法, 我们把 μ 集中在紧集 $\mathfrak{D} \cap \mathfrak{M}$ 上, 这样由 (2.2.20) 立即导出 (2.2.17). 至于测度 μ 的唯一性可由 $\mu_{\beta_1, \cdots, \beta_n}$ 的唯一性立即得到. 证毕.

利用 (2.2.17) 立即可知定理 2.2.4 中的正泛函适合不等式

$$|f(x)| \leqslant f(e) \sup_{M \in \mathfrak{M}} |x(M)|. \tag{2.2.26}$$

下面我们再利用 (2.2.10) 研究对称 Banach 代数的对称可乘线性泛函空间.

定理 2.2.5 设 R 是具有单位元的、对称 Banach 代数, $\mathfrak{M}$ 是它的对称可乘线性泛函全体按弱拓扑所成的拓扑空间, 那么 $\mathfrak{M}$ 是紧空间.

证　利用 §2.1 的方法把 $\mathfrak{M}$ 嵌入到空间 E 中. 我们注意 §2.1 中曾说过, $\mathfrak{M}$ 中的元素也是 R 上的正泛函, 利用 (2.2.10) 立即可知, 当 $\beta \in B$ 时,

$$|u_\beta| \leqslant |x_\beta|. \tag{2.2.27}$$

令 C_β 是 E_β 的紧子集 $\{u_\beta \| u_\beta | \leqslant |x_\beta|\}$. 由 Tychonoff 定理, $C = \underset{\beta \in B}{\times} C_\beta$ 是拓扑空间 E 的紧子集, 由于 (2.2.27), $\mathfrak{M} \subset C$. 在 §2.1 中又说过 $\mathfrak{M}$ 是 E 的闭子集, 因此 $\mathfrak{M}$ 作为紧集的闭子集, 它本身也是紧的. 证毕.

现在利用定理 2.2.4, 2.2.5 给出 Hilbert 空间上交换对称算子环的结构.

定理 2.2.6　设 H 是一个 Hilbert 空间, R 是 H 上某些线性有界算子组成的交换对称完备算子代数, 且单位算子 $I \in R$. 令 $\mathfrak{M}$ 是 R 上的对称可乘线性泛函全体所成的紧 Hausdorff 空间, $C(\mathfrak{M})$ 是 $\mathfrak{M}$ 上复值连续函数全体所成的函数环, 那么映照

$$A \to A(M), \quad M \in \mathfrak{M} \tag{2.2.28}$$

是 R 到 $C(\mathfrak{M})$ 的对称等距同构映照.

证　当 $A \in R$ 时, $A(M), M \in \mathfrak{M}$ 是 $C(\mathfrak{M})$ 中元素, 这种元素全体记做 $\hat{R}$. 那么 (2.2.28) 是 R 到 $\hat{R}$ 的对称同态映照. 对于任何 $x \in H$, 作 R 上的正泛函

$$f_x(A) = (Ax, x), \quad A \in R.$$

由 (2.2.26),

$$f_x(A^*A) \leqslant \max_{M \in \mathfrak{M}} |A(M)|^2 f_x(I),$$

因此

$$\|A\|^2 = \|A^*A\| = \sup_{x \neq 0} \frac{f_x(A^*A)}{f_x(I)} \leqslant \max_{M \in \mathfrak{M}} |A(M)|^2,$$

再由 (2.2.10) 得到 $|A(M)| \leqslant \|A\|$, 此地 $M \in \mathfrak{M}$. 所以

$$\|A\| = \max_{M \in \mathfrak{M}} |A(M)|.$$

因此 (2.2.28) 是 R 到 $\hat{R}$ 的等距同构映照. 由于 R 是对称的完备的, $\hat{R}$ 也是对称完备的, 即是 $C(\mathfrak{M})$ 对称闭子代数. 对于 $\mathfrak{M}$ 中任何两个不同点 M 和 N, 必有 $A \in R$ 使 $A(M) \neq A(N)$. 令 $\varphi = \dfrac{A(M)I - A}{A(M) - A(N)}$, 则 $\varphi \in R, \varphi(M) \in \hat{R}$, 而 $\varphi(M) = 0, \varphi(N) = 1$. 根据系 2.1.3, $\hat{R}$ 即是 $C(\mathfrak{M})$. 证毕.

§2.3　弱闭算子代数的基本概念

1° 代数 $\mathfrak{B}(H)$ 上的各种拓扑

设 H 是 Hilbert 空间, $\mathfrak{B}(H)$ 是 H 到 H 的线性有界算子全体按照算子的运算

所成的代数. 又在 $\mathfrak{B}(H)$ 上引进对合: $A \to A^*$, 其中 A^* 是 A 的共轭算子. 下面我们在 $\mathfrak{B}(H)$ 引进各种拓扑:

I. 弱拓扑. 对任一 $A_0 \in \mathfrak{B}(H)$, 任取正数 ε 及 H 中的元素 $f_1, \cdots, f_n; \varphi_1, \cdots, \varphi_n$. 称

$$U(A_0; f_1, \cdots, f_n, \varphi_1, \cdots, \varphi_n, \varepsilon)$$
$$= \{A | |((A - A_0)f_k, \varphi_k)| < \varepsilon, k = 1, \cdots, n\}$$

为 A_0 的弱环境. 以上述类型的集的全体作为环境基, 我们得到 $\mathfrak{B}(H)$ 上的一个拓扑, 称它为弱拓扑. 一般说来, 这个拓扑并不满足第一可列公理. 当 $S \subset \mathfrak{B}(H)$ 时, S 按弱拓扑的包记为 S^1. 容易看出 $\mathfrak{B}(H)$ 按弱拓扑成为线性拓扑空间. 当固定 $B \in \mathfrak{B}(H)$ 时, 乘法运算 $A \to BA, A \in \mathfrak{B}(H)$ (以及 $A \to AB, A \in \mathfrak{B}(H)$) 是连续的, 然而对弱拓扑来说, 运算 $(A, B) \to AB$ 并不是 $\mathfrak{B}(H) \times \mathfrak{B}(H)$ 到 $\mathfrak{B}(H)$ 的连续映照 (见例 2.3.1). 因为 $|((A - A_0)f_k, \varphi_k)| = |(f_k, (A^* - A_0^*)\varphi_k)|$, 对合映照 $A \to A^*$ 关于 $\mathfrak{B}(H)$ 的弱拓扑是连续的.

II. 强拓扑. 对任一 $A_0 \in \mathfrak{B}(H)$, 任取正数 ε 及 H 中有限个向量 $f_1, \cdots, f_n$, 作集

$$V(A_0; f_1, \cdots, f_n; \varepsilon) = \{A | \|(A - A_0)f_k\| < \varepsilon, k = 1, 2, \cdots, n\}.$$

称它是 A_0 的强环境. 用上述类型的集的全体作为环境基, 我们得到 $\mathfrak{B}(H)$ 上一个拓扑, 称之为强拓扑, 它一般地不满足第一可列公理. 当 $S \subset \mathfrak{B}(H)$ 时, 记 S 按强拓扑的包为 S^2. $\mathfrak{B}(H)$ 按强拓扑仍为线性拓扑空间. 当固定 $B \in \mathfrak{B}(H)$ 时, 乘法运算 $A \to AB$(以及运算 $A \to BA$) 都是连续的, 然而对强拓扑来说, 运算 $(A, B) \to AB$ 仍然不是 $\mathfrak{B}(H) \times \mathfrak{B}(H)$ 到 $\mathfrak{B}(H)$ 上的连续映照 (见例 2.3.1). 不但如此, 按强拓扑, 对合映照 $A \to A^*$ 也并不是连续的 (见例 2.3.1).

III. 一致拓扑. 在 §2.1 中我们已经说过 $\mathfrak{B}(H)$ 按算子范数成为对称 Banach 代数. 由范数导出 $\mathfrak{B}(H)$ 上的一个拓扑, 当 $A_0 \in \mathfrak{B}(H)$ 时, 形如

$$\{A | \|A - A_0\| < \varepsilon\}$$

的集全体组成在 A_0 的环境基, 这个拓扑称为一致拓扑. 这个拓扑满足第一可列公理, 而且按这个拓扑, 加法、乘法及对合都是连续的. 当 $S \subset \mathfrak{B}(H)$ 时, S 按一致拓扑的包记为 S^3.

显然 $\mathfrak{B}(H)$ 的弱拓扑弱于强拓扑, 强拓扑弱于一致拓扑. 一般说来, 这三个拓扑彼此各异 (见下面的例). 当 $S \subset \mathfrak{B}(H)$ 时, 显然

$$S^3 \subset S^2 \subset S^1.$$

例 2.3.1 设 H 是可析的 Hilbert 空间, $\{e_\nu\}, \nu = 1, 2, \cdots$ 是 H 中的完备就范直交系. 作算子 U 如下: 当 $x \in H$ 时,

$$Ux = \sum_{\nu=1}^{\infty} (x, e_{\nu+1})e_\nu.$$

显然 $\|U\| \leqslant 1$. 置 $A_n = U^n$, 则当 $x \in H$ 时,

$$A_n x = \sum_{\nu=1}^{\infty} (x, e_{\nu+n}) e_\nu,$$

那么 $\|A_n x\|^2 = \sum_{k=n+1}^{\infty} |(x, e_k)|^2$. 然而 $\sum_{k=1}^{\infty} |(x, e_k)|^2 = \|x\|^2 < \infty$. 所以对每个 $x \in H$,

$$\lim_{n \to \infty} \|A_n x\| = 0,$$

即 $\{A_n\}$ 按强拓扑收敛于零. 但是容易算出 A_n 的共轭算子是

$$A_n^* x = \sum_{\nu=1}^{\infty} (x, e_\nu) e_{\nu+n},$$

于是 $\|A_n^* x\| = \|x\|$, 即 $\{A_n^*\}$ 按强拓扑不收敛于零. 这说明了两点: (i) 映照 $A \to A^*$ 按强拓扑是不连续的, (ii) $\mathfrak{B}(H)$ 上的强拓扑与弱拓扑并不一致.

又由于 $A_n A_n^* = I$——恒等算子, 并且 $\{A_n\}$ 按弱拓扑也收敛于零. $\{A_n^*\}$ 按弱拓扑也应收敛于零 (因为 $A \to A^*$ 按弱拓扑是连续的), 然而 $\{A_n A_n^*\}$ 不收敛于 0, 因此按弱拓扑乘法 $(A, B) \to AB$ 是不连续的.

再来说明按强拓扑 $(A, B) \to AB$ 也是不连续的. 任取 $f \in H, \|f\| = 1$, 正数 $\varepsilon < 1$. 作 $\mathfrak{B}(H)$ 中零的强环境 $V(0; f, \varepsilon)$. 只要证对 0 的任何两环境

$$V(0; f_1, \cdots, f_p, \varepsilon_1) \quad \text{及} \quad V(0; \varphi_1, \cdots, \varphi_q, \varepsilon_2)$$

必可在其中分别取两算子 A 和 B, 使得它的积 $AB \in V(0; f, \varepsilon)$. 取正数 $\delta < \dfrac{\varepsilon_2}{\max\limits_k \|\varphi_k\|}$, 那么 $\|\delta A_n^* \varphi_k\| = \delta \|\varphi_k\| < \varepsilon_2$. 因此

$$\delta A_n^* \in V(0; \varphi_1, \cdots, \varphi_q, \varepsilon_2), \quad n = 1, 2, \cdots.$$

对于这个 δ, 取 n_0 充分大使 $\left\| \dfrac{1}{\delta} A_{n_0} f_k \right\| < \varepsilon_1, k = 1, 2, \cdots, p$. 那么

$$\frac{1}{\delta} A_{n_0} \in V(0; f_1, \cdots, f_p, \varepsilon_1).$$

然而这时 $I = \left(\dfrac{1}{\delta} A_{n_0} \right) \cdot (\delta A_{n_0}^*) \overline{\in} V(0; f, \varepsilon)$. 证毕.

2° von Neumann 代数

定义 2.3.1　设 R 是 $\mathfrak{B}(H)$ 的子环, 而且是对称的 (即当 $A \in R$ 时 $A^* \in R$), 弱闭的, 且恒等算子 $I \in R$, 那么称 R 是 H 上的弱闭算子环 (代数)[①].

①有些文献上称之为 von Neumann 代数. 也有的文献上称对称弱闭的算子环 R (并不假设 $I \in R$) 为弱闭算子环或 W^*-代数.

设 $S \subset \mathfrak{B}(H)$, 称包含 S 的最小弱闭算子环为 S 张成的弱闭算子环, 记成 $R(S)$.

由于若干个弱闭算子环的通集仍是弱闭算子环, $R(S)$ 是包含 S 的一切弱闭算子环的通集.

设 $S \subset \mathfrak{B}(H)$, 记 $S^* = \{A^* | A \in S\}$. 令 S' 是与 $S \bigcup S^*$ 中算子交换的一切线性有界算子组成的集. 容易看出 S' 是弱闭算子环. 而且 S' 具有下面的一些性质:

(i) 若 $S_1 \subset S_2$ 则 $S_2' \subset S_1'$.

(ii) $S \subset S''$.

我们用 S'' 表示 $(S')'$, S''' 表示 $(S'')'$, $\cdots$, 那么

(iii) $S' = S''' = S^V = \cdots$, $S'' = S^{IV} = S^{VI} = \cdots$.

事实上, 在 (i) 中令 $S_1 = S, S_2 = S''$, 即得 $S''' \subset S'$. 又在 (ii) 中以 S' 易 S 即得 $S' \subset S'''$. 结合起来得到 $S' = S'''$. 其余类推.

我们用 $R_*(S)$ 表示包含 S 的对称、按一致拓扑闭的且含有恒等算子的最小算子环. 在 $S \bigcup S^*$ 中加入恒等算子后再做有限次代数运算得到一算子代数, 再取按一致拓扑的闭包即是 $R_*(S)$. 容易证明

(iv) $S' = (R_*(S))' = (R(S))'$.

再由于 (ii), S'' 是包含 S 的弱闭算子环, 因此又有

(v) $R(S) \subset S''$.

定理 2.3.1 设 $S \subset \mathfrak{B}(H)$, 则 $R(S)$ 是环 $R_*(S)$ 按强拓扑 (也是按弱拓扑) 的包而且

$$R(S) = S''. \tag{2.3.1}$$

证 任意取定 $A_0 \in S''$, 今证明 $A_0 \in R_*(S)^2$. 即是说要证明 A_0 的任何强环境 $V(A_0; f_1^0, \cdots, f_n^0, \varepsilon)$ 必含有 $R_*(S)$ 中算子. 作 n 个 H 的直接和空间 $H_n = H \oplus H \oplus \cdots \oplus H$ [①]. 对每个 $B \in R_*(S)$, 作 H_n 中向量

$$f_B = \{Bf_1^0, Bf_2^0, \cdots, Bf_n^0\}.$$

这种 $f_B, B \in R_*(S)$, 全体作成 H_n 的线性子空间 E. 令 E° 是 E 在 H_n 中的包 (按 H_n 中范数); 这是 H_n 的线性闭子空间. 令 P 为 H_n 到 E° 的投影算子. 我们作 H

[①] 一般地说, 设 H 是 Hilbert 空间, n 是一个势 (基数), 任意作一势为 n 的集 Λ. 设 $x = \{x_\lambda, \lambda \in \Lambda\}$ 是 Λ 上取值于 H 的向量函数 (即 $x_\lambda \in H$) 而且满足条件

$$\sum_{\lambda \in \Lambda} \|x_\lambda\|^2 < \infty,$$

这种函数 x 全体记做 H_n. 在 H_n 中规定线性运算如下: 当 α, β 是数时 $\alpha\{x_\lambda, \lambda \in \Lambda\} + \beta\{y_\lambda, \lambda \in \Lambda\} = \{\alpha x_\lambda + \beta y_\lambda, \lambda \in \Lambda\}$, 那么 H_n 成为线性空间. 又在 H_n 上规定内积如下:

$$(\{x_\lambda, \lambda \in \Lambda\}, \{y_\lambda, \lambda \in \Lambda\}) = \sum_\lambda (x_\lambda, y_\lambda).$$

容易证明, H_n 按上述线性运算和内积成为 Hilbert 空间, 称之为 n 个 H 的直接和. 当 n 是有限数时, 记 $\Lambda = (1, 2, \cdots, n)$ 而 $\{x_\lambda, \lambda \in \Lambda\} = \{x_1, \cdots, x_n\}$.

中算子 P_{ml} 如下: 当 $f \in H$ 时, 令 $P_{ml}f$ 是向量

$$P\{\underbrace{0, 0, \cdots, 0}_{m-1}, f, 0, \cdots, 0\}$$

的第 l 个分量, 容易看出 $P_{ml} \in \mathfrak{B}(H)$. 今证 $P_{ml} \in S'$.

任取 $C \in R_*(S)$, 作 H_n 上的算子 $\tilde{C}$ 如下:

$$\tilde{C}\{f_1, \cdots, f_n\} = \{Cf_1, \cdots, Cf_n\}.$$

当 $C, B \in R_*(S)$ 时, $\tilde{C}f_B = f_{CB} \in E$. 因此 E 是 $\tilde{C}$ 的不变子空间, 从而 E° 也是 $\tilde{C}$ 的不变子空间, 所以

$$P\tilde{C}P = \tilde{C}P.$$

然而 C^* 也属于 $R_*(S)$ 而且 $\tilde{C}^* = \widetilde{C^*}$, 在上式中以 $\tilde{C}^*$ 易 $\tilde{C}$, 再作共轭算子得到 $P\tilde{C}P = P\tilde{C}$. 因此当 $C \in R_*(S)$ 时,

$$\tilde{C}P = P\tilde{C}.$$

因此

$$\{CP_{m1}f, CP_{m2}f, \cdots, CP_{mn}f\}$$
$$= \tilde{C}P\{\underbrace{0, \cdots, 0}_{m-1}, f, 0 \cdots, 0\} = P\tilde{C}\{0, \cdots, 0, f, 0, \cdots, 0\}$$
$$= P\{0, \cdots, 0, Cf, 0, \cdots, 0\} = \{P_{m1}Cf, \cdots, P_{mn}Cf\}.$$

这就得到了下面的结论:

$$\text{当 } C \in R_*(S) \text{ 时,} \quad P_{ml}C = CP_{ml},$$

也就是 $P_{ml} \in (R_*(S))' = S'$. 因为 $A_0 \in S''$, $P_{ml}A_0 = A_0P_{ml}$.

由于 $I \in R_*(S)$, $f^0 = f_I \in E^\circ$, 因此 $Pf^0 = f^0$, 所以对每个 l,

$$f_l^0 = \sum_{m=1}^n P_{ml}f_m^0.$$

因此

$$A_0 f_l^0 = \sum_{m=1}^n A_0 P_{ml}f_m^0 = \sum_{m=1}^n P_{ml}A_0 f_m^0,$$

即是 $Pf_{A_0} = f_{A_0}$, 或是说 $f_{A_0} \in E^\circ$. 因此有 $B \in R_*(S)$, 使

$$\sum_{l=1}^n \|(A_0 - B)f_l\|^2 = \|f_B - f_{A_0}\|^2 < \varepsilon^2.$$

这就证明了 $A_0 \in (R_*(S))^2 \subset (R_*(S))^1 \subset R(S)$. 所以

$$S'' \subset R(S).$$

又由性质 (v) 得到 $S'' = R(S)$, 再由 $S'' \subset (R_*(S))^2 \subset (R_*(S))^1 \subset R(S)$ 知道 $(R_*(S))^2 = (R_*(S))^1 = R(S)$. 证毕.

系 2.3.2　设 R 是 $\mathfrak{B}(H)$ 中对称子环且 $I \in R$, 则 $R^1 = R^2$.

证　由定理 2.3.1, $R^1 = (R_*(R))^2 = (R^3)^2 = R^2$.

系 2.3.3　设 M 是弱闭算子代数, 则 $M = M''$.

证　因为 M 是弱闭算子代数, $R(M) = M$. 由 (2.3.1) 得到系 2.3.3.

系 2.3.4　设 A 是 Hilbert 空间 H 上的有界自共轭算子, $\{P_\lambda\}$ 是 A 的谱系, 若 M 是 H 上弱闭算子代数, 则当 $A \in M$ 时, $P_\lambda \in M$. 若 M 是按一致拓扑闭的算子代数, 则当 $P_\lambda \in M, -\infty < \lambda < \infty$ 时, $A \in M$.

证　若 $A \in M, B \in M'$, 则因 B 与 A 交换, 必然 B 与 P_λ 交换, 由系 2.3.3, $P_\lambda \in M'' = M$. 若 M 是按一致拓扑闭的算子代数, 且对一切 $\lambda, P_\lambda \in M$, 必然有一个分点组列 $P_n : \{\lambda_0^{(n)}, \lambda_1^{(n)}, \cdots, \lambda_{m_n}^{(n)}\}$, 使算子序列

$$A_n = \sum_{\nu=1}^{m_n} \lambda_\nu^{(n)} (P_{\lambda_\nu^{(n)}} - P_{\lambda_{\nu-1}^{(n)}}) \in M$$

一致收敛于 A, 即 $A \in M$. 证毕.

设 M 为弱闭算子代数, 记 M^P 为 M 中投影算子全体. 由系 2.3.4 立即得到

系 2.3.5　设 M 和 N 是弱闭算子代数, 那么 $M = N$ 和 $M^P = N^P$ 等价, 且 $M = R(M^P)$.

设 M 是弱闭算子代数, 记 M^U 是 M 中酉算子全体.

系 2.3.6　设 M 是弱闭算子代数, 则 $R(M^U) = M$. 若 N 是另一弱闭算子代数, 则 $M^U = N^U$ 与 $M = N$ 等价.

证　显然 $R(M^U) \subset M$. 若 $P \in M^P$, 则

$$I - 2P = (I - P) + (-P) \in M^U.$$

然而 $I \in M^U$, 因此 $P \in R(M^U)$, 即 $M^P \subset R(M^U)$. 因此 $M = R(M^P) \subset R(M^U)$, 这就得到 $R(M^U) = M$. 其余部分容易推出.

设 M 是 H 中一族线性算子, G 是 H 的线性子空间. 如果对一切 $\xi \in G, A \in M$, 恒有 $A\xi \in G$, 那么称 G 是 M 的不变子空间. 当 $M \subset \mathfrak{B}(H), G$ 是 M 的不变子空间时, 显然它的包 G° 也是 M 的不变子空间.

引理 2.3.7　设 G 是 H 的线性闭子空间, P 是 H 到 G 上的投影算子. 又设 M 是 H 上的弱闭算子环, 那么 G 是 M 的不变子空间的充要条件是 $P \in M'$.

证　设 $P \in M'$, 则当 $A \in M$ 时, $AP = PA$, 因此 $AP = PAP$, 即 G 是 A 的不变子空间. 反之, 若 G 是 M 的不变子空间, 那么当 $A \in M$ 时, $AP = PAP$. 然而 $A^* \in M$, 故 $A^*P = PA^*P$. 作共轭运算后得到 $PA = PAP$. 因此 $AP = PA$.

3° 中心, 交换算子代数, 因子

设 M 是 H 上的弱闭算子代数. 称 $\mathfrak{Z}(M) = M \bigcap M'$ 为 M 的中心, 这就是与 M 的一切算子交换的 M 中算子全体. 我们最感兴趣的是两种情况: (1) $\mathfrak{Z}(M)$ 最大的情况; 即 $\mathfrak{Z}(M) = M$, 换言之 $M \subset M'$, 也就是 M 为交换弱闭算子代数. (2) $\mathfrak{Z}(M)$ 最小的情况, 即 $\mathfrak{Z}(M)$ 只含有 $\{\alpha I | \alpha$ 为数$\}$, 这时称 M 为因子.

我们注意当 M 是交换弱闭算子代数时 M' 不一定是交换的. 然而当 M 是因子时, M' 也是因子, 反之亦然. 事实上, 这由

$$\mathfrak{Z}(M) = M \bigcap M' = M' \bigcap M'' = \mathfrak{Z}(M')$$

立即可知.

例 2.3.2　$(\mathfrak{B}(H))' = \{\alpha I | \alpha$ 为数$\}, \{\alpha I | \alpha$ 为数$\}' = \mathfrak{B}(H)$.

事实上, $\{\alpha I | \alpha$ 为数$\}$ 显然是弱闭算子代数, 又显然有 $\{\alpha I\}' = \mathfrak{B}(H)$, 因此

$$(\mathfrak{B}(H))' = \{\alpha I\}'' = \{\alpha I\}.$$

因此最大的弱闭算子环 $\mathfrak{B}(H)$ 和最小的弱闭算子环 $\{\alpha I\}$ 都是因子.

下面 §2.4 专门讨论交换弱闭算子环.

4° 酉等价, 限制

定义 2.3.2　设 H 和 G 是两个 Hilbert 空间, U 是 H 到 G 上的酉算子. 设 M 是 H 上的弱闭算子代数, 则

$$N = UMU^{-1} = \{UAU^{-1} | A \in M\}$$

是 G 上的弱闭算子代数. 我们称 M 和 N 是酉等价的.

这时显然有 $N' = UM'U^{-1}, \mathfrak{Z}(N) = U\mathfrak{Z}(M)U^{-1}$. 因此两个酉等价的算子代数, 只要有一个是交换的, 另一个也是交换的. 只要有一个是因子, 另一个也是因子.

设 M 是 H 上的弱闭算子环. 设 G 是 H 的闭线性子空间. 令 M_G 是 M 中被 G 约化的算子全体, 并且把 M_G 中算子看成定义在 G 上的算子, 那么 M_G 可以看成 G 上的算子环, 称 M_G 是 M 在 G 上的限制. 容易看出 M_G 在 G 上的限制是 G 上的弱闭算子环.

§2.4 交换弱闭算子环的表示

本节中设 H 是 Hilbert 空间, $\mathfrak{B}(H)$ 是 H 上线性有界算子全体所成的算子代数. 先引出后面常用的一个引理.

引理 2.4.1 设 $S \subset \mathfrak{B}(H)$ 而且当 $A \in S$ 时 $A^* \in S$, 又 S 中算子彼此可以交换, 则 $R(S)$ 是交换的.

证 由 S 和 I 出发作有限次代数运算, 其全体成一交换对称算子环 E. 这时 $R(S) = R_*(S)^1 = (E^3)^1 = E^1$. 然而容易证明交换算子环的按弱拓扑的包也是交换的, 因此 $R(S)$ 是交换的.

1° 极大交换弱闭算子环的概念

定义 2.4.1 设 M 是 H 上交换弱闭算子环, 如果 H 上包含 M 的交换弱闭算子环 E 必是 M 自身, 则称 M 是极大交换 (弱闭) 算子环.

引理 2.4.2 算子环 M 为极大交换弱闭算子环的充要条件是

$$M = M'. \tag{2.4.1}$$

证 设 M 是极大交换弱闭算子代数, 由于 M 是交换的, $M \subset M'$. 今证 $M' \subset M$. 任取 M' 中的自共轭算子 A, 作 $S = M \bigcup \{A\}$, 则 S 为交换的. 由引理 2.4.1, $R(S)$ 也是交换的而且 $R(S) \supset M$. 由 M 的极大性, $M = R(S)$, 即 $A \in M$. 再由系 2.3.5, 得到 $M' \subset M$, 所以 $M = M'$.

反之, 设 (2.4.1) 成立, 若 N 是包含 M 的交换弱闭算子环, 则由 §2.3 中 S' 的性质 (1) 得到

$$N' \subset M'. \tag{2.4.2}$$

然而 N 是交换的, $N \subset N'$. 因此再由 (2.4.1) 和 (2.4.2) 得到

$$N \subset M,$$

即 $N = M$, 所以 M 是极大的.

定义 2.4.2 设 M 是 H 上的交换弱闭算子代数, 如果存在 M 的一族不变的闭线性子空间 $\{H_\lambda | \lambda \in \Lambda\}$, 使得

$$H = \sum_{\lambda \in \Lambda} \oplus H_\lambda,$$

而 M 在 H_λ 上的限制 M_λ 是 H_λ 上的极大交换弱闭算子环, 且这些 M_λ 是彼此酉等价的, 那么称 M 是具有均匀重复度 k, 这里 k 是 Λ 的势 (基数).

可以证明, 若 M 具有均匀重复度 k 又具有均匀重复度 k', 则 $k = k'$. 因此极大交换弱闭算子环就是重复度为 1 的交换弱闭算子环.

I. E. Segal 证明了下面交换弱闭算子环的分解定理. 由于这个定理的证明很长, 本书中只要用到这个定理一次, 因此只写出定理而略去它的证明, 读者可参考 Segal [2].

定理 2.4.3　设 M 是 $H \neq \{0\}$ 上的交换弱闭算子代数, 则有势的集 Λ, 使得对每个势 $n \in \Lambda$ 必有 M 的不变闭子空间 $H_n \neq \{0\}$,

$$H = \sum_{n \in M} \oplus H_n,$$

而且 M 在 H_n 上限制具有均匀重复度 n.

又上述的子空间族 $\{H_n\}$ 是唯一的.

详细地说, 设 $\{H'_n\}$ 是 M 的另一族不变的闭子空间, $H = \sum \oplus H'_n, H'_n \neq \{0\}$, 而且 M 在 H'_n 上的限制具有均匀重复度 n, 那么 $H_n = H'_n$.

设 M 和 N 是两个酉等价的弱闭算子环, 若 M 是极大交换的 $(M = M')$, 由 §2.3 的第 4 段易知 $N = N'$, 即 N 也是极大交换的. 又若 M 是交换的, 具有均匀重复度 n, 易知 N 也是交换的, 具有均匀重复度 n.

例 2.4.1　乘法代数:

定义 2.4.3　设 $\Omega = (G, \mathfrak{B}, \mu)$ 是测度空间, $\mathfrak{L}_k^2(\Omega)$ 是 Ω 上取值于 k 维 Hilbert 空间 H_k 中的平方可积向量值函数全体所成的 Hilbert 空间 (见 §1.1 第 2 段). 设 $f(g), g \in G$ 是 Ω 上的有界可测函数, 那么映照

$$T_f: \quad \xi(g) \to f(g)\xi(g), \quad g \in G, \xi \in \mathfrak{L}_k^2(\Omega)$$

是 $\mathfrak{L}_k^2(\Omega)$ 中的有界算子, 称 T_f 为相应于函数 f 的乘法算子, 所有这些乘法算子全体组成一算子代数, 称之为 $\mathfrak{L}_k^2(\Omega)$ 上的乘法代数, 记之为 $\mathfrak{M}_k(\Omega)$. 又设 Ω 是可局部化的, 那么容易看出映照 $f \to T_f$ 为 $L^\infty(\Omega)^①$ 到 $\mathfrak{M}_k(\Omega)$ 的等距同构映照.

特别当 $k = 1$ 时, $\mathfrak{M}_1(\Omega)$ 就是 $L^2(\Omega)$ 上的乘法代数, 有时也记做 $\mathfrak{M}(\Omega)$.

后面我们要证明, 当 Ω 是可局部化测度空间时, $\mathfrak{M}_k(\Omega)$ 是具有均匀重复度 k 的, 而且 $\mathfrak{M}_k(\Omega)$ 就是具有均匀重复度 k 的交换弱闭算子环的典型.

引理 2.4.4　设 $\Omega = (G, \mathfrak{B}, \mu)$ 是测度空间, $\mathfrak{E}$ 是 Ω 上一族有界可测函数组成的决定族. 令 $\widetilde{\mathfrak{E}} = \{T_f | f \in \mathfrak{E}\}$, 那么 $R(\widetilde{\mathfrak{E}}) \supset \mathfrak{M}_k(\Omega)$.

证　令 $\mathfrak{D}$ 是 $L^\infty(\Omega)^①$ 中包含 $\mathfrak{E}$ 及 1 的最小的对称闭子代数, 这时 $\mathfrak{D}$ 也是决定集. 容易看出 $R_*(\widetilde{\mathfrak{E}}) = \{T_\varphi | \varphi \in \mathfrak{D}\}$. 任取 $\varphi \in L^\infty(\Omega), f_1, \cdots, f_n \in \mathfrak{L}_k^2(\Omega)$, 作 $L^1(\Omega)$

---

①把 $L^\infty(\Omega)$ 看成代数 (见例 2.1.5).

中函数

$$\rho(g) = \sum_{l=1}^{n} \|f_l(g)\|^2,$$

那么 $\varphi \in L^2(\Omega, \rho)$. 根据引理 1.1.6, 对任一正数 δ, 有 $\psi \in \mathfrak{D}$, 使

$$\int_G |\varphi(g) - \psi(g)|^2 \rho(g) d\mu(g) < \delta^2,$$

所以 $T_\psi \in V(T_\varphi; f_1, \cdots, f_n, \delta)$, 即 $T_\varphi \in R_*(\mathfrak{E})^2$. 再由定理 2.3.1 得到 $T_\varphi \in R_*(\mathfrak{E})^1 = R(\mathfrak{E})$. 证毕.

2° 极大交换弱闭算子环的表示

设 H 是 Hilbert 空间, $\mathfrak{A}$ 是 H 上某些线性有界算子组成的极大交换弱闭算子环, Γ 是 $\mathfrak{A}$ 上的对称可乘线性泛函全体所成的紧的 Hausdorff 空间, $\mathfrak{B}_0$ 是 Γ 中闭子集全体张成的 σ–代数. 设 $\mathfrak{B}$ 是包含 $\mathfrak{B}_0$ 的一个 σ–代数. 又设 μ 是 $(\Gamma, \mathfrak{B})$ 上的一个测度, 记 $\Omega = (\Gamma, \mathfrak{B}, \mu)$. 记 $\mathfrak{M}(\Omega)$ 为 $L^2(\Omega)$ 上的乘法代数.

定理 2.4.5 对于 Hilbert 空间 H 上的极大交换弱闭算子环 $\mathfrak{A}$, 必有包含 $\mathfrak{B}_0$ 的 σ–代数 $\mathfrak{B}$ 和 $(\Gamma, \mathfrak{B})$ 上的测度 μ 使 $\Omega = (\Gamma, \mathfrak{B}, \mu)$ 成为可局部化测度空间, 同时有 H 到 $L^2(\Omega)$ 的酉算子 φ 使得

$$(\varphi A \varphi^{-1}) f(\gamma) = A(\gamma) f(\gamma), \quad f \in L^2(\Omega),$$

而且

$$A \to \varphi A \varphi^{-1}$$

成为 $\mathfrak{A}$ 到 $\mathfrak{M}(\Omega)$ 的同构映照. 如果 H 是可析的, 那么 $\mathfrak{B} = \mathfrak{B}_0$.

为了证明这个定理, 先证明一些引理.

引理 2.4.6 设 $\mathfrak{A}$ 是 Hilbert 空间 H 上的对称算子环, 那么必可以把 H 分解为直交和

$$H = \sum_{\xi \in \Xi} \oplus H_\xi, \tag{2.4.3}$$

其中 H_ξ 是包含 ξ 的、$\mathfrak{A}$ 的最小不变闭子空间.

这时称 ξ 为 $\mathfrak{A}$ 在 H_ξ 上的循环元.

证 (1) 设 $H \neq \{0\}$, 任取 $\xi_1 \in H, \xi_1 \neq 0$. 记 H_{ξ_1} 为

$$\{A\xi_1 | A \in \mathfrak{A}\} \tag{2.4.4}$$

的包, 这是 H 的线性闭子空间, 因为 (2.4.4) 是 $\mathfrak{A}$ 的不变子空间, 所以它的包 H_{ξ_1} 也是 $\mathfrak{A}$ 的不变子空间. 这时 $\mathfrak{A}$ 在 H_{ξ_1} 上以 ξ_1 为循环元.

(2) 当 M 为 $\mathfrak{A}$ 的不变子空间时, $H \ominus M$(M 的直交补空间) 也是 $\mathfrak{A}$ 的不变子空间. 事实上, 若 $x \in H \ominus M, A \in \mathfrak{A}$, 则当 $y \in M$ 时,

$$(Ax, y) = (x, A^*y) = 0,$$

因此 $Ax \in H \ominus M$.

(3) 设 m 为 H 的一族闭线性子空间, 满足下述条件:

(i) 当 $M, N \in m$ 且 $M \neq N$ 时, $M \perp N$.

(ii) m 中的每个 M 都是 $\mathfrak{A}$ 的不变子空间, 而且 $\mathfrak{A}$ 在 M 上有循环元.

令 $\mathfrak{F}$ 为上述形式的 m 全体. 根据 (1), 这种 m 必然存在. 事实上, $m = \{H_{\xi_1}\}$ 即是所要求的. 又在 $\mathfrak{F}$ 中规定当 $m \subset m'$ 时为 $m \prec m'$, 则 $\mathfrak{F}$ 按 "$\prec$" 成半序集. 显然 $\mathfrak{F}$ 的任何一个全序子集 $\mathfrak{F}'$ 有上确界

$$m_1 = \bigcup_{m \in \mathfrak{F}'} m \in \mathfrak{F}.$$

因此由 Zorn 引理, $\mathfrak{F}$ 有极大元 m_0.

(4) 令 $H' = \sum_{M \in m_0} \oplus M$. 今证 $H' = H$. 显然 H' 也是 $\mathfrak{A}$ 的不变子空间. 若 $H' \neq H$, 则 $H \ominus H' \neq (0)$. 由 (2), 这也是 $\mathfrak{A}$ 的不变子空间. 利用 (1) 中的办法, 任取 $\xi_0 \in H \ominus H', \xi_0 \neq 0$, 得到 $\mathfrak{A}$ 的不变子空间 H_{ξ_0} 而且 $\mathfrak{A}$ 在 H_{ξ_0} 中是循环的. 由于当 $M \in m_0$ 时 $H_{\xi_0} \perp M$, 因此 $m_0 \bigcup \{H_{\xi_0}\}$ 也属于 $\mathfrak{F}$ 而且确实比 m_0 大, 这和 m_0 的极大性冲突. 证毕.

定理 2.4.5 的证明   利用引理 2.4.6, 我们得到满足引理 2.4.6 中条件的一族子空间 $\{H_\xi, \xi \in \Xi\}$. 令 P_ξ 为 H 到 H_ξ 的投影算子. 由于 H_ξ 是 $\mathfrak{A}$ 的不变子空间, 根据引理 2.3.7 和 2.4.2, $P_\xi \in \mathfrak{A}' = \mathfrak{A}$. 记

$$\Gamma_\xi = \{\gamma | P_\xi(\gamma) = 1\}.$$

由于当 $\xi \neq \xi'$ 时 $H_\xi \perp H_{\xi'}$, 因此 $P_\xi P_{\xi'} = 0$, 即 $P_\xi(\gamma) \cdot P_{\xi'}(\gamma) = 0$, 或 $\Gamma_\xi \bigcap \Gamma_{\xi'} = \varnothing$.

作 $\mathfrak{A}$ 上的正泛函 F_ξ:

$$F_\xi(A) = (A\xi, \xi), \quad A \in \mathfrak{A}, \xi \in \Xi.$$

由定理 2.2.6, 必有 $(\Gamma, \mathfrak{B})$ 上的唯一有限测度 μ_ξ, 使得对一切 $A \in \mathfrak{A}$,

$$F_\xi(A) = \int_\Gamma A(\gamma) d\mu_\xi(\gamma).$$

但是 $P_\xi \xi = \xi$, 因此对一切 $A \in \mathfrak{A}, F_\xi(P_\xi A) = F_\xi(A)$, 即

$$F_\xi(A) = \int_\Gamma P_\xi(\gamma) A(\gamma) d\mu_\xi(\gamma) = \int_{\Gamma_\xi} A(\gamma) d\mu_\xi(\gamma). \tag{2.4.5}$$

令 $\mathfrak{B}_\xi$ 为 $\{B|B\in\mathfrak{B},B\subset\Gamma_\xi\}$. 我们得到一族有限测度空间 $\Omega_\xi=(\Gamma_\xi,\mathfrak{B}_\xi,\mu_\xi),\xi\in\Xi$.

作 H_ξ 的稠密子空间 $M_\xi=\{A\xi|A\in\mathfrak{A}\}$ 到 Γ_ξ 上连续函数空间 $C(\Gamma_\xi)$ [①] 的映照 φ_ξ: 当 $A\in\mathfrak{A}$ 时,

$$\varphi_\xi(A\xi)=A(\gamma). \tag{2.4.6}$$

由 (2.4.5), 当 $A,B\in\mathfrak{A}$ 时,

$$(A\xi,B\xi)=F_\xi(B^*A)=\int_{\Gamma_\xi}A(\gamma)\overline{B(\gamma)}d\mu_\xi(\gamma). \tag{2.4.7}$$

我们把 $C(\Gamma_\xi)$ 看成 $L^2(\Omega_\xi)$ 的子空间, 那么 (2.4.7) 意味着 φ_ξ 为等距映照. 由于 M_ξ 在 H_ξ 中稠密, $C(\Gamma_\xi)$ 在 $L^2(\Omega_\xi)$ 中稠密 (见 Halmos[1]), 所以 φ_ξ 可以唯一地延拓成 H_ξ 到 $L^2(\Omega_\xi)$ 的酉算子.

记 $A_\xi=\varphi_\xi A\varphi_\xi^{-1}$, 那么

$$(A_\xi f)(\gamma)=A(\gamma)f(\gamma),\quad f\in L^2(\Omega_\xi). \tag{2.4.8}$$

事实上, 由 (2.4.6) 和 $(AB)(\gamma)=A(\gamma)B(\gamma)$ 易知 (2.4.8) 当 $f(\gamma)=B(\gamma),B\in\mathfrak{A}$ 时成立. 再由 $C(\Gamma_\xi)$ 在 $L^2(\Omega_\xi)$ 中的稠密性立即得到 (2.4.8).

作测度族 $\{\Omega_\xi,\xi\in\Xi\}$ 的直接和测度空间 $\Omega=(\Gamma,\mathfrak{B},\mu)$. 由例 1.2.1 和定理 1.2.6, Ω 是可局部化的. 又由引理 1.1.10,

$$L^2(\Omega)=\sum_{\xi\in\Xi}\oplus L^2(\Omega_\xi). \tag{2.4.9}$$

因为 (2.4.8), 我们把映照族 $\{\varphi_\xi,\xi\in\Xi\}$ 联结成一个映照 φ 如下: 当 $x\in H$ 时, 规定

$$\varphi x=\sum_{\xi\in\Xi}\varphi_\xi P_\xi x. \tag{2.4.10}$$

由 (2.4.8), (2.4.9) 立即可知 φ 是 H 到 $L^2(\Omega)$ 的酉映照.

当 $f\in L^2(\Omega_\xi)$ 时, $\varphi^{-1}f=\varphi_\xi^{-1}f$. 根据 (2.4.8), 我们有

$$(\varphi A\varphi^{-1})f=\varphi\varphi_\xi^{-1}A_\xi f=A(\gamma)f(\gamma). \tag{2.4.11}$$

但 (2.4.11) 两边都是 $L^2(\mu)$ 上的有界算子, 所以 (2.4.10) 对一切的 $f\in L^2(\mu)$ 成立.

令 $C=\{\varphi A\varphi^{-1}|A\in\mathfrak{A}\}$, 那么 $C\subset\mathfrak{M}(\Omega)$. 然而 (2.4.11) 是酉变换, 根据 §2.3, C 也是 $L^2(\Omega)$ 上的极大交换算子环, 但 $\mathfrak{M}(\Omega)$ 是 $L^2(\Omega)$ 上的交换算子环且 $\mathfrak{M}(\Omega)\supset C$, 因此 $C=\mathfrak{M}(\Omega)$. 证毕.

仍沿用定理 2.4.5 中记号, 但是考虑具有均匀重复度 k 的情况.

[①] 由于 $\Gamma\setminus\Gamma_\xi=\{\gamma|P_\xi(\gamma)=0\}$ 是紧集, $C(\Gamma_\xi)$ 中的任一函数可以延拓成 Γ 上的连续函数, 只要令此函数在 $\Gamma\setminus\Gamma_\xi$ 上为零即可 (因为 Γ_ξ 是既开又闭的). 由定理 2.2.6, $\{A(\gamma)|\gamma\in\mathfrak{A}\}=C(\Gamma)$, 因此 φ_ξ 的像充满 $C(\Gamma_\xi)$.

系 2.4.7　设 $\mathfrak{A}$ 是 H 上具有均匀重复度 k 的交换弱闭算子环, 则必有 $(\Gamma, \mathfrak{B})$ 上的测度 μ 使 $\Omega = (\Gamma, \mathfrak{B}, \mu)$ 成为可局部化测度空间, 同时有 $\mathfrak{A}$ 到 $\mathfrak{L}_k^2(\Omega)$ 上的酉算子 φ, 使

$$(\varphi A \varphi)^{-1} f(\gamma) = A(\gamma) f(\gamma), \quad f \in \mathfrak{L}_k^2(\Omega),$$

而且映照

$$A \to \varphi A \varphi^{-1}$$

成为 $\mathfrak{A}$ 到 $\mathfrak{M}_k(\Omega)$ 的同构映照.

这个系的证明可由定义 2.4.2, 定理 2.4.5 和定理 1.1.4 推出, 兹略去其证明.

系 2.4.8　设 $\mathfrak{A}$ 是 Hilbert 空间 H 中交换弱闭算子环[①]. 若 $\mathfrak{A}$ 在 H 中具有循环元, 则必有 $(\Gamma, \mathfrak{B})$ 上的有限测度 μ 以及 H 到 $L^2(\Gamma, \mathfrak{B}, \mu)$ 的酉算子 φ 使得当 $f \in L^2(\Gamma, \mathfrak{B}, \mu)$ 时,

$$\varphi A \varphi^{-1} f(\gamma) = A(\gamma) f(\gamma),$$

而且映照 $A \to \varphi A \varphi^{-1}$ 成为 $\mathfrak{A}$ 到 $\mathfrak{M}(\Gamma, \mathfrak{B}, \mu)$ 的同构映照.

证　由假设, 这时 $H = H_\xi, \xi$ 为 $\mathfrak{A}$ 在 H 中的循环元, $P_\xi = I$, 利用定理 2.4.5 的证明并利用算子环 $C(\Gamma)$ 在 $\mathfrak{B}(L^2(\Omega))$ 中的弱闭性和 $C(\Gamma)$ 是 $L^2(\Omega)$ 中的稠密函数族即得系 2.4.8.

系 2.4.9　设 $\mathfrak{A}$ 是可析 Hilbert 空间 H 中的极大交换弱闭算子环, 则 $\mathfrak{A}$ 在 H 中存在循环元.

证　由于 H 是可析的, 定理 2.4.5 的证明中的 Ξ 可以取成有限集或可列集. 因此 Ω 为有限个或可列个有限测度空间 $(\Gamma_k, \mathfrak{B}_k, \mu_k), k = 1, 2, \cdots$ 的直接和, 因而是 σ–有限的. 因此 $\{\varphi A \varphi^{-1} | A \in \mathfrak{A}\}$ 在 $L^2(\Omega)$ 中有循环元 $\displaystyle\sum_{\mu(\Gamma_k)>0}^{\Gamma_k} \frac{C_{\Gamma_k}(\gamma)}{2^k \mu(\Gamma_k)}$, 其中 $C_{\Gamma_k}(\gamma)$ 是 Γ_k 的特征函数. 由此易知 $\mathfrak{A}$ 在 H 中有循环元. 证毕.

引理 2.4.10　设 $\Omega = (G, \mathfrak{B}, \mu)$ 是有限测度空间, 则 $L^2(\Omega)$ 上的乘法算子环 $\mathfrak{M}(\Omega)$ 是极大交换的.

证　任取 $u \in (\mathfrak{M}(\Omega))'$, 则 $u1 \in L^2(\Omega)$, 记 $u1$ 为 $u(g)$, 这是 Ω 上的可测函数. 对于 Ω 上的任一有界可测函数 φ 有

$$u\varphi = (u\varphi)1 = (\varphi u)1 = \varphi(g)u(g), \qquad (2.4.12)$$

因此 $\displaystyle\int_G |u(g)\varphi(g)|^2 d\mu(g) \leqslant \|u\|^2 \|\varphi\|^2$. 对任何正数 ε, 令 $\varphi(g)$ 为点集 $\{g\|u(g)\| \geqslant \|u\| + \varepsilon\} = E$ 的特征函数, 则有 $\mu(E)(\|u\| + \varepsilon) \leqslant \|u\|^2 \cdot \mu(E)$. 因此 $\mu(E) = 0$. 即是

[①]我们注意这里并不假设 Ω 是极大交换的.

几乎处处有 $|u(g)| \leqslant \|u\|$. 因此, 当 $\varphi \in L^2(\Omega)$ 时, (2.4.12) 的两边都有意义. 又由于有界可测函数 φ 全体在 $L^2(\Omega)$ 中稠密, 因此 (2.4.12) 式对于一切 $\varphi \in L^2(\Omega)$ 也成立, 即 $u \in \mathfrak{M}(\Omega)$. 证毕.

我们顺便给出弱闭交换算子环为极大的一个充分条件.

系 2.4.11 设 $\mathfrak{A}$ 是 Hilbert 空间 H 中的交换弱闭算子环而且 $\mathfrak{A}$ 具有循环元, 则 $\mathfrak{A}$ 是极大交换弱闭的.

证 由系 2.4.8, $\mathfrak{A}$ 酉等价于 $\mathfrak{M}(\Omega)$ 而 Ω 为有限测度空间. 又由引理 2.4.10, $\mathfrak{M}(\Omega)$ 是极大交换弱闭的, 因此 $\mathfrak{A}$ 也是极大交换弱闭的.

下面考察更一般的情况.

定理 2.4.12 设 $\Omega = (G, \mathfrak{B}, \mu)$ 是可局部化测度空间, 则 $L^2(\Omega)$ 上的乘法算子环 $\mathfrak{M}(\Omega)$ 是极大交换弱闭算子环.

证 显然 $\mathfrak{M}(\Omega)$ 是按一致拓扑闭的对称算子代数. 只要证明 $(\mathfrak{M}(\Omega)')^P \subset \mathfrak{M}(\Omega)$, 那么对每个自共轭算子 $A \in \mathfrak{M}(\Omega)'$, 由系 2.3.4, 它的谱系属于 $(\mathfrak{M}(\Omega)')^P$, 因此再由系 2.3.4, $A \in \mathfrak{M}(\Omega)$. 但 $\mathfrak{M}(\Omega)$ 是对称的, 就有 $\mathfrak{M}(\Omega)' \subset \mathfrak{M}(\Omega)$, 再由于 $\mathfrak{M}(\Omega)$ 是交换的, 得知 $\mathfrak{M}(\Omega) \subset \mathfrak{M}(\Omega)'$, 那么 $\mathfrak{M}(\Omega) = \mathfrak{M}(\Omega)'$. 由引理 2.4.2, $\mathfrak{M}(\Omega)$ 就是极大交换的弱闭算子代数.

设 $P \in (\mathfrak{M}(\Omega)')^P$. 令 $\mathfrak{F} = \{E | E \in \mathfrak{B}, \mu(E) < \infty\}$. 对每个 $E \in \mathfrak{F}$, 令 C_E 为 E 的特征函数, P_E 是相应于 C_E 的乘法算子:

$$(P_E f)(g) = C_E(g) f(g), \quad g \in G, f \in L^2(\Omega).$$

令 $\mathfrak{B}_E, \mu_E$ 分别是 $\mathfrak{B}, \mu$ 在 E 上的限制, 那么由 $\mu(E) < \infty$ 知道 $\Omega_E = (E, \mathfrak{B}_E, \mu_E)$ 是有限测度空间. 我们把 $L^2(\Omega_E)$ 中函数看成 $L^2(\Omega)$ 中在 E 外为零的函数, 那么 $L^2(\Omega_E) = P_E L^2(\Omega)$, 而且易知 $\mathfrak{M}(\Omega_E)$ 就成为 $\mathfrak{M}(\Omega)$ 在 $L^2(\Omega_E)$ 上的限制. 由于 $P \in (\mathfrak{M}(\Omega)')^P, P$ 与 P_E 交换, 故 PP_E 是 $L^2(\Omega_E)$ 中的投影算子, 而且由于 $P_E \in \mathfrak{M}(\Omega_E), P \in \mathfrak{M}(\Omega)'$, 所以 $PP_E \in \mathfrak{M}(\Omega_E)'$. 但根据引理 2.4.10, $\mathfrak{M}(\Omega_E) = \mathfrak{M}(\Omega_E)'$, 所以 $PP_E \in \mathfrak{M}(\Omega_E)$, 因此有集 $\lambda_E \in \mathfrak{B}_E$, 使

$$(PP_E f)(g) = C_{\lambda_E}(g) f(g), \quad g \in E, f \in L^2(\Omega_E).$$

上式显然当 $f \in L^2(\Omega)$ 时也成立, 因此 PP_E 是相应于集 $\lambda_E \in \mathfrak{B}$ 的投影算子. 然而 $G \sim \bigvee_{A \in \mathfrak{F}} A$, 由引理 1.2.5, $I = \bigvee_{E \in \mathfrak{F}} P_E$, 所以 $P = \bigvee_{E \in \mathfrak{F}} PP_E$, 再由引理 1.2.5, 和 Ω 的可局部化性, 有 $Q \in \mathfrak{B}$ 使

$$Q = \bigvee_{E \in \mathfrak{F}} \lambda_E.$$

根据引理 1.2.5, P 为相应于集 Q 的投影算子 P_Q, 因此 $P \in \mathfrak{M}(\Omega)$. 证毕.

系 2.4.13 设 $\Omega = (G, \mathfrak{B}, \mu)$ 是可局部化测度空间, k 是一势. 则 $\mathfrak{L}_k^2(\Omega)$ 上的乘法算子环 $\mathfrak{M}_k(\Omega)$ 是交换的弱闭算子环且具有均匀重复度 k.

这个系是定理 2.4.12 的直接推论, 我们略去它的证明.

3° 可局部化测度空间的一些性质

现在我们利用定理 2.4.12 来研究可局部化测度.

定理 2.4.14 设 $\Omega = (G, \mathfrak{B}, \mu)$ 是可局部化测度空间, 那么对于 $L^1(\Omega)$ 上的每个线性连续泛函 F, 必有本性有界可测函数 $F(g), g \in G$, 使

$$F(\varphi) = \int_G \varphi(g) F(g) d\mu(g) \quad \varphi \in L^1(\Omega), \tag{2.4.13}$$

而且 $\|F\| = \|F\|_\infty$.

证 作 $L^2(\Omega)$ 上的双线性泛函

$$F(\varphi, \psi) = F(\varphi\bar{\psi}), \quad \varphi, \psi \in L^2(\Omega). \tag{2.4.14}$$

由于 $\varphi, \psi \in L^2(\Omega)$ 时, $\varphi\bar{\psi} \in L^1(\Omega)$, 因此 (2.4.14) 是有意义的, 而且容易证明

$$|F(\varphi, \psi)| \leqslant \|F\| \|\varphi\|_2 \|\psi\|_2,$$

所以 $F(\varphi, \psi)$ 是连续的. 由熟知的定理, 必有 Hilbert 空间 $L^2(\Omega)$ 上的线性有界算子 A, 使 $\|A\| \leqslant \|F\|$,

$$F(\varphi, \psi) = (A\varphi, \psi), \quad \varphi, \psi \in L^2(\Omega).$$

若 $B \in \mathfrak{M}(\Omega)$, B 相应于有界可测函数 $b(g)$, 则当 $\varphi, \psi \in L^2(\Omega)$ 时,

$$(AB\varphi, \psi) = F(b\varphi\bar{\psi}) = (A\varphi, \bar{b}\psi) = (BA\varphi, \psi),$$

即 A 与 B 交换. 即 $A \in \mathfrak{M}(\Omega)'$. 由定理 2.4.12, $\mathfrak{M}(\Omega)$ 是极大交换的, 所以 $A \in \mathfrak{M}(\Omega)$. 因此有本性有界可测函数 $F(g), g \in G$, 使得 $A\varphi = F\varphi$, 即得

$$F(\varphi\bar{\psi}) = \int_G F(g)\varphi(g)\bar{\psi}(g) d\mu(g). \tag{2.4.15}$$

但是对任何 $f \in L^1(\Omega), \psi = |f|^{\frac{1}{2}}, \varphi = f \cdot |f|^{-\frac{1}{2}} \in L^2(\Omega)$. 以这样的 φ, ψ 代入 (2.4.15) 即得 (2.4.13).

由于 $\|F\|_\infty = \|A\| \leqslant \|F\|$, 而又由 (2.4.13) 易知 $\|F\| \leqslant \|F\|_\infty$, 因此 $\|F\| = \|F\|_\infty$. 证毕.

读者还可以证明当 Ω 是测度空间, $1 < p < \infty^{①}$, F 是 $L^p(\Omega)$ 上的线性连续泛函时, 有 $L^q(\Omega), \dfrac{1}{q} + \dfrac{1}{p} = 1$ 中的函数 $F(g), g \in G$, 使得

$$F(\varphi) = \int_G \varphi(g) F(g) d\mu(g), \quad \varphi \in L^p(\Omega),$$

而且 $\|F\| = \|F\|_q$.

下面我们拓广常见的 Radon–Nikodym 定理到可局部化测度空间.

定理 2.4.15　设 $\Omega_k = (G, \mathfrak{B}, \mu_k), k = 1, 2$ 是两个可局部化测度空间, 而且 $\mu_1 \ll \mu_2$, 那么必有可测函数, 记为 $\dfrac{d\mu_1(g)}{d\mu_2(g)}$, 适合如下条件:

(i) $0 \leqslant \dfrac{d\mu_1(g)}{d\mu_2(g)} < \infty$,

(ii) 对于任何 $\varphi \in L^1(\Omega_1)$, 必有 $\dfrac{d\mu_1(g)}{d\mu_2(g)} \varphi \in L^1(\Omega_2)$, 而且

$$\int_G \varphi(g) d\mu_1(g) = \int_G \varphi(g) \frac{d\mu_1(g)}{d\mu_2(g)} d\mu_2(g). \tag{2.4.16}$$

我们称 $\dfrac{d\mu_1(g)}{d\mu_2(g)}$ 是测度 μ_1 关于 μ_2 的 Radon–Nikodym 导数

证　(1) 作 $(G, \mathfrak{B})$ 上的测度 $\mu = \mu_1 + \mu_2$, 那么测度空间 $\Omega = (G, \mathfrak{B}, \mu)$ 与 Ω_k 等价. 因此 Ω 也是可局部化的, 由于 $\mu_k \leqslant \mu, k = 1, 2$, 易知 $L^1(\Omega_k) \supset L^1(\Omega), k = 1, 2$. 作 $L^1(\Omega)$ 上的线性泛函 F_1 和 F_2:

$$F_k(\varphi) = \int_G \varphi(g) d\mu_k(g), \quad \varphi \in L^1(\Omega), \quad k = 1, 2. \tag{2.4.17}$$

那么 $\|F_k\| \leqslant 1$. 根据定理 2.4.14, 有 Ω 上的有界可测函数, 记作 $\dfrac{d\mu_k(g)}{d\mu(g)}, k = 1, 2$, 使

$$F_k(\varphi) = \int_G \varphi(g) \frac{d\mu_k(g)}{d\mu(g)} d\mu(g), \quad k = 1, 2. \tag{2.4.18}$$

(2) 今证 $\dfrac{d\mu_2(g)}{d\mu(g)}$ 几乎处处大于 0. 不然的话, 有 $E \in \mathfrak{B}, 0 < \mu(E) < \infty$, 使 $\dfrac{d\mu_2(g)}{d\mu(g)}$ 在 E 上小于或等于 0. 在 (2.4.17), (2.4.18) 中取 φ 为 E 的特征函数, 又取 $k = 2$, 立即得到 $\mu_2(E) \leqslant 0$, 这时也有 $\mu_1(E) = 0$, 这和 $\mu(E) > 0$ 矛盾. 因此不妨设 $\dfrac{d\mu_2(g)}{d\mu(g)} > 0$, 类似地 $\dfrac{d\mu_1(g)}{d\mu(g)} \geqslant 0$. 我们作非负的有限可测函数

$$\frac{d\mu_1(g)}{d\mu_2(g)} = \frac{d\mu_1(g)}{d\mu(g)} \bigg/ \frac{d\mu_2(g)}{d\mu(g)}.$$

①这里叙述的结果不能推广到 $p = \infty$ 的情形.

(3) 设 ψ 是 Ω 上关于 $\mathfrak{B}$ 可测的非负有限函数而且 $\{g|\psi(g) \neq 0\}$ 关于测度 μ 是 σ-有限的, 必有 $L^1(\Omega)$ 中单调增加的函数列 $\{\psi_n(g)\}$, 在 Ω 上 $\lim\limits_{n\to\infty} \psi_n(g) = \psi(g)$. 在 (2.4.17), (2.4.18) 中以 $\varphi = \psi_n$ 代入, 令 $n \to \infty$ 并利用 Levi 引理, 即得

$$\int_G \psi(g)d\mu_k(g) = \int_G \psi(g)\frac{d\mu_k(g)}{d\mu(g)}d\mu(g), \quad k = 1, 2. \tag{2.4.19}$$

令 $G_0 = \left\{g \left| \dfrac{d\mu_1(g)}{d\mu(g)} = 0\right.\right\}, G_n = \left\{g \left| \dfrac{d\mu_1(g)}{d\mu(g)} \geqslant \dfrac{1}{n}\right.\right\}, n = 1, 2, \cdots$. 仿照 (2) 中证明可知 $\mu_1(G_0) = 0$, 而当 $E \subset G_n, \mu(E) < \infty$ 时 $\mu_1(E) \geqslant \mu(E)\dfrac{1}{n}$. 因此 $G \backslash G_0 = \bigcup\limits_{n=1}^{\infty} G_n$ 中任何一个关于测度 μ_1 为 σ-有限的集必然关于测度 μ 也是 σ-有限的.

任取非负的 $\varphi \in L^1(\Omega_1)$, 则 $\{g|\varphi(g) \neq 0\}$ 关于 μ_1 为 σ-有限的. 因此 $\{g|\varphi(g) \neq 0\} \bigcap (G \backslash G_0)$ 也是关于 μ 为 σ-有限的.

作函数

$$\psi(g) = \begin{cases} \varphi(g) & g \overline{\in} G_0, \\ 0 & g \in G_0, \end{cases} \tag{2.4.20}$$

那么 $\{g|\psi(g) \neq 0\}$ 关于 μ_1 为 σ-有限的. 在 (2.4.19) 中取 $k = 1$, 取 ψ 为 (2.4.20), 我们得到

$$\int_{G \backslash G_0} \varphi(g)d\mu_1(g) = \int_{G \backslash G_0} \varphi(g)\frac{d\mu_1(g)}{d\mu(g)}d\mu(g). \tag{2.4.21}$$

由于在 G_0 上 $\dfrac{d\mu_1(g)}{d\mu(g)} = 0$, 从 (2.4.21) 导出

$$\int_G \varphi(g)d\mu_1(g) = \int_G \varphi(g)\frac{d\mu_1(g)}{d\mu(g)}d\mu(g). \tag{2.4.22}$$

又在 (2.4.19) 中取 $k = 2$, 取 $\psi(g) = \varphi(g)\dfrac{d\mu_1(g)}{d\mu_2(g)}$, 那么

$$\{g|\psi(g) \neq 0\} = \{g|\varphi(g) \neq 0\} \bigcap (G \backslash G_0)$$

也是 σ-有限的, 我们又得到

$$\int_G \varphi(g)\frac{d\mu_1(g)}{d\mu_2(g)}d\mu_2(g) = \int_G \varphi(g)\frac{d\mu_1(g)}{d\mu(g)}d\mu(g). \tag{2.4.23}$$

结合 (2.4.22), (2.4.23), 我们得知当 $\varphi \in L^1(\Omega_1), \varphi \geqslant 0$ 时, (2.4.16) 成立. 因此 $\varphi(g) \cdot \dfrac{d\mu_1(g)}{d\mu_2(g)} \in L^1(\Omega_2)$. 只要把 $L^1(\Omega_1)$ 中一般的 φ 分解成 $L^1(\Omega_1)$ 中两个非负函数之差就能完成定理的证明. 证毕.

特别取 $E \in \widetilde{\mathfrak{B}}, \mu_1(E) < \infty$, 在 (2.4.16) 中取 φ 为 E 的特征函数, 就得到

$$\mu_1(E) = \int_E \frac{d\mu_1(g)}{d\mu_2(g)}d\mu_2(g). \tag{2.4.24}$$

又对于 $\widetilde{\mathfrak{B}}$ 中任一集 E, (2.4.24) 也成立. 因为若这时 $\mu_1(E) = \infty$, 必有一列 $E_n \subset E, E_1 \subset E_2 \subset E_3 \subset \cdots$ 使 $\mu(E_n) < \infty$ 而 $\mu(E_n) \to \infty$. 在 (2.4.24) 两边以 $E = E_n$ 代入, 再令 $n \to \infty$, 即知

$$\int_{\bigcup\limits_{n=1}^{\infty} E_n} \frac{d\mu_1(g)}{d\mu_2(g)} d\mu_2(g) = \infty,$$

自然更应有

$$\int_E \frac{d\mu_1(g)}{d\mu_2(g)} d\mu_2(g) = \infty.$$

系 2.4.16　在定理 2.4.15 的假设下, 对一切 $E \in \widetilde{\mathfrak{B}}$, (2.4.24) 成立. 又若 E 按 μ_2 是 σ-有限的, 则 E 按 μ_1 也是 σ-有限的.

定理 2.4.17　设 $\Omega_k = (G, \mathfrak{B}, \mu_k), k = 1, 2, 3$ 是三个可局部化测度空间, 而且 $\mu_1 \ll \mu_2, \mu_2 \ll \mu_3$. 设 $\dfrac{d\mu_1(g)}{d\mu_2(g)}, \dfrac{d\mu_1(g)}{d\mu_3(g)}, \dfrac{d\mu_2(g)}{d\mu_3(g)}$ 是 Radon–Nikodym 导数, 则

$$\frac{d\mu_1(g)}{d\mu_3(g)} = \frac{d\mu_1(g)}{d\mu_2(g)} \cdot \frac{d\mu_2(g)}{d\mu_3(g)}. \tag{2.4.25}$$

证　由定理 2.4.15, 当 $\varphi \in L^1(\Omega_1)$ 时 $\dfrac{d\mu_1(g)}{d\mu_2(g)}\varphi \in L^1(\Omega_2)$, 再对 μ_2, μ_3 应用定理 2.4.15, 我们得到

$$\int_G \varphi(g) \frac{d\mu_1(g)}{d\mu_2(g)} d\mu_2(g)$$
$$= \int_G \varphi(g) \frac{d\mu_1(g)}{d\mu_2(g)} \cdot \frac{d\mu_2(g)}{d\mu_3(g)} d\mu_3(g). \tag{2.4.26}$$

再对 μ_1, μ_3 应用定理 2.4.15, 我们知道, 当 $\varphi \in L^1(\Omega_1)$ 时, $\varphi \dfrac{d\mu_1(g)}{d\mu_3(g)} \in L^1(\Omega_3)$, 而且

$$\int_G \varphi(g) d\mu_1(g) = \int_G \varphi(g) \frac{d\mu_1(g)}{d\mu_3(g)} d\mu_3(g). \tag{2.4.27}$$

结合 (2.4.16), (2.4.26), (2.4.27), 我们得知当 $\varphi \in L^1(\Omega_1)$ 时,

$$\int_G \varphi(g) \frac{d\mu_1(g)}{d\mu_3(g)} d\mu_3(g)$$
$$= \int_G \varphi(g) \frac{d\mu_1(g)}{d\mu_2(g)} \frac{d\mu_2(g)}{d\mu_3(g)} d\mu_3(g). \tag{2.4.28}$$

记 $E = \left\{ g \left| \dfrac{d\mu_1(g)}{d\mu_3(g)} > \dfrac{d\mu_1(g)}{d\mu_2(g)} \dfrac{d\mu_2(g)}{d\mu_3(g)} + \varepsilon \right. \right\}$. 若 $\mu_3(E) > 0$, 则必有测度有限的集 $A \subset E, \mu_3(A) > 0, \mu_1(A) < \infty$, 因此 A 的特征函数 $C_A \in L^1(\Omega_1)$. 在 (2.4.28) 中以 $\varphi = C_A$ 代入就得到矛盾. 因此对几乎所有的 $g \in G$ (按 μ_3),

$$\frac{d\mu_1(g)}{d\mu_3(g)} \leqslant \frac{d\mu_1(g)}{d\mu_2(g)} \frac{d\mu_2(g)}{d\mu_3(g)}. \tag{2.4.29}$$

类似地可以证明对几乎所有的 g, 与 (2.4.29) 相反的不等式成立. 因此, 对几乎所有的 $g \in G$ (按测度 μ_3), (2.4.25) 成立. 证毕.

系 2.4.18　设 $\Omega_k = (G, \mathfrak{B}, \mu_k), k = 1, 2$ 是两个彼此等价的可局部化测度空间, 那么必有 μ_1 关于 μ_2 的 Radon–Nikodym 导数 $\dfrac{d\mu_1(g)}{d\mu_2(g)}$ 使

$$0 < \frac{d\mu_1(g)}{d\mu_2(g)} < \infty.$$

证　在定理 2.4.17 中取 $\mu_3 = \mu_1$, 那么可取 $\dfrac{d\mu_1(g)}{d\mu_3(g)} = 1$, 因此知道, 对几乎所有的 g, 成立着

$$\frac{d\mu_1(g)}{d\mu_2(g)} \frac{d\mu_2(g)}{d\mu_3(g)} = 1. \tag{2.4.30}$$

因此由 $\dfrac{d\mu_2(g)}{d\mu_3(g)} < \infty$ 和 (2.4.30) 容易推出 $\dfrac{d\mu_1(g)}{d\mu_2(g)}$ 几乎处处大于 0, 只要改变 $\dfrac{d\mu_1(g)}{d\mu_2(g)}$ 在零集上的值, 我们就得到系 2.4.18. 证毕.

系 2.4.19　在定理 2.4.15 的假设下, 映照

$$T : \varphi \to \varphi \sqrt{\frac{d\mu_1}{d\mu_2}}$$

是 $L^2(\Omega_1)$ 到 $L^2(\Omega_2)$ 中的等距算子.

证　设 $\varphi, \psi \in L^2(\Omega_1)$, 则

$$(T\varphi)\overline{(T\psi)} = \varphi(g)\overline{\psi(g)}\frac{d\mu_1}{d\mu_2}.$$

然而 $\varphi\bar{\psi} \in L^1(\Omega_1)$, 因此由 (2.4.16) 得到

$$(\varphi, \psi) = \int_G \varphi(g)\overline{\psi(g)}d\mu_1(g) = \int_G \varphi(g)\overline{\psi(g)}\frac{d\mu_1(g)}{d\mu_2(g)}d\mu_2(g)$$
$$= (T\varphi, T\psi),$$

即 T 是 $L^2(\Omega_1)$ 到 $L^2(\Omega_2)$ 的等距算子.

设 Ω 是可局部化测度空间, 我们再给出 $[[\mathfrak{M}_k(\Omega)]']^U$ 中算子的一般形式. 为方便起见, 只讨论 $k \leqslant \aleph_0, \Omega$ 是有限测度时的情况.

设 $\{e_\lambda, \lambda \in \Lambda\}$ 是 k 维 Hilbert 空间 H_k 中的完备就范直交系. 作 $H_\lambda = \{\varphi e_\lambda | \varphi \in L^2(\Omega)\}$. 令 P_λ 为 $\mathfrak{L}_k^2(\Omega)$ 到 H_λ 的投影算子, 那么容易知道 $P_\lambda \in [\mathfrak{M}_k(\Omega)]'$, 又由 (1.1.7) 得到

$$\sum_{\lambda \in \Lambda} P_\lambda = I.$$

如 Λ 是无限集, 那么上式中收敛性, 是按强拓扑的.

设 $U \in [\mathfrak{M}_k(\Omega)]'$, 记 $U_{\lambda\lambda'} = P_\lambda U P_{\lambda'}$. 今证必有 Ω 上有界可测函数 $u_{\lambda\lambda'}(g)$, 使得当 $\varphi \in L^2(\Omega)$ 时,

$$U_{\lambda\lambda'}(\varphi e_{\lambda'}) = u_{\lambda\lambda'}\varphi e_\lambda. \tag{2.4.31}$$

事实上, 任取 Ω 上有界可测函数 ψ, 由 $U_{\lambda\lambda'} \in [\mathfrak{M}_k(\Omega)]'$ 知道

$$U_{\lambda\lambda'}(\psi\varphi e_\lambda) = \psi(U_{\lambda\lambda'}(\varphi e_\lambda)). \tag{2.4.32}$$

我们令 $u_{\lambda\lambda'}$ 是 $L^2(\Omega)$ 到 $L^2(\Omega)$ 的如下的算子:

$$当 \varphi \in L^2(\Omega) 时, \quad u_{\lambda\lambda'}\varphi = (U_{\lambda\lambda'}\varphi e_{\lambda'}, e_\lambda),$$

那么由 (2.4.32) 易知 $u_{\lambda\lambda'} \in [\mathfrak{M}(\Omega)]'$. 因此由定理 2.4.12, $u_{\lambda\lambda'} \in \mathfrak{M}(\Omega)$, 即有 Ω 上的有界可测函数 $u_{\lambda\lambda'}(g), g \in G$, 使

$$(u_{\lambda\lambda'}\varphi)(g) = u_{\lambda\lambda'}(g)\varphi(g).$$

这就得到 (2.4.31).

对于每个 $\xi \in H_k$, 有 $\{\xi_\lambda\}$ 使 $\xi = \sum \xi_\lambda e_\lambda(\xi_\lambda \neq 0$ 的 λ 只有可列个$)$, 当 $\varphi \in L^2(\Omega)$ 时, $\varphi\xi \in \mathfrak{L}_k^2(\Omega)$, 因此

$$U\varphi\xi = \sum_\lambda \left(\sum_{\lambda'} u_{\lambda\lambda'}\xi_{\lambda'}\varphi \right) e_\lambda. \tag{2.4.33}$$

这样一来,

$$\sum_{\lambda'} |\xi_{\lambda'}|^2 \int_G |\varphi(g)|^2 d\mu(g) = \|\varphi\xi\|^2 = \|U\varphi\xi\|^2$$

$$= \int_G \left| \varphi(g) \right|^2 \sum_\lambda \left| \sum_{\lambda'} u_{\lambda\lambda'}(g)\xi_{\lambda'} \right|^2 d\mu(g). \tag{2.4.34}$$

令 $\mathfrak{D} = \{\xi | \xi = \sum \xi_\lambda e_\lambda \in H_k, \xi_\lambda$ 为有理数$, \xi_\lambda \neq 0$的只有有限个$\}$, 那么 $\mathfrak{D}$ 是可列集而且 $\mathfrak{D}$ 在 H_k 中稠密. 利用 (2.4.34) 可知, 存在 G 中的 μ–零集 E, 使得当 $g \in G \backslash E, \xi \in \mathfrak{D}$ 时,

$$\sum_\lambda \left| \sum u_{\lambda\lambda'}(g)\xi_{\lambda'} \right|^2 = \sum_\lambda |\xi_{\lambda'}|^2. \tag{2.4.35}$$

由此容易证明 (2.4.35) 对一切 $\xi \in H_k, g \in G \backslash E$ 成立. 当 $g \in G \backslash E$ 时, 令 $U(g)$ 是如下的算子: 若 $\xi = \{\xi_\lambda\} \in H_k$, 令 $U(g)\xi = \{\xi_\lambda'\}$ 为如下的向量:

$$\xi_\lambda' = \sum_{\lambda'} u_{\lambda\lambda'}(g)\xi_{\lambda'},$$

那么由 (2.4.35) 知道 $U(g)$ 是 H_k 到 H_k 的等距线性算子. 由 (2.4.33) 容易算出当 $\xi(\cdot) \in \mathfrak{L}_k(\Omega)$ 时, 对几乎所有的 $g \in G$, 成立着

$$(U\xi)(g) = U(g)\xi(g).$$

类似地对于 U^{-1} 也有 G 中的 μ–零集 E', 使得对每个 $g \in G \setminus E'$, 存在 H_k 到 H_k 的等距线性算子 $U^{-1}(g)$, 使

$$(U^{-1}\xi)(g) = U^{-1}(g)\xi(g).$$

再利用 $U^{-1}U = UU^{-1} = I$, 容易证明对几乎所有的 $g \in G$,

$$U(g)U^{-1}(g) = U^{-1}(g)U(g) = I,$$

因此对几乎所有的 $g, U(g)$ 是 H_k 到 H_k 的酉算子. 只要在一个 μ–零集上补充定义 $U(g)$ 或是改变 $U(g)$ 的定义, 使得对一切 $g \in G$ 是酉算子. 这时对每个 $\xi(\cdot) \in M(H_k, \Omega), U(\cdot)\xi(\cdot) \in M(H_k, \Omega)$.

定义 2.4.4　设 $\Omega = (G, \mathfrak{B}, \mu)$ 是测度空间, H_k 是 k 维 Hilbert 空间. 设对每个 $g \in G, U(g)$ 是 H_k 到 H_k 的酉算子, 而且当 $\xi(\cdot) \in M(H_k, \Omega)$ 时, $U(\cdot)\xi(\cdot) \in M(H_k, \Omega)$. 那么称 $U(\cdot)$ 是 Ω 上取值为 H_k 中酉算子的可测函数 (或简称为酉算子值可测函数).

我们得到下面的引理.

引理 2.4.20　设 $k \leqslant \aleph_0, \Omega$ 为可局部化的. 若 $U \in [\mathfrak{M}_k(\Omega)']^U$, 则必有 Ω 上取值为 k 维空间酉算子值的可测函数 $U(g)$, 使得当 $\xi \in \mathfrak{L}_k(\Omega)$ 时,

$$(U\xi)(g) = U(g)\xi(g).$$

我们再考察两个测度空间等价的条件.

定理 2.4.21　设 $\Omega = (G, \mathfrak{B}, \mu)$ 与 $\Omega' = (G', \mathfrak{B}', \mu')$ 是两个可局部化测度空间, 那么 Ω 与 Ω' 等价 (见定义 1.2.4) 的充要条件是存在 $\mathfrak{L}_k^2(\Omega)$ 到 $\mathfrak{L}_k^2(\Omega')$ 的酉映照 Q, 使得

$$A \to QAQ^{-1}$$

实现 $\mathfrak{M}_k(\Omega)$ 到 $\mathfrak{M}_k(\Omega')$ 的同构映照.

证　我们后面只用到充分性, 因此略去必要性的证明.

充分性. 记 (M, μ) 和 (M', μ') 分别是相应于 Ω, Ω' 的测度环. 任取 $E \in \tilde{\mathfrak{B}}$, 令 $C_E(g), g \in G$ 为相应于 E 的特征函数. 记 $P_E = T_{C_E}$. 由于 $QP_EQ^{-1} \in \mathfrak{M}_k(\Omega')$, 有 $f \in L^\infty(\Omega')$ 使 $T_f = QP_EQ^{-1}$. 由于 Q 是同构映照, 从 $P_E^* = P_E, P_E^2 = P_E$ 得

$$\overline{f(g)} = f(g), \ f(g)^2 = f(g).$$

因此必有 $E' \in \tilde{\mathfrak{B}}'$ 使 $QP_EQ^{-1} = P_{C_{E'}}$. 作 M 到 M' 的映照 φ 如下:

$$\varphi([E]) = [E'].$$

由于 Q 是西算子, 容易验证 φ 是 M 到 M' 上的一一映照而且满足条件 (1.2.9), 此外, 由于 $\mu([E]) = 0$ 等价于 $P_E = 0$, 又等价于 $P_{E'} = 0$, 也就等价于 $\mu(\varphi[E]) = 0$. 所以 Ω 和 Ω' 等价. 证毕.

4° 谱测度空间

定义 2.4.5　设 Γ 是一集, $\mathfrak{B}$ 是 Γ 的某些子集所成的 σ–代数. H 是一 Hilbert 空间. 又设对每个 $E \in \mathfrak{B}$, 给定了 H 中的一个投影算子 $P(E)$ 与之对应, 满足如下条件:

(i) $P(\varnothing) = O$, $P(\Gamma) = I$;

(ii) 若 $E = \sum\limits_{\nu=1}^{\infty} E_\nu, E_\nu \in \mathfrak{B}$ 而且当 $\mu \neq \nu$ 时 $E_\mu E_\nu = 0$, 则对一切 $\xi, \eta \in H$,

$$(P(E)\xi, \eta) = \sum_{\nu=1}^{\infty} (P(E_\nu)\xi, \eta),$$

那么称抽象集函数 $E \to P(E)$ (或记为 $P(\cdot)$) 为 $(\Gamma, \mathfrak{B})$ 上 H 中的谱测度, 也称 $(\Gamma, \mathfrak{B}, P)$ 为 H 中的谱测度空间.

我们首先列举谱测度的一些简单性质.

(iii) 若 $E_1, E_2, \cdots, E_n \in \mathfrak{B}$, 且是互不相交的, 则

$$P(E_1 + \cdots + E_n) = P(E_1) + \cdots + P(E_n).$$

(iv) 若 $E_1, E_2 \in \mathfrak{B}$, 则 $P(E_1)P(E_2) = P(E_1 \bigcap E_2)$.

事实上, 由 (iii) 易知, 当 $F_1, F_2 \in \mathfrak{B}, F_1 \bigcap F_2 = 0$ 时,

$$P(F_1)P(F_2) = 0.$$

因此若 $E_1, E_2 \in \mathfrak{B}$, 则

$$\begin{aligned}
&P(E_1)P(E_2) \\
&= (P(E_1 - E_1 \bigcap E_2) + P(E_1 \bigcap E_2))(P(E_2 - E_1 \bigcap E_2) + P(E_1 \bigcap E_2)) \\
&= P(E_1 \bigcap E_2).
\end{aligned}$$

由 (iv) 知道 $\mathfrak{P} = \{P(E)|E \in \mathfrak{B}\}$ 是交换算子族. 如果 $P(E)H$ 不可能分解成不可列个不为 $\{0\}$ 的、对 $\mathfrak{P}$ 中一切算子不变的闭线性子空间的直交和, 那么称 $P(E)$ 是可列可分解的. 对每个 $F \in \mathfrak{B}, P(F) \neq 0$, 必有 $E \in \mathfrak{B}, E \subset F$, 使 $P(E) \neq 0$ 为可列可分解的. 称谱测度 $P(\cdot)$ 为正常的.

定理 2.4.22　设 H 是 Hilbert 空间, $(\Gamma, \mathfrak{B}, P)$ 是 H 中的正常的谱测度空间. 又设由 $\{P(E)|E \in \mathfrak{B}\}$ 张成的闭算子代数 $\mathfrak{A}$ 是极大交换的, 那么必有 μ 使 $(\Gamma, \mathfrak{B}, \mu)$ 是测度空间, 又有 H 到 $L^2(\Gamma, \mathfrak{B}, \mu)$ 上的酉映照 U, 使得 $Q(E) = UP(E)U^{-1}, E \subset \mathfrak{B}$ 是如下的算子:

$$(Q(E)\varphi)(\gamma) = C_E(\gamma)\varphi(\gamma), \quad \varphi \in L^2(\Gamma, \mathfrak{B}, \mu), \tag{2.4.36}$$

这里 C_E 是点集 E 的特征函数.

证　根据引理 2.4.6, 将空间 H 分解成一族互相直交闭子空间 $\{H_\xi, \xi \in \Xi\}$ 的直交和, 使得算子族 $\{P(E)|E \in \mathfrak{B}\}$ 在 H_ξ 中具有循环元 ξ. 作 $\mathfrak{B}$ 上的集函数 μ_ξ: 当 $E \in \mathfrak{B}$ 时,

$$\mu_\xi(E) = (P(E)\xi, \xi).$$

由于 $P(\cdot)$ 是谱测度, $\Omega_\xi = (\Gamma, \mathfrak{B}, \mu_\xi)$ 是有限测度空间, 作 H_ξ 到 $L^2(\Omega_\xi)$ 的映照 U_ξ 如下: 对于 H_ξ 中形如

$$\sum_{k=1}^n \lambda_k P(E_k)\xi \quad (E_k \in \mathfrak{B}, \lambda_k \text{ 为数}) \tag{2.4.37}$$

的向量, 规定它经过 U_ξ 后映照成

$$\sum_{k=1}^n \lambda_k C_{E_k}(\gamma), \quad \gamma \in \Gamma. \tag{2.4.38}$$

容易验证这是 H_ξ 的子空间到 $L^2(\Omega_\xi)$ 的子空间的等距线性映照. 然而形如 (2.4.37) 和 (2.4.38) 的向量全体分别在 H_ξ 与 $L^2(\Omega_\xi)$ 中稠密. 因此 U_ξ 唯一地延拓成 H_ξ 到 $L^2(\Omega_\xi)$ 上的酉算子.

记 $Q_\xi(E) = U_\xi P(E)U_\xi^{-1}, E \in \mathfrak{B}$. 容易看出 $Q_\xi(E)$ 是如下的算子:
当 $\varphi \in L^2(\Omega_\xi)$ 时, $(Q_\xi(E)\varphi)(\gamma) = C_E(\gamma)\varphi(\gamma), \gamma \in \Gamma$.

再证明当 $\xi, \xi' \in \Xi$ 但 $\xi \neq \xi'$ 时, μ_ξ 与 $\mu_{\xi'}$ 是互相奇异的. 若不然的话, 必有 $A \in \mathfrak{B}$ 使 μ_ξ 与 $\mu_{\xi'}$ 在 A 上相互等价. 令 M 和 M' 分别是 $L^2(\Omega_\xi)$ 和 $L^2(\Omega'_\xi)$ 中在 A 外为 0 的函数全体所成的闭子空间. 作 M 到 M' 的算子 V: 当 $f \in M$ 时,

$$(Vf)(\gamma) = \begin{cases} \sqrt{\dfrac{d\mu_\xi(\gamma)}{d\mu_{\xi'}(\gamma)}}f(\gamma) & \gamma \in A, \\ 0, & \gamma \bar{\in} A. \end{cases} \tag{2.4.39}$$

由于 μ_ξ 与 $\mu_{\xi'}$ 在 A 上等价, V 是 M 到 M' 上的酉算子. 当 $\xi \in \Xi$ 时, 记 H 到 H_ξ 上的投影算子为 P_ξ. 由引理 2.3.7 和 2.4.2, $P_\xi \in \mathfrak{A}' = \mathfrak{A}$. 令 $U = U_{\xi'}^{-1}VQ_\xi(A)U_\xi P_\xi$. 当 $E \in \mathfrak{B}$ 时, 由 (2.4.39) 我们得到

$$\begin{aligned} UP(E) &= U_{\xi'}^{-1}VQ_\xi(A)Q_\xi(E)U_\xi P_\xi \\ &= U_{\xi'}^{-1}Q_{\xi'}(E)VQ_\xi(A)U_\xi P_\xi = P(E)U. \end{aligned} \tag{2.4.40}$$

因此 $U \in \{P(E)|E \in \mathfrak{B}\}' = \mathfrak{A}'$, 所以 $U = P_\xi' U = U P_{\xi'} = 0$. 然而由于 $\mu_\xi(A) \neq 0, \mu_{\xi'}(A) \neq 0$,

$$U\xi = U_{\xi'}^{-1} \sqrt{\frac{d\mu_\xi(\gamma)}{d\mu_{\xi'}(\gamma)}} C_A(\cdot) \neq 0.$$

这是矛盾. 所以 $\{\mu_\xi, \xi \in \Xi\}$ 是相互奇异的.

设 $E \in \mathfrak{B}$ 而且 $P(E)$ 是可列可分解的, 那么 $\mu_\xi(E) > 0$ 的 ξ 只有可列个, 这种 E 的全体记为 $\mathfrak{B}_1$. 作 $\mathfrak{B}_1$ 上的集函数 μ 如下:

$$\mu(E) = \sum_{\mu_\xi(E) \neq 0} \mu_\xi(E).$$

容易验证 $(\Gamma, \mathfrak{B}_1, \mu)$ 是测度空间. 由于 $\mathfrak{A}$ 的极大交换性, 谱测度是正常的. 容易证明对于 $F \in \mathfrak{B}$, 定义

$$\mu(F) = \sup_{E \in \mathfrak{B}_1, E \in F} \mu(E),$$

那么 μ 从 $\mathfrak{B}_1$ 延拓到 $\mathfrak{B}$ 上. 而且 $L^2(\Gamma, \mathfrak{B}, \mu) = \sum_\xi \oplus L^2(\Omega_\xi)$. 令 $U = \sum_{\xi \in \Xi} U_\xi P_\xi$, 那么 U 是 H 到 $L^2(\Gamma, \mathfrak{B}, \mu)$ 的酉算子, 而且由 (2.4.40) 容易推出 (2.4.36).

系 2.4.23 设 H 是 Hilbert 空间, $(\Gamma, \mathfrak{B}, P)$ 是 H 中正常的谱测度空间. 又设由 $\{P(E)|E \in \mathfrak{B}\}$ 张成的弱闭算子代数 $\mathfrak{A}$ 具有均匀重复度 k. 设 $\mathfrak{H}_k$ 是一个 k 维的 Hilbert 空间, 那么必有 μ, 使 $(\Gamma, \mathfrak{B}, \mu)$ 成为测度空间, 又有 H 到 $\mathfrak{L}_k^2(\Gamma, \mathfrak{B}, \mu)$ 上的酉映照 U, 使得 $Q(E) = U P(E) U^{-1}, E \in \mathfrak{B}$ 是如下的算子:

$$(Q(E)\varphi)(\gamma) = C_E(\gamma)\varphi(\gamma), \quad \varphi \in \mathfrak{L}_k^2(\Gamma, \mathfrak{B}, \mu),$$

这里 C_E 是点集 E 的特征函数.

证 由于 $\mathfrak{A}$ 具有均匀重复度 k, 必可将 H 分解成 k 个互相直交的对 $\mathfrak{A}$ 不变的闭子空间 $H_\lambda, \lambda = 1, 2, \cdots, k$ 的直交和: $H = \sum_{\lambda=1}^{k} \oplus H_\lambda$, 使得 $\mathfrak{A}$ 在 H_λ 上的限制是极大交换的, 而且是彼此酉等价的. 利用定理 2.4.22, 有 $(\Gamma, \mathfrak{B})$ 上的测度 μ 以及 H_λ 到 $L^2(\Gamma, \mathfrak{B}, \mu)$ 的酉映照 U_λ, 使得 $Q_\lambda(E) = U_\lambda P(E) U_\lambda^{-1}, E \in \mathfrak{B}$ 是算子 $(Q_\lambda(E))\varphi(\gamma) = C_E(\gamma)\varphi(\gamma), \varphi \in L^2(\Gamma, \mathfrak{B}, \mu)$. 不妨记这个 $L^2(\Gamma, \mathfrak{B}, \mu)$ 为 $\tilde{H}_\lambda$. 那么由于 $\mathfrak{L}_k^2(\Gamma, \mathfrak{B}, \mu) = \sum_{\lambda=1}^{k} \oplus \tilde{H}_\lambda$, 我们再利用这族 $\{U_\lambda, \lambda = 1, 2, \cdots, k\}$ 得到 H 到 $\mathfrak{L}_k^2(\Gamma, \mathfrak{B}, \mu)$ 的酉映照 U 如下: 当 $h \in H, h = \sum h_\lambda, h_\lambda \in H_\lambda$ 时, Uh 是 $\mathfrak{L}_k^2(\Gamma, \mathfrak{B}, \mu)$ 中如下的函数: 对每个 $\gamma \in \Gamma, (Uh)(\gamma)$ 是 $\mathfrak{H}_k$ 中的向量, 其 λ 坐标为 $(U_\lambda h_\lambda)(\gamma)$. 容易看出这个映照 Q 就满足我们的要求.

第三章　具拟不变测度的群上调和分析

我们知道, 在 n 维空间中对一切平移都不变的正则测度必是 Lebesgue 测度乘以一个常数因子, 而调和分析 (例如 Fourier 变换的理论) 就是建立在 Lebesgue 测度的这种平移不变性上. n 维空间的不变测度理论及调和分析早已经推广到局部紧的拓扑群上, 特别是在交换的局部紧拓扑群上, 调和分析已经有非常丰富的结果.

我们自然要问在无限维空间上是否可以建立类似的平移不变测度理论以及相应的调和分析. 事实上, 在处理量子场论的所谓连续积分时, 理论物理学家们已经随便应用无限维空间上的 Fourier 变换①. 然而不可能指望把有限维线性空间的平移不变测度理论推广到无限维线性空间上去. 例如读者可以很容易地证明在无限维的 Hilbert 空间上就不可能存在较好的平移不变测度, 也就是说, 如果这个不变测度使一切球都是可测集的话, 那么许多球的测度不是 0 就是 ∞. 因此, 我们只有降低对测度的平移不变性的要求. 我们注意, n 维空间上的 σ-有限测度, 若是测度为 0 的集经平移后仍为测度为 0 的集, —— 这种性质称之为拟不变性, —— 那么这个测度也必然等价于 Lebesgue 测度 (见定理 3.1.5), 而互相等价的 (例如可局部化) 测度之间可以用 Radon–Nikodym 导数联系起来, 因此也可考虑把对 Lebesgue 测度的上述拟不变性一般化. 然而对于常用的无限维线性空间, 例如无限维 Hilbert 空间, 也不存在 σ-有限的拟不变测度 (零集经过平移后成为零集的测度). 因此我们还要再降低要求, 不是考察对一切平移零集都变成零集的测度, 而是对某个线性子空间中向量的平移把零集变成零集的测度. 这个拟不变测度的概念是在 1959 年由 Gel'fand[1] 提出的, 他利用装备 Hilbert 空间上测度的概念对量子场论交换关系的表示进行了初步的研究 (见 Gel'fand 和 Vilenkin[1]). 与此有联系的, Segal[5] 在略早的时候 (1958 年) 提出了 Hilbert 空间上拟不变弱分布的概念, 这个概念实质上等价于拟不变测度的概念.

---

①在 S.G.Brush [1] 的后面附有关于量子场论中用到的无限维空间积分的许多文献的目录.

现在已经看出, 量子场论中相应于真空态的测度是拟不变测度.

然而他们没有对拟不变测度建立调和分析. 容易看出, 要彻底讨论拟不变测度, 宁可先考察群上的拟不变测度. 这一章中我们要建立起群上拟不变测度的调和分析.

拟不变测度是一类非常广泛的测度, 和不变测度有本质的区别, 我们不可能要求对拟不变测度建立起像局部紧群上调和分析那样整齐的理论. 然而我们在这里所讨论的一些问题, 也还是紧密地联系着局部紧群上调和分析中相应的问题. 我们这里所用的方法与局部紧群上的方法完全不同, 偏重于测度论的方法与 Hilbert 空间上弱闭交换算子环论的方法. 这里所建立的一些理论和方法是试图为进一步研究量子场论中的大量的 "连续积分" 问题, 建立一些基础.

在 §3.1 中我们首先考察拟不变测度的一些基本性质. 在 §3.2 中我们引进了研究拟不变测度特有的必不可少的拟特征标概念, 并对拟特征标群做了较详细的探讨. 在 §3.3 中把局部紧群上正定函数的积分表示定理推广到具拟不变测度的群上. 在 §3.4 中给出了 Fourier 变换的基本理论.

§3.1 拟不变测度的概念和基本性质

1° 拟不变测度的概念

我们首先把平移不变测度的概念推广.

定义 3.1.1 设 $\Omega = (G, \mathfrak{B}, \mu)$ 是一测度空间, h 是 G 到 G 中的映照, h 的定义域 $\mathfrak{D}(h)$ 为可测集, 而且 $G \backslash \mathfrak{D}(h)$ 是零集. 又对每个 $A \in \mathfrak{B}$, 集

$$h^{-1}(A) = \{g | hg \in A; g \in \mathfrak{D}(h)\} \in \mathfrak{B},$$

那么称 h 是 Ω 中的可测变换. 这时, 记 μ_h 为如下的集函数:

$$\text{当} A \in \mathfrak{B} \text{时}, \quad \mu_h(A) = \mu(h^{-1}A). \tag{3.1.1}$$

显然, μ_h 是 $(G, \mathfrak{B})$ 上的测度.

令 $\mathfrak{G}(\Omega)$ 是 Ω 上满足如下条件的可测变换[1] 全体: (i) h 的值域 $\mathfrak{R}(h)$ 为可测集而且 $G \backslash \mathfrak{R}(h)$ 为 μ–零集; (ii) h 为 $\mathfrak{D}(h)$ 到 $\mathfrak{R}(h)$ 的一一映照; (iii) 测度 μ_h 与 μ 等价.

当 $h, h' \in \mathfrak{G}(\Omega)$ 时, 作 G 上的映照 hh' 如下: 它的定义域 $\mathfrak{D}(hh') = \{g | g \in \mathfrak{D}(h'), h'g \in \mathfrak{D}(h)\}$, 当 $g \in \mathfrak{D}(hh')$ 时, 规定

$$(hh')g = h(h'g).$$

引理 3.1.1 当 $h, h' \in \mathfrak{G}(\Omega)$ 时, $hh' \in \mathfrak{G}(\Omega)$.

---
[1]这里可测变换的概念与 Halmos[1] 中所述的略有不同.

证　由于 $\mathfrak{D}(h')\backslash\mathfrak{D}(hh') = h'^{-1}(G\backslash\mathfrak{D}(h))$, 但 $G\backslash\mathfrak{D}(h)$ 是 μ-零集, 也应是 μ_h-零集, 因此 $\mathfrak{D}(h')\backslash\mathfrak{D}(hh')$ 是 μ-零集, 又 hh' 的值域 $\mathfrak{R}(hh')$ 是 $h(\mathfrak{R}(h')\bigcap\mathfrak{D}(h)) = \mathfrak{R}(h)\backslash h(\mathfrak{D}(h)\backslash\mathfrak{R}(h'))$, 由于 $\mathfrak{D}(h)\backslash\mathfrak{R}(h')$ 为 μ-零集, 又 μ 与 μ_h 等价, 所以 $h(\mathfrak{D}(h)\backslash\mathfrak{R}(h'))$ 也是 μ-零集, 因而 $G\backslash\mathfrak{R}(hh')$ 是 μ-零集. 显然 hh' 是一一映照, 而 hh' 是可测变换, 再由 $\mu_{hh'} = (\mu_h)_{h'}$ 易知 $\mu_{hh'}$ 与 μ 等价, 即

$$hh' \in \mathfrak{G}(\Omega).$$

我们规定 hh' 为 h 与 h' 的积, 那么按照这个乘法有

系 3.1.2　$\mathfrak{G}(\Omega)$ 成为群.

我们此后称 $\mathfrak{G}(\Omega)$ 中变换 h 为使 Ω 拟不变的变换, 也称 $\mathfrak{G}(\Omega)$ 为 Ω 的拟不变变换群.

设 $h, h' \in \mathfrak{G}(\Omega)$. 如果存在 $\mathfrak{D} \subset \mathfrak{D}(h)\bigcap\mathfrak{D}(h')$, 而且 $G\backslash\mathfrak{D}$ 为零集, 使得

$$当\ g \in \mathfrak{D}\ 时,\ hg = h'g,$$

那么称 h 与 h' 相等, 记为 $h \equiv h'$. 这关系 "$\equiv$" 显然是 "等价关系".

容易看出, 若 $h_j \in \mathfrak{G}(\Omega), j = 1, 2, 3, 4$, 而且 $h_1 \equiv h_2, h_3 \equiv h_4$, 那么 $h_1 h_3 \equiv h_2 h_4$. 今后我们有时在群 $\mathfrak{G}(\Omega)$ 中把相等的变换 h 视为同一变换, 这并不会引起混淆.

设 $h \in \mathfrak{G}(\Omega)$. 如果 h 及 h^{-1} 把测度有限的集变成测度有限的集, 那么称 h 为使 Ω 强拟不变的变换. 如果 h 及 h^{-1} 把 σ-有限的集变成 σ-有限的集, 那么称 h 为弱拟不变的变换. 设 $\mathfrak{G}$ 为 $\mathfrak{G}(\Omega)$ 的子群, 而且每个 $h \in \mathfrak{G}$ 是使 Ω (强, 弱) 拟不变的变换, 那么称 Ω 是关于 $\mathfrak{G}$ (强, 弱) 拟不变的.

特别, 若对一切 $h \in \mathfrak{G}, B \in \mathfrak{B}$ 都有 $\mu(hB) = \mu(B)$, 那么称 Ω 关于 $\mathfrak{G}$ 是不变的. 我们后面对群的情况最感兴趣.

设 G 是一群, $\mathfrak{G}$ 是 G 的子群, $(G, \mathfrak{B})$ 是一可测空间, 如果对一切 $B \in \mathfrak{B}, h \in \mathfrak{G}$,

$$hB = \{hg | g \in B\} \in \mathfrak{B},$$

那么称 $(G, \mathfrak{B})$ 为关于 $\mathfrak{G}$ 左拟不变的可测空间. 类似地, 也可以定义右拟不变的概念. 左、右拟不变统称为拟不变. 若在 $(G, \mathfrak{B})$ 上又有测度 μ 满足如下条件: 当 $B \in \mathfrak{B}, h \in \mathfrak{G}$ 时, $\mu(E) = 0$ 与 $\mu(hE) = 0$ 是等价的. 那么 $(G, \mathfrak{B}, \mu)$ 关于左平移群 $\mathfrak{G}$ 是拟不变的.

简单地说, $(G, \mathfrak{B}, \mu)$ 关于左平移 $\mathfrak{G}$ (强, 弱) 拟不变, 就是经过 $\mathfrak{G}$ 中的一切平移 $g \to hg, g \in G, h \in \mathfrak{G}$ 后, 可测集, 零集 (测度有限集, σ-有限集) 仍分别成为可测集, 零集 (测度有限集, σ-有限集).

特别当对一切 $h \in \mathfrak{G}$, 有 $\mu(hE) = \mu(E), E \in \mathfrak{B}$ 时, 那么称 $(G, \mathfrak{B}, \mu)$ 是关于左平移 $\mathfrak{G}$ 不变的. 例如在局部紧群 G 上存在关于 G 左 (右) 不变的 Haar 测度 (见 Halmos [1]).

设 $(G, \mathfrak{B}, \mu)$ 是关于 $\mathfrak{G}$ 不变的测度空间, ν 是 $(G, \mathfrak{B})$ 上的测度而且 ν 与 μ 等价, 那么 $(G, \mathfrak{B}, \nu)$ 是关于 $\mathfrak{G}$ 拟不变的. 如果 f 是 $(G, \mathfrak{B})$ 上的可测函数而且对一切 $g \in G, 0 < f(g) < \infty$, 作 $(G, \mathfrak{B})$ 上的测度 ν 如下: 当 $B \in \mathfrak{B}$ 时,

$$\nu(B) = \int_B f(g) d\mu(g),$$

那么 $(G, \mathfrak{B}, \nu)$ 是关于 $\mathfrak{G}$ 弱拟不变的.

设 $\Omega = (G, \mathfrak{B}, \mu)$ 是任一测度空间, $\mathfrak{G}$ 只含有恒等变换, 那么 Ω 关于 $\mathfrak{G}$ 是不变的, 这是最平凡的例.

设 G 是一群, $\Omega = (G, \mathfrak{B}, \mu)$ 是一测度空间, $h \in G$, 若左平移 $\tau_h : g \to hg$ 及 $\tau_{h^{-1}}$ 是 $(G, \mathfrak{B}, \mu)$ 的可测变换而且测度 μ_h (见 (3.1.1)) 与 μ 等价, 则称 h 为 Ω 的拟不变点. 显然 Ω 的拟不变点全体 $\mathfrak{G}$ 组成 G 的子群, 称这个子群 $\mathfrak{G}$ 为 Ω 的最大左平移拟不变子群.

若 $(G, \mathfrak{B}, \mu)$ 是关于 $\mathfrak{G}$ 拟不变的、σ-有限的测度空间, 那么必有 $(G, \mathfrak{B})$ 上与 μ 等价的、有限的测度 ν, 它关于 $\mathfrak{G}$ 也是拟不变的. 事实上, 这时必有一列互不相交的 $B_k, k = 1, 2, \cdots$, 使得 $B_k \in \mathfrak{B}, 0 < \mu(B_k) < \infty, G = \bigcup_{k=1}^{\infty} B_k$. 作测度 ν 如下: 当 $E \in \mathfrak{B}$ 时,

$$\nu(E) = \sum_{k=1}^{\infty} \frac{1}{2^k \mu(B_k)} \mu(E B_k).$$

容易看出, ν 与 μ 是等价的, 而且 $\nu(G) = 1$, 又易知 ν 关于 $\mathfrak{G}$ 是拟不变的.

本书中此后着重讨论可局部化拟不变测度, 特别是有限拟不变测度.

2° 对整个群 G 拟不变的测度

在这一段中我们假设乘积可测空间 $(G \times G, \mathfrak{B} \times \mathfrak{B})$ 到可测空间 $(G, \mathfrak{B})$ 的映照 $(g, h) \to gh^{-1}$ 是可测的, 今后不再一一交代.

引理 3.1.3   设 $(G, \mathfrak{B}, \mu_k), k = 1, 2$ 分别是关于右、左平移 G 拟不变的有限测度空间, 那么 μ_2 对于 μ_1 是全连续的.

证   作乘积测度空间 $(G \times G, \mathfrak{B} \times \mathfrak{B}, \mu_1 \times \mu_2)$. 对每个 $E \in \mathfrak{B} \times \mathfrak{B}$, 我们以 $\chi_E(x, y)$ 表示集 E 的特征函数. 容易知道当 $E \in \mathfrak{B} \times \mathfrak{B}$ 时 $\chi_E(x, x^{-1}y)$ 是 $(G \times G, \mathfrak{B} \times \mathfrak{B})$ 上的可测函数, 作 $(G \times G, \mathfrak{B} \times \mathfrak{B})$ 上的有限测度 ν 如下:

$$\nu(E) = \int_G \int_G \chi_E(x, x^{-1}y) d\mu_1(x) d\mu_2(y). \tag{3.1.2}$$

今证明 ν 关于 $\mu_1 \times \mu_2$ 是全连续的. 设 $E \in \mathfrak{B} \times \mathfrak{B}$ 而且 $\mu_1 \times \mu_2(E) = 0$, 设 $E^x = \{y | (x, y) \in E\}$, 那么

$$\int_G \mu_2(E^x) d\mu_1(x) = 0,$$

因此必有 $\Delta \in \mathfrak{B}$ 使得 $\mu_1(\Delta) = 0$ 而且当 $x \bar{\in} \Delta$ 时 $\mu_2(E^x) = 0$, 由 μ_2 的左平移拟不变性得到 $\mu_2(xE^x) = 0$. 再由 Fubini 定理得到

$$\nu(E) = \int_G \left(\int_G \chi_E(x, x^{-1}y) d\mu_2(y) \right) d\mu_1(x)$$
$$= \int_G \mu_2(xE^x) d\mu_1(x) = 0.$$

所以有 $(G \times G, \mathfrak{B} \times \mathfrak{B}, \mu_1 \times \mu_2)$ 上的非负可测函数 $g(x, y)$, 使

$$\nu(E) = \iint \chi_E(x, y) g(x, y) d\mu_1(x) d\mu_2(x). \tag{3.1.3}$$

另一方面, 由于 $(x, y) \to xy$ 是可测映照, 若 $A \in \mathfrak{B}$, 则集

$$E = \{(x, y) | xy \in A\} \in \mathfrak{B} \times \mathfrak{B}.$$

由 (3.1.2) 得到

$$\nu(E) = \iint \chi_A(y) d\mu_1(x) d\mu_2(y) = \mu_2(A),$$

但由 (3.1.3) 并利用 Fubini 定理得到

$$\nu(E) = \int_G \left(\int_{Ay^{-1}} g(x, y) d\mu_1(x) \right) d\mu_2(y). \tag{3.1.4}$$

因此, 若 $\mu_1(A) = 0$, 则由 μ_1 的右平移拟不变性得到 $\mu_1(Ay^{-1}) = 0$, 由 (3.1.4) 得到 $\nu(E) = 0$, 因此 $\mu_2(A) = 0$. 所以 μ_2 关于 μ_1 是全连续的. 证毕.

引理 3.1.4　设 $(G, \mathfrak{B}, \mu)$ 是关于右平移 G 拟不变的有限测度空间, 作 $(G, \mathfrak{B})$ 上的测度 μ_{-1}: 当 $E \in \mathfrak{B}$ 时 $\mu_{-1}(E) = \mu(E^{-1})$, 那么 μ 与 μ_{-1} 等价.

证　容易看出 μ_{-1} 是关于左平移 G 拟不变的测度. 根据引理 3.1.3, μ_{-1} 对于 μ 是绝对连续的, 即是说, 若 $E \in \mathfrak{B}, \mu(E) = 0$, 则 $\mu(E^{-1}) = 0$. 因此, 若 $E \in \mathfrak{B}, \mu_{-1}(E) = \mu(E^{-1}) = 0$, 则 $\mu(E) = \mu_{-1}(E^{-1}) = 0$. 所以 μ 对于 μ_{-1} 也是全连续的, 即 μ_1 与 μ_2 等价. 证毕.

定理 3.1.5　设 $(G, \mathfrak{B}, \mu)$ 是关于左 (右) 平移 G 拟不变的 σ-有限测度, 则 $(G, \mathfrak{B}, \mu)$ 是关于右 (左) 平移拟不变的. 若 $(G, \mathfrak{B}, \mu_k), k = 1, 2$ 是关于 (左或右) 平移 G 拟不变的、非平凡的 (即不恒为零) 两个 σ-有限测度空间, 则 μ_1 与 μ_2 是相互等价的.

证　根据第一段所述, 不妨把 σ-有限测度换成等价的有限测度. 假设 $(G, \mathfrak{B}, \mu)$ 是关于右平移 G 拟不变的, 则 μ_{-1} 是关于左平移 G 拟不变的, 根据引理 3.1.4, μ 与 μ_{-1} 等价, 因此 μ 也是关于左平移拟不变的. 若 $(G, \mathfrak{B}, \mu)$ 是关于左平移 G 拟不变的测度, 那么 μ_{-1} 关于右平移 G 是拟不变的, 由已证好的部分知道 μ_{-1} 关于左平移 G 是拟不变的, 因此 μ 是关于右平移 G 拟不变的.

设 $(G, \mathfrak{B}, \mu_k)$ 是关于平移 G 拟不变的、非平凡的有限测度空间, 根据引理 3.1.3, μ_2 关于 μ_1 是绝对连续的, 调换 μ_1 和 μ_2 的位置就知道 μ_1 关于 μ_2 也是绝对连续的. 证毕.

注 定理 3.1.5 可以推广到准 σ-有限测度 (见定义 1.1.9) 的情况, 例如, 设 $(G, \mathfrak{B}, \mu)$ 是关于左平移 G 拟不变的准 σ-有限测度空间, 那么 $(G, \mathfrak{B}, \mu)$ 也是关于右平移 G 拟不变的. 事实上, 任取 $E \in \mathfrak{B}, \mu(E) = 0, h \in G$. 设 G_0 是定义 1.1.9 中的正常子群, 作 $G_1 = \bigcup_{n=-\infty}^{\infty} h^n G_0$ 那么 G 的正常子群 $G_1 \in \mathfrak{B}, G_1$ 包含 E 及 h 而且 G_1 是 σ-有限的. 令 $\mathfrak{B}_1$ 及 μ_1 分别是 $\mathfrak{B}, \mu$ 在 G_1 上的限制, 那么易知 $(G_1, \mathfrak{B}_1, \mu_1)$ 是关于左平移 G_1 拟不变的 σ-有限测度空间. 根据定理 3.1.5, μ_1 也是关于右平移 G_1 拟不变的, 因此由 $\mu(E) = 0$, 推出 $\mu(Eh) = 0$, 即 $(G, \mathfrak{B}, \mu)$ 是关于右平移 G 拟不变的.

类似地, 若 $(G, \mathfrak{B}, \mu_k), k = 1, 2$ 是关于平移 G 拟不变的准 σ-有限测度空间而且相应于 μ_1 和 μ_2 是同一 G_0(见定义 1.1.9), 那么 μ_1 与 μ_2 是等价的.

系 3.1.6 设 G 是局部紧群, $\mathfrak{B}$ 是由 G 中一切紧集张成的 σ-环, 设 $(G, \mathfrak{B}, \mu)$ 是关于 (左或右) 平移拟不变的局部 σ-有限测度空间, 那么 μ 与 G 上的 Haar 测度等价.

这由定理 3.1.5 的注及 §1.1 第 6 段立即得到.

3° 拟不变测度的一个基本性质

定义 3.1.2 设 G 是一拓扑空间, $\mathfrak{G}$ 是 G 到 G 中的一族连续映照. 又设 $\mathfrak{G}$ 本身具有拓扑. 如果对每个 $h_0 \in \mathfrak{G}$, G 中的每个紧集 K 及包含 $h_0 K$ 的每个开集 O, 必有 h_0 的环境 V 使得当 $h \in V$ 时 $hK \subset O$, 那么称 $\mathfrak{G}$ 的拓扑为适宜的.

我们考察后面常用的一种情况.

引理 3.1.7 设 G 是拓扑群, $\mathfrak{G}$ 是 G 的子群. 对每个 $h \in \mathfrak{G}$, 将 h 视为左平移 $g \to hg, g \in G$, 那么 G 在 $\mathfrak{G}$ 上导出的相对拓扑是适宜的.

证 任取 $h_0 \in \mathfrak{G}$, G 的紧集 K 和包含紧集 $h_0 K$ 的开集 O, 对每个 $g \in h_0 K$, 作 G 中单位元的环境 U_g, 使 $U_g g \subset O$. 再作 G 中单位元的环境 V_g 使 $V_g V_g \subset U_g$, 那么

$$h_0 K \subset \bigcup_{g \in h_0 K} V_g g \subset O.$$

由于 $h_0 K$ 是紧集, 有 $g_1, \cdots, g_n \in h_0 K$, 使得

$$h_0 K \subset \bigcup_{\nu=1}^{n} V_{g_\nu} g_\nu.$$

作 $V = \bigcap\limits_{\nu=1}^{n} V_{g_\nu}$, 这是单位元的环境. 今证当 h 属于 h_0 的环境 Vh_0 时 $hK \subset O$. 事实上, 对每个 $g \in hK, h_0h^{-1}g \in h_0K$, 因此有 ν 使得 $h_0h^{-1}g \in V_{g_\nu}g_\nu$, 从而

$$g \in hh_0^{-1}V_{g_\nu}g_\nu \subset VV_{g_\nu}g_\nu \subset U_{g_\nu}g_\nu \subset O,$$

即 $hK \subset O$. 所以将 $\mathfrak{G}$ 视为变换群时, $\mathfrak{G}$ 的相对拓扑是适宜的. 证毕.

引理 3.1.8　设 G 是拓扑空间, $(G, \mathfrak{B}, \mu)$ 是正则测度空间, $\mathfrak{G}$ 为其上的一族连续可测变换所成的拓扑群, 而且 $\mathfrak{G}$ 上的拓扑是适宜的, 那么对每个紧集 $K \in \mathfrak{B}, \mu(hK), h \in \mathfrak{G}$ 是 $\mathfrak{G}$ 上的上半连续函数[1].

证　任取 $h_0 \in \mathfrak{G}$, 若 $\mu(h_0K) = \infty$, 自然 h_0 为函数 $\mu(hK)$ 的上半连续点. 若 $\mu(h_0K) < \infty$, 由 μ 的正则性, 对每个 $\varepsilon > 0$, 存在 G 中的开集 $O \supset h_0K$, 使

$$\mu(O) < \mu(h_0K) + \varepsilon. \tag{3.1.5}$$

然而 $\mathfrak{G}$ 的拓扑是适宜的, 因此有 h_0 的环境 V 使得当 $h \in V$ 时 $hK \subset O$. 由于 $hK \in \mathfrak{B}$, 从 (3.1.5) 得到

$$\mu(hK) < \mu(h_0K) + \varepsilon,$$

这就是说, 函数 $\mu(hK)$ 在 h_0 的上界[1] $S(h_0, \mu(hK))$ 具有性质

$$\mu(h_0K) \leqslant S(h_0, \mu(hK)) \leqslant S(\mu(hK), V)^{[1]} \leqslant \mu(h_0K) + \varepsilon.$$

令 $\varepsilon \to 0$, 即得 $\mu(h_0K) = S(h_0; \mu(hK))$. 因此 h_0 也是函数 $\mu(hK), h \in \mathfrak{G}$ 的上半连续点. 证毕.

系 3.1.9　设 G 是拓扑群, $(G, \mathfrak{B}, \mu)$ 是正则测度空间, $\mathfrak{G}$ 是 G 的子群 (在 $\mathfrak{G}$ 上取由 G 导出的拓扑), 又设对每个 $h \in \mathfrak{G}, B \in \mathfrak{B}, hB \in \mathfrak{B}$, 那么对每个紧集 $K \in \mathfrak{B}, \mu(hK), h \in \mathfrak{G}$ 是 $\mathfrak{G}$ 上的上半连续函数.

由引理 3.1.7 及 3.1.8 立即得到系 3.1.9.

下面我们给出正则测度对变换的一种连续性 (引理 3.1.10), 由它导出拟不变测度的一个重要性质.

引理 3.1.10　设 $(G, \mathfrak{B}, \mu)$ 是正则测度空间, 又设对 G 中的每个紧集 $K, \mu(K) < \infty$. 再设 $\mathfrak{G}$ 是其上一族连续可测变换所成的拓扑群. 又设 $\mathfrak{G}$ 具有适宜的拓扑 (见定义 3.1.2), 使 $\mathfrak{G}$ 成为第二纲的拓扑群. 那么对每个紧集 $K \in \mathfrak{B}$, 必有 $h_0 \in \mathfrak{G}$, 使得 $\mathfrak{G}$ 上的函数 $\mu(hK), h \in \mathfrak{G}$ 在 h_0 点连续.

证　根据引理 3.1.8, 函数 $\mu(hK), h \in \mathfrak{G}$ 是 $\mathfrak{G}$ 上的上半连续函数. 然而由于测度是非负的, 对一切 $h \in \mathfrak{G}$, 根据引理 I.2.2, 由 $\mathfrak{G}$ 的第二纲性导出: 函数 $\mu(hK), h \in \mathfrak{G}$ 必有一连续点. 证毕.

---

[1]关于上半连续函数的概念, 记号与定理, 看看附录 I (§I.2).

系 3.1.11 设 G 是拓扑群, $\mathfrak{G}$ 是 G 的子群, 但 $\mathfrak{G}$ 本身具有拓扑成为第二纲的拓扑群, 而且这个拓扑比 G 在 $\mathfrak{G}$ 上导出的拓扑强. 若 $(G, \mathfrak{B})$ 是关于左 (或右) 平移 $\mathfrak{G}$ 拟不变的可测空间, 而且 μ 是其上的正则测度, 那么对每个紧集 $K \in \mathfrak{B}$, 有 $h_0 \in \mathfrak{G}$ 使得 $\mu(hK), h \in \mathfrak{G}$ 在 h_0 点连续.

我们利用引理 3.1.10 再给出后面要用的一个性质.

引理 3.1.12 设 $(G, \mathfrak{B}, \mu)$ 是关于 (连续, 可测) 变换群 $\mathfrak{G}$ 拟不变的正则测度空间, 再设对 G 中每个紧集 $K, \mu(K) < \infty$. 又设 $\mathfrak{G}$ 具有适宜的拓扑, 使 $\mathfrak{G}$ 成为第二纲的拓扑群, 那么当紧集 $K \in \mathfrak{B}, \mu(K) > 0$ 时, 必有 $\mathfrak{G}$ 中单位元的环境 V, 使得当 $h \in V$ 时,

$$\mu(K \textstyle\bigcap hK) > 0. \tag{3.1.6}$$

证 根据引理 3.1.10, 有 $h_0 \in \mathfrak{G}$, 使 $\mu(hK)$ 在 h_0 点按 $\mathfrak{G}$ 的拓扑是连续的. 由拟不变性, $\mu(h_0K) > 0$. 由于 μ 是正则的, 有开集 $O \in \mathfrak{B}$, 使得 $O \supset h_0K$ 而且

$$\mu(O) < \frac{4}{3}\mu(h_0K). \tag{3.1.7}$$

由于 $\mathfrak{G}$ 的拓扑是适宜的, 有 h_0 的环境 V_{h_0} 使得当 $h \in V_{h_0}$ 时, $hK \subset O$. 取 V 充分小, 使得当 $h \in V$ 时,

$$|\mu(hK) - \mu(h_0K)| < \frac{1}{3}\mu(h_0K). \tag{3.1.8}$$

由 $hK \subset O$ 及 $h_0K \subset O$ 得到

$$\mu(hK \textstyle\bigcap h_0K) = \mu(hK) + \mu(h_0K) - \mu(O),$$

因此, 从 (3.1.7) 和 (3.1.8) 得知当 $h \in V$ 时,

$$\mu(hK \textstyle\bigcap h_0K) \geqslant \frac{1}{3}\mu(h_0K) > 0. \tag{3.1.9}$$

利用测度 μ 的拟不变性, 当 $g = h_0^{-1}h \in h_0^{-1}V_{h_0}$ 时, 从 (3.1.9) 得到

$$\mu(gK \textstyle\bigcap K) > 0.$$

由于 $\mathfrak{G}$ 是拓扑群, $h_0^{-1}V_{h_0}$ 是 $\mathfrak{G}$ 中单位元的环境, 这就取到了 $V = h_0^{-1}V_{h_0}$. 证毕.

系 3.1.12′ 设 G 是拓扑群, $\mathfrak{G}$ 是 G 的子群, 但 $\mathfrak{G}$ 本身具有拓扑成为第二纲的拓扑群, 而且这个拓扑比 G 在 $\mathfrak{G}$ 上导出的拓扑强. 若 $(G, \mathfrak{B}, \mu)$ 是关于左 (右) 平移 $\mathfrak{G}$ 拟不变的正则测度空间, 并且对 G 中每个紧集 $K, \mu(K) < +\infty$, 那么对每个紧集 $K \in \mathfrak{B}, \mu(K) > 0$, 必有 $\mathfrak{G}$ 中单位元的环境 V, 使得当 $h \in V$ 时, (3.1.6) 成立.

利用上面结果可以得到拟不变测度存在的一个简单的必要条件.

定理 3.1.13　设 G 是拓扑群, $\mathfrak{G}$ 是 G 的子群, 但 $\mathfrak{G}$ 本身具拓扑且成为拓扑群, 又 G 在 $\mathfrak{G}$ 上导出的拓扑比 $\mathfrak{G}$ 原有的拓扑弱. 再设 $\mathfrak{G}$ 为第二纲空间. 如果存在关于 $\mathfrak{G}$ 拟不变的非平凡的 (即不恒为 0) 正则测度空间 $(G, \mathfrak{B}, \mu)$, 对 G 中的每个 $K, \mu(K) < \infty$, 那么必有 $\mathfrak{G}$ 中单位元的环境包含在 G 的紧集中.

证　由于 μ 是正则的, 必有紧集 $K \in \mathfrak{B}$, 使得 $\mu(K) > 0$. 利用系 3.1.12′, 我们知道, 存在 $\mathfrak{G}$ 中单位元的环境 V, 使得对一切 $h \in V, K \bigcap hK \neq 0$. 于是 $h \in V$ 时 $h \in KK^{-1}$. 我们要证明 KK^{-1} 是 G 中的紧集. 作乘积拓扑空间 $G \times G$, 根据 Tychonoff 定理, $K \times K$ 是 $G \times G$ 中的紧集, 然而易知

$$(x, y) \to xy^{-1}$$

是 $G \times G$ 到 G 的连续映照. 在上述连续映照下, 紧集 $K \times K$ 的像 $K^{-1}K$ 也是紧集, 于是由 $V \subset KK^{-1}$ 即得所欲证.

系 3.1.14　设 G 是第二纲的拓扑群, 那么存在关于左平移 G 拟不变的非平凡的正则测度空间 $(G, \mathfrak{B}, \mu)$ 而且 μ 适合如下条件: 对 G 中每个紧集 $K, \mu(K) < \infty$ 的充分而且必要条件是 G 为局部紧的.

证　必要性由定理 3.1.13 立即知道. 反之, 若 G 是局部紧的, 令 $\mathfrak{B}$ 为 G 中紧集张成的 σ-环, 取 μ 为左不变 Haar 测度, 那么 $(G, \mathfrak{B}, \mu)$ 就是我们需要的测度空间. 证毕.

4° 具拟不变测度的拓扑群上的函数

在这一段中, 我们假设 $(G, \mathfrak{B}, \mu)$ 是关于 (可测, 连续) 变换群 $\mathfrak{G}$ 拟不变的正则非平凡的测度空间, 而且对 G 中的每个紧集 $K, \mu(K) < \infty$. 又设 $\mathfrak{G}$ 具有适宜的拓扑 (见定义 3.1.2), 使 $\mathfrak{G}$ 成为第二纲的拓扑群. 今后都不再一一交代.

设 $p(g)$ 是 G 上的、关于 $\mathfrak{B}$ 可测的函数, 当 $h \in \mathfrak{G}$ 时, 规定

$$p^*(h) = \underset{g \in G}{\text{本性下界}}(p(g) + p(h^{-1}g)). \tag{3.1.10}$$

这里所谓 "本性下界" 是指 G 中除去任意 μ-零集后在其上取下界, 然后再取这些下界的最大值.

引理 3.1.15　设 $p(x)$ 是 G 上的、关于 $\mathfrak{B}$ 可测的非负函数, 而且在某个 $A \in \mathfrak{B}, 0 < \mu(A)$ 上, $p(x)$ 是有限的, 则必有 $\mathfrak{G}$ 中单位元的环境 V 使得 $p^*(h)$ 在 V 上是有界的.

证　由于集 $\{x|p(x) < \infty\}$ 包含 A, 所以必有正数 a, 使 $\{x|p(x) \leqslant a, x \in A\}$ 具有正的 μ-测度, 因为 μ 是正则的, 必有 $\mathfrak{B}$ 中的紧集 $K \subset \{x|p(x) \leqslant a, x \in A\}$ 适合条件 $0 < \mu(K)$. 由系 3.1.12′, 必有 $\mathfrak{G}$ 中单位元的环境 V, 使得当 $h \in V$ 时

$\mu(K \bigcap hK) > 0$. 设 $g \in K \bigcap hK$, 则 $p(g) \leqslant a, p(h^{-1}g) \leqslant a$. 由于 $K \bigcap hK$ 是正测度集, 必有 $g \in K \bigcap hK$, 使

$$p^*(h) \leqslant p(g) + p(h^{-1}g),$$

因此在 V 上 $p^*(h) \leqslant 2a$. 证毕.

为了易于应用引理 3.1.15 起见, 我们引进拟凸函数组的概念.

定义 3.1.3 设 G 是群, $\mathfrak{G}$ 是 G 的子群, $(G, \mathfrak{B}, \mu)$ 是关于 $\mathfrak{G}$ 拟不变的测度空间. 若 $p(g)$ 是 G 上的关于 $\mathfrak{B}$ 可测的函数 (函数值为实数或无限大), $\tilde{p}(h)$ 是 $\mathfrak{G}$ 上的函数, 适合下面的条件:(i)$0 \leqslant p(g) \leqslant \infty$;(ii) 当 $h \in \mathfrak{G}$ 时, 对几乎所有的 $g \in G$, 成立着

$$\tilde{p}(h) \leqslant p(g) + p(h^{-1}g);$$

(iii) $\tilde{p}(h)$ 是 $\mathfrak{G}$ 上的凸函数 (见 §I.1), 那么称 $p, \tilde{p}$ 是 $(G, \mathfrak{B}, \mu)$ 上的 (关于 $\mathfrak{G}$ 的) 拟凸函数组.

特别, 当 p 是 G 上可测凸函数时, 可取 $\tilde{p}(h) = p(h)$.

系 3.1.16 设 $p, \tilde{p}$ 是 $(G, \mathfrak{B}, \mu)$ 上的、关于 $\mathfrak{G}$ 的拟凸函数组, 而且在某个集 $A \in \mathfrak{B}, \mu(A) > 0$ 上 $p(g)$ 是有限的, 则 $\tilde{p}(h)$ 在 $\mathfrak{G}$ 上是局部有界的 (即在每点的某个环境上是有界的).

证 由引理 3.1.15, 存在 $\mathfrak{G}$ 中单位元的环境 V, 使得当 $h \in V$ 时, $p^*(h) \leqslant 2a$, 因此 $\tilde{p}(h) \leqslant 2a$. 对任意 $h_0 \in \mathfrak{G}$, 有环境 h_0V^{-1}, 使得当 $h \in h_0V^{-1}$ 即 $h = h_0h_1^{-1}, h_1 \in V$ 时, 由 $\tilde{p}$ 的凸性有

$$\tilde{p}(h) \leqslant \tilde{p}(h_0) + \tilde{p}(h_1) \leqslant \tilde{p}(h_0) + 2a,$$

所以 p 在 h_0 的环境上是有界的. 证毕.

我们再把引理 3.1.15 加强如下:

定理 3.1.17 设 $\mathfrak{G}$ 又是满足第一可列公理的拓扑群. 又设 $A \in \mathfrak{B}$, 而且 $0 < \mu(A)$, 则必有 $\mathfrak{G}$ 中单位元的环境 V 和正数 c, 使得对 G 上的一切关于 $\mathfrak{B}$ 可测的非负函数 $p(g)$, 成立着

$$\sup_{h \in V} p^*(h) \leqslant c \int_A p(g)d\mu(g). \tag{3.1.11}$$

(这里, p^* 的意义见 (3.1.10).)

证 任取 G 上的一列关于 $\mathfrak{B}$ 可测的非负函数 $\{p_n\}$, 且设

$$0 < a_n = \int_A p_n(g)d\mu(g) < \infty. \tag{3.1.12}$$

令 $\mathscr{L}$ 是适合条件

$$\|\lambda\| = \sum_{n=1}^{\infty} |\lambda_n| a_n < \infty \tag{3.1.13}$$

的实数列 $\lambda = \{\lambda_1, \lambda_2, \cdots, \lambda_n, \cdots\}$ 全体, 按照通常的线性运算和 (3.1.13) 中规定的范数 $\|\lambda\|$, $\mathscr{L}$ 成为 Banach 空间. 对于 $\mathscr{L}$ 中的每个 λ, 作 G 上的函数

$$p(g; \lambda) = \sum_{n=1}^{\infty} |\lambda_n| p_n(g).$$

显然 $p(g; \lambda) \geqslant 0$ 而且是关于 $\mathfrak{B}$ 可测的函数. 作 $F(h, \lambda)$ 如下:

$$F(h; \lambda) = \sum_{n=1}^{\infty} |\lambda_n| p_n^*(h), \ h \in \mathfrak{G}.$$

显然, 当 $h \in \mathfrak{G}$ 时, $p^*(h; \lambda) \geqslant F(h; \lambda)$. 再根据 a_n 的定义 (3.1.12) 和 Levy 引理, 我们知道, 对 A 中几乎所有的 g, 成立着

$$p(g; \lambda) < \infty. \tag{3.1.14}$$

把 A 中适合 (3.1.14) 的 g 全体记做 A_λ, 那么 $\mu(A_\lambda) = \mu(A) > 0$. 由引理 3.1.15, $p^*(h; \lambda)$ 是在 $\mathfrak{G}$ 中单位元的某环境上, 因此 $F(h; \lambda)$ 在这个环境上是有界的. 记 $\{V_m\}, m = 1, 2, \cdots$ 是 $\mathfrak{G}$ 中单位元的环境基, 不妨设 $V_1 \supset V_2 \supset \cdots$. 因此对每个 λ, 有 m (可能依赖于 λ) 使得 $F(h; \lambda)$ 在 V_m 上有界. 我们注意, 当 h 固定时, $F(h; \lambda)$ 是 $\mathscr{L}$ 上一列连续凸泛函 $\sum_{n=1}^{k} p_n(g)|\lambda_n|, k = 1, 2, \cdots$ 的上界, 因而它是 $\mathscr{L}$ 上的下半连续的凸泛函, 所以

$$q_m(\lambda) = \sup_{h \in V_m} F(h; \lambda)$$

也是 $\mathscr{L}$ 上的下半连续的凸泛函, 而且对每个 λ, 有 m 使 $q_m(\lambda) < \infty$. 又由于 $V_1 \supset V_2 \supset \cdots$, 所以

$$q_1(\lambda) \geqslant q_2(\lambda) \geqslant \cdots \geqslant q_m(\lambda) \geqslant \cdots.$$

根据附录 I 定理 I.2.4, 必有自然数 m 和正数 a, 使得对 $\mathscr{L}$ 中一切 λ, 都成立着

$$q_m(\lambda) \leqslant a\|\lambda\|. \tag{3.1.15}$$

由是立即推出

$$\sup_{h \in V_m} p_n^*(h) \leqslant a \int_A p_n(g) d\mu(g), \ n = 1, 2, \cdots. \tag{3.1.16}$$

事实上, 只要在 (3.1.15) 中取 λ 是这样的数列, 除第 n 项外它的各项都等于零, 就得到 (3.1.16) 了.

假如定理不成立, 那么对每个自然数 n, 必有 G 上的凸函数 $p_n(g)$, 关于 $\mathfrak{B}$ 是可测的, 而且

$$0 < \int_A p_n(g)d\mu(g) < \infty$$

使

$$\sup_{h \in V_n} p_n(h) > n \int_A p_n(g)d\mu(g),$$

而这和 (3.1.16) 矛盾. 定理证毕.

系 3.1.18 设 $\mathfrak{G}$ 满足第一可列公理, 又设 A 是 $\mathfrak{B}$ 中任意正测度集, $\mu(A) > 0$, $h_0 \in \mathfrak{G}$ 适合 $\mu(A \bigcap h_0 A) > 0$. 则必有 $\mathfrak{G}$ 中 h_0 的环境 V 和正数 c, 使得对 $(G, \mathfrak{B}, \mu)$ 上的、关于 $\mathfrak{G}$ 的一切适合条件 $\int_A p(g)d\mu(g) > 0$ 的拟凸函数组 $p(g), \tilde{p}(h)$ 成立着

$$\sup_{h \in V} \tilde{p}(h) \leqslant c \int_A p(g)d\mu(g). \tag{3.1.17}$$

只要利用系 3.1.16, 在定理 3.1.17 的证明中作适当改变, 把 $F(h, \lambda)$ 换成 $\tilde{p}(h, \lambda) = \sum_{n=1}^{\infty} |\lambda_n| \tilde{p}_n(h)$, 就立即得到系 3.1.18.

在 §3.2 和 §4.2 等处将看到本段一些结果的应用.

5° 变换群上的 k-拟距离

这一段只研究有限测度空间.

定义 3.1.4 设 $\Omega = (G, \mathfrak{B}, \mu)$ 是有限测度空间, $\mathfrak{G}$ 是 Ω 上的可测变换群[1]. 利用 Kakutani 距离 (见 §1.4)d 作 $\mathfrak{G}$ 上的凸泛函

$$M_1(h) = d(\mu_h, \mu), \ h \in \mathfrak{G}, \tag{3.1.18}$$

这里 μ_h 的意义见 (3.1.1), 称 $M_1(h)$ 为由 Ω 导出的 $\mathfrak{G}$ 上的 k-拟范数, 又作 $\mathfrak{G}$ 上的左不变拟距离

$$d_1(h_1, h_2) = M_1(h_2^{-1} h_1), \ h_1, h_2 \in \mathfrak{G}, \tag{3.1.19}$$

称它为 $\mathfrak{G}$ 上的 k-拟距离. 用附录 I 的方法, 由 k-拟距离作出的拓扑称做 k-拓扑.

我们留意, 容易验证 (3.1.18) 中的泛函 M_1 是 $\mathfrak{G}$ 上的凸泛函, 例如, 通过映照 $g_1 = h^{-1}g$, 立即算出

$$M_1(h)^2 = \int_G \left(\sqrt{d\mu(h^{-1}g)} - \sqrt{d\mu(g)} \right)^2$$
$$= \int_G \left(\sqrt{d\mu(g_1)} - \sqrt{d\mu(hg_1)} \right)^2 = M_1(h^{-1})^2. \tag{3.1.20}$$

---

[1]这里限定 $\mathfrak{G}$ 中变换 h 都是定义域为 G, 值域为 G 的一一映照.

容易算出 (3.1.19) 中的 d_1 也可改用下式定义:

$$d_1(h_1, h_2) = d(\mu_{h_1}, \mu_{h_2}), \tag{3.1.21}$$

而 (3.1.20) 中的 d 仍是 Kakutani 距离.

引理 3.1.19　设 $\Omega = (G, \mathfrak{B}, \mu)$ 是有限测度空间, $\mathfrak{G}$ 是 Ω 上的可测变换群, 那么对每个 $E \in \mathfrak{B}$, $\mathfrak{G}$ 上的函数 $\mu(h^{-1}E), h \in \mathfrak{G}$ 按 k-拓扑是连续的.

证　对任何 $h_1, h_2 \in \mathfrak{G}$, 由 Schwarz 不等式得到

$$\int_E \sqrt{d\mu_{h_1}(g)} \sqrt{d\mu_{h_2}(g)} \leqslant \sqrt{\mu(h_1^{-1}E)\mu(h_2^{-1}E)},$$

因此由 (3.1.19), (3.1.21) 得到

$$\begin{aligned}
|\sqrt{\mu(h_1^{-1}E)} - \sqrt{\mu(h_2^{-1}E)}| &\leqslant \left(\int_E (\sqrt{d\mu_{h_1}(g)} - \sqrt{d\mu_{h_2}(g)})^2 \right)^{1/2} \\
&= d_1(h_1, h_2).
\end{aligned}$$

证毕.

引理 3.1.20　设 $\Omega = (G, \mathfrak{B}, \mu)$ 是有限正则测度空间, $\mathfrak{G}$ 是 Ω 上的 (可测, 连续) 变换群, 又 $\mathfrak{G}$ 具有适宜的拓扑 $\mathscr{T}$(见定义 3.1.2), 那么凸泛函 $M_1(h), h \in \mathfrak{G}$ 是 $(\mathfrak{G}, \mathscr{T})$ 上的下半连续函数.

证　根据引理 1.4.2, 若 $\mathscr{F}_0$ 是 $\mathfrak{B}$ 中紧集组成的一切可列剖分, 则

$$\rho(\mu_{h^{-1}}, \mu) = \inf_{(E_k) \subset \mathscr{F}_0} \sum_k \sqrt{\mu(h^{-1}E_k)\mu(E_k)}.$$

又由 (1.4.4) 和 (3.1.20) 得到

$$\begin{aligned}
M_1(h)^2 &= 2(\mu(G) - \rho(\mu_{h^{-1}}, \mu)) \\
&= 2(\mu(G) + \sup_{\{E_k\} \subset \mathscr{F}_0} \sum_k -\sqrt{\mu(hE_k)\mu(E_k)}). \tag{3.1.22}
\end{aligned}$$

但是根据引理 3.1.8, $\mu(hE_k)$ 是 $\mathfrak{G}$ 上的上半连续函数, 因此对每个 k, $-\sqrt{\mu(hE_k)\mu(E_k)}$ 是 $(\mathfrak{G}, \mathscr{T})$ 上的下半连续函数, 根据 (3.1.22) 可以看出 $M_1(h)^2$ 是下半连续的, 因此 $M_1(h)$ 也是下半连续的. 证毕.

系 3.1.21　设 G 是拓扑群, $\mathfrak{G}$ 是 G 的子群, $\mathscr{T}$ 是 G 在 $\mathfrak{G}$ 上导出的拓扑, 视 $\mathfrak{G}$ 为 G 上的左平移变换群, 那么凸泛函 $M_1(h), h \in \mathfrak{G}$, 是 $(\mathfrak{G}, \mathscr{T})$ 上的下半连续函数.

引理 3.1.22　设 G 是拓扑群, $(G, \mathfrak{B}, \mu)$ 是正则有限测度空间, $\mathfrak{G}$ 是 G 的子群, 而且当 $E \in \mathfrak{B}, h \in \mathfrak{G}$ 时, $hE \in \mathfrak{B}$, 则对 $h_0 \in \mathfrak{G}$, 必有 G 中的紧集 K 包含着 $\mathfrak{G}$ 中 h_0 的按 k-拓扑的环境.

证 由于 μ 是有限正则测度, 必有紧集 $E \in \mathfrak{B}$, 使

$$\mu(h_0^{-1}E) > \frac{2}{3}\mu(G).$$

由引理 3.1.19, 有 h_0 的按 k–拓扑的环境 V, 使得当 $h \in V$ 时,

$$|\mu(h^{-1}E) - \mu(h_0^{-1}E)| < \frac{1}{3}\mu(G).$$

由是当 $h \in V$ 时,

$$\mu(h^{-1}E) > \frac{1}{3}\mu(G).$$

因此 $\mu(h^{-1}E \bigcap h_0^{-1}E) > 0$, 即有 $g \in h^{-1}E \bigcap h_0^{-1}E$, 从而

$$h \in Eg^{-1} \subset EE^{-1}h_0.$$

记 $K = EE^{-1}$ 则

$$V \subset Kh_0.$$

然而 $(x, y) \to xy^{-1}$ 是 $G \times G$ 到 G 的连续映照, 因此 K 是紧集, 从而 Kh_0 也是 G 的紧集. 证毕.

系 3.1.23[①] 设 $(G, \mathfrak{B}, \mu)$ 是关于左平移 G 不变的非平凡的有限正则测度空间, 则 G 必是紧集.

证 由于 μ 是左平移不变的, 所以对任何 $h_1, h_2 \in \mathfrak{G}, d(h_1, h_2) = 0$, 因此, G 中按 k–拓扑只有一个非空开集, 就是 G 本身. 根据引理 3.1.22, G 含在 G 的紧集中, 故 G 为紧集. 证毕.

我们注意, 系 3.1.23 中 "不变测度" 的条件不能减弱到 "拟不变测度", 例如, 在实数全体按加法及欧几里得拓扑所成的拓扑群 G 上, 任何一个等价于 Lebesgue 测度的有限测度也是正则的、拟不变的, 然而这时 G 不是紧集.

定理 3.1.24 设 G 是拓扑群, $(G, \mathfrak{B}, \mu)$ 是非平凡的正则的有限测度空间. 又设当 $E \in \mathfrak{B}, g \in G$ 时, $gE \in \mathfrak{B}$. 如果把 G 看成左平移群, 那么 G 按 k–拟距离 $d_1(h_1, h_2)$ 为完备的.

证 设 $\{h_n\} \subset G$ 按拟距离 d 是基本的. 根据引理 3.1.22, 必有 G 中紧集 K 包含集 $\{h|M_1(h) < \varepsilon\}$, 这里 ε 为一正数. 由假设, 有 N 使得当 $n \geqslant N$ 时, $M_1(h_N^{-1}h_n) < \varepsilon$. 因此 $\{h_n\}, n = N, N+1, \cdots$ 包含在紧集 $h_N K$ 中, 从而存在点 $h_0 \in G$ 具有如下性质: h_0 的任何环境 V, 必含有 $\{h_n\}$ 的子列.

根据系 3.1.21, 对任何正数 δ 有 $h_m^{-1}h_0$ 的环境 V, 使得当 $g \in V$ 时,

$$M_1(h_m^{-1}h_0) < M_1(g) + \delta.$$

---

①这是个熟知的定理, 也可以直接证明.

取 $g = h_m^{-1}h$ 而 h 为 h_0 的环境 h_mV 所含的 $\{h_n\}$ 中子列时, 就得到

$$M_1(h_m^{-1}h_0) < \varlimsup_{n \to \infty} M_1(h_m^{-1}h_n) + \delta.$$

再由于 $\{h_n\}$ 按 d_1 的基本性, 有 N 使得当 $m > N$ 时,

$$\varlimsup_{n \to \infty} M_1(h_m^{-1}h_n) < \delta.$$

因此 $d_1(h_m, h_0) < 2\delta$, 即 $\{h_m\}$ 按拟距离 d_1 收敛于 h_0. 证毕.

设 $(G, \mathfrak{B}, \mu)$ 是非平凡的有限测度空间, $\mathfrak{G}$ 是 $(G, \mathfrak{B}, \mu)$ 上的一可测变换群, 在 $\mathfrak{G}$ 上作拟距离

$$d_0(h_1, h_2) = \frac{1}{2}(d_1(h_1, h_2) + d_1(h_1^{-1}, h_2^{-1})),$$

我们注意当 $\mathfrak{G}$ 是交换群时,

$$d_1(h_1, h_2) = M_1(h_2^{-1}h_1) = M_1(h_1h_2^{-1}) = d_1(h_1^{-1}, h_2^{-1}),$$

因此, 当 $\mathfrak{G}$ 是交换群时,

$$d_0(h_1, h_2) = d_1(h_1, h_2). \tag{3.1.23}$$

引理 3.1.25　设 $\Omega = (G, \mathfrak{B}, \mu)$ 是非平凡的有限测度空间, $\mathfrak{G}$ 是 $(G, \mathfrak{B}, \mu)$ 上的可测变换群, 令 T 为 $\mathfrak{G}$ 中使 Ω 拟不变的变换全体, 那么 T 是 $\mathfrak{G}$ 的按拟距离 d_0 的闭子群.

证　容易看出 T 是子群, 只要证明 T 是闭集就可以了. 设点列 $\{h_n\} \subset T, h_0 \subset \mathfrak{G}, d_0(h_n, h_0) \to 0$, 那么

$$d_1(h_n, h_0) \to 0, d_1(h_n^{-1}, h_0^{-1}) \to 0.$$

由引理 3.1.19 得知, 对一切 $E \in \mathfrak{B}$, 成立着

$$\lim_{n \to \infty} \mu(h_nE) = \mu(h_0E), \tag{3.1.24}$$

$$\lim_{n \to \infty} \mu(h_n^{-1}E) = \mu(h_0^{-1}E). \tag{3.1.25}$$

今证 Ω 关于 h_0 是拟不变的. 若 $\mu(E) = 0$, 由于 $h_n \in T, \mu(h_nE) = 0$, 再从 (3.1.24) 得到 $\mu(h_0E) = 0$. 反之, 若 $\mu(h_0E) = 0$, 则

$$\mu(h_n^{-1}(h_0E)) = 0.$$

在 (3.1.25) 中以 h_0E 易 E 就得到 $\mu(E) = 0$, 因此 Ω 关于 h_0 是拟不变的, 即 $h_0 \in T$. 证毕.

定理 3.1.26 设 G 是拓扑群, $(G, \mathfrak{B}, \mu)$ 是非平凡的正则的有限测度空间, 又设当 $E \in \mathfrak{B}, g \in G$ 时, $gE \in \mathfrak{B}$, 那么 $(G, \mathfrak{B}, \mu)$ 的最大左平移拟不变子群 T 按拟距离 d_0 为完备的.

证 根据定理 3.1.24, G 按拟距离 $d_1(h_1, h_2), h_1, h_2 \in G$ 是完备的. 完全类似地, G 按距离 $d_1(h_1^{-1}, h_2^{-1}), h_1, h_2 \in G$ 也是完备的. 因此 G 按 d_0 也是完备的. 再由引理 3.1.25, T 是完备空间的闭子集, 因而也是完备的. 证毕.

6° 变换群上的 μ–拓扑

在本段中始终假设 $\Omega = (G, \mathfrak{B}, \mu)$ 是关于变换群 $\mathfrak{G}$ 拟不变的非平凡的可局部化测度空间. 令 $\mathscr{L}^2(\Omega)$(有时也记为 $\mathscr{L}^2(\mu)$) 为 G 上关于 $\mathfrak{B}$ 可测而且关于 μ 平方可积函数全体. 按通常的线性运算和内积,

$$(\varphi, \psi) = \int_G \varphi(g)\overline{\psi(g)}d\mu, \varphi, \psi \in \mathscr{L}^2(\Omega),$$

$\mathscr{L}^2(\Omega)$ 成为 Hilbert 空间, 其中几乎处处相等的两函数视为同一向量. 对每个 $h \in \mathfrak{G}$, 作 $(G, \mathfrak{B})$ 上的测度 μ_h: 当 $E \in \mathfrak{B}$ 时,

$$\mu_h(E) = \mu(h^{-1}E).$$

由于 Ω 关于 $\mathfrak{G}$ 拟不变, μ_h 与 μ 等价, 根据系 2.4.18, 存在着 Radon–Nikodym 导数 $0 < \dfrac{d\mu_h}{d\mu} < \infty$. 作算子 $U(h)$: 当 $\varphi \in L^2(\Omega)$ 时,

$$(U(h)\varphi)(g) = \varphi(h^{-1}g)\sqrt{\frac{d\mu_h(g)}{d\mu(g)}}.$$

显然 $U(h)\varphi$ 是 Ω 上的可测函数, 而且

$$\int_G |U(h)\varphi|^2 d\mu(g) = \int_G |\varphi(h^{-1}g)|^2 d\mu_h(g) = \int_G |\varphi(g)|^2 d\mu(g),$$

因此 $U(h)$ 是 $L^2(\Omega)$ 到 $L^2(\Omega)$ 的等距的线性算子. 此外, 由系 2.4.12,

$$\frac{d\mu_{h_1 h_2}(g)}{d\mu(g)} = \frac{d\mu_{h_1 h_2}(g)}{d\mu_{h_2}(g)}\frac{d\mu_{h_2}(g)}{d\mu(g)} = \frac{d\mu_{h_1}(h_2 g)}{d\mu(h_2 g)}\frac{d\mu_{h_2}(g)}{d\mu(g)},$$

我们得到: 当 $h_1, h_2 \in \mathfrak{G}$ 时, $U(h_1 h_2) = U(h_1)U(h_2)$, 而且 $U(e) = I$. 由是 $U(h)^{-1} = U(h^{-1})$, 所以 $U(h)$ 是 $L^2(\Omega)$ 上的酉算子, 因此对应

$$h \to U(h), \ h \in \mathfrak{G} \tag{3.1.26}$$

是群 $\mathfrak{G}$ 在 $L^2(\Omega)$ 上的酉表示. 记 $\mathfrak{U} = \{U(h) | h \in \mathfrak{G}\}$, 它是酉算子群, 称它为 $L^2(\Omega)$ 中相应于 $\mathfrak{G}$ 的变换群. 这个群在拟不变测度的调和分析中起着重要作用, 我们用 $\mathfrak{A}(\Omega, g)$ 表示. $L^2(\Omega)$ 中包含 $\mathfrak{U}$ 的最小弱闭算子代数, 称做相应于 $\mathfrak{G}$ 的代数.

定义 3.1.5 设 $\Omega = (G, \mathfrak{B}, \mu)$ 是关于可测变换群 $\mathfrak{G}$ 拟不变的可局部化测度空间, 设 $\mathscr{T}$ 是 $\mathfrak{G}$ 上使酉表示 (3.1.26) 成为 $(\mathfrak{G}, \mathscr{T})$ 在 $L^2(\Omega)$ 上强连续表示的最弱拓扑, 那么 $\mathscr{T}$ 称做 $\mathfrak{G}$ 上的 μ-拓扑.

容易看出, $\mathfrak{G}$ 上的 μ-拓扑等价于 $\mathfrak{G}$ 上的凸函数族 $\{M_\varphi(h), \varphi \in L^2(\Omega)\}$ 所导出的拓扑, 这里

$$M_\varphi(h) = \|(U(h) - I)\varphi\|$$
$$= \left(\int |\varphi(hg)\sqrt{d\mu_{h^{-1}}(g)} - \varphi(g)\sqrt{d\mu(g)}|^2 \right)^{\frac{1}{2}}. \tag{3.1.27}$$

事实上, 若记拟范数族 $\{M_\varphi(h), \varphi \in L^2(\Omega)\}$ 导出的拓扑为 $\mathscr{T}_1$, 那么对每个 $\varphi \in L^2(\Omega), h_0 \in \mathfrak{G}$, 以及正数 ε, 有 h_0 按拓扑 $\mathscr{T}_1$ 的环境

$$\{h | M_\varphi(h^{-1}h_0) < \varepsilon\}, \tag{3.1.28}$$

使得当 h 在上述环境中时, $\|(U(h) - U(h_0))\varphi\| = M_\varphi(hh_0^{-1}) < \varepsilon$, 所以酉表示 U 在 $(\mathfrak{G}, \mathscr{T}_1)$ 上强连续. 反之, 若 $\mathscr{T}_1'$ 是 $\mathfrak{G}$ 上另一拓扑, 使 U 在 $(\mathfrak{G}, \mathscr{T}_1)$ 上强连续, 那么对每个 $\varphi \in L^2(\varphi), h_0 \in \mathfrak{G}, M_\varphi(hh_0^{-1}) = \|(U(h) - U(h_0))\varphi\|$ 是 $(\mathfrak{G}, \mathscr{T}_1)$ 上的连续函数, 因此 (3.1.28) 含在 $\mathscr{T}_1'$ 中, 即 $\mathscr{T}_1' \supset \mathscr{T}_1$. 这样, $\mathscr{T}_1$ 就是 μ-拓扑.

我们还在 $\mathfrak{G}$ 上引入另外一族凸函数. 设 $\mathscr{F}$ 是适合条件 $0 < \mu(A) < \infty$ 的 $A \in \mathfrak{B}$ 全体. 记

$$\mathscr{N}_A(h) = \left(\mu(A) + \mu(h^{-1}A) - 2 \int_{A \cap h^{-1}A} \sqrt{d\mu_h(g)d\mu(g)} \right)^{\frac{1}{2}}, \tag{3.1.29}$$

这样就得到 $\mathfrak{G}$ 上的凸函数族 $\{\mathscr{N}_A(h), A \in \mathscr{F}\}$, 若记集 A 的特征函数为 C_A, 那么当 $A \in \mathscr{F}$ 时, $C_A \in L^2(\Omega)$. 容易算出

$$\mathscr{N}_A(h) = M_{C_A}(h).$$

引理 3.1.27 设 $\Omega = (G, \mathfrak{B}, \mu)$ 是关于变换群 $\mathfrak{G}$ 拟不变的可局部化测度空间, 那么 $\mathfrak{G}$ 上的 μ-拓扑是由凸函数族 $\{\mathscr{N}_A(h), A \in \mathscr{F}\}$ 导出的.

证 记 $\{N_A, A \in \mathscr{F}\}$ 在 $\mathfrak{G}$ 上导出的拓扑为 $\mathscr{T}_1$, 由于 (3.1.29), $\{N_A; A \in \mathscr{F}\} \subset \{M_\varphi, \varphi \in L^2(\Omega)\}$, 所以 $\mathscr{T}_1$ 弱于 μ-拓扑. 另一方面, 对每个 $\varphi \in L^2(\Omega)$ 和正数 ε, 根据 Halmos [1], 有 $A_1, \cdots, A_n \in \mathscr{F}$, 使得

$$\left\| \varphi - \sum_{k=1}^{n} \lambda_k C_{A_k} \right\| < \frac{\varepsilon}{4}, \tag{3.1.30}$$

此地 $\lambda_1, \cdots, \lambda_n$ 是常数. 由 (3.1.20) 得知, 当 $h, h_0 \in \mathfrak{G}$ 时,

$$\|(U(h) - U(h_0))\varphi\| \leqslant \frac{\varepsilon}{2} + \sum_{k=1}^{n} |\lambda_k| \|(U(h^{-1}h_0) - I)C_{A_k}\|. \tag{3.1.31}$$

取 $\delta < \dfrac{\varepsilon}{2\sum\limits_{k=1}^{n}|\lambda_k|}$, 由 (3.1.27) 和 (3.1.31) 知道, 当 h 属于 h_0 的环境 (按拓扑 $\mathscr{T}_1$){$h|\mathscr{N}_{A_k}$

$(h^{-1}h_0) < \varepsilon, k = 1, 2, \cdots, n$} 时,

$$\|(U(h) - U(h_0))\varphi\| < \varepsilon.$$

因此, 酉表示对 $\mathscr{T}_1$ 是连续的, 因而 $\mathscr{T}_1$ 强于 μ-拓扑. 综合起来得知 μ-拓扑就是 $\mathscr{T}_1$.

引理 3.1.28 设 $\Omega_k = (G, \mathfrak{B}, \mu_k), k = 1, 2$, 是两个关于 $\mathfrak{G}$ 拟不变的可局部化测度空间, 而且 μ_1 关于 μ_2 是绝对连续的, 那么 $\mathfrak{G}$ 上的 μ_1-拓扑弱于 μ_2-拓扑.

证 由于 Ω_1 关于 Ω_2 是绝对连续的, 必有 Radon–Nikodym 导数 $\dfrac{d\mu_1(g)}{d\mu_2(g)}$, 而且根据系 2.4.19,

$$T: \varphi \to \varphi\sqrt{\frac{d\mu_1}{d\mu_2}}, \ \varphi \in L^2(\Omega_1),$$

是 $L^2(\Omega_1)$ 到 $L^2(\Omega_2)$ 中的等距算子. 设 $\mathfrak{G}$ 在 $L^2(\Omega_k)$ 中的酉表示是 $U_k: k \to U_k(h), k = 1, 2$, 容易证明, 当 $\varphi \in L^2(\Omega_1), h \in \mathfrak{G}$ 时,

$$U_2(h)T\varphi = TU_1(h)\varphi.$$

因此, 当 $\varphi \in L^2(\Omega_1), h, h_0 \in \mathfrak{G}$ 时, 若记 $\psi = T\varphi \in L^2(\Omega_2)$, 则

$$\|(U_1(h) - U(h_0))\varphi\| = \|(U_2(h) - U_2(h_0))\psi\|.$$

这说明了定义 μ_1-拓扑的凸函数族包含在定义 μ_2-拓扑的凸函数族中, 因此 μ_1-拓扑弱于 μ_2-拓扑.

特别, 若在引理 3.1.28 中 Ω_1 与 Ω_2 是等价的, 那么 μ_1-拓扑和 μ_2-拓扑一致.

引理 3.1.29 设 G 是交换局部紧的拓扑群, $\mathfrak{B}$ 是紧集张成的 σ-环, μ 是左不变 Haar 测度, 那么 G 上的 μ- 拓扑弱于 G 原有的拓扑.

证 我们注意, 由于 μ 是不变测度, $\mathscr{N}_A(h) = \sqrt{2}\mu(A \backslash hA), A \in \mathscr{F}$, 然而 Haar 测度是正则的 (见 Halmos [1]), 对每个 $A \in \mathscr{F}$, 必有紧集 $C \subset A$, 使 $\mu(A \backslash C)$ 小于预先给定的正数 $\varepsilon/2$. 又有开集 $O \supset A$, 使 $\mu(O \backslash A) < \varepsilon/2$. 根据引理 3.1.7, 有 G 中单位元的环境 V, 使得当 $h \in V$ 时, $hC \subset O$. 因此, 由 $A \backslash hA \subset O \backslash hC$ 得知, 当 $h \in V$ 时, $\mu(A \backslash hA) \leqslant \mu(O) - \mu(hC) = \mu(O) - \mu(C) < \varepsilon$, 这就说明了 $\mathscr{N}_A(h)$ 是 G 上的连续函数, 因此 μ-拓扑弱于 G 原有的拓扑. 证毕.

引理 3.1.30 设 G 是拓扑空间, $(G, \mathfrak{B}, \mu)$ 是正则的有限测度空间, $\mathfrak{G}$ 是 $(G, \mathfrak{B}, \mu)$ 上某些可测连续变换所成的拓扑群, 它的拓扑 $\mathscr{T}$ 是适宜的, 那么 $\mathscr{T}$ 强于 μ-拓扑的充要条件是

$$M_1(h) = \left(\int(\sqrt{d\mu_h(g)} - \sqrt{d\mu(g)})^2\right)^{\frac{1}{2}} \qquad (3.1.32)$$

按 $\mathscr{T}$ 连续.

证　任取 $A \in \mathfrak{B}$, 那么由 Cauchy 不等式,

$$\mathscr{N}_A(h) \leqslant \left(\int C_A(hg)(\sqrt{d\mu_{h^{-1}}(g)} - \sqrt{d\mu(g)})^2 \right)^{\frac{1}{2}}$$
$$+ \left(\int (C_A(hg) - C_A(g))^2 d\mu(g) \right)^{\frac{1}{2}}$$
$$\leqslant M_1(h) + (\mu(h^{-1}A) + \mu(A) - 2\mu(A \bigcap h^{-1}A))^{\frac{1}{2}}. \tag{3.1.33}$$

设 $M_1(h)$ 是连续的 (对于拓扑 $\mathscr{T}$), 那么对任何正数 ε, 有 $\mathfrak{G}$ 中单位元的环境 $V(V = V^{-1}) \in \mathscr{T}$, 使得当 $h \in V$ 时,

$$M_1(h) < \varepsilon. \tag{3.1.34}$$

根据不等式 (3.1.34) 和引理 3.1.19 证明中最后一不等式得知, 对任何 $B \in \mathfrak{B}, h \in V$,

$$|\sqrt{\mu(h^{-1}B)} - \sqrt{\mu(B)}| \leqslant \sqrt{\varepsilon}.$$

把上式两边乘以 $\sqrt{\mu(h^{-1}B)} + \sqrt{\mu(B)}$, 我们得到

$$|\mu(h^{-1}B) - \mu(B)| < 2\sqrt{\varepsilon\mu(G)}. \tag{3.1.35}$$

由测度 μ 的正则性, 存在开集 $O \in \mathfrak{B}$ 及紧集 $K \in \mathfrak{B}$, 使 $O \supset A \supset K$, 而且

$$\mu(O \setminus K) < \varepsilon. \tag{3.1.36}$$

由于 $\mathfrak{G}$ 的拓扑是适宜的, 不妨设 V 充分小, 使得当 $h \in V$ 时, $h^{-1}K \subset O$. 根据 (3.1.35) 和 (3.1.36) 知道, 当 $h \in V$ 时,

$$\mu(h^{-1}(A \setminus K)) + \mu(A \setminus K) < 2\varepsilon + 2\sqrt{\varepsilon\mu(G)}. \tag{3.1.37}$$

又因为当 $h \in V$ 时

$$h^{-1}K \setminus (A \bigcap h^{-1}A) \subset h^{-1}K \setminus (K \bigcap h^{-1}K) \subset O \setminus K,$$

所以

$$\mu(h^{-1}K) - \mu(A \bigcap h^{-1}A) < \varepsilon. \tag{3.1.38}$$

类似地, 当 $h \in V$ 时, 由 (3.1.35) 和 (3.1.38) 得到

$$\mu(K) - \mu(A \bigcap h^{-1}A)$$
$$= \mu(K) - \mu(h^{-1}K) + \mu(h^{-1}K) - \mu(A \bigcap h^{-1}A)$$
$$< \varepsilon + 2\sqrt{\mu(G)\varepsilon}. \tag{3.1.39}$$

综合 (3.1.33),(3.1.34),(3.1.37),(3.1.38),(3.1.39), 知道当 $h \in V$ 时

$$\mathcal{N}_A(h) < \varepsilon + 2\sqrt{\varepsilon + \sqrt{\mu(G)\varepsilon}}.$$

这证明了, 当 $M_1(h)$ 是按 $\mathcal{T}$ 连续时, k-拓扑弱于 $\mathcal{T}$. 反之, 若 k-拓扑弱于 $\mathcal{T}$, 那么 $M_1(h) = \mathcal{N}_G(h)$ 显然是连续的. 引理证毕.

7° 遍历测度

我们引进拟不变集和遍历的概念.

定义 3.1.6 设 $(G, \mathfrak{B}, \mu)$ 是关于变换群 $\mathfrak{G}$ 拟不变的测度空间, 若 $B \in \mathfrak{B}$, 而且对于一切 $h \in \mathfrak{G}, B \backslash hB$ 是 μ-零集, 那么称 B 是 (关于 $\mathfrak{G}$) 拟不变集.

我们注意, 拟不变集全体组成 $\mathfrak{B}$ 中的一个子 σ-环 $\mathfrak{B}_1$, 当 $\mathfrak{B}$ 是代数时, $\mathfrak{B}_1$ 也是代数, 与拟不变集相差一 μ-零集的集也是拟不变集, 对拟不变测度空间至少存在一类拟不变集, 即 μ-零集, 当 $\mathfrak{B}$ 是代数时, 还有另一类拟不变集, 即比 G 差一 μ-零集的集. 这两类拟不变集都称做平凡的拟不变集.

定义 3.1.7 设 $(G, \mathfrak{B}, \mu)$ 是关于变换群 $\mathfrak{G}$ 拟不变的测度空间. 如果不存在两个不相交的正测度的拟不变集, 那么称 $(G, \mathfrak{B}, \mu)$ 是关于 $\mathfrak{G}$ 的遍历测度空间.

显然, 当两测度空间等价时, 它们具有共同的拟不变集, 因此关于同一变换群, 或同是遍历的, 或同时不是遍历的.

例 3.1.1 设 $(G, \mathfrak{B}, \mu_k), k = 1, 2$, 是关于变换群 $\mathfrak{G}$ 拟不变的两个相互奇异的测度空间. 必有 $B_k \in \mathfrak{B}, k = 1, 2$, 使 μ_k 在 B_k 上具有全测度而当 $k \neq l$ 时 $\mu_k(B_l) = 0$, 这时 B_k 都是测度 μ_l 的拟不变集. 令 $\mu = (\mu_k + \mu_l)/2$. 显然 $(G, \mathfrak{B}, \mu)$ 也是关于变换群 $\mathfrak{G}$ 拟不变的测度空间, 而且 $B_k, k = 1, 2$ 是测度 μ 的拟不变集, 当 $\mu_k \neq 0, k = 1, 2$ 时, 容易看出 B_k 是 $(G, \mathfrak{B}, \mu)$ 的 (关于 $\mathfrak{G}$ 的) 非平凡拟不变集, 因此 $(G, \mathfrak{B}, \mu)$ 不是遍历的.

引理 3.1.31 设 G 是局部紧的拓扑群, $(G, \mathfrak{B}, \mu)$ 是左不变的 Haar 测度空间, 则 $(G, \mathfrak{B}, \mu)$ 关于左平移群 G 是遍历的.

证 如果 μ 不是遍历的, 那么必然有 $E_1, E_2 \in \mathfrak{B}, \mu(E_1) > 0, \mu(E_2) > 0$, 而且 E_1 与 E_2 不相交, 它们关于左平移群 $\mathfrak{G}$ 都是拟不变的. 任取正有限测度集 $E, F \in \mathfrak{B}$, 使 $E \subset E_1, F \subset E_2$, 那么对一切 $h \in \mathfrak{G}$, 由于 $hE \backslash E_1$ 为零集, 得到

$$\mu(hE \bigcap F) = 0. \tag{3.1.40}$$

令 ν 是右平移不变 Haar 测度, 根据 Halmos [1] 或本节第 2 段, ν 与 μ 是等价的, 因此不妨取 E 充分小, 使 $0 < \nu(E) < \infty$. 再作 $(G, \mathfrak{B})$ 上的测度 μ_1 如下:

当 $A \in \mathfrak{B}$ 时, $\mu_1(A) = \nu(A^{-1})$.

记集 $\mathfrak{D}$ 的特征函数为 $C_{\mathfrak{D}}$,那么容易算出

$$\int_G C_E(h^{-1}g)d\mu_1(h) = \int_G C_E(h_1 g)d\nu(h_1) = \int_G C_E(h_1)d\nu(h_1) = \nu(E)$$

是正有限数. 由 Fubini 定理得到

$$
\begin{aligned}
\nu(E)\mu(F) &= \int_G \left(\int_G C_E(h^{-1}g)d\mu_1(h) \right) C_F(g)d\mu(g) \\
&= \int_G \left(\int_G C_E(h^{-1}g)C_F(g)d\mu(g) \right) d\mu_1(h) \\
&= \int_G \mu(hE \bigcap F)d\mu_1(g). \tag{3.1.41}
\end{aligned}
$$

然而从 (3.1.40) 知道 (3.1.41) 的右边为零, 这和 (3.1.41) 的左边不为零矛盾, 因此 μ 是遍历的. 证毕.

我们再介绍后面要用到的一种情况.

定理 3.1.32　设 $\{G_\alpha, \alpha \in \mathfrak{A}\}$ 是一族局部紧的拓扑群, $\mathfrak{B}_\alpha$ 是 G_α 中紧集张成的 σ-代数, $\Omega_\alpha = (G_\alpha, \mathfrak{B}_\alpha, \mu_\alpha)$ 是关于左平移 G_α 拟不变的概率测度空间. 令 $G = \underset{\alpha \in \mathfrak{A}}{\times} G_\alpha$, 其中元素间规定乘法

$$\{g_\alpha, \alpha \in \mathfrak{A}\}\{h_\alpha, \alpha \in \mathfrak{A}\} = \{g_\alpha h_\alpha, \alpha \in \mathfrak{A}\},$$

这样, G 成为一群. 设 $g = \{g_\alpha, \alpha \in \mathfrak{A}\}$ 是这样的元素, 它的坐标 $g_\alpha \neq$ 单位元的 α 只有有限个, 这种 g 的全体组成 G 的子群 $\mathfrak{G}$, 令 $\mathfrak{B} = \underset{\alpha \in \mathfrak{A}}{\times}\mathfrak{B}_\alpha, \mu = \underset{\alpha \in \mathfrak{A}}{\times}\mu_\alpha$, 那么 $\Omega = (G, \mathfrak{B}, \mu)$ 是关于左平移 $\mathfrak{G}$ 遍历的测度空间.

证　设 $\lambda = \{\alpha_1, \cdots, \alpha_n\}$ 是 $\mathfrak{A}$ 的有限子集. 作

$$G_\lambda = G_{\alpha_1} \times G_{\alpha_2} \times \cdots \times G_{\alpha_n},$$

在其中规定元素间的乘法如下:

$$\{g_{\alpha_1}, \cdots, g_{\alpha_n}\}\{h_{\alpha_1}, \cdots, h_{\alpha_n}\} = \{g_{\alpha_1}h_{\alpha_1}, \cdots, g_{\alpha_n}h_{\alpha_n}\}.$$

又在 G_α 上取乘积拓扑, 那么容易证明 G_λ 仍是局部紧的拓扑群. 又令 $\mathfrak{B}_\lambda = \mathfrak{B}_{\alpha_1} \times \mathfrak{B}_{\alpha_2} \times \cdots \times \mathfrak{B}_{\alpha_n}, \mu_\lambda = \mu_{\alpha_1} \times \cdots \times \mu_{\alpha_n}$, 利用 Fubini 定理容易证明 $\Omega_\lambda = (G_\lambda, \mathfrak{B}_\lambda, \mu_\lambda)$ 是关于左平移 G_λ 拟不变的概率测度空间, 根据系 3.1.6, μ_λ 与 G_λ 上的 Haar 测度等价, 再由于 G_λ 上 Haar 测度是遍历的 (引理 3.1.31), 因此 μ_λ 也是关于左平移 G_λ 遍历的测度空间, 当 $\mathfrak{A}$ 是有限集时, $G_{\mathfrak{A}} = \mathfrak{G}$, 因此下面只讨论 $\mathfrak{A}$ 是无限集的情况.

任取 $\mathfrak{B}$ 中关于 $\mathfrak{G}$ 拟不变的集 E, 那么必有一列 $\{\alpha_n\} \subset \mathfrak{A}$, 使得 E 是 $\overset{\infty}{\underset{n=1}{\times}}\mathfrak{B}_{\alpha_n}$ 中集与 $\underset{\alpha \in \{\alpha_n\}}{\times} G_\alpha$ 的乘积. 因此下面不妨设 $\mathfrak{A}$ 是可列集. 譬如说, $\mathfrak{A} = \{1, 2, \cdots, n, \cdots\}$. 令 $\lambda_n = \{1, 2, \cdots, n\}$. 当

$$f(g_{\lambda_n}) \in \mathscr{L}^2(\Omega_{\lambda_n})$$

时, 把 $f(\cdot)$ 看成 $L^2(\Omega)$ 中的函数 $g \to f(g_{\lambda_n}), g \in G, \{g_{\lambda_n} = (g_1, g_2, \cdots, g_n)\}$. 这样, $L^2(\Omega_{\lambda_n})$ 看成 $L^2(\Omega)$ 的闭子空间, 把 $L^2(\Omega)$ 到 $L^2(\Omega_{\lambda_n})$ 的投影算子记为 $P^{(n)}$, 那么由于 $P^{(n)}$ 是自共轭算子, 当 $S \in L^2(\Omega), X \in L^2(\Omega_{\lambda_n})$ 时,

$$\int_{G_\lambda} P^{(n)} S(g_{\lambda_n}) \overline{X(g_{\lambda_n})} d\mu_{\lambda_n}(g_{\lambda_n}) = \int P^{(n)} S(g_{\lambda_n}) \overline{X(g_{\lambda_n})} d\mu(g)$$

$$= \int_G S(g) \overline{P^{(n)} X(g_{\lambda_n})} d\mu(g)$$

$$= \int_G S(g) \overline{X(g_{\lambda_n})} d\mu(g). \tag{3.1.42}$$

特别, 取 S 是非负可测函数, 那么只要 X 是 Ω_{λ_n} 上的非负可测函数而且 $(P^{(n)}S)X \in L^2(\Omega_{\lambda_n})$, (3.1.42) 仍然成立. 事实上, 对这种 X, 函数 $X_n = \min(X, n) \in L^2(\Omega_{\lambda_n})$, 在 (3.1.42) 中先取 X 为 X_n, 然后令 $n \to \infty$, 就知道对于我们所考察的 X,(3.1.42) 仍成立.

令 S 是集 E 的特征函数, 那么 $S \in L^2(\Omega)$, 记 $S^{(n)} = P^{(n)}(S)$. 任取 $h = \{h_{\alpha_1}, \cdots, h_{\alpha_n}\} \in G_{\lambda_n}, Y$ 是 Ω_{λ_n} 上的非负可测函数而且 $S^{(n)}(hg_{\lambda_n})Y(g_{\lambda_n}) \in L^2(\Omega_{\lambda_n})$. 由于

$$\int_{G_{\lambda_n}} S^{(n)}(hg_{\lambda_n})Y(g_{\lambda_n}) d\mu_{\lambda_n}(g_{\lambda_n})$$

$$= \int S^{(n)}(g_{\lambda_n}) Y(h^{-1}g_{\lambda_n}) \frac{d\mu_{\lambda_n h}(g_{\lambda_n})}{d\mu_{\lambda_n}(g_{\lambda_n})} d\mu_{\lambda_n}(g_{\lambda_n}). \tag{3.1.43}$$

令 $X(g_{\lambda_n}) = Y(h^{-1}g_{\lambda_n}) \dfrac{d\mu_{\lambda_n h}(g_{\lambda_n})}{d\mu_{\lambda_n}(g_{\lambda_n})}$, 则 $S^{(n)}X \in L^1(\Omega_{\lambda_n})$, 因此由 (3.1.42) 和 (3.1.43) 得到

$$\int_{G_{\lambda_n}} S^{(n)}(hg_{\lambda_n})Y(g_{\lambda_n}) d\mu_{\lambda_n}(g_{\lambda_n})$$

$$= \int_G S(g) Y(h^{-1}g_{\lambda_n}) \frac{d\mu_{\lambda_n h}(g_{\lambda_n})}{d\mu_{\lambda_n}(g_{\lambda_n})} d\mu(g).$$

记 $\tilde{h} = \{\tilde{h}_\alpha, \alpha \in \mathfrak{A}\}$ 是 $\mathfrak{G}$ 中这样的元素, 当 $\alpha = \alpha_\nu$ 时 $\tilde{h}_{\alpha_\nu} = h_{\alpha_\nu}$, 而当 $\alpha \neq \alpha_1, \cdots, \alpha_n$ 时 $\tilde{h}_\alpha = e_\alpha$ (G_α 中单位元), 那么由 (1.1.13), 上式可以化成

$$\int_{G_{\lambda_n}} S^{(n)}(hg_{\lambda_n})Y(g_{\lambda_n}) d\mu_{\lambda_n}(g_{\lambda_n})$$

$$= \int_G S(g) Y(h^{-1}g_{\lambda_n}) \frac{d\mu_{\tilde{h}}(g)}{d\mu(g)} d\mu(g). \tag{3.1.44}$$

因为 E 是拟不变集 $S(g)$ 与 $S(\tilde{h}g)$ 几乎处处相等, 因此 (3.1.44) 经变数变换 $g \to \tilde{h}g$

后就得到

$$\int_{G_{\lambda_n}} S^{(n)}(hg_{\lambda_n})Y(g_{\lambda_n})d\mu_{\lambda_n}(g_{\lambda_n}) = \int_G S(g)Y(g_{\lambda_n})d\mu(g)$$

$$= \int_{G_{\lambda_n}} S^{(n)}(g_{\lambda_n})Y(g_{\lambda_n})d\mu_{\lambda_n}(g_{\lambda_n}).$$

由是易知 $S^{(n)}(hg_{\lambda_n})$ 与 $S^{(n)}(g_{\lambda_n})$ 几乎处处相等, 然而 Ω_{λ_n} 关于左平移 G_{λ_n} 是遍历的. $S^{(n)}(g_{\lambda_n})$ 几乎处处地等于常数 M_n, 再根据引理 1.1.7, $\{P^{(n)}\}$ 强收敛于 I, 因此

$$S = \lim_{n\to\infty} P^{(n)}S = \lim_{n\to\infty} M_n$$

也是常数, 即 C_E 或是几乎处处等于零, 或是几乎处处等于 1. 即 $\mu(E) = 0$, 或 $\mu(G\backslash E) = 0$, 所以 μ 关于左平移 $\mathfrak{G}$ 是遍历的. 证毕.

§3.2　特征标及拟特征标

1° 特征标的定义

特征标是群上一类基本的函数.

定义 3.2.1　设 G 是一群, $\alpha(g)$ 是 G 上的函数, 适合条件:(i) 对一切 $g \in G, |\alpha(g)| = 1$; (ii) 当 $g, h \in G$ 时, $\alpha(gh) = \alpha(g)\alpha(h)$, 那么称 α 是 G 上的一个特征标.

记 G 中的单位元为 e, 特征标又适合条件 (iii) $\alpha(e) = 1$. 事实上, 由 (ii), $\alpha(e)^2 = \alpha(e^2) = \alpha(e)$, 又由 (i), $\alpha(e) \neq 0$, 所以 $\alpha(e) = 1$. 在本节中我们用 C 表示模为 1 的复数全体按照乘法所成的群, 那么所谓特征标 α 就是群 G 到群 C 的同态, $\alpha : g \to \alpha(g)$.

设 α, β 是群 G 上的两个特征标, 像通常的函数乘法一样, 规定 α 和 β 的乘积 $\alpha\beta$ 为函数

$$\alpha\beta(g) = \alpha(g)\beta(g), g \in G.$$

显然, $\alpha\beta$ 也是 G 上的特征标. 群 G 上的特征标全体按乘法成为交换群, 称为 G 上的特征标群 (或称为 G 的代数对偶群), 记做 G'. 函数 1 是 G' 中的单位元.

例 3.2.1　设 I 是整数全体按照加法所成的群. 对于 C 中的 c, 作 I 上的特征标 β_0:

$$\beta_0(n) = c^n, n \in I,$$

这样建立了由 C 到 I' 的映照, $c \to \beta_0$. 这显然是同态, 而且是单调的. 又对于每个 $\alpha \in I'$, 取 $c = \alpha(1)$, 则 $\alpha = \beta_0$. 因此 $c \to \beta_0$ 成为由 C 到 I' 的同构映照. 我们也可以把 C 和 I' 一致化:$I' = C$.

定理 3.2.1 (特征标延拓定理) 设 G 是交换群, G_1 是 G 的子群, α_1 是 G_1 上的特征标, 那么必有 G 上的特征标 α, 使得对一切 $g \in G_1$ 有 $\alpha(g) = \alpha_1(g)$.

证 若 $G \neq G_1$, 任取 $g_1 \in G - G_1$, 令 G_2 是包含 g_1 和 G_1 的最小子群. 下面分两种情况讨论.(i) 对任何自然数 n, $g_1^n \in G_1$, 这时 G_2 中的元素可以唯一地表示成

$$gg_1^n, \ g \in G_1, \ n = 0, \pm 1, \pm 2, \cdots.$$

我们任取 $c_1 \in C$, 而作 G_2 上的特征标 α_2 如下:

$$\alpha_2(gg_1^n) = \alpha_1(g)c_1^n. \tag{3.2.1}$$

容易看出 α_2 是 α_1 的延拓.(ii) 若有自然数 n 使 $g_1^n \in G_1$, 令 n_1 是这种自然数中最小的一个. 这时 G_2 中的元素可以唯一地表示成

$$gg_1^n, \ g \in G_1, \ n = 0, 1, 2, \cdots, n_1 - 1,$$

我们取 c_1 使 $c_1^{n_1} = \alpha_1(g_1^{n_1})$, 而作 G_2 上的特征标 α_2 如 (3.2.1), 这时 α_2 仍为 α_1 的延拓. 这样已把 α_1 延拓到 G_2 上. 利用 Zorn 引理不难把 α_1 延拓成 G 上的特征标 α. 证毕.

例 3.2.2 设 $\mathscr{R}$ 是有理数全体依加法所成的群, 任取实数 t, 作 $\mathscr{R}$ 上的特征标

$$\alpha_t(g) = e^{itg}, g \in \mathscr{R}.$$

这种形式的特征标全体和实数全体依加法所成的群 R 是同构的. 但这并不是 $\mathscr{R}'$ 的全部.

事实上, 任取一列自然数 $\{q_n\}$, q_n 整除 q_{n+1}, $6q_n < q_{n+1}$ 且使每个自然数必整除某个 q_n. 这样的自然数列 $\{q_n\}$ 是存在的. 由递推式

$$p_0 = 0; p_n = p_{n-1} + 2q_{n-1}, \ n = 1, 2, \cdots$$

定义出一列自然数 $\{p_n\}$, 易知 $p_n \to \infty$. 作 $\mathscr{R}$ 上的函数 α 如下: 对每个整数 k, 定义

$$\alpha\left(\frac{k}{q_n}\right) = e^{i\frac{p_n k}{q_n}2\pi}.$$

先证明 α 具有确定的意义. 若 $k/q_n = k'/q_{n'}$, 不妨设 $n < n'$, 因此 $q_{n'}/q_n$ 为整数. 但这时 $p_{n'} - p_n$ 为 q_n 的整数倍, 从而

$$\frac{p_{n'}}{q_{n'}}k' = \frac{p_{n'}}{q_{n'}}k = \frac{p_n}{q_n}k + 整数,$$

所以 α 有确定意义. 由此容易证明 α 为特征标.

今证这个 α 必不是任何 α_t. 事实上, 若 $\alpha = \alpha_t(g)$, 则由 $\alpha\left(\dfrac{1}{q_n}\right) = \alpha_t\left(\dfrac{1}{q_n}\right)$ 知道

$$\frac{p_n - \dfrac{t}{2\pi}}{q_n}$$

为整数. 但 n 充分大后 $\left|\dfrac{t}{2\pi}\right| < \dfrac{1}{2}q_n$, 因此 n 充分大后 $\left|p_n - \dfrac{t}{2\pi}\right| \Big/ q_n < 1$, 从而 $p_n - \dfrac{t}{2\pi} = 0$. 但这不可能对两个 n 成立. 因而 $\alpha \neq \alpha_t$, 即 $\mathscr{R}' \neq R$.

例 3.2.3　设 R 为实数全体按加法所成的群. 任取实数 t 作特征标 $\alpha_t(x) = e^{itx}, x \in R$. 这种特征标全体记为 $R^*, R^* \neq R'$. 事实上, 从例 3.2.2 我们作出了 R 的子群 $\mathscr{R}$ 上的特征标 α, 其形式与任一 α_t 都不一样, 利用延拓定理把 $\mathscr{R}$ 上的这个特征标延拓到 R 上自然也不是任何一个 α_t. 也可以把 $\mathscr{R}$ 上的形如 α_t 的特征标延拓成不是 α_t 的特征标. 例如, 任取无理数 x_0, 令 G_1 是形如

$$mx_0 + x, m\text{整数}, x \in \mathscr{R}$$

的数全体所成的 R 的子群, 作 G_1 上的特征标

$$\beta(mx_0 + x) = (-1)^m,$$

再把 β 延拓到 R 上, 所得到的特征标 α 就不会等于任何 α_t.

类似地可以说明 $C' \neq I$, 即 C 上的特征标除去

$$\alpha_n(a) = a^n, n\text{是整数}$$

外还有别的特征标.

当 G 是拓扑群, 我们最感兴趣的是连续的特征标 α, 即特征标 α 又是 G 上的连续函数者. 记 G 上连续特征标全体为 G^*, 称做 G 的对偶群, 它是 G' 的子群. 对于离散的拓扑群, 其上的每个特征标都是连续的, 因此 $G^* = G'$. 如例 3.2.1 的群 I, 使 I 成为拓扑群的只有离散的拓扑, 所以 $I' = I^*$. 但对一般的拓扑群, G^* 与 G' 往往不一致.

引理 3.2.2　设 β 是拓扑群 G 上的特征标, 若 β 在单位元处连续, 则 $\beta \in G^*$.

事实上, 任取 $h_0 \in G$ 及正数 ε, 由假设, 有单位元的环境 V, 使得当 $g \in V$ 时 $|\beta(g) - \beta(e)| < \varepsilon$. 因此当 h 属于 h_0 的环境 Vh_0 时, $|\beta(h) - \beta(h_0)| = |\beta(hh_0^{-1}) - \beta(e)| < \varepsilon$. 所以 h_0 也是 β 的连续点.

设 $\mathscr{B}$ 是 G 的某些子集所成的 σ-代数. G 上的、关于 $\mathscr{B}$ 可测的特征标全体记为 $G^{\mathscr{B}}$. $G^{\mathscr{B}}$ 也是 G' 的子群. 若 $\mathscr{B}$ 含有 G 的一切子集, 则 $G^{\mathscr{B}} = G'$. 若 $\mathscr{B}$ 只包含空集和 G, 则 $G^{\mathscr{B}}$ 只有一个元素 1. 当 G 是拓扑群, 而 $\mathscr{B}$ 包含 G 的一切闭子集时, G 上

每个连续特征标关于 $\mathfrak{B}$ 是可测的, 因此 $G^* \subset G^{\mathfrak{B}}$. 下面我们将给出 $G^* = G^{\mathfrak{B}}$ 的条件.

例 3.2.4 设 R 是实数全体依加法及欧几里得拓扑所成的拓扑群. 这时 R 上的每个连续特征标形如 $\alpha_t(x) = e^{itx}, x \in R$. 又令 $\mathfrak{B}$ 是由 R 中一切闭集所张成的 σ–代数, 那么 $R^{\mathfrak{B}} = R^*$.

事实上, 设 $\alpha \in R^{\mathfrak{B}}$. 作 Lebesgue 积分 $\lambda = \int_0^\infty \alpha(x)e^{-x}dx$. 由于

$$\alpha(h)\lambda = \int_0^\infty \alpha(h+x)e^{-x}dx = e^h \int_h^\infty \alpha(x)e^{-x}dx, \tag{3.2.2}$$

我们得知 $\alpha(h)$ 是连续的, 因此 $R^{\mathfrak{B}} = R^*$. 又由 (3.2.2) 得到

$$\frac{e^h - \alpha(h)}{h}\lambda = e^h \frac{1}{h} \int_0^h \alpha(x)e^{-x}dx \to 1, h \to 0,$$

因此当 $h \to 0$ 时 $\dfrac{\alpha(h) - 1}{h} \to 1 - \dfrac{1}{\lambda}$, 所以 $\alpha'(0)$ 存在, 再由

$$\frac{\alpha(g+h) - \alpha(g)}{h} = \alpha(g)\frac{\alpha(h) - 1}{h}$$

知道 $\alpha'(g)$ 存在而且 $\alpha'(g) = \alpha(g)\alpha(0)$, 所以 $\alpha(g) = e^{\alpha'(0)g}$. 再由 $|\alpha(g)| = 1$ 知道 $\alpha'(0)$ 为纯虚数, 记为 $it, t \in R$, 所以每个可测特征标必形如 α_t, 这个例也是引理 II.3.2 的特殊情况.

2° 拟特征标

我们以后需要比可测特征标更为广泛的函数 —— 拟特征标. 我们不在最一般的情况下描述这种函数而只局限在群上.

定义 3.2.2 设 $(G, \mathfrak{B}, \mu)$ 是关于可测变换群 $\mathfrak{G}$ 拟不变的非平凡的测度空间. 设 α 是 $(G, \mathfrak{B})$ 上的可测函数, 适合条件:(i) 当 $g \in G$ 时, $|\alpha(g)| = 1$;(ii) 对每个 $h \in \mathfrak{G}$, 函数

$$\alpha(hg)/\alpha(g), g \in G$$

关于测度 μ 几乎处处等于常数, 这个常数仅与 h 有关, 记为 $\tilde{\alpha}(g)$. 这种函数 α 称为 $(G, \mathfrak{B}, \mu)$ 上的、关于 $\mathfrak{G}$ 的拟特征标[①].

[①]拟特征标是某种算子的特征函数. 考察 $(G, \mathfrak{B}, \mu)$ 上适合条件 $|\alpha(g)| = 1$ 的可测函数全体 $U(G)$, 在其中把几乎处处相等的函数看成同一函数. 对于 $\mathfrak{G}$ 中每个元素 h, 作 $U(G)$ 中算子 T_h 如下:

$$T_h\alpha(g) = \alpha(h^{-1}g), \alpha \in U(G), h \in \mathfrak{G},$$

映照 $h \to T_h$ 是群 $\mathfrak{G}$ 在 $U(\Omega)$ 中的一个表示 (即群 $\mathfrak{G}$ 到算子群的同态). 拟特征标 α 即是一切算子 $T_h, h \in \mathfrak{G}$ 的公共特征函数, 而 $\tilde{\alpha}(g)$ 就是 (相应于拟特征标 α 的) 算子 $T_{g^{-1}}$ 的特征值.

我们首先注意, 这时 $\tilde{\alpha}(h), h \in \mathfrak{G}$, 是 $\mathfrak{G}$ 上的特征标.

事实上, 显然 $|\tilde{\alpha}(h)| = 1$. 另一方面, 当 $h, x \in \mathfrak{G}$ 时, 由

$$\frac{\alpha(hxg)}{\alpha(g)} = \frac{\alpha(hxg)}{\alpha(xg)} \frac{\alpha(xg)}{\alpha(g)}$$

和测度 μ 的拟不变性知道 $\tilde{\alpha}(hx) = \tilde{\alpha}(h)\tilde{\alpha}(x)$.

$\mathfrak{G}$ 上的特征标 $\tilde{\alpha}$ 称做由拟特征标 α 导出的特征标, 其全体记为 $\tilde{\mathfrak{G}}^\mu$. 也称拟特征标 α 为相应于特征标 $\tilde{\alpha}$ 的拟特征标.

我们把几乎处处相等 (按测度 μ) 的两个拟特征标看成同一函数. 当两个拟特征标只相差一个常数因子时 (即这两个函数之比几乎处处等于常数), 称它们是相似的. 容易看出拟特征标有下面一些简单性质:

I. 相似的拟特征标导出同一特征标.

II. 若 α 为拟特征标, c 是复数, $|c| = 1$, 则 $c\alpha$ 是拟特征标.

III. 当 μ 是遍历测度时, 相应于同一特征标的一切拟特征标必是彼此相似的.

事实上, 若 α_1 和 α_2 都是拟特征标而且相应于同一特征标, 作 $\alpha = \alpha_1 \alpha_2^{-1}$, 那么当 $h \in \mathfrak{G}$ 时, 对几乎所有的 $g \in G$, 成立着 $\alpha(hg) = \alpha(g)$. 因此, 若 γ 是复平面单位圆周上的弧, 则集 $\{g | \alpha(g) \in \gamma\}$ 是拟不变集. 如果 $\alpha(g)$ 不几乎处处等于常数, 则必有互不相交的圆弧 γ_1, γ_2, 使拟不变集 $\{g | \alpha(g) \in \gamma_1\}$ 和 $\{g | \alpha(g) \in \gamma_2\}$ 都不是零集而且互不相交. 这和 μ 的遍历性冲突.

IV. 如果相应于同一个特征标的一切拟特征标都是相似的, 则 μ 必是遍历测度.

事实上, 若 μ 不是遍历的, 令 A 是 G 中拟不变集, $\mu(A) > 0$, 又 $\mu(G - A) > 0$. 作函数 α 如下:

$$当 g \in A 时, \qquad \alpha(g) = -1,$$
$$当 g \in G - A 时, \qquad \alpha(g) = 1,$$

容易看出 α 是拟特征标而且导出 $\mathfrak{G}$ 上的特征标 1, 但是 α 不和 G 上的拟特征标 1 相似.

我们把拟特征标全体记做 G^μ. 按照通常的函数乘法, G^μ 成为一群. 我们把相应于特征标 1 的拟特征标全体记为 $\mathfrak{N}$, 这是 G^μ 的子群。由 I~IV, $\mathfrak{N}$ 是常数函数 c, $c \in C$ 全体的充要条件为 μ 是遍历测度.

作商群 $G_0^\mu = G^\mu / \mathfrak{N}$. 这时, 对每个 $\eta \in G_0^\mu$, 任取 η 中的代表元素 α, 作映照

$$S: \eta \to \tilde{\alpha}, \tag{3.2.3}$$

容易看出, 这是 G_0^μ 到 $\tilde{\mathfrak{G}}^\mu$ 的同构映照.

例 3.2.5 当 G 是群, $\mathfrak{G}$ 是左平移全体, $(G, \mathfrak{B}, \mu)$ 是非平凡的有限测度空间, 又 $(g, h) \to gh$ 是 $(G \times G, \mathfrak{B} \times \mathfrak{B})$ 到 $(G, \mathfrak{B})$ 的可测映照时, 拟特征标群 G^μ 是形如

$$c\tilde{\alpha}, \ c \in C, \ \tilde{\alpha} \in G^{\mathfrak{B}}$$

的函数全体.

证 对每个 $\alpha \in G^\mu, \alpha(hg)$ 和 $\alpha(g), (g,h) \in G \times G$ 都是关于 $\mathfrak{B} \times \mathfrak{B}$ 可测的, 因此 $\alpha(hg)/\alpha(g)$ 是 (g,h) 的可测函数. 由于 μ 是有限的, 不妨设 $\mu(G) = 1$, 由 Fubini 定理得知

$$\tilde{\alpha}(h) = \int \frac{\alpha(hg)}{\alpha(g)} d\mu(g)$$

是 $(G, \mathfrak{B})$ 上的可测函数, 即拟特征标 α 导出的特征标 $\tilde{\alpha}$ 是可测的, $\tilde{\alpha} \in G^\mathfrak{B}$, 因为 $\tilde{\alpha}(h)$ 看成 (g,h) 的函数也是可测的, 所以

$$E = \left\{ (g,h) \left| \frac{\alpha(hg)}{\alpha(g)} \neq \tilde{\alpha}(h) \right. \right\}$$

为可测集. 由于对每个 $h \in G$,

$$\mu\left(\left\{ g \left| \frac{\alpha(hg)}{\alpha(g)} \neq \tilde{\alpha}(h) \right. \right\}\right) = 0,$$

由 Fubini 定理, $\mu \times \mu(E) = 0$, 因此对几乎所有的 g, 当 g 固定时,

$$\mu\left(\left\{ h \left| \frac{\alpha(hg)}{\alpha(g)} \neq \tilde{\alpha}(h) \right. \right\}\right) = 0.$$

任取使上式成立的一个 $g = g_0$, 则对 G 中几乎所有的 h, 成立着

$$\alpha(hg_0) = \alpha(g_0)\tilde{\alpha}(h),$$

因而由 μ 的拟不变性, 令 $hg_0 = h_1$, 则对几乎所有的 h_1 成立着

$$\alpha(h_1) = \frac{\alpha(g_0)}{\tilde{\alpha}(g_0)}\tilde{\alpha}(h_1),$$

因此 $\alpha = c\tilde{\alpha}$, 而 $c = \dfrac{\alpha(g_0)}{\tilde{\alpha}(g_0)}$.

例 3.2.6 设 G 是局部紧群, $(G, \mathfrak{B}, \nu)$ 是左不变 Haar 测度. 那么对 $(G, \mathfrak{B}, \nu)$ 上的拟特征标 α 必然存在模为 1 的常数 c, 使得对几乎所有 $g \in G$, 成立着 $\alpha(g) = c\tilde{\alpha}(g)$.

证 令 G_0 为 G 中包含单位元的成分, $\mathfrak{B}_0, \nu_0$ 分别是 $\mathfrak{B}, \nu$ 在 G 上的限制, 那么 $(G_0, \mathfrak{B}_0, \nu_0)$ 是 σ-有限的, 因此有 $(G_0, \mathfrak{B}_0)$ 上的有限测度 μ 等价于 ν_0. 设 α 是 $(G, \mathfrak{B}, \nu)$ 上关于左平移 G 的拟特征标, 那么 α 在 G_0 上的限制 (仍记为 α) 是 $(G_0, \mathfrak{B}_0, \nu_0)$ 上, 也是 $(G_0, \mathfrak{B}_0, \mu)$ 上关于左平移群 G_0 的拟特征标. 可以证明 $(g,h) \to gh$ 是 $(G_0 \times G_0, \mathfrak{B}_0 \times \mathfrak{B}_0)$ 到 $(G_0, \mathfrak{B}_0)$ 的可测映照. 根据上面的例 3.2.5, 存在常数 c, $|c| = 1$, 使得对几乎所有的 $g \in G_0$,

$$\alpha(g) = c\tilde{\alpha}(g), \tag{3.2.4}$$

这里 $\tilde{\alpha}(g)$ 是 α 在 G_0 上导出的特征标, 也就是 α 在 G 上导出的 (可测) 特征标在 G_0 上的限制. 对于 G_0 的任何陪集 $h^{-1}G_0$ 中的几乎所有的 g, 由于 $hg \in G_0$, 得到

$$\alpha(g) = \tilde{\alpha}(h^{-1})\alpha(hg) = c\tilde{\alpha}(h^{-1})\tilde{\alpha}(hg) = c\tilde{\alpha}(g),$$

因此对几乎所有的 $g \in G$,(3.2.4) 成立.

例 3.2.5 和例 3.2.6 说明了拟特征标是可测特征标概念的推广.

我们注意, 若 $(G, \mathfrak{B}, \mu)$ 是关于 $\mathfrak{G}$ 拟不变的可局部化测度空间, 那么 $\tilde{x} \in \tilde{\mathfrak{G}}^\mu$ 关于 $\mathfrak{G}$ 上的 μ 拓扑是连续的. 事实上, 当 $h_0 \in \mathfrak{G}$ 时, 若 $U(h)$ 为 §3.1 第 6 段中的算子, 则对一切非零的 $\xi \in L^2(G, \mathfrak{B}, \mu)$, 取 $\eta = U(h_0)(x\xi)$, 那么当 h 在 h_0 的一个小的 μ–环境中 $(U(h)(x\xi), \eta) \neq 0$ 而

$$\tilde{x}(h) = \frac{(xU(h)\xi, \eta)}{(U(h)(x\xi), \eta)}.$$

由此易知 $\tilde{x}(h)$ 关于 $\mathfrak{G}$ 上的 μ–拓扑为连续的.

我们现在再用引理 3.1.12 来研究拟特征标导出的特征标之连续性.

定理 3.2.3　设 $(G, \mathfrak{B}, \mu)$ 是关于 (连续、可测) 变换群 $\mathfrak{G}$ 拟不变的非平凡的正则测度空间, 再设对 G 中每个紧集 $K, \mu(K) < \infty$, 又设 $\mathfrak{G}$ 具有适宜的拓扑使 $\mathfrak{G}$ 成为第二纲的拓扑空间, 那么 $(G, \mathfrak{B}, \mu)$ 上 (关于 $\mathfrak{G}$) 的拟特征标 α 必然导出 $\mathfrak{G}$ 上的连续特征标.

证　对任何正数 ε, 将复平面单位圆周分解成有限个互不相交的 Borel 集 $A_1, \cdots, A_n$ 之和, 使得每个 A_k 中任二点的距离小于 ε. 那么 G 分成有限个互不相交的集

$$B_k = \{g | \alpha(g) \in A_k\} \in \mathfrak{B}, k = 1, 2, \cdots, n \tag{3.2.5}$$

之和. 因此 (3.2.5) 中至少有一个集 B_{k_0} 具有正 μ 测度. 因此由 μ 的正则性, 有紧集 $K \in \mathfrak{B}$, 使得 $\mu(K) > 0, K \subset B_{k_0}$ 因此, 当 $g_1, g_2 \in K$ 时,

$$|\alpha(g_1) - \alpha(g_2)| < \varepsilon, \tag{3.2.6}$$

因为 $\alpha(h^{-1}g)$ 几乎处处等于 $\alpha(g)\tilde{\alpha}(h^{-1})$, 此地 $\tilde{\alpha}$ 是拟特征标 α 导出的 $\mathfrak{G}$ 上的特征标. 由引理 3.1.12 有 $\mathfrak{G}$ 单位元的环境 V 使得对任一 $h \in V$ 必有 $g \in K \bigcap hK$, 使

$$\alpha(h^{-1}g) = \alpha(g)\tilde{\alpha}(h^{-1}), \tag{3.2.7}$$

所以从 (3.2.6) 得知, 当 $h \in V$ 时,

$$|\tilde{\alpha}(h) - 1| = |1 - \tilde{\alpha}(h^{-1})| = |\alpha(g) - \alpha(h^{-1}g)| < \varepsilon,$$

即 $\tilde{\alpha}$ 在单位元处是连续的. 由引理 3.2.2 得知 $\tilde{\alpha}$ 是 $\mathfrak{G}$ 上的连续函数. 证毕.

系 3.2.4 设 G 是拓扑群, $\mathfrak{G}$ 是 G 的子群, 但 $\mathfrak{G}$ 本身具有拓扑成为第二纲的拓扑群而且这个拓扑比 G 在 $\mathfrak{G}$ 上导出的拓扑强. 若 $(G, \mathfrak{B}, \mu)$ 是关于左 (或右) 平移 $\mathfrak{G}$ 拟不变的正则测度空间, 那么 $(G, \mathfrak{B}, \mu)$ 上的每个 (关于 $\mathfrak{G}$) 的特征标 α 导出 $\mathfrak{G}$ 上的连续特征标. 特别, G 上的每个 (关于 $\mathfrak{B}$) 可测的特征标 α, 当它限制到 $\mathfrak{G}$ 上时, 是 $\mathfrak{G}$ 上的连续特征标.

注 特别当 G 是局部紧群, $\mathfrak{B}$ 是由紧集张成的 σ-环, μ 是左不变 Haar 测度时, G 上的每个可测特征标是连续的, 每个拟特征标导出连续特征标.

事实上, G 是第二纲拓扑群 (见关肇直 [1]), 而 $(G, \mathfrak{B}, \mu)$ 是关于左平移不变的 (更是拟不变的), 利用系 3.2.4 和 $\mathfrak{G} = G$ 立即得到我们的结论.

3° 拟特征标群及特征标群上的拓扑

在这一段中, 我们要给出后面需用的拟特征标群和特征标群上的几种拓扑.

I. 设 G 为一群, H 是 G 上某些特征标所成的群. 对于每个 $\alpha_0 \in H$, 任意的 $g_1, \cdots, g_n \in G$ 和正数 ε, 作集

$$U(\alpha_0; g_1, \cdots, g_n, \varepsilon) = \{\alpha \mid |\alpha(g_k) - \alpha_0(g_k)| < \varepsilon, k = 1, 2, \cdots, n\}.$$

用这些集作为在 α_0 的环境基, 这样得到 H 上的一个拓扑称为弱拓扑, 这也是使 G 中的元素 g, 看作 H 上的函数 $\alpha(g)$, $\alpha \in H$ 时成为连续函数的最弱拓扑. 容易看出, H 按这个拓扑成为拓扑群.

II. 设 G 是群并有拓扑, H 是 G 上的某些特征标所成的群. 对于每个 $\alpha_0 \in H$, G 中任意的紧集 Q 和正数 ε, 我们作集

$$V(\alpha_0, Q, \varepsilon) = \{\alpha \mid \max_{g \in Q} |\alpha(g) - \alpha(g_0)| < \varepsilon\}.$$

用这些集作为在 α_0 的环境基, 这样得到 H 上的一个拓扑称为强拓扑. 容易验证, H 按这个拓扑成为拓扑群. 这个拓扑也就是使在 G 的每个紧集上一致收敛的拓扑. 由于 G 中任意有限个点组成紧集, 取 $Q = \{g_1, \cdots, g_n\}$ 就知道弱环境也是强环境[1], 因此强拓扑强于弱拓扑. 然而确有拓扑群 G, 及其上的特征标群 H, 其中强拓扑和弱拓扑不一致.

III. 仍设 G 是拓扑群, H 是 G 上的某些连续特征标所成的群. 取定 G 中的开集 $\mathfrak{U}$. 对每个 $\alpha_0 \in H$ 及正数 ε, 我们作集

$$W(\alpha_0; \mathfrak{U}, \varepsilon) = \{\alpha \mid \sup_{g \in \mathfrak{U}} |\alpha(g) - \alpha_0(g)| < \varepsilon\}.$$

用这些集作为在 α_0 的环境基, 这样得到 H 上的拓扑 $T_{\mathfrak{U}}$, 称它为 $\mathfrak{U}$-拓扑.

---

[1] 弱 (强) 环境就是弱 (强) 拓扑的环境.

H 按这个拓扑成为拓扑群. 设 Q 是 G 中的任一紧集, 那么必有 $g_1, \cdots, g_n \in G$, 使得 $Q \subset \sum\limits_{k=1}^{n} g_k \mathfrak{U}$. 因此, 当 α 适合

$$\max_{g \in \mathfrak{U}} |\alpha(g) - \alpha_0(g)| < \varepsilon, \ \max_{1 \leqslant k \leqslant n} |\alpha(g_k) - \alpha_0(g_k)| < \varepsilon$$

时,

$$\max_{g \in g_k \mathfrak{U}} |\alpha(g) - \alpha_0(g)| \leqslant \max_{h \in \mathfrak{U}} |\alpha(h) - \alpha_0(h)| + |\alpha(g_k) - \alpha_0(g_k)| < 2\varepsilon,$$

其中 $g = g_k h$, 因此

$$V(\alpha_0; Q, 2\varepsilon) \supset W(\alpha_0; \mathfrak{U}, \varepsilon) \cap U(\alpha_0; g_1, \cdots, g_n, \varepsilon),$$

由是易知当 $\mathfrak{U}$-拓扑强于弱拓扑时, 它强于强拓扑.

下面我们考察拟特征标群或可测特征标群上的拓扑.

IV. 设 $\Omega = (G, \mathfrak{B}, \mu)$ 是测度空间, $L(\Omega)$ 是 Ω 上的可积函数全体所成的 Banach 空间. 设 H 是 Ω 上的一族有界可测函数, 把 H 中几乎处处相等的函数看成同一个函数. 后面常用的 H 是两种情况: Ω 是关于变换群 $\mathfrak{G}$ 拟不变而 H 是 Ω 上某些关于 $\mathfrak{G}$ 的拟特征标所成的群, 或 G 为一群而 H 是 G 上关于 $(G, \mathfrak{B})$ 可测的某些特征标所成的群. H 中的元素 α 定义着 $L(G, \mathfrak{B}, \mu)$ 上的线性连续泛函如下:

$$(f, \alpha) = \int_G f(g) \alpha(g) d\mu(g).$$

因此 H 可以嵌入 $L(G, \mathfrak{B}, \mu)$ 的共轭空间. 由共轭空间的弱拓扑导出了 H 上的一个拓扑, 这个拓扑的环境基如下: 对任意的 $\alpha_0 \in H$, 任取 $L(G, \mathfrak{B}, \mu)$ 中的函数 $f_1, \cdots, f_n$ 和正数 $\varepsilon > 0$, 作集 $X(\alpha_0; f_1, \cdots, f_n, \varepsilon) = \{\alpha | |(f_k, \alpha) - (f_k, \alpha_0)| < \varepsilon, k = 1, \cdots, n\}$. 我们用这些集作为在 α_0 的环境基. 这个拓扑称为 μ-弱拓扑. 一般说来, 当 H 是群时, H 按这个拓扑未必成为拓扑群.

后面我们要在某些特殊情况下证明 H 按这个拓扑成为拓扑群, 并且比较这个拓扑与别的拓扑的强弱. 我们再引进另一个拓扑.

V. 设 G 是交换群, $\mathfrak{G}$ 是 G 的子群, $(G, \mathfrak{B}, \mu)$ 是关于 $\mathfrak{G}$ 拟不变的测度空间, H 是 $(G, \mathfrak{B}, \mu)$ 上关于 $\mathfrak{G}$ 的某些拟特征标[①](或者, 特别是 G 上的某些关于 $\mathfrak{B}$ 可测的特征标) 所成的群. 任取集 $A \in \mathfrak{B}, \mu(A) < \infty$. 在 H 上引进函数

$$N_A(\alpha) = \left(\int_A |\alpha(g) - 1|^2 d\mu(g) \right)^{\frac{1}{2}},$$

由于当 $\alpha, \beta \in H$ 时,

$$|\alpha\beta - 1| \leqslant |\alpha\beta - \beta| + |\beta - 1| = |\alpha - 1| + |\beta - 1|,$$

---

① 当 $\mathfrak{G}$ 仅含有单位元时, H 就是 G 上的某些可测的、适合条件 $|\alpha(g)| = 1$ 的函数所成的群.

因此 $N_A(\alpha)$ 是 H 上的拟范数. 利用拟范数族 $\{N_A(\alpha)\}$ 导出 H 上的拓扑如下: 对于每个 $\alpha_0 \in H$, 任意的集 $A \in \mathfrak{B}, \mu(A) < \infty$, 和任意正数 ε, 我们作集

$$Y(\alpha_0; A, \varepsilon) = \{\alpha | N_A(\alpha\alpha_0^{-1}) < \varepsilon\}.$$

用这些集全体作为在 α_0 点的环境基, 这样得到 H 上的一个拓扑, 称为 μ-拓扑. 由于 $N_A(\alpha)$ 是拟范数, 容易验证 H 按照这个拓扑成为拓扑群. 当 μ 是有限测度时, 上述的 μ-拓扑等价于由距离 $N_G(\alpha\beta^{-1})$ 导出的拓扑. 事实上, 只要证明每个 $Y(\alpha; A, \varepsilon)$ 按由距离 $N_G(\alpha\beta^{-1})$ 导出的拓扑是开集就可以了. 任取 $\alpha_1 \in Y(\alpha; A, \varepsilon)$, 由于 $N_A(\alpha) \leqslant N_G(\alpha)$, 令 $\varepsilon_1 = \varepsilon - N_A(\alpha_1\alpha_0^{-1})$, 那么易知

$$Y(\alpha_1; G, \varepsilon_1) \subset Y(\alpha_0; A, \varepsilon),$$

即 $Y(\alpha; A, \varepsilon)$ 按距离导出的拓扑是开集.

我们可以利用 $N_A(\alpha)$ 在商群 G_0^μ 上引进拟范数. 任取 $A \in \mathfrak{B}, 0 < \mu(A) < \infty$, 在 G^μ 上定义函数 $N_A(\eta), \eta \in G^\mu$, 如下:

$$N_A(\eta) = \inf_{\alpha \in \eta} N_A(\alpha).$$

容易验证这是 G_0^μ 上的拟范数. 完全类似地, 在 G_0^μ 的子群 F 上, 以集

$$Z(\eta_0; A, \varepsilon) = \{\eta | N_A(\eta\eta_0^{-1}) < \varepsilon\}$$

全体作为在 η_0 点的环境基, 这样得到 F 上的拓扑仍称为 μ-拓扑. 这时 F 按 μ-拓扑成为拓扑群. 特别, 当 μ 是有限测度时记 $N_G(\eta) = N(\eta)$, 这时 μ-拓扑等价于由距离 $N(\xi\eta^{-1}), \xi, \eta \in G_0^\mu$ 导出的拓扑[1].

现在考察这些拓扑的某些性质并举一些例.

定理 3.2.5 在 IV (或 V) 的假设下, H 上的 μ-拓扑强于 μ-弱拓扑.

证 任取 $\alpha_0 \in H$ 以及环境 $X(\alpha_0; f_1, \cdots, f_n, \varepsilon)$, 只要证明存在集 $A \in \mathfrak{B}, 0 < \mu(A) < \infty$, 和正数 ε_1 使

$$Y(\alpha_0; A, \varepsilon_1) \subset X(\alpha_0; f_1, \cdots, f_n, \varepsilon)$$

即可. 由于 $f_k \in L(G, \mathfrak{B}, \mu)$, 必有集 $A \in \mathfrak{B}, 0 < \mu(A) < \infty$, 使得

$$\int_{G-A} |f_k(g)| d\mu(g) < \frac{\varepsilon}{4}, \ k = 1, 2, \cdots, n.$$

---

[1] 由于 $\mathfrak{N}$ 按距离 $N(\alpha\beta^{-1}), \alpha, \beta \in G^\mu$, 成为闭集, 所以 $N(\xi\eta^{-1}), \xi, \eta \in G_0^\mu$, 是 G_0^μ 上的距离, 这时 G_0^μ 按距离 $N(\xi\eta^{-1}), \xi, \eta \in G^\mu$, 成为 G^μ 按距离 $N_G(\alpha\beta^{-1}), \alpha, \beta \in G^\mu$, 的商距离空间.

而且 $\sup\limits_{g\in A}|f_k(g)|<\infty, k=1,2,\cdots,n.$ 取

$$\varepsilon_1 < \frac{\varepsilon^2}{4\mu(A)\sup\limits_{g\in A}|f_k(g)|^2},\ \ k=1,2,\cdots,n,$$

那么, 当 $\alpha\in Y(\alpha_0;A,\varepsilon_1)$ 时,

$$\left|\int_G f_k(g)(\alpha(g)-\alpha_0(g))d\mu(g)\right|$$
$$\leqslant \int_A |f_k(g)||\alpha(g)-\alpha_0(g)|d\mu(g)$$
$$+\int_{G\setminus A}|f_k(g)||\alpha(g)-\alpha_0(g)|d\mu(g)$$
$$< \sup\limits_{g\in A}|f_k(g)|\sqrt{N_A(\alpha\alpha_0^{-1})\mu(A)}+2\cdot\frac{\varepsilon}{4}<\varepsilon,$$

这就是说 $Y(\alpha_0;Q,\varepsilon_1)\subset X(\alpha_0;f_1,\cdots,f_n,\varepsilon)$. 证毕.

定理 3.2.6　设 G 是拓扑空间, $\Omega=(G,\mathfrak{B},\mu)$ 是关于 $\mathfrak{G}$ 拟不变的正则测度, H 是 Ω 上 (关于 $\mathfrak{G}$ 的) 某些拟特征标所成的交换群. 那么 H 上的 μ–拓扑弱于强拓扑.

证　设 $\alpha_0\in H, Y(\alpha_0;A,\varepsilon)$ 是 α_0 按 μ–拓扑的环境, 而 $A\in\mathfrak{B}, 0<\mu(A)<\infty$. 由 μ 的正则性的假设, 必有紧集 $Q\subset A$ 使

$$\mu(A\setminus Q)<\frac{\varepsilon}{8}.$$

再取 $\varepsilon_1=\dfrac{\varepsilon}{2\sqrt{\mu(Q)}}$, 那么当 $\alpha\in V(\alpha_0;Q,\varepsilon_1)$ 时,

$$\int_A|\alpha(g)-\alpha_0(g)|^2 d\mu(g)$$
$$\leqslant \int_{A-Q}|\alpha(g)-\alpha(g_0)|^2 d\mu(g)+\mu(Q)\sup\limits_{g\in Q}|\alpha(g)-\alpha_0(g)|^2$$
$$< \frac{\varepsilon^2}{2}+\frac{\varepsilon^2}{2}=\varepsilon^2,$$

即 $N_A(\alpha)<\varepsilon$. 因此 $V(\alpha_0;Q,\varepsilon_1)\subset Y(\alpha_0;A,\varepsilon)$. 证毕.

定理 3.2.7　设 $(G,\mathfrak{B},\mu)$ 是关于 $\mathfrak{G}$ 拟不变的有限测度空间, 那么 $(G,\mathfrak{B},\mu)$ 上 (关于 $\mathfrak{G}$ 的) 拟特征标群 G^μ 按拟距离 $N_G(\alpha\beta^{-1}),\alpha,\beta\in G^\mu$ 是完备的.

证　设 $\{\alpha_n\}$ 是 G_0^μ 中基本点列, 即当 $m,n\to\infty$ 时,

$$N_G(\alpha_n\alpha_m^{-1})^2=\int_G|\alpha_n(g)-\alpha_m(g)|^2 d\mu(g)\to 0.$$

由 $(G, \mathfrak{B}, \mu)$ 上平方可积函数空间的完备性, 有平方可积函数 α, 使得

$$\lim_{n \to \infty} \int_G |\alpha_n(g) - \alpha(g)|^2 d\mu(g) = 0, \tag{3.2.8}$$

而且有子列 $\{\alpha_{n_k}(g)\}$, 在 G 上几乎处处地收敛到 α. 因此由 $|\alpha_{n_k}(g)| = 1$, 可以取 α 使 $|\alpha(g)| = 1$.

由于 μ 是拟不变测度, 当 $h \in \mathfrak{G}$ 时, 对几乎所有的 $g \in G$, 成立着

$$\frac{\alpha(hg)}{\alpha(g)} = \lim_{k \to \infty} \frac{\alpha_{n_k}(hg)}{\alpha_{n_k}(g)} = \lim_{k \to \infty} \tilde{\alpha}_{n_k}(h),$$

即 α 是拟特征标. 再由 (3.2.8) 式, $\lim_{n \to \infty} N_G(\alpha_n \alpha^{-1}) = 0$, 所以 G^μ 是完备的.

注 当 μ 不是有限, 但是可局部化的时候, 我们也可以证明由 $\{N_A(\alpha\beta^{-1})\}$ 定义的复拟距离空间 (定义见关肇直 [1]) 是序列完备的.

系 3.2.8 在定理 3.2.7 的假设下, G_0^μ 按距离 $N(\xi\eta^{-1}), \alpha, \beta \in G_0^\mu$, 是完备的.

证 设 $\{\xi_n\}$ 是 G^μ 中的基本点列, 即 $\lim_{m,n \to \infty} N(\xi_m^{-1}\xi_n) = 0$, 那么可以挑选子列 $\{\xi_{n_k}\}, k = 1, 2, \cdots$, 使 $N(\xi_{n_{k-1}}^{-1}\xi_{n_k}) < \frac{1}{2^k}$. 取 $\alpha_k \in \xi_{n_{k-1}}^{-1}\xi_{n_k}$ 使 $N(\alpha_k) < \frac{1}{2^k}, k \geqslant 2$, 又取 $\alpha_1 \in \xi_{n_1}$. 作 $\beta_k = \prod_{l=1}^k \alpha_l$. 那么容易看出 $\beta_k \in \xi_{n_k}$, 而且当 $l > k$ 时, 由 $\beta_k^{-1}\beta_l = \prod_{\nu=k+1}^l \alpha_\nu$ 得到

$$N(\beta_k^{-1}\beta_l) < \sum_{\nu=k+1}^l N(\alpha_\nu) < \sum_{\nu=k+1}^l \frac{1}{2^\nu},$$

因此 $\{\beta_k\}$ 组成 G^μ 中基本点列. 由定理 3.2.7, 必有 $\beta \in G^\mu$, 使 $\lim_{k \to \infty} N_G(\beta_k^{-1}\beta) = 0$. 令 ξ 为包含 β 的剩余类, $\xi = \{\alpha\beta | \alpha \in \mathfrak{N}\}$. 那么 $\beta_k^{-1}\beta \in \xi_{n_k}\xi$, 因此

$$\lim_{k \to \infty} N(\xi_{n_k}^{-1}\xi) = 0.$$

再由 $\lim_{m,k \to 0} N(\xi_{n_k}^{-1}\xi_m) = 0$ 易知 $\lim_{m \to \infty} N(\xi^{-1}\xi_m) = 0$. 证毕.

下面我们考察映照 (3.2.3).

定理 3.2.9 设 $(G, \mathfrak{B}, \mu)$ 是关于 (可测、连续) 变换群 $\mathfrak{G}$ 拟不变的正则测度空间, 再设对 G 中每个紧集 $K, \mu(K) < \infty$, 又设 $\mathfrak{G}$ 上有适宜的拓扑 (见定义 3.1.2), 使 $\mathfrak{G}$ 成为满足第一可列公理的第二纲拓扑群. 那么对于任何 $A \in \mathfrak{B}, \mu(A) > 0$, 必有 $\mathfrak{G}$ 中单位元的环境 V 和正数 c, 使得对一切 $\alpha \in G^\mu$, 成立着

$$\sup_{h \in V} |\tilde{\alpha}(h) - 1| \leqslant c \int_A |\alpha(g) - 1| d\mu(g). \tag{3.2.9}$$

若 μ 是有限测度, 在 G_0^μ 上取 μ–拓扑, 必有 $\mathfrak{G}$ 中的开集 V, 使得当在群 $\tilde{\mathfrak{G}}^\mu$ 上取 V–拓扑时, G_0^μ 到 $\tilde{\mathfrak{G}}^\mu$ 的映照 S 是连续的.

证　设 $\alpha \in G_0^\mu, \tilde{\alpha}$ 是 α 导出的特征标. 作函数组

$$p(g) = |\alpha(g) - 1|, \ g \in G, \tag{3.2.10}$$

$$\tilde{p}(h) = |\tilde{\alpha}(h) - 1|, \ h \in \mathfrak{G}, \tag{3.2.11}$$

那么对几乎所有的 $g \in G$, 成立着

$$p(g) + p(gh^{-1}) = |\alpha(g) - 1| + |\alpha(gh^{-1}) - 1| \geqslant |\alpha(g) - \alpha(gh^{-1})|$$
$$= |\tilde{\alpha}(h^{-1}) - 1| = \tilde{p}(h),$$

因此 p 及 $\tilde{p}$ 成为 $(G, \mathfrak{B}, \mu)$ 上的关于 $\mathfrak{G}$ 的拟凸函数组.

由引理 3.1.12, 存在 $\mathfrak{G}$ 中单位元 e 的环境 V_0, 使当 $h \in V_0$ 时 $\mu(A \bigcap h^{-1}A) > 0$. 再由系 3.1.18, 有 e 的环境 V_1 及常数 c, 使得当 $\int_A p(g)d\mu(g) > 0$ 而且 V 是 e 的环境, $V \subset V_1$ 时 (3.1.17) 成立. 我们取 $V = V_c \bigcap V_1$.

现在来证 (3.2.9). 首先, 如果 $\int_A p(g)d\mu(g) = 0$, 那么对几乎所有的 $g \in A, \alpha(g) = 1$. 因而 $\alpha(g) = \alpha(hg) = 1$ 对所有 $g \in A \bigcap h^{-1}A$ 成立. 所以若 $h \in V$, 则 $\mu(A \bigcap h^{-1}A) > 0$, 因而 $\tilde{\alpha}(h) = 1$, 所以 (3.2.9) 成立. 其次, 如果 $\int_A p(g)d\mu(g) > 0$, 那么由于 (3.1.17) 推出 (3.2.9) 即是

$$\sup_{h \in V} |\tilde{\alpha}(h) - 1| \leqslant c \int_A |\alpha(g) - 1|d\mu(g) \leqslant c'N_A(\alpha), \tag{3.2.12}$$

此地 $c' = c\mu(A)$. 设 α 所在的剩余类为 $\eta = \alpha\mathfrak{N}$, 则在 (3.2.12) 右边对 η 中 α 取下界得到

$$\sup_{h \in V} |\tilde{\alpha}(h) - 1| \leqslant c'N_A(\eta)$$

因此对 G^μ 的环境基中环境 $Z(\eta_0; A, \varepsilon)$, 有 $\mathfrak{G}^\mu$ 中环境

$$\{\tilde{\alpha}| \max_{h \in V} |\tilde{\alpha}(h) - \tilde{\alpha}_0(h)| < \varepsilon/c'\}, \tilde{\alpha}_0 = S\eta_0,$$

使得

$$S(\{\tilde{\alpha}| \max_{h \in V} |\tilde{\alpha}(h) - \tilde{\alpha}_0(h)| < \varepsilon/c'\}) \subset Z(\eta_0; A, \varepsilon),$$

这样就得到定理的证明.

定理 3.2.10　设 $(G, \mathfrak{B}, \mu)$ 是关于 (连续、可测) 变换群 $\mathfrak{G}$ 强拟不变的遍历的正则测度空间, 再设对 G 中的每个紧集 $K, \mu(K) < +\infty$. 又设 $\mathfrak{G}$ 具有适宜的拓扑,

使 $\mathfrak{G}$ 成为第二纲的联络的拓扑群. 任取 $L(G, \mathfrak{B}, \mu)$ 中非零向量 $\psi(g) \geqslant 0$, 作 G^μ 上的凸泛函

$$N_\psi(\alpha) = \left(\int_G |\alpha(g) - 1|^2 \psi(g) d\mu(g) \right)^{\frac{1}{2}}, \ \alpha \in G^\mu,$$

那么 N_ψ 在 G^μ 上导出的拓扑与 ψ 无关而且就等价于 G^μ 上的 μ-拓扑.

证 首先证明, 任取 $\{\alpha_n\} \subset G^\mu, \lim\limits_{n\to\infty} N_\psi(\alpha_n) = 0$, 那么必有子序列 $\{\alpha_{n'}\}$, 在 G 上概收敛于 1. 取正数 a 充分小. 那么集 $A = \{g|\psi(g) > a\}$ 的测度是有限的、正的, 而且由

$$\mu\{g||\alpha_n(g) - 1| \geqslant \varepsilon, g \in A\} \leqslant \frac{1}{\varepsilon^2 a} N_\psi(\alpha_n)^2$$

知道, $\{\alpha_n\}$ 在 A 上依测度 μ 收敛于 1, 因此必有序列 $\{\alpha_{n'}\}$ 在 A 上概收敛于 1. 作集

$$E = \{g| \lim_{n'\to\infty} \alpha_{n'}(g) = 1\}.$$

那么由于 A 除一零集后含在 E 内, 所以 $\mu(E) > 0$. 只要证明 $\mu(G \setminus E) = 0$ 就可以了. 利用 μ 对于 $\mathfrak{G}$ 的遍历性, 只要证明 E 是拟不变集即可. 由 μ 的正则性, 有紧集 $K \in \mathfrak{B}, 0 < \mu(K)$, 使 $K \subset E$. 根据引理 3.1.12, 必有 $\mathfrak{G}$ 中单位元的环境 V, 使得

$$当 h \in V 时, \ \mu(K \cap hK) > 0.$$

因此必有 $g \in K \bigcap hK$, 使得对每个 n' 成立着

$$\alpha_{n'}(h^{-1}g) = \tilde{\alpha}_{n'}(h^{-1})\alpha_{n'}(g). \tag{3.2.13}$$

由于 $g \in K \bigcap hK$, 我们得到 $g \in E, h^{-1}g \in E$, 因此

$$当 h \in V 时, \ \lim_{n'\to\infty} \tilde{\alpha}_{n'}(h) = 1. \tag{3.2.14}$$

然而由于 $\tilde{\alpha}(h)$ 是 $\mathfrak{G}$ 上的特征标

$$\mathfrak{G}_1 = \{h| \lim_{n'\to\infty} \tilde{\alpha}_{n'}(h) = 1\}$$

是 $\mathfrak{G}$ 的子群. 又由 (3.2.14) 得到 $\mathfrak{G}_1 \supset V$. 从 $\mathfrak{G}$ 的联络性即知 $\mathfrak{G} = \mathfrak{G}_1$. 即对一切 $h \in \mathfrak{G}, \lim\limits_{n'\to\infty} \tilde{\alpha}_{n'}(h) = 1$. 对每个 $h \in \mathfrak{G}$, 有 G 的零集 G_h 使得当 $g \bar{\in} G_h$ 时, (3.2.13) 成立. 因此当 $g \in hE \setminus G_h$ 时, $g \in E$. 这就是说 $hE \setminus E$ 是零集. 因此 E 是拟不变集. 从而对几乎所有的 $g \in G$,

$$\lim_{n'\to\infty} \alpha_{n'}(g) = 1. \tag{3.2.15}$$

这样, 对任何 $A \in \mathfrak{B}, 0 < \mu(A)$, 由 Lebesgue 控制收敛定理和 (3.2.15) 立即可知

$$\lim_{n'\to\infty} N_A(\alpha_{n'}) = 0.$$

这样就容易推知 N_ψ 导出的拓扑强于 μ-拓扑.

反之, 对任何正数 $\varepsilon > 0$, 取 $A \in \mathfrak{B}, 0 < \mu(A) < \infty$, 使得

$$\int_{G \setminus A} \psi(g) d\mu(g) < \frac{\varepsilon^2}{16} \quad \text{且} \quad c = \sup_{g \in A} |\psi(g)| < \infty,$$

那么当 $\alpha \in \left\{ \alpha \mid N_A(\alpha) < \dfrac{\varepsilon}{2\sqrt{c}} \right\}$ 时,

$$N_\psi(\alpha) \leqslant 2 \left(\int_{G \setminus A} \psi(g) d\mu(g) \right)^{\frac{1}{2}} + \sqrt{c} N_A(\alpha) < \varepsilon,$$

即 $\{\alpha \mid N_A(\alpha) < \varepsilon/2\sqrt{c}\} \subset \{\alpha \mid N_\psi(\alpha) < \varepsilon\}$. 因此 μ-拓扑强于由 N_ψ 导出的拓扑. 因此 这两个拓扑相同, 从而不依赖于 ψ. 证毕.

这个定理可以用来判别两个测度的不等价性, 可参看后面类似的系 4.2.14.

定理 3.2.11　设 $\Omega = (G, \mathfrak{B}, \mu)$ 是关于变换群 $\mathfrak{G}$ 拟不变可局部化测度空间. 我 们在 $\mathfrak{G}$ 上任取强于 μ-拓扑的拓扑, 又在 $\tilde{\mathfrak{G}}^\mu$ 上取强拓扑, 在 G^μ 上取 μ-弱拓扑, 那 么 G^μ 到 $\tilde{\mathfrak{G}}^\mu$ 的映照 $\alpha \to \tilde{\alpha}$ 是连续的.

证　我们首先证明对于固定的 $f \in L(\Omega), G^\mu \times \mathfrak{G}$ 上的函数

$$\varphi(\alpha, h) = \int \alpha(hg) f(g) d\mu(g)$$

是二元连续函数. 利用 §3.1 中算子 $U(h)$, 我们注意到, 这时有 $\xi, \eta \in L^2(\Omega)$, 使 $\xi(g)\overline{\eta(g)} = f(g)$, 因此

$$\varphi(\alpha, h) = \int \alpha(g) f(h^{-1}g) \frac{d\mu_h(g)}{d\mu(g)} d\mu(g) = (\alpha U(h)\xi, U(h)\eta).$$

所以

$$|\varphi(\alpha, h) - \varphi(\alpha_1, h_1)|$$
$$\leqslant \left| \int (\alpha(g) - \alpha_1(g)) f(h^{-1}g) \frac{d\mu_h(g)}{d\mu(g)} d\mu(g) \right|$$
$$+ |(\alpha_1(U(h) - U(h_1))\xi, U(h)\eta)|$$
$$+ |(\alpha_1 U(h_1)\xi, (U(h) - U(h_1))\eta)|$$
$$\leqslant \left| \int (\alpha(g) - \alpha_1(g)) f_1(g) d\mu(g) \right|$$
$$+ \|(U(h) - U(h_1))\xi\| \|\eta\|$$
$$+ \|(U(h) - U(h_1))\eta\| \|\xi\|,$$

这里 $f_1(g) \in L(\Omega)$. 因此对每个正数 ε, 当 h 属于 h_1 的环境

$$\left\{ h \,\middle|\, \|(U(h) - U(h_1))\xi\| < \frac{\varepsilon}{\|\xi\| + \|\eta\|}, \right.$$
$$\left. \|(U(h) - U(h_1))\eta\| < \frac{\varepsilon}{\|\xi\| + \|\eta\|} \right\},$$

而 α 属于 α_1 的环境

$$\left\{\alpha \,\middle|\, \left|\int (\alpha(g) - \alpha_1(g)) f_1(g) d\mu(g)\right| < \varepsilon\right\}$$

时, 有 $|\varphi(\alpha, h) - \varphi(\alpha_1, h_1)| < 2\varepsilon$. 这就证明了 $\varphi(\alpha, h)$ 的连续性. 对每个 $\alpha_1 \in G^\mu$ 取 $f \in L(\Omega)$, 使

$$\int \alpha_1(g) f(g) d\mu(g) \neq 0.$$

取 α_1 的环境 V 充分小, 当 $\alpha \in V$ 时,

$$\int \alpha(g) f(g) d\mu(g) \neq 0.$$

这样, 当 $\alpha \in V$ 时,

$$\tilde{\alpha}(h) = \frac{\int \alpha(hg) f(g) d\mu(g)}{\int \alpha(g) f(g) d\mu(g)}$$

是 (α, h) 的连续函数. 因此, 对于任何正数 ε 和 $\mathfrak{G}$ 中紧集 $Q, \tilde{\alpha}_1$ 在 $\tilde{\mathfrak{G}}^\mu$ 中的强环境的原像

$$\left\{\alpha \,\middle|\, \max_{h \in Q} |\tilde{\alpha}(h) - \tilde{\alpha}_1(h)| < \varepsilon\right\}$$

是 G^μ 中的开集. 这样就容易导出映照 $\alpha \to \tilde{\alpha}$ 的连续性. 证毕.

系 3.2.12   设 G 是局部紧的拓扑群, $(G, \mathfrak{B}, \mu)$ 是左不变 Haar 测度, 那么 G^* 中 μ–弱拓扑与强拓扑是一致的.

证   由引理 3.1.29, G 上的拓扑强于 μ–拓扑, 利用定理 3.2.11 的证明容易看出 G^* 上的 μ–弱拓扑强于强拓扑, 再由定理 3.2.5 和定理 3.2.6 知道 G^* 上的强拓扑强于 μ–弱拓扑. 因此这两个拓扑一致.

系 3.2.13   在定理 3.2.11 的假设下, 若在 G^μ 上取 μ–拓扑, 那么 G^μ 到 $\tilde{\mathfrak{G}}^\mu$ 的映照是连续的.

这个系由定理 3.2.5 和定理 3.2.11 立即得到. 但是我们留意系 3.2.13 的结论比定理 3.2.9 的结论弱.

定理 3.2.14   设 $(G, \mathfrak{B}, \mu)$ 是关于 $\mathfrak{G}$ 拟不变遍历的可局部化测度空间. 令 $\mathfrak{H} = \{c\alpha | \alpha \in G^\mu, 0 \leqslant c \leqslant 1\}$, 那么 $\mathfrak{H}$ 按 μ–弱拓扑成为紧空间.

证   根据定理 2.4.14, $L(G, \mathfrak{B}, \mu)$ 的共轭空间同构于 $(G, \mathfrak{B}, \mu)$ 上本性有界函数全体. 又由于共轭空间中的单位球按弱拓扑成为紧集, 所以 $(G, \mathfrak{B}, \mu)$ 上本性有界函数全体 B 按弱拓扑成为紧集. 因此只要证明 $\mathfrak{H}$ 是上述紧集 B 的闭子集, 那么 $\mathfrak{H}$ 就也是紧集.

设 $\{\alpha_\lambda, \lambda \in \Lambda\}$ 是 $\mathfrak{H}$ 中的半序列, 而且按弱拓扑收敛于 B 中的 α. 当 $\alpha_\lambda = c\alpha, c \neq 0, \alpha \in G^\mu$ 时, 记 $\tilde{\alpha}_\lambda = \tilde{\alpha}$. 我们先证明对每个 $h \in \mathfrak{G}$, 复数半序列 $\{\tilde{\alpha}_\lambda(h), \lambda \in \Lambda\}$ 是基本的.

任取 $f \in L(G, \mathfrak{B}, \mu)$. 由于 $(G, \mathfrak{B}, \mu)$ 是关于变换 h 拟不变的可局部化测度空间, $(G, \mathfrak{B}, \mu_h)$ (μ_h 的意义见 (3.1.1)) 也是可局部化测度空间. 根据定理 2.4.15, $f(h^{-1}g)\dfrac{d\mu_h(g)}{d\mu(g)} \in L(G, \mathfrak{B}, \mu)$. 因此, 对于正数 $\varepsilon > 0$, 由 $\lim_{\lambda \in \Lambda} \alpha_\lambda = \alpha$ 得知有 $\lambda_0 \in \Lambda$ 使得当 $\lambda_0 \prec \lambda$ 时,

$$\left| \int (\alpha(g) - \alpha_\lambda(g))f(g)d\mu(g) \right| < \varepsilon, \tag{3.2.16}$$

$$\left| \int (\alpha(g) - \alpha_\lambda(g))f(h^{-1}g)\frac{d\mu_h(g)}{d\mu(g)}d\mu(g) \right| < \varepsilon. \tag{3.2.17}$$

在 (3.2.17) 中以 hg 代 g, 又可把它化成

$$\left| \int (\alpha(hg) - \alpha_\lambda(hg))f(g)d\mu(g) \right| < \varepsilon. \tag{3.2.18}$$

不妨设 α 不概为 0, 取 f 使

$$b = \int \alpha(g)f(g)d\mu(g) \neq 0. \tag{3.2.19}$$

由 (3.2.16) 和 (3.2.19) 容易算出, 当 ε 充分小, $\lambda_0 \prec \lambda, \lambda'$ 时, $\alpha_\lambda, \alpha_{\lambda'} \neq 0$ 而且

$$|\tilde{\alpha}_\lambda(h) - \tilde{\alpha}_{\lambda'}(h)| < \frac{4\varepsilon}{|b|},$$

这里利用到 $\alpha_\lambda(hg)$ 几乎处处等于 $\tilde{\alpha}_\lambda(h)\alpha_\lambda(g)$. 因此必有模为 1 的复数 $\tilde{\alpha}(h)$, 使

$$\lim_{\lambda \in \Lambda} \tilde{\alpha}_\lambda(h) = \tilde{\alpha}(h). \tag{3.2.20}$$

再由 (3.2.16) 和 (3.2.18) 知道, 当 $\lambda_0 \prec \lambda$ 时,

$$\left| \int (\alpha(hg) - \tilde{\alpha}_\lambda(h)\alpha(g))f(g)d\mu(g) \right| \leqslant \varepsilon.$$

利用 (3.2.20) 得到等式

$$\int (\alpha(hg) - \tilde{\alpha}(h)\alpha(g))f(g)d\mu(g) = 0, \tag{3.2.21}$$

它对 $L^1(G, \mathfrak{B}, \mu)$ 中适合条件 (3.2.19) 的一切 f 成立. 由 (3.2.21) 容易看出, 对几乎所有的 $g \in G$,

$$\alpha(hg) = \tilde{\alpha}(h)\alpha(g). \tag{3.2.22}$$

由 $|\tilde{\alpha}(h)| = 1$, 对任何正数 $c_1 < c_2$, 从 (3.2.22) 看出集

$$\{g | c_1 < |\alpha(g)| < c_2\}$$

是拟不变的. 因此必有正数 c, 使得 $|\alpha(g)|$ 几乎处处等于 c. 不妨令 $|\alpha(g)|$ 处处为 c, 记 $\beta = \dfrac{\alpha}{c}$, 则由 (3.2.22) 得到 $\beta \in G^{\mu}$, 即 $\alpha \in \mathfrak{H}$. 证毕.

系 3.2.15 设 G 是局部紧群, $(G, \mathfrak{B}, \mu)$ 是关于左平移 G 不变的 Haar 测度空间. 那么 G 上的连续特征标全体 G^* 按 μ–弱拓扑成为局部紧空间.

证 令 $\mathfrak{H}_1 = G^* \cup \{0\}$, 利用定理 3.2.14 的证明, 来证明 $\mathfrak{H}_1$ 是 B 中的紧集. 任取 $\mathfrak{H}_1$ 中按 μ–弱拓扑收敛的半序列 $\{\alpha_\lambda, \lambda \in \Lambda\}$, 记 $\alpha = \lim\limits_{\lambda \in \Lambda} \alpha_\lambda$. 若 $\alpha \neq 0$, 则由定理 3.2.14 的证明有 $\beta \in G^{\mu}$, 使 $\alpha = c\beta, 0 < c \leqslant 1$. 由例 3.2.6 和系 3.2.4 后的注, 有 $\tilde{\alpha} \in G^*$ 使 $\beta = e^{i\theta}\tilde{\alpha}$, 因此有复数 $\varkappa, 0 < |\varkappa| \leqslant 1$ 使

$$\alpha = \varkappa\tilde{\alpha}, \tilde{\alpha} \in G^*.$$

只要证明 $\varkappa = 1$ 就可以了. 取 G 上的连续函数 φ, 使它在某紧集外为 0 而且

$$\int \tilde{\alpha}(g)\varphi(g)d\mu(g) \neq 0.$$

那么 $\varphi \in L^1(G, \mathfrak{B}, \mu)$, 而且

$$f(g) = \int \varphi(h^{-1}g)\varphi(h)d\mu(h) \in L^1(G, \mathfrak{B}, \mu).$$

这时容易算出对于每个特征标 $\gamma \in G^*$,

$$\int \gamma(g)f(g)d\mu(g) = \left(\int \gamma(h)\varphi(h)d\mu(h)\right)^2.$$

不妨设 $\alpha_\lambda \in G^*$, 因此

$$\begin{aligned}
&\varkappa^2 \left(\int \tilde{\alpha}(g)\varphi(g)d\mu(g)\right)^2 \\
&= \lim_{\lambda \in \Lambda} \left(\int \alpha_\lambda(g)\varphi(g)d\mu(g)\right)^2 = \lim_{\lambda \in \Lambda} \int \alpha_\lambda(g)f(g)d\mu(g) \\
&= \varkappa \int \tilde{\alpha}(g)f(g)d\mu(g) = \varkappa \left(\int \tilde{\alpha}(g)\varphi(g)d\mu(g)\right)^2.
\end{aligned}$$

这就证明了 $\varkappa = 0$ 或 1. 然而由于设 $\alpha \neq 0$, 所以 $\varkappa = 1$. 因此 $G^* \bigcup\{0\}$ 是紧的. 容易看出 $G^* \bigcup\{0\}$ 是 Hausdorff 空间, 因此 G^* 按 μ–弱拓扑是局部紧的.

利用系 3.2.12 和系 3.2.15 立即得到

系 3.2.16 设 G 是局部紧群, 那么 G 上的连续特征标群 $\mathfrak{G}^*$ 按强拓扑是局部紧的拓扑群.

4° 特征函数与拟特征函数

我们先给出群上常用的一些 σ-代数.

定义 3.2.3 设 G 是一群, $\mathfrak{H}$ 是 G' 的子群. 任取 n(有限数) 维复空间中 Borel 集 $E, g_1, \cdots, g_n \in G$, 称 $\mathfrak{H}$ 中形如

$$\{\alpha|(\alpha(g_1), \cdots, \alpha(g_n)) \in E\}$$

的子集为 (相应于 $\{g_1, \cdots, g_n\}$ 的) 以 E 做基的 Borel 柱. 令 $\mathfrak{B}$ 为 $\mathfrak{H}$ 中包含一切 Borel 柱的最小 σ-代数, 称 $\mathfrak{B}$ 中的集为 $\mathfrak{H}$ 中 (相应于 G) 的弱 Borel 集.

任取 n 维复空间中 Borel 集; $\alpha_1, \cdots, \alpha_n \in \mathfrak{H}$, 称 G 中形如

$$\{g|(\alpha_1(g), \cdots, \alpha_n(g_n)) \in E\}$$

的子集为 (相应于 $\{\alpha_1, \cdots, \alpha_n\}$ 的) 以 E 做基的 Borel 柱. 令 $\mathfrak{F}$ 为 G 中包含一切 Borel 柱的最小 σ-代数. 称 $\mathfrak{F}$ 中的集为 G 中 (相应于 $\mathfrak{H}$) 的弱 Borel 集.

定义 3.2.4 设 G 是群, $(G, \mathfrak{B}, \mu)$ 是有限的测度空间, 设 $\mathfrak{H}$ 是 $G^{\mathfrak{B}}$ 的一个子群, 称 $\mathfrak{H}$ 上的函数

$$\varphi(\beta) = \int_G \beta(g) d\mu(g), \ \beta \in \mathfrak{H},$$

为 $(G, \mathfrak{B}, \mu)$ 在 $\mathfrak{H}$ 上的特征函数.

今后为了方便起见, 常假设 $\varphi(1) = \mu(G) = 1$.

我们后面常用这样的情况, 即 $\mathfrak{H}$ 是一群, G 是 $\mathfrak{H}'$ 的子群, $\mathfrak{B}$ 是 G 中弱 Borel 集全体. 对每个 $h \in \mathfrak{H}$, 我们把 h 嵌入 G', 得到 α 如下:

$$\alpha(g) = g(h), \ g \in G.$$

显然 $\alpha \in G^{\mathfrak{B}}$. 当嵌入是单调时, 我们把 α 与 h 一致化, 这样就得到 $(G, \mathfrak{B}, \mu)$ 在 $\mathfrak{H}$ 上的特征函数

$$\varphi(h) = \int_G g(h) d\mu(g), \ h \in \mathfrak{H}.$$

即使这种嵌入不是单调的, 我们仍可定义特征函数如上.

例 3.2.7 设 $(R, \mathfrak{B})$ 是例 3.2.4 中所说的可测空间, 这时 $R^{\mathfrak{B}}$ 即是形如 $\alpha_t(x) = e^{itx}, x \in R, t \in R$ 的函数 α_t 全体, 我们把 α_t 与 t 一致起来, 那么当 $(R, \mathfrak{B}, \mu)$ 是概率测度空间时, 它的特征函数就和 μ 的 Fourier-Stieltjes 变换一致:

$$\varphi(t) = \int_R e^{itx} d\mu(x).$$

定义 3.2.5 设 $(G, \mathfrak{B}, \mu)$ 是关于可测变换群 $\mathfrak{G}$ 拟不变的有限测度空间. 称拟特征标群 G^μ 上的函数

$$\varphi(\alpha) = \int_G \alpha(g) d\mu(g), \ \alpha \in G^\mu$$

是相应于 $(G, \mathfrak{B}, \mu)$ 与群 $\mathfrak{G}$ 的拟特征函数.

为了方便起见, 仍假设 $\varphi(1) = \mu(G) = 1$. 由于 $G^{\mathfrak{B}} \subset G^\mu$, 所以拟特征函数是特征函数的延拓.

当 $\mathfrak{N}$ 与 C 同构, 也就是说 μ 是遍历的拟不变测度时, 函数 $|\varphi(\alpha)|$ 与 G_0^μ 中 η 的代表元素的选取无关. 事实上, 当 $\alpha, \alpha' \in \eta \in G_0^\mu$ 时, 必有 $c \in C$, 使得 $\alpha(g) = c\alpha'(g)$. 因此 $\varphi(\alpha) = c\varphi(\alpha')$, 即 $|\varphi(\alpha)| = |\varphi(\alpha')|$. 这样我们就可以把 $|\varphi(\alpha)|$ 看成 G^μ 上的函数, 记为 $\psi(\eta) = |\varphi(\alpha)|, \alpha \in \eta$. 或是把 $|\varphi(\alpha)|$ 看成 $\mathfrak{G}^\mu$ 上的函数. 定义

$$\tilde{\varphi}(\tilde{\alpha}) = |\varphi(\alpha)|, \ \tilde{\alpha} \in \mathfrak{G}^\mu,$$

此地 α 是相应于特征标 $\tilde{\alpha}$ 的拟特征标. 这里 $\psi, \tilde{\varphi}$ 也叫做相应于 $(G, \mathfrak{B}, \mu)$ 和变换群 $\mathfrak{G}$ 的拟特征函数, 只是它们的定义域和 φ 的不同而且取了绝对值.

我们首先注意在第 3 段中的范数 $N_G(\alpha)$ 与拟特征函数间有如下的关系:

$$N_G(\alpha)^2 = 2(1 - \Re\varphi(\alpha)), \ \alpha \in G^\mu. \tag{3.2.23}$$

事实上, 当 $\alpha \in G^\mu$ 时,

$$|1 - \alpha(g)|^2 = 1 - 2\Re\alpha(g) + |\alpha(g)|^2 = 2(1 - \Re\alpha(g)).$$

因此

$$N(\alpha)^2 = \int_G |\alpha(g) - 1|^2 d\mu(g) = 2\int_G (1 - \Re\alpha(g)) d\mu(g).$$

再由 $\varphi(1) = 1$ 得到 (3.2.23).

当 $\mathfrak{N}$ 与 C 同构时 $\sup\limits_{\alpha \in \eta} \Re\varphi(\alpha) = \inf\limits_{c \in C} \Re\varphi(\alpha) = |\varphi(\alpha)|, \alpha \in \eta$. 因此由 (3.2.23) 得到

$$N(\eta)^2 = 2(1 - \psi(\eta)), \ \eta \in G^\mu. \tag{3.2.24}$$

引理 3.2.17 设 μ 是有限的测度, G_0^μ 是按距离 $N(\xi\eta^{-1})$ 所成的距离群, $\tilde{\mathfrak{G}}^\mu$ 是按某个拓扑 $\mathcal{T}$ 所成的拓扑群, 由 (3.2.3) 定义的 G^μ 到 $\tilde{\mathfrak{G}}^\mu$ 的映照的逆映照 S^{-1} 成为连续映照的充要条件是 1 成为 $(\tilde{\mathfrak{G}}^\mu, \mathcal{T})$ 上拟特征函数 $\tilde{\varphi}(\tilde{\alpha})$ 的连续点.

证 设 $\tilde{\varphi}$ 在 1 处是连续的. 那么对任意正数 ε 必有 $\tilde{\mathfrak{G}}^\mu$ 中单位元 1 的环境 $V \in \mathcal{T}$, 使得当 $\tilde{\alpha} \in V$ 时 $2(1 - \tilde{\varphi}(\tilde{\alpha})) < \varepsilon^2$ (因为 $\tilde{\varphi}(1) = 1$). 因此当 $\tilde{\alpha} \in V$ 时, 由 (3.2.24), $N(\eta) < \varepsilon$. 此处 $\eta = S^{-1}\tilde{\alpha}$. 因此

$$S^{-1}V \subset Z(1; G, \varepsilon), \tag{3.2.25}$$

所以 S^{-1} 在 1 处是连续的. 由于 $G_0^\mu, \tilde{\mathfrak{G}}^\mu$ 都是拓扑群, 因而 S^{-1} 是连续映照.

反之, 若逆映照 S^{-1} 在 1 处是连续的, 则对任一正数 ε, 有 1 的环境 V, 使 (3.2.25) 成立. 因此, 当 $\tilde{\alpha} \in V$ 时, $0 \leqslant 1 - \tilde{\varphi}(\tilde{\alpha}) < \dfrac{\varepsilon^2}{2}$. 所以 $\tilde{\varphi}$ 在 1 处是连续的. 证毕.

我们注意, 这里由 $\tilde{\varphi}(\alpha)$ 在 1 处的连续性就推出 $\tilde{\varphi}(\tilde{\alpha})$ 是 $\mathfrak{G}^\mu$ 上的连续函数. 事实上, 容易证明 (或参看 (3.3.3) 的证明), 当 $\alpha, \alpha_0 \in G^\mu$ 时,

$$|\varphi(\alpha) - \varphi(\alpha_0)| \leqslant 2(1 - \mathfrak{R}\varphi(\alpha\alpha_0^{-1})).$$

由于 α 与 $c\alpha, |c| = 1$ 同时导出 $\tilde{\alpha}$. 因此当 $\tilde{\alpha}, \tilde{\alpha}_0 \in \mathfrak{G}^\mu$ 时,

$$|\tilde{\varphi}(\tilde{\alpha}) - \tilde{\varphi}(\tilde{\alpha}_0)| = ||\varphi(\alpha)| - |\varphi(\alpha_0)||$$
$$\leqslant |c\varphi(\alpha) - \varphi(\alpha_0)| \leqslant 2(1 - \mathfrak{R}c\varphi(\alpha\alpha_0^{-1}))$$

对任一 $c \in C$ 成立. 由是

$$|\tilde{\varphi}(\tilde{\alpha}) - \tilde{\varphi}(\tilde{\alpha}_0)| \leqslant 2(1 - \tilde{\varphi}(\tilde{\alpha}\tilde{\alpha}_0^{-1})).$$

因此 $\tilde{\varphi}$ 在 $\tilde{\alpha}_0$ 是连续的.

定义 3.2.6　设 G 是一群, $(G, \mathfrak{B}, \mu)$ 是有限测度空间, $\mathfrak{H}$ 是 $G^\mathfrak{B}$ 的子群, $\mathscr{T}$ 是 $\mathfrak{H}$ 上的一个拓扑 —— 强于弱拓扑, —— 使 $(\mathfrak{H}, \mathscr{T})$ 成为拓扑群. 如果对于任何正数 ε, η, 存在 $(\mathfrak{H}, \mathscr{T})$ 中单位元 1 的环境 V, 使得当 $\beta \in V$ 时,

$$\mu(\{g | |1 - \beta(g)| \geqslant \eta\}) < \varepsilon, \tag{3.2.26}$$

那么称 μ 关于 $\mathfrak{H}$ 上的拓扑 $\mathscr{T}$ 连续.

引理 3.2.18　在定义 3.2.5 的假设下, μ 关于 $\mathfrak{H}$ 上拓扑连续的充分且必要的条件是 $(G, \mathfrak{B}, \mu)$ 在 $(\mathfrak{H}, \mathscr{T})$ 上的特征函数 $\varphi(\beta)$(见定义 3.2.4) 是连续的.

证　设 φ 是连续的, 则对任何正数 ε, 必有 $(\mathfrak{H}, \mathscr{T})$ 中单位元 1 的环境 V, 使得当 $\beta \in V$ 时,

$$1 - \mathfrak{R}\varphi(\beta) < \dfrac{\eta^2}{2}\varepsilon. \tag{3.2.27}$$

然而

$$1 - \mathfrak{R}\varphi(\beta) = \int_G (1 - \mathfrak{R}\beta(g))d\mu(g) = \dfrac{1}{2}\int_G |1 - \beta(g)|^2 d\mu(g)$$
$$\geqslant \dfrac{\eta^2}{2}\mu(\{g | |1 - \beta(g)| \geqslant \eta\}). \tag{3.2.28}$$

由 (3.2.27),(3.2.28) 知道, 当 $\beta \in V$ 时 (3.2.26) 成立.

反之, 若 μ 关于 $\mathfrak{H}$ 上拓扑 $\mathscr{T}$ 是连续的. 不妨假设 $\mu(G) = 1$, 那么对任何 $\varepsilon > 0$, 取 $\mathfrak{H}$ 中 1 的环境 V, 使得当 $\beta \in V$ 时,

$$\mu(\{g | |1 - \beta(g)| \geqslant \sqrt{\varepsilon}\}) < \dfrac{1}{4}\varepsilon,$$

那么当 $\beta \in V$ 时, 就有

$$1 - \Re\varphi(\beta) = \frac{1}{2}\int_G |1-\beta(g)|^2 d\mu(g)$$

$$\leqslant 2\mu(\{g||1-\beta(g)| \geqslant \sqrt{\varepsilon}\}) + \frac{1}{2}(\sqrt{\varepsilon})^2 < \varepsilon.$$

即 $\varphi(\beta)$ 在 $\mathfrak{H}$ 的单位元 1 处连续, 由此易知 φ 在 $\mathfrak{H}$ 上处处连续. 证毕.

引理 3.2.19 在定义 3.2.5 的假设下, 若 $\mathscr{T}$ 满足第一可列公理, 则 μ 关于 $\mathfrak{H}$ 上的拓扑 $\mathscr{T}$ 是连续的.

证 任取一列 $\{\beta_n\} \subset \mathfrak{H}$, 且 $\{\beta_n\}$ 拓扑 $\mathscr{T}$ 收敛于 $\beta \in \mathfrak{H}$, 由于 $\mathscr{T}$ 强于弱拓扑, 对每个 $g \in G$, $\lim\limits_{n\to\infty}\beta_n(g) = \beta(g)$. 再由积分的控制收敛定理, $\varphi(\beta_n) \to \varphi(\beta)$. 因为 $\mathscr{T}$ 满足第一可列公理, 所以 φ 是 $(\mathfrak{H}, \mathscr{T})$ 上的连续函数, 由引理 3.2.18, μ 关于 $\mathscr{T}$ 连续. 证毕.

§3.3 群上正定函数的积分表示

1° 群上正定函数的概念

定义 3.3.1 设 G 是群, $f(g), g \in G$ 是群 G 上的函数, 具有如下的性质: 对于任何复数组 $z_1, \cdots, z_n(n$ 是自然数) 和群 G 中的元素组 $g_1, \cdots, g_n$, 成立着

$$\sum_{k,l=1}^n f(g_k^{-1}g_l)z_k\bar{z}_l \geqslant 0, \tag{3.3.1}$$

那么称 f 是群 G 上的正定函数.

特别取 g_1 为 G 中单位元 e, g_2 为 G 中任一元 $g, n=2$, 由 (3.3.1) 容易推出, 当 $g \in G$ 时,

$$|f(g)| \leqslant f(e), \quad f(g^{-1}) = \overline{f(g)}. \tag{3.3.2}$$

又在 (3.3.1) 中取 $n=3, g_1=e, g_2=g, g_3=g'$, 那么立即得到

$$|f(g)-f(g')|^2 \leqslant 4(f(e) - \Re f(g'^{-1}g))f(e). \tag{3.3.3}$$

由 (3.3.3) 立即可以看出:

若 G 是拓扑群, f 是 G 上的正定函数, 则 f 在 G 上连续的充要条件是 f 在单位元处连续.

容易看出, 群上的特征标是群上的正定函数, 这是最基本的正定函数.

设 H 是内积空间, $U: g \to U(g)(g \in G)$ 是群 G 在 H 中的一个酉表示[①], 那么对任何 $\xi \in H, G$ 上的函数

$$(U(h)\xi, \xi), \quad h \in G$$

[①]关于群的酉表示的概念见附录 §II.3.

必然是正定函数. 这一点很容易按定义 3.3.1 验证.

定义 3.3.2　设 $(\mathfrak{G}, \mathscr{T})$ 是拓扑群[①], $\mathfrak{G}^*$ 是 $\mathfrak{G}$ 的对偶群. 设 Γ 是一空间, $\mathfrak{G}^* \subset \Gamma, \mathfrak{B}$ 是 Γ 中某些子集所成的 σ-代数. 又设对每个 $h \in \mathfrak{G}$, 存在 $(\Gamma, \mathfrak{B})$ 上的可测函数 $h(\gamma), \gamma \in \Gamma$, 它们适合条件: (i)$|h(\gamma)| = 1$; (ii) 函数族 $\mathfrak{E} = \{h(\cdot) | h \in \mathfrak{G}\}$ 成为 $(\Gamma, \mathfrak{B})$ 上的决定集; (iii) $\mathfrak{E}$ 按乘法成为群而且 $h \to h(\cdot)$ 是 $\mathfrak{G}$ 到 $\mathfrak{E}$ 的同构映照; (iv) 当 $\gamma \in \mathfrak{G}^*$ 时, $h(\gamma)$ 就是特征标 γ 在 h 的值. 如果对于 $(G, \mathscr{T})$ 上的每个正定连续函数 $f(f(e) > 0)$, 有唯一的正测度 μ, 使得

$$f(g) = \int g(\gamma) d\mu(\gamma), \; g \in \mathfrak{G} \tag{3.3.4}$$

成立, 那么称 $(\Gamma, \mathfrak{B})$ 为 $(\mathfrak{G}, \mathscr{T})$ 的谱空间.

特别, 当 Γ 为 $\mathfrak{G}$ 上某些特征标所成的群 (即 $\Gamma \subset \mathfrak{G}'$) 而且对每个 $g \in \mathfrak{G}$, 函数 $g(\gamma)$ 在 γ 处的值即是特征标 γ 在 g 处的值 (换句话说, 取 $g(\gamma) = \gamma(g)$) 时, 称 Γ 为谱群.

所谓正定函数的积分表示问题, 就是要找出适当的谱群. 下面将证明谱群必然存在, 我们的兴趣还在于寻找较小的谱群. 在这些讨论之前, 先说明谱群在研究群的酉表示时的作用, 这也就是说明正定函数理论与群的酉表示之间的关系.

定理 3.3.1　设 $\mathfrak{G}$ 为拓扑群, Γ 为 $\mathfrak{G}$ 的谱群, $\mathfrak{B}$ 是 Γ 中弱 Borel 集所成的 σ-代数. 设 $U : h \to U(h)$ 是 Hilbert 空间 H 中 $\mathfrak{G}$ 的弱连续酉表示. 那么必有 $(\Gamma, \mathfrak{B})$ 上 H 中的谱测度 $\{P(E), E \in \mathfrak{B}\}$, 使得当 $h \in \mathfrak{G}$ 时,

$$U(h) = \int_\Gamma h(\gamma) dP(\gamma).$$

证　任取 $\xi \in H$, 作群 $\mathfrak{G}$ 上函数

$$\varphi_\xi(h) = (U(h)\xi, \xi), \; h \in \mathfrak{G}, \tag{3.3.5}$$

这是 $\mathfrak{G}$ 上的正定连续函数. 根据谱群的定义, 有 $(\Gamma, \mathfrak{B})$ 上唯一的有限测度 μ_ξ, 使

$$\varphi_\xi(h) = \int_\Gamma h(\gamma) d\mu_\xi(\gamma), \tag{3.3.6}$$

这时

$$\mu_\xi(\Gamma) = \|\xi\|^2.$$

对每个 $E \in \mathfrak{B}$, 作 H 上的二元泛函 $\mu(E; \xi, \eta), \xi, \eta \in H$, 如下:

$$\mu(E; \xi, \eta) = \frac{1}{4}(\mu_{\xi+\eta}(E) - \mu_{\xi-\eta}(E) + i\mu_{\xi+i\eta}(E) - i\mu_{\xi-i\eta}(E)). \tag{3.3.7}$$

[①]后面用到定义 3.3.2 时, 有时放松对 $\mathscr{T}$ 为 Hausdorff 拓扑的限制.

由 (3.3.5) , (3.3.6) 与 (3.3.7) 立即可知

$$(U(h)\xi,\eta) = \int_\Gamma h(\gamma)d\mu(\gamma;\xi,\eta). \tag{3.3.8}$$

由于 $\{h(\cdot)|h\in\mathfrak{G}\}$ 是决定集, 由 (3.3.8) 唯一地决定了 $\mu(E;\xi,\eta)$. 由于 (3.3.8) 左边是 ξ,η 的双线性泛函, 所以 $\mu(E;\xi,\eta)$ 是 ξ,η 的双线性泛函. 又由 (3.3.8) 易知 $\mu(E;\xi,\eta)$ 是 ξ,η 的 Hermite 泛函而且 $0\leqslant\mu(E;\xi,\xi)=\mu_\xi(E)\leqslant\|\xi\|^2$. 因此 $\mu(E;\xi,\eta)$ 又是正定连续泛函. 因此由熟知的定理有 H 中的自共轭线性有界算子 $P(E)\geqslant 0$ 使

$$(P(E)\xi,\eta) = \mu(E;\xi,\eta), \quad \xi,\eta\in H. \tag{3.3.9}$$

由 (3.3.7), $\mu(E;\xi,\eta),E\in\mathfrak{B}$, 是 $\mathfrak{B}$ 上的可列可加的集函数. 只要证明 $P(E)$ 是投影算子, 那么由 $(P(\Gamma)\xi,\eta)=\mu(\Gamma,\xi,\eta)=(\xi,\eta)$ 立即知道 P 是谱测度了.

任取定 $h_1\in\mathfrak{G}$, 作 $(\Gamma,\mathfrak{B})$ 上的复值测度

$$\mu_1(E;\xi,\eta) = \int_E h_1(\gamma)d(P(\gamma)\xi,\eta). \tag{3.3.10}$$

由于对一切 $h\in\mathfrak{G}$,

$$\int_\Gamma h(\gamma)d\mu_1(\gamma;\xi,\eta) = \int_\Gamma h(\gamma)h_1(\gamma)d(P(\gamma)\xi,\eta)$$
$$= (U(hh_1)\xi,\eta) = \int_\Gamma h(\gamma)d\mu(\gamma,U(h)\xi,\eta).$$

再利用 (3.3.7) 中测度 μ 的唯一性知道

$$\mu_1(E;\xi,\eta) = \mu(E;U(h_1)\xi,\eta), \quad E\in\mathfrak{B}, \tag{3.3.11}$$

因此由 (3.3.9)—(3.3.11) 得知当 $h_1\in\mathfrak{G}$ 时,

$$\int_\Gamma h_1(\gamma)C_E(\gamma)d(P(\gamma)\xi,\eta) = (P(E)U(h_1)\xi,\eta)$$
$$= \int_\Gamma h_1(\gamma)d(P(\gamma)\xi,P(E)\eta), \tag{3.3.12}$$

这里 $C_E(\gamma)$ 是集 E 的特征函数. 又由于 $\{h_1(\cdot)|h_1\in\mathfrak{G}\}$ 是 $(\Gamma,\mathfrak{B})$ 的决定集, 从 (3.3.12) 知道对一切有界可测函数 $q(\gamma)$, 都有

$$\int_\Gamma q(\gamma)C_E(\gamma)d(P(\gamma)\xi,\eta) = \int_\Gamma q(\gamma)d(P(\gamma)\xi,P(E)\eta).$$

特别, 在上式中取 $q(\gamma)$ 为 $C_E(\gamma)$, 那么

$$(P(E)\xi,\eta) = \int_E C_E(\gamma)d(P(\gamma)\xi,\eta) = \int_E d(P(\gamma)\xi,P(E)\eta)$$
$$= (P(E)\xi,P(E)\eta)$$

因此 $P(E)^*P(E) = P(E)$, 再由 $P(E)$ 的自共轭性得知 $P(E)$ 为 H 中的投影算子. 定理证毕.

系 3.3.2　在定理 3.3.1 的假设下, 若 H 中算子族 $\{U(h)|h \in \mathfrak{G}\}$ 张成的弱闭交换算子代数为 $\mathfrak{A}$, 且 $\mathfrak{A}$ 具有均匀重复度 k, 那么必有 μ 使 $(\Gamma, \mathfrak{B}, \mu)$ 是测度空间, 又有 H 到 $\mathfrak{L}_k^2(\Gamma, \mathfrak{B}, \mu)$ 的酉映照 Q 使得, 当 $h \in \mathfrak{G}$ 时, 对一切 $\varphi \in \mathfrak{L}_k^2(\Gamma, \mathfrak{B}, \mu)$, 成立着

$$(QU(h)Q^{-1})\varphi(\gamma) = h(\gamma)\varphi(\gamma), \quad \gamma \in \Gamma.$$

由定理 3.3.1 及系 2.4.23 立即得到系 3.3.2.

2° 离散群上的正定函数

下面我们只限于交换群. 先考察抽象群的情况, 换句话说, 我们取群 G 中的一切子集作为开集, 这样得到一个拓扑, 称之为离散拓扑, 这时 G 上的一切函数都是连续的.

设 G 是一交换群, G' 是 G 上的特征标全体. 作 G 上的群环 $R(G)$ 如下: 设 φ 是 G 上的函数, $\{g|\varphi(g) \neq 0\}$ 是有限集或可列集而且

$$\|\varphi\| = \sum_{g \in G} |\varphi(g)| < \infty, \tag{3.3.13}$$

这种 φ 的全体 $R(G)$ 按通常的线性运算及范数 $\|\varphi\|$ (见 (3.3.13)) 显然成为 Banach 空间, 又在 $R(G)$ 中定义乘法如下: 当 $\varphi, \psi \in R(G)$ 时, 称函数

$$(\varphi * \psi)(g) = \sum_{g_1 g_2 = g} \varphi(g_1)\psi(g_2)$$

为 φ 与 ψ 的卷积. $R(G)$ 按卷积成为交换的 Banach 环. 又在 $R(G)$ 中定义对合 $\varphi \to \varphi^*$,

$$\varphi^*(g) = \overline{\varphi(g^{-1})},$$

那么 $R(G)$ 又是对称的.

我们现在来考察 $R(G)$ 上的实可乘线性泛函空间 $\mathfrak{M}$. 任取 $\alpha \in G'$, 作 $R(G)$ 上的线性泛函 F_α:

$$F_\alpha(\varphi) = \sum \varphi(g)\alpha(g). \tag{3.3.14}$$

容易看出 $F_\alpha \in \mathfrak{M}$. 反之, 设 $F \in \mathfrak{M}$, 对每个 $h \in G$, 作函数

$$\varphi_h(g) = \begin{cases} 1, & \text{当} g = h \text{时}, \\ 0, & \text{当} g \neq h \text{时}, \end{cases}$$

令

$$\alpha(h) = F(\varphi_h),$$

那么由于 φ_e(e 是 G 的单位元) 是 $R(G)$ 中的单位元, 因而 $\alpha(e) = F(\varphi_e) = 1$, 又因为 $\varphi_{h_1} * \varphi_{h_2} = \varphi_{h_1 h_2}$, 所以

$$\alpha(h_1 h_2) = F(\varphi_{h_1 h_2}) = F(\varphi_{h_1})F(\varphi_{h_2}) = \alpha(h_1)\alpha(h_2).$$

再由 $|\alpha(h)| \leqslant \|F\|\|\varphi_h\| = 1$ 得知 $|\alpha(h)^{-1}| = |\alpha(h^{-1})| \leqslant 1$, 因此 $|\alpha(h)| = 1$, 这就证明了 $\alpha \in G'$. 此时易知 $F = F_\alpha$. 这就证明了

引理 3.3.3 设 G 是交换群, G' 是 G 的特征标群, $\mathfrak{M}$ 是群环 $R(G)$ 的实可乘线性泛函空间, 则映照 $T: \alpha \to F_\alpha(F_\alpha$ 形如 (3.3.14)) 是 G' 到 $\mathfrak{M}$ 的一一映照。

令 $\mathfrak{F}'$ 是 G' 中包含一切 Borel 柱的最小 $\sigma-$ 代数, $\mathfrak{B}$ 是 $\mathfrak{M}$ 中包含一切 Borel 柱的最小 $\sigma-$ 代数, 那么 T 将 $\mathfrak{F}'$ 映照成 $\mathfrak{B}$, 即 $\mathfrak{B} = \{T(E)|E \in \mathfrak{F}'\}$.

事实上, 设 E 是 $\mathfrak{F}'$ 中以 Borel 集 B 为基相应于 $g_1, \cdots, g_n$ 的柱, 即

$$E = \{\alpha|(\alpha(g_1), \cdots, \alpha(g_n)) \in B\},$$

那么

$$TE = \{F|(F(\varphi_{g_1}), \cdots, F(\varphi_{g_n})) \in B\},$$

因此 $\mathfrak{B} \supset \{T(E)|E \in \mathfrak{F}'\} = \mathfrak{B}'$. 反之, 设 $\varphi \in R(G)$, 则必有一列 $\{g_k\}$ 使 $\varphi = \lim\limits_{m \to \infty} \sum\limits_{k=1}^{m} \varphi(g_k)\varphi_{g_k}(g)$. 因此 $F(\varphi) = \sum\limits_{k=1}^{\infty} \varphi(g_k)(T\alpha)(g_k)$. 即 $\mathfrak{M}$ 上函数 $F \to F(\varphi)$ 关于 $\mathfrak{B}'$ 为可测的. 即得 $\mathfrak{B} = \mathfrak{B}'$.

定理 3.3.4 对群 G 上的每个正定函数 $f, f(e) = 1$, 必有 $(G', \mathfrak{F}')$ 上的唯一的概率测度 P', 使得当 $g \in G$ 时,

$$f(g) = \int_{G'} \alpha(g)dP'(\alpha). \tag{3.3.15}$$

证 利用 f 造 $R(G)$ 上的线性泛函 F:

$$F(\varphi) = \sum_{g \in G} f(g)\varphi(g), \quad \varphi \in R(G),$$

由于 $|f(g)| \leqslant 1$. 所以当 $\varphi \in R(G)$ 时, 级数 $\sum\limits_{g \in G} f(g)\varphi(g)$ 收敛. 由 f 的正定性得到

$$F(\varphi * \varphi^*) = \sum_{g,h \in G} f(gh^{-1})\varphi(g)\overline{\varphi(h)} \geqslant 0, \quad \varphi \in R(G),$$

所以 F 是 $R(G)$ 上的正泛函. 由于 $R(G)$ 是具有单位元的对称 Banach 环, 必有 $R(G)$ 的实线性泛函空间 $\mathfrak{M}$ 上唯一的正测度 μ, 使得当 $\varphi \in R(G)$ 时,

$$F(\varphi) = \int_{\mathfrak{M}} \varphi(\mu)d\mu(\mu). \tag{3.3.16}$$

然而由引理 3.3.3, 存在着 G' 到 $\mathfrak{M}$ 之间的一一映照 T, 在此映照下, $\mathfrak{M}$ 中的可测集映照成 $\mathfrak{F}'$ 中的集. 今作 $\mathfrak{F}'$ 上的集函数 P' 如下:

$$当 E \in \mathfrak{F}'时, \quad P'(E) = \mu(TE), \tag{3.3.17}$$

那么易知 P' 是 $(G', \mathfrak{F}')$ 上的有限测度. 从 (3.3.16) 和 (3.3.17) 得到

$$F(\varphi) = \int_{G'} F_\alpha(\varphi) dP'(\alpha). \tag{3.3.18}$$

特别在 (3.3.14) 和 (3.3.18) 中取 $\varphi = \varphi_h$ 就得到 (3.3.15), 再由 $f(e) = 1$ 知道 $P'(G') = 1$. 至于 P' 的唯一性可以由 μ 的唯一性推出. 证毕.

我们又可以把定理 3.3.4 改写成下面的形式:

定理 3.3.4′　设 $(G, \mathscr{T})$ 是交换拓扑群, G' 是 G 上的特征标全体, 那么 G' 是拓扑群 $(G, \mathscr{T})$ 的谱群.

利用定理 3.3.3 的证法, 也可以类似地得知局部紧群的最小谱群是对偶群, 然而这已需要较长的篇幅, 我们不准备用这样的方法, 因为这种方法依赖于 "群环", 或是依赖于不变测度, 因此它不可能更进一步地拓广, 下面采取测度论的方法来研究.

由定理 3.3.4 可以看出, 要找到比较小的谱群, 只要证明 (3.3.15) 中的测度 P' 可以集中到更小的子群上来就可以了, 为此我们要做一些准备工作.

3°　具测度的群上的正定函数

我们再介绍后面要用到的空间. 设 G 是一群, 对每个 $g \in G$, 作复平面上的单位圆周 C_g, 它按照复欧几里得拓扑成为拓扑空间. 设 C^G 是这些 $C_g, g \in G$ 的拓扑积. 因为 C_g 是紧的 Hausdorff 空间, 显然 C^G 中的点 $f = \{f(g), g \in G\}$ 也可以看成 G 上适合条件 $|f(g)| = 1$ 的复值函数. 任取 $g_1, \cdots, g_n \in G$ 及 n 维空间中的 Borel 集 B, 称形如

$$\{f | (f(g_1), \cdots, f(g_n)) \in B\}$$

的集为 C^G 中相应于 $g_1, \cdots, g_n$ 的、以 B 为基的 Borel 柱. 令 $\mathfrak{L}$ 是由 C^G 的子集组成的、包含所有 Borel 柱的最小 $\sigma-$ 代数.

我们注意, 这时 $G' \subset C^G$, 而且 C^G 在 G' 上导出的拓扑就是弱拓扑, 又 $\mathfrak{L}$ 在 G' 上导出的 $\sigma-$ 代数就是 $\mathfrak{F}'$.

下面进一步假设 $(G, \mathfrak{B}, \mu)$ 是一个完全的可局部化测度空间, 又设群 G 的运算 $(g, h) \to g^{-1}h$ 是 $(G \times G, \mathfrak{B} \times \mathfrak{B})$ 到 $(G, \mathfrak{B})$ 的可测映照, 再设对每个非空开集 $O, \mu(O) > 0$. 设 $\{E_\sigma, \sigma \in \Sigma\}$ 是 G 的一个剖分 (见定义 1.1.8), 即 $E_\sigma \in \mathfrak{B}, \sigma \in \Sigma$ 而且 $\mu(E_\sigma) < \infty$. 令 $\mathfrak{B}_\sigma, \mu_\sigma$ 是 $\mathfrak{B}, \mu$ 在 E_σ 上的限制, 又令 $(G, \mathfrak{B}', \mu')$ 是 $\{(E_\sigma, \mathfrak{B}_\sigma, \mu_\sigma), \sigma \in \Sigma\}$ 的直接和, 那么 $\widetilde{\mathfrak{B}}' = \mathfrak{B}, \widetilde{\mu}' = \mu$. 又设对每个 $\sigma \in \Sigma$, 存在 E_σ 到 E_σ 的一列映照 $\varphi_n^{(\sigma)}(g), n = 1, 2, \cdots$, 适合如下条件:

(i) $\varphi_n^{(\sigma)}(g)$ 的值最多为可列个, 把它们记为 $g_{k,n}^{(\sigma)}, k = 1, 2, \cdots$.

(ii) 适合条件 $\varphi_n^{(\sigma)}(g) = g_{k,n}^{(\sigma)}$ 的元素 g 的全体所成的集属于 $\mathfrak{B}$.

(iii) 当 $m \geqslant n$ 时 $\varphi_m(g_{k,n}^{(\sigma)}) = g_{k,n}^{(\sigma)}, k = 1, 2, \cdots$.

我们把 $G^\mathfrak{B}$ (见 §3.2) 中 Borel 柱张成的 $\sigma-$代数记为 $\mathfrak{F}^\mathfrak{B}$.

引理 3.3.5　设 G 是交换群, f 是 G 上的正定函数, $f(e)=1$ 而且关于 $\mathfrak{B}$ 是可测的. 又设对每个 σ, E_σ 上的可测函数列

$$\{\mathfrak{R}f(\varphi_n^{(\sigma)}(g)^{-1}g)\}$$

按测度 μ 概收敛于 1. 那么必有 $(G^{\mathfrak{B}}, \mathfrak{F}^{\mathfrak{B}})$ 上的、唯一的概率测度 $P^{\mathfrak{B}}$, 使得对所有的 $g \in G$, 成立着

$$f(g) = \int_{G^{\mathfrak{B}}} \alpha(g)dP^{\mathfrak{B}}(\alpha). \tag{3.3.19}$$

证　分下面几步进行.

(1) 利用定理 3.3.4, 得到概率测度空间 $(G', \mathfrak{F}', P')$ 使得 (3.3.15) 成立. 我们先把 P' 延拓到 $(C^G, \mathfrak{L})$ 上. 定义 $\mathfrak{L}$ 上的集函数 Q 如下: 当 $A \in \mathfrak{L}$ 时, 由于 $AG' \in \mathfrak{F}'$, 规定

$$Q(A) = P'(AG'), \tag{3.3.20}$$

显然 Q 为 $(C^G, \mathfrak{L})$ 上的概率测度. 由 (3.3.15) 得到

$$f(g) = \int_{C^G} \alpha(g)dQ(\alpha), \quad g \in G;$$

而且当 $g, g' \in G$ 时,

$$\int_{G'} \alpha(g)\overline{\alpha(g')}dP'(\alpha) = \int_{C^G} \alpha(g)\overline{\alpha(g')}dQ(\alpha). \tag{3.3.21}$$

(2) 由于 $\alpha \in G'$ 时是特征标, 并且利用 (3.3.21) 我们得到

$$2(1 - \mathfrak{R}f(\varphi_n^{(\sigma)}(g)^{-1}g)) = \int_{G'} 2(1 - \mathfrak{R}\overline{\alpha(\varphi_n^{(\sigma)}(g))\alpha(g)})dP'(\alpha)$$

$$= \int_{C^G} 2(1 - \mathfrak{R}\overline{\alpha(\varphi_n^{(\sigma)}(g))\alpha(g)})dQ(\alpha)$$

$$= \int_{C^G} |\alpha(g) - \alpha(\varphi_n^{(\sigma)}(g))|^2 dQ(\alpha). \tag{3.3.22}$$

由于假设, 函数列 $1 - \mathfrak{R}f(\varphi_n^{(\sigma)}(g)^{-1}g)$ 按测度 μ 概收敛于 0, 而且它们是均匀有界的 (见 (3.3.2)), 因此从 (3.3.22) 得到

$$\lim_{n\to\infty} \int_{E_\sigma} \left(\int_{C^G} |\alpha(\varphi_n^{(\sigma)}(g)) - \alpha(g)|^2 dQ(\alpha) \right) d\mu(g)$$

$$= \lim_{n\to\infty} \int_{E_\sigma} 2(1 - \mathfrak{R}f(\varphi_n^{(\sigma)}(g)^{-1}g))d\mu(g) = 0. \tag{3.3.23}$$

作乘积测度空间 $(E_\sigma \times C^G, \mathfrak{B}_\sigma \times \mathfrak{L}, \mu \times Q)$(这里 $\mathfrak{B}_\sigma$ 是 $\mathfrak{B}$ 在 E_σ 上的限制). 由于 $\varphi_n^{(\sigma)}(g)$ 满足条件 (i) 和 (ii), 我们把 $\alpha(\varphi_n^{(\sigma)}(g))$ 看成 $(g, \alpha) \in E_\sigma \times C^G$ 上的函数时, 它是关于 $\mathfrak{B}_\sigma \times \mathfrak{L}$ 可测的.

根据 Fubini 定理得到

$$
\begin{aligned}
\lim_{m,n\to\infty} & \int_{E_\sigma \times C^G} |\alpha(\varphi_n^{(\sigma)}(g)) - \alpha(\varphi_m^{(\sigma)}(g))|^2 d\mu \times Q \\
& = \lim_{m,n\to\infty} \int_{E_\sigma} \left(\int_{C^G} |\alpha(\varphi_n^{(\sigma)}(g)) - \alpha(\varphi_m^{(\sigma)}(g))|^2 dQ(\alpha) \right) d\mu(g) \\
& \leqslant \lim_{m,n\to\infty} 4 \int_{E_\sigma} [(1 - \Re f(\varphi_n^{(\sigma)}(g)^{-1}g)) + (1 - \Re f(\varphi_m^{(\sigma)}(g)^{-1}g))] d\mu(g) \\
& = 0.
\end{aligned}
$$

因此有子函数列 $\{\alpha(\varphi_{\beta_n}^{(\sigma)}(g))\}$[①] 以及 $(E_\sigma \times C^G, \mathfrak{B}_\sigma \times \mathfrak{L})$ 上可测函数 $U^{(\sigma)}(g, \alpha)$ 使得对 $E_\sigma \times C^G$ 中几乎所有的 (按测度 $\mu \times Q$)(g, α), 成立着

$$
\lim_{n\to\infty} \alpha(\varphi_{\beta_n}^{(\sigma)}(g)) = U^{(\sigma)}(g, \alpha). \tag{3.3.24}
$$

因而有 $F_\sigma \in \mathfrak{B}_\sigma, \mu(F_\sigma) = 0$, 使得当 $g \in E_\sigma \backslash F_\sigma$ 时, $U^{(\sigma)}(g, \alpha)$ 是 $(C^G, \mathfrak{L})$ 上的可测函数而且

$$
Q(\{\alpha| \lim_{n\to\infty} \alpha(\varphi_{\beta_n}^{(\sigma)}(g)) = U^{(\sigma)}(g, \alpha)\}) = 1.
$$

从 (3.3.23) 和 (3.3.24) 看出

$$
\int_\sigma \left(\int_{C^G} |U^{(\sigma)}(g, \alpha) - \alpha(g)|^2 dQ(\alpha) \right) d\mu(g) = 0,
$$

因此必然可以把 F_σ 取大一点, 使得等式

$$
Q(\{\alpha|U^{(\sigma)}(g, \alpha) = \alpha(g)\}) = 1
$$

对于 $E_\sigma \backslash F_\sigma$ 中一切 g 成立. 因此当 $g \in E_\sigma \backslash F_\sigma$ 时, 成立着

$$
Q(\{\alpha| \lim_{n\to\infty} \alpha(\varphi_{\beta_n}^{(\sigma)}(g)) = \alpha(g)\}) = 1. \tag{3.3.25}
$$

(3) 作 $G \times C^G$ 上的 4 个函数 $V_\nu(g; \alpha), \nu = 1, 2, 3, 4$ 如下: 当 $g \in G$ 时, 必有 $\sigma \in \Sigma$, 使 $g \in E_\sigma$, 令

$$
\begin{aligned}
V_1(g; \alpha) &= \varliminf_{n\to\infty} \Re\alpha(\varphi_{\beta_n}^{(\sigma)}(g)); \\
V_2(g; \alpha) &= \varlimsup_{n\to\infty} \Re\alpha(\varphi_{\beta_n}^{(\sigma)}(g)); \\
V_3(g; \alpha) &= \varliminf_{n\to\infty} \Im\alpha(\varphi_{\beta_n}^{(\sigma)}(g)); \\
V_4(g; \alpha) &= \varlimsup_{n\to\infty} \Im\alpha(\varphi_{\beta_n}^{(\sigma)}(g)).
\end{aligned}
$$

因为当我们把 V_ν 限制在 $E_\sigma \times C^G$ 上时, 它关于 $\mathfrak{B}_\sigma \times \mathfrak{L}$ 是可测的, 因此 V_ν 是 $(G \times C^G, \mathfrak{B} \times \mathfrak{L})$ 上的可测函数.

[①] 我们注意, 这里 $\{\beta_n\}$ 与 σ 有关, 但我们不标出了, 免得记号过分复杂.

作 C^G 的子集 H：它是使不等式

$$\left.\begin{aligned}V_1(g;\alpha) \leqslant \Re\alpha(g) \leqslant V_2(g;\alpha),\\ V_3(g;\alpha) \leqslant \Im\alpha(g) \leqslant V_4(g;\alpha)\end{aligned}\right\} \tag{3.3.26}$$

对几乎所有的 $g \in G$ 成立的 $\alpha \in C^G$ 全体. 今证 H 的外测度 $Q^*(H)$ 为 1.

事实上, 若 $\Gamma = \bigcup\limits_{n=1}^{\infty} \Gamma_n$ 是包含 H 的一列 Borel 柱的和集, 不妨设 Γ_n 是相应于 $g_1, \cdots, g_n \subset G$ 的柱, $n = 1, 2, \cdots$, 必有 $\sigma_n \in \Sigma$, 使 $g_n \in E_{\sigma_n}$. 令 $g_{n_1}, \cdots, g_{n_k}, \cdots$ 是 $\{g_n\}$ 中适合条件 $g_n \in E_{\sigma_n} \backslash F_{\sigma_n}$ 的元素全体. 作集

$$\Lambda = \bigcap_k \{\alpha \mid \lim_{m \to \infty} \alpha(\varphi_{\beta_m}^{(\sigma_{n_k})}(g_{n_k})) = \alpha(g_{n_k})\},$$

由 (3.3.25), $Q(\Lambda) = 1$. 如果 $\{g_{n_k}\}$ 是空的, 那么 $\Lambda = C^G$, 因而仍有 $Q(\Lambda) = 1$.

今证 $\Lambda \subset \Gamma$. 任取 $\alpha_0 \in \Gamma$, 作 $\alpha \in C^G$ 如下: 对于一切 g_ν, 我们令

$$\alpha(g_\nu) = \alpha_0(g_\nu), \tag{3.3.27}$$

对一切 $\varphi_{\beta_m}^{(\sigma_n)}(g)$ 的值 $g_{k,\beta_m}^{(\sigma_n)}$, 我们规定

$$\alpha(g_{k,\beta_m}^{(\sigma_n)}) = \alpha_0(g_{k,\beta_m}^{(\sigma_n)}) \tag{3.3.28}$$

对于任一 $g \in E_{\sigma_n} \backslash (\{g_{k,\beta_m}^{(\sigma_n)}\} \bigcup \{g_\nu\})$, 规定 $\alpha(g)$ 是绝对值为 1 的复数且满足条件

$$V_1(g;\alpha_0) \leqslant \Re\alpha(g) \leqslant V_2(g;\alpha_0), \tag{3.3.29}$$

$$V_3(g;\alpha_0) \leqslant \Im\alpha(g) \leqslant V_4(g;\alpha_0). \tag{3.3.30}$$

容易看出, 这种复数 $\alpha(g)$ 的确存在. 对于任一 $g \in G \backslash \bigcup\limits_{n=1}^{\infty} E_{\sigma_n}$, 规定

$$\alpha(g) = 1. \tag{3.3.31}$$

下面来证明 $\alpha \in H$. 事实上, 只要证明对于 α 和 $G \backslash \bigcup\limits_{n=1}^{\infty} F_{\sigma_n}$ 中的 g, 相应的不等式 (3.3.26) 成立即可.

由 (3.3.31), 当 $g \in G \backslash \bigcup\limits_{n=1}^{\infty} E_{\sigma_n}$ 时, $V_\nu(g;\alpha) = 1 = \Re\alpha(g), \nu = 1, 2$, 而 $V_\nu(g, \alpha) = 0 = \Im\alpha(g), \nu = 3, 4$. 所以 (3.3.26) 成立. 又由 $V_\nu(g, \alpha)$ 的定义, 从 (3.3.28) 得知 $V_\nu(g;\alpha) = V_\nu(g;\alpha_0), g \in \bigcup\limits_{n=1}^{\infty} E_{\sigma_n}$. 因此, 根据 (3.3.29), (3.3.30), 当 $g \in E_{\sigma_n} \backslash (\{g_{k,\beta_m}^{(\sigma_n)}\} \bigcup \{g_\nu\})$ 时 (3.3.26) 成立. 又由于 $\varphi_n^{(\sigma)}(g)$ 适合条件 (iii), 当 $l \geqslant m$ 时 $\varphi_{\beta_l}(g_{k,\beta_m}^{(\sigma)}) = g_{k,\beta_m}^{(\sigma)}$, 所以

$$\lim_{l \to \infty} \alpha(\varphi_{\beta_l}(g_{k,\beta_m}^{(\sigma_n)})) = \alpha(g_{k,\beta_m}^{(\sigma_n)}).$$

因此, 对于 $g = g_{k,\beta_m}^{(\sigma_n)}$, (3.3.26) 也成立. 最后由于 $\alpha_0 \in \Lambda$, 以及 (3.3.27),(3.3.28), 我们得到

$$\alpha(g_{n_k}) = \lim_{m\to\infty} \alpha(\varphi_{\beta_m}^{(\sigma_{n_k})}(g_{n_k})),$$

所以对 g_{n_k}, (3.3.26) 也成立. 因而对一切 $g \in \bigcup_{n=1}^{\infty} F_{\sigma_n}$, (3.2.26) 成立, 即 $\alpha \in H$.

因而 $\alpha \in \Gamma$, 即必有 k 使 $\alpha \in \Gamma_k$. 但是 Γ_k 是相应于 $g_1, \cdots, g_k$ 的 Borel 柱, 由 (3.3.27), 得知 $\alpha_0 \in \Gamma_k$, 即得 $\Lambda \subset \Gamma$. 从 $Q(\Lambda) = 1$ 推出 $Q(\Gamma) = 1$, 因此 H 的外测度为 1.

(4) 令 $\mathfrak{L}_0 = \{A \bigcap H | A \in \mathfrak{L}\}$. 作 $\mathfrak{L}_0$ 上的集函数 Q_0:

$$Q_0(A \cap H) = Q(A), \quad A \in \mathfrak{L}.$$

由于 $Q^*(H) = 1$, 根据 §1.1 的第 1 段, Q_0 是 $(H, \mathfrak{L}_0)$ 上的概率测度.

由于 $G \times C^G$ 上的函数 $V_\nu(g; \alpha)$ 关于 $\mathfrak{B} \times \mathfrak{L}$ 是可测的, 把它限制在 $G \times H$ 上的函数时, 关于 $\mathfrak{B} \times \mathfrak{L}_0$ 也是可测的. 记 $F = \bigcup_{\sigma \in \Sigma} F_\sigma$, 根据 (3.3.25), 当 $g \in F$ 时,

$$Q(\{\alpha | V_1(g; \alpha) = V_2(g; \alpha); V_3(g; \alpha) = V_4(g; \alpha)\}) = 1.$$

因此当 $g \in G \backslash F$ 时,

$$Q_0(\{\alpha | V_1(g; \alpha) = V_2(g; \alpha); V_3(g; \alpha) = V_4(g; \alpha), \alpha \in H\}) = 1.$$

由 Fubini 定理 (虽然在 Halmos[1] 中假设测度是 $\sigma-$ 有限的, 但在此情况下, 可以证明仍能适用),

$$\mu \times Q_0(\{(g; \alpha) | V_1(g; \alpha) \neq V_2(g, \alpha) \quad \text{或} \quad V_3(g; \alpha) \neq V_4(g; \alpha), \alpha \in H\}) = 0,$$

所以有 H 的零子集 H_0, 使得当 $\alpha \in H \backslash H_0$ 时,

$$\mu(\{g | V_1(g; \alpha) \neq V_2(g; \alpha) \quad \text{或} \quad V_3(g; \alpha) \neq V_4(g; \alpha)\}) = 0.$$

但是当 $\alpha \in H$ 时,(3.3.26) 对几乎所有的 g 成立. 因此当 $\alpha \in H \backslash H_0$ 时, 对几乎所有的 g 成立着

$$\left.\begin{array}{l} V_1(g; \alpha) = \mathfrak{R}\alpha(g) = V_2(g; \alpha), \\ V_3(g; \alpha) = \mathfrak{F}\alpha(g) = V_4(g; \alpha). \end{array}\right\} \tag{3.3.32}$$

不妨取零集 H_0 充分大, 使得当 $\alpha \in H \backslash H_0$ 时, $V_\nu(g; \alpha)$ 是 g 的可测函数, 因而当 $\alpha \in H \backslash H_0(Q_0(H_0) = 0)$ 时, $\alpha(g)$ 是 g 的可测函数.

(5) 设 $H_1 = H \backslash H_0$, 那么 $H_1 \cap G' \subset G^{\mathfrak{B}}$. 由于 $Q_0(H_1) = 1$, 所以外测度 $Q^*(H_1) = 1$. 由 (3.3.20) 知道

$$Q^*(H_1) = P'^*(H_1 \cap G'),$$

所以 $P'^*(H_1 \cap G') = 1$, 因而 $P'^*(G^{\mathfrak{B}}) = 1$. 当 $A \in \mathfrak{F}'$ 时, 令

$$P^{\mathfrak{B}}(A \cap G^{\mathfrak{B}}) = P'(A). \tag{3.3.33}$$

由于 $\mathfrak{F}^{\mathfrak{B}} = \{A \cap G^{\mathfrak{B}} | A \in \mathfrak{L}\}, P'^*(G^{\mathfrak{B}}) = 1$. 根据 §1.1 第 1 段, $P^{\mathfrak{B}}$ 成为 $(G^{\mathfrak{B}}, \mathfrak{F}^{\mathfrak{B}})$ 上的概率测度. 而且容易知道, 对于 $(G', \mathfrak{F}')$ 上的可测函数 $\alpha(g), g \in G$, 成立着

$$\int_{G^{\mathfrak{B}}} \alpha(g) dP^{\mathfrak{B}}(\alpha) = \int_{G'} \alpha(g) dP'(\alpha).$$

因此, 从 (3.3.15) 知道, 当 $g \in G$ 时 (3.3.19) 成立.

(6) 最后来说明满足 (3.3.19) 的测度 $P^{\mathfrak{B}}$ 的唯一性. 若又有 $(G^{\mathfrak{B}}, \mathfrak{F}^{\mathfrak{B}})$ 上的概率测度 $P_1^{\mathfrak{B}}$ 使 (3.3.19) 对 $P_1^{\mathfrak{B}}$ 成立, 作 $(G', \mathfrak{F}')$ 上的测度 P_1' 如下: 当 $A \in \mathfrak{F}'$ 时,

$$P_1'(A) = P_1^{\mathfrak{B}}(A \cap G^{\mathfrak{B}}). \tag{3.3.34}$$

容易看出, 由 (3.3.34),(3.3.19) 得知 (3.3.15) 对 P_1' 也成立. 但是根据定理 3.3.4 中 P' 的唯一性应有 $P' = P_1'$. 因此从 (3.3.33) 和 (3.3.34) 得到 $P^{\mathfrak{B}} = P_1^{\mathfrak{B}}$. 证毕.

我们注意, 定理 3.3.5 中条件:$\{\Re f(\varphi_n^{(\sigma)}(g)^{-1}g)\}$ 依测度 μ 收敛于 1 的假设不能除去, 这点由下面一例看出.

例 3.3.1 设 R 是实数全体按照加法所成的群, $\mathfrak{B}$ 是 R 中 Lebesgue 可测集全体, μ 是等价于 Lebesgue 测度的任一概率测度. 这时由例 3.2.4, $R^{\mathfrak{B}}$ 就是一切形如

$$\alpha_t(x) = e^{itx}, \quad x \in R$$

的函数, 因此 (3.3.19) 的左边就是

$$\int_R e^{itx} dP(t), \quad x \in R, \tag{3.3.35}$$

此地 P 为 $(R, \mathfrak{B})$ 上的概率测度. 容易看出, 当在 R 上赋以欧几里得拓扑时,(3.3.35) 是 R 上的连续函数. 现在我们定义 R 上的函数

$$f(x) = \begin{cases} 1, & x \neq 0, \\ 0, & x = 0, \end{cases}$$

这显然是 R 上的正定函数, 而且关于 $\mathfrak{B}$ 是可测的, 但是它不是连续的, 因此不可能表示成 (3.3.19) 的形式.

引理 3.3.6 设 G 是满足第一可列公理的拓扑群, $(G, \mathfrak{B}, \mu)$ 是正则测度空间, 并且是局部有限的. 再设对每个非空开集 $O, \mu(O) > 0$. 那么必有 G 的一个剖分 $\{E_\sigma | \sigma \in \Sigma\}$ 以及相应的映照 $\{\varphi_n^{(\sigma)} | \sigma \in \Sigma, n = 1, 2, 3, \cdots\}$, 适合引理 3.3.5 前的条件 (i), (ii), (iii), 而且对几乎所有的 $g \in E_\sigma$,

$$\lim_{n \to \infty} \varphi_n^{(\sigma)}(g) = g. \tag{3.3.36}$$

证　设 $\mathfrak{U}$ 是 G 中适合下述条件的一族互不相交的集 E：$E \in \mathfrak{B}, 0 < \mu(E) < \infty$，而且对于 G 中任何开集 O，当 $E \cap O$ 不空时 $\mu(O \cap E) > 0$，而这些 E 的和集属于 $\mathfrak{B}$。令 $\mathfrak{F}$ 为上述集族 $\mathfrak{U}$ 的全体。在 $\mathfrak{F}$ 中规定半序如下：当 $\mathfrak{U} \subset \mathfrak{U}_1$ 时，$\mathfrak{U} \prec \mathfrak{U}_1$。利用 Zorn 引理，$\mathfrak{F}$ 必有极大元，记极大元为 $\{E_\sigma | \sigma \in \Sigma\}$。

今证明任何紧集 K 最多只和可列个 E_σ 相交。事实上，由 μ 的正则性，存在有限测度的开集 $O \supset K$。由于

$$\infty > \mu(O) \geqslant \sum \mu(E_\sigma \cap O).$$

因此最多只有可列个 E_σ 使 $\mu(E_\sigma \cap O) \neq 0$，即使 $E_\sigma \cap O$ 不空。

记 $R = \bigcup_\sigma E_\sigma$，再证明 $G \backslash R$ 是零集。任取完全有界集 K，只要证明 $K \cap (G \backslash R)$ 是零集就可以了。由于 K 只和可列个 E_σ 相交，$K \cap R \in \mathfrak{B}$，因此 $K \cap (G \backslash R) \in \mathfrak{B}$。若 $K \cap (G \backslash R)$ 的测度不是零，它必包含一正测度的完全有界集 E。这时 $E \cap E_\sigma$ 是空集。

设 $U_1 \supset U_2 \supset \cdots \supset U_n \supset \cdots$ 是 G 中单位元 e 的环境基，不妨设 $\mu(U_1) < \infty$。由于 E 是完全有界集，必存在 E 中有限个 $g_1^{(n)}, \cdots, g_{m_n}^{(n)}$，使 $\bigcup_{\nu=1}^{m_n} g_\nu^{(n)} U_n \supset E$。如果有 n, ν 使 $E \cap (g_\nu^{(n)} U_n)$ 为零集，就从 E 中除去这些零集（它们最多只有可列个），剩下的可测集记为 E_0，显然 $E_0 \cap E_\sigma$ 仍然为空集，而且 $0 < \mu(E_0) = \mu(E) < \infty$。今证对任何开集 O，若 O 与 E_0 相交，则 $\mu(E_0 \cap O) > 0$。任取 $g \in E_0 \cap O$，由于 g 是 O 的内点，必有 n 使 $gU_n \subset O$，又由于 $g \in E_0$，对任何 m 有 ν 使 $g \in g_\nu^{(m)} U_m$，因此 $g^{-1} g_\nu^{(n)} \in U_m^{-1}$。取 m 充分大使 $U_m^{-1} U_m \subset U_n$，那么

$$g_\nu^{(m)} U_m \subset g U_m^{-1} U_m \subset O.$$

然而 $g \in g_\nu^{(m)} U_m, g \in E_0$，因此 $E \cap (g_\nu^{(m)} U_m)$ 不是零集（因 E_0 是由 E 除去了一切使 $\mu(E \cap g_\nu^{(m)} U_m) = 0$ 的集 $g_\nu^{(m)} U_m$）。由于 $E_0 \cap O \supset E_0 \cap (g_\nu^{(m)} U_m)$，$E_0 \cap O$ 不是零集。这样，$\{E_\sigma, \sigma \in \Sigma\} \cup \{E_0\} \in \mathfrak{F}$。这和 $\{E_\sigma | \sigma \in \Sigma\}$ 的极大性冲突。因此 $G \backslash R$ 是零集。不妨设 $G = R$（因为可把 $G \backslash R$ 放在某 E_σ 中），那么 $\{E_\sigma | \sigma \in \Sigma\}$ 是 G 的剖分。

现在来作出 $\{\varphi_n^{(\sigma)}\}$。不妨设 $U_n U_n^{-1} \subset U_{n-1}, n = 2, 3, \cdots$。先证明在 E_σ 中必存在有限个或可列个 $h_{\nu, n}^{(\sigma)}, \nu, n = 1, 2, \cdots$，使

$$\mu(E_\sigma \backslash \bigcup_\nu h_{\nu, n}^{(\sigma)} U_n) = 0. \tag{3.3.37}$$

事实上，E_σ 必是可列个完全有界集与零集的和集，而对于完全有界集，必存在有限个形如 $h_1 U_n, \cdots, h_m U_n$ 的集覆盖此集，因此确有使 (3.3.37) 成立的 $\{h_{\nu, n}^{(\sigma)}\}$。因为 $h_{\nu, n}^{(\sigma)} U_n \in \mathfrak{B}$，作

$$E_{\nu, n}^{(\sigma)} = h_{\nu, n}^{(\sigma)} U_n \backslash (\bigcup_{k=1}^{\nu-1} h_{k, n}^{(\sigma)} U_n) \in \mathfrak{B}.$$

当 $\nu \neq \nu'$ 时, $E_{\nu,n}^{(\sigma)}$ 与 $E_{\nu',n}^{(\sigma)}$ 不相交, 而且由 (3.3.37), 若记

$$E_{0,n}^{(\sigma)} = E_\sigma \backslash \bigcup_\nu E_{\nu,n}^{(\sigma)},$$

则

$$\mu(E_{0,n}^{(\sigma)}) = 0. \tag{3.3.38}$$

今用归纳法作 $\{\varphi_n^{(\sigma)}\}$. 先作 $\varphi_1^{(\sigma)}$ 如下: 当 $E_{\nu,1}^{(\sigma)}$ 不空时, 任取元素 $g_{\nu,1}^{(\sigma)} \in E_{\nu,1}^{(\sigma)}$. 规定当 $g \in E_{\nu,1}^{(\sigma)}$ 时, $\varphi_1^{(\sigma)}(g) = g_{\nu,1}^{(\sigma)}$. 则 $\varphi_1^{(\sigma)}$ 满足条件 (i) 和 (ii). 设 $\varphi_1^{(\sigma)}, \cdots, \varphi_{l-1}^{(\sigma)}$ 已作好, 并且它们满足条件 (i),(ii) 以及 (iii) 中当 $1 \leqslant n \leqslant m \leqslant l-1$ 的情况. 今用下面方法作 $\varphi_l^{(\sigma)}$: 对于任何 ν, 如果 $E_{\nu,l}^{(\sigma)}$ 包含 $\{g_{s,l-1}^{(\sigma)}\}$ 中点, 设为 $g_{s,l-1}^{(\sigma)}$, 那么在 $E_{\nu,l}^{(\sigma)} \cap \bigcup_k E_{k,l-1}^{(\sigma)}$ 中点上定义 $\varphi_l^{(\sigma)}(g) = \varphi_{l-1}^{(\sigma)}(g)$, 在 $E_{\nu,l}^{(\sigma)}$ 的别的一些点 g 上规定 $\varphi_l^\sigma(g) = g_{s,l-1}^{(\sigma)}$; 如果 $E_{\nu,l}^{(\sigma)}$ 不包含 $\{g_{s,l-1}^{(\sigma)}\}$ 中的点, 而且 $E_{\nu,l}^{(\sigma)}$ 不是空集, 就在 $E_{\nu,l}^{(\sigma)}$ 中任意选定一点 g_0, 又规定当 $g \in E_{\nu,l}^{(\sigma)}$ 时, $\varphi_l^{(\sigma)}(g) = g_0$. 如是继续下去, 我们选出一列函数 $\{\varphi_l^{(\sigma)}\}$, 它们适合条件 (i), (ii), (iii). 我们注意, 这个函数列 $\{\varphi_l^{(\sigma)}\}$ 又有下面的性质: 若 $\nu \neq 0$,

$$当 \quad g \in E_{\nu,n}^{(\sigma)} 时, \quad \varphi_n^{(\sigma)}(g) \in E_{\nu,n}^{(\sigma)},$$

因此当 $g \overline{\in} E_{0,n}^{(\sigma)}$ 时, $\varphi_n^{(\sigma)}(g)g^{-1} \in E_{\nu,n}^{(\sigma)}E_{\nu,n}^{(\sigma)-1} \subset U_n U_n^{-1} \subset U_{n-1}$. 因此在 $E_\sigma \backslash \bigcup_{n=1}^\infty E_{0,n}^{(\sigma)}$ 上,

$$\lim_{n \to \infty} \varphi_n^{(\sigma)}(g) = g.$$

但由 (3.3.38), $\bigcup_{n=1}^\infty E_{0,n}^{(\sigma)}$ 是 E_σ 中的零集. 定理证毕.

4° 交换拓扑群上的正定连续函数

定理 3.3.7 设 $(G, \mathscr{T})$ 是满足第一可列公理的交换拓扑群, $\mathfrak{B}$ 是 G 的某些子集所成的 $\sigma-$ 代数, 且 $\mathfrak{B}$ 包含 G 的一切闭子集. 又设在 $(G, \mathfrak{B})$ 上存在局部有限的正则测度 μ, 并设对每个非空开集 $O, \mu(O) > 0$. 那么对于 G 上的每个正定连续函数 $f, f(e) = 1$, 必有 $(G^{\mathfrak{B}}, \mathfrak{F}^{\mathfrak{B}})$ 上唯一的概率测度 $P^{\mathfrak{B}}$, 使得当 $g \in G$ 时,

$$f(g) = \int_{G^{\mathfrak{B}}} \alpha(g) dP^{\mathfrak{B}}(\alpha). \tag{3.3.39}$$

证 利用引理 3.3.6, 我们得到 G 的剖分 $\{E_\sigma | \sigma \in \Sigma\}$ 和满足引理 3.3.5 前条件 (i), (ii), (iii) 以及按拓扑 $\mathscr{T}$,(3.3.36) 成立 (对几乎所有 $g \in E_\sigma$) 的函数列 $\{\varphi_n^{(\sigma)} | \sigma \in \Sigma, n = 1, 2, \cdots\}$. 由于 f 按拓扑 $\mathscr{T}$ 在 e 点连续, 因此由 (3.3.36) 得知对几乎所有的 $g \in E_\sigma$,

$$\lim_{n \to \infty} \mathfrak{R}(f(\varphi_n^{(\sigma)}(g)^{-1}g)) = 1.$$

这样就可以引用引理 3.3.5, 而得到本定理. 定理证毕.

现在利用定理 3.3.7 和拟不变测度的性质来建立具有拟不变测度群上正定连续函数的表示定理.

定理 3.3.8　设 G 是交换拓扑群, $\mathfrak{G}$ 是 G 的子群, $\mathfrak{G}$ 本身又有拓扑 $\mathscr{T}$, 它比 G 在 $\mathfrak{G}$ 上导出的拓扑强, 使 $(\mathfrak{G}, \mathscr{T})$ 成为第二纲的拓扑群. 又设 $\mathfrak{B}$ 是 G 的某些子集所成的 $\sigma-$ 代数, 它包含一切闭集, 而且在 $(G, \mathfrak{B})$ 上存在着关于 $\mathfrak{G}$ 强拟不变的、局部有限的正则测度 μ, 并设对每个非空开集 $O, \mu(O) > 0$. 记 $\mathfrak{G}^*$ 为 $(\mathfrak{G}, \mathscr{T})$ 的对偶群, $\mathfrak{F}^*$ 是 $\mathfrak{G}^*$ 中弱 Borel 集全体. 那么对于 $\mathfrak{G}$ 上的每个正定连续函数 $f, f(e) = 1$, 必有 $(\mathfrak{G}^*, \mathfrak{F}^*)$ 上唯一的概率测度 P^* 使得

$$f(g) = \int_{\mathfrak{G}^*} \alpha(g) dP^*(\alpha), \quad g \in \mathfrak{G} \tag{3.3.40}$$

成立, 而且 P^* 关于 G 在 $\mathfrak{G}$ 上导出的拓扑是连续的.

证　由定理 3.3.7, 有 $(G^{\mathfrak{B}}, \mathfrak{F}^{\mathfrak{B}})$ 上唯一的概率测度 $P^{\mathfrak{B}}$, 使得 f 适合 (3.3.39).

根据系 3.2.4, 对每个 $\alpha \in G^{\mathfrak{B}}$, 当我们把 α 限制到 $\mathfrak{G}$ 上时得到 $\mathfrak{G}$ 上的特征标, 记为 $\alpha', \alpha' \in \mathfrak{G}^*$. 这样我们就得到 $G^{\mathfrak{B}}$ 到 $\mathfrak{G}^*$ 中的同态映照

$$T : \alpha \to \alpha'.$$

对每个 $A \in \mathfrak{F}^*$, 令 $T^{-1}A = \{\alpha | T_\alpha \in A\}$, 那么 $T^{-1}A \in \mathfrak{F}^{\mathfrak{B}}$. 事实上, $\mathfrak{F}^*$ 中使 $T^{-1}A \in \mathfrak{F}^{\mathfrak{B}}$ 的 A 全体显然成为 $\sigma-$ 代数, 另一方面, 容易看出当 A 是 $\mathfrak{G}^*$ 中 Borel 柱时 $T^{-1}A \in \mathfrak{F}^{\mathfrak{B}}$. 因此, 由于 $\mathfrak{F}^*$ 是 G^* 中 Borel 柱全体所张成的 $\sigma-$ 代数, 知道上述 A 的全体就是 $\mathfrak{F}^*$.

利用 $P^{\mathfrak{B}}$ 作 $\mathfrak{F}^*$ 上的测度 P^* 如下:

$$P^*(A) = P^{\mathfrak{B}}(T^{-1}A).$$

容易看出 $(\mathfrak{G}^*, \mathfrak{F}^*, P^*)$ 是概率测度空间, 又由 (3.3.39) 得知, 当 $g \in \mathfrak{G}$ 时,

$$f(g) = \int_{G^{\mathfrak{B}}} \alpha(g) dP^{\mathfrak{B}}(\alpha) = \int_{\mathfrak{G}^*} \alpha(g) dP^*(\alpha).$$

至于 P^* 的唯一性, 兹证明于下.

设 P^{**} 是 $(\mathfrak{G}^*, \mathfrak{F}^*)$ 上的另一概率测度, 使得

$$f(g) = \int_{\mathfrak{G}^*} \alpha(g) dP^{**}(\alpha). \tag{3.3.41}$$

设 $\mathfrak{G}'$ 是 $\mathfrak{G}$ 的代数对偶群. 设 $\mathfrak{F}'$ 是 $\mathfrak{G}'$ 中 Borel 柱全体张成的 $\sigma-$ 代数. 因为当 $A \in \mathfrak{F}'$ 时 $A \cap \mathfrak{G}^* \in \mathfrak{F}^*$, 作 $\mathfrak{F}'$ 上的两个集函数

$$P'(A) = P^*(A \cap \mathfrak{G}^*), P''(A) = P^{**}(A \cap \mathfrak{G}^*).$$

显然它们是 $(\mathfrak{G}', \mathfrak{F}')$ 上的概率测度. 又 (3.3.40) 和 (3.3.41) 分别地化成

$$f(g) = \int_{\mathfrak{G}^*} \alpha(g) dP'(\alpha), \quad g \in \mathfrak{G},$$

$$f(g) = \int_{\mathfrak{G}'} \alpha(g) dP''(\alpha), \quad g \in \mathfrak{G},$$

对 $\mathfrak{G}$ 上的正定函数 $f(g)$ 应用定理 3.3.4. 利用定理 3.3.4 中所述的概率测度的唯一性得知

$$P' = P''.$$

因 $P^* = P^{**}$, 所以 (3.3.40) 中的测度是唯一的. 至于测度 P^* 的连续性可以由把 f 看成拓扑群 $\mathfrak{G}^*$ 上的正定连续函数并利用 §3.2 的第 4 段得到. 证毕.

我们留意到, 定理 3.3.8 只给出了 f 在 $\mathfrak{G}$ 上的表达形式. 但是当 $\mathfrak{G}$ 在 G 中稠密时, 由 f 在 $\mathfrak{G}$ 上的值显然可以决定出 f 在 G 上的值. 事实上, 对每个 $g \in G$, 取 $\{g_n\} \subset \mathfrak{G}$ 使 $g = \lim_{n \to \infty} g_n$, 那么就有

$$f(g) = \lim_{n \to \infty} f(g_n).$$

例 3.3.2　设 G 是局部紧的交换拓扑群, G^* 是 G 的对偶群, 那么对于 G 上的每个正定连续函数 f, 必有 $(G^*, \mathfrak{F}^*)$ 上唯一的有限测度 P^*, 使得

$$f(g) = \int_{G^*} \alpha(g) dP^*(\alpha), \quad g \in G. \tag{3.3.42}$$

事实上, 只要在定理 3.3.8 中取 $\mathfrak{G} = G, \Omega = (G, \mathfrak{B}, \mu)$ 取做 Haar 测度空间. 由于 G 的局部紧性, μ 是局部有限的, 由定理 3.3.8 立即推出本例.

设 $\xi \in L^1(\Omega)$, 作 G^* 上的函数

$$\hat{\xi}(\alpha) = \int_G \overline{\alpha(g)} \xi(g) d\mu(g), \quad \alpha \in G^*. \tag{3.3.43}$$

称函数 $\hat{\xi}$ 是函数 ξ 的 L_1-Fourier 变换, 那么有下面的结果:

$$\text{当} \xi \in L^1(\Omega), \hat{\xi}(\alpha) = 0 \text{时}, \xi = 0. \tag{3.3.44}$$

事实上, 对每个 $\eta \in L^1(\Omega)$, 作函数

$$f(h) = \int \overline{\eta(gh)} \eta(g) d\mu(g), \tag{3.3.45}$$

那么, f 是 G 上的连续函数, 又显然当 $g_1, \cdots, g_n \in G, z_1, \cdots, z_n$ 是复数时,

$$\sum_{k,l=1}^{n} f(g_k^{-1} g_l) z_k \overline{z}_l = \int \left| \sum_{k=1}^{n} \eta(gg_k) z_k \right|^2 d\mu(g) \geqslant 0,$$

所以 f 是正定连续函数. 因此有 $(G^*, \mathfrak{F}^*)$ 上相应的概率测度 P^* 使 (3.3.42) 成立. 将 (3.3.42) 两边乘以 $\int \overline{\xi(hg)} \xi(h) d\mu(h)$, 并在 Ω 上积分之, 由于

$$
\begin{aligned}
\iint \alpha\,(g) & \overline{\xi(hg)} \xi(h) d\mu(h) d\mu(g) \\
&= \int \overline{\alpha(h)} \left(\int \alpha(hg) \overline{\xi(hg)} d\mu(g) \right) \xi(h) d\mu(h) \\
&= |\hat{\xi}(\alpha)|^2, \tag{3.3.46}
\end{aligned}
$$

所以

$$
\iint f(g) \overline{\xi(hg)} \xi(h) d\mu(h) d\mu(g) = 0.
$$

然而以 (3.3.45) 代入上式后并交换积分次序, 做变数变换得到

$$
\iint |\eta(gh) \xi(h) d\mu(h)|^2 d\mu(g) = 0.
$$

因此对几乎所有的 $g \in G$,

$$
\int \eta(gh) \xi(h) d\mu(h) = 0.
$$

再根据系 1.1.5 就得到 (3.3.44).

我们再给出局部紧群上连续特征标的完整性.

引理 3.3.9　设 G 是局部紧的交换拓扑群, 那么对每个 $g_0 \in G, g_0 \neq e$, 必有 G 上的连续特征标 α_0, 使 $\alpha_0(g_0) \neq 1$.

证　容易看出有 $\varphi \in L^2(G, \mathfrak{B}, \mu)$($\mu$ 是 Haar 测度), 使得函数

$$
f(h) = \int_G \varphi(hg) \overline{\varphi(g)} d\mu(g)
$$

具有性质 $f(g_0) \neq f(e) = 1$. 然而 f 是 G 上的正定连续函数, 因此有 $(G^*, \mathfrak{F}^*)$ 上的概率测度 P^* 使 (3.3.42) 成立. 如果对一切 $\alpha \in G, \alpha(g_0) = 1$, 那么由 (3.3.42) 就有 $f(g_0) = 1$, 这是矛盾. 因此有 $\alpha_0 \in G^*$, 使 $\alpha_0(g_0) \neq 1$. 证毕.

§3.4　L_2-Fourier 变换

本节中始终假设 $\Omega = (G, \mathfrak{B}, \mu)$ 是关于可测变换群 $\mathfrak{G}$ 拟不变的可局部化测度空间, 而且 $\mathfrak{G}$ 是交换的. 在 §3.1 的第 6 段中定义了群 $\mathfrak{G}$ 的酉表示 $U: h \to U(h)$, 这时群 $\mathfrak{U} = \{U(h) | h \in \mathfrak{G}\}$ 是交换的, 在 $L^2(\Omega)$ 中包含 $\mathfrak{U}$ 的最小弱闭算子代数 $\mathfrak{A}(\Omega, \mathfrak{G})$(简记为 $\mathfrak{A}$) 也是交换的 (见引理 2.4.1).

1° k 级循环测度

定义 3.4.1   设 $\Omega = (G, \mathfrak{B}, \mu)$ 是关于交换变换群 $\mathfrak{G}$ 拟不变的非平凡的 (即 $\mu \not\equiv 0$) 可局部化测度空间. 如果 $L^2(\Omega)$ 中的算子代数 $\mathfrak{A}(\Omega, \mathfrak{G})$ 具有均匀重复度 k, 那么称测度空间 Ω (或称测度 μ) 关于 $\mathfrak{G}$ 是 k 级循环的[①].

特别当 $\mathfrak{A}(\Omega, \mathfrak{G})$ 是极大交换算子代数 (即 $k = 1$) 时, 又称 Ω(或 μ) 是关于 $\mathfrak{G}$ 循环的.

例 3.4.1   当 $\mathfrak{G}$ 只含有单位元时, 如果 $L^2(\Omega)$ 的维数是 k, 那么算子代数 $\mathfrak{A}(\Omega, \mathfrak{G}) = \{\lambda I | \lambda$ 是复数$\}$ 具有均匀重复度 k, 即 Ω 是 k 级循环的, 因此对每个势 k, 存在着 k 级循环测度.

下面我们先将测度分解为互相奇异的 k 级循环测度之和, 为此先引进如下的概念.

定义 3.4.2   设 $\Omega = (G, \mathfrak{B}, \mu)$ 是关于交换群 $\mathfrak{G}$ 拟不变的可局部化测度空间, 令 $\mathfrak{E}$ 是 Ω 上关于 $\mathfrak{G}$ 的某些拟特征标所成的群. 如果 $\mathfrak{E}$ 是 Ω 的决定集, 那么称 Ω 关于 $\mathfrak{E}$ 是正规的. 特别当 G^μ 是 Ω 上的决定集时, 称 Ω 关于 $\mathfrak{G}$ 为正规的.

例 3.4.2   设 G 是交换的局部紧群, 那么 Haar 测度空间 $\Omega = (G, \mathfrak{B}, \mu)$ 关于平移 G 是正规的.

证   我们要证明 G^* 成为 Ω 上的决定集. 令 $\mathfrak{B}_1$ 是使 G^* 成为可测函数族的最小 σ- 代数, 任取 Ω 中的 σ- 有限集 E, 由 Ω 的正则性容易知道必有 G 中的一列紧集

$$Q_1 \subset Q_2 \subset \cdots \subset Q_n \subset \cdots,$$

使得 $E \backslash \bigcup_{n=1}^{\infty} Q_n$ 是 μ- 零集. 令 R 是 G 上连续特征标作出的一切线性组合中成为实函数的那些线性组合全体. 任取 E 中紧集 F, 不妨取 Q_1 使 $F \subset Q_1$. 根据测度 μ 的正则性, 必有一列包含 F 的开集 $\{O_n\}$ 使 $\mu(O_n \backslash F) \to 0$. 由于 F 与 $Q_1 \backslash O_n$ 是正常空间 Q_1 的两个不相交的闭子集. 根据 Urysohn 引理, 有连续函数 $f_n(q), q \in Q_1, 0 \leqslant f_n(q) \leqslant 1$, 它在 F 上取值为 1 而在 $Q_1 \backslash O_n$ 上取值为 0, 因此 $\{f_n\}$ 在 Q_1 上几乎处处地收敛于集 F 的特征函数 C_F. 又由引理 3.3.9 及定理 2.1.2 可证明 R 在 Q_1 上连续函数全体中稠密, 因此有 $\varphi_n \in R$, 使

$$\max_{g \in Q_1} |\varphi_n(g) - f_n(g)| < \frac{1}{n}.$$

因此 $\{\varphi_n\}$ 在 Q_1 上概收敛于 C_F, 从而 F 和 $Q_1 \cap F'$ 只相差一 μ- 零集, 而

$$F' = \prod_{n=1}^{\infty} \varliminf_{k \to \infty} \left\{ g \Big| \varphi_k(g) \geqslant 1 - \frac{1}{n} \right\} \in \mathfrak{B}_1.$$

[①]这时显然 $k \leqslant L^2(\Omega)$ 的维数.

完全类似地, 对每个 Q_n 有 $Q'_n \in \mathfrak{B}_1$ 使 Q_n 与 $Q_{n+1} \cap Q'_n$ 只相差一 $\mu-$ 零集, 由是可知 F 与 $E \bigcap\limits_{n=1}^{\infty} Q'_n \cap F'$ 相差一 $\mu-$ 零集. 再由测度 μ 的正则性知道, 对于 E 中任何测度有限的子集 F, 也有 $F'' \in \mathfrak{B}_1$ 使 $E \cap F''$ 与 F 相差一零集, 这就证明了 G^* 是决定集. 证毕.

定理 3.4.1　设 $\Omega = (G, \mathfrak{B}, \mu)$ 是关于变换群 $\mathfrak{G}$ 拟不变的非平凡的可局部化测度空间, $\mathfrak{E}$ 为某些拟特征标所成的群. 如果 Ω 关于 $\mathfrak{E}$ 是正规的, 那么对于每个充分小的势 k, 必有唯一的测度空间 $(G; \mathfrak{B}, \mu_k)$ 适合下面的条件: (i) μ_k 是彼此相互奇异的; (ii) 当 $\mu_k \neq 0$ 时, $(G, \mathfrak{B}, \mu_k)$ 也是关于 $\mathfrak{G}$ 拟不变而且关于 $\mathfrak{E}$ 正规的可局部化测度空间; (iii) $\mu = \sum\limits_k \mu_k$.

简言之, 正规拟不变可局部化测度必可唯一地分解为一族相互奇异的正规拟不变可局部化 k 级循环测度的和, 因此以后要研究关于一般拟不变测度的问题可化为 k 级循环测度来研究.

在证明定理 3.4.1 之前, 我们先作出 $\mathfrak{E}$ 在 $L^2(\Omega)$ 上的酉表示 V: 当 $x \in \mathfrak{E}$ 时, 作 $L^2(\Omega)$ 中的酉算子 $V(x)$.

$$(V(x)\varphi)(g) = x(g)\varphi(g), \quad g \in G, \varphi \in L^2(\Omega).$$

记 $\mathfrak{V}$ 为算子 $V(x), x \in \mathfrak{E}$ 的全体, 称做相应于 $\mathfrak{E}$ 的乘法群, 又令 C 为 $L^2(\Omega)$ 上包含 $\mathfrak{V}$ 的最小弱闭算子代数, 那么由于 $\mathfrak{V}$ 为决定集, C 是极大交换的. 此外, 我们注意 $\mathfrak{U}$ 和 $\mathfrak{V}$ 之间有下述重要的 "交换关系": 当 $x \in \mathfrak{E}, h \in \mathfrak{G}$ 时,

$$\tilde{x}(h)U(h)V(x) = V(x)U(h)^{①}, \tag{3.4.1}$$

这由 U, V 的定义和 x 的性质立即推出.

证　因为 $\mathfrak{U}$ 是 $L^2(\Omega)$ 中的交换弱闭算子代数, 根据定理 2.4.3, 有势的集 Λ, 使得对于每个势 $n \in \Lambda$, 必有唯一的 $P_n \in \mathfrak{U}, P_n \neq 0$, 使得 $\mathfrak{U}$ 在 $P_n L^2(\Omega)$ 中的限制具有均匀重复度 n, 而且 $\{P_n\}$ 彼此直交, $\Sigma P_n = I$.

今证 P_n 与 $V(x), x \in \mathfrak{E}$ 交换. 对每个 $x \in \mathfrak{E}$, 作 $\mathfrak{U}$ 上的映照

$$T(x): A \to V(x)AV(x)^{-1}, \quad A \in \mathfrak{U}.$$

今证 $T(x)$ 将 $\mathfrak{U}$ 映照成 $\mathfrak{U}$. 事实上, 当 $A = U(h) \in \mathfrak{U}$ 时, 由交换关系 (3.4.1), $T(x)U(h) = \tilde{x}(h)U(h)T(x) \in \mathfrak{U}$, 所以 $T(x)^{-1}\mathfrak{U}$ 是包含 $\mathfrak{U}$ 的交换弱闭算子代数, 但 $\mathfrak{U}$ 是由 $\mathfrak{U}$ 张成的, 所以 $T(x)^{-1}\mathfrak{U} \supset \mathfrak{U}$, 类似地 $T(x^{-1})^{-1}\mathfrak{U} \supset \mathfrak{U}$, 但 $T(x^{-1})^{-1} = T(x)$, 由是 $T(x)\mathfrak{U} = \mathfrak{U}$, 而且 $T(x)$ 为 $\mathfrak{U}$ 的自同构映照. 记 $Q_n = T(x)P_n$, 它是投影算子,

---

①这里 $\tilde{x}(h)$ 是 x 在 $\mathfrak{G}$ 上导出的特征标, 见 §3.2.

$Q_n \in \mathfrak{A}$. 此外, $V(x)$ 实现 $Q_n L^2(\Omega)$ 到 $P_n L^2(\Omega)$ 上的酉映照, 而且由 $T(x)\mathfrak{A} = \mathfrak{A}$ 看出 $V(x)$ 使 $\mathfrak{A}$ 在 $Q_n L^2(\Omega)$ 上的限制与 $\mathfrak{A}$ 在 $P_n L^2(\Omega)$ 上的限制酉等价, 因此, 前者也具有均匀重复度 n. 又由 $\{P_n\}$ 的相互直交性推出 $\{Q_n\}$ 的相互直交性. 由于 $n \to P_n$ 的唯一性得知 $P_n = Q_n$, 即 $P_n V(x) = V(x) P_n$. 因此 $P_n \in (\mathfrak{V})' = C'$, 但 C 是极大交换的, 所以 $P_n \in C$, 又因为 C 是 $L^2(\Omega)$ 上的乘法代数, 所以有 G 上关于 $\mathfrak{B}$ 可测的有界函数 $P_n(g)$, 使

$$(P_n \varphi)(g) = P_n(g)\varphi(g), \quad \varphi \in L^2(\Omega).$$

因为 $P_n = P_n^2$, 所以 $P_n(g) = P_n(g)^2$, 即 $P_n(g)$ 是某个点集 $E_n \in \mathfrak{B}$ 的特征函数. 由于 $n \neq n'$ 时 $P_n P_{n'} = 0$, 即 $P_n(g) P_{n'}(g) = 0$, 所以 E_n 与 $E_{n'}$ 的公共部分为零集. 又由于 $\sum_n P_n = I$, 根据引理 1.2.5, $\bigvee_n E_n$ 与整个 G 只相差一零集.

再证每个 E_n 是关于 $\mathfrak{G}$ 拟不变的集. 事实上, 当 $h \in \mathfrak{G}$ 时, $U(h) \in \mathfrak{A}$, 所以 $U(h) P_n = P_n U(h)$. 因此对每个 $\varphi \in L^2(\Omega)$, 由于 $\frac{d\mu_h}{d\mu} > 0$, 我们得到

$$P_n(hg)\varphi(g) = P_n(g)\varphi(g),$$

所以几乎处处地成立着 $P_n(hg) = P_n(g)$, 即 hE 与 E_n 只相差一零集, 所以 E_n 是拟不变集.

由 E_n 导出 $(G, \mathfrak{B})$ 上的测度 μ_n: 当 $E \in \mathfrak{B}$ 时, 规定

$$\mu_n(E) = \mu(E \cap E_n).$$

当 $n \neq n'$ 时, 由于 $E_n \cap E_{n'}$ 的 $\mu-$ 测度为 0, 显然 μ_n 与 $\mu_{n'}$ 是相互奇异的, 又因为 E_n 是拟不变集, 容易知道, 当 $\mu_n \neq 0$ 时, μ_n 也是拟不变测度. 又由于 G 是 $\{E_n\}$ 的上界集, 显然 E 是 $\{E \cap E_n\}$ 的上界集, 再由引理 1.2.4, 我们得到

$$\mu(E) = \sum_n \mu_n(E).$$

至于 $\Omega_n = (G, \mathfrak{B}, \mu_n)$ 关于 $\mathfrak{E}$ 的正规性是显然的, 所以本定理中分解的存在性证毕. 至于分解的唯一性由 $\{P_n\}$ 的唯一性可立即得到. 证毕.

现在利用定理 3.4.1 导出遍历测度的一个性质.

定理 3.4.2 设 $\Omega = (G, \mathfrak{B}, \mu)$ 是关于变换群 $\mathfrak{G}$ 拟不变的正规的遍历的可局部化测度空间, 那么必有势 k, 使 Ω 关于 $\mathfrak{G}$ 为 k 级循环的.

证 根据定理 3.4.1, 我们把 μ 分解成相互奇异的一族拟不变测度 $\{\mu_k\}$ 的和. 如果有两个不同的 k, k', 使 $\mu_k, \mu_{k'}$ 都异于 0, 那么把 $\{\mu_k\}$ 中异于 0 的那些测度分成两组, 各自相加, 我们就得到两个相互奇异的拟不变测度 $\mu' \neq 0, \mu'' \neq 0$, 使得 $\mu = \mu' + \mu''$ 成立. 于是必有可测集 B', B'', 使 $G = B' \cup B''$, 而且

$$\mu'(B'') = \mu''(B') = 0.$$

容易看出, 这时 B' 与 B'' 都是 μ 的拟不变集, 而且 $\mu(B') \neq 0, \mu(B'') \neq 0$. 这和 μ 的遍历性矛盾, 因此有一个 k 使 $\mu = \mu_k$. 证毕.

问题　当 $k \neq 1$ 时是否存在关于某个 $\mathfrak{G}$ 拟不变的、正规的、遍历的、k 级循环的可局部化空间?

这可能是一个不易解决的问题, 下面我们给出一个非平凡的正规、遍历、循环测度的例.

例 3.4.3　设 G 是交换紧群, $\Omega = (G, \mathfrak{B}, \mu)$ 是 Haar 测度空间, 那么 Ω 关于平移 G 是循环的.

证　由例 3.4.2, Ω 是正规的, 根据定理 3.4.1, 必有势 k 使 Ω 是 k 级循环的. 若 $k \geqslant 2$, 必有 $L^2(\Omega)$ 的两个相互直交的闭子空间 H_1 和 H_2, 它们是 $\mathfrak{A}(\Omega, \mathfrak{G})$ 的不变子空间, 而且存在 H_1 到 H_2 上的酉算子 T, 使 $TU(h) = U(h)T$. 任取 $a \in H_1, a \neq 0$, 记 $b = Ta \in H_2$, 那么 $b \neq 0$. 又有

$$(U(h^{-1})a, a) = (U(h^{-1})b, b), (U(h^{-1})a, b) = 0.$$

任取 $\psi \in L^2(\Omega) \cap L^1(\Omega)$, 令 $\varphi(h) = (\psi^* * U(q)\psi)(h)$. 将上式两边乘以 $\varphi(h)$, 并在 Ω 上积分之, 容易算出

$$(U(q)\psi * a, \psi * a) = (U(q)\psi * b, \psi * b), (U(q)\psi * a, \psi * b) = 0. \tag{3.4.2}$$

这时 $a_1 = \psi * a$ 及 $b_1 = \psi * b$ 都属于 $L^1(\Omega) \cap L^2(\Omega)$, 再在 (3.4.2) 两边乘以 $\alpha(q)(\alpha \in G^*)$ 并在 Ω 上积分, 根据 (3.3.46) 得到

$$|\hat{a}_1(\alpha)|^2 = |\hat{b}_1(\alpha)|^2, \quad \hat{a}_1(\alpha)\overline{\hat{b}_1(\alpha)} = 0, \alpha \in G^*.$$

因此 $\hat{a}_1 \equiv 0, \hat{b}_1 \equiv 0$. 由 (3.3.44) 得知 $a_1 = 0, b_1 = 0$, 再根据系 1.1.15 知道 a 和 b 都是几乎处处为 0, 这是矛盾, 因此 Ω 是循环的. 证毕.

2° 对偶测度 Fourier 变换的概念

我们要把局部紧群上的 L_1-Fourier 变换的概念加以推广.

定义 3.4.3　设 $\Omega = (G, \mathfrak{B}, \mu)$ 是关于变换群 $\mathfrak{G}$ 拟不变、k 级循环的可局部化测度空间, 设 $\hat{\Omega} = (\hat{G}, \hat{\mathfrak{B}}, \hat{\mu})$ 是关于变换群 $\hat{\mathfrak{G}}$ 拟不变的测度空间, 适合如下两条件: (i) 存在 $\tilde{\mathfrak{G}}^\mu$ 到 $\mathfrak{G}$ 上的同构映照

$$\tilde{\alpha} \to \hat{\alpha}, \tag{3.4.3}$$

又有 $\mathfrak{G}$ 到 $\hat{G}^{\hat{\mu}}$ 中的同态映照

$$h \to h(\hat{g}), \hat{g} \in \hat{G}, \tag{3.4.4}$$

使 $\hat{\mathfrak{E}} = \{h(\cdot)|h \in \mathfrak{G}\}$ 是 $\hat{\Omega}$ 上决定集. 又当 $h \in \mathfrak{G}$ 时, $h(\cdot)$ 在 $\hat{\mathfrak{G}}$ 导出的特征标 $\tilde{h}(\cdot)$ 是

$$\tilde{h}(\hat{\alpha}) = \tilde{\alpha}(h), \hat{\alpha} \in \hat{\mathfrak{G}}. \tag{3.4.5}$$

又设 $U(h) \to h(\cdot)$ 是 $\mathfrak{U}$ 到 $\hat{G}^{\hat{\mu}}$ 中的子群的同构映照.

(ii) 存在 $L^2(\Omega)$ 到 $\mathfrak{L}_k^2(\hat{\Omega})$ (见 §1.1 第 2 段) 上的酉算子 F, 它具有如下的性质: $\mathfrak{L}_k^2(\hat{\Omega})$ 中的酉算子 $\hat{U}(h) = FU(h)F^{-1}, h \in \mathfrak{G}$ 的形式是

$$(\hat{U}(h)\varphi)(\hat{g}) = h(\hat{g})\varphi(\hat{g}), \hat{g} \in \hat{G}, \varphi \in \mathfrak{L}_k^2(\hat{\Omega}), \tag{3.4.6}$$

那么称 $(\hat{\Omega}, \hat{\mathfrak{G}})$ 是 $(\Omega, \mathfrak{G})$ 的对偶 (或称 $\hat{\Omega}$ 是 Ω 的对偶测度空间), 又称 F 是相应的 $(L^2(\Omega)$ 到 $\mathfrak{L}_k^2(\hat{\Omega})$ 上) 的 Fourier 变换, 简称为 L_2-Fourier 变换.

首先, 我们给出下面的存在定理.

定理 3.4.3 设 $\Omega = (G, \mathfrak{B}, \mu)$ 是关于 $\mathfrak{G}$ 拟不变的、k 级循环的可局部化测度空间, 那么必然存在 $(\Omega, \mathfrak{G})$ 的对偶 $(\hat{\Omega}, \hat{\mathfrak{G}})$ 以及相应的、$L^2(\Omega)$ 到 $\mathfrak{L}_k^2(\hat{\Omega})$ 的 Fourier 变换.

证 取 $\hat{G}$ 为 $\mathfrak{A}(\Omega, \mathfrak{G})$ 上的对称可乘线性泛函全体, $\hat{\mathfrak{B}}$ 为 $\hat{G}$ 上 Borel 集全体, 对每个 $h \in \mathfrak{G}$, 令 $h(\hat{g}) = U(h)(\hat{g})$. 显然 $\mathfrak{G}$ 的代数对偶包含在 $\hat{G}$ 中, 又取 $\tilde{\alpha} = \hat{\alpha}$. 由于 $\mathfrak{A}$ 具有均匀重复度 k, 从系 2.4.7 知道, 有 F 使 (3.4.6) 成立. 记 $\hat{V}(x) = FV(x)F^{-1}$, 这是 $\mathfrak{L}_k^2(\hat{\Omega})$ 上的酉算子, 由 (3.4.1), $\hat{U}(h)$ 和 $\hat{V}(x)$ 有如下的交换关系: 当 $x \in G^\mu, h \in \mathfrak{G}$ 时,

$$\tilde{x}(h)\hat{U}(h)\hat{V}(x) = \hat{V}(x)\hat{U}(h). \tag{3.4.7}$$

利用 (3.4.7) 和 (3.4.5) 我们知道, 当 $\xi \in \mathfrak{L}_k^2(\hat{\Omega})$ 时,

$$\hat{V}(x)h(\hat{g})\xi(\hat{g}) = \tilde{x}(h)h(\hat{g})\hat{V}(x)\xi(\hat{g}) = h(\hat{x}\hat{g})\hat{V}(x)\xi(\hat{g}).$$

令 $\mathfrak{F}$ 为函数族 $\hat{\mathfrak{E}} = \{h(\hat{g})|h \in \mathfrak{G}\}$ 的线性包, 那么显然当 $\varphi \in \mathfrak{F}$ 时,

$$\hat{V}(x)\varphi(\hat{g})\xi(\hat{g}) = \varphi(x\hat{g})\hat{V}(x)\xi(\hat{g}). \tag{3.4.8}$$

记 $\hat{V}(x)\xi(\hat{g})$ 为 $\xi'(\hat{g})$, 由于 $\hat{V}(x)$ 是酉算子, 从 (3.4.8) 得到

$$\int |\varphi(\hat{g})|^2 \|\xi(\hat{g})\|^2 d\hat{\mu}(\hat{g}) = \int |\varphi(x\hat{g})|^2 \|\xi'(\hat{g})\|^2 d\hat{\mu}(\hat{g})$$
$$= \int |\varphi(\hat{g})|^2 \|\xi'(\hat{x}^{-1}\hat{g})\|^2 d\hat{\mu}_{\hat{x}}(\hat{g}). \tag{3.4.9}$$

我们可以把

$$\mu_1(E) = \int_E \|\xi(\hat{g})\|^2 d\hat{\mu}\hat{g} \quad \text{和} \quad \mu_2(E) = \int_E \|\xi'(\hat{x}^{-1}\hat{g})\|^2 d\hat{\mu}_{\hat{x}}(\hat{g})$$

看成 $(\hat{G}, \hat{\mathfrak{B}})$ 上的两个有限测度, 因为 $\hat{\mathfrak{E}}$ 是决定集, $\mathfrak{F}$ 在 $L_2(\mu_1)$ 和 $L_2(\mu_2)$ 中都是稠密的[①], 由 (3.4.9) 立即可知, 对一切有界可测函数 φ, 成立着 $\displaystyle\int_{\hat{G}} |\varphi(\hat{g})|^2 d\mu_1(\hat{g}) = \int_{\hat{G}} |\varphi(\hat{g})|^2 d\mu_2(\hat{g})$. 特别, 在上式中取 φ 为集 E 的特征函数 $C_E, E \in \hat{\mathfrak{B}}$, 那么 $\mu_2(E) = \mu_1(E)$, 即对一切 $E \in \hat{\mathfrak{B}}$ 有

$$\int_E \|\xi(\hat{g})\|^2 d\hat{\mu}(\hat{g}) = \int_E \|\xi'(\hat{x}^{-1}\hat{g})\|^2 d\hat{\mu}_{\hat{x}}(\hat{g}). \tag{3.4.10}$$

若 $\hat{\mu}(\hat{x}^{-1}E) = 0$, 则 (3.4.10) 的右边为 0, 因此 (3.4.10) 的左边对一切 $\xi \in \mathcal{L}_k^2(\hat{\Omega})$, 取值 0. 由是易知 $\hat{\mu}(E) = 0$. 这样, 当 $F \in \hat{\mathfrak{B}}, \hat{x} \in \hat{\mathfrak{G}}$ 时, 记 $E = xF$, 如果 $\hat{\mu}(F) = 0$, 则 $\hat{\mu}(\hat{x}F) = \hat{\mu}(E) = 0$, 因此 $\hat{\mu}$ 关于 $\hat{\mathfrak{G}}$ 是拟不变的. 证毕.

系 3.4.4 设 $\Omega = (G, \mathfrak{B}, \mu)$ 是关于变换群 $\mathfrak{G}$ 拟不变换的、k 级循环的可局部化测度空间. 在 $\mathfrak{G}$ 上取 $\mu-$ 拓扑 $\mathscr{T}$. 设 $\hat{G}$ 是 $(\mathfrak{G}, \mathscr{T})$ 的一谱群, 而且 $\hat{\mathfrak{G}}^\mu \subset \hat{G}$. 取 $\hat{\mathfrak{B}}$ 是 $\hat{G}$ 上的弱 Borel 集全体, $\hat{\mathfrak{G}} = \hat{\mathfrak{G}}^\mu$, 那么 $(\hat{G}, \hat{\mathfrak{B}})$ 上必有关于 $\hat{\mathfrak{G}}$ 拟不变的测度 $\hat{\mu}$, 使 $(\hat{G}, \hat{\mathfrak{B}}, \hat{\mu}, \hat{\mathfrak{G}})$ 为 $(\Omega, \mathfrak{G})$ 的对偶, 又有 $L^2(\Omega)$ 到 $\mathcal{L}_k^2(\hat{G}, \hat{\mathfrak{B}}, \hat{\mu})$ 上的 Fourier 变换.

这由定理 3.4.3 的证明和系 3.3.2 可以得到. 下面再给出, 相应于某个确定的对偶的一切 L_2-Fourier 变换的一般形式.

我们考察 $L^2(\hat{\Omega})$ 中相应于 $\hat{\mathfrak{G}}$ 的变换群 $\mathfrak{U}_1 = \{U(\hat{x}) | \hat{x} \in \hat{\mathfrak{G}}\}$, 这也可以看成 $\mathcal{L}_k^2(\hat{\Omega})$ 中的变换群. 设 $\xi \in \mathcal{L}_k^2(\hat{\Omega}), \hat{x} \in \hat{\mathfrak{G}}$, 规定

$$(U(\hat{x})\xi)(\hat{g}) = \xi(\hat{x}^{-1}\hat{g}) \sqrt{\frac{d\hat{\mu}_{\hat{x}}(\hat{g})}{d\hat{\mu}(\hat{g})}}, \tag{3.4.11}$$

那么 $U(\hat{x})$ 是 $\mathcal{L}_k^2(\hat{\Omega})$ 中的酉算子. 我们又注意在 $\mathcal{L}_k^2(\hat{\Omega})$ 上相应于 $\hat{\mathfrak{E}}$ 的乘法群的是 $\{\hat{U}(h) | h \in \mathfrak{G}\}$(见 (3.4.6)). 类似于 (3.4.1), 我们又有交换关系

$$\tilde{\alpha}(h)U(\hat{\alpha})\hat{U}(h) = \hat{U}(h)U(\hat{\alpha}), \ h \in \mathfrak{G}, \hat{\alpha} \in \hat{\mathfrak{G}}. \tag{3.4.12}$$

记 $W(\alpha) = \tilde{V}(\alpha)U(\hat{\alpha})$, 这里 $\hat{\alpha}$ 是 $\alpha \in G^\mu$ 导出的特征标 $\tilde{\alpha}$ 在映照 (3.4.3) 下之像,

$$\hat{V}(\alpha) = W(\alpha)U(\hat{\alpha}^{-1}), \ \alpha \in G^\mu. \tag{3.4.13}$$

由 (3.4.7) 和 (3.4.12) 可知, $W(\alpha)$ 和 $\hat{U}(h)$ 可交换, 即

$$W(\alpha)\hat{U}(h) = \hat{U}(h)W(\alpha), \ \alpha \in G^\mu. \tag{3.4.14}$$

由于 $\{\hat{U}(h), h \in \mathfrak{G}\}$ 张成 $\mathcal{L}_k^2(\hat{\Omega})$ 中的乘法算子代数 M, 由 (3.4.14), $W(\alpha) \in \{\hat{U}(h), h \in \mathfrak{G}\}' = M'$. 再根据引理 2.4.20, 必有 $\hat{\Omega}$ 上、取值为 H_k 中酉算子的可测函数 $z(\hat{g}; \alpha), \hat{g} \in$

[①]在引理 1.1.6 的证明中暗含着实函数的限制. 但如其证明中的 $\mathfrak{D}$ 经复共轭不变, 则引理 1.1.6 也包含复函数情况. 这里的 $\mathfrak{F}$ 满足这个需要.

$\hat{\Omega}$, 使得当 $\xi \in \mathfrak{L}_k^2(\hat{\Omega})$ 时,

$$(W(\alpha)\xi)(\hat{g}) = z(\hat{g}; \alpha)\xi(\hat{g}). \tag{3.4.15}$$

当 $\alpha_1, \alpha_2 \in G^\mu$ 时,

$$\hat{V}(\alpha_1\alpha_2) = \hat{V}(\alpha_1)\hat{V}(\alpha_2), \; 又 \; \hat{V}(1) = I, \tag{3.4.16}$$

从 (3.4.13) 和 (3.4.16) 算出: 当 $\alpha_1, \alpha_2 \in G^\mu$ 时, 对几乎所有的 $\hat{g} \in \hat{G}$ 成立着

$$z(\hat{g}; \alpha_1\alpha_2) = z(\hat{g}; \alpha_1)z(\hat{\alpha}_1\hat{g}; \alpha_2), \; 又 \; z(\hat{g}, 1) = I, \tag{3.4.17}$$

因此我们得到

定理 3.4.5 设 $\Omega = (G, \mathfrak{B}, \mu)$ 是关于变换群 $\mathfrak{G}$ 拟不变的、$k(\leqslant \aleph_0)$ 级循环的可局部化的测度空间, 设 $(\hat{\Omega}, \hat{\mathfrak{G}})$ 是 $(\Omega, \mathfrak{G})$ 的对偶 ($\hat{\mu}$ 是 $\sigma-$ 有限的), F 是相应的 Fourier 变换. 当 $\alpha \in G^\mu$ 时, 记 $\hat{V}(\alpha) = FV(\alpha)F^{-1}$. 那么对每个 $\alpha \in G^\mu$, 必有取值为 H_k 中酉算子的、$\hat{\Omega}$ 上的算子值可测函数 $z(\hat{g}; \alpha), \hat{g} \in \hat{G}$, 它们适合条件 (3.4.17), 使得

$$(\hat{V}(\alpha)\xi)(\hat{g}) = z(\hat{g}; \alpha)\xi(\hat{\alpha}\hat{g})\sqrt{\frac{d\mu_{\hat{\alpha}^{-1}}(\hat{g})}{d\hat{\mu}(\hat{g})}}, \xi \in \mathfrak{L}_k^2(\hat{\Omega}). \tag{3.4.18}$$

我们注意, 当 $k = 1$, 即 Ω 是关于 $\mathfrak{G}$ 循环的测度空间时, 定理 3.4.5 的结论还可以化简, 这时 $\mathfrak{L}_1^2(\hat{\Omega})$ 可以看成 $L^2(\hat{\Omega})$, $z(\hat{g}; \alpha)$ 是模为 1 的复值函数.

当 Ω 是关于 $\mathfrak{G}$ 遍历的测度空间时, Ω 上相应于 $\mathfrak{G}$ 上特征标 1 的拟特征标全体 $\mathfrak{N}$ 是 $\{c|c \; 为复数, |c| = 1\}$, 因此, 当 $\tilde{\alpha}_1 = \tilde{\alpha}_2$ 时, 若记 $c = \alpha_1/\alpha_2$, 则

$$z(\hat{g}; \alpha_1) = cz(\hat{g}; \alpha_2).$$

利用类似的方法得到相应于同一对偶的一般 Fourier 变换间的关系.

定理 3.4.6 设 $\Omega = (G, \mathfrak{B}, \mu)$ 是关于变换群 $\mathfrak{G}$ 拟不变的、$k(\leqslant \aleph_0)$ 级循环的可局部化的测度空间, 设 $(\hat{\Omega}, \hat{\mathfrak{G}})$ 是 $(\Omega, \mathfrak{G})$ 的对偶 (且 $\hat{\Omega} = (\hat{G}, \hat{\mathfrak{B}}, \hat{\mu})$ 是可局部化的), F 是相应的一个 Fourier 变换, 那么 F' 是相应的另一 Fourier 变换[①] 的充要条件是存在取值为 H_k 中酉算子的、$\hat{\Omega}$ 上的算子值可测函数 $u(\hat{g}), \hat{g} \in \hat{G}$, 使得

$$F' = u(\cdot)F. \tag{3.4.19}$$

证 设 F' 是 $L^2(\Omega)$ 到 $\mathfrak{L}_k^2(\hat{\Omega})$ 的另一 Fourier 变换, 作

$$u = F'F^{-1}, \tag{3.4.20}$$

那么 u 是 $\mathfrak{L}_k^2(\hat{\Omega})$ 中的酉算子. 于是由

$$FU(h)F^{-1} = F'U(h)F'^{-1} = \hat{U}(h), \; h \in \mathfrak{G} \tag{3.4.21}$$

[①]这里假设映照 (3.4.4) 对 F 与 F' 来说都是一样的.

立即得到

$$u\hat{U}(h) = \hat{U}(h)u, \quad h \in \mathfrak{G}. \tag{3.4.22}$$

仿照 (3.4.15) 的推导, 根据引理 2.4.20, 有酉算子值可测函数 $u(\hat{g}), \hat{g} \in \hat{G}$, 使得对一切 $\xi \in \mathfrak{L}_k^2(\hat{\Omega})$, 成立着

$$u\xi(\hat{g}) = u(\hat{g})\xi(\hat{g}), \quad \hat{g} \in \hat{G}.$$

再由 (3.4.20) 得到 (3.4.19).

反之, 设 $u(\cdot)$ 是 $\hat{\Omega}$ 上取值为 H_k 中酉算子的可测函数, 利用 (3.4.19) 作出 F', 那么 F' 是 $L^2(\Omega)$ 到 $\mathfrak{L}_k^2(\hat{\Omega})$ 的酉算子. 由于算子 $u : \xi(\cdot) \to u(\cdot)\xi(\cdot), \xi \in \mathfrak{L}_k^2(\hat{\Omega})$ 适合 (3.4.22), 因此 (3.4.21) 也成立, 这就证明了 F' 是另一 Fourier 变换. 证毕.

利用定理 3.4.5 和 3.4.6 知道, 相应于同一对偶 $(\hat{\Omega}, \hat{\mathfrak{G}})$ 及同一映照 (3.4.4) 的一般 Fourier 变换 F' 具有形式:

$$(F'V(\alpha)F'^{-1}\xi)(\hat{g}) = u(\hat{g})z(\hat{g};\alpha)u(\hat{\alpha}g)^{-1}\sqrt{\frac{d\mu_{\hat{\alpha}^{-1}}(\hat{g})}{d\hat{\mu}(\hat{g})}},$$
$$\xi \in \mathfrak{L}_k^2(\hat{\Omega}), \tag{3.4.23}$$

这里的函数 $u(\cdot)$ 和 $z(\cdot;\alpha)$ 的意义见 (3.4.18) 与 (3.4.19).

现在我们来建立对偶测度空间的某种意义下的唯一性定理.

定理 3.4.7　设 $\Omega = (G, \mathfrak{B}, \mu)$ 是关于 $\mathfrak{G}$ 拟不变的、k 级循环的可局部化测度空间, $\hat{\Omega} = (\hat{G}, \hat{\mathfrak{B}}, \hat{\mu})$ 和 $\hat{\Omega}' = (\hat{G}', \hat{\mathfrak{B}}', \hat{\mu}')$ 分别关于 $\hat{\mathfrak{G}}$ 和 $\hat{\mathfrak{G}}'$ 是拟不变的可局部化测度空间, 而且 $(\hat{\Omega}, \hat{\mathfrak{G}})$ 与 $(\hat{\Omega}', \hat{\mathfrak{G}}')$ 都是 $(\Omega, \mathfrak{G})$ 的对偶. 那么这两个测度空间 $\hat{\Omega}$ 和 $\hat{\Omega}'$ 是等价的.

证　相应于 $(\hat{\Omega}', \hat{\mathfrak{G}}')$, 定义 3.4.3 中的 $\hat{\alpha}, h(\cdot), F, \hat{U}(h)$ 等分别记为 $\hat{\alpha}', h'(\cdot), F', \hat{U}'(h)$ 等, 作 $\mathfrak{L}_k^2(\hat{\Omega})$ 到 $\mathfrak{L}_k^2(\hat{\Omega}')$ 的酉算子

$$Q = F'F^{-1},$$

那么 $Q\hat{U}(h)Q^{-1} = \hat{U}'(h)$. 由于函数族 $\{h(\hat{g})|h \in \mathfrak{G}\}$ 与 $\{h'(\hat{g}')|h \in \mathfrak{G}\}$ 分别成为 $\hat{\Omega}, \hat{\Omega}'$ 上的决定集, 算子族 $\{\hat{U}(h)|h \in \mathfrak{G}\}$ 及 $\{\hat{U}'(h)|h \in \mathfrak{G}\}$ 分别张成 $\mathfrak{L}_k^2(\hat{\Omega})$ 与 $\mathfrak{L}_k^2(\hat{\Omega}')$ 上的乘法算子代数 $\hat{\mathfrak{A}}$ 与 $\hat{\mathfrak{A}}'$, 容易看出 $\{QAQ^{-1}|A \in \hat{\mathfrak{A}}\}$ 是 $\mathfrak{L}_k^2(\hat{\Omega}')$ 上的交换弱闭算子代数而且包含 $\{\hat{U}'(h)|h \in \mathfrak{G}\}$, 因此 $\{QAQ^{-1}|A \in \hat{\mathfrak{A}}\} \supset \hat{\mathfrak{A}}'$. 类似地可证明 $\{QAQ^{-1}|A \in \hat{\mathfrak{A}}\} \subset \hat{\mathfrak{A}}'$, 因此 Q 实现了 $\mathfrak{L}_k^2(\hat{\Omega})$ 上乘法算子代数 $\hat{\mathfrak{A}}$ 与 $\mathfrak{L}_k^2(\hat{\Omega}')$ 上乘法算子代数 $\hat{\mathfrak{A}}'$ 的酉等价, 根据定理 2.4.21, $\hat{\Omega}$ 与 $\hat{\Omega}'$ 是等价的. 证毕.

类似地也有下面的定理.

定理 3.4.8　设 $(G, \mathfrak{B}, \mu), (G', \mathfrak{B}', \mu')$ 是两个关于 $\mathfrak{G}$ 拟不变的 k 级循环可局部化测度空间, 而且它们相互等价, 那么它们有共同的对偶测度空间.

注 1 我们再考察定义 3.4.3 中映照 (3.4.4) 的 "唯一性". 设 $\hat\Omega$ 关于 $\hat{\mathfrak{G}}$ 是遍历的, 若除去映照 (3.4.4) 外又有 $\mathfrak{G}$ 到 $\hat G^{\hat\mu}$ 中的另一同态映照

$$h \to h'(\hat g), \ \hat g \in \hat G, \tag{3.4.24}$$

而且它也适合条件 (3.4.5). 换句话说, 拟特征标 $h(\cdot)$ 与 $h'(\cdot)$ 导出 $\mathfrak{G}$ 上同一特征标

$$\hat\alpha \to \tilde\alpha(h), \ \hat\alpha \in \hat{\mathfrak{G}}.$$

由 $\hat\Omega$ 的遍历性, 根据 §3.2 第二段 III, 存在常数 $c(h)$(不依赖于 $\hat g$), $|c(h)| = 1$, 使得

$$h'(\hat g) = c(h)h(\hat g), \ \hat g \in \hat G. \tag{3.4.25}$$

由于 (3.4.4) 和 (3.4.24) 都是同态映照, $c(h), h \in \mathfrak{G}$ 是 $\mathfrak{G}$ 上的特征标.

如果相应于 $h \to h'(\cdot)$, 有 Fourier 变换 F', 使得算子 $\hat U'(h) = F'U(h)F'^{-1}, h \in \mathfrak{G}$ 的形式是

$$(\hat U'(h)\xi)(\hat g) = h'(\hat g)\xi(\hat g), \ \hat g \in \hat G, \xi \in \mathfrak{L}_k^2(\hat\Omega), \tag{3.4.26}$$

那么由 (3.4.24),(3.4.25),(3.4.6), 容易算出, 当 $\xi, \eta \in \mathfrak{L}_k^2(\hat\Omega)$ 时,

$$c(h) = \frac{(U(h)F'^{-1}\xi, F'^{-1}\eta)}{(U(h)F^{-1}\xi, F^{-1}\eta)}.$$

选适当的 ξ, η 使上式分母不为零, 那么, 特征标 $c(h), h \in \mathfrak{G}$ 按 $\mathfrak{G}$ 上的 $\mu-$ 拓扑是连续的. 假如 $\mathfrak{G}$ 上每个按 $\mu-$ 拓扑连续的特征标都可以延拓成 Ω 上关于 $\mathfrak{G}$ 的拟特征标, 那么就有 $\alpha_0 \in G^\mu$, 使

$$c(h) = \tilde\alpha_0(h), \ h \in \mathfrak{G}.$$

因此由 (3.4.5) 得到

$$h'(\hat g) = \tilde\alpha_0(h)h(\hat g) = h(\hat\alpha_0\hat g). \tag{3.4.27}$$

反之, 任取 $\alpha_0 \in G^\mu$, 利用 (3.4.27) 作出 $h'(\cdot)$, 那么映照 (3.4.24) 适合定义 3.4.3 的条件, 而且相应的 Fourier 变换 $F' = QF$, 这里

$$(Q\xi)(\hat g) = \xi(\hat\alpha_0\hat g)\sqrt{\frac{d\hat\mu_{\hat\alpha_0^{-1}(\hat g)}}{d\hat\mu(\hat g)}}, \ \xi \in \mathfrak{L}_k^2(\Omega). \tag{3.4.28}$$

如果 $\hat G$ 是 G 上的特征标全体, $\hat{\mathfrak{B}}$ 是弱 Borel 集所成的 $\sigma-$ 代数, 而 $h(\hat g) = \hat g(h)$, 那么, 无需假设 $\hat\Omega$ 关于平移子群 $\hat{\mathfrak{G}}$ 是遍历的, 就知道 (3.4.25) 成立, 而且 $c \in \hat G$.

注 2 对偶测度空间不一定是唯一的. 设 $(\hat\Omega, \hat{\mathfrak{G}})$ 是 $(\Omega, \mathfrak{G})$ 的对偶, 相应的 Fourier 变换记为 F. 设 $\hat\mu'$ 是 $(\hat G, \hat{\mathfrak{B}})$ 上的另一测度而且使 $\hat\Omega$ 与 $\hat\Omega' = (\hat G, \hat{\mathfrak{B}}, \hat\mu')$ 等价, 那么无需改变映照 (3.4.24),(3.4.25),(3.4.26), 就知道 $(\hat\Omega', \hat{\mathfrak{G}})$ 也是 $(\Omega, \mathfrak{G})$ 的对偶而且相应的 Fourier 变换 F' 的形式是

$$F' = \sqrt{\frac{d\hat\mu'(\cdot)}{d\hat\mu(\cdot)}}F. \tag{3.4.29}$$

我们再留意若在 $\mathfrak{G}$ 上取 $\mu-$ 拓扑而在 $\hat{\mathfrak{E}} = \{h(\hat{g})|h \in \mathfrak{G}\}$ 上取 $\hat{\mu}-$ 拓扑, 那么映照 (3.4.4) 是 $\mathfrak{G}$ 到 $\hat{\mathfrak{E}}$ 的拓扑映照.

事实上, 当 $\xi \in L^2(\Omega)$ 时,

$$\|(U(h) - I)\xi\| = \|(h(\cdot) - 1)F\xi\|,$$

而上式左, 右两边分别是定义 $\mathfrak{G}$ 上 $\mu-$ 拓扑与 $\hat{\mathfrak{E}}$ 上 $\hat{\mu}-$拓扑的凸函数, 因此 (3.4.4) 是拓扑映照.

例 3.4.4　设 G 是交换的局部紧拓扑群, $\Omega = (G, \mathfrak{B}, \mu)$ 是 Haar 测度空间. 又设 G^* 是 G 的对偶群 (它按强拓扑成为局部紧群), $\Omega^* = (G^*, \mathfrak{B}^*, \mu^*)$ 是 Haar 测度空间. 那么 Ω^* 是 Ω 的对偶测度空间, 而且适当地将 μ^* 就范后, 有 $L^2(\Omega)$ 到 $L^2(\Omega^*)$ 的 L_2-Fourier 变换 F_0, 使得当 $f \in L^1(\Omega) \cap L^2(\Omega)$ 时,

$$F_0(f) = \hat{f}, \tag{3.4.30}$$

这里 $\hat{f}$ 的意义见 (3.3.42).

证　根据例 3.3.2, G^* 是 G 的谱群. 由例 3.4.3, Ω 关于平移 G 是循环的, 再根据系 3.2.4 后的注, $\tilde{G}^\mu = G^*$, $\hat{\mathfrak{B}}$ 是 G^* 中的 Borel 集全体, 利用系 3.4.4, 在 $(G^*, \hat{\mathfrak{B}})$ 上存在可局部化测度 $\hat{\mu}$, 它是关于平移 G^* 拟不变的, 而且 $\hat{\Omega} = (G^*, \hat{\mathfrak{B}}, \hat{\mu})$ 成为 Ω 的对偶测度空间. 这时同态映照 (3.4.4) 成为

$$h \to \overline{\alpha(h)}, \quad \alpha \in \hat{G}. \tag{3.4.31}$$

设 F 是相应于 $\hat{\Omega}$ 以及同态映照 (3.4.31) 的任一 L_2-Fourier 变换, 设 $\xi, \eta \in L^2(\Omega)$, 则当 $h \in \mathfrak{G}^*$ 时,

$$(U(h)\xi, \eta) = \int_{\hat{G}} \overline{\alpha(h)} F\xi(\alpha)\overline{F\eta(\alpha)}d\hat{\mu}(\alpha).$$

任取 $a \in L^1(\Omega) \cap L^2(\Omega)$, 将上式两边乘以 $a(h)$, 并对 h 积分之, 注意到 (3.3.42) 我们得到

$$(a * \xi, \eta) = \int_{\hat{G}} \hat{a}(\alpha) F\xi(\alpha)\overline{F\eta(\alpha)}d\hat{\mu}(\alpha). \tag{3.4.32}$$

因此当 $a \in L^1(\Omega) \cap L^2(\Omega)$ 时,

$$F(a * \xi)(\alpha) = \hat{a}(\alpha)F\xi(\alpha). \tag{3.4.33}$$

任取 $a, b \in L^1(\Omega) \cap L^2(\Omega)$, 根据引理 1.1.14, 有 $\xi_n \in L^2(\Omega)$ 使

$$\lim_{n\to\infty} \|a * \xi_n - a\|_2 = \lim_{n\to\infty} \|b * \xi_n - b\|_2 = 0.$$

因此由 (3.4.32) 知道

$$\|\hat{a}(\cdot)F(\xi_n) - F(a)\|_2 \to 0, \quad \|\hat{b}(\cdot)F(\xi_n) - F(b)\|_2 \to 0. \tag{3.4.34}$$

由 (3.4.34) 可知当 $a, b \in L^1(\Omega) \cap L^2(\Omega)$ 时,

$$Fa(\alpha)\hat{b}(\alpha) \doteq Fb(\alpha)\hat{a}(\alpha). \tag{3.4.35}$$

我们注意, 根据定理 3.2.6, 当 $\xi \in L^1(\Omega)$ 时, $\hat{\xi}(\alpha)$ 是 G^* 上的连续函数, 如果 ξ 不几乎处处为 0, 由 (3.3.44), $\hat{\xi}(\alpha)$ 不恒为 0, 因此 $|\hat{\xi}(\alpha)|$ 在 G 的某个开集 O 上大于一确定正数 ε. 我们再留意当 $\xi \in L^1(\Omega)$ 而 $x, \alpha \in G^*$ 时,

$$\int x(g)\xi(g)\overline{\alpha(g)}d\mu(g) = \hat{\xi}(\alpha x^{-1}),$$

因此对每个 $\chi \in G^*$, 必有 $\xi \in L^1(\Omega) \cap L^2(\Omega)$, 使 $|\hat{\xi}(\alpha)|$ 在 χ 的某个环境中的下界大于 0. 由是易知若令 $\mathfrak{B}'$ 是 $\hat{\mathfrak{B}}$ 中满足条件:

$$\text{有一列 } \{a_n\} \subset L^1(\Omega) \cap L^2(\Omega) \quad \text{使} \quad E \subset \bigcup_{n=1}^{\infty}\{\alpha | \hat{a}_n(\alpha) \neq 0\} \tag{3.4.36}$$

的集 E 全体所成的集族, 那么 $\hat{\mathfrak{B}}$ 中的紧集 $K \in \mathfrak{B}'$, 然而显然 $\mathfrak{B}'$ 是 $\sigma-$ 环, 因此 G^* 中由紧集全体张成的 $\sigma-$ 环 $\mathfrak{B}^* \subset \mathfrak{B}'$.

对于 $E \in \mathfrak{B}'$, 令 $\{a_n\}$ 是使 (3.4.36) 成立的函数列, 我们作 E 上的可测函数 u_E 如下:

当 $\hat{a}_n(\alpha) \neq 0$ 时,

$$u_E(\alpha) = \frac{Fa_n(\alpha)}{\hat{a}_n(\alpha)}. \tag{3.4.37}$$

根据 (3.4.35) 易知 $u_E(\alpha)$(除去一个零集中点外) 有确定的意义, 而且除去在一零集上的函数值外与 $\{a_n\}$ 的选取无关. 又由 (3.4.35),(3.4.37) 易知当 F 是 $\mathfrak{B}'$ 中另一集时, 对几乎所有的 $\alpha \in E \cap F$, 成立着

$$u_E(\alpha) = u_F(\alpha). \tag{3.4.38}$$

下面只要用到 $\mathfrak{B}^*$ 中的 E 和 F. 在 $(G^*, \mathfrak{B}^*)$ 上作集函数 μ' 如下: 当 $E \in \mathfrak{B}'$ 时,

$$\mu'(E) = \int_E |u_E(\alpha)|^2 d\hat{\mu}(\alpha). \tag{3.4.39}$$

由 (3.4.38) 容易验证 $(G^*, \mathfrak{B}^*, \mu')$ 是测度空间.

又由 (3.4.34),(3.4.35) 和 (3.4.37) 容易验证: 当 $\xi, \eta \in L^1(\Omega) \cap L^2(\Omega)$ 时,

$$\int_G \xi(g)\overline{\eta(g)}d\mu(g) = \int_{G^*} F\xi(\alpha)\overline{F\eta(\alpha)}d\hat{\mu}(\alpha)$$

$$= \int_{\hat{G}^*} \hat{\xi}(\alpha)\overline{\hat{\eta}(\alpha)}d\mu'(\alpha). \tag{3.4.40}$$

今证 $H = \{\hat{\eta}|\eta \in L^1(\Omega) \cap L^2(\Omega)\}$ 在 $L^2(G^*, \mathfrak{B}^*, \mu')$ 中稠密. 事实上, 若 $\xi \in L^2(G^*, \mathfrak{B}^*, \mu'), \xi \perp H$, 那么当 $\eta \in L^1(\Omega) \cap L^2(\Omega)$ 时,

$$\int_{G^*} \xi(\alpha)\overline{\hat{\eta}(\alpha)}d\mu'(\alpha) = 0.$$

然而 $\eta(h^{-1}(\cdot)) \in L^1(\Omega) \cap L^2(\Omega)$, 又有

$$\int_{G^*} \xi(\alpha)\overline{\alpha(h)\hat{\eta}(\alpha)}d\mu'(\alpha) = 0.$$

因为 $\{\alpha(h), h \in G\}$ 是 $(G^*, \mathfrak{B}^*)$ 上的决定集, 由引理 1.1.6, 易知 $\xi(\alpha)\hat{\eta}(\alpha)$ 几乎处处为 0, 因此 $\xi(\alpha)$ 几乎处处为零, 所以 H 在 $L^2(G^*, \mathfrak{B}^*, \mu')$ 中稠密. 由 (3.4.40) 知道映照 $F_0 : \xi \to \hat{\xi}$ 可以延拓成 $L^2(\Omega)$ 到 $L^2(G^*, \mathfrak{B}^*, \mu')$ 的酉映照. 又由于当 $\xi \in L^1(\Omega) \cap L^2(\Omega)$ 时,

$$F_0 V(\chi)\xi(\alpha) = \int \chi(g)\xi(g)\overline{\alpha(g)}d\mu(g)$$
$$= \hat{\xi}(\alpha\chi^{-1}) = F_0\xi(\alpha\chi^{-1}), \tag{3.4.41}$$

从 (3.4.40),(3.4.41) 知道

$$\int \hat{\xi}(\alpha)\overline{\hat{\eta}(\alpha)}d\mu'(\alpha) = \int_G V(\chi)\xi(g)\overline{V(\chi)\eta(g)}d\mu(g)$$
$$= \int_{G^*} \hat{\xi}(\alpha\chi^{-1})\overline{\hat{\eta}(\alpha\chi^{-1})}d\hat{\mu}(\alpha).$$

由此易知 μ' 是不变测度, 由前所述有 $\xi \in L^1(\Omega) \cap L^2(\Omega)$, 使 $\hat{\xi}(\alpha)$ 在 G^* 的某个环境 O 中 $|\hat{\xi}(\alpha)| > 1$. 因此由 (3.4.40) 得到

$$\mu'(O) \leqslant \int_{G^*} |\hat{\xi}_0(\alpha)|^2 d\mu'(\alpha) = \int_G |\xi(g)|^2 d\mu(g) < \infty.$$

所以 μ' 是局部有限的, 因此 μ' 是 Haar 测度. 再由 (3.4.40) 易证 F_0 是 L_2-Fourier 变换. 证毕.

例 3.4.5　设 $\Omega_l = (G_l, \mathfrak{B}_l, \mu_l)$ 是关于 $\mathfrak{G}_l$ 拟不变的 k_l 级循环的可局部化测度空间, $(\hat{\Omega}_l, \hat{\mathfrak{G}}_l)$ 是它的对偶, $l = 1, 2, \cdots$ 是有限个或可列个指标, 令 $\mathfrak{G}$ 是 $\underset{l}{\times} G_l$ 上如下的变换 h 全体: 存在有限个数 n 以及 $h_l \in \mathfrak{G}_l, l = 1, 2, \cdots, n$, 使当 $g = \{g_1, \cdots, g_n, g_{n+1}, \cdots\}, g_l \in \mathfrak{D}(h_l), l = 1, 2, \cdots, n$ 时,

$$hg = \{h_1 g_1, \cdots, h_n g_n, h_{n+1} g_{n+1}, \cdots\}.$$

类似地定义 $\hat{\mathfrak{G}}$, 那么 $\Omega = \underset{l}{\times} \Omega_l$ 是关于 $\mathfrak{G}$ 拟不变的 $\prod_l k_l$ 级循环的可局部化测度空间, 而且 $(\underset{l}{\times} \hat{\Omega}_l, \hat{\mathfrak{G}})$ 是它的对偶.

证明从略.

3° 遍历测度空间的对偶测度空间

引理 3.4.9 设 $\Omega = (G, \mathfrak{B}, \mu)$ 是关于变换群 $\mathfrak{G}$ 拟不变的可局部化测度空间, 若 $B \in \mathfrak{B}, H_B$ 为 $\mathfrak{L}_k^2(\Omega)$ 中在 B 外概为零的函数全体所成的闭子空间, 那么 B 成为关于 $\mathfrak{G}$ 的拟不变集的充要条件是 H_B 对群 $\mathfrak{U} = \{U(h)|h \in \mathfrak{G}\}$ 不变.

证 设 B 是拟不变集, 任取 $\varphi \in H_B$. 这时 $G \setminus B \in \mathfrak{B}$ 也是拟不变集. 当 $h \in \mathfrak{G}$ 时, 对几乎所有的 $g \in G \setminus B, hg \in G \setminus B$. 因此

$$(U(h)\varphi)(g) = \varphi(hg)\sqrt{\frac{d\mu_h(g)}{d\mu(g)}} = 0$$

对几乎所有的 $g \in G \setminus B$ 成立, 即 $U(h)\varphi \in H_B$. 这就证明了 H_B 对群 $\mathfrak{U}$ 的不变性.

反之, 设 $B \in \mathfrak{B}$ 而且 H_B 对群 $\mathfrak{U}$ 不变. 若 B 不是拟不变集, 必有 $h \in \mathfrak{G}$, 使 $hB \setminus B$ 不是 μ 零集, 因此有测度有限集 $E \in \mathfrak{B}$, 使 $0 < \mu(E) < \infty, 0 < \mu(hE) < \infty, E \subset B, hE \subset hB \setminus B$. 这样, E 的特征函数 $C_E(\cdot) \in H_B$, 然而

$$(U(h)C_E)(g) = C_E(h^{-1}g)\sqrt{\frac{d\mu_h(g)}{d\mu(g)}} = C_{hE}(g)\sqrt{\frac{d\mu_h(g)}{d\mu(g)}}.$$

当 $g \in hE \subset G \setminus B$ 时, $(U(h)C_E)(g) \neq 0$, 因此 $U(h)C_E \bar{\in} H_B$. 这和 H_B 对群 $\mathfrak{U}$ 的不变性矛盾. 因此 B 是拟不变集.

系 3.4.10 在引理 3.4.9 假设下, 令 M 为 $L^2(\Omega)$ 上由乘法代数 $\mathfrak{M}(\Omega)$ 及 $\mathfrak{U} = \{U(h)|h \in \mathfrak{G}\}$ 张成的最小弱闭算子代数, 那么 Ω 关于 $\mathfrak{G}$ 遍历的充分而且必要条件是 M 为因子. 而 Ω 关于 $\mathfrak{G}$ 弱遍历的充分条件是 M 的中心没有可列可分解的投影算子.

定理 3.4.11 设 Ω 是关于 $\mathfrak{G}$ 拟不变的 k 级循环可局部化测度空间, $(\hat{\Omega}, \hat{\mathfrak{G}})$ 是 $(\Omega, \mathfrak{G})$ 的对偶, 又设 Ω 关于 $\mathfrak{G}$ 是正规的. 若 Ω 关于 $\mathfrak{G}$ 是遍历的, 则 $\hat{\Omega}$ 关于 $\hat{\mathfrak{G}}$ 也是遍历的.

证 如果 $\hat{\Omega}$ 关于 $\hat{\mathfrak{G}}$ 不是遍历的, 必有 $\hat{E} \in \mathfrak{B}$, 它关于 $\hat{\mathfrak{G}}$ 拟不变, 而且 $\hat{\mu}(\hat{E}) \neq 0, \hat{\mu}(\hat{G} \setminus \hat{E}) \neq 0$. 令 $H_{\hat{E}}$ 为 $\mathfrak{L}_k^2(\hat{\Omega})$ 中在 $\hat{G} \setminus \hat{E}$ 上等于零的向量值函数全体所张成的闭子空间, 那么

$$(O) \neq H_{\hat{E}} \neq \mathfrak{L}_k^2(\hat{\Omega}). \tag{3.4.42}$$

根据引理 3.4.9, $H_{\hat{E}}$ 是一切算子 $U(\chi), \chi \in \hat{\mathfrak{G}}$ 的不变子空间, 显然 $H_{\hat{E}}$ 也是算子 $\xi \to z(\cdot; \alpha)\xi(\cdot)$ 的不变子空间, 由 (3.4.18), $\hat{V}(\alpha) = z(\cdot; \alpha)U(\hat{\alpha}), \alpha \in G^\mu$, 因此 $H_{\hat{E}}$ 是一切算子 $\hat{V}(\alpha), \alpha \in G^\mu$ 的不变子空间. 又显然 $H_{\hat{E}}$ 也是 $\hat{U}(h), h \in \mathfrak{G}$ 的不变子空间.

记 $H = F^{-1} H_{\hat{E}}$, 那么 H 是 $L^2(\Omega)$ 的闭线性子空间而且关于群 $\mathfrak{U}, \mathfrak{V}$ 都是不变的. 记 P 为 $L^2(\Omega)$ 到 H 的投影算子, 那么 $P \in \mathfrak{V}'$. 由于 G^μ 是 Ω 上的决定

集, 而且 Ω 是可局部化的; 因此 $\mathfrak{V}$ 张成乘法代数 $\mathfrak{M}$ 而且 $\mathfrak{M}$ 是极大交换的. 因此 $\mathfrak{V}' = \mathfrak{M}' = \mathfrak{M}$. 即得 $P \in \mathfrak{M}$. 又 $P \in \mathfrak{U}'$, 利用系 3.4.10, $\mathfrak{U}$ 及 $\mathfrak{M}$ 张成的代数 M 是因子. 因此 $P \in M \bigcap M'$, 而得 $P = 0$ 或 I. 这和 (3.4.42) 冲突. 因此 Ω 关于 $\mathfrak{G}$ 是遍历的. 证毕.

一般说来, 定理 3.4.11 的逆不真, 举例如下:

例 3.4.6　设 G 是仅有两个元素 $\{a, e\}$ 的群, $a \neq e, a^2 = e.\mathfrak{B}$ 为 G 的子集全体, μ 为 $\mathfrak{B}$ 上的测度, $\mu(\{a, e\}) = 2, \mu(\{a\}) = \mu(\{e\}) = 1, \mu(\varnothing) = 0$. 又令 $\mathfrak{G}$ 为单位元 e 所张成的单元素子群. $\mathfrak{E}$ 是 G 上的一切模为 1 的函数全体. 这时 $(G, \mathfrak{B}, \mu)$ 是关于平移 $\mathfrak{G}$ 不变的二级循环的、正规的有限测度空间, 然而 μ 不是遍历的. 事实上, 单元素集 $\{e\}, \{a\}$ 都是非平凡的拟不变集, 这时由 $\mathfrak{E}$ 导出 $\mathfrak{G}$ 上唯一的特征标 1, 因此有对偶测度空间 $(\hat{G}, \hat{\mathfrak{B}}, \hat{\mu})$ 如下: $\hat{G}$ 为单位元 $\hat{e}$ 组成的单元素群, $\hat{\mathfrak{B}}$ 只有 $\{\hat{e}\}$ 与空集, $\hat{\mu}(\{\hat{e}\}) = 1, \hat{\mu}(\varnothing) = 0, \hat{\mathfrak{G}}$ 为恒等变换. 这时 $(\hat{G}, \hat{\mathfrak{B}}, \hat{\mu})$ 关于 $\hat{\mathfrak{G}}$ 是遍历测度空间. 这说明了不是遍历测度的拟不变测度可能具有遍历的对偶测度.

然而当 $k = 1$ 时, 定理 3.4.11 的逆定理成立.

定理 3.4.12　设 Ω 是关于 $\mathfrak{G}$ 拟不变的、正规的、循环的可局部化测度空间, $(\hat{\Omega}, \hat{\mathfrak{G}})$ 是 $(\Omega, \mathfrak{G})$ 的对偶. 若 $\hat{\Omega}$ 关于 $\hat{\mathfrak{G}}$ 是遍历的可局部化测度空间, 则 Ω 关于 $\mathfrak{G}$ 也是遍历的.

证　仿照定理 3.4.11 的证法来证明本定理. 设 Ω 不是遍历的, 必有关于 $\mathfrak{G}$ 拟不变的集 $B \in \mathfrak{B}$, 而且 $\mu(B) \neq 0, \mu(G \setminus B) \neq 0$. 令 H_B 为 $L^2(\Omega)$ 中在 $G \setminus B$ 外概为零的函数全体, 那么 H_B 是 $\mathfrak{U}$ 和 $\mathfrak{V}$ 的不变子空间, 而且

$$(O) \neq H_B \neq L^2(\Omega). \tag{3.4.43}$$

令 $\mathfrak{H} = FH_B$, 则 $\mathfrak{H}$ 是 $\mathfrak{L}_1^2(\hat{\Omega}) = L^2(\hat{\Omega})$ 的闭线性子空间, 而且关于群 $\hat{\mathfrak{U}} = \{\hat{U}(h)|h \in \mathfrak{G}\}$ 及 $\hat{\mathfrak{V}} = \{\hat{V}(\alpha)|\alpha \in G^\mu\}$ 是拟不变的, 令 Q 为 $L^2(\hat{\Omega})$ 到 $\mathfrak{H}$ 的投影算子. 用 $\hat{\mathfrak{M}}$ 表示 $\hat{\Omega}$ 上乘法代数, 由于定义 3.4.3 中 $\hat{\mathfrak{E}}$ 是决定集, 根据 §2.4, $\hat{\mathfrak{U}}$ 张成 $\hat{\mathfrak{M}}$, 但 $\hat{\Omega}$ 是可局部化的, 所以 $\hat{\mathfrak{M}}$ 是极大交换的. 因此 $Q = \hat{\mathfrak{U}}' = \hat{\mathfrak{M}}'$. 当 $\alpha \in G^\mu, z(\hat{g}; \alpha)$ 是 (3.4.18) 中函数 (由于 $k = 1$, 这时是数值函数) 时, 算子 $\xi \to z(\cdot; \alpha)\xi(\cdot)$ 属于 $\hat{\mathfrak{M}}$. 因此由 $U(\hat{\alpha}) = z(\cdot; \alpha)^{-1}\hat{V}(\alpha)$ 得知 $\mathfrak{H}$ 对于 $\{U(\chi)|\chi \in \hat{\mathfrak{G}}\}$ 是不变的. 因此 $Q \in \{U(\chi)|\chi \in \hat{\mathfrak{G}}\}'$. 若记 $\hat{\mathfrak{M}}$ 和 $\{U(\chi)|\chi \in \hat{\mathfrak{G}}\}$ 张成的算子代数为 $\hat{M}$, 根据系 3.4.10, 由 $\hat{\Omega}$ 的遍历性推出 $\hat{M}$ 为因子. 然而 $Q \in M, Q \in M'$, 所以 Q 或是 O 或是 I. 这和 (3.4.43) 矛盾, 因而 Ω 关于 $\mathfrak{G}$ 是遍历的. 定理证毕.

4° 强 k 级循环测度

下面特别考察对偶测度为有限测度的情况.

由于 σ-有限测度等价于有限测度, 下面一些结果可以很容易地推广到 σ-有限测度.

定义 3.4.4 设 $\Omega = (G, \mathfrak{B}, \mu)$ 是关于 $\mathfrak{G}$ 拟不变的可局部化测度空间. 设 $\varphi \in L^2(\Omega)$, 令 H_φ 为 $L^2(\Omega)$ 中包含 φ 而且对一切 $U(h), h \in \mathfrak{G}$ 不变的最小闭子空间, 称 H_φ 为由循环元 φ(及群 $\mathfrak{U}$) 生成的空间. 设 $\{\varphi_\lambda | \lambda \in \Lambda\}$ 是 $L^2(\Omega)$ 中一族向量, 如果

$$L^2(\Omega) = \sum_{\lambda \in \Lambda} \oplus H_{\varphi_\lambda},$$

而且函数

$$\psi(h) = (U(h)\varphi_\lambda, \varphi_\lambda), \quad h \in \mathfrak{G} \tag{3.4.44}$$

不依赖于 λ, 那么称 $\{\varphi_\lambda | \lambda \in \Lambda\}$ 为循环元组, 而称 $\psi(h)$ 为 (相应于这循环元组的) 伴随函数. 称 $(G, \mathfrak{B}, \mu)$ 是关于 $\mathfrak{G}$ 强 k 级循环的, k 为 Λ 的势[①].

定理 3.4.13 设 $\Omega = (G, \mathfrak{B}, \mu)$ 是关于 $\mathfrak{G}$ 拟不变的可局部化测度空间, 如果 Ω 关于 $\mathfrak{G}$ 是强 k 级循环的, 那么 Ω 关于 $\mathfrak{G}$ 是 k 级循环的. 反之, 若 $L^2(G, \mathfrak{B}, \mu)$ 是可析的, 而且 Ω 关于 $\mathfrak{G}$ 是 k 级循环的, 那么 $k \leqslant$ 可列集的势 $\aleph_0$, 而且 Ω 关于 $\mathfrak{G}$ 是强 k 级循环的.

证 如果存在循环元组 $\{\varphi_\lambda | \lambda \in \Lambda\}$, Λ 的势是 k. 设 $\mathfrak{U}$ 是相应于变换群 $\mathfrak{U}$ 的算子代数, 那么 H_{φ_λ} 是 $\mathfrak{U}$ 的不变子空间而且 $\mathfrak{U}$ 在 H_{φ_λ} 中有循环元 φ_λ, 根据系 2.4.9, $\mathfrak{U}$ 在 H_{φ_λ} 中是极大交换的. 又由于伴随函数 $\psi(h)$(见 (3.4.44)) 与 λ 无关, 当 $\lambda \neq \lambda', \lambda, \lambda' \in \Lambda$ 时, $\mathfrak{U}$ 在 H_{φ_λ} 与 $H_{\varphi_{\lambda'}}$ 中的限制是酉等价的. 事实上, 作 H_{φ_λ} 到 $H_{\varphi_{\lambda'}}$ 的映照 $U_{\lambda'\lambda}$ 如下: 当 $h_l \in \mathfrak{G}, z_l$ 是数, $l = 1, 2, \cdots, n$ 时,

$$U_{\lambda'\lambda} \sum_l z_l U(h_l) \varphi_\lambda = \sum z_l U(h_l) \varphi_{\lambda'},$$

那么由 (3.4.44), 我们得到

$$\Big\| \sum_l z_l U(h_l)\varphi_\lambda \Big\|^2 = \sum_{l,l'} \psi(h_l^{-1} h_{l'}) z_{l'} \bar{z}_l = \Big\| \sum z_l U(h_l) \varphi_{\lambda'} \Big\|^2. \tag{3.4.45}$$

所以 $U_{\lambda'\lambda}$ 是由 H_{φ_λ} 的稠密子空间 $\{\sum z_l U(h_l)\varphi_\lambda | h_l \in \mathfrak{G}\}$ 到 $H_{\varphi_{\lambda'}}$ 的稠密子空间 $\{\sum z_l U(h_l)\varphi_{\lambda'} | h_l \in \mathfrak{G}\}$ 的等距线性映照. 因此可以把 $U_{\lambda'\lambda}$ 唯一地延拓成 H_{φ_λ} 到 $H_{\varphi_{\lambda'}}$ 上的酉算子, 而且这时 $U_{\lambda'\lambda}U(h)U_{\lambda'\lambda}^{-1} = U(h)$. 因此 $\mathfrak{U}$ 在 H_{φ_λ} 中的限制与 $\mathfrak{U}$ 在 $H_{\varphi_{\lambda'}}$ 中的限制是酉等价的. 根据定义 2.4.2, $\mathfrak{U}$ 在 $L^2(\Omega)$ 中具有均匀重复度, 它就是 Λ 的势.

又若 $L^2(\Omega)$ 是可析的, 而且 Ω 关于 $\mathfrak{G}$ 是 k 级循环的, 那么存在 $L^2(\Omega)$ 中的闭子空间 $H_\lambda, \lambda \in \Lambda$ (Λ 的势是 k), 它们关于 $\mathfrak{U}$ 是不变的, 使 $\mathfrak{U}$ 在 H_λ 上的限制为极大

[①]和以前一样, 当 $k = 1$ 时, 称为强循环的.

交换的而且彼此酉等价, 同时

$$L^2(\Omega) = \sum_{\lambda \in \Lambda} \oplus H_\lambda.$$

由于 $L^2(\Omega)$ 是可析的, 而且 H_λ 不是零维的, 所以 $k \leqslant \aleph_0$, 而且这些 H_λ 也都是可析的, 根据系 2.4.9, $\mathfrak{U}$ 在 H_λ 中有循环元. 取定 $\lambda_0 \in \Lambda$, 在 H_{λ_0} 中任取 $\mathfrak{U}$ 的循环元 φ_{λ_0}, 对每个 $\lambda \in \Lambda, \lambda \neq \lambda_0$, 作 H_{λ_0} 到 H_λ 的酉算子 U_λ, 使 $U_\lambda^{-1} U(h) U_\lambda = U(h)$. 记 $\varphi_\lambda = U_\lambda \varphi_{\lambda_0}$, 那么显然 φ_λ 是 $\mathfrak{U}$ 在 H_λ 中的循环元. 换言之, $H_\lambda = H_{\varphi_\lambda}$, 而且这时成立着

$$(U(h)\varphi_\lambda, \varphi_\lambda) = (U(h)U_\lambda\varphi_1, U_\lambda\varphi_1) = (U(h)\varphi_\lambda, \varphi_\lambda),$$

即 (3.4.44) 所定义的 $\psi(h)$ 与 λ 无关. 因此 $\{\varphi_\lambda | \lambda \in \Lambda\}$ 是循环元组. 证毕.

特别, 当 $L^2(\Omega)$ 中存在 φ 使 $L^2(\Omega) = H_\varphi$ 时, μ 是循环的.

定理 3.4.14　设 $\Omega = (G, \mathfrak{B}, \mu)$ 是关于 $\mathfrak{G}$ 拟不变的强 k 级循环测度空间, 则它必有对偶的拟不变有限测度空间 $\hat{\Omega} = (\hat{G}, \hat{\mathfrak{B}}, \hat{\mu})$, 而且以 μ 的伴随函数 ψ 作为 $\hat{\mu}$ 的广义特征函数:

$$\psi(h) = \int_{\hat{G}} h(\hat{g}) d\hat{\mu}(\hat{g}), \ h \in \mathfrak{G}, \tag{3.4.46}$$

这里 $\hat{G}$ 又可以取为 $\mathfrak{G}$ 按 μ–拓扑的谱群, $\hat{\mathfrak{B}}$ 可取做弱 Borel 集全体.

证　设 $\{\varphi_\lambda | \lambda \in \Lambda\}$ 是 Ω 的一循环元组, $\psi(h)$ 是相应的伴随函数, 显然, $\psi(h)$ 是 $\mathfrak{G}$ 上正定函数[①], 而且

$$\psi(0) - \Re\psi(h) = \frac{1}{2}\|(U(h) - I)\varphi_\lambda\|^2. \tag{3.4.47}$$

从不等式 (3.3.3) 知道 ψ 关于 μ–拓扑是连续的. 所以有谱群 $\hat{G}$ 及弱 Borel 集全体 $\hat{\mathfrak{B}}$ 上有限测度 $\hat{\mu}$, 使 (3.4.46) 成立.

取 k 维 Hilbert 空间中的完备就范直交系 $\{e_\lambda | \lambda \in \Lambda\}$, Λ 的势是 k. 我们作出 $L^2(\Omega)$ 到 $\mathfrak{L}_k^2(\hat{\Omega})$ 上的酉映照 F 如下: 任取 $\lambda_1, \cdots, \lambda_n \in \Lambda, h_{\lambda_1}, \cdots, h_{\lambda_n} \in \mathfrak{G}$, 复数 $z_{\lambda_1}, \cdots, z_{\lambda_n}$, 规定

$$F\left(\sum_{l=1}^{n} z_{\lambda_l} U(h_{\lambda_l})\varphi_{\lambda_l}\right) = \sum_{l=1}^{n} z_{\lambda_l} h_{\lambda_l}(\hat{g}) e_{\lambda_l}, \tag{3.4.48}$$

那么 F 是等距映照. 事实上, 由 (3.4.46) 得到

$$\left\|\sum_{l=1}^{n} z_{\lambda_l} U(h_{\lambda_l})\varphi_{\lambda_l}\right\|^2 = \sum z_{\lambda_l} \bar{z}_{\lambda_{l'}} \psi(h_{\lambda_{l'}}^{-1} h_{\lambda_l}) \delta_{\lambda_{l'} \lambda_l}$$

$$= \int \|\sum z_{\lambda_l} h_{\lambda_l}(\hat{g}) e_{\lambda_l}\|^2 d\hat{\mu}(\hat{g}).$$

[①] 参看 (3.4.45).

由于 $\{\varphi_\lambda|\lambda\in\Lambda\}$ 是循环元组, 形如 $\sum_l z_{\lambda_l}U(h_{\lambda_l})\varphi_{\lambda_l}$ 的元素全体在 $L^2(G,\mathfrak{B},\mu)$ 中是稠密的, 又因为函数族 $\{h(\cdot)|h\in\mathfrak{G}\}$ 是 $(\hat{G},\hat{\mathfrak{B}})$ 的决定集, 根据引理 1.1.6, 它在 $L^2(\hat{\Omega})$ 中稠密, 再根据 §1.1 第二段,(3.4.48) 的右边的函数全体在 $\mathfrak{L}_k^2(\hat{\Omega})$ 中是稠密的, 因此我们将 F 唯一地延拓成 $L^2(\Omega)$ 到 $\mathfrak{L}_k^2(\hat{\Omega})$ 上的酉映照.

记 $\hat{U}(h)=FU(h)F^{-1}$, 从 (3.4.48) 看出, 对于形如

$$\xi(\hat{g})=\sum_{l=1}^n z_{\lambda_l}h_{\lambda_l}(\hat{g})e_{\lambda_l}$$

的函数, 成立着

$$(\hat{U}(h)\xi)(\hat{g})=h(\hat{g})\xi(\hat{g}).$$

再根据介于例 3.2.6 的证明和定理 3.2.3 之间的一段注解, 对于每个 $\tilde{\alpha}\in\tilde{\mathfrak{G}}^\mu$, $\tilde{\alpha}$ 按 $\mathfrak{G}$ 上的 μ-拓扑连续, 因此按照谱群的定义有 $\hat{\alpha}\in\hat{G}$. 我们令 $\tilde{\mathfrak{G}}^\mu$ 即是 $\hat{\mathfrak{G}}$, 那么 $\hat{\mathfrak{G}}$ 是 $\hat{G}$ 上平移变换. 下面完全仿照定理 3.4.3 的证明可以完成本定理的证明. 证毕.

下面我们再给出定理 3.4.14 的逆.

定理 3.4.15 设 $(G,\mathfrak{B},\mu)$ 是关于 $\mathfrak{G}$ 拟不变的 k 级循环可局部化测度空间, 如果有 σ-有限测度空间 $(\hat{G},\hat{\mathfrak{B}},\hat{\mu})$ 作为它的对偶测度空间, 那么它必是强 k 级循环的.

证 设 $(\hat{G},\hat{\mathfrak{B}},\hat{\mu})$ 是关于 $\hat{\mathfrak{G}}$ 拟不变的有限测度空间[1], 且是 $(G,\mathfrak{B},\mu)$ 的对偶测度空间. 设 F 是 $L^2(G,\mathfrak{B},\mu)$ 到 $\mathfrak{L}_k^2(\hat{G},\hat{\mathfrak{B}},\hat{\mu})$ 上的 Fourier 变换, 令 $\{e_\lambda|\lambda\in\Lambda\}$ 为 k 维 Hilbert 空间 H_k 中的完备就范直交系, Λ 的势为 k. 记 $\varphi_\lambda=F^{-1}e_\lambda$, 那么 $\{\varphi_\lambda|\lambda\in\Lambda\}$ 是 $(G,\mathfrak{B},\mu)$ 关于 $\mathfrak{G}$ 的循环元组. 事实上, 由于

$$U(h)\varphi_\lambda=F^{-1}(h(\cdot)e_\lambda),\quad h\in\mathfrak{G}, \tag{3.4.49}$$

当 $\lambda\ne\lambda',h,h'\in\mathfrak{G}$ 时,

$$(U(h)\varphi_\lambda,U(h')\varphi_{\lambda'})=\int_{\hat{G}}h(\hat{g})h'(\hat{g})(e_\lambda,e_{\lambda'})d\hat{\mu}(\hat{g})=0.$$

所以当 $\lambda\ne\lambda'$ 时, $H_{\varphi_\lambda}\perp H_{\varphi_{\lambda'}}$. 又因为形如 $\sum z_{\lambda_\nu}h_\nu(\cdot)e_{\lambda_\nu}$ 的元素全体在 $\mathfrak{L}_k^2(\hat{G},\hat{\mathfrak{B}},\hat{\mu})$ 中稠密, 所以 $L^2(G,\mathfrak{B},\mu)=\sum_{\lambda\in\Lambda}\oplus H_{\varphi_\lambda}$. 再从 (3.4.49) 知道

$$\psi(h)=(U(h)\varphi_\lambda,\varphi_\lambda)=(h(\cdot)e_\lambda,e_\lambda)=\int_{\hat{G}}h(\hat{g})d\hat{\mu}(\hat{g})$$

不依赖于 λ, 所以 $(G,\mathfrak{B},\mu)$ 是强 k 级循环的. 证毕.

下面给出后面要用的一个关于空间 H_φ 的引理.

---

[1] 因为 σ-有限测度等价于有限测度.

引理 3.4.16 设 $\Omega = (G, \mathfrak{B}, \mu)$ 是关于 $\mathfrak{G}$ 拟不变的可局部化测度空间. 任取 $\varphi_0 \in L^2(\Omega)$, 作空间 H_{φ_0} (见定义 3.4.4), 设 $\{h_n\} \subset \mathfrak{G}$, 那么 $M_{\varphi_0}(h_n) \to 0$ 的充要条件是酉算子序列 $\{U(h_n)\}$ 在 H_{φ_0} 上强收敛于恒等算子.

证 充分性由 $M_{\varphi_0}(h_n) = \|(U(h_n) - I)\varphi_0\|, \varphi_0 \in H_{\varphi_0}$, 立即得到.

反之, 若 $M_{\varphi_0}(h_n) \to 0$, 对每个 $\varphi \in H_{\varphi_0}$ 和正数 ε, 有 $g_k \in \mathfrak{G}$ 以及数 $\lambda_k, k = 1, 2, \cdots, n$, 使得

$$\left\| \varphi - \sum_{k=1}^{n} \lambda_k U(g_k)\varphi_0 \right\| < \frac{\varepsilon}{4}. \tag{3.4.50}$$

取自然数 N, 使当 $k \geqslant N$ 时,

$$M_{\varphi_0}(h_k) < \frac{\varepsilon}{2 \sum_{k=1}^{n} |\lambda_k|}. \tag{3.4.51}$$

由于 (3.4.50) 和 (3.4.51), 我们得到

$$\|(U(h_\nu) - I)\varphi\| \leqslant \|U(h_\nu) - I\| \left\| \varphi - \sum_{k=1}^{n} \lambda_k U(g_k)\varphi_0 \right\|$$
$$+ \sum_{k=1}^{n} |\lambda_k| \|U(h_\nu) - I\| < \varepsilon$$

(在上式的证明过程中利用了 $U(h_\nu)U(g_k) = U(g_k)U(h_\nu)$). 证毕.

系 3.4.17 设 $\Omega = (G, \mathfrak{B}, \mu)$ 是关于 $\mathfrak{G}$ 拟不变的可局部化测度空间, 又设 Ω 关于 $\mathfrak{G}$ 是强循环的, 而且以 φ_0 为循环元, 那么 $\mathfrak{G}$ 上的 μ-拓扑等价于凸函数 $M_{\varphi_0}(h), h \in \mathfrak{G}$ 导出的拓扑.

证 由于 $H_{\varphi_0} = L^2(\Omega)$, 由引理 3.4.16 知道, 对每个 $\varphi \in L^2(\Omega), M_\varphi(h) = \|(U(h) - I)\varphi\|$ 对于 $M_{\varphi_0}(h)$ 是连续的. 由此易知 $\mathfrak{G}$ 上的 μ-拓扑弱于 M_{φ_0} 导出的拓扑. 另一方面, M_{φ_0} 导出的拓扑显然弱于 μ-拓扑. 因此这两个拓扑一致.

系 3.4.18 设 $\Omega_k = (G, \mathfrak{B}, \mu_k), k = 1, 2$ 是关于 $\mathfrak{G}$ 拟不变的、可局部化的、强循环的测度空间, 又设 $\varphi_k, k = 1, 2$ 分别是它们的循环元. 记

$$M^{(k)}(h) = \left(\int_G |\varphi_k(hg)\sqrt{d\mu_k(hg)} - \varphi_k(g)\sqrt{d\mu_k(g)}|^2 \right)^{\frac{1}{2}}, h \in \mathfrak{G}.$$

如果 μ_1 关于 μ_2 是绝对连续的, 那么 $\mathfrak{G}$ 上的凸泛函 $M^{(1)}(h)$ 关于 $M^{(2)}(h)$ 是连续的. 特别, 如果 μ_1 与 μ_2 是等价的, 那么 $M^{(1)}(h)$ 与 $M^{(2)}(h)$ 是彼此拓扑等价的.

系 3.4.18 是系 3.4.17 和系 2.4.13 的直接结果, 它可以用来判断两个拟不变测度的不等价性.

第四章 线性拓扑空间上的拟不变测度及调和分析

线性拓扑空间可以看成按加法所成的一类交换拓扑群, 因此线性拓扑空间上的拟不变测度的理论可以看成群上拟不变测度理论的特殊情况. 然而由于线性拓扑空间多了一个 "数乘" 的运算, 就发生了许多新的情况. 本章讨论第三章中的一些概念及结果在线性空间情况下所应考虑的特有的问题, 其中有许多情况得到了比较完善的结果. 应该说, 看来对拟不变测度理论来说, 重要的部分或应用可能性较大的部分却是线性拓扑空间的情况. 例如在量子场论或随机过程、广义随机过程等方面都是和线性拓扑空间上拟不变测度理论有较多联系的.

在 §4.1 中我们着重研究如何决定拟不变线性子空间上由 s–拟距离所导出的拓扑. 在 §4.2 中相应于拟特征标的概念, 我们讨论拟线性泛函的概念. 又由于 L_2–Fourier 变换理论对线性拓扑空间情况无需作很大的改变, 所以只简略地在 §4.2 中提一下. 在 §4.3 中我们着重讨论三个问题: 一、线性泛函空间的柱测度的可列可加性, 这个概念和 Segal [3], [4], [5] 的交换弱分布概念有较多联系. 二、核空间上正定连续泛函的表示定理, 这是线性拓扑空间上调和分析的一个比较重要的结果. 三、广义随机过程的测度论基础.

§4.1 线性拓扑空间上的拟不变测度

1° 拟不变线性空间上的拟距离

我们先介绍一些概念.

定义 4.1.1　设 $\Omega = (G, \mathfrak{B}, \mu)$ 是测度空间, $\mathfrak{G}$ 是 Ω 上的一族可测变换所成的交换群, 而且在 $\mathfrak{G}$ 上定义了 "数乘" 使 $\mathfrak{G}$ 成为线性空间, 那么称 $\mathfrak{G}$ 是 Ω 上的可测变换线性空间. 如果 Ω 又是有限测度空间, 而且 $\mathfrak{G}$ 上的泛函[①]

$$M_1(h) = \left(\int_G \left(\sqrt{d\mu(g+h)} - \sqrt{d\mu(g)} \right)^2 \right)^{\frac{1}{2}}, \quad h \in \mathfrak{G}, \tag{4.1.1}$$

是 $\mathfrak{G}$ 上的拟连续函数, 即对每个 $h \in \mathfrak{G}$, $M_1(th)$ 是 $t, -\infty < t < \infty$ 的连续函数, 那么称测度空间 Ω 关于 $\mathfrak{G}$ 是拟连续的.

引理 4.1.1　设 $\Omega = (G, \mathfrak{B}, \mu)$ 是测度空间, $\mathfrak{G}$ 是其上的一族可测变换所成的线性空间. 当 $\varphi \in L^2(G, \mathfrak{B}, \mu)$ 时, 作 $\mathfrak{G}$ 上的凸泛函

$$M_\varphi(h) = \left(\int_G |\varphi(g+h)\sqrt{d\mu(g+h)} - \varphi(g)\sqrt{d\mu(g)}|^2 \right)^{\frac{1}{2}}, \quad h \in \mathfrak{G} \tag{4.1.2}$$

设 $M_\varphi(h)$ 是 $\mathfrak{G}$ 上的拟连续泛函. 作 $\mathfrak{G}$ 上的凸泛函

$$R_\varphi(h) = \left(\int_0^\infty e^{-t} M_\varphi(th)^2 dt \right)^{\frac{1}{2}}, \tag{4.1.3}$$

那么 $\mathfrak{G}$ 按不变拟距离 $\rho_\varphi(h_1, h_2) = R_\varphi(h_1 - h_2), h_1, h_2, \in \mathfrak{G}$ 成为线性拟距离空间. 特别, 当 Ω 关于 $\mathfrak{G}$ 拟连续时, $\mathfrak{G}$ 按 $\rho_1(h_1, h_2)$ 成为线性拟距离空间.

证　容易看出 $M_\varphi(h)$ 满足引理 I.1.2 中对于泛函 $M(h)$ 所加的三个条件. 因此由引理 I.1.2, $\mathfrak{G}$ 按 $\rho_\varphi(\cdot, \cdot)$ 成为线性拟距离空间. 证毕.

此后如果不另外声明, 总是把 $\mathfrak{G}$ 看成按 ρ_1 (即 $\varphi \equiv 1$) 的线性拟距离空间. ρ_1 称做 $\mathfrak{G}$ 上的 s-拟距离.

定义 4.1.2　设 $\Omega = (G, \mathfrak{B}, \mu)$ 是测度空间, $\mathfrak{G}$ 是 Ω 上可测变换所成的线性空间, 如果对每个 $h_0 \in \mathfrak{G}, h_0 \neq 0$, 必有 Ω 上的实可测函数 f, 使得对几乎所有的 $g \in G$, 等式

$$f(g + th_0) = f(g) + t \tag{4.1.4}$$

成立, 那么称 Ω 关于 $\mathfrak{G}$ 为隔离的.

例如当 G 是线性空间, $\mathfrak{G}$ 是 G 的线性子空间, $\mathfrak{F}$ 是 G 上的一族线性泛函, 而且当 $h \in \mathfrak{G}, h \neq 0$ 时有 $f \in \mathfrak{F}$, 使 $f(h) \neq 0$. 又设 $\mathfrak{B}$ 为由 G 的子集组成的而且使 $\mathfrak{F}$ 关于 $(G, \mathfrak{B})$ 可测的最小 σ-代数, μ 是 $(G, \mathfrak{B})$ 上的任何测度, 那么 $(G, \mathfrak{B}, \mu)$ 关于平移 $\mathfrak{G}$ 是隔离的.

定理 4.1.2　设非零的有限测度空间 $\Omega = (G, \mathfrak{B}, \mu)$ 关于可测变换线性空间 $\mathfrak{G}$ 是隔离的、拟连续的. 那么 $\mathfrak{G}$ 按 $\rho_1(h_1, h_2), h_1, h_2 \in \mathfrak{G}$ 成为线性距离空间.

[①]这里当 $h \in \mathfrak{G}, g \in \Omega$ 时改记 hg 为 $h+g$ 或 $g+h$, 改记 $d\mu_h(g)$ 为 $d\mu(g-h)$.

证 根据引理 4.1.1, 只要证明 ρ_1 是距离, 也就是只要证明当 $h \neq 0$ 时 $R_1(h) > 0$ 就可以了.

设 $h_0 \in \mathfrak{G}, h_0 \neq 0$, 然而 $R_1(h_0) = 0$. 由 (4.1.3) 及 $M_1(th_0)$ 对 t 的连续性易知, 对一切 $t > 0, M_1(th_0) = 0$. 然而由于 $M_1(-th_0) = M_1(th_0)$, 所以对一切实数 $t, M_1(th_0) = 0$, 容易算出 $\mu_{th_0} \equiv \mu$, 即

$$\text{当 } -\infty < t < \infty, E \in \mathfrak{B} \text{ 时, } \mu(E + th_0) = \mu(E). \tag{4.1.5}$$

由于 Ω 关于 $\mathfrak{G}$ 是隔离的, 有使等式 (4.1.4) 成立的 f. 利用这个函数 f, 作 G 到直线的可测映照 $y = f(g), g \in G$. 又作直线上的 Borel 测度 μ_1 如下: 对于直线上的 Borel 集 B, 规定

$$\mu_1(B) = \mu(f^{-1}(B)).$$

由 (4.1.4), 当 B 是 Borel 集时, $f^{-1}(B) + th_0$ 与 $f^{-1}(B + t)$ 只相差一个 μ-零集. 因此从 (4.1.5) 得知

$$\text{当 } -\infty < t < \infty \text{ 时, } \mu_1(B + t) = \mu_1(B).$$

即 μ_1 是实数直线上的平移不变的 Borel 测度. μ_1 必须是 Lebesgue 测度乘以常数, 但由于 μ 是有限的 (非零的), 所以 μ_1 也是有限的 (非零的). 这是矛盾. 因此 ρ_1 是距离. 证毕.

我们留意, 定理 4.1.2 中对于 Ω 关于 $\mathfrak{G}$ 隔离的假设不能除去.

例 4.1.1 设 G 是线性空间 (不止一个向量), $\mathfrak{B}$ 只有两个元素: G 与空集 $\varnothing, \mu$ 是 $\mathfrak{B}$ 上的测度: $\mu(G) = 1, \mu(\varnothing) = 0$. 那么 $(G, \mathfrak{B}, \mu)$ 关于平移 G 不是隔离的. 这时对一切 $h \in G, R_1(h) = 0$.

2° 对平移拟不变的情况

下面考察 G 是线性空间的情况. 设 $(G, \mathfrak{B}, \mu)$ 是测度空间, $\mathfrak{G}$ 是 G 的线性子空间. 如果 $(G, \mathfrak{B}, \mu)$ 关于平移 $\mathfrak{G}$ 为拟不变 (拟不变及拟连续的), 而且不存在 G 的线性子空间 $\mathfrak{G}' \supset \mathfrak{G}, \mathfrak{G}' \neq \mathfrak{G}$, 使 $(G, \mathfrak{B}, \mu)$ 关于 $\mathfrak{G}'$ 为拟不变 (拟不变及拟连续) 的, 那么称 $\mathfrak{G}$ 为测度空间 $(G, \mathfrak{B}, \mu)$ 的极大拟不变 (拟不变及拟连续) 的线性子空间.

设 N 是 G 的线性子空间, 而且对一切 $h \in N$, 有如下的性质:

$$\text{当 } E \in \mathfrak{B} \text{ 时, } \mu(E + h) = \mu(E),$$

那么称 N 为测度空间 $(G, \mathfrak{B}, \mu)$ 的不变线性子空间. 显然, 在 N 上 s-拟距离恒为 0, 而且存在着最大的不变线性子空间, 记做 $\mathfrak{G}_0$. 若 $(G, \mathfrak{B}, \mu)$ 关于 $\mathfrak{G}$ 是拟不变拟连续的, 则

$$\mathfrak{G} \cap \mathfrak{G}_0 = \{x | \rho_1(x, 0) = 0, x \in \mathfrak{G}\}.$$

可以证明: 当 G 是线性空间, $(G, \mathfrak{B}, \mu)$ 是测度空间时, 必然存在着 $(G, \mathfrak{B}, \mu)$ 的极大拟不变及拟连续线性子空间 $\mathfrak{G}$, 而且容易看出 $(G, \mathfrak{B}, \mu)$ 的极大不变子空间 $\mathfrak{G}_0 \subset \mathfrak{G}$.

此后当 G 为群时, 言及测度空间 $(G, \mathfrak{B}, \mu)$, 总设 G 的平移是 $\mathfrak{B}$-可测的.

定理 4.1.3   设 G 是线性拓扑空间, $\Omega = (G, \mathfrak{B}, \mu)$ 是有限的正则测度空间, $\mathfrak{G}$ 是 Ω 的极大拟不变及拟连续线性子空间. 那么 $\mathfrak{G}$ 按拟距离 $\rho_1(h_1, h_2,), h_1, h_2 \in \mathfrak{G}$ 成为完备的线性拟距离空间.

证   只要证明 $\mathfrak{G}$ 的完备性. 任取 $\mathfrak{G}$ 中按 ρ_1 的基本点列 $\{h_n\}$. 取自然数列 $\{n_k\}, n_1 < n_2 < \cdots < n_k < \cdots$, 使得当 $m, n \geqslant n_k$ 时,

$$R_1(h_n - h_m) < \frac{1}{4^k}. \tag{4.1.6}$$

记 μ_1 为直线上的 Lebesgue 测度, 记

$$\Lambda_k = \left\{ t \big| M_1((h_{n_{k+1}} - h_{n_k})t) \geqslant \frac{1}{2^k},\ t \in (0, 1] \right\},$$

那么由 (4.1.6) 得到

$$\mu_1(\Lambda_k) \leqslant e 4^k \int_0^1 e^{-t} M_1((h_{n_{k+1}} - h_{n_k})t)^2 dt < \frac{e}{4^k}.$$

记 $\Lambda = \varlimsup\limits_{k \to \infty} \Lambda_k$, 则 $\mu_1(\Lambda) = 0$. 又记 $Q = (0, 1] - \Lambda$. 那么对每个 $t \in Q$, 必有 k_t 使得当 $k \geqslant k_t$ 时, $t \in (0, 1] - \Lambda_k$, 即

$$M_1((h_{n_{k+1}} - h_{n_k})t) < \frac{1}{2^k}.$$

因此当 $t \in Q$ 时,

$$\sum_{k=1}^{\infty} M_1(t(h_{n_{k+1}} - h_{n_k})) < \infty,$$

所以 $\{th_{n_k}\}$ 按拟距离 $M_1(h_1 - h_2), h_1, h_2 \in \mathfrak{G}$ 是基本的. 下面为了书写方便起见, 简写 n_k 为 k.

根据定理 3.1.24 的证明, 任意取定 $t_0 \in Q$, 必有 $h_0 \in G$, 使 $t_0 h_0$ 的任何环境 (按 G 的原来的拓扑) V 必含有 $\{t_0 h_k\}$ 的子列. 因此当 $t \in Q$ 时, th_0 的环境 $\dfrac{t}{t_0} V$ 中必含有 $\{th_k\}$ 的子列. 再继续利用定理 3.1.24 的证明, 即知当 $t \in Q$ 时,

$$\lim_{k \to \infty} M_1(t(h_k - h_0)) = 0. \tag{4.1.7}$$

令 $\mathfrak{G}_1$ 为 G 中使 Ω 拟不变的点全体所成的群, 记 Q_0 是使 $th_0 \in \mathfrak{G}_1$ 的实数 t 全体. 由于 $\mathfrak{G}_1$ 是群, 所以 Q_0 按实数加法也成为一群. 由于 $th_k \in \mathfrak{G}_1$, 根据引理 3.1.25,

当 $t \in Q$ 时, $th_0 \in \mathfrak{G}_1$, 所以 $Q \subset Q_0$. 令 Q_1 是 Q_0 中使 (4.1.7) 成立的实数 t 全体. 显然成立着

$$Q \subset Q_1. \tag{4.1.8}$$

今证明 Q_1 是一群.

事实上, M_1 满足关系

$$M_1(h_1 + h_2) \leqslant M_1(h_1) + M_1(h_2), \quad h_1, h_2 \in \mathfrak{G}_1,$$
$$M_1(h) = M_1(-h), \quad h \in \mathfrak{G}. \tag{4.1.9}$$

若 $t_1, t_2 \in Q_1$, 则由 (4.1.9),

$$\lim_{k \to \infty} M_1((t_1 + t_2)(h_k - h_0))$$
$$\leqslant \lim_{k \to \infty} M_1(t_1(h_k - h_0)) + \lim_{k \to \infty} M_1(t_2(h_k - h_0))$$

得知 $t_1 + t_2 \in Q_1$. 类似地, 若 $t \in Q_1$, 则 $-t \in Q_1$. 因此 Q_1 成为群. 再由 (4.1.8) 得知

$$Q - Q \subset Q_1. \tag{4.1.10}$$

由于 Lebesgue 测度 μ_1 是不变测度而且 $\mu_1(Q) > 0$, 由定理 3.1.13 的证明看出 $Q - Q$ 包含着直线上 0 的环境. 从 (4.1.10) 知道 Q_1 包含着直线上 0 的环境, 例如 $(-\delta, \delta)$. 当 t 为任一实数时, 取自然数 n 充分大, 使 $\frac{t}{n} \in (-\delta, \delta)$, 因此 $\frac{t}{n} \in Q_1$. 由于 Q_1 是群, 所以 $t = n\frac{t}{n} = \frac{t}{n} + \cdots + \frac{t}{n} \in Q_1$, 即 Q_1 是整个实数直线. 这就是说对一切实数 t, $th_0 \in \mathfrak{G}_1$, 而且 (4.1.7) 成立.

令 $\mathfrak{G}'$ 是 $\mathfrak{G}$ 与 $\{th_0| -\infty < t < \infty\}$ 的线性和. 今证 Ω 关于线性空间 $\mathfrak{G}'$ 是拟不变、拟连续的. 事实上, $\mathfrak{G}'$ 中元素的一般形式是 $g + t_0 h_0, g \in \mathfrak{G}, -\infty < t_0 < \infty$. 由 (4.1.7), 这时点列 $\{t_0 h_k + g, k = 1, 2, \cdots\}$ 按拟距离 $M_1(h_1 - h_2), h_1, h_2 \in \mathfrak{G}$ 收敛于 $g + th_0$. 由于 $t_0 h_k + g \in \mathfrak{G} \subset \mathfrak{G}_1$, 根据引理 3.1.25, $t_0 h_0 + g \in \mathfrak{G}_1$, 又由前述, 令 H_1 是 $L^2(\Omega)$ 中包含 1, 又对一切 $\{U((t_0 h_k + g)t), k = 1, 2, \cdots\}$ 不变的最小闭线性子空间. 这时酉算子序列 $\{U((t_0 h_k + g)t), k = 1, 2, \cdots\}$ 在 H_1 上强收敛于 $U((t_0 h_0 + g)t)$. 由于 $M_1((t_0 h_k + g)t)$ 是 t 的连续函数, 从引理 3.4.16 看出, H_1 上的单参数酉算子群 $\{U((t_0 h_k + g)t)| -\infty < t < \infty\}$ 是强连续的. 因此 H_1 是可析的, 而且对任何 $\xi, \eta \in H_1, t$ 的函数 $(U((t_0 h_0 + g)t)\xi, \eta)$ 作为连续函数列 $(U((t_0 h_k + g)t)\xi, \eta)$ 的极限是 Lebesgue 可测的. 由引理 II.3.2 知道 $\{U((t_0 h_0 + g)t)| -\infty < t < \infty\}$ 是 H_1 上的强连续单参数酉算子群. 因此

$$M_1((t_0 h_0 + g)t) = \|(U((t_0 h_0 + g)t) - I)\varphi\|$$

是 t 的连续函数. 这就是说 M_1 在 $\mathfrak{G}'$ 上是拟连续的.

所以 Ω 关于线性空间 $\mathfrak{G}'$ 是拟不变、拟连续的. 由于 $\mathfrak{G}' \supset \mathfrak{G}$, 从 $\mathfrak{G}$ 的极大性得知 $\mathfrak{G}' = \mathfrak{G}$, 即 $th_0 \in \mathfrak{G}$. 从 (4.1.7) 以及 Lebesgue 积分的控制收敛定理知道 $\lim\limits_{k\to\infty} \rho_1(h_k, h_0) = \lim\limits_{k\to\infty} R_1(h_k - h_0) = 0$. 因此 $\mathfrak{G}$ 是完备的. 证毕.

定理 4.1.4　设 G 是线性拓扑空间, $\mathfrak{G}$ 是 G 的线性子空间, $(G, \mathfrak{B}, \mu)$ 是关于 $\mathfrak{G}$ 拟不变、拟连续的有限正则测度空间. 令 $\mathfrak{G}$ 按拟距离 $\rho_1(h_1, h_2), h_1, h_2 \in \mathfrak{G}$ 成为线性拟距离空间. 那么 $M_1(h), h \in \mathfrak{G}$ 是 $\mathfrak{G}$ 上的连续泛函. 而且若 $\{h_n\} \subset \mathfrak{G}, h_0 \in \mathfrak{G}$, 则 $\rho_1(h_n, h_0) \to 0$ 的充要条件是

$$\lim_{n\to\infty} M_1(t(h_n - h_0)) = 0, \quad -\infty < t < \infty. \tag{4.1.11}$$

证　不妨设 $\mathfrak{G}$ 是完备的. 不然的话, 把 $\mathfrak{G}$ 扩张为极大的拟不变、拟连续线性子空间, 这样, 根据定理 4.1.3, $\mathfrak{G}$ 就是完备的了. 根据引理 I.2.3, 欲证 $M_1(h), h \in \mathfrak{G}$ 的连续性, 只要证明 $M_1(h), h \in \mathfrak{G}$ 是下半连续的就可以了. 任取 $\{h_n\} \subset \mathfrak{G}, h_0 \in \mathfrak{G}$, 使 $R_1(h_n - h_0) \to 0$. 必有 $\{h_n\}$ 的子列 $\{h_{n'}\}$ 使

$$\lim_{n'\to\infty} M_1(h_{n'}) = \varlimsup_{n\to\infty} M_1(h_n).$$

根据定理 4.1.3 的证明, 由于 $\{h_{n'}\}$ 按距离 ρ_1 为基本的, 必有 $\{h_{n'}\}$ 的子列 $\{h_{n''}\}$ 以及 $h_0' \in \mathfrak{G}$, 使得对一切实数 t,

$$\lim_{n''\to\infty} M_1(t(h_{n''} - h_0')) = 0. \tag{4.1.12}$$

由于 $\rho_1(h_{n''}, h_0') \to 0$, 所以 $\rho_1(h_0, h_0') = 0$. 因此由 M_1 的拟连续性, 对一切 t,

$$M_1(t(h_0 - h_0')) = 0. \tag{4.1.13}$$

从 (4.1.12) 和 (4.1.13) 得到

$$\lim_{n''\to\infty} M_1(t(h_{n''} - h_0)) = 0.$$

因此

$$\begin{aligned} M_1(h_0) &\leqslant \lim_{n''\to\infty} (M_1(h_{n''}) + M_1(h_{n''} - h_0)) \\ &= \lim_{n''\to\infty} M_1(h_{n'}) \leqslant \varlimsup_{n\to\infty} M_1(h_n). \end{aligned}$$

这就证明了 M 的下半连续性. 因此 $M_1(h), h \in \mathfrak{G}$ 是连续的.

显然 (4.1.11) 是 $\rho_1(h_n, h_0) \to 0$ 的充分条件. 若 $\rho_1(h_n, h_0) \to 0$, 则由于 $\mathfrak{G}$ 按 R 是线性距离空间, 对任何实数 $t, \rho_1(th_n, th_0) \to 0$, 根据泛函 $M_1(h)$ 的连续性得到 (4.1.11). 证毕.

定理 4.1.4 也说明了, 在 $\mathfrak{G}$ 上由拟距离 $M_1(h), h \in \mathfrak{G}$ 导出的拓扑 $\mathscr{T}_0$ 比由拟距离 ρ_1 导出的拓扑 $\mathscr{T}_1$ 弱. 更进一步, $\mathscr{T}_0$ 与 $\mathscr{T}_1$ 间有如下的关系.

定理 4.1.5　设 G 是线性空间, $\mathfrak{G}$ 是 G 的线性子空间, $(G, \mathfrak{B}, \mu)$ 是关于平移 $\mathfrak{G}$ 拟不变、拟连续的正则、有限测度空间. 那么 $\mathfrak{G}$ 上由 s–拟距离 ρ_1 导出的拓扑 $\mathcal{T}_1$ 是强于 (由 $M_1(h), h \in \mathfrak{G}$ 导出的) 拓扑 $\mathcal{T}_0$ 并且使 $\mathfrak{G}$ 按此拓扑 $\mathcal{T}$ 成为线性拓扑空间的一切拓扑 $\mathcal{T}$ 中最弱的一个.

证　只要证明满足定理中条件的拓扑 $\mathcal{T}$ 必然比 $\mathcal{T}_1$ 强就可以了, 这时 $M_1(h)$ 成为 $\mathfrak{G}$ 上按拓扑 $\mathcal{T}$ 的连续泛函. 设 $\{h_n\} \subset \mathfrak{G}, h_0 \in \mathfrak{G}$, 而且按照拓扑 $\mathcal{T}$, 点列 $\{h_n\}$ 收敛于 h_0. 那么由于 $\mathfrak{G}$ 按 $\mathcal{T}$ 成为线性拓扑空间, 对一切实数 t, 点列 $\{th_n\}$ 按拓扑 $\mathcal{T}$ 收敛于 th_0. 由 M_1 对 $\mathcal{T}$ 的连续性知道 (4.1.11) 成立. 因此 $\rho_1(h_n, h_0) \to 0$. 由此可知 $\mathcal{T}$ 比 $\mathcal{T}_1$ 强. 证毕.

下面再来比较 $\mathfrak{G}$ 上由 s–拟距离导出的拓扑 $\mathcal{T}_1$ 与 G 原有的拓扑在 $\mathfrak{G}$ 上导出的相对拓扑之间的关系.

定理 4.1.6　设 G 是线性拓扑空间, $\mathfrak{G}$ 是 G 的线性子空间, $(G, \mathfrak{B}, \mu)$ 是关于 $\mathfrak{G}$ 拟不变、拟连续的有限正则测度空间. 那么 G 在 $\mathfrak{G}$ 上导出的拓扑比 $\mathfrak{G}$ 按 s–拟距离 ρ_1 导出的拓扑 $\mathcal{T}_1$ 弱. 而且 G 中有紧集包含 $\mathfrak{G}$ 中 0 的按拓扑 $\mathcal{T}_1$ 的环境.

证　根据引理 3.1.22, 必有 G 中紧集 K 包含着 $\mathfrak{G}$ 中的 (按拓扑 $\mathcal{T}_0$ 的) 零的环境 $\{h | M_1(h) < \varepsilon, h \in \mathfrak{G}\}, \varepsilon > 0$. 这时 K 包含 0 的拓扑 $\mathcal{T}_1$ 的环境 $\{h | \rho_1(h, 0) < \delta, h \in \mathfrak{G}\}, \delta > 0$. 不然的话, 有一列 $\{h_n\} \subset \mathfrak{G}, \rho_1(h_n, 0) < \dfrac{1}{n}$ 而 $h_n \bar{\in} K$. 然而由定理 4.1.4, 这时 $M_1(h_n) \to 0$. 因此有 n 使 $M_1(h_n) < \varepsilon$, 对这样的 $n, h_n \in K$, 这是矛盾. 由是易知 $\mathfrak{G}$ (按拓扑 $\mathcal{T}_1$) 到 G 的嵌入算子是全连续的, 更是连续的. 所以拓扑 $\mathcal{T}_1$ 比 G 在 $\mathfrak{G}$ 上导出的拓扑强. 证毕.

系 4.1.7　设 G 是满足隔离公理的线性拓扑空间, $\mathfrak{G}$ 是 G 的线性子空间, $(G, \mathfrak{B}, \mu)$ 是关于 $\mathfrak{G}$ 拟不变、拟连续的有限、正则测度空间, 那么这个测度导出的 $\mathfrak{G}$ 上的 s–拟距离 ρ_1 成为距离.

证　由定理 4.1.6, ρ_1 导出的拓扑 $\mathcal{T}_1$ 强于 G 在 $\mathfrak{G}$ 上导出的拓扑, 而后者满足隔离公理, $\mathcal{T}_1$ 更满足隔离公理, 因此 ρ_1 成为距离. 证毕.

3° s–拟距离的拓扑特征

定理 4.1.8　设 G 是线性拓扑空间, $\mathfrak{G}$ 是 G 的线性子空间. 又设 $\mathfrak{G}$ 按另一拓扑 $\mathcal{T}$ 成为第二纲的线性拓扑空间而且 G 在 $\mathfrak{G}$ 上导出的拓扑比 $\mathcal{T}$ 弱. 设 $(G, \mathfrak{B}, \mu)$ 是关于 $\mathfrak{G}$ 拟不变、拟连续的有限、正则测度空间. 那么由 μ 造出的泛函 $R_1(h), M_1(h)$ 都是 $\mathfrak{G}$ 上关于拓扑 $\mathcal{T}$ 连续的泛函. 换言之, 拓扑 $\mathcal{T}$ 必然比 s–拟距离 ρ_1 导出的拓扑 $\mathcal{T}_1$ 强.

证　由于 $M_1(h)$ 关于 G 的拓扑是下半连续的 (见系 3.1.21), 所以 $M_1(h)$ 关于

$\mathfrak{G}$ 的拓扑 $\mathscr{T}$ 是下半连续的. 再根据拟连续性, $\lim\limits_{n\to\infty} M_1\left(\dfrac{1}{n}h\right) = 0$. 从引理 I.2.3 得知 $M_1(h)$ 为 $\mathfrak{G}$ 上的连续泛函, 也就是说, 由 M_1 导出的 $\mathfrak{G}$ 上拓扑 $\mathscr{T}_0$ 比 $\mathscr{T}$ 弱. 然而 $\mathfrak{G}$ 按 $\mathscr{T}$ 成为线性拓扑空间, 由定理 4.1.5 立即可以看出 $\mathscr{T}_1$ 比 $\mathscr{T}$ 弱. 证毕.

利用定理 4.1.3 和 4.1.8 我们给出 $\mathfrak{G}$ 上由 s-拟距离所导出的拓扑的特征.

定理 4.1.9　设 G 是线性拓扑空间, $(G, \mathfrak{B}, \mu)$ 是正则的有限测度空间. $\mathfrak{G}$ 是它的极大拟不变及拟连续线性子空间, $\mathfrak{G}_0$ 是测度空间 $(G, \mathfrak{B}, \mu)$ 的极大不变线性子空间, $\mathfrak{G}_0 \subset \mathfrak{G}$. 设 ρ 是 $\mathfrak{G}$ 上的拟距离, 使 (i) $\mathfrak{G}$ 按 ρ 成为完备的线性拟距离空间; (ii) $\mathfrak{G}_0 = \{x \mid \rho(x, 0) = 0\}$; 而且 (iii) $\mathfrak{G}$ 上由 ρ 导出的拓扑 $\mathscr{T}$ 比 G 在 $\mathfrak{G}$ 上导出的拓扑强. 那么 $\mathscr{T}$ 就是 $\mathfrak{G}$ 上由 s-拟距离 ρ_1 导出的拓扑 $\mathscr{T}_1$.

证　我们考察商空间 $\mathfrak{G}_1 = \mathfrak{G}/\mathfrak{G}_0$. 由于 $\mathfrak{G}_0 = \{x \mid \rho_1(x, 0) = 0\}$, 若记 $\hat{x}$ 为 x 所在的剩余类 $x + \mathfrak{G}_0$, 那么可以把 ρ 和 ρ_1 都变成 $\mathfrak{G}_1$ 上的距离, 仍分别记为 ρ, ρ_1:

$$\rho(\hat{x}, \hat{y}) = \inf_{x \in \hat{x}, y \in \hat{y}} \rho(x, y),$$
$$\rho_1(\hat{x}, \hat{y}) = \inf_{x \in \hat{x}, y \in \hat{y}} \rho_1(x, y).$$

这时 $\mathfrak{G}_1$ 按照 ρ 和 ρ_1 仍然分别成为完备的线性距离空间. 由熟知的定理, 完备的线性拟距离空间是第二纲的, 拓扑 $\mathscr{T}$ 满足定理 4.1.8 中的条件, 因此 $\mathscr{T}$ 比 $\mathscr{T}_1$ 强. 由此容易看出在空间 $\mathfrak{G}_1$ 上由 ρ 导出的拓扑 $\mathscr{T}^*$ 比由 ρ_1 导出的拓扑 $\mathscr{T}_1^*$ 强. 因此把 $\mathfrak{G}_1$ 上的恒等算子 $x \to x$ 看作由 $(G, \mathscr{T}^*)$ 到 $(G, \mathscr{T}_1^*)$ 的线性算子时是连续的. 根据 Banach 的逆算子定理, 它的逆算子也是连续的, 即 $\mathscr{T}^* = \mathscr{T}_1^*$. 从这里容易推出 $\mathscr{T} = \mathscr{T}_1$. 证毕.

我们注意定理 4.1.9 中对 $\mathscr{T}$ 所加的条件确是 $\mathscr{T}_1$ 所满足的, 这三个条件 (i), (ii), (iii) 就成为拓扑 $\mathscr{T}_1$ 的特征. 这样, 拓扑 $\mathscr{T}_1$ 就由 $\mathfrak{G}, \mathfrak{G}_0$ 和 G 在 $\mathfrak{G}$ 上导出的相对拓扑所决定, 而勿需知道 μ 的形式 (只需要知道它的极大拟不变及拟连续线性子空间和极大不变线性子空间).

系 4.1.10　设 G 是满足隔离公理的线性拓扑空间, $(G, \mathfrak{B}, \mu)$ 是正则的有限测度空间, $\mathfrak{G}$ 是它的极大拟不变线性子空间. 设 ρ 是 $\mathfrak{G}$ 上的距离, 使 (i) $\mathfrak{G}$ 按 ρ 成为完备的线性距离空间; (ii) 在 $\mathfrak{G}$ 上由 ρ 导出的拓扑比 G 在 $\mathfrak{G}$ 上导出的拓扑强. 那么 $\mathscr{T}$ 就是 $\mathfrak{G}$ 上由 s-拟距离 ρ_1 导出的拓扑 $\mathscr{T}_1$.

证　我们注意, 根据系 4.1.7, 这时 $\{x \mid \rho_1(x, 0) = 0\}$ 为 $\{0\}$. 因此不变线性子空间 $\mathfrak{G}_0$ 退缩为 $\{0\}$, 由定理 4.1.9 立即得本系.

我们再考察 $M_\varphi(h)$ 为拟连续的条件.

引理 4.1.11　设 G 是线性拓扑空间, $\mathfrak{G}$ 是 G 的线性子空间, $\Omega = (G, \mathfrak{B}, \mu)$ 是关于 $\mathfrak{G}$ 拟不变、拟连续的有限、正则测度空间. 那么对每个 $\varphi \in L^2(\Omega)$, $M_\varphi(h)$ 是 $\mathfrak{G}$

上的拟连续函数, 而且拟距离 $R_\varphi(h_1 - h_2)$ 在 $\mathfrak{G}$ 上导出的拓扑比 s-拓扑弱.

证　今 $\mathfrak{G}$ 取 s-拓扑 $\mathscr{T}_1$. 根据定理 4.1.6, G 在 $\mathfrak{G}$ 上导出的拓扑比 $\mathscr{T}_1$ 弱. 根据引理 3.1.7, $\mathfrak{G}$ 上的拓扑 $\mathscr{T}_1$ 是适宜的. 又由定理 4.1.4, $M_1(h)$ 是 $(\mathfrak{G}, \mathscr{T}_1)$ 上的连续泛函, 由定理 3.1.30, $\mathscr{T}_1$ 强于 $\mathfrak{G}$ 上的 μ-拓扑. 因此对每个 $\varphi \in L^2(\Omega), M_\varphi(h)$ 是 $(\mathfrak{G}, \mathscr{T}_1)$ 上的连续泛函. 然而 $(\mathfrak{G}, \mathscr{T}_1)$ 是线性拓扑空间, 所以 $M_\varphi(h)$ 是拟连续的. 当 $\{h_n\} \subset \mathfrak{G}, \lim\limits_{n \to \infty} \rho_1(h_n, 0) = 0$ 时,

$$\lim_{n \to \infty} M_\varphi(th_n) = 0, \quad -\infty < t < \infty.$$

因此

$$\lim_{n \to \infty} R_\varphi(h_n) = 0.$$

即 $R_\varphi(h_1 - h_2), h_1, h_2 \in \mathfrak{G}$ 导出的拓扑比 $\mathscr{T}_1$ 弱. 证毕.

定理 4.1.12　设 G 是线性拓扑空间, $(G, \mathfrak{B}_k, \mu_k), k = 1, 2$ 是两个有限正则测度空间, $\mathfrak{G}_k$ 分别是它们的极大拟不变、拟连续线性子空间. 记 ρ_k 是由测度空间 $(G, \mathfrak{B}_k, \mu_k)$ 作出的 $\mathfrak{G}_k$ 上的 s-拟距离. 设 $\mathfrak{G}_2 \subset \mathfrak{G}_1$, 那么由 ρ_2 在 $\mathfrak{G}_2$ 上导出的拓扑 $\mathscr{T}_2$ 比由 ρ_1 在 $\mathfrak{G}_2$ 上导出的拓扑 $\mathscr{T}_1$ 强.

证　由定理 4.1.3, $\mathfrak{G}_2$ 按 ρ_2 成为完备的线性拟距离空间, 所以是第二纲的. 由于这时 $(G, \mathfrak{B}_1, \mu_1)$ 关于 $\mathfrak{G}_2$ 是拟不变、拟连续的, 而且根据定理 4.1.6, $\mathscr{T}_2$ 比 G 在 $\mathfrak{G}$ 上导出的相对拓扑强. 利用定理 4.1.8 (在其中置 $\mu = \mu_2$), 立即得知 $\mathscr{T}_2$ 比 $\mathscr{T}_1$ 强. 证毕.

4° Lebesgue 式测度空间

下面我们要研究一种较常用的测度空间 $(G, \mathfrak{B}, \mu)$, 它的拟不变线性子空间必然也满足拟连续条件.

定义 4.1.3　设 $\Omega = (G, \mathfrak{B}, \mu)$ 是测度空间, 若有 $(G, \mathfrak{B}, \mu)$ 上一列线性无关的实可测函数 $\{f_k\}$ 成为 $(G, \mathfrak{B})$ 的决定集, 而且对任何 n, 相应于 $f_1, \cdots, f_n$ 的有限维测度等价于 Lebesgue 测度, 这就是说, 作 n 维实空间 R_n 上的测度 μ_n: 对 R_n 中每个 Borel 集 A,

$$\mu_n(A) = \{g | (f_1(g), \cdots, f_n(g)) \in A\},$$

那么 μ_n 弱等价于 R_n 上的 Lebesgue 测度. 这时称 $(G, \mathfrak{B}, \mu)$ 为 Lebesgue 式测度空间.

例如, 设 G 是一列实数直线 $\{R_\alpha | \alpha \in \mathfrak{A}\}$ 的乘积, $\mathfrak{B}$ 是由 G 中 Borel 柱张成的 σ-代数, μ 是 $(G, \mathfrak{B})$ 上的概率测度. 对每个 $\alpha \in \mathfrak{A}$, 我们把 G 中点 g 的 α- 坐标记为 g_α, 并把 g_α 看成 g 的函数 ——$(G, \mathfrak{B}, \mu)$ 上的随机变量, 如果对任何有限个 $\alpha_1, \cdots, \alpha_n$,

随机变量 $g_{\alpha_1}, \cdots, g_{\alpha_n}$ 的联合分布等价于 Lebesgue 测度 (例如 $\{g_\alpha | \alpha \in \mathfrak{A}\}$ 是 Gauss 变量族), 那么 $(G, \mathfrak{B}, \mu)$ 是 Lebesgue 式测度空间.

下面给出测度空间是 Lebesgue 式的充分条件.

引理 4.1.13　设 G 是线性空间, $\mathfrak{G}$ 是 G 的线性子空间, $f_1, \cdots, f_n, \cdots$ 是 G 上给定的一列线性泛函, 具有如下性质: 对任何 n, 有向量 $h_1, \cdots, h_n \in \mathfrak{G}$ 使

$$f_k(h_l) = \delta_{kl}, \quad k, l = 1, 2, \cdots, n. \tag{4.1.14}$$

设 $\mathfrak{B}$ 是由 G 的子集组成的使 $\{f_k\}$ 可测的最小 σ–代数. 又设 μ 是可测空间 $(G, \mathfrak{B})$ 上非零的 σ–有限测度, 而且关于 $\mathfrak{G}$ 是拟不变的. 那么 $(G, \mathfrak{B}, \mu)$ 是 Lebesgue 式测度空间.

证　作 n 维欧几里得空间 R_n 上的 Borel 测度 μ_n 如下: 若 A 是 R_n 中的 Borel 集, 那么

$$\mu_n(A) = \mu(\{g | (f_1(g), \cdots, f_n(g)) \in A\}).$$

任取 $y = (y_1, \cdots, y_n) \in R_n$, 由 (4.1.14) 易知有 $h \in \mathfrak{G}$, 使 $f_k(h) = y_k, k = 1, 2, \cdots, n$. 因此

$$\mu_n(A + y) = \mu(\{g | (f_1(g), \cdots, f_n(g)) \in A\} + h).$$

因此 $\mu_n(A) = 0$ 的充要条件是 $\mu_n(A + y) = 0$ (由 μ 关于 $\mathfrak{G}$ 的拟不变性). 所以 μ_n 是 R_n 上关于 R_n 拟不变的 Borel 测度. 根据系 3.1.6, μ_n 与 Lebesgue 测度等价. 证毕.

定理 4.1.14　设 $\Omega = (G, \mathfrak{B}, \mu)$ 是有限的 Lebesgue 式测度空间 (G 是线性空间, 它的线性运算是 $\mathfrak{B}$–可测的), 而且关于 G 的线性子空间 $\mathfrak{G}$ 是拟不变的. 那么, 当 $\varphi \in L^2(\Omega)$ 时, $\mathfrak{G}$ 上的泛函 $M_\varphi(h)$ 是拟连续的, 特别地, Ω 关于 $\mathfrak{G}$ 是拟连续的.

证　不妨设 $\mu(G) = 1$. 由假设有 $(G, \mathfrak{B}, \mu)$ 上的一列线性无关的线性可测泛函 $f_1, \cdots, f_n, \cdots$, 使相应于 $f_1, \cdots, f_n$ 的有限维测度 $\tilde{\mu}_n$ 等价于 Lebesgue 测度. 记 $\tilde{\mu}_n$ 关于 n 维空间上 Lebesgue 测度的 Radon–Nikodym 导数为 $F_n(x_1, \cdots, x_n)$, 不妨取 Baire 函数 F_n 适合 $0 < F_n < \infty$. 那么测度 $\tilde{\mu}_n(A + y), y = (y_1, \cdots, y_n)$ 关于 $\tilde{\mu}_n(A)$ 的 Radon–Nikodym 导数是

$$\frac{F_n(x_1 + y_1, \cdots, x_n + y_n)}{F_n(x_1, \cdots, x_n)}. \tag{4.1.15}$$

记 $\mathfrak{B}_n$ 为 G 中使 $f_1, \cdots, f_n$ 可测的最小 σ–代数, μ_n 为将 μ 限制在 $\mathfrak{B}_n$ 上时所得的概率测度. 那么由 (4.1.15), 对取定的 $h \in \mathfrak{G}$, 成立着

$$\frac{d\mu_n(g + th)}{d\mu_n(g)} = \frac{F_n(f_1(g) + tf_1(h), \cdots, f_n(g) + tf_n(h))}{F_n(f_1(g), \cdots, f_n(g))}.$$

记 $\mathfrak{F}_1$ 为直线 R_1 上 Borel 集全体, 那么函数 $\dfrac{d\mu_n(g + th)}{d\mu_n(g)}, (t, g) \in R_1 \times G$ 关于 $\mathfrak{F}_1 \times \mathfrak{B}$ 是可测的. 然而由定理 1.1.20, 对每个 t, 有 μ–零集 $E_t \in \mathfrak{B}$, 使得当 $g \in G \backslash E_t$ 时,

$\lim\limits_{n\to\infty} \dfrac{d\mu_n(g+th)}{d\mu_n(g)}$ 存在, 且

$$\frac{d\mu(g+th)}{d\mu(g)} = \lim_{n\to\infty} \frac{d\mu_n(g+th)}{d\mu_n(g)}. \tag{4.1.16}$$

令

$$E = \left\{ (t,g) \,\middle|\, \lim_{n\to\infty} \frac{d\mu_n(g+th)}{d\mu_n(g)} \ \text{不存在} \right\}.$$

由于 $\dfrac{d\mu_n(g+th)}{d\mu_n(g)}$ 是 $(R_1 \times G, \mathfrak{F}_1 \times \mathfrak{B})$ 上的可测函数, 因此 E 是可测集. 然而对每个 $t_0, \{g|(t_0,g) \in E\} \subset E_{t_0}$. 因此根据 Fubini 定理, E 按测度 $\mu_1 \times \mu$ 为零集, 这里 μ_1 是 Lebesgue 测度. 所以对几乎所有的 (t,g) (按测度 $\mu_1 \times \mu$), $\lim\limits_{n\to\infty} \dfrac{d\mu_n(g+th)}{d\mu_n(g)}$ 存在, 而且极限函数是 $(R_1 \times G, \mathfrak{F}_1 \times \mathfrak{B}, \mu_1 \times \mu)$ 上的可测函数. 根据 (4.1.16), 这个极限函数可视为 $\dfrac{d\mu(g+th)}{d\mu(g)}$. 因此 $\dfrac{d\mu(g+th)}{d\mu(g)}$ 是 $(R_1 \times G, \mathfrak{F}_1 \times \mathfrak{B}, \mu_1 \times \mu)$ 上的可测函数. 若函数 $\xi(g)$ 关于 $\mathfrak{B}$ 可测, 可以证明 $\xi(g+th)$ 也是 $(R_1 \times G, \mathfrak{F}_1 \times \mathfrak{B})$ 上的可测函数. 利用 Fubini 定理, 当 $\xi, \eta \in L^2(\Omega)$ 时,

$$\int \xi(g+th)\overline{\eta(g)} \sqrt{\frac{d\mu(g+th)}{d\mu(g)}} \, d\mu(g), \quad t \in R_1 \tag{4.1.17}$$

是 $(R_1, \mathfrak{F}_1)$ 上的可测函数.

我们考察 $L^2(\Omega)$ 上的单参数酉算子群

$$\{U(th)| -\infty < t < \infty\},$$

($U(th)$ 的意义见 §3.1), 那么 (4.1.17) 就是 $(U(th)\xi, \eta)$. 因此, 酉算子群 $\{U(th)| -\infty < t < \infty\}$ 是弱可测的. 由于 Ω 有可列的决定集, $L^2(\Omega)$ 是可析的. 根据引理 II.3.2, $\{U(th)| -\infty < t < \infty\}$ 对于参数 t 是强连续的. 特别当 $\varphi \in L^2(\Omega)$ 时,

$$M_\varphi(th) = \|(U(th) - I)\varphi\|$$

是 t 的连续函数. 证毕.

5° 强循环的拟不变测度空间

引理 4.1.15 设 $\Omega = (G, \mathfrak{B}, \mu)$ 是关于线性空间 $\mathfrak{G}$ 拟不变的可局部化测度空间. 又设 Ω 关于 $\mathfrak{G}$ 是强循环的而且以 φ_0 为循环元. 又设 $M_{\varphi_0}(h), h \in \mathfrak{G}$ 是拟连续的. 令 $\mathfrak{G}$ 按拟距离 $R_{\varphi_0}(h_1 - h_2), h_1, h_2 \in \mathfrak{G}$ 成为线性拟距离空间 (见引理 4.1.1). 那么对任何 $\varphi \in L^2(\Omega), R_\varphi(h), h \in \mathfrak{G}$ 是 $(\mathfrak{G}, R_{\varphi_0})$ 上的连续泛函.

证 根据系 3.4.17, 当 $\varphi \in L^2(\Omega)$ 时, $M_\varphi(h), h \in \mathfrak{G}$ 关于 $M_{\varphi_0}(h), h \in \mathfrak{G}$ 是连续的. 因此由 $M_{\varphi_0}(th), -\infty < t < \infty$ 对 t 的连续性知道, 对一切 $\varphi \in L^2(\Omega), M_\varphi(th), -\infty$

$< t < \infty$ 是 t 的连续函数, 所以 $R_\varphi(h)$ 有意义. 由引理 4.1.1, $R_\varphi(h_1 - h_2), h_1, h_2 \in \mathfrak{G}$ 是线性拟距离.

设 $\{h_n\} \subset \mathfrak{G}$,

$$\lim_{n \to \infty} R_{\varphi_0}(h_n) = 0. \tag{4.1.18}$$

今证

$$\lim_{n \to \infty} R_\varphi(h_n) = 0. \tag{4.1.19}$$

如果 (4.1.19) 不成立, 必有 $\{h_n\}$ 的子列 $\{h_{n'}\}$ 使

$$\lim_{n' \to \infty} R_\varphi(h_{n'}) = c > 0, \tag{4.1.20}$$

这里 c 可能是 $+\infty$. 然而由 (4.1.18) 易知, 在任何有限区间 $[0, T]$ 上函数列 $\{M_{\varphi_0}(th_{n'})\}$ 依 Lebesgue 测度收敛于 0. 因此有 $[0, \infty)$ 中的零集 Δ 及子函数列 $\{M_{\varphi_0}(th_{n''})\}$, 使得

$$\text{当 } t \overline{\in} \Delta \text{ 时, } \quad \lim_{n'' \to \infty} M_{\varphi_0}(th_{n''}) = 0. \tag{4.1.21}$$

由 $M_\varphi(h)$ 对 $M_{\varphi_0}(h)$ 的连续性, 从 (4.1.21) 推出

$$\text{当 } t \overline{\in} \Delta \text{ 时, } \quad \lim_{n'' \to \infty} M_\varphi(th_{n''}) = 0. \tag{4.1.22}$$

利用 Lebesgue 积分的控制收敛定理, 我们知道

$$\lim_{n'' \to \infty} R_\varphi(h_{n''}) = \lim_{n'' \to \infty} \left(\int_0^\infty e^{-t} M_\varphi(th_{n''})^2 dt \right)^{\frac{1}{2}} = 0. \tag{4.1.23}$$

这和 (4.1.20) 矛盾, 因此 (4.1.19) 成立. 证毕.

系 4.1.16　在引理 4.1.11 和引理 4.1.15 的假设下, 如果 Ω 关于 $\mathfrak{G}$ 又是强循环的, 而且以 φ_0 为循环元, 那么在 $\mathfrak{G}$ 上由拟距离 $R_{\varphi_0}(h_1 - h_2), h_1, h_2 \in \mathfrak{G}$ 导出 s-拓扑.

证　根据引理 4.1.15, s-拓扑强于 $R_{\varphi_0}(h_1 - h_2)$ 导出的拓扑 $\mathscr{T}_0$, 又根据引理 4.1.11, $\mathscr{T}_0$ 又强于 $R_1(h_1 - h_2) = \rho_1(h_1, h_2)$ 导出的 s-拓扑, 所以这两个拓扑一致. 证毕.

利用系 4.1.16, 我们把系 3.4.18 改写如下:

系 4.1.17　设 $\Omega = (G, \mathfrak{B}, \mu_k), k = 1, 2$ 是关于线性空间 $\mathfrak{G}$ 拟不变的、强循环的测度空间, 分别以 φ_k 为循环元. 又设

$$M^{(k)}(h) = \left(\int_G \left| \varphi_k(g + h) \sqrt{d\mu_k(g + h)} - \varphi_k(g) \sqrt{d\mu_k(g)} \right|^2 \right)^{\frac{1}{2}}, \quad h \in \mathfrak{G}$$

是 $\mathfrak{G}$ 上的拟连续函数. 作

$$R^{(k)}(h) = \left(\int_0^\infty e^{-t} M^{(k)}(th)^2 dt \right)^{\frac{1}{2}}.$$

如果 Ω_1 关于 Ω_2 是绝对连续的, 那么 $\mathfrak{G}$ 上的拟距离 $R^{(1)}(h_1 - h_2)$ 关于拟距离 $R^{(2)}(h_1 - h_2)$ 是连续的, 特别, 当 Ω_1 和 Ω_2 是等价时, $R^{(1)}$ 与 $R^{(2)}$ 是拓扑等价的.

我们有时也可以无需用循环元. 见下面的定理.

定理 4.1.18　设 G 是线性拓扑空间, $\mathfrak{G}$ 是 G 的线性子空间, $\Omega_k = (G, \mathfrak{B}, \mu_k)$ 是关于 $\mathfrak{G}$ 拟不变、强循环拟连续、有限正则测度空间, 记

$$R_1^{(k)}(h) = \left(\int_0^\infty \int_G e^{-t} \left(\sqrt{d\mu_k(g+h)} - \sqrt{d\mu_k(g)} \right)^2 dt \right)^{\frac{1}{2}}, \quad h \in \mathfrak{G}.$$

如果 Ω_1 关于 Ω_2 是绝对连续的, 那么 $R^{(1)}(h)$ 关于 $R^{(2)}(h)$ 是连续的. 如果 Ω_1 与 Ω_2 是等价的, 那么 $R_1^{(1)}(h)$ 与 $R_1^{(2)}(h)$ 导出 $\mathfrak{G}$ 上相同的拓扑.

证　根据系 4.1.16, $R_1^{(k)}(h)$ 与 $R^{(k)}(h)$ 导出相同的拓扑. 因此由系 4.1.17 立即得到定理 4.1.18. 证毕.

这个定理也可以用来判断两个拟不变测度空间的不等价性.

例 4.1.2　乘积测度空间. 设 $R_\alpha, \alpha = 1, 2, \cdots, n, \cdots$ 是一列实数直线, $\mathfrak{B}_\alpha$ 是 R_α 中 Borel 集全体, $\mathcal{T}_\alpha$ 是 R_α 上由通常距离引入的拓扑. 令 $l = \underset{\alpha=1}{\overset{\infty}{\times}} R_\alpha, \mathfrak{B}_\omega = \underset{\alpha=1}{\overset{\infty}{\times}} \mathfrak{B}_\alpha$, 那么 l 就是实数列 $x = \{x_1, \cdots, x_n, \cdots\}$ 全体. 在 l 中规定线性运算如下: 当 $x = \{x_1, \cdots, x_n, \cdots\}, y = \{y_1, \cdots, y_n, \cdots\} \in l, \alpha$、$\beta$ 是实数时,

$$\alpha x + \beta y = \{\alpha x_1 + \beta y_1, \cdots, \alpha x_n + \beta y_n, \cdots\},$$

那么 l 按上述运算成为线性空间. 又令 $(l, \mathcal{T})$ 是 $\{(l_\alpha, \mathcal{T}_\alpha), \alpha = 1, 2, \cdots\}$ 的乘积拓扑空间, 那么它是可距离化的. $\mathcal{T}$ 也就是由距离 $\rho(x, y) = \sum_{\nu=1}^\infty \dfrac{1}{2^\nu} \dfrac{|x_\nu - y_\nu|}{1 + |x_\nu - y_\nu|}, x = \{x_\nu\}, y = \{y_\nu\} \in l$ 所导出的距离拓扑.

设 μ_α 是 $(R_\alpha, \mathfrak{B}_\alpha)$ 上的概率测度, 而且等价于 Lebesgue 测度, 记 μ_α 的概率密度是 $f_\alpha^2, 0 < f_\alpha < \infty$,

$$\mu_\alpha(E) = \int_E f_\alpha^2(t) dt, \quad E \in \mathfrak{B}_\alpha.$$

作 $\mu = \underset{\alpha=1}{\overset{\infty}{\times}} \mu_\alpha$, 那么 $(l, \mathfrak{B}_\omega, \mu)$ 是 Lebesgue 式测度空间.

对于任何 $y = \{y_1, \cdots, y_n, \cdots\} \in l$, 作 $(l, \mathfrak{B})$ 上测度 μ_y: 当 $E \in \mathfrak{B}_\omega$ 时, $\mu_y(E) = \mu(E + y)$. 那么由定理 1.4.4 容易算出

$$\rho(\mu_y, \mu) = \prod_{k=1}^\infty \int_{-\infty}^\infty f_k(u + y_k) f_k(u) du. \tag{4.1.24}$$

记函数 f_k 的通常的 Fourier 变换为 $\hat{f}_k$:

$$\hat{f}_k(t) = \underset{T \to \infty}{\mathrm{l.i.m}} \int_{-T}^{T} f_k(u) e^{iut} du.$$

由于 f_k 是实函数, $\overline{\hat{f}_k(t)} = \hat{f}_k(-t)$. 再利用 Plancherel 定理得到

$$\rho(\mu_y, \mu) = \prod_{k=1}^{\infty} \frac{1}{2\pi} \int_{-\infty}^{\infty} |\hat{f}_k(t)|^2 \cos t y_k dt. \tag{4.1.25}$$

由熟知的定理, 无穷乘积 (4.1.25) 收敛的充要条件是

$$\sum \left(1 - \frac{1}{2\pi} \int_{-\infty}^{\infty} |\hat{f}_k(t)|^2 \cos t y_k dt \right) \tag{4.1.26}$$

收敛, 然而由 Plancherel 定理,

$$\frac{1}{2\pi} \int_{-\infty}^{\infty} |\hat{f}_k(t)|^2 dt = \int_{-\infty}^{\infty} f_k(t)^2 dt = 1,$$

因此级数 (4.1.26) 又可以改写成

$$\sum \frac{1}{\pi} \int_{-\infty}^{\infty} |\hat{f}_k(t)|^2 \sin^2 \frac{t y_k}{2} dt. \tag{4.1.27}$$

若记 $\mathfrak{G}_\mu$ 为测度空间 $(l, \mathfrak{B}, \mu)$ 的拟不变点全体, 则 $\mathfrak{G}_\mu$ 就是使 (4.1.27) 收敛的 $y = \{y_1, \cdots, y_k, \cdots\}$ 全体.

对一切 $\mu, \mathfrak{G}_\mu$ 包含着这样的线性子空间 $\mathfrak{G}$: 形如 $y = \{y_1, \cdots, y_n, 0, 0, \cdots\}$ (即当 $k \geqslant n+1$ 时 $y_k = 0$) 的向量全体. 根据定理 3.1.32, 定理 4.1.5 等, 我们断言 $\Omega = (l, \mathfrak{B}, \mu)$ 是关于 $\mathfrak{G}$ 强循环、遍历、拟连续、拟不变的正则概率测度空间.

特别, 当 f_k 在每个有限区间上是全连续函数, 而且

$$a_k = \int_{-\infty}^{\infty} |f_k'(t)|^2 dt < \infty, \quad k = 1, 2, \cdots \tag{4.1.28}$$

时, 由于

$$\hat{f}_k(t) t = i \underset{T \to \infty}{\mathrm{l.i.m}} \int_{-T}^{T} e^{iut} f_k'(u) du,$$

我们得到

$$\frac{1}{2\pi} \int_{-\infty}^{\infty} |\hat{f}_k(t)|^2 t^2 dt = \int_{-\infty}^{\infty} |f_k'(u)|^2 du.$$

因此, 由 $\sin^2 \frac{t y_k}{2} \leqslant \left(\frac{t y_k}{2} \right)^2$ 得知, 当

$$\sum_{k=1}^{\infty} a_k y_k^2 < \infty \tag{4.1.29}$$

时, (4.1.27) 收敛. 所以在条件 (4.1.28) 之下 $\mathfrak{G}_\mu$ 包含着这样的 Hilbert 空间 $l(\{a_k\})$: 它是 l 中适合条件 (4.1.29) 的 $y = \{y_\nu\}$ 全体所成的线性子空间, 而且当 $y = \{y_1, \cdots, y_k, \cdots\}, x = \{x_1, \cdots, x_k, \cdots\} \in l(a_k)$ 时, 规定 x 和 y 的内积是 $(x, y) = \sum a_k x_k y_k$.

§4.2　线性空间上的线性泛函与拟线性泛函

1° 线性空间上的线性泛函与拟连续特征标

设 Φ 是实线性空间, Φ^{Λ} 是 Φ 上的实线性泛函全体. 在 Φ^{Λ} 中规定线性运算如下: 当 $f, g \in \Phi^{\Lambda}$ 而且 α, β 为实数时, $\alpha f + \beta g$ 是线性泛函 $(\alpha f + \beta g)(\varphi) = \alpha f(\varphi) + \beta g(\varphi), \varphi \in \Phi$. 这样, Φ^{Λ} 成为线性空间, 称 Φ^{Λ} 为 Φ 的代数对偶. 在本章中 Φ^{Λ} 的作用与第三章中群的代数对偶的地位相似. 我们注意 Φ^{Λ} 按加法成为群.

定义 4.2.1　设 Φ 是线性空间, α 是 Φ 上的特征标. 如果对每个 $\varphi \in \Phi, \alpha(t\varphi)$ 是实数全体 R (按欧几里得拓扑): $-\infty < t < \infty$ 上的连续函数, 那么称 α 是拟连续的. 记 Φ' 为 Φ 上拟连续特征标全体所成的乘法群.

对每个 $f \in \Phi^{\Lambda}$, 作 Φ 上函数

$$f'(\varphi) = e^{if(\varphi)}, \quad \varphi \in \Phi. \tag{4.2.1}$$

由于 f 是实值的线性泛函, f' 是特征标而且拟连续的, 这样得到了 Φ^{Λ} 到 Φ' 的映照

$$\Lambda: f \to f'. \tag{4.2.2}$$

显然, Λ 是同态映照, 它又是单调的. 事实上, 若 $f, g \in \Phi^{\Lambda}$ 而且 $f' = g'$, 那么由 (4.2.1) 易知, 对一切 $t \in R, e^{itf(\varphi)} = e^{itg(\varphi)}, \varphi \in \Phi$. 因此 $f(\varphi) = g(\varphi)$.

引理 4.2.1　设 Φ 是线性空间, α 是 Φ 上的拟连续特征标, 那么必有 $f \in \Phi^{\Lambda}$, 使得

$$\alpha(\varphi) = e^{if(\varphi)}, \quad \varphi \in \Phi.$$

证　由假设可知对每个固定的 $\varphi \in R, \alpha(t\varphi)$ 是实数群 R (按加法及欧几里得拓扑) 上的连续特征标. 由例 3.2.4 知道, 必有唯一实数 $f(\varphi)$, 使得

$$\alpha(t\varphi) = e^{itf(\varphi)}, \quad -\infty < t < \infty, \tag{4.2.3}$$

只要证明 $\varphi \to f(\varphi)$ 是 Φ 上的线性泛函. 若 $s \in R$, 则当 $\varphi \in \Phi$ 时,

$$e^{itf(s\varphi)} = \alpha(ts\varphi) = e^{itsf(\varphi)} \tag{4.2.4}$$

对一切 $t \in R$ 成立, 因此 $sf(\varphi) = f(s\varphi)$. 同样地, 当 $\varphi, \psi \in \Phi, t \in R$ 时, 由

$$e^{itf(\varphi+\psi)} = \alpha(t(\varphi + \psi)) = \alpha(t\varphi)\alpha(t\psi) = e^{it(f(\varphi)+f(\psi))}$$

即知 $f(\varphi + \psi) = f(\varphi) + f(\psi)$. 证毕.

因此 Λ 是 Φ^{Λ} 到 Φ' 的同构映照.

定义 4.2.2　设 Φ 是线性拓扑空间, $\Phi^\dagger$ 是 Φ 上线性连续泛函全体, $\Phi^\dagger$ 是 Φ^Λ 的线性子空间, 称 $\Phi^\dagger$ 为 Φ 的共轭空间.

这时 Φ 按加法成为拓扑群, 本章中 $\Phi^\dagger$ 所起的作用与 Φ 的对偶群 Φ^* 在第三章中的地位一样.

定理 4.2.2　设 Φ 为线性拓扑空间, 那么 $\Phi^\dagger$ 到 Φ^* 的映照 $f \to e^{if}$ (即 Λ 在 Φ 上的限制) 是同构映照.

证　显然 $\Lambda\Phi^\dagger \subset \Phi^*$. 若 $\alpha \in \Phi^*$, 由引理 4.2.1 有 $f \in \Phi^\Lambda$, 使 $\alpha(\varphi) = e^{if(\varphi)}, \varphi \in \Phi$. 只要证明 f 是连续的就可以了. 由 α 的连续性可知

$$D_t = \{\varphi | \alpha(t\varphi) = 1\}, \quad -\infty < t < \infty$$

是 Φ 的闭子集. 因此 $D = \prod_{-\infty < t < \infty} D_t$ 也是闭的. 但是容易看出 D 也是线性泛函 f 的零空间 $\{\varphi | f(\varphi) = 0\}$. 今证 f 是连续的.

只要考察 $f \not\equiv 0$ 时的情况就可以了. 任取 $\varphi_0 \bar\in D$, 由于 D 是闭集, 必有 0 的环境 V, 使 $\varphi_0 + V \subset \Phi \backslash D$. 取 0 的环境 W 使得当 $|\lambda| \leqslant 1$ 时, $\lambda W \subset V$, 那么当 $\varphi \in W, |\lambda| \leqslant 1$ 时, $\varphi_0 + \lambda\varphi \subset \Phi \backslash D$, 即

$$f(\varphi_0 + \lambda\varphi) \neq 0,$$

或 $\lambda f(\varphi) \neq f(\varphi_0)$. 由此易知当 $\varphi \in W$ 时, $|f(\varphi)| < |f(\varphi_0)|$. 这就证明了对任何 $\psi \in G, \varepsilon > 0$, 当 φ 在环境 $\psi + \dfrac{\varepsilon}{|f(\varphi_0)|}W$ 中时,

$$|f(\varphi) - f(\psi)| < \varepsilon.$$

我们得到了泛函 f 的连续性. 所以 $\Lambda\Phi^\dagger = \Phi^*$. 至于映照 Λ 的单调性前面已证过, 所以 Λ 将 $\Phi^\dagger$ 同构映照成 Φ^*. 证毕.

定义 4.2.3　设 Φ 是线性空间, $\mathfrak{B}$ 是 Φ 的某些子集所成的 σ-环, 记 $\mathfrak{B}_1$ 是实数直线 R_1 上的 Borel 集全体组成的 σ-代数, 如果 $\mathfrak{B}$ 满足如下条件: (i) 对每个固定的 $\varphi \in \Phi$, 映照 $t \to t\varphi$ 是 $(R_1, \mathfrak{B}_1)$ 到 $(\Phi, \mathfrak{B})$ 的可测映照; (ii) 对每个固定实数 $t, \varphi \to t\varphi$ 是 $(\Phi, \mathfrak{B})$ 到 $(\Phi, \mathfrak{B})$ 的可测映照, 那么称 $(\Phi, \mathfrak{B})$ 为线性可测空间, 这时测度空间 $(\Phi, \mathfrak{B}, \mu)$ 称做线性测度空间.

下面我们再考察可测特征标与可测线性泛函的关系.

设 $(\Phi, \mathfrak{B})$ 是线性可测空间, 若 f 是 Φ 上的线性泛函而且是 $(\Phi, \mathfrak{B})$ 上可测函数, 那么称 f 是 $(\Phi, \mathfrak{B})$ 上的可测线性泛函, 这种可测线性泛函全体组成的线性空间记成 $\Phi_{\mathfrak{B}}$.

定理 4.2.3　设 $(\Phi, \mathfrak{B})$ 是线性可测空间, 那么映照

$$\Lambda : f \to e^{if}$$

成为加法群 $\Phi_{\mathfrak{B}}$ 到 (可测特征标群) $\Phi^{\mathfrak{B}}$ 上的同构映照.

证　显然 Λ 是 $\Phi_{\mathfrak{B}}$ 到 $\Phi^{\mathfrak{B}}$ 中的同态映照而且是单调的, 现在只要证明 $\Lambda\Phi_{\mathfrak{B}} = \Phi^{\mathfrak{B}}$. 任取 $\alpha \in \Phi^{\mathfrak{B}}$, 今证明 α 是拟连续的. 对每个 $\varphi \in \Phi$, 由 $\mathfrak{B}$ 的性质 (i) 容易看出实数群 R 上的特征标 $t \to \alpha(t\varphi)$ 是 $(R_1, \mathfrak{B}_1)$ 上的可测函数. 由例 3.2.4 知道 $\alpha(t\varphi), t \in R_1$ 是 t 的连续函数, 即 $\alpha \in \Phi'$. 根据引理 4.2.1, 有 $f \in \Phi'$, 使得 $\alpha = \Lambda f$, 即

$$\alpha(\varphi) = e^{if(\varphi)}, \quad \varphi \in \Phi. \tag{4.2.5}$$

对每个固定实数 $t \neq 0$ 及复平面中任何 Borel 集 A, 由 α 的可测性知道 $\{\varphi | \alpha(\varphi) \in A\} \in \mathfrak{B}$, 又由 $\mathfrak{B}$ 的性质 (ii), $\{\varphi | \alpha(t\varphi) \in A\} = \frac{1}{t}\{\varphi | \alpha(\varphi) \in A\} \in \mathfrak{B}$, 即 $\alpha(t\varphi)$ 是 $(\Phi, \mathfrak{B})$ 上可测函数. 由 (4.2.5) 得到

$$f(\varphi) = \lim_{n \to \infty} in\left(1 - \alpha\left(\frac{1}{n}\varphi\right)\right).$$

因此 $f(\varphi)$ 是 $(\Phi, \mathfrak{B})$ 上一列可测函数的极限, 所以 $f \in \Phi_{\mathfrak{B}}$. 证毕.

我们仿照定义 3.2.4 给出下面的

定义 4.2.4　设 $\Omega = (\Phi, \mathfrak{B}, \mu)$ 是线性测度空间, $\mu(\Phi) < \infty$. 设 J 是 $\Phi_{\mathfrak{B}}$ 的线性子空间, 称

$$\psi(f) = \int_{\Phi} e^{if(\varphi)} d\mu(\varphi), \quad f \in J$$

是 Ω (在 J 上) 的特征函数.

2° 拟线性泛函

类比于第三章中拟特征标, 我们引出拟线性泛函.

定义 4.2.5　设 G 是实线性空间, $(G, \mathfrak{B}, \mu)$ 是关于线性子空间 $\mathfrak{G}$ 拟不变的非平凡测度空间, 又设 f 是 $(G, \mathfrak{B})$ 上可测实函数, 适合条件 (i) 对任何实数 t, 当 $g \in G$ 时, $f(tg) = tf(g)$; (ii) 对每个 $h \in \mathfrak{G}$, 存在数 $\tilde{f}(h)$ 以及子集 $E_h \in \mathfrak{B}, \mu(G \backslash E_h) = 0$, 使得对一切 $g \in E_h, -\infty < t < \infty$,

$$f(f + tg) = tf(g) + \tilde{f}(h), ^① \tag{4.2.6}$$

那么称 f 为 $(G, \mathfrak{B}, \mu)$ 上关于 $\mathfrak{G}$ 的拟线性泛函, 其全体记为 G_{μ}, 也称 f 为相应于 $\tilde{f}$ 的拟线性泛函.

---

①实际上 $\tilde{f}(h) = f(h)$.

这时 $\tilde{f}$ 是 $\mathfrak{G}$ 上线性泛函. 事实上, $\tilde{f}$ 的可加性可以仿照 §3.2 而得到. 至于齐次性, 证明如下: 当 s 为实数, $s \neq 0, g \in E_h$ 时, 由 (4.2.6) 得到

$$f(sh + tg) = sf\left(h + \frac{t}{s}g\right) = tf(g) + s\tilde{f}(h),$$

于是 $\tilde{f}(sh) = s\tilde{f}(h)$.

称 $\tilde{f}$ 为由 f 导出的线性泛函, 其全体记为 $\widetilde{\mathfrak{G}}^\mu$.

我们把几乎相等的拟线性泛函看成同一函数, 它们导出 $\mathfrak{G}$ 上同一个线性泛函.

和 §3.2 的第 2 段中 III 类似, 有如下事实.

引理 4.2.4　设 G 是实线性空间, $\mathfrak{G}$ 是 G 的线性子空间, $(G, \mathfrak{B}, \mu)$ 是关于平移 $\mathfrak{G}$ 遍历的拟不变测度空间, 又设 $f_1, f_2 \in G_\mu$ 而且它们导出 $\widetilde{\mathfrak{G}}^\mu$ 中同一的泛函, 那么 $f_2 - f_1$ 几乎处处等于一常数.

证　仿照 §3.2 第 2 段中 III, 立即知道, 对任何两个实数 $c_1, c_2; c_1 < c_2$, 集 $\{g | c_1 < f_2(g) - f_1(g) < c_2\}$ 是拟不变的, 因此由 μ 的遍历性, 有实数 c, 使集 $\{g | f_2(g) - f_1(g) = c\}$ 与 G 只相差一零集. 证毕.

由引理 4.2.4 的证明可以看出, 若 $\mathfrak{B}$ 中不存在如下的集 E: (i) E 是拟不变的; (ii) $\mu(G \backslash E) = 0$; (iii) 对每个 $g \in G, g \neq 0$, 直线 $\{tg | -\infty < t < \infty\}$ 与 E 只相交于一点, 那么前述的常数 c 必为零, 因此 f_1 与 f_2 几乎处处相等.

记 $\mathfrak{B}$ 是 G_μ 中相应于 $\widetilde{\mathfrak{G}}^\mu$ 中线性泛函 0 的元素全体, 那么商空间 $G_\mu / \mathfrak{B}$ (记为 $G_{\mu 0}$) 与 $\widetilde{\mathfrak{G}}^\mu$ 间有自然的同构映照

$$\mathfrak{L} : \eta \to \tilde{f}, \quad \eta \in G_{\mu 0}, \tag{4.2.7}$$

这里 η 是相应于同一线性泛函 $\tilde{f}$ 的拟线性泛函全体组成的剩余类.

再写出定理 3.2.3 的一个系.

系 4.2.5　设 G 是线性拓扑空间, $\mathfrak{G}$ 是 G 的线性子空间, 但 $\mathfrak{G}$ 本身具有拓扑 $\mathscr{T}$, 使 $\mathfrak{G}$ 成为第二纲的线性拓扑空间, 而且这个拓扑 $\mathscr{T}$ 比 G 在 $\mathfrak{G}$ 上导出的拓扑强. 又设 $(G, \mathfrak{B}, \mu)$ 是关于平移 $\mathfrak{G}$ 拟不变的正则测度空间, 那么 $(G, \mathfrak{B}, \mu)$ 上的每个 (关于 $\mathfrak{G}$ 的) 拟线性泛函导出 $\mathfrak{G}$ 上的线性连续泛函.

特别, G 上的每个可测线性泛函 f, 当它限制到 $\mathfrak{G}$ 上时, 是 $(\mathfrak{G}, \mathscr{T})$ 上的线性连续泛函.

证　设 $f \in G_\mu$, 作

$$\alpha(g) = e^{if(g)}, \quad g \in G,$$

显然 α 是 G 上的拟特征标, 由系 3.2.4, α 导出 $\mathfrak{G}$ 上的连续特征标. 然而由 (4.2.6), 对每个 $h \in \mathfrak{G}$,

$$e^{if(g+h)} = e^{i\tilde{f}(h)}e^{if(g)}$$

对几乎所有的 g 成立, 因此

$$\widetilde{\alpha}(g) = e^{i\tilde{f}(h)}.$$

再根据定理 4.2.2, 由 $\widetilde{\alpha}$ 的连续性导出 $\tilde{f}$ 的连续性. 证毕.

我们也可以利用定理 3.2.3 的证法来直接证明系 4.2.5.

3° 线性泛函空间及拟线性泛函空间上的拓扑

仿照 §3.2, 我们给出线性泛函空间上几种常用的拓扑.

I. 设 G 是一线性空间, J 是 G 上某些线性泛函所成的线性空间, 对于每个 $f_0 \in J$, 任意的 $g_1, \cdots, g_n \in G$ 及正数 ε, 作

$$U(f_0; g_1, \cdots, g_n; \varepsilon)$$
$$= \{f \mid |f(g_k) - f_0(g_k)| < \varepsilon, k = 1, 2, \cdots, n\}.$$

用这些集作为 f_0 的环境基, 这样得到 J 上的一个拓扑, 称它为弱拓扑. 容易看出 J 按这个拓扑成为线性拓扑空间.

如果在 ΛJ[①] 上取弱拓扑, 那么 Λ 是 J 到 ΛJ 的连续映照. 事实上, 这容易由不等式 $|1 - e^{if(g)}| \leqslant |f(g)|$ 得到. 但一般说来, Λ 不是拓扑映照.

II. 设 G 是线性拓扑空间, J 是 $G^\dagger$ 的线性子空间, 对于每个 $f_0 \in J, G$ 中的任何有界集 Q 及正数 ε, 我们作集

$$V(f_0; Q, \varepsilon) = \{f \mid \sup_{g \in Q} |f(g) - f_0(g)| < \varepsilon\}.$$

用这些集作为在 f_0 的环境基, 这样得到 J 上的一个拓扑, 称它为强拓扑. 强拓扑强于弱拓扑, 一般说来, 强拓扑与弱拓扑并不一致.

III. 仍设 G 是线性拓扑空间, J 是 $G^\dagger$ 的线性子空间, 而且 J 中泛函在 G 中零的环境 $\mathfrak{u}$ 上有界. 作 J 上范数

$$|f|_{\mathfrak{u}} = \sup_{g \in \mathfrak{u}} |f(g)|.$$

J 按范数 $|f|_{\mathfrak{u}}$ 成为赋范空间, 它的拓扑 $\mathscr{T}_{\mathfrak{u}}$ 是以下述类型的集:

$$W(f_0; \mathfrak{u}, \varepsilon) = \{f \mid |f - f_0|_{\mathfrak{u}} < \varepsilon\}, \quad \varepsilon > 0$$

为在 f_0 的环境基, 这个拓扑称做 $\mathfrak{u}$-拓扑.

我们留意, J 上的 $\mathfrak{u}$-拓扑等价于均衡凸泛函

$$\sup_{h \in \mathfrak{u}} \frac{|f(h)|}{\sqrt{1 + |f(h)|^2}}, \quad f \in J$$

———————————
[①]这里映照 Λ 的意义见 (4.2.2).

导出的拓扑.

设 Q 为 G 中任一有界集, 必有正数 δ, 使 $\delta Q \subset \mathfrak{U}$, 因此

$$W(f_0; \mathfrak{U}, \varepsilon) \subset V(f_0, Q, \varepsilon).$$

因此, $\mathfrak{U}$-拓扑强于强拓扑, 这两种拓扑一般说来并不一致.

当 G 是线性赋范空间时, 若记 $\mathfrak{U} = \{x | \|x\| < 1\}$ ($\|x\|$ 为 G 上范数), 那么 $G^\dagger$ 中一切泛函在 $\mathfrak{U}$ 上有界, 这时 J 上的 $\mathfrak{U}$-拓扑等价于强拓扑, 也等价于范数 $\sup\limits_{x \in \mathfrak{U}} |f(x)| = \|f\|$ 导出的拓扑.

IV. 设 G 是线性空间, $\mathfrak{G}$ 是 G 的线性子空间, $(G, \mathfrak{B}, \mu)$ 是关于 $\mathfrak{G}$ 拟不变的测度空间, J 是 $(G, \mathfrak{B}, \mu)$ 上 (关于 $\mathfrak{G}$ 的) 某些拟线性泛函所成的线性空间. 任取集 $A \in \mathfrak{B}, \mu(A) < \infty$, 在 J 上引进均衡凸泛函 (见附录 I 中定义 I.1.3)

$$R_A(f) = \left(\int_A \frac{f(g)^2}{1 + f(g)^2} d\mu(g) \right)^{\frac{1}{2}}$$

由 §I.1, $\{R_A(\cdot)\}$ 导出 J 上拓扑如下: 对每个 $f_0 \in J$, 任意集 $A \in \mathfrak{B}, \mu(A) < \infty$ 和任意正数 ε, 我们作集

$$Y(f_0, A; \varepsilon) = \{f | R_A(f - f_0) < \varepsilon\},$$

用这些集全体作为在 f_0 的环境基, 这样得到一个拓扑, 称为 μ-拓扑, J 按 μ-拓扑成为线性拓扑空间. 特别当 μ 为有限测度时, μ-拓扑也就是由距离

$$R(f - \varphi) = \left(\int_G \frac{(f(g) - \varphi(g))^2}{1 + (f(g) - \varphi(g))^2} d\mu(g) \right)^{\frac{1}{2}}, \quad f, \varphi \in J$$

所导出的拓扑, 这时 $\{f_n\}$ 按距离 R 收敛于 f 的充要条件就是 $\{f_n\}$ 依测度 μ 收敛于 f.

若 $Q \subset G_{\mu 0}$, 当 $A \in \mathfrak{B}, \mu(A) < \infty$ 时, 令

$$R_A(\eta) = \inf_{f \in \eta} R_A(f), \quad \eta \in Q.$$

称由 $\{R_A(\cdot), A \in \mathfrak{B}, \mu(A) < \infty\}$ 导出的 Q 上的拓扑为 μ-拓扑, 特别当 $\mu(G) < \infty$ 时, 称由 $R(\eta) = R_G(\eta), \eta \in Q$ 导出的拓扑为 μ-拓扑.

若 $\mathfrak{H} \subset \widetilde{\mathfrak{G}}^\mu$, 当 $A \in \mathfrak{B}, \mu(A) < \infty$ 时, 令

$$R_A(\varphi) = R_A(\mathfrak{L}^{-1} \varphi), \quad \varphi \in \mathfrak{H},$$

称由 $\{R_A(\varphi), A \in \mathfrak{B}, \mu(A) < \infty\}$ 导出的 $\mathfrak{H}$ 上的拓扑为 μ-拓扑, 特别当 $\mu(G) < \infty$ 时, 称由 $R(\varphi) = R_A(\varphi), \varphi \in \mathfrak{H}$ 导出的拓扑为 μ-拓扑.

下面我们把 §3.2 中拟特征函数概念移植此处.

定义 4.2.6 设 $\Omega = (G, \mathfrak{B}, \mu)$ 是关于 $\mathfrak{G}$ 拟不变的有限测度空间, J 是 G_μ 的线性子空间, 称

$$\psi(f) = \int_G e^{if(g)} d\mu(g), \quad f \in J$$

是 Ω 的 (在 J 上的) 拟特征函数.

J 上均衡凸泛函 $R(f)$ 与拟特征函数 $\psi(f)$ 之间有如下关系:

$$R(f)^2 = \int_0^\infty (1 - \mathfrak{R}\psi(tf))e^{-t}dt. \tag{4.2.8}$$

事实上, 这由等式

$$\frac{a^2}{1+a^2} = \int_0^\infty (1 - \mathfrak{R}e^{ita})e^{-t}dt, \quad -\infty < a < \infty$$

及交换积分顺序的 Fubini 定理可得.

引理 4.2.6 在定义 4.2.3 的假设下, 设 $\mathscr{T}$ 是 J 上的拓扑, 使 $(J, \mathscr{T})$ 成为线性拓扑空间. 那么拟特征函数 $\psi(f)$ 在 $(J, \mathscr{T})$ 上连续的充要条件是 $\mathscr{T}$ 强于 μ–拓扑.

换言之, μ–拓扑就是 J 上使拟特征函数连续又使 $(J, \mathscr{T})$ 成为线性拓扑空间的最弱拓扑.

证 条件的必要性由 (4.2.8) 及积分的 Lebesgue 控制收敛定理可知. 反之, 设 $\mathscr{T}$ 强于 μ–拓扑, 不妨设 $\mathscr{T}$ 满足第一可列公理, 不然的话, 可以把 $\mathscr{T}$ 减弱到仍然强于 μ–拓扑但满足第一可列公理的程度. 设 $\{f_n\}$ 在 $(J, \mathscr{T})$ 中收敛于 f, 则按 μ–拓扑 $\{f_n\}$ 也收敛于 f, 即 $\{f_n\}$ 依测度 μ 收敛于 f, 由 Lebesgue 控制收敛定理及 $|e^{if(g)}| = 1$ 知道 $\psi(f_n) \to \psi(f)$. 证毕.

引理 4.2.6 给出了由拟特征函数决定 μ–拓扑的方法.

引理 4.2.7 设 G 是线性空间, $\mathfrak{G}$ 是 G 的线性子空间, $(G, \mathfrak{B}, \mu)$ 是关于 $\mathfrak{G}$ 拟不变全有限的完备测度空间, 那么 G_μ 按拟距离 $R(f - \varphi), f, \varphi \in G_\mu$ 是完备的; $G_{\mu 0}$ 按距离 $R(\xi - \eta), \xi, \eta \in G_{\mu 0}$ 也是完备的; $\widetilde{\mathfrak{G}}^\mu$ 按距离 $R(\tilde{f} - \tilde{\varphi}), \tilde{f}, \tilde{\varphi} \in \widetilde{\mathfrak{G}}^\mu$ 也是完备的.

证 设 $\{f_n\}$ 是基本序列, 即当 $m, n \to \infty$ 时,

$$\lim_{m,n\to\infty} R(f_m - f_n) = 0.$$

由于 $(G, \mathfrak{B}, \mu)$ 上可测函数全体按距离 R 成为完备空间, 必有子列 $\{f_{n_k}\}$ 在 G 上几乎处处收敛. 我们定义函数 $f(g)$ 如下: 在 $\{f_{n_k}\}$ 的收敛点 (其全体记做 E) 上规定 $f(g) = \lim_{k\to\infty} f_{n_k}(g)$, 而在 $G \backslash E$ 上规定 $f(g) = 0$. 今证 $f \in G_\mu$. 事实上, f 是实可测函数, 而且由于 f_{n_k} 是齐次的, 对一切 $g \in G$ 与实数 t, 成立着 $f(tg) = tf(g)$. 又对

每个自然数 k 及 $h \in \mathfrak{G}$ 有 $E_h^{(k)} \in \mathfrak{B}$, 适合条件: (i) $tE_h^{(k)} \subset E_h^{(k)}$, $-\infty < t < \infty$; (ii) $\mu(G \backslash E_h^{(k)}) = 0$; (iii) 当 $g \in E_h^{(k)}$, $-\infty < t < \infty$ 时,

$$f_{n_k}(tg + h) = \tilde{f}_{n_k}(h) + tf_{n_k}(g). \tag{4.2.9}$$

例如取 $E_h^{(k)} = \{g | f_{n_k}(h + tg) = tf_{n_k}(g) + \tilde{f}_{n_k}(h), -\infty < t < \infty\}$.

令 $\bigcap\limits_{k=1}^{\infty} E_h^{(k)} \cap E = E_h$, 那么显然 $tE_h \subset E_h$ 而且 $\mu(G \backslash E_h) = 0$. 又当 $g \in E_h, -\infty < t < \infty$ 时, 由 (4.2.9) 得到

$$f(tg + h) - tf(g) = \lim_{k \to \infty} (f_{n_k}(tg + h) - tf_{n_k}(g)) = \lim_{k \to \infty} \tilde{f}_{n_k}(h).$$

记 $\tilde{f}(h) = \lim\limits_{k \to \infty} \tilde{f}_{n_k}(h)$, 那么 $f \in G_\mu$. 显然, 这时 $R(f_{n_k} - f) \to 0$, 因此 G_μ 按 R 为完备空间.

由于 $\mathfrak{B}$ 是 G_μ 的闭子空间, 商空间 $G_{\mu 0} = G_\mu / \mathfrak{B}$ 按 $R(\eta), \eta \in G_{\mu 0}$ 也是完备的.

系 4.2.8 若 $\{f_n\}, f \in G_\mu$, 而且 $\lim\limits_{n \to \infty} R(f_n - f) = 0$, 那么对一切 $h \in \mathfrak{G}$,

$$\lim_{n \to \infty} \tilde{f}_n(h) = \tilde{f}(h).$$

引理 4.2.9 设 G 是线性拓扑空间, $\mathfrak{G}$ 是 G 的线性子空间, 在 $\mathfrak{G}$ 上有拓扑 $\mathscr{T}$ 使 $(\mathfrak{G}, \mathscr{T})$ 成为满足第一可列公理的第二纲线性拓扑空间[1], 而且 $\mathscr{T}$ 比 G 在 $\mathfrak{G}$ 上导出的拓扑弱. 又设 $(G, \mathfrak{B}, \mu)$ 是关于平移 $\mathfrak{G}$ 拟不变的正则测度空间.

那么 (i) $\mathfrak{G}$ 中必有零的环境 V, 使得 $\tilde{\mathfrak{G}}^\mu$ 中的一切 $\tilde{f}$ 都在 V 上是有界的; (ii) 对每个正有限测度集 $A \in \mathfrak{B}$, 有 $(\mathfrak{G}, \mathscr{T})$ 中零的环境 V_A, 使得 $\tilde{\mathfrak{G}}^\mu$ 上的 μ-拓扑强于 $\tilde{\mathfrak{G}}^\mu$ 上的 V_A-拓扑.

证 对于每个 $f \in G_\mu$, 作 G 上的拟凸函数组

$$p(g) = \frac{|f(g)|}{\sqrt{1 + f(g)^2}}, \quad g \in G,$$

$$\tilde{p}(h) = \frac{|\tilde{f}(h)|}{\sqrt{1 + \tilde{f}(h)^2}}, \quad h \in \mathfrak{G}.$$

根据系 3.1.18, 对每个正有限测度集 $A \in \mathfrak{B}$, 有 $(\mathfrak{G}, \mathscr{T})$ 中零的环境 V_A 及正数 c_A, 使得对一切 $f \in G_\mu$, 成立着

$$\sup_{h \in V_A} \frac{|\tilde{f}(h)|}{\sqrt{1 + \tilde{f}(h)^2}} \leqslant c_A \int_A \frac{|f(g)|}{\sqrt{1 + f(g)^2}} d\mu(g) \leqslant c_A' R_A(f)^{[2]}. \tag{4.2.10}$$

---

[1] 例如 $(\mathfrak{G}, \mathscr{T})$ 是完备线性拟距离空间.
[2] 这里 $c_A' = c_A \sqrt{\mu(A)}$.

这样, 对每个 $f \in G_\mu$, 取正数 t 充分小, 使 $c_A' R_A(tf) < 1$. 那么由 (4.2.10) 即知

$$\sup_{h \in V_A} \frac{t|\tilde{f}(h)|}{\sqrt{1 + t^2 \tilde{f}(h)^2}} < 1.$$

因此 $\sup\limits_{h \in V_A} |\tilde{f}(h)| < \infty$. 即一切 $\tilde{f} \in \widetilde{\mathfrak{G}}^\mu$ 都是在 V_A 上有界的, 这就是 (i).

令 (4.2.10) 中 f 在剩余类 $\eta = \{\varphi | \varphi \in G_\mu, \tilde{\varphi} = \tilde{f}\}$ 内变化, 对 (4.2.10) 右端取下界得到

$$\sup_{h \in V_A} \frac{|\tilde{f}(h)|}{\sqrt{1 + \tilde{f}(h)^2}} \leqslant c_A R_A(\eta). \tag{4.2.11}$$

对任何正数 $\varepsilon < 1$, 取正数 $\delta < \dfrac{\varepsilon}{c_A(1+\varepsilon)}$, 那么由 (4.2.11) 知道当 $\eta \in \{\eta | R_A(\eta) < \delta\}$ 时, $\tilde{f} \in \{\tilde{f} | |\tilde{f}|_{V_A} < \varepsilon\}$. 这就证明了 μ–拓扑强于 V_A–拓扑. 证毕.

我们在 (4.2.10) 式两边把 f 换成 $tf, 0 < t < \infty$, 再把两端除以 t 然后令 $t \to \infty$, 就得到

$$\sup_{h \in V_A} |\tilde{f}(h)| \leqslant c_A \int_A |f(g)| d\mu(g). \tag{4.2.12}$$

系 4.2.10 在引理 4.2.9 的假设下, $\widetilde{\mathfrak{G}}^\mu$ 上的 μ–拓扑强于强拓扑.

由于 $\widetilde{\mathfrak{G}}^\mu$ 上任一 V–拓扑强于强拓扑, 由引理 4.2.9 立即推出系 4.2.10.

定理 4.2.11 设 G 是线性拓扑空间, $\mathfrak{G}$ 是完备的线性距离空间, $\mathfrak{G}$ 是 G 的线性子空间而且 $\mathfrak{G}$ 的拓扑比 G 在 $\mathfrak{G}$ 上导出的拓扑强. 在 $\mathfrak{G}^\dagger$ 上取强拓扑 $\mathscr{T}$. 又设 $\Omega = (G, \mathfrak{B}, \mu)$ 是关于 $\mathfrak{G}$ 拟不变的有限、正则测度空间. 那么当 $\widetilde{\mathfrak{G}}^\mu = \mathfrak{G}^\dagger$ 时, $\mathscr{T}$ 即为 μ–拓扑. 又若 $\mathfrak{H} \subset \widetilde{\mathfrak{G}}^\mu$, 且 $\mathfrak{H}$ 在 $(\mathfrak{G}^\dagger, \mathscr{T})$ 中稠密, 那么下面的两件事等价:

(i) $\widetilde{\mathfrak{G}}^\mu = \mathfrak{G}^\dagger$,

(ii) $\widetilde{\mathfrak{G}}^\mu$ 上 μ–拓扑在 $\mathfrak{H}$ 上导出的相对拓扑 $\mathscr{T}_0$ 弱于 $\mathscr{T}$ 在 $\mathfrak{H}$ 上导出的相对拓扑 $\mathscr{T}_1$.

证 由引理 4.2.7, $G_{\mu 0}$ 按 μ–拓扑为完备的线性距离空间, 因此 $\widetilde{\mathfrak{G}}^\mu$ 按 μ–拓扑 $\mathscr{T}_\mu$ 也是完备的线性距离空间, 又 $\mathfrak{G}^\dagger$ 按 $\mathscr{T}$ 也是完备的线性拓扑空间. 又由系 4.2.10, $\mathscr{T}_\mu \supset \mathscr{T}$, 因此 $(G_{\mu 0}, \mathscr{T})$ 可距离化. 若 $\widetilde{\mathfrak{G}}^\mu = \mathfrak{G}^\dagger$, 根据 Banach 逆算子定理, $\mathscr{T}_\mu = \mathscr{T}$. 顺便由 (i) 推出了 (ii).

反之, 设 (ii) 成立. 任取 $f \in \mathfrak{G}^\dagger$, 必有一列 $\{f_n\} \subset \mathfrak{H}$, 按拓扑 $\mathscr{T}$ 收敛于 f, 因此 $\{f_n\}$ 按 $\mathscr{T}_1$ 是基本的, 按 $\mathscr{T}_0$ 也是基本的. 由 $\widetilde{\mathfrak{G}}^\mu$ 按 μ–拓扑的完备性 (见引理 4.2.7) 必有 $\varphi \in \widetilde{\mathfrak{G}}^\mu$ 使 $\{f_n\}$ 按 μ–拓扑收敛于 φ. 再由系 4.2.10, $\{f_n\}$ 按 $\mathscr{T}$ 也收敛于 φ, 因此 $f = \varphi \in \widetilde{\mathfrak{G}}^\mu$, 即 $\widetilde{\mathfrak{G}}^\mu \supset \mathfrak{G}^\dagger$, 再由系 4.2.5 得到 (i). 证毕.

当 $\widetilde{\mathfrak{G}}^\mu = \mathfrak{G}^\dagger$ 时, 称 Ω 是相应于 $\mathfrak{G}$ 的标准拟不变测度空间.

上面的一些引理给出了决定 $\widetilde{\mathfrak{G}}^\mu$ 的方法, 我们再考察一些较特殊的情况.

定义 4.2.7　设 $\Omega = (G, \mathfrak{B}, \mu)$ 是线性测度空间, 且是关于线性子空间 $\mathfrak{G}$ 拟不变的测度空间, 若 $f \in L^1(\Omega) \cap G_\mu = G^1_\mu$, 那么称

$$E(f) = \int_G f(g) d\mu(g)$$

为 f (在 Ω 上) 的平均值. 若 $\varphi, f \in L^2(\Omega) \cap G_\mu = G^2_\mu$, 那么称

$$c(f, \varphi) = \int_G f(g) \varphi(g) d\mu(g)$$

是 f 与 φ 的相关数. 又称两元泛函 $c(f, \varphi), f, \varphi \in G^2_\mu$ 为相关泛函. 显然, 这个相关泛函成为 G^2_μ 上的内积.

引理 4.2.12　设 $\Omega = (G, \mathfrak{B}, \mu)$ 是关于线性子空间 $\mathfrak{G}$ 拟不变的线性测度空间, $\mu(G) < \infty$, 那么 G^2_μ 按内积 $c(\varphi, f), \varphi, f \in G^2_\mu$ 是完备的.

证　设 $\{f_n\}$ 按内积 $c(\varphi, f)$ 是基本的, 即在 $L^2(\Omega)$ 中是基本的, 由 $L^2(\Omega)$ 的完备性, 有 $\varphi_0 \in L^2(\Omega)$, 使 $\{f_n\}$ 在 $L^2(\Omega)$ 中收敛于 φ_0. 由于

$$R(f) \leqslant \sqrt{c(f, f)},$$

$\{f_n\}$ 按距离 $R(f - \varphi), f, \varphi \in G_\mu$ 也是基本的, 由引理 4.2.7 有 $f_0 \in G_\mu$, 使 $R(f_n - f_0) \to 0$. 容易证明这时 φ_0 与 f_0 几乎处处相等. 因此 $\varphi_0 \in L^2(\Omega) \cap G_\mu$. 证毕.

我们记 $\widetilde{\mathfrak{G}}^\mu_2 = \{\tilde{f} | f \in G^2_\mu\}$, 当 $\psi \in \widetilde{\mathfrak{G}}^\mu_2$ 时, 记

$$c(\psi, \psi) = \inf_{\tilde{f} = \psi} c(f, f).$$

容易看出 $\sqrt{c(\psi, \psi)}$ 也是由内积导出的范数, 这个内积也记为 $c(\varphi, \psi)$. 也称之为 $\widetilde{\mathfrak{G}}^\mu_2$ 上的相关泛函.

定理 4.2.13　在定理 4.2.11 的假设下, 若 $\widetilde{\mathfrak{G}}^\mu_2 = \mathfrak{G}^\dagger$, 则 $\mathcal{T}$ 即为由 $\sqrt{c(\psi, \psi)}, \psi \in \widetilde{\mathfrak{G}}^\mu_2$ 导出的拓扑. 若 $\mathfrak{H} \subset \widetilde{\mathfrak{G}}^\mu_2$ 且 $\mathfrak{H}$ 在 $(\mathfrak{G}^\dagger, \mathcal{T})$ 中稠密, 那么下面两件事等价:

　(i) $\widetilde{\mathfrak{G}}^\mu_2 = \mathfrak{G}^\dagger$,

　(ii) $\mathfrak{H}$ 上由 $\sqrt{c(\psi, \psi)}, \psi \in \mathfrak{H}$ 导出的相对拓扑 $\mathcal{T}_2$ 弱于 $\mathcal{T}$ 在 $\mathfrak{H}$ 上导出的相对拓扑.

证　设 $\widetilde{\mathfrak{G}}^\mu_2 = \mathfrak{G}^\dagger$, 令 $\mathfrak{V}_2 = L^2(\Omega) \cap \mathfrak{V}$ (此 $\mathfrak{V}$ 表示映射 $f \to \tilde{f}$ 的零空间). 由引理 4.2.12, G^2_μ 按 $c(\varphi, \psi)$ 为完备空间, 因此商空间 $\widetilde{\mathfrak{G}}^\mu_2 = G^2_\mu / \mathfrak{V}_2$ 按 $\sqrt{c(\psi, \psi)}$ 也是完备空间. 又由 (4.2.12) 容易推出

$$\sup_{h \in V_G} |\xi(h)| \leqslant c_A \sqrt{\mu(G)} \sqrt{c(\xi, \xi)}, \quad \xi \in \widetilde{\mathfrak{G}}^\mu_2.$$

因此 $\mathfrak{G}^\dagger = \widetilde{\mathfrak{G}}_2^\mu$ 上 $\sqrt{c(\psi, \psi)}$ 导出的拓扑强于 $\mathscr{T}$. 由 Banach 逆算子定理, 这两个拓扑一致. 而且由 (i) 立即得 (ii).

仿照定理 4.2.11 的证明也可以由 (ii) 推出 (i). 证毕.

我们也可以考察 $G_\mu \cap L^p(\Omega), p \geqslant 1$ 上类似的问题, 不再赘述.

和定理 3.2.10 完全类似地有下述定理:

定理 4.2.14 设 G 是线性拓扑空间, $\mathfrak{G}$ 是 G 的线性子空间, $\Omega = (G, \mathfrak{B}, \mu)$ 是关于平移 $\mathfrak{G}$ 拟不变、遍历的正则测度空间, 又设 $\mathfrak{G}$ 有拓扑 (它比 G 在 $\mathfrak{G}$ 上导出拓扑强) 使 $\mathfrak{G}$ 成为第二纲的线性拓扑空间. 取非零向量 $\psi \in L(\Omega), \psi(g) \geqslant 0$, 作 G_μ 上的均衡凸泛函

$$R_\psi(f) = \left(\int_G \frac{f(g)^2}{1+f(g)^2} \psi(g) d\mu(g) \right)^{\frac{1}{2}}, \quad f \in G_\mu, \tag{4.2.13}$$

那么 $R_\psi(f)$ 在 G_μ 上导出的拓扑与 ψ 无关, 而且等价于 G_μ 上的 μ–拓扑.

事实上, 由于 $\mathfrak{G}$ 是线性拓扑空间, $\mathfrak{G}$ 必是联络的. 因此仿照定理 3.2.10 的证明可以导出定理 4.2.14, 今从略.

此外, 我们注意 (4.2.13) 中的泛函和定理 3.2.10 中的泛函有如下的关系:

$$R_\psi(f)^2 = \frac{1}{2} \int_0^\infty N_\psi(e^{itf(\cdot)})^2 e^{-t} dt, \tag{4.2.14}$$

这一点完全类似于 (4.2.8).

系 4.2.15 在定理 4.2.14 的假设下, 若 μ' 是 $(G, \mathfrak{B})$ 上的测度, 而且 μ' 与 μ 是强等价的[①], 若 $\psi' \in L(G, \mathfrak{B}, \mu'), \psi'(g) \geqslant 0$, 作 G_μ 上的均衡凸泛函

$$R'_{\psi'}(f) = \left(\int_G \frac{f(g)^2}{1+f(g)^2} \psi'(g) d\mu'(g) \right)^{\frac{1}{2}}, \quad f \in G_\mu, \tag{4.2.15}$$

那么 R_ψ 与 $R'_{\psi'}$ 在 G_μ 上导出相同的拓扑.

证 记 $E = \{g | \psi'(g) > 0\}$, 则 E 按 μ' 是 σ–有限的, 因此按 μ 也是 σ–有限的. 由 μ 与 μ' 的弱等价性, 存在 E 上的可测函数

$$0 < \frac{d\mu'(g)}{d\mu(g)} < \infty,$$

使得 $\varphi = \psi' \dfrac{d\mu'}{d\mu} \in L^1(\Omega), \varphi \geqslant 0, \varphi$ 不几乎处处为 0, 而且

$$R_\varphi = R'_{\psi'}.$$

根据定理 4.2.14, R_ψ 与 R_φ 导出相同拓扑, 所以 R_ψ 与 $R'_{\psi'}$ 导出相同的拓扑. 证毕.

[①]由于 μ' 与 μ 的强等价性, G_μ 与 $G_{\mu'}$ 一致.

这个系也可以用来判别两个测度不等价.

例 4.2.1　我们考察例 4.1.2 中的测度空间. 首先我们注意, 若令 $l^\dagger$ 为 l 上如下的线性泛函全体: 对每个 $f \in l^\dagger$, 必有自然数 n 以及实数 $f_1, \cdots, f_n$, 使得

$$f(x) = \sum_1^n f_m x_m, \quad x = \{x_m\} \in l.$$

(若取 l 上的拓扑为欧几里得拓扑的乘积, 则 $l^\dagger$ 就是线性连续泛函全体.) 令 l_0 是形如 $\{f_1, \cdots, f_n, 0, 0, \cdots\}$ 的全体, 所以 l_0 是 l 的子空间. 通过 $f \to \{f_1, \cdots, f_m, \cdots\}$ 建立了 $l^\dagger$ 到 l_0 的一一对应. 由于 $l^\dagger$ 中的 f 是 $(l, \mathfrak{B}_\omega)$ 上的可测线性泛函, 因此 $l^\dagger \subset G_\mu$.

下面考察一种特殊情况. 我们知道, 当 $1 \leqslant \alpha \leqslant 2$ 时函数

$$e^{-|t|^\alpha}, \quad -\infty < t < \infty$$

是一个无穷可分分布的特征函数 (例如参看 Doob[1]), 而且由于这个函数按 Lebesgue 测度是平方可积的, 因此有 $f \in L^2(-\infty, \infty)$, 使

$$\int_{-\infty}^\infty e^{itx} f(x)^2 dx = e^{-|t|^\alpha}, \quad -\infty < t < \infty,$$

而且这里的 f 可以取得几乎处处大于 0 (例如见赵仲哲, 数学学报 3 (1953), 177 页). 我们在例 4.1.2 中取 $f_\alpha = f, \alpha = 1, 2, \cdots$, 这样得到拟不变测度 μ, 把它记做 μ_α. 我们来计算相应的 $R_1(f), f \in l^\dagger$. 首先计算 $N_1(e^{itf(\cdot)})$.

$$
\begin{aligned}
N_1(e^{itf(\cdot)})^2 &= 2\int_l (1 - \Re e^{itf(x)}) d\mu(x) \\
&= 2 - \left(1 - \Re \prod_{m=1}^\infty \int_{-\infty}^\infty e^{itf_m(x_m)} f_m(x_m) dx_m\right) \\
&= 2\left(1 - \exp\left\{-\sum_{m=1}^\infty |f_m|^\alpha |t|^\alpha\right\}\right), \quad f \in l^\dagger.
\end{aligned}
$$

因此 $R_1(f)^2 = \int_0^\infty \left(1 - \exp\left\{-\sum_{m=1}^\infty |f_m|^\alpha |t|^\alpha\right\}\right) e^{-t} dt$. 今后记这个 $R_1(f)$ 为 $R^\alpha(f)$.

4° 线性空间上的某些 σ–代数

我们在这里给出后面常用的某些 σ–代数, 以及它们之间的关系.

定义 4.2.8　设 Φ 是线性空间, $\mathfrak{H}$ 是 Φ^Λ 的线性子空间. 任取 n 维空间中 Borel 集 $E, \varphi_1, \cdots, \varphi_n \in \Phi$, 称形如

$$\{f | (f(\varphi_1), \cdots, f(\varphi_n)) \in E, f \in \mathfrak{H}\}$$

的集为相应于 $\{\varphi_1, \cdots, \varphi_n\}$ 的以 E 做基的 Borel 柱. 若 $\varphi_1, \cdots, \varphi_n$ 张成 M, 也称相应于 M 的 Borel 柱. 记相应于 M 的 Borel 柱全体为 $S(M)$, 它是 σ–代数. 一切 Borel 柱的全体 (记为 S) 是一代数. 包含 S 的最小 σ–代数记为 $\mathfrak{B}$. 那么称 $\mathfrak{B}$ 中的集为 (相应于 Φ 的) 弱 Borel 集. 特别当 Φ 是线性拓扑空间, 取 $\mathfrak{H} \subset \Phi^\dagger$ 时, 就简称 $\mathfrak{B}$ 中集为弱 Borel 集. 显然 $(\mathfrak{H}, \mathfrak{B})$ 是线性可测空间.

设 Φ 是线性空间, $\mathfrak{H}$ 是 $\Phi^\wedge$ 的线性子空间, 令 $\mathfrak{F}$ 是由 Φ 的子集组成的包含一切集

$$\{\varphi | F(\varphi) < a\}, \quad -\infty < a < \infty, \ F \in \mathfrak{H}$$

的最小 σ–代数, 那么称 $\mathfrak{F}$ 中的集为 (相应于 Φ 的) 弱 Borel 集. 特别当 Φ 是线性拓扑空间, $\mathfrak{H} \subset \Phi^\dagger$ 时, 就简称 $\mathfrak{F}$ 中集为弱 Borel 集.

我们注意, 当 $\mathfrak{H}$ 是完整的[1]时候, 把每个 $\varphi \in \Phi$ 嵌入 $\mathfrak{H}^\wedge$ 得 φ_1 如下:

$$\varphi_1(f) = f(\varphi), \quad f \in \mathfrak{H}.$$

令 $\varphi_1 = \{\varphi_1 | \varphi \in \Phi\}$, 那么 $\mathfrak{H}$ 中 (相应于 Φ 的) 弱 Borel 集也就是 (相应于 $\mathfrak{H}^\wedge$ 的) 弱 Borel 集. 这样可以把两种弱 Borel 集的概念统一起来.

我们注意, 弱 Borel 集已经是足够广泛的一类集.

引理 4.2.16[2] 设 Φ 是可析的赋可列范空间, 则 Φ 中每个开 (闭) 集都是弱 Borel 集.

证 设 $\|\varphi\|_1 \leqslant \|\varphi\|_2 \leqslant \cdots \leqslant \|\varphi\|_n \leqslant \cdots$ 是 Φ 上的范数列, 记 $S_n(r) = \{\varphi | \|\varphi\|_n \leqslant r\}$. 先来证明 $S_n = S_n(1)$ 是弱 Borel 集. 由于 Φ 是可析的, 必有一列 $\{\varphi_m\} \subset \Phi \backslash S_n$, 在 $\Phi \backslash S_n$ 中按 $\|\varphi\|_n$ 稠密. 由 Hahn-Banach 的泛函延拓定理, 必有 $f_m \in \Phi^\dagger$, 使

$$\|f_m\|_{-n} = \sup_{\|\varphi\|_n \leqslant 1} |f_m(\varphi)| = 1, \quad f_m(\varphi_m) = \|\varphi_m\|_n. \tag{4.2.16}$$

作集

$$E = \bigcap_{m=1}^{\infty} \{\varphi | |f_m(\varphi)| \leqslant 1\},$$

显然 E 是弱 Borel 集. 今证明 $E = S_n$. 事实上, 由 (4.2.16), 显然有 $E \supset S_n$. 如果 $\varphi \bar{\in} S_n$, 取正数 $\delta < \frac{1}{2}(\|\varphi\|_n - 1)$, 那么必有 m 使 $\|\varphi_m - \varphi\|_n < \delta$, 因此 $|f_m(\varphi_m - \varphi)| < \delta$, 从而

$$|f_m(\varphi)| \geqslant |f_m(\varphi_m)| - \delta = \|\varphi_m\|_n - \delta \geqslant \|\varphi\|_n - 2\delta > 1,$$

即 $\varphi \bar{\in} E$. 这就是证明了 S_n 是弱 Borel 集. 类似地可以证明对一切 $\varphi \in \Phi, S_n(r) + \varphi$ 是弱 Borel 集.

---

[1]即对于 Φ 中每个不为 0 的 φ, 必有 $f \in \mathfrak{H}$, 使 $f(\varphi) \neq 0$.
[2]关于引理 4.2.16, 4.2.17 及其证明中所用到的一切术语参看附录 I.3.

由于 Φ 是可析的, 对于 Φ 中每个开集 O, 必有一列 $\{\varphi_n\}$, 正数 $\{r_n\}$ 及一切自然数 $\{m_n\}$, 使得 $O = \bigcup\limits_{n=1}^{\infty}\{\varphi_n + S_{m_n}(r_n)\}$, 因此 O 是弱 Borel 集. 由于 Φ 也是弱 Borel 集, 所以一切闭集 $\Phi \backslash O$ 也是弱 Borel 集. 证毕.

因此在引理 4.2.16 的假设下, Φ 中弱 Borel 集全体就是 Φ 中开集全体所张成的 σ-代数.

引理 4.2.17　设 Φ 是可析的赋可列范空间, $\{\|\varphi\|_n\}$ 是它的范数列, 则 $S_{-n}(r) = \{\varphi | \|\varphi\|_{-n} \leqslant r\}$ 是 $\Phi^{\dagger}$ 中弱 Borel 集.

证　设 $\{\varphi_m\}$ 是 S_n 中稠密的点列, 作

$$B = \bigcap_{m=1}^{\infty}\{f | |f(\varphi_m)| \leqslant r\},$$

则 B 是 $\Phi^{\dagger}$ 中的弱 Borel 集. 今证 $B = S_{-n}(r)$. 由于 $\{\varphi_m\} \subset S_n$, 显然 $B \supset S_{-n}(r)$. 反之, 设 $f \in B$, 若 $\varphi \in S_n$, 则必有子列 $\{\varphi_{m_k}\}$, 使得 $\lim\limits_{k \to \infty} \varphi_{m_k} = \varphi$ (按 Φ 中拓扑), 因此当 $f \in B$ 时,

$$|f(\varphi)| = \lim_{k \to \infty} |f(\varphi_{m_k})| \leqslant r,$$

即得 $f \in S_{-n}(r)$. 因此 $S_{-n}(r) = B$ 是弱 Borel 集. 证毕.

特别言之, $\Phi_n^{\dagger} = \bigcup\limits_{m=1}^{\infty} S_{-n}(m)$ 是弱 Borel 集.

5° 拟不变测度的存在性

下面给出利用不等式 (4.2.12) 来求拟不变测度存在的必要条件的方法. 这里只写出 Hilbert 空间及数列空间的情况, 但这个方法还有可能用到更一般的情况. 此外, 这里所举出的必要条件事实上也都是充分条件, 这一点将在 §5.3 中说明.

定理 4.2.18　设 G 是可析的 Hilbert 空间, (x, y) 是 G 中内积, $\mathfrak{G}$ 是 G 的线性子空间, 而且 $\mathfrak{G}$ 本身是完备的可列内积空间,[①] $(\varphi, \psi)_n, n = 1, 2, \cdots$ 是它的一列内积而且 $(\varphi, \varphi)_1 \leqslant (\varphi, \varphi)_2 \leqslant \cdots$. 设 $\mathfrak{G}$ 到 G 的嵌入算子是连续的,[②] 那么必有自然数 n, 使得当把 T 看成 $\mathfrak{G}$ 按 $(\varphi, \psi)_n$ 的完备化空间 $\mathfrak{G}_n$ 到 G 的嵌入算子时, T 为 Hilbert–Schmidt 型算子.

证　我们不妨设 μ 适合条件

$$M_2 = \int_G (x, x) d\mu(x) < \infty.$$

---

①关于可列内积空间的概念见附录 II.

②也就是说, G 在 $\mathfrak{G}$ 上导出的拓扑弱于 $\mathfrak{G}$ 的拓扑.

不然的话, 把 μ 换成等价的测度

$$\mu'(E) = \int_E e^{-(x,x)} d\mu(x), \quad E \in \mathfrak{B}$$

就可以了. (我们注意, 这里 (x,x) 是 $(G, \mathfrak{B})$ 上的可测函数.)

根据 (4.2.12), 存在正数 c 和 $\mathfrak{G}$ 中零的环境 V, 使得对于 G 上的每个线性连续泛函 f,

$$\sup_{h \in V} |f(h)| \leqslant c \int_G |f(g)| d\mu(g), \tag{4.2.12'}$$

这时 V 必包含某个形如 $\{h | (h,h)_n \leqslant \delta^2\}$ 的环境. 任取 G 中的一个完备就范直交系 $\{e_m\}$, 由 (4.2.12') 得到

$$\sum_m \sup_{(h,h)_n \leqslant \delta^2} |(h,e_m)|^2 \leqslant c^2 \mu(G) \sum_m \int_G |(g,e_m)|^2 d\mu(g)$$

$$= c^2 \mu(G) \int_G (g,g) d\mu(g).$$

不妨设 n 充分大, 使得 T 按 $(x,y)_n$ 是连续的. 因此 T 可以延拓成 $\mathfrak{G}_n$ 到 G 的线性有界算子. 这时

$$\sup_{(h,h)_n \leqslant \delta^2} |(h,e_m)|^2 = \sup_{(h,h)_n \leqslant \delta^2} |(h,T^*e_m)_n|^2$$

$$= \delta^2 (T^*e_m, T^*e_m)_n, \tag{4.2.17}$$

因此根据 (4.2.12'), (4.2.17) 和引理 II.1.2, T^* 是 Hilbert–Schmidt 型算子. 再由引理 II.1.3, 知道 T 是 Hilbert–Schmidt 型算子. 证毕.

我们最感兴趣的是下面两种情况:

系 4.2.19   设 $\Phi \subset H \subset \Phi^\dagger$ 是可析的装备 Hilbert 空间, $\mathscr{T}^\dagger$ 是 $\Phi^\dagger$ 中弱 Borel 集全体. 如果 $(\Phi^\dagger, \mathscr{T}^\dagger)$ 上存在关于 Φ 拟不变的有限、正则测度 μ, 那么必有自然数 $n, m(n \geqslant m)$, 使 Φ_n (Φ 按第 n 个内积的完备化空间) 到 $\Phi_m^\dagger$ 的嵌入算子是 Hilbert–Schmidt 型的.

证   由于 $\Phi_m^\dagger \in \mathfrak{F}^\dagger$ (见引理 4.2.17) 且 $\{\Phi_m^\dagger\}$ 单调上升地, $\Phi^\dagger = \bigcup_{m=1}^\infty \Phi_m^\dagger$, 所以 $\mu(\Phi_m^\dagger) \to \mu(\Phi^\dagger)$, 必有 m 使 $\mu(\Phi_m^\dagger) > 0$.

我们把 $\mathfrak{F}^\dagger$ 及 μ 分别限制到 $\Phi_m^\dagger$ 上, 得到一个测度空间 $(\Phi_m^\dagger, \mathfrak{F}_m^\dagger, \mu_m)$, 它是关于 Φ 拟不变的. 现在把 Φ 与 $\Phi_m^\dagger$ 分别作定理 4.2.18 中空间 $\mathfrak{G}$ 与 G. 从定理 4.2.18 得到系 4.2.19. 证毕.

系 4.2.20   设 $G, \mathfrak{G}$ 是两个可析 Hilbert 空间, $\mathfrak{G}$ 是 G 的线性子空间, $\mathfrak{G}$ 到 G 的嵌入算子 T 是连续的. 如果存在关于 $\mathfrak{G}$ 拟不变的有限测度空间 $(G, \mathfrak{B}, \mu)$ (这里 $\mathfrak{B}$ 是 G 中弱 Borel 集全体), 那么 T 是 Hilbert–Schmidt 型的.

例 4.2.2   设 $1 \leqslant p < \infty, \{a_n\}$ 是一列正数, $l^p(\{a_n\})$ 是满足条件

$$\|\xi\| = \left(\sum a_n |\xi_n|^p\right)^{\frac{1}{p}} < \infty \tag{4.2.18}$$

的实数列 $\xi = \{\xi_n\}$ 全体. 按数列通常的线性运算及 (4.2.18) 规定的范数, $l^p(\{a_n\})$ 成为 Banach 空间. 特别地改记 $l^p(\{1\})$ 为 l^p. 令 $\mathfrak{B}$ 是 $l^p(\{a_n\})$ 中包含一切 Borel 柱

$$\{\xi | (\xi_1, \xi_2, \cdots, \xi_n) \in B\} \quad (B \text{ 是有限维空间 Borel 集})$$

全体所成的 σ–代数. 设 $1 \leqslant q < \infty$, 如果存在关于平移 $l^q \cap l^p(\{a_n\})$ 拟不变的有限测度空间 $(l^p(\{a_n\}), \mathfrak{B}, \mu)$, 那么

$$\sum a_n < \infty, \tag{4.2.19}$$

因此 $l^q \subset l^p(\{a_n\})$.

事实上, 由于 $\|\xi\| = \lim\limits_{n \to \infty} \left(\sum\limits_{\nu=1}^{n} a_\nu |\xi_\nu|^p\right)^{\frac{1}{p}}$ 是可测函数, 不妨设

$$M = \int_{l^p(\{a_n\})} \|\xi\|^p d\mu(\xi) < \infty. \tag{4.2.20}$$

不然的话, 易 μ 为等价的测度

$$\mu'(E) = \int_E e^{-\|\xi\|} d\mu(E), \quad E \in \mathfrak{B}$$

就可以了, 作 $l^p(\{a_n\})$ 上的可测线性泛函

$$f_n(\xi) = \xi_n, \quad \xi = \{\xi_n\} \in l^p(\{a_n\}),$$

根据 (4.2.12), 必有 l^q 中零的环境 V 以及正数 c, 使得

$$\sup_{\xi \in V} |f_n(\xi)| \leqslant c \int_{l^p(\{a_n\})} |f_n(\xi)| d\mu(\xi), \quad n = 1, 2, \cdots. \tag{4.2.12''}$$

不妨设 $V = \{\xi | |\xi| < \delta\}, \delta > 0, |\xi| = \left(\sum\limits_{n=1}^{\infty} |\xi_n|^q\right)^{\frac{1}{q}}$, 那么 (4.2.12'') 化成

$$1 \leqslant \frac{c}{\delta} \int_{l^p(\{a_n\})} |\xi_n| d\mu(\xi).$$

利用 Hölder 不等式立即知道

$$1 \leqslant \left(\frac{c}{\delta}\right)^p \mu(l^p(\{a_n\}))^{p-1} \int_{l^p(\{a_n\})} |\xi_n|^p d\mu(\xi).$$

将上式两边乘以 a_n, 并对 n 相加得到

$$\sum a_n \leqslant \left(\frac{c}{\delta}\right)^p \mu(l^p(\{a_n\}))^{p-1} M < \infty.$$

证毕.

6° L_2–Fourier 变换

关于群上的 L_2–Fourier 变换理论已经在 §3.4 中叙述过, 这些理论自然可以搬到线性空间上来, 其中的定义和命题只要作较小的变动. 我们不准备详细地一一叙述在线性空间时的情况, 而只以 L_2–Fourier 变换的定义为例叙述在线性测度空间的情况, 其余的留给读者, 后面在用到的时候我们就不详细交代了.

定义 4.2.9 设 $\Omega = (G, \mathfrak{B}, \mu)$ 是线性测度空间, 而且是关于 G 的线性子空间 $\mathfrak{G}$ 拟不变的可局部化测度空间. 设 $\widehat{\Omega} = (\widehat{G}, \widehat{\mathfrak{B}}, \widehat{\mu})$ 是关于 $\widehat{G}$ 的线性子空间 $\widehat{\mathfrak{G}}$ 拟不变的线性测度空间, 它适合下面两条件: (i) 存在 $\mathfrak{G}^\mu$ 到 $\widehat{\mathfrak{G}}$ 上的同构映照

$$\tilde{f} \to \hat{f},$$

又有 $\mathfrak{G}$ 到 $\widehat{G}_{\widehat{\mu}}$ 的同构映照

$$h \to h(\hat{g}), \quad \hat{g} \in \widehat{G},$$

使得 $\hat{\varepsilon} = \{h(\cdot) | h \in \widehat{\mathfrak{G}}\}$ 是 $\widehat{\Omega}$ 上的决定集, 而且当 $h \in \mathfrak{G}$ 时, $h(\cdot)$ 在 $\widehat{\mathfrak{G}}$ 上导出的线性泛函 $\tilde{h}(\cdot)$ 是

$$\tilde{h}(\widehat{\alpha}) = \tilde{\alpha}(h), \quad \widehat{\alpha} \in \widehat{\mathfrak{G}}.$$

(ii) 存在 $L^2(\Omega)$ 到 $\mathfrak{L}_k^2(\widehat{\Omega})$ 上的酉算子 F, 使得 $\mathfrak{L}_k^2(\widehat{\Omega})$ 中的酉算子 $\widehat{U}(h) = F(U(h))F^{-1}$, $h \in \mathfrak{G}$ 的形式是

$$(\widehat{U}(h)\varphi)(\hat{g}) = e^{ih(\hat{g})}\varphi(\hat{g}), \quad \hat{g} \in \widehat{G}, \varphi \in \mathfrak{L}_k^2(\widehat{\Omega}).$$

那么称 $(\widehat{\Omega}, \widehat{\mathfrak{G}})$ 是 $(\Omega, \mathfrak{G})$ 的对偶 (或称 $\widehat{\Omega}$ 是 Ω 的对偶测度空间), 又称 F 是相应的 ($L^2(\Omega)$ 到 $\mathfrak{L}_k^2(\widehat{\Omega})$ 上的) L_2–Fourier 变换.

§4.3 线性拓扑空间上的正定连续函数

在本节中, 我们仍然只考虑实线性空间, 同时把它看成按加法的群. 因为, 任何满足 T_0 隔离公理的有限维线性拓扑空间拓扑同构于相同维数的欧几里得空间, 因此 Bochner 定理给出了有限维线性拓扑空间上正定连续函数的一般形式, 然而对于无限维线性拓扑空间, 迄今为止还没有最一般的关于正定连续函数表示的定理, 但是已有了一些重要的结果. 我们首先考察一般线性空间的情况.

1° 线性空间上正定连续函数. 柱测度

我们先把测度概念拓广为 "较弱" 的柱测度.

设 $\mathfrak{G}$ 是线性空间, $\mathfrak{H}$ 是 $\mathfrak{G}$ 上某些线性泛函所成的线性空间. 设 S 是 $\mathfrak{H}$ 中的 Borel 柱全体所成的代数.

定义 4.3.1　设 P 是 S 上的集函数; 对于 $\mathfrak{G}$ 的每个有限维子空间 Φ, 把 P 限制在相应于 Φ 的 Borel 柱全体 $S(\Phi)$ 上时, P 是概率测度, 那么称 P 是 $\mathfrak{H}$ 上的柱测度[①].

显然, 柱测度 P 又满足下面的条件: (i) 对任何 $z \in S, P(z) \geqslant 0$; (ii) $P(\mathfrak{H}) = 1$; (iii) P 是有限可加的. 这里条件 (i) 和 (ii) 是显然的, 条件 (iii) 可以这样看出: 任取 S 中互不相交的 $z_1, \cdots, z_n$, 由 §4.2, 必有 $\mathfrak{G}^\dagger$ 的有限维子空间 Φ, 使 $z_1, \cdots, z_n \in S(\Phi)$, 因此由 P 在 $S(\Phi)$ 上的可加性立即得到

$$\mu(z_1 + \cdots + z_n) = \mu(z_1) + \cdots + \mu(z_n),$$

这就是 (iii). 但是一般说来, P 在 S 上不是可列可加的.

当柱测度 P 在 S 上可列可加的时候, 我们根据熟知的方法 (见 Halmos[1]), 把 P 延拓到包含 S 的最小 σ–代数 $\mathfrak{F}$ 上 —— 延拓后的集函数仍记做 P,—— 使得 $(\mathfrak{H}, \mathfrak{F}, P)$ 成为概率测度空间.

设 P 是 $\mathfrak{H}$ 上的柱测度. 若 $\mathfrak{U}(\xi), \xi \in \mathfrak{H}$ 是 $\mathfrak{H}$ 上的函数, 而且存在 $\mathfrak{G}$ 的有限维子空间 Φ 使 $\mathfrak{U}$ 关于概率测度空间 $(\mathfrak{H}, S(\Phi), P)$[②]是可积的, 那么称 $\mathfrak{U}$ 关于 $\mathfrak{H}$ 上的柱测度 P 是可积的, 而且以 $\mathfrak{U}$ 关于 $(\mathfrak{H}, S(\Phi), P)$ 的积分作为 $\mathfrak{U}$ 关于柱测度 P 的积分, 仍记为

$$\int_{\mathfrak{H}} \mathfrak{U}(\xi) dP(\xi).$$

特别, 当 P 是可列可加的时候, 这个积分值也就是 $\mathfrak{U}$ 关于测度空间 $(\mathfrak{H}, \mathfrak{F}, P)$ 的积分.

定义 4.3.2　设 $\mathfrak{G}$ 是线性空间, f 是 $\mathfrak{G}$ 上的函数, 如果对于任何有限个 $\varphi_1, \cdots, \varphi_n \in \mathfrak{G}$, 函数 $f(t_1\varphi_1 + \cdots + t_n\varphi_n)$ 是实变数 $t_1, \cdots, t_n$ 的连续函数, 也就是说, f 在 $\mathfrak{G}$ 的任何有限维空间 (有限维线性子空间中总是采用欧几里得拓扑) 是连续函数, 那么称 f 是准连续的.

引理 4.3.1　设 $\mathfrak{G}$ 是线性空间, $\mathfrak{H}$ 是 $\mathfrak{G}$ 上某些线性泛函组成的线性空间, P 是 $\mathfrak{H}$ 上的柱测度, 作函数

$$f(g) = \int_{\mathfrak{H}} e^{i\xi(g)} dP(\xi), \quad g \in \dot{\mathfrak{G}}, \tag{4.3.1}$$

则 f 是 $\mathfrak{G}$ 上的正定准连续函数, 而且 $f(0) = 1$.

证　由于 $P(\mathfrak{H}) = 1$, 所以 $f(0) = 1$. 又因为

$$\sum_{j,k} f(g_j - g_k)\eta_j\bar{\eta}_k = \int_{\mathfrak{H}} \left| \sum_j e^{if(g_j)}\eta_j \right|^2 dP(\xi) \geqslant 0,$$

---

①我们注意, 这里柱测度的概念是 §1.3 中柱测度的特殊情况.
②这里的 P 限制在 $S(\Phi)$ 上.

所以 f 是正定的. 对任何 $\varphi_1, \cdots, \varphi_n \in \mathfrak{G}$, 将 Lebesgue 控制收敛定理应用于概率测度空间 $(\mathfrak{H}, S(\varphi_1, \cdots, \varphi_n), P)$, 并注意到

$$f\left(\sum_{j=1}^{n} t_j \varphi_j\right) = \int_{\mathfrak{H}} e^{i \sum_{j=1}^{n} t_j \xi(\varphi_j)} dP(\xi), \tag{4.3.2}$$

易知 (4.3.2) 是实变数 $t_1, \cdots, t_n$ 的连续函数. 证毕.

当 $\mathfrak{H}$ 中元素是够多时, 我们给出引理 4.3.1 之逆.

引理 4.3.2 设 $\mathfrak{G}$ 是线性空间, $\mathfrak{H}$ 是 $\mathfrak{G}$ 上某些线性泛函组成的线性空间, $\mathfrak{H}$ 又是完整的 (即 $\mathfrak{H}$ 中的非零泛函的零空间只含零向量), 那么对于 $\mathfrak{G}$ 上的每个正定准连续函数 $f, f(0) = 1$, 必有 $\mathfrak{H}$ 上唯一的柱测度 P, 使得

$$f(g) = \int_{\mathfrak{H}} e^{i\xi(g)} dP(\xi), \quad g \in \mathfrak{G}. \tag{4.3.3}$$

证 任取 $\mathfrak{G}$ 中有限个线性无关的向量 $\varphi_1, \cdots, \varphi_n$, 作 n 个实变数 $t_1, \cdots, t_n$ 的函数 $f(t_1 \varphi_1 + \cdots + t_n \varphi_n)$. 由于 f 是正定拟连续函数, $f(0) = 1$, 我们容易看出 $f(t_1 \varphi_1 + \cdots + t_n \varphi_n)$ 是 n 个自变量的特征函数. 由 Bochner 定理有 n 维空间 R_n 上的概率测度 $Q_{\{\varphi_j\}}$, 使得

$$f(t_1 \varphi_1 + \cdots + t_n \varphi_n) = \int \cdots \int e^{i(t_1 \xi_1 + \cdots + t_n \xi_n)} dQ_{\{\varphi_j\}}(\xi_1, \cdots, \xi_n).$$

作 $\mathfrak{H}$ 到 R_n 的映照 $T_{\{\varphi_j\}} : \xi \to (\xi(\varphi_1), \cdots, \xi(\varphi_n))$. 由于 $\mathfrak{H}$ 是完整的, $T_{\{\varphi_j\}}$ 的像充满整个 R_n. 作 $S(\{\varphi_j\})$ 上的集函数 $P_{\{\varphi_j\}}$ 如下: 当 A 是 R_n 中 Borel 集时, 规定

$$P_{\{\varphi_j\}}\left(T_{\{\varphi_j\}}^{-1} A\right) = Q_{\{\varphi_j\}}(A). \tag{4.3.4}$$

显然, $(\mathfrak{H}, S(\{\varphi_j\}), P_{\{\varphi_j\}})$ 是概率测度空间.

我们来证明这族概率测度空间是符合的: 即对于任何 $B \in S(\{\psi_j\}) \cap S(\{\omega_j\})$, $\psi_1, \cdots, \psi_m; \omega_1, \cdots, \omega_k \subset \mathfrak{G}$, 成立着

$$P_{\{\psi_j\}}(B) = P_{\{\omega_j\}}(B). \tag{4.3.5}$$

这时, 必有 $\varphi_1, \cdots, \varphi_n \in \mathfrak{G}$, 使得 $S(\{\psi_j\}) \cup S(\{\omega_j\}) \subset S(\{\varphi_j\})$. 只要证明

$$P_{\{\varphi_j\}}(B) = P_{\{\psi_j\}}(B) \tag{4.3.6}$$

就可以了, 因为可以类似地证明 $P_{\{\varphi_j\}}(B) = P_{\{\omega_j\}}(B)$, 从而得到 (4.3.5). 不妨设

$\varphi_j = \psi_j, j = 1, 2, \cdots, m, n \geqslant m$. 根据 (4.3.6), 我们有

$$\int \cdots \int e^{i(t_1\xi_1 + \cdots + t_m\xi_m)} dQ_{\{\psi_j\}}(\xi_1, \cdots, \xi_m)$$
$$= f(t_1\psi_1 + \cdots + t_m\psi_m)$$
$$= f(t_1\varphi_1 + \cdots + t_m\varphi_m + 0\varphi_{m+1} + \cdots + 0\varphi_n)$$
$$= \int \cdots \int e^{i(t_1\xi_1 + \cdots + t_m\xi_m)} dQ_{\{\varphi_j\}}(\xi_1, \cdots, \xi_n).$$

我们得知等式

$$Q_{\{\varphi_j\}}(\{(\xi_1, \cdots, \xi_n) | (\xi_1, \cdots, \xi_m) \in D\}) = Q_{\{\psi_j\}}(D)$$

对 m 维空间中一切 Borel 集 D 成立, 这也就是说,

$$P_{\{\varphi_j\}}(\{\xi | (\xi(\varphi_1), \cdots, \xi(\varphi_n)) \in D\})$$
$$= P_{\{\psi_j\}}(\{\xi | (\xi(\psi_1), \cdots, \xi(\psi_m)) \in D\}). \tag{4.3.7}$$

但是 $S_{\{\psi_j\}}$ 中任一集 B 必然形如 $\{\xi | (\xi(\psi_1), \cdots, \xi(\psi_m)) \in D\}$, 因此由 (4.3.7) 得到 (4.3.6), 即前述的概率测度空间族是符合的.

我们规定 S 上的集函数 P 如下: 当 $A \in S(\{\varphi_j\})$ 时,

$$P(A) = P_{\{\varphi_j\}}(A).$$

由测度空间族 $(\mathfrak{H}, S(\{\varphi_j\}), P_{\{\varphi_j\}}), \{\varphi_j\} \subset \mathfrak{G}$ 的符合性, 仿照 §1.3 知道, P 有确定的意义. 因此可知, P 是 $\mathfrak{H}$ 上的柱测度.

再证 P 适合关系式 (4.3.3). 对任何 $g \in \mathfrak{G}$, 当 $g = 0$ 时, (4.3.3) 是显然的, 所以当 $g \neq 0$ 时,

$$f(g) = \int e^{iu} dQ_{\{g\}}(u) = \int e^{i\xi(g)} dP_{\{g\}}(\xi) = \int e^{i\xi(g)} dP(\xi).$$

至于 (4.3.3) 中柱测度的唯一性可以这样看出, P 在每个 $S(\{\varphi_j\}), \varphi_1, \cdots, \varphi_n \in \mathfrak{G}$ 上的值由 (4.3.4) 中的 $Q_{\{\varphi_j\}}$ 决定出, 而 $Q_{\{\varphi_j\}}$, 根据 Bochner 定理, 是由 f 决定的. 证毕.

2° 柱测度的连续性

我们相仿于 §3.2, 规定柱测度 (测度是它的特别情况) 的连续性.

定义 4.3.3　设 $\mathfrak{G}$ 是以 $\mathscr{T}$ 做拓扑的线性拓扑空间, $\mathfrak{H}$ 是 $\mathfrak{G}$ 上的某些线性泛函组成的线性空间, P 是 $\mathfrak{H}$ 上的柱测度. 如果对于任何正数 ε, 必有 0 的环境 $V \subset \mathscr{T}$, 使得当 $x \in V$ 时,

$$P(\{\xi | |\xi(x)| > 1, \xi \in \mathfrak{H}\}) < \varepsilon$$

成立, 那么称 P 是关于拓扑 $\mathscr{T}$ 连续的或简称 P 是连续的.

下面仿照 §3.3 建立正定函数的连续性与柱测度连续性的联系.

引理 4.3.3 设 $\mathfrak{G}$ 是线性拓扑空间, $\mathfrak{H}$ 是 $\mathfrak{G}$ 上的某些线性泛函组成的线性空间, P 是 $\mathfrak{H}$ 上的柱测度. 作

$$f(g) = \int_{\mathfrak{H}} e^{i\xi(g)} dP(\xi), \quad g \in \mathfrak{G}, \tag{4.3.8}$$

那么 f 在 $\mathfrak{G}$ 上连续的充要条件是柱测度 P 为连续的.

证 设 f 是连续函数, 对任何正数 ε, 必有 $\mathfrak{G}$ 中的环境 U, 使得

$$1 - \mathfrak{R}f(g) < \frac{\varepsilon}{4} \tag{4.3.9}$$

对一切 $g \in U$ 成立 (由于 $f(0) = 1$). 取正数 a, 使得 $e^{-a} < \frac{\varepsilon}{8}$. 由于 $\mathfrak{G}$ 是线性拓扑空间, 必有 0 的环境 V, 使得 $|t| \leqslant a$ 时 $tV \subset U$. 这样, 当 $g \in V$ 时, 由 (4.3.9) 得到

$$\int_0^\infty (1 - \mathfrak{R}f(gt))e^{-t} dt < \frac{\varepsilon}{4} + \int_a^\infty 2e^{-t} dt < \frac{\varepsilon}{2}. \tag{4.3.10}$$

然而由 Fubini 定理我们得到

$$\int_0^\infty (1 - \mathfrak{R}f(gt))e^{-t} dt = \int_{\mathfrak{H}} \int_0^\infty (1 - \cos t\xi(g))e^{-t} dt dP(\xi)$$
$$= \int_{\mathfrak{H}} \frac{\xi(g)^2}{1 + \xi(g)^2} dP(\xi). \tag{4.3.11}$$

利用 (4.3.10) 和 (4.3.11) 我们得知, 当 $g \in V$ 时,

$$P(\{\xi | |\xi(g)| > 1\}) \leqslant 2 \int_{\mathfrak{H}} \frac{\xi(g)^2}{1 + \xi(g)^2} dP(\xi) < \varepsilon,$$

即是说柱测度 P 是连续的.

反之, 若 P 是连续的, 则对任何正数 ε, 有 0 的环境 V 使得当 $x \in V$ 时,

$$P(\{\xi | |\xi(x)| > 1\}) < \frac{\varepsilon}{4}.$$

取正数 $\delta < \frac{\pi}{2}$ 使 $1 - \cos\delta < \frac{\varepsilon}{2}$, 作 $U = \delta V$, 它显然是 0 的环境. 当 $g \in U$ 时, $x = \frac{1}{\delta}g \in V$, 因此

$$P(\{\xi | |\xi(g)| > \delta\}) = P(\{\xi | |\xi(x)| > 1\}) < \frac{\varepsilon}{4}.$$

因此, 当 $g \in U$ 时,

$$1 - \mathfrak{R}f(g) = \int_{\mathfrak{H}} (1 - \cos\xi(g)) dP(\xi)$$
$$\leqslant (1 - \cos\delta) + 2P(\{\xi | |\xi(g)| > \delta\}) < \varepsilon,$$

这就证明了 $\mathfrak{R}f(g)$ 在 $g = 0$ 是连续的. 但是由引理 4.3.1, f 是正定函数, 因此 f 是连续的 (参见 (3.3.3) 式后的命题). 证毕.

关于柱测度的连续性还有与引理 3.2.19 完全类似的定理:

定理 4.3.4　设 $\mathfrak{G}$ 是满足第一可列公理的线性拓扑空间, $\mathfrak{H}$ 是 $\mathfrak{G}$ 上某些线性连续泛函所成的线性空间, $\mathfrak{F}$ 是 $\mathfrak{H}$ 中包含一切 Borel 柱的最小 σ-代数, $(\mathfrak{H}, \mathfrak{F}, P)$ 是概率测度空间, 则 P 必是连续的.

我们注意, 当定理 4.3.4 中的 $\mathfrak{G}$ 不满足第一可列公理时, 测度 P 就不一定是连续的 (见夏道行 [3]).

3° 正定准连续函数表示为测度的 Fourier 变换

设 $\mathfrak{G}$ 是线性空间, $\mathfrak{H}$ 是 $\mathfrak{G}$ 上的一些线性泛函所成的线性空间, $\mathfrak{F}$ 是包含一切 Borel 柱的最小 σ-代数. 引理 4.3.2 已经研究了 $\mathfrak{G}$ 上正定拟连续函数表示成柱测度的 Fourier 变换的情况. 我们现在要研究对怎样的 $\mathfrak{H}, \mathfrak{G}$ 上怎样的正定函数 f 可以表示成某个测度空间 $(\mathfrak{H}, \mathfrak{F}, P)$ 上的积分

$$f(g) = \int_{\mathfrak{H}} e^{i\xi(g)} dP(\xi), \quad g \in \mathfrak{G}. \tag{4.3.1}$$

由引理 4.3.1, 我们知道 f 的准连续性是 (4.3.1) 成立的必要条件. 我们又有

定理 4.3.5　设 $\mathfrak{G}$ 是线性空间, $\mathfrak{G}^\Lambda$ 是 $\mathfrak{G}$ 上的线性泛函全体所成的线性空间, $\mathfrak{F}^\Lambda$ 是 $\mathfrak{G}^\Lambda$ 中包含一切 Borel 柱的最小 σ-代数, 则对 $\mathfrak{G}$ 上任何正定准连续函数 $f, f(0) = 1$, 必有 $(\mathfrak{G}^\Lambda, \mathfrak{F}^\Lambda)$ 上的唯一概率测度 P^Λ, 使得对一切 $g \in \mathfrak{G}$, 成立着

$$f(g) = \int_{\mathfrak{G}^\Lambda} e^{i\xi(g)} dP^\Lambda(\xi), \quad g \in \mathfrak{G}. \tag{4.3.12}$$

证　$\mathfrak{G}$ 中必有线性基 $\{\omega_\alpha | \alpha \in \mathfrak{U}\}$, $\mathfrak{U}$ 为指标集. 对任何有限个 $\alpha_1, \cdots, \alpha_n \in \mathfrak{U}$, 我们作 n 个实变数 $t_{\alpha_1}, \cdots, t_{\alpha_n}$ 的函数

$$f_{\{\alpha_j\}}(t_{\alpha_1}, \cdots, t_{\alpha_n}) = f(t_{\alpha_1}\omega_{\alpha_1} + \cdots + t_{\alpha_n}\omega_{\alpha_n}). \tag{4.3.13}$$

由于 f 是正定准连续的, $f(0) = 1$, 易知 $f_{\{\alpha_j\}}$ 是正定连续函数, 而且 $f_{\{\alpha_j\}}(0, \cdots, 0) = 1$. 又由 (4.3.13) 容易看出这族特征函数 $\{f_{\{\alpha_j\}}\}$ 是符合的. 对每个 $\alpha \in \mathfrak{U}$ 作实数空间 R_α, 及其中的 Borel 集全体 $\mathfrak{F}_\alpha$, 由 Kolmogorov 定理 (系 1.3.5′), 必有 $\left(\underset{\alpha \in \mathfrak{U}}{\times} R_\alpha, \underset{\alpha \in \mathfrak{U}}{\times} \mathfrak{F}_\alpha\right)$ 上唯一的概率测度 P^Λ, 使得对任何有限个 $\alpha_1, \cdots, \alpha_n \in \mathfrak{U}$, 成立着

$$\begin{aligned} f(t_{\alpha_1}\omega_{\alpha_1} + \cdots + t_{\alpha_n}\omega_{\alpha_n}) &= f_{\{\alpha_j\}}(t_{\alpha_1, \cdots, t_{\alpha_n}}) \\ &= \int_{\times R_\alpha} e^{i \sum\limits_{j=1}^{n} t_{\alpha_j} x_{\alpha_j}} dP^\Lambda(x), \end{aligned} \tag{4.3.14}$$

其中 x_α 是 $\underset{\alpha \in \mathfrak{U}}{\times} R_\alpha$ 中点 x 的第 α 个坐标.

对每个 $x \in \underset{\alpha \in \mathfrak{A}}{\times} R_\alpha$, 作 $\mathfrak{G}$ 上的泛函 $\hat{x}$ 如下:

$$\hat{x}(t_{\alpha_1}\omega_{\alpha_1} + \cdots + t_{\alpha_n}\omega_{\alpha_n}) = t_{\alpha_1}x_{\alpha_1} + \cdots + t_{\alpha_n}x_{\alpha_n}.$$

容易看出 $\hat{x}$ 是 $\mathfrak{G}$ 上的线性泛函, 而且映照 $x \to \hat{x}$ 是 $\underset{\alpha \in \mathfrak{A}}{\times} R_\alpha$ 到 $\mathfrak{G}^\Lambda$ 间的一一对应. 我们把 x 与 $\hat{x}$ 一致化, 这样, (4.3.14) 就成为 (4.3.12). 至于 (4.3.12) 中 P^Λ 的唯一性由 (4.3.14) 中 P^Λ 的唯一性立即得到. 证毕.

若 $\mathfrak{H}$ 是 $\mathfrak{G}$ 上完整的线性泛函空间, $\mathfrak{H} \subset \mathfrak{G}^\Lambda$, 引理 4.3.2 也可以由定理 4.3.5 推出. 事实上, 当 B 是 $\mathfrak{G}^\Lambda$ 中 Borel 柱时, $B \cap \mathfrak{H}$ 是 $\mathfrak{H}$ 中 Borel 柱. 作集函数 P 如下:

$$P(B \cap \mathfrak{H}) = P^\Lambda(B),$$

就可以证明 P 即为引理 4.3.2 中所要的柱测度了.

定理 4.3.5′ 设 $\mathfrak{G}$ 是线性空间, $\mathfrak{G}^\Lambda$ 是 $\mathfrak{G}$ 上线性泛函全体, 那么 $\mathfrak{G}^\Lambda$ 上的每个柱测度 P 是可列可加的.

事实上, 这是 Kolmogorov 定理的另一形式.

证 设 P 是 $\mathfrak{G}^\Lambda$ 上的柱测度, 利用 (4.3.1) (其中 $\mathfrak{H}$ 取为 $\mathfrak{G}^\Lambda$) 作出 $\mathfrak{G}$ 上正定准连续函数 f, 由定理 4.3.5, 必有 $(\mathfrak{G}^\Lambda, \mathfrak{F}^\Lambda)$ 上的概率测度 P^Λ 使 (4.3.12) 成立. P^Λ 也是 $\mathfrak{G}^\Lambda$ 上的柱测度. 在引理 4.3.1 中取 $\mathfrak{H} = \mathfrak{G}^\Lambda$, 由引理 4.3.2 中柱测度的唯一性知道, 对一切 Borel 柱 B 有 $P(B) = P^\Lambda(B)$, 但 P^Λ 是可列可加的, 所以柱测度 P 是可列可加的. 证毕.

顺便指出, P^Λ 就是 P 在 $\mathfrak{F}^\Lambda$ 上唯一的延拓.

当 $\mathfrak{H} \neq \mathfrak{G}^\Lambda$ 时, 一般说来, $\mathfrak{H}$ 上的柱测度不是可列可加的. 我们感兴趣的是可列可加柱测度, 因为这种测度可以延拓到更广泛的集族上, 使得可测集较多 (见 §4.2), 另一方面, 可以有较好的分析工具, 下面给出使连续的柱测度成为可列可加的条件.

连续柱测度的可列可加性与谱线性空间的概念密切联系着.

定义 4.3.4 设 $(\mathfrak{G}, \mathscr{T})$ 是线性拓扑空间, 线性空间 $\mathfrak{H} \subset \mathfrak{G}^\Lambda$, $\mathfrak{F}$ 是 $\mathfrak{H}$ 中弱 Borel 柱全体. 如果对于 $(\mathfrak{G}, \mathscr{T})$ 上的每个正定连续函数 $f, f(0) = 1$, 必有 $(\mathfrak{H}, \mathfrak{F})$ 上唯一的概率测度 P, 使得

$$\text{当 } h \in \mathfrak{G} \text{ 时}, \quad f(h) = \int_{\mathfrak{H}} e^{i\xi(h)} dP(\xi),$$

那么称 $\mathfrak{H}$ 是 $(\mathfrak{G}, \mathscr{T})$ 的谱 (线性) 空间.

引理 4.3.6 设 $(\mathfrak{G}, \mathscr{T})$ 是线性拓扑空间, $\mathfrak{H} \subset \mathfrak{G}^\Lambda$ 而且是完整的, 那么 $\mathfrak{H}$ 是 $(\mathfrak{G}, \mathscr{T})$ 的谱空间的充要条件是 $\mathfrak{H}$ 上每个关于 $\mathscr{T}$ 连续的柱测度满足可列可加条件.

证 设 $\mathfrak{H}$ 上每个连续测度是可列可加的. 对于 $(\mathfrak{G}, \mathscr{T})$ 上的每个正定连续函数 $f, f(0) = 1$, 根据引理 4.3.2, 4.3.3, 有 $\mathfrak{H}$ 上的柱测度 P, 它关于 $\mathscr{T}$ 连续且使 (4.3.3) 成立, 这个柱测度成为概率测度.

反之, 设 $\mathfrak{H}$ 是 $(\mathfrak{G}, \mathscr{T})$ 的谱线性空间, 对于 $\mathfrak{H}$ 上的每个关于 $\mathscr{T}$ 连续的柱测度 P 作出相应的拟正定连续函数 f (见 (4.3.1)), 由引理 4.3.3, 函数 f 是连续的, 因此有 $\mathfrak{H}$ 上的概率测度 P' 使

$$f(g) = \int_{\mathfrak{H}} e^{i\xi(g)} dP'(\xi), \quad g \in \mathfrak{G}.$$

由引理 4.3.2 中柱测度的唯一性, 对 $\mathfrak{H}$ 中的 Borel 柱 $B, P'(B) = P(B)$. 因为 P' 为完全可加的, 所以 P 是完全可加的. 证毕.

因此研究谱线性空间等价于研究使连续柱测度成为可列可加的完整线性泛函空间 $\mathfrak{H} \subset \mathfrak{G}^{\Lambda}$.

先介绍柱测度的一种正则性.

引理 4.3.7　设 $\mathfrak{G}$ 是线性空间, $\mathfrak{H}$ 是 $\mathfrak{G}^{\Lambda}$ 的线性子空间, P 是 $\mathfrak{H}$ 上的柱测度. 对于 $\mathfrak{H}$ 中的任何 Borel 柱 A 和任何正数 ε, 必有 $\mathfrak{H}$ 中的弱开柱 (即以有限维空间中开集做基的柱) U, 使得 $U \supset A$ 而且

$$P(A) > P(U) - \varepsilon.$$

证　设 $A \in S(\Phi), \Phi$ 为 $\mathfrak{G}$ 中 m 维子空间, 令 $\mathfrak{F}$ 是 R_m 中的 Borel 集全体. 当 $B \in \mathfrak{F}$ 时, 用 $\widetilde{B}$ 表示相应于 Φ 的、以 B 做基的柱, 定义 $\mathfrak{F}$ 上的集函数 Q 如下:

$$Q(B) = P(\widetilde{B}), \quad B \in \mathfrak{F}. \tag{4.3.15}$$

由于 $(\mathfrak{H}, S(\Phi), P)$ 是概率测度空间, 容易验证 $(R_m, \mathfrak{F}, Q)$ 也是概率测度空间, 必有 R_m 中开集 $O \supset D$—— 这里 $D \in \mathfrak{F}, \widetilde{D} = A$, 使得

$$Q(D) > Q(O) - \varepsilon, \tag{4.3.16}$$

因此弱开柱 $\widetilde{O} \supset \widetilde{D} = A$. 又因 (4.3.15) 和 (4.3.16) 得到

$$P(A) > P(\widetilde{O}) - \varepsilon.$$

证毕.

引理 4.3.8　设 $\mathfrak{G}$ 是线性空间, $\mathfrak{H}$ 是 $\mathfrak{G}$ 上某些线性泛函所成的线性空间, $\mathfrak{F}$ 是 $\mathfrak{H}$ 中包含一切 Borel 柱的最小 σ-代数, 设 P 是 $\mathfrak{H}$ 上的柱测度. 如果对于任何正数 ε, 必有 $\mathfrak{H}$ 中的弱紧集 C, 使得对 $\mathfrak{H}$ 中任何不与 C 相交的 Borel 柱 $\mathfrak{L}$, 都有

$$P(\mathfrak{L}) < \varepsilon, \tag{4.3.17}$$

那么 P 是可列可加的.

证 我们先证明当 $Z_1, \cdots, Z_k, \cdots$ 是 $\mathfrak{H}$ 中一列 Borel 柱而且 $\sum\limits_{k=1}^{\infty} Z_k = \mathfrak{H}$ 时,

$$\sum_{k=1}^{\infty} P(Z_k) \geqslant 1 \tag{4.3.18}$$

即可. 由假设, 对任何正数 ε, 必有 $\mathfrak{H}$ 中的弱开 Borel 柱 $U_k \supset Z_k$, 使得

$$P(Z_k) > P(U_k) - \frac{\varepsilon}{2^k}.$$

因为 $\sum\limits_{k=1}^{\infty} U_k \supset \sum\limits_{k=1}^{\infty} Z_k = \mathfrak{H} \supset C$, 根据 C 的弱紧性, 必有 m 使得 $\sum\limits_{k=1}^{m} U_k \supset C$. 因此 Borel 柱 $\mathfrak{H} \backslash \sum\limits_{k=1}^{m} U_k$ 与 C 不交. 从而, 由 (4.3.17) 得到

$$P\left(\mathfrak{H} - \sum_{k=1}^{m} U_k\right) < \varepsilon.$$

再由 P 的有限可加性得到

$$\sum_{k=1}^{m} P(U_k) \geqslant P\left(\sum_{k=1}^{m} U_k\right) > 1 - \varepsilon.$$

因此

$$\sum_{k=1}^{\infty} P(Z_k) \geqslant \sum_{k=1}^{m} P(Z_k) > \sum_{k=1}^{m} \left(P(U_k) - \frac{\varepsilon}{2^k}\right) > 1 - 2\varepsilon,$$

令 $\varepsilon \to 0$ 就得到 (4.3.18).

设 $\{E_n\}$ 是 $\mathfrak{H}$ 中一列互不相交的柱, 而且 $\bigcup\limits_{n=1}^{\infty} E_n = E$ 也是 $\mathfrak{H}$ 中的柱. 记 $E_0 = \mathfrak{H} \backslash E$, 则 E_0 也是 $\mathfrak{H}$ 中的柱而且 $\bigcup\limits_{n=0}^{\infty} E_n = \mathfrak{H}$. 根据 (4.3.18) 就有

$$\sum_{n=0}^{\infty} P(E_n) \geqslant 1.$$

因此由 P 的有限可加性得到

$$P(E) = P(\mathfrak{H}) - P(E_0) \leqslant \sum_{n=1}^{\infty} P(E_n).$$

再由 P 的有限可加性得到 $\sum\limits_{n=1}^{N} P(E_n) + P\left(E - \sum\limits_{n=1}^{N} E_n\right) = P(E)$, 即 $P(E) \geqslant \sum\limits_{n=1}^{N} P(E_n)$. 令 $N \to \infty$, 即得 $P(E) = \sum\limits_{n=1}^{\infty} P(E_n)$. 这样就得到了 P 的可列可加性. 证毕.

我们在下面要用到的是引理 4.3.8 的一个特殊情况.

系 4.3.9　设 $\mathfrak{G}$ 是可析的赋可列范空间, $\mathfrak{G}^\dagger$ 是 $\mathfrak{G}$ 的共轭空间, P 是 $\mathfrak{G}^\dagger$ 上的柱测度, 记 $\|\xi\|_{-n}$ 是 $\mathfrak{G}^\dagger$ 上的第 n 个负范数, $S_n(R) = \{\xi | \|\xi\|_{-n} \leqslant R\}$ (见附录 I). 如果对任何正数 ε, 必有 n 和 R 使得对一切不与 $S_n(R)$ 相交的 Borel 柱 $\mathfrak{L}$, 恒成立着

$$P(\mathfrak{L}) < \varepsilon,$$

那么 P 必是可列可加的.

证　根据线性拓扑空间论中的定理, $S_n(R)(R < \infty)$ 是弱紧的, 因此由引理 4.3.8 推出系 4.3.9. 证毕.

4° 线性拓扑空间正定连续函数的表示

在这一段中我们始终以 $\mathfrak{G}$ 表示某个线性拓扑空间, $\mathfrak{G}^\dagger$ 是 $\mathfrak{G}$ 上线性连续泛函全体所成的共轭空间, $\mathfrak{F}^\dagger$ 是 $\mathfrak{G}^\dagger$, 中包含一切 Borel 柱的最小 σ-代数.

我们首先注意, 一般说来 $\mathfrak{G}$ 上的正定连续函数 $f, f(0) = 1$, 不一定能表示成 $(\mathfrak{G}^\dagger, \mathfrak{F}^\dagger)$ 上某个概率测度 $P^\dagger$ 的 Fourier 变换

$$f(g) = \int_{\mathfrak{G}^\dagger} e^{i\xi(g)} dP^\dagger(\xi), \quad g \in \mathfrak{G},$$

见 §5.2.

我们还是和 §3.3 的处理方法一样对正定函数 f 再课以别的条件. 首先我们把定理 3.3.7 搬到这里来.

定理 4.3.10　设 G 是拓扑线性空间, $\mathfrak{B}$ 是 G 的某些子集所成的 σ-代数且 $\mathfrak{B}$ 包含 G 的一切闭子集, 又设 $(G, \mathfrak{B})$ 上存在局部有限的非零正则测度 μ. 那么对于 G 上的每个正定连续函数 $f, f(0) = 1$, 必有 $(G_{\mathfrak{B}}, \mathfrak{F}_{\mathfrak{B}})$ 上的概率测度 $P_{\mathfrak{B}}$, 使得当 $g \in G$ 时,

$$f(g) = \int_{G_{\mathfrak{B}}} e^{ix(g)} dP_{\mathfrak{B}}(x).$$

定理 4.3.10 的证明与下面定理 4.3.11 的证明相仿, 兹略去.

再把定理 3.3.8 搬到这里来.

定理 4.3.11　设 G 是线性拓扑空间, $\mathfrak{G}$ 是 G 的线性子空间, $\mathfrak{G}$ 又有拓扑 $\mathscr{T}$, 它比 G 在 $\mathfrak{G}$ 上导出的拓扑强, 而且 $(\mathfrak{G}, \mathscr{T})$ 成为第二纲的线性拓扑空间. 又设 $\mathfrak{B}$ 是 G 中闭集全体张成的 σ-代数, 而且在 $(G, \mathfrak{B})$ 上存在着关于 $\mathfrak{G}$ 强拟不变的、局部有限的非零正则测度 μ. 那么对于 G 上的每个正定连续函数 $f, f(0) = 1$, 必有 $(\mathfrak{G}^\dagger, \mathfrak{F}^\dagger)$ 上唯一的概率测度 $P^\dagger$, 使得下式成立:

$$f(g) = \int_{\mathfrak{G}^\dagger} e^{i\xi(g)} dP^\dagger(\xi), \quad g \in \mathfrak{G}. \tag{4.3.19}$$

又 $P^\dagger$ 关于 G 在 $\mathfrak{G}$ 上导出的拓扑是连续的.

证 根据 §4.2, 我们知道映照

$$\Lambda : \xi \to \hat{\xi} = e^{i\xi}$$

是 $\mathfrak{G}^\dagger$ 到 $\mathfrak{G}^*$ 上的一一对应, 而且, Λ 把 $\mathfrak{F}^\dagger$ 中的集映照成 $\mathfrak{F}^*$ ($\mathfrak{G}^*$ 中弱 Borel 集全体) 中的集, 又 Λ^{-1} 把 $\mathfrak{F}^*$ 中的集映照成 $\mathfrak{F}^\dagger$ 中的集. 根据定理 3.3.8, 我们作出 (3.3.40) 中的 P^*. 利用 P^* 作出 $P^\dagger$ 如下:

$$P^\dagger(E) = P^*(\Lambda \cap E), \quad E \in \mathfrak{F}^\dagger.$$

这样就得到了 $(\mathfrak{G}^\dagger, \mathfrak{F}^\dagger)$ 上的概率测度 $P^\dagger$. 由可测变换 Λ 将 (3.3.40) 化成 (4.3.19′). 至于 (4.3.19′) 中 $P^\dagger$ 的唯一性可由 P^* 的唯一性推出, 而 $P^\dagger$ 的连续性是根据 f 关于 G 上拓扑的连续性得到的.

我们后面常用的情况是 $\mathfrak{G}$ 为完备的线性距离空间, 而 $(G, \mathfrak{B}, \mu)$ 是关于 $\mathfrak{G}$ 拟不变的、有限的正则测度空间.

设 $\mathfrak{G}$ 是 (实的) 可列 Hilbert 空间, $(\varphi, \psi)_n, n = 1, 2, \cdots$ 是它的一列内积, $\mathfrak{G}_n$ 是 $\mathfrak{G}$ 按范数 $\|\varphi\|_n = \sqrt{(\varphi, \varphi)_n}$ 的完备化空间. 今在 $\mathfrak{G}$ 上引进新的拓扑. 任取自然数 n 以及 G_n 上的正核算子 T, 作 $\mathfrak{G}$ 中的子集

$$U(T, n) = \{\varphi | (T\varphi, \varphi)_n < 1\},$$

必有一拓扑以这种集 $U(T, n)$ 全体为 0 的环境基, 而且使 $\mathfrak{G}$ 按此拓扑为线性拓扑空间, 这个拓扑记做 $\mathfrak{S}$, 拓扑 $\mathfrak{S}$ 显然比 $\mathfrak{G}$ 原有的弱.

定理 4.3.12 设 $\mathfrak{G}$ 是可析、可列 Hilbert 空间. 如果 f 是 $\mathfrak{G}$ 上的正定函数, 而且 f 关于拓扑 $\mathfrak{S}$ 是连续的, 那么必有 $(\mathfrak{G}^\dagger, \mathfrak{F}^\dagger)$ 上唯一的概率测度 $P^\dagger$, 使 f 表示成 (4.3.19), 而且其中测度 $P^\dagger$ 关于拓扑 $\mathfrak{S}$ 为连续的.

这个定理的证明要点在于下面的引理 4.3.13. 首先, 我们记 m 维 (实) 内积空间为 $R_m, e_1, \cdots, e_m$ 为 R_m 中一组就范正交基, 当 $x \in R_m$ 时, 记 $x_l = (x, e_l)$. 设 $\mathfrak{B}$ 是 R_m 中的 Borel 集全体, $(R_m, \mathfrak{B}, Q)$ 是一概率测度空间. 记测度 Q 的特征函数为

$$\chi(y) = \int e^{i(y, x)} dQ(x).$$

引理 4.3.13 设 $\sum_{k,l=1}^{m} a_{kl} y_k y_l$ 是一正定二次型. 记 $A^2 = \sum_{k=1}^{m} a_{kk}$. 令

$$\eta \geqslant \sup_{\sum a_{kk} y_k y_l \leqslant 1} (1 - \Re \chi(y)).$$

那么

$$Q(\{x | (x, x) \geqslant R^2\}) \leqslant \frac{\sqrt{e}}{\sqrt{e} - 1} \left(\eta + 2 \frac{A^2}{R^2} \right). \tag{4.3.20}$$

证　我们首先注意 Gauss 测度的性质 (见 §5.1)

$$\mathfrak{R}\left(\frac{1}{(2\pi)^{m/2}}\int_{R_m}e^{i(y,x)-\frac{1}{2}\|y\|^2}dy\right)=e^{-\frac{1}{2}\|x\|^2}.$$

不妨就 $R=1$ 来证明 (4.3.20). 利用上式我们得到

$$
\begin{aligned}
Q(\{x|(x,x)\geqslant 1\}) &\leqslant \frac{1}{1-e^{-\frac{1}{2}}}\int_{\|x\|\geqslant 1}(1-e^{-\frac{1}{2}\|x\|^2})dQ(x)\\
&\leqslant \frac{1}{1-e^{-\frac{1}{2}}}\int_{R_m}(1-e^{-\frac{1}{2}\|x\|^2})dQ(x)\\
&= \frac{1}{1-e^{-\frac{1}{2}}}\int_{R_m}\left(\frac{1}{(2\pi)^{m/2}}\int_{R_m}(e^{-\frac{1}{2}\|y\|^2}-\mathfrak{R}e^{i(y,x)-\frac{1}{2}\|y\|^2})dy\right)dQ(x)\\
&= \frac{1}{1-e^{-\frac{1}{2}}}\frac{1}{(2\pi)^{\frac{m}{2}}}\int_{R_m}(1-\mathfrak{R}\chi(y))e^{-\frac{1}{2}\|y\|^2}dy. \qquad (4.3.21)
\end{aligned}
$$

我们注意, 当 $\sum a_{kl}y_ky_l\leqslant 1$ 时, $1-\mathfrak{R}\chi(y)\leqslant\eta$, 而当 $\sum a_{kl}y_ky_l\geqslant 1$ 时, $1-\mathfrak{R}\chi(y)\leqslant 2\leqslant 2\sum a_{kl}y_ky_l$. 再利用 $\sum a_{kl}y_ky_l$ 的正定性我们得知对一切 y 成立着

$$1-\mathfrak{R}\chi(y)\leqslant\eta+2\sum a_{kl}y_ky_l. \qquad (4.3.22)$$

以 (4.3.22) 代入 (4.3.21), 并计算 Gauss 积分就立即得到 (4.3.20) (当 $R=1$ 时的情况). 对一般 R, 类似地进行估计. 引理证毕.

定理 4.3.12 的证明　显然 $\mathfrak{G}^\dagger$ 是完整的. 对 f 应用引理 4.3.2, 我们得到 $\mathfrak{G}^\dagger$ 上柱测度 P 适合 (4.3.3). 只要证明 P 在 $\mathfrak{G}^\dagger$ 的一切 Borel 柱上是可列可加的, 则可将 P 延拓成 $(\mathfrak{G}^\dagger,\mathfrak{F}^\dagger)$ 上的概率测度, 而 (4.3.3) 就化成 (4.3.22). 记

$$\|F\|_{-k}=\sup_{\|x\|_k=1}|F(x)|.$$

由系 4.3.9, 我们只要证明对任何正数 ε, 必有 $\mathfrak{G}^\dagger_n$ 中的球 $S_n(R)=\{F|\|F\|_{-n}\leqslant R\}$ 使得落在 $S_n(R)$ 外的任何 Borel 柱的测度小于 ε 就行了. 首先取

$$0<\eta<\frac{\sqrt{e}-1}{\sqrt{e}}\frac{\varepsilon}{2}. \qquad (4.3.23)$$

由于 f 关于拓扑 $\mathfrak{G}$ 是连续的, 必有自然数 n 以及 $\mathfrak{G}_n$ 上的正核算子, 使得当 $x\in U(T,n)$ 即 $(Tx,x)_n<1$ 时, 成立着

$$1-\mathfrak{R}f(x)<\eta. \qquad (4.3.24)$$

令 $\|T\|_1$ 表示核算子 T 的迹范数 (见 §II.1), 再取正数 R 使得

$$\frac{2\sqrt{e}}{\sqrt{e}-1}\frac{\|T\|_1}{R^2}<\frac{\varepsilon}{2}. \qquad (4.3.25)$$

我们来证明这个 $S_n(R)$ 就是适合要求的.

设 L 是 $\mathfrak{G}^\dagger$ 中的 Borel 柱,

$$L = \{\xi | (\xi(e_1), \cdots, \xi(e_m)) \in B\},$$

其中 $e_1, \cdots, e_m \in \mathfrak{G}$ 而 B 是 m 维空间 R_m 中的 Borel 集. 不妨设 $e_1, \cdots, e_m$ 是 $\mathfrak{G}_m$ 中的就范直交向量. 若 L 与 $S_n(R)$ 不交, 则 L 的基 B 与 R_m 中的球 $x_1^2 + \cdots + x_m^2 \leqslant R^2$ 不交. 事实上, 如果有 $(x_1, \cdots, x_m) \in B$ 使 $\sum x_j^2 \leqslant R^2$, 则 $\mathfrak{G}_n$ 上泛函

$$\xi_0(\varphi) = \left(\varphi, \sum_{j=1}^m x_j e_j \right)_n$$

适合 $\|\xi_0\|_{-n} = \| \sum x_j e_j \|_n = \sqrt{\sum x_j^2} \leqslant R$, 因此 $\xi_0 \in S_n(R)$. 另一方面,

$$(\xi_0(e_1), \cdots, \xi_0(e_m)) = (x_1, \cdots, x_m) \in B,$$

即 $\xi_0 \in L$, 这是不可能的.

作 R_m 上的概率测度 Q: 当 D 是 R_m 中 Borel 集时, 规定

$$Q(D) = P(\{\xi | (\xi(e_1), \cdots, \xi(e_m)) \in D\}).$$

对测度 Q 和 $e_1, \cdots, e_m$ 在 $\mathfrak{G}_n$ 中所张成的空间 —— 仍记为 R_m, 以 $(\varphi, \psi)_n$ 为内积 —— 应用引理 4.3.13. 取

$$a_{kl} = (T e_k, e_l)_n,$$

根据定义, $A^2 = \sum_{k=1}^m a_{kk} \leqslant \|T\|_1$. 由于

$$(T(\sum y_k e_k), \sum y_k e_k)_n = \sum a_{kl} y_k y_l,$$

所以当 $\sum a_{kl} y_k y_l \leqslant 1$ 时, $\sum y_k e_k \in U(T, n)$. 由 (4.3.24) 得到

$$1 - \Re f(\sum y_k e_k) < \eta.$$

根据 (4.3.23), (4.3.25) 和引理 4.3.11, 我们有

$$Q(\{(x_1, \cdots, x_m) | \sum x_j^2 \geqslant R^2\}) \leqslant \frac{\sqrt{e}}{\sqrt{e} - 1} \left(\eta + 2 \frac{A^2}{R^2} \right) < \varepsilon.$$

但是由于 B 落在 $\sum x_j^2 \geqslant R$ 中, 因此

$$P(L) = Q(B) \leqslant Q(\{(x_1, \cdots, x_m) | \sum x_j^2 \geqslant R^2\}) < \varepsilon.$$

所以 $S_n(R)$ 满足所要求的条件, 即 P 是可列可加的. 至于 $P^\dagger$ 的唯一性和连续性可以由引理 4.3.1 和引理 4.3.2 导出. 证毕.

系 4.3.14　设 $\mathfrak{G}$ 是核空间, f 是 $\mathfrak{G}$ 上正定连续函数, $f(0) = 1$, 那么 $(\mathfrak{G}^\dagger, \mathfrak{F}^\dagger)$ 上必有唯一的概率测度 $P^\dagger$, 使 f 表示成 (4.3.19).

证　设 $\mathfrak{G}$ 原有的拓扑是 $\mathscr{T}$, 只要证明 $\mathscr{T} \subset \mathfrak{S}$, 那么 $\mathfrak{G}$ 上关于拓扑 $\mathscr{T}$ 连续的函数也是关于拓扑 $\mathfrak{S}$ 连续的, 从而定理 4.3.12 就导出系 4.3.14. 取 0 的按拓扑 $\mathscr{T}$ 的环境基中任一环境

$$\{\varphi | (\varphi, \varphi)_k < \varepsilon\},$$

由 $(\mathfrak{G}, \mathscr{T})$ 是核空间的假设, 必有 $n > k$ 和 $\mathfrak{G}_n$ 上的核算子 T, 使 $(\varphi, \varphi)_k = (T\varphi, \varphi)_n$, 所以 (4.3.26) 成为 $U(T/\varepsilon, n)$, 这就是说 $\mathscr{T} \subset \mathfrak{S}$. 证毕.

系 4.3.15　设 G 和 $\mathfrak{G}$ 是两个实 Hilbert 空间, $\mathfrak{G}$ 是 G 的线性子空间, 而且 $\mathfrak{G}$ 到 G 的嵌入算子 A 是 Hilbert–Schmidt 型的, 那么对于 G 上的每个正定连续函数 f, 必有 $(\mathfrak{G}^\dagger, \mathfrak{F}^\dagger)$ 上唯一的测度 $P^\dagger$, 使得表达式

$$f(h) = \int_{\mathfrak{G}} e^{i(h,x)} dP^\dagger(x), \quad h \in \mathfrak{G}$$

成立, 这里 $(h, x), h \in \mathfrak{G}, x \in \mathfrak{G}$, 是 $\mathfrak{G}$ 上的内积 (而且测度 $P^\dagger$ 关于 G 的拓扑是连续的).

证　设 $[h, g]$ 是 G 上的内积, 那么当 $h, g \in \mathfrak{G}$ 时,

$$[h, g] = (A^*A, h, g).$$

然而根据引理 I.1.1, A^*A 是核算子, 因此 G 的拓扑在 $\mathfrak{G}$ 上导出拓扑 $\mathscr{T}$ 弱于 $\mathfrak{G}$ 上 $\mathfrak{S}$ 拓扑 (这时可列 Hilbert 空间化成 Hilbert 空间).

接着来考察定理 4.3.12 之逆.

定理 4.3.16　设 $\mathfrak{G}$ 是可析的可列 Hilbert 空间, 如果 $P^\dagger$ 是 $(\mathfrak{G}^\dagger, \mathfrak{F}^\dagger)$ 上的概率测度, 那么 $\mathfrak{G}$ 上的函数

$$f(g) = \int_{\mathfrak{G}^\dagger} e^{i\xi(g)} dP^\dagger(\xi). \quad g \in \mathfrak{G} \tag{4.3.26}$$

关于拓扑 $\mathfrak{S}$ 是连续的.

证　作 $\mathfrak{G}^\dagger$ 中的集 $S_n = \{F | \|F\|_{-n} \leqslant n\}$, 那么 S_n 是可测集而且

$$\mathfrak{G}^\dagger = \bigcup_{n=1}^{\infty} S_n.$$

因此对任何正数 ε, 必有 n 使得 $P^\dagger(\mathfrak{G}^\dagger \backslash T_n) < \dfrac{\varepsilon}{4}$. 由于

$$1 - \cos \xi(g) \leqslant \frac{1}{2} \xi(g)^2,$$

我们得到

$$(1 - \Re f(g)) = \int_{\mathfrak{G}^\dagger} (1 - \cos \xi(g)) dP^\dagger(\xi)$$
$$\leqslant \frac{1}{2} \int_{S_n} \xi(g)^2 dP^\dagger(\xi) + \frac{\varepsilon}{2}. \tag{4.3.27}$$

作 $\mathfrak{G}_n$ 上的双线性正 Hermite 泛函:

$$T(g,h) = \frac{1}{\varepsilon} \int_{S_n} \xi(g)\xi(h) dP^\dagger(\xi).$$

那么, 由于 $\xi \in S_n$ 时 $|\xi(g)| \leqslant n\|g\|_n$, 容易算出

$$|T(g,h)| \leqslant \frac{1}{\varepsilon} n^2 \|g\|_n \|h\|_n,$$

所以 $T(g,h)$ 按 $\mathfrak{G}_n$ 的拓扑是连续的, 任取 $\mathfrak{G}_n$ 中的完备就范直交系 $\{g_k\}$, 那么

$$\sum T(g_k, g_k) = \frac{1}{\varepsilon} \int_{S_n} \sum \xi(g_k)^2 dP^\dagger(\xi)$$
$$= \frac{1}{\varepsilon} \int_{S_n} \|\xi\|_{-n}^2 dP^\dagger(\xi) \leqslant \frac{n}{\varepsilon}.$$

根据定理 II.1.6, 我们知道必有 $\mathfrak{G}_n$ 上的正核算子 T, 使得 $T(g,h) = (Tg,h)$, 由是当 $g \in U(T,n)$, 即 $(Tg,g) < 1$ 时, 从 (4.3.27) 得到

$$1 - \Re f(g) < \varepsilon,$$

因此 $\Re f$ 关于拓扑 $\mathfrak{G}$ 是连续的. 但 f 是正定函数, 因此 f 关于拓扑 $\mathfrak{G}$ 是连续的. 证毕.

5° 由核空间组成的准确和空间上正定连续函数的表示

现在我们把系 4.3.14 作进一步推广.

定义 4.3.5 设 Φ 是线性拓扑空间, $\Phi^{(1)}, \Phi^{(2)}, \cdots, \Phi^{(m)}, \cdots$ 是它的一列闭线性子空间, 设 (为方便起见, 我们只考察如下情况)

$$\Phi^{(1)} \subset \Phi^{(2)} \subset \cdots \subset \Phi^{(m)} \subset \cdots.$$

如果它们满足条件:

(i) $\Phi = \bigcup_{m=1}^{\infty} \Phi^{(m)}$;

(ii) 空间 $\Phi^{(m)}$ 上的线性连续泛函必可延拓成空间 Φ 上的线性连续泛函;

(iii) 设 $F^{(m)}, m = 1, 2, \cdots$ 分别是 $\Phi^{(m)}$ 上的线性连续泛函而且当 $m \geqslant n, \varphi \in \Phi^{(n)}$ 时 $F^{(m)}(\varphi) = F^{(n)}(\varphi)$, 则必有 Φ 上的线性连续泛函 F, 使得当 $\varphi \in \Phi^{(n)}$ 时, $F(\varphi) = F^{(n)}(\varphi)$.

那么称 Φ 是子空间列 $\{\Phi^{(m)}, m = 1, 2, \cdots\}$ 的准确和空间.

我们记 $\Phi^\dagger, \Phi^{(m)\dagger}$ 分别是 $\Phi, \Phi^{(m)}$ 的共轭空间, 而在其上取弱拓扑. 当 $n \geqslant m$ 时, $\Phi^{(n)\dagger}$ 中的元素 $\xi^{(n)}$ 也可以看成 $\Phi^{(m)}$ 上的线性连续泛函, 记之为 $\xi^{(m)}$. 这样, 我们就得到 $\Phi^{(n)\dagger}$ 到 $\Phi^{(m)\dagger}$ 的映照

$$P_m^n \xi^{(n)} = \xi^{(m)}.$$

由于定义 4.3.1 中条件 (ii), $P_m^n \Phi^{(n)\dagger} = \Phi^{(m)\dagger}$. 此外, 容易看出 P_m^n 也是连续的映照. 取 Λ 为自然数全体按自然顺序所成的全序向上集, 那么 $\{P_m^n, n \leqslant m, n, m \in \Lambda\}$ 是适合定义 1.3.4 的投影算子族.

我们又作 $\Phi^\dagger$ 到 $\Phi^{(m)\dagger}$ 上的投影算子 P_m 如下: 当 $\xi \in \Phi^\dagger$ 时, 把 ξ 限制在 $\Phi^{(m)}$ 上得到 $\Phi^{(m)}$ 上的一个线性连续泛函 $\xi^{(m)}$, 规定

$$P_m \xi \to \xi^{(m)},$$

容易验证 $\{P_m\}$ 适合定义 1.3.4 中的条件, 而且线性拓扑空间 $\Phi^\dagger$ 就是线性拓扑空间列 $\{\Phi^{(m)\dagger}, m = 1, 2, \cdots\}$ 关于投影算子列 $\{P_n\}$ 的投影极限.

由条件 (iii) 容易推出: $\Phi^\dagger$ 满足引理 1.3.2 中的条件, 因此这个投影极限是投影完全的.

我们令 $\mathfrak{F}^{(m)\dagger}$ 是 $\Phi^{(m)\dagger}$ 中弱 Borel 柱全体张成的 σ–代数, $\mathfrak{F}^\dagger$ 是 $\Phi^\dagger$ 中弱 Borel 柱全体张成的 σ–代数, 容易证明 $\{P_n^m, m \geqslant n\}$ 是 $\{(\Phi^{(m)\dagger}, \mathfrak{F}^{(m)\dagger}), m = 1, 2, \cdots\}$ 的相容投影算子族. 令 $(\Phi^\dagger, \mathfrak{F})$ 是 $\{(\Phi^{(m)\dagger}, \mathfrak{F}^{(m)\dagger}), m = 1, 2, \cdots\}$ 的投影极限, 那么 $\mathfrak{F} \subset \mathfrak{F}^\dagger$.

定理 4.3.17　设线性拓扑空间 Φ 是一列核空间的准确和, 那么对于 Φ 上的每个正定连续函数 $f, f(0) = 1$, 必有 $(\Phi^\dagger, \mathfrak{F}^\dagger)$ 上唯一的概率测度 $P^\dagger$, 使得当 $\varphi \in \Phi$ 时,

$$f(\varphi) = \int_{\Phi^\dagger} e^{i\xi(\varphi)} dP^\dagger(\xi). \tag{4.3.28}$$

证　设 Φ 是核空间序列 $\Phi^{(1)} \subset \Phi^{(2)} \subset \cdots \subset \Phi^{(n)} \subset \cdots$ 的准确和. 根据系 4.3.14, 对于每个 m, 必有 $(\Phi^{(m)\dagger}, \mathfrak{F}^{(m)\dagger})$ 上唯一的概率测度 $P^{(m)\dagger}$, 使得

$$当 \varphi \in \Phi^{(m)} 时, \quad f(\varphi) = \int_{\Phi^{(m)\dagger}} e^{i\xi(\varphi)} dP^{(m)\dagger}(\xi). \tag{4.3.29}$$

根据定理 1.1.18, $(\Phi^{(m)}, \mathfrak{F}^{(m)\dagger}, P^{(m)\dagger})$ 是正则测度空间. 又由于 $\{(\Phi^{(m)\dagger}, \mathfrak{F}^{(m)\dagger}, P^{(m)\dagger}), m = 1, 2, \cdots\}$ 关于投影算子族 $\{P_n^m, m \geqslant n\}$ 是相容的. 根据引理 1.3.1, 有 $(\Phi^\dagger, \mathfrak{F})$ 上的柱测度 μ, 使 $(\Phi^\dagger, \mathfrak{F}, \mu)$ 是 $\{(\Phi^{(m)\dagger}, \mathfrak{F}^{(m)\dagger}, P^{(m)\dagger}), m = 1, 2, \cdots\}$ 的投影极限. 再根据定理 1.3.4, μ 是可列可加的, 因此 μ 可以扩张为 $(\Phi^\dagger, \mathfrak{F}^\dagger)$ 上的概率测度 $P^\dagger$. 由 (4.3.28) 我们得知, 当 $\varphi \in \Phi^{(m)}$ 时,

$$\int_{\Phi^\dagger} e^{i\xi(\varphi)} dP^\dagger(\xi) = \int_{\Phi^\dagger} e^{i\xi(\varphi)} d\mu(\xi) = \int_{\Phi^{(m)\dagger}} e^{i\xi(\varphi)} dP^{(m)\dagger}(\xi) = f(\varphi).$$

然而 $\Phi = \bigcup_{m=1}^{\infty} \Phi^{(m)}$, 因此对一切 $\varphi \in \Phi$, (4.3.29) 成立, 至于 $P^{\dagger}$ 的唯一性可以由 $P^{(m)\dagger}$ 的唯一性导出. 证毕.

系 4.3.18　设 K 是例 I.3.3 中定义的基本函数空间. 则 K 的谱空间就是广义函数空间 $K^{\dagger}$.

事实上, 由于 K 是 $\{K([-n,n]), n = 1, 2, \cdots\}$ 的准确和空间, 然而 $K([-n,n])$ 是核空间, 由定理 4.3.17 推出系 4.3.18.

6° 广义随机过程

我们知道, 通常的随机过程就是给定的概率测度空间 $\Omega = (G, \mathfrak{B}, P)$ 上的一族随机变量 $\{x_t(\cdot), t \in T\}$, 这里 t 表示 "时间参数" 而 T 是一实数集, 即所考察的时间范围, 例如描述粒子作一维 Brown 运动, 其坐标所成的随机过程 ——Wiener 过程就是这样的情况. 然而由统计规律控制的过程并不都是用上述的数学模型来描述的, 例如粒子作一维 Brown 运动时, 其速度就不能用通常的随机过程来描述. 换句话说, 有时我们能观察到的值并不是 $x_t(\omega)$, 而是一种平均值

$$X(\omega; \varphi) = \int_T x_t(\omega) \varphi(t) dt,$$

这里函数 φ 由我们用来观察的工具所决定, 因此我们需要用一个函数空间, 刻划由统计规律所控制的过程的并不是 $\{x_t(\omega), t \in T, \omega \in G\}$ 而是概率测度空间 Ω 上的随机变量族 $\{X(\cdot; \varphi), \varphi \in \Phi\}$, 这里的 $X(\cdot; \varphi)$ 应该满足某些线性条件. 我们把上述的想法一般化, 引出广义随机过程的概念 (见定义 4.3.6).

设 Ω 是概率测度空间, $M(\Omega)$ 是 Ω 上随机变量全体按通常的线性运算所成的线性空间. 在 $M(\Omega)$ 中把几乎处处相等的两个随机变量看成是同一个. 又在 $M(\Omega)$ 中引进距离

$$\rho(\varphi, \psi) = \int_G \frac{|\varphi(\omega) - \psi(\omega)|}{1 + |\varphi(\omega) - \psi(\omega)|} dP(\omega), \varphi, \psi \in \Phi, \tag{4.3.30}$$

那么 $M(\Omega)$ 按距离 (4.3.30) 成为完备的线性距离空间.

定义 4.3.6　设 Φ 是线性 (线性拓扑) 空间, Ω 是概率测度空间, $\{X(\cdot; \varphi), \varphi \in \Phi\}$ 是 Ω 上的一族随机变量, 如果映照

$$U : \varphi \to X(\cdot; \varphi), \quad \varphi \in \Phi$$

是 Φ 到 $M(\Omega)$ 中的线性 (线性连续) 映照, 那么称 $\{X(\cdot; \varphi), \varphi \in \Phi\}$ 是 (Ω, Φ) 上的线性(广义) 随机过程.

常用的空间 Φ 有下面的几类: $K_n([a,b]), K([a,b]), K$ 等 (见例 I.3.1, 例 I.3.3).

定义 4.3.7　设 $\{X(\cdot\,;\varphi),\varphi\in\Phi\}$ 是 (Ω,Φ) 上的线性随机过程. $\Psi\subset\Phi^{\Lambda}$, Ψ 在 Φ 上是完整的, S 是 Ψ 中相应于 Φ 的 Borel 柱全体, μ 是 $(\Psi,\mathfrak{F})$ 上的概率测度, 对每个 $\varphi\in\Phi$, 作概率空间 $\Omega'=(\Psi,\mathfrak{F},\mu)$ 上的随机变量

$$X'(\psi;\varphi)=\psi(\varphi),\quad \psi\in\Psi.$$

如果对于任何有限个 $\varphi_1,\cdots,\varphi_n\in\Phi$, 两组随机变量

$$\left.\begin{array}{l}X(\cdot\,;\varphi_1),\cdots,X(\cdot\,;\varphi_n);\\ X'(\cdot\,;\varphi_1),\cdots,X'(\cdot\,;\varphi_n)\end{array}\right\} \tag{4.3.31}$$

具有相同的概率分布, 换句话说, 对于 n 维空间中的任何 Borel 集 A 都有

$$P(\{\omega|(X(\omega;\varphi_1),\cdots,X(\omega;\varphi_n))\in A,\omega\in G\})$$
$$=\mu'(\{\psi|(X(\psi;\varphi_1),\cdots,X(\psi;\varphi_n))\in A,\psi\in\Psi\}),$$

那么分别称 Ψ,Ω' 和 (Ω',Φ) 上的线性随机过程 $\{X'(\cdot\,;\varphi),\varphi\in\Phi\}$ 为 (Ω,Φ) 上线性随机过程 $\{X(\cdot\,;\varphi),\varphi\in\Phi\}$ 的样本, 样本概率空间和样本过程.

下面我们要研究线性随机过程的样本, 为此先考察线性随机过程的特征泛函.

定义 4.3.8　设 $\{X(\cdot\,;\varphi),\varphi\in\Phi\}$ 是 (Ω,Φ) 上的线性随机过程, 称泛函

$$L(\varphi)=\int_{G}e^{iX(\omega;\varphi)}dP(\omega),\quad \varphi\in\Phi \tag{4.3.32}$$

是这个线性随机过程的特征泛函.

由于 $X(\cdot\,;\varphi)$ 对 $\varphi\in\Phi$ 的线性, 我们容易验证:

线性随机过程的特征泛函 $L(\varphi),\varphi\in\Phi$ 是 Φ 上的正定拟连续函数.

定理 4.3.19　线性随机过程 $\{X(\cdot\,;\varphi),\varphi\in\Phi\}$ 必以 Φ^{Λ} 为样本.

证　因为 $\{X(\cdot\,;\varphi),\varphi\in\Phi\}$ 的特征泛函 $L(\varphi),\varphi\in\Phi$ 是正定拟连续的, 根据定理 4.3.5, 必有 $(\Phi^{\Lambda},\mathfrak{F}^{\Lambda})$ 上的概率测度 P^{Λ} 使

$$L(\varphi)=\int_{\Phi^{\Lambda}}e^{i\xi(\varphi)}dP^{\Lambda}(\xi),\quad \varphi\in\Phi. \tag{4.3.33}$$

作 $(\Phi^{\Lambda},\mathfrak{F}^{\Lambda},P^{\Lambda},\Phi)$ 上的线性随机过程 $\{X'(\cdot\,;\varphi),\varphi\in\Phi\}$ 如下: 当 $\varphi\in\Phi$ 时,

$$X'(\xi,\varphi)=\xi(\varphi),\quad \xi\in\Phi^{\Lambda}, \tag{4.3.34}$$

因此 $L(\varphi),\varphi\in\Phi$ 也是 $\{X'(\cdot\,;\varphi),\varphi\in\Phi\}$ 的特征泛函, 因此在 (4.3.32), (4.3.33), (4.3.34) 中以 $\varphi=t_1\varphi_1+\cdots+t_n\varphi_n,-\infty<t_v<\infty$, 代入, 就知道两个随机变量组 (4.3.31) 具有相同的概率分布, 因此 Φ^{Λ} 是样本.

利用类似于引理 4.3.3 的证明得到

引理 4.3.20   线性随机过程是广义随机过程的充要条件是它的特征泛函连续.

定理 4.3.21   设 Φ 是线性拓扑空间, Ψ 是 Φ 的谱线性空间, 那么每个广义随机过程 $\{X(\cdot\,;\varphi),\varphi\in\Phi\}$ 必以 Ψ 为样本空间.

这个定理可以利用引理 4.3.3, 谱线性空间的定义和定理 4.3.17 的证明立即导出. 利用系 4.3.14, 4.3.15 和 4.3.18 立即写出下面的两个系.

系 4.3.22   设 $T=[a,b]$, 那么广义随机过程 $\{X(\cdot\,;\varphi),\varphi\in K_{m+1}(T)\}$ 必以 $K_m^\dagger(T)$ 为样本空间 (参看例 II.1.1).

系 4.3.23   设 $T=[a,b]$, 那么广义随机过程 $\{X(\cdot\,;\varphi),\varphi\in K(T)\}$ 必以 $K(T)^\dagger$ 为样本空间.

下面我们再指出线性随机过程和柱测度这两个概念间的联系.

由引理 4.3.2, 4.3.3 导出下面定理.

定理 4.3.24   设 $\{X(\cdot\,;\varphi),\varphi\in\Phi\}$ 是 (Ω,Φ) 上的线性随机过程, $\Psi\subset\Phi^\Lambda$, Ψ 在 Φ 上是完整的, 那么必有 Ψ 上的柱测度 μ, 使得对任何有限个 $\varphi_1,\cdots,\varphi_n\in\Phi$ 及 n 维空间中 Borel 集 A, 都有

$$P(\{\omega|(X(\omega;\varphi_1),\cdots,X(\omega;\varphi_n))\in A\})$$
$$=\mu(\{f|(f(\varphi_1),\cdots,f(\varphi_n))\in A,f\in\Psi\}).$$

而且 $\{X(\cdot\,;\varphi),\varphi\in\Phi\}$ 是广义随机过程的充要条件为柱测度 μ 关于 Φ 拓扑连续.

我们称引理 4.3.24 中的柱测度为由线性随机过程 $\{X(\cdot\,;\varphi),\varphi\in\Phi\}$ 产生的柱测度.

反过来, 对给定的柱测度也可以得到线性随机过程.

定理 4.3.25   设 Φ 是线性 (线性拓扑) 空间, $\Psi\subset\Phi^\Lambda$, Ψ 在 Φ 上是完整的. 设 μ 是 Ψ 上的柱测度 (关于 Φ 的拓扑连续的柱测度), 则必有概率测度空间 $\Omega=(G,\mathfrak{B},P)$ 及 (Ω,Φ) 上的线性 (广义) 随机过程 $\{X(\cdot\,;\varphi),\varphi\in\Phi\}$, 使 μ 为相应于这个线性 (广义) 随机过程的柱测度.

证   作正定函数

$$L(\varphi)=\int_\Psi e^{i\xi(\varphi)}d\mu(\xi),$$

利用定理 4.3.19, 4.3.21 的证法立即可得到定理 4.3.25.

第五章　Gauss 测度

Gauss 测度是最典型的拟不变测度. 本书中一些重要的拟不变测度的例都是 Gauss 测度. §5.1 介绍 Gauss 测度的基本性质, 举出不等价于 Gauss 测度的遍历拟不变测度的例, 并初步讨论了最常用的一种 Gauss 测度 ——Wiener 测度. §5.2 介绍判别 Gauss 测度相互等价性或奇异性的方法. 在给定的线性可测空间上, 决定出一切对某个给定线性子空间拟不变的测度类是有意义的. 对 Gauss 测度的等价性奇异性的探讨可作为这方面的开始的工作. §5.3 介绍对线性拓扑空间上调和分析有用的一类 Gauss 测度空间, 并以 Gauss 测度为例说明了拟不变测度理论中一些重要问题. §5.4 较详细地讨论了 Gauss 测度的 L_2-Fourier 变换, 把 Wiener 测度的 Fourier 变换作为特例.

§5.1　Gauss 测度的一些性质

1° 有限个 Gauss 随机变量的联合分布 (Gauss 测度) 的一些性质

先叙述非退化的情况. 设 R_n 是 n 维实内积空间, 其中的点写做 $x = (x_1, \cdots, x_n)$, 记 $(x, y) = \sum x_l y_l$. 设 $\sum\limits_{l,m} b_{lm} x_l x_m, b_{lm} = b_{ml}$ 是实的正定二次型. 作 R_n 中的另一内积

$$(x, y)_b = \sum_{l,m=1}^{n} b_{lm} x_l y_m, \quad x = (x_1, \cdots, x_n), y = (y_1, \cdots, y_n).$$

令 (c_{lm}) 为方阵 (b_{lm}) 的逆阵, 对于 R_n 中每个 Borel 集 E, 规定

$$N(E) = \frac{1}{(2\pi)^{\frac{n}{2}} (\det(b_{lm}))^{\frac{1}{2}}} \int_E e^{-\frac{1}{2}(x-a, x-a)_c} dx, \tag{5.1.1}$$

其中 $(x,x)_c = \sum c_{lm}x_l x_m, a = (a_1, \cdots, a_n) \in R_n$ 而 dx 表示 Lebesgue 测度 $dx_1 \cdots dx_n$. 这样得到 R_n 上的一个概率测度[①]N, 称做 Gauss 测度.

设 $x_1, \cdots, x_n$ 是以 N 为联合分布的随机变量, 就称 $x_1, \cdots, x_n$ 为 Gauss 随机变量. 我们注意 Gauss 变量的数学期望、相关数、特征函数分别是

$$E(x_l) = \int_{R_n} x_l dN(x) = a_l, \tag{5.1.2}$$

$$E(x_l x_m) = \int_{R_n} x_l x_m dN(x) = b_{lm} + a_l a_m, \tag{5.1.3}$$

$$E(e^{i(t_1 x_1 + \cdots + t_n x_n)}) = \int_{R_n} e^{i \sum t_\nu x_\nu} dN(x) = e^{-\frac{1}{2}(t,t)_b + i(t,a)}, t = (t_1, \cdots, t_n), \tag{5.1.4}$$

在退化的情况, $\sum b_{lm}x_l x_m$ 只是非负定的. 我们以 (5.1.4) 作为 Gauss 随机变量的定义, 因为特征函数决定测度, 这时测度的表达式比 (5.1.1) 复杂.

当 $b_{lm} = 0, l, m = 1, 2, \cdots, n$ 时, Gauss 测度是集中在点 a 的 "Dirac 测度", 即当 $a \in E$ 时, $N(E) = 1, a \bar{\in} E$ 时, $N(E) = 0$.

当 (b_{lm}) 的秩是 $r, 0 < r \leqslant n$ 时, 必有 R_n 中 (按内积 (x,y) 的) 直交变换 u, 使得 $(x,x)_b = (x',x')_{b'}$, 此地 $x' = ux = (x'_1, \cdots, x'_n)$, 而

$$(x',y')_{b'} = \sum_{\nu=1}^{r} \lambda_\nu x'_\nu y'_\nu, \quad \lambda_\nu > 0.$$

令 M_r 为 R_n 中向量 $(x_1, x_2, \cdots, x_r, 0, 0, \cdots, 0)$ 全体所成的 r 维子空间, 记 $a' = (a'_1, \cdots, a'_n) = ua$. 那么经过计算可以知道

$$N(E) = \frac{1}{(2\pi)^{\frac{n}{2}} \left(\prod_{\nu=1}^{r} \lambda_\nu \right)^{\frac{1}{2}}} \int \cdots \int_{uE \cap M_r} e^{-\frac{1}{2} \sum_{\nu=1}^{r} \frac{(x_\nu - a'_\nu)^2}{\lambda_\nu}} dx_1 \cdots dx_r.$$

可以算出这时 (5.1.2) 和 (5.1.3) 仍然成立.

由 (5.1.2)—(5.1.4) 看出 Gauss 测度完全由它的平均值和相关数决定.

在计算有关 Gauss 测度的积分时, 下述公式是常用的. 当 $\Re p > 0, m$ 为非负整数时,

$$\int_{-\infty}^{\infty} \lambda^m e^{-p\lambda^2 + q\lambda} d\lambda = \sqrt{\frac{\pi}{p}} \left(\frac{d}{dq} \right)^m e^{\frac{q^2}{4p}}. \tag{5.1.5}$$

我们注意, 若 X, Y 是两个 Gauss 变量, 则 X 和 Y 相互随机独立的充要条件是

$$E((X - E(X))(Y - E(Y))) = 0.$$

[①]验证 $N(R_n) = 1$ 时, 先作 R_n 中的直交变换把阵 (c_{lm}) 化成对角阵, 这样把要计算的积分分离变量, 然后再利用 (5.1.5) 来计算.

此外, 我们容易知道 X 是退化 Gauss 变量的充要条件为 X 的方差

$$E((X - E(X))^2) = 0.$$

非退化的 Gauss 变量 X 适合公式[①]

$$
\begin{aligned}
E((X^2 - E(X^2))^2) &= \frac{1}{\sqrt{2\pi\sigma(X)}} \int_{-\infty}^{\infty} (X^2 - E(X^2))^2 e^{-\frac{1}{2}\frac{(X-E(X))^2}{\sigma(X)}} dX \\
&= 2(E(X^2)^2 - E(X)^4).
\end{aligned}
\tag{5.1.6}
$$

我们再考察 Gauss 随机变量序列的极限.

引理 5.1.1 设 $S = (\Omega, \mathfrak{B}, P)$ 是概率测度空间, $\{X_n(\cdot)\}$ 是 Ω 上的一列 Gauss 变量, 而且它在 $L^2(S)$ 中收敛于一随机变量 X, 那么 X 也是 Gauss 随机变量.

证 由于 $X_n(\omega) \in L^2(S)$, 自然 $X(\omega) \in L^2(S)$, 因此

$$
\begin{aligned}
&\varlimsup_{n\to\infty} |E(X_n) - E(X)| \leqslant \lim_{n\to\infty} E((X_n - X)^2)^{\frac{1}{2}} = 0, \\
&\varlimsup_{n\to\infty} |E(X_n^2) - E(X^2)| = \varlimsup_{n\to\infty} E((X_n - X)(X_n + X)) \\
&\qquad\qquad \leqslant \lim_{n\to\infty} \sqrt{E(|X_n - X|^2)}(\sqrt{E(X_n^2)} + \sqrt{E(X^2)}) = 0, \\
&\varlimsup_{n\to\infty} |E(e^{iX_n t}) - E(e^{iXt})| \leqslant \lim_{n\to\infty} E(|X_n - X|^2)^{\frac{1}{2}} \cdot |t| = 0.
\end{aligned}
$$

然而根据 (5.1.4), X_n 的特征函数是

$$E(e^{iX_n t}) = e^{-\frac{1}{2}\sigma(X_n)t^2 + iE(X_n)t}.$$

两边令 $n \to \infty$, 即得

$$E(e^{iXt}) = e^{-\frac{1}{2}\sigma(X)t^2 + iE(X)t}.$$

因此 X 是 Gauss 变量. 证毕.

2° Gauss 随机过程

定义 5.1.1 设 $S = (\Omega, \mathfrak{B}, P)$ 是概率测度空间, $\{X_\alpha, \alpha \in \mathfrak{A}\}$ 是 S 上的一族随机变量. 如果这族随机变量中任何有限个 $X_{\alpha_1}, \cdots, X_{\alpha_n}$ 的联合分布都是有限维空间上的 Gauss 分布, 那么称这族随机变量为 Gauss 的, 也称这族 Gauss 随机变量为 $\mathfrak{A}$ 上的 Gauss 过程. 这时 P 也称为 Gauss 测度, S 称为 Gauss 测度空间.

前面说过, 对于 Gauss 过程, 平均数与二阶矩

$$a_\alpha = E(X_\alpha), \quad E(X_\alpha X_\beta) = b_{\alpha\beta} + a_\alpha a_\beta \tag{5.1.7}$$

[①]其中 $\sigma(X) = E((X - E(X))^2)$ 是 X 的方差.

决定着这个过程的有限维分布. 我们注意, 这时 $\{b_{\alpha\beta}, \alpha, \beta \in \mathfrak{A}\}$ 是非负定的, 即对于任何一组复数 $\xi_{\alpha_1}, \cdots, \xi_{\alpha_n}$,

$$\sum_{\nu, \nu'=1}^{n} b_{\alpha_\nu \alpha_{\nu'}} \xi_{\alpha_\nu} \bar{\xi}_{\alpha_{\nu'}} = E(|\sum \xi_{\alpha_\nu}(X_{\alpha_\nu} - a_{\alpha_\nu})|^2) \geqslant 0.$$

反之, 对于任何一组实数 $\{a_\alpha, \alpha \in \mathfrak{A}\}$ 以及非负定的数组 $\{b_{\alpha\beta}, \alpha, \beta \in \mathfrak{A}\}$, 必有一个 Gauss 过程 $\{X_\alpha, \alpha \in \mathfrak{A}\}$ 适合 (5.1.7).

事实上, 任取有限个 $\alpha_1, \cdots, \alpha_n \in \mathfrak{A}$, 作函数

$$\varphi_{\alpha_1, \cdots, \alpha_n}(t_{\alpha_1}, \cdots, t_{\alpha_n}) = \exp\left\{-\frac{1}{2}\sum_{\nu, \nu'} b_{\alpha_\nu \alpha_{\nu'}} t_{\alpha_\nu} t_{\alpha_{\nu'}} + i\sum_\nu t_{\alpha_\nu} a_{\alpha_\nu}\right\}, \qquad (5.1.8)$$

根据 (5.1.4), 这是 Gauss 分布的特征函数. 显然, 这族函数 $\{\varphi_{\alpha_1, \cdots, \alpha_n}\}$ 是相容的. 根据 Kolmogorov 定理 (系 1.3.5′), 作一族实数直线 $\{R_\alpha, \alpha \in \mathfrak{A}\}$ 的直接积 $\Gamma = \underset{\alpha \in \mathfrak{A}}{\times} R_\alpha$, 令 $\mathfrak{B}$ 是 Γ 中包含一切 Borel 柱的最小 σ-代数, 则必有 $(\Gamma, \mathfrak{B})$ 上的概率测度 P, 使得 $X_\alpha(\omega)$ (Γ 中点 ω 的第 α 个坐标) 组成的随机过程 $\{X_\alpha(\omega), \alpha \in \mathfrak{A}\}$, 以 (5.1.8) 为有限维分布的特征函数. 这个随机过程是 Gauss 的而且满足 (5.1.7).

我们称上述的 $(\Gamma, \mathfrak{B}, P)$ 为典型的 Gauss 测度空间. 下面先利用 Kakutani 内积考察一类特殊的典型 Gauss 测度空间的相互等价性和奇异性.

引理 5.1.2 设 $\underset{\alpha \in \mathfrak{A}}{\times} R_\alpha = \Gamma$ 是一族实数直线的乘积, $\mathfrak{B}$ 是其上包含一切 Borel 柱的最小 σ-代数. 设 $N_\nu, \nu = 1, 2$ 是 $(\Gamma, \mathfrak{B})$ 上概率测度, 使得随机变量族 $\{p_\alpha(\omega), \alpha \in \mathfrak{A}\}$, 这里 p_α 表示点 $\omega \in \Gamma$ 的第 α 个坐标, 成为 $(\Gamma, \mathfrak{B}, N_\nu)$ 上相互独立的 Gauss 随机变量族而且 $p_\alpha, \alpha \in \mathfrak{A}$ 按 N_k 的数学期望为 $m_\alpha^{(k)}$, 方差为 $\sigma_\alpha^{(k)} > 0$, 那么 N_1 与 N_2 或是相互等价的或是相互奇异的. 而 N_1 与 N_2 相互等价的充分而且必要条件是

$$\sum_\alpha \left(\frac{\sigma_\alpha^{(1)}}{\sigma_\alpha^{(2)}} - \frac{\sigma_\alpha^{(2)}}{\sigma_\alpha^{(1)}}\right)^2 < \infty \quad \text{和} \quad \sum_\alpha \frac{\left(m_\alpha^{(1)} - m_\alpha^{(2)}\right)^2}{\sigma_\alpha^{(1)} + \sigma_\alpha^{(2)}} < \infty. \qquad (5.1.9)$$

又当 N_1 和 N_2 相互等价时,

$$\frac{dN_1(\omega)}{dN_2(\omega)} = \prod_\alpha \left\{\sqrt{\frac{\sigma_\alpha^{(2)}}{\sigma_\alpha^{(1)}}} \exp\left[-\frac{1}{2}\left(\frac{m_\alpha^{(1)^2}}{\sigma_\alpha^{(1)}} - \frac{m_\alpha^{(2)^2}}{\sigma_\alpha^{(2)}}\right) + \left(\frac{m_\alpha^{(1)}}{\sigma_\alpha^{(1)}} - \frac{m_\alpha^{(2)}}{\sigma_\alpha^{(2)}}\right) x_\alpha(\omega)\right]\right\}^{①}, \qquad (5.1.10)$$

这里 $x_\alpha(\omega)$ 是 ω 的第 α 个坐标.

证 设 (5.1.9) 成立, 使 $m_\alpha^{(1)} \neq m_\alpha^{(2)}, \sigma_\alpha^{(1)} \neq \sigma_\alpha^{(2)}$ 的 $\alpha \in \mathfrak{A}$ 最多只有可列个, 为了方便起见, 就记这些 α 为 $1, 2, \cdots$, 其全体记做 $\mathfrak{A}'$, 记 $\mathfrak{A} - \mathfrak{A}'$ 为 $\mathfrak{A}''$. 首先我们指明,

---

① 根据条件 (5.1.9), $\sigma_\alpha^{(1)} \neq \sigma_\alpha^{(2)}, m_\alpha^{(1)} \neq m_\alpha^{(2)}$ 的只有可列个, 因此这个无穷乘积实际上是通常可列个因子的无穷乘积.

不妨设 $\mathfrak{A}' = \mathfrak{A}$. 事实上, 这时 $\underset{\alpha\in\mathfrak{A}}{\times}R_\alpha$ 为 $\underset{\alpha\in\mathfrak{A}'}{\times}R_\alpha$ 与 $\underset{\alpha\in\mathfrak{A}''}{\times}R_\alpha$ 的直接积. 由于 $\{p_\alpha, \alpha \in \mathfrak{A}\}$ 是相互独立的 Gauss 变量, 因此 N_ν 成为 $\underset{\alpha\in\mathfrak{A}'}{\times}R_\alpha$ 与 $\underset{\alpha\in\mathfrak{A}''}{\times}R_\alpha$ 上两个 Gauss 测度 N_ν' 与 N_ν'' 的直接积. 由于当 $\alpha \in \mathfrak{A}''$ 时, $m_\alpha^{(1)} = m_\alpha^{(2)}$, $\sigma_\alpha^{(1)} = \sigma_\alpha^{(2)}$, 所以 $\{p_\alpha, \alpha \in \mathfrak{A}''\}$ 关于 N_1'', N_2'' 具有相同的有限维分布, 因此 $N_1'' = N_2''$. 根据 §1.1 第 4 段, 只要证明 N_1' 与 N_2' 相互等价就可以了. 由于 $\sigma_\alpha \neq 0$, 如果 $\mathfrak{A}'$ 中只有有限个指标, 那么 N_1' 与 N_2' 都成为有限维空间上非退化的 Gauss 测度, 自然是相互等价的. 因此下面不妨设 $\mathfrak{A} = \mathfrak{A}'$ 是自然数全体.

令 $N_\alpha^{(k)}$ 是 R_α 上的 Gauss 测度, 而 p_α 按 $N_\alpha^{(k)}$ 的数学期望是 $m_\alpha^{(k)}$, 方差是 $\sigma_\alpha^{(k)} > 0$. 那么 $N_\alpha^{(1)}$ 与 $N_\alpha^{(2)}$ 是相互等价的, 而且它们的 Kakutani 内积是

$$\rho(N_\alpha^{(1)}, N_\alpha^{(2)}) = \frac{1}{\sqrt{2\pi\sqrt{\sigma_\alpha^{(1)}\sigma_\alpha^{(2)}}}}\int_{-\infty}^{\infty}\exp\left\{-\frac{1}{4}\left[\frac{(x-m_\alpha^{(1)})^2}{\sigma_\alpha^{(1)}} + \frac{(x-m_\alpha^{(2)})^2}{\sigma_\alpha^{(2)}}\right]\right\}dx$$

$$= \sqrt{\frac{2\sqrt{\sigma_\alpha^{(1)}\sigma_\alpha^{(2)}}}{\sigma_\alpha^{(1)}+\sigma_\alpha^{(2)}}}\exp\left[-\frac{1}{4}\frac{(m_\alpha^{(1)}-m_\alpha^{(2)})^2}{\sigma_\alpha^{(1)}+\sigma_\alpha^{(2)}}\right],$$

由于 $\sum\left(a_n - \frac{1}{a_n}\right)^2 < \infty$ 等价于 $\sum\left(\sqrt{a_n} - \frac{1}{\sqrt{a_n}}\right)^2 < \infty$, 因此

$$\rho(N_1, N_2) = \prod_{\alpha=1}^{\infty}\rho(N_\alpha^{(1)}, N_\alpha^{(2)})$$

$$= \lim_{n\to\infty}\left\{\prod_{\alpha=1}^{n}\left(1 + \frac{1}{4}\left(\sqrt{\frac{\sigma_\alpha^{(1)}}{\sigma_\alpha^{(2)}}} - \sqrt{\frac{\sigma_\alpha^{(2)}}{\sigma_\alpha^{(1)}}}\right)^2\right)\right\}^{-\frac{1}{4}}$$

$$\cdot\exp\left[-\frac{1}{4}\sum_{\alpha=1}^{n}\frac{(m_\alpha^{(1)}-m_\alpha^{(2)})^2}{\sigma_\alpha^{(1)}+\sigma_\alpha^{(2)}}\right]. \tag{5.1.11}$$

由条件 (5.1.9) 容易算出 $\prod_{\alpha=1}^{\infty}\rho(N_\alpha^{(1)}, N_\alpha^{(2)}) > 0$. 因为 N_k' 是 $\{N_\alpha^{(k)}, \alpha = 1, 2, \cdots\}$ 的乘积, 根据 Kakutani 定理 1.4.4 知道 N_1' 与 N_2' 是相互等价的.

又由于

$$\frac{dN_\alpha^{(1)}(x)}{dN_\alpha^{(2)}(x)} = \sqrt{\frac{\sigma_\alpha^{(2)}}{\sigma_\alpha^{(1)}}}\exp\left[-\frac{1}{2}\left(\frac{m_\alpha^{(1)2}}{\sigma_\alpha^{(1)}} - \frac{m_\alpha^{(2)2}}{\sigma_\alpha^{(2)}}\right) + \left(\frac{m_\alpha^{(1)}}{\sigma_\alpha^{(1)}} - \frac{m_\alpha^{(2)}}{\sigma_\alpha^{(2)}}\right)x\right],$$

从 (1.4.15)、(1.4.22) 得到 (5.1.10).

反之, 设条件 (5.1.9) 不成立, 例如 $\sum\limits_{\alpha} \left(\dfrac{\sigma_\alpha^{(1)}}{\sigma_\alpha^{(2)}} - \dfrac{\sigma_\alpha^{(2)}}{\sigma_\alpha^{(1)}} \right)^2 = \infty$, 则必有一列的 $\alpha \in$ $\mathfrak{A}$, 设为 $\alpha = 1, 2, \cdots$, 使

$$\sum_{\alpha=1}^{\infty} \left(\frac{\sigma_\alpha^{(1)}}{\sigma_\alpha^{(2)}} - \frac{\sigma_\alpha^{(2)}}{\sigma_\alpha^{(1)}} \right)^2 = \infty. \tag{5.1.12}$$

这时由 (5.1.11) 得知

$$\prod_{\alpha=1}^{\infty} \rho(N_\alpha^{(1)}, N_\alpha^{(2)}) \leqslant \left\{ \prod_{\alpha=1}^{\infty} \left(1 + \frac{1}{4} \left(\sqrt{\frac{\sigma_\alpha^{(1)}}{\sigma_\alpha^{(2)}}} - \sqrt{\frac{\sigma_\alpha^{(2)}}{\sigma_\alpha^{(1)}}} \right)^2 \right) \right\}^{-\frac{1}{4}}. \tag{5.1.13}$$

但是由 (5.1.12) 知道

$$\prod_{\alpha=1}^{\infty} \left(1 + \frac{1}{4} \left(\sqrt{\frac{\sigma_\alpha^{(1)}}{\sigma_\alpha^{(2)}}} - \sqrt{\frac{\sigma_\alpha^{(2)}}{\sigma_\alpha^{(1)}}} \right)^2 \right) \geqslant \frac{1}{4} \sum \left(\sqrt{\frac{\sigma_\alpha^{(1)}}{\sigma_\alpha^{(2)}}} - \sqrt{\frac{\sigma_\alpha^{(2)}}{\sigma_\alpha^{(1)}}} \right)^2 = \infty.$$

因此由 (5.1.13) 得知 $\prod\limits_{\alpha=1}^{\infty} \rho(N_\alpha^{(1)}, N_\alpha^{(2)}) = 0$. 即 N_1' 与 N_2' 是相互奇异的. 从 §1.1 第 4 段知道 N_1 与 N_2 也是相互奇异的. 类似地得到 $\sum\limits_{\alpha} \dfrac{(m_\alpha^{(1)} - m_\alpha^{(2)})^2}{\sigma_\alpha^{(1)} + \sigma_\alpha^{(2)}} = \infty$ 时的结果. 证毕.

例 5.1.1 设 $(l, \mathfrak{B}_\omega, \mu)$ 是例 4.1.2 中线性测度空间, 但其中

$$f_\alpha(t) = \frac{1}{(2\pi\sigma_\alpha)^{\frac{1}{4}}} e^{-\frac{1}{4} \frac{t^2}{\sigma_\alpha}}, \quad \sigma_\alpha > 0, \alpha = 1, 2, \cdots,$$

那么 $l^2 \left(\left\{ \dfrac{1}{\sigma_\alpha} \right\} \right)$ 是 $(l, \mathfrak{B}_\omega, \mu)$ 的拟不变点全体.

证 设 $y \in l, y = \{y_1, \cdots, y_n, \cdots\}$, 作

$$\mu_y(E) = \mu(E - y), \quad E \in \mathfrak{B}_\omega.$$

那么 $\{x_\alpha(\omega), \omega \in l\}(\omega = \{x_1(\omega), \cdots, x_n(\omega), \cdots\})$ 是 $(l, \mathfrak{B}_\omega, \mu_y)$ 上的相互独立的 Gauss 变量. $x_\alpha(\omega)$ 的平均值为 y_α, 方差仍是 σ_α, 利用 (5.1.9) 知道 μ_y 与 μ 等价的充要条件是

$$\sum_{\alpha=1}^{\infty} \frac{y_\alpha^2}{\sigma_\alpha} < \infty,$$

即 $y \in l^2 \left(\left\{ \dfrac{1}{\sigma_\alpha} \right\} \right)$, 而且由 (5.1.10), 当 $y \in l^2 \left(\left\{ \dfrac{1}{\sigma_\alpha} \right\} \right)$ 时,

$$\frac{d\mu_y(\omega)}{d\mu(\omega)} = \prod_{\alpha=1}^{\infty} \exp \left[-\frac{1}{2} \frac{y_\alpha^2}{\sigma_\alpha} + \frac{y_\alpha}{\sigma_\alpha} x_\alpha(\omega) \right]. \tag{5.1.14}$$

设 $(l, \mathfrak{B}_\omega, P)$ 是典型的 Gauss 测度空间, $x_\alpha(\omega), \omega \in l(x_\alpha(\omega) \longrightarrow \omega$ 的第 α 个坐标) 是其上的 Gauss 变量. 作 $(l, \mathfrak{B}_\omega, P)$ 在 $l^\dagger$ 上的特征函数 $\varphi(f)$ 如下: 对每个 $f \in l^\dagger (f(x) = \sum f_\alpha x_\alpha, x = \{x_\alpha\} \in l)$, 由 (5.1.4) 得到

$$\varphi(f) = E(e^{if(\omega)}) = \exp\left\{-\frac{1}{2}\sum_{\alpha,\beta} E((x_\alpha - E(x_\alpha))(x_\beta - E(x_\beta))f_\alpha f_\beta + i\sum_\alpha E(x_\alpha)f_\alpha\right\}.$$

记 $c(f,f) = E((f(\omega) - E(f(\omega)))^2)$, 这是 $l^\dagger$ 上的双线性正定泛函. 又记

$$m(f) = E(f(\omega)) = \sum f_\alpha E(x_\alpha),$$

这是 $l^\dagger$ 上的线性泛函. 那么特征函数又改写成

$$\varphi(f) = e^{-\frac{1}{2}c(f,f)+im(f)}, \quad f \in l^\dagger. \tag{5.1.15}$$

引理 5.1.3　设 l_0 是只有有限项不为 0 的实数列 $x = \{x_n\}$ 全体按通常的线性运算所成的线性空间 (见例 4.2.1), 设 $1 \leqslant \alpha < 2$, 在 l_0 上引进一范数

$$|x|_\alpha = \left(\sum_{n=1}^\infty |x_n|^\alpha\right)^{\frac{1}{\alpha}},$$

及任一双线性正定泛函 $[x, x]$, 那么拟范数 $|x| = \sqrt{[x,x]}$ 与 $|x|_\alpha$ 不可能在 l_0 上导出相同的拓扑.

证　若 $|x|$ 与 $|x|_\alpha$ 导出相同的拓扑, 那么 $[x, x]$ 必是内积. 又将 l_0 按 $|x|_\alpha$ 完备化得到空间 l_α, 其中的向量是满足条件 $|x|_\alpha = \left(\sum_{n=1}^\infty |x_n|^\alpha\right)^{\frac{1}{\alpha}} < \infty$ 的实数列全体, 它按 $|x|_\alpha$ 成为 Banach 空间. 由于 $[x, x]$ 与 $|x|_\alpha$ 在 l_0 上导出相同的拓扑, 因此 $[x, x]$ 延拓成 l_α 上的内积, 仍记为 $[x, x]$, 而且 $|x| = \sqrt{[x,x]}$ 和 $|x|_\alpha$ 在 l_α 上导出相同的拓扑, 因此 l_α 按 $[x, x]$ 成为 Hilbert 空间. 因此有正数 c, 使得对一切 $x \in l_\alpha$,

$$\frac{1}{c}|x| \leqslant |x|_\alpha \leqslant c|x|. \tag{5.1.16}$$

由于 $[x, x]$ 是内积, 对任意 n 个向量 $\xi_1, \cdots, \xi_n \in l_\alpha$, 应有

$$\sum_{\varepsilon_j = \pm 1}\left|\sum_{j=1}^n \xi_j \varepsilon_j\right|^2 = 2^n \sum_{j=1}^n |\xi_j|^2,$$

利用 (5.1.16) 即得

$$\frac{2^n}{c^4}\sum_{j=1}^n |\xi_j|_\alpha^2 \leqslant \sum_{\varepsilon_j = \pm 1}\left|\sum_{j=1}^n \xi_j \varepsilon_j\right|_\alpha^2 \leqslant c^4 2^n \sum_{j=1}^n |\xi_j|_\alpha^2. \tag{5.1.17}$$

特别, 取 ξ_j 为向量 $\{0, 0, \cdots, 0, x_j, 0, \cdots, 0, \cdots\}$, 代入 (5.1.17) 立即得到

$$\frac{1}{c^2}\left(\sum_{j=1}^n |x_j|^2\right)^{\frac{1}{2}} \leqslant \left(\sum_{j=1}^n |x_j|^\alpha\right)^{\frac{1}{\alpha}} \leqslant c^2 \left(\sum_{j=1}^n |x_j|^2\right)^{\frac{1}{2}} \qquad (5.1.18)$$

对一切 $x_1, \cdots, x_n, n$ 成立. 由于 $\alpha \neq 2$, (5.1.18) 显然是不可能的. 因此 $|x|$ 与 $|x|_\alpha$ 导出 l_0 上不同的拓扑. 证毕.

定理 5.1.4   当 $1 \leqslant \alpha < 2$ 时, 例 4.2.1 中的遍历测度 μ_α 不等价于 Gauss 测度.

证   若有 $(l, \mathfrak{B}_\omega)$ 上的概率测度 N 等价于 μ, 而且使 $\{x_\nu(x), \nu = 1, 2, \cdots\}$ 是 Gauss 变量. 作 N 在 $l^\dagger$ 上的特征函数 $\varphi(f)$ 如 (5.1.15), 又根据 (4.2.14) 和 (5.1.15) 作出

$$R_1(f) = \left(\int_l \frac{f(x)^2}{1 + f(x)^2} dN(x)\right)^{\frac{1}{2}}$$

$$= \left(\int_0^\infty \mathfrak{R}(1 - e^{-\frac{1}{2}c(f,f)t^2 + im(f)t}) e^{-t} dt\right)^{\frac{1}{2}}, \quad f \in l^\dagger. \qquad (5.1.19)$$

由于设 N 与 μ_α 等价, 根据系 4.2.15 和例 4.2.1, 在 $l^\dagger$ 上由 $R^\alpha(f) = \left(\int_0^\infty (1 - e^{-|f|_\alpha t^\alpha})\right.$ $\left. \cdot e^{-t} dt\right)^{\frac{1}{2}}$ 导出的拓扑和由 $R_1(f)$ (见 (5.1.19)) 导出的拓扑一致.

记

$$[f, g] = c(f, g) + F(f)F(g), \quad f, g \in l^\dagger.$$

我们来证明 $R_1(f), f \in l^\dagger$ 与 $\sqrt{[f, f]}, f \in l^\dagger$ 导出相同的拓扑, 为此只要考察函数

$$u(a, b) = \mathfrak{R}\int_0^\infty (1 - e^{-at^2 + ibt}) e^{-t} dt, \quad 0 \leqslant a < \infty, \quad -\infty < b < \infty.$$

显然 $\lim\limits_{a+|b| \to 0} u(a, b) = 0$. 反之, 若 $u(a_n, b_n) \to 0$, 则必 $a_n + |b_n| \to 0$. 事实上, 例如若有一列 $a_n \to a > 0$, 则

$$\varliminf_{n \to \infty} u(a_n, b_n) \geqslant 1 - \int_0^\infty e^{-at^2 - t} dt > 0.$$

若 $a_n \to 0$, 然而 $b_n \to b \neq 0$, 同样有

$$\varliminf_{n \to \infty} u(a_n, b_n) \geqslant 1 - \int_0^\infty \cos bt e^{-t} dt > 0.$$

对于 $a_n \to 0, |b_n| \to 0$ 的情况类似地考察之. 总之, 当 $\lim u(a, b) = 0$ 时 $\lim(a + |b|) = 0$, 因此 $R_1(f_n) \to 0$ 与 $c[f_n, f_n] + |F(f_n)| \to 0$ 等价, 即与 $[f_n, f_n] \to 0$ 等价. 类似地, $R^\alpha(f)$ 与 $|f|_\alpha$ 导出 $l^\dagger$ 上相同的拓扑.

这样, $|f|_\alpha$ 与 $\sqrt{[f,f]}$ 导出相同的拓扑, 这和引理 5.1.3 矛盾. 因此 μ_α 不与任何 Gauss 测度等价. 证毕.

这就给出了不和 Gauss 测度等价的遍历测度的例.

3° 一类特殊的 Gauss 过程 ——Wiener 过程

在随机过程中有一类重要的 Gauss 过程又是平稳增量过程又是 Markov 过程, 这就是 Wiener 过程, 为方便起见, 只考察直线上 Brown 运动.

例 5.1.2　设 $C_0[0,T]$ 是区间 $[0,T]$ 上满足条件 $x(0)=0$ 的连续函数全体, 它按通常的线性运算及范数

$$|x| = \max_{0\leqslant t\leqslant T}|x(t)|$$

成为 Banach 空间. 令 $\mathfrak{B}$ 是 $C_0[0,T]$ 中的弱 Borel 集全体.$\mathfrak{B}$ 也可以这样作出, 任取 $0 < t_1 < t_2 < \cdots < t_n \leqslant T$ 及 n 维空间的 Borel 集 E, 称

$$\hat{E} = \{x|(x(t_1),\cdots,x(t_n)) \in E\} \tag{5.1.20}$$

为 (相应于 $t_1,\cdots,t_n$ 的以 E 做基的) Borel 柱.$\mathfrak{B}$ 就是由这些 Borel 柱全体张成的 σ-代数. 设 $0 < c < \infty, W_c$ 是 $(C_0[0,T],\mathfrak{B})$ 上概率测度, 它具有如下性质: 对于形如 (5.1.20) 的集 $\hat{E}$ 有

$$W_c(\hat{E}) = \frac{1}{(c\pi)^{\frac{n}{2}}\sqrt{\prod_{\nu=1}^{n}(t_\nu - t_{\nu-1})}}\int_E\cdots\int_E e^{-\frac{1}{c}\sum_{\nu=1}^{n}\frac{(x_\nu-x_{\nu-1})^2}{t_\nu-t_{\nu-1}}}\,dx_1\cdots dx_n, \tag{5.1.21}$$

其中 $t_0 = x_0 = 0$, 称 $\mathscr{W}_c = (C_0[0,T],\mathfrak{B},W_c)$ 为 Wiener 测度空间.

对于每个 $t \in [0,T]$, 函数 $x \mapsto x(t), x \in C_0[0,T]$ 是可测空间 $(C_0[0,T],\mathfrak{B})$ 上的可测函数, 因此它也是 $\mathscr{W}_c$ 上随机变量. 由 (5.1.21) 知道这是 Gauss 变量. 称 $\mathscr{W}_c$ 上的 Gauss 随机过程 $\{x(t), t \in [0,T]\}$ 为 Wiener 过程. 利用 (5.1.21) 容易算出 Wiener 过程的平均值和相关函数分别是

$$E(x(t)) = 0, \tag{5.1.22}$$
$$E(x(t)x(s)) = \frac{c}{2}\min(t,s). \tag{5.1.23}$$

我们又令 $C_0^{(\alpha)}[0,T], 0 \leqslant \alpha \leqslant 1$ 表示 $C_0[0,T]$ 中满足 Hölder 连续条件

$$\sup_{0\leqslant t_1 < t_2\leqslant T}\frac{|x(t_1)-x(t_2)|}{|t_1-t_2|^\alpha} < \infty$$

的函数全体.

定理 5.1.5 Wiener 测度空间 $\mathscr{W}_c = (C_0[0,T], \mathfrak{B}, W_c)$ 确实存在. 又当 $0 \leqslant \alpha < \frac{1}{2}$ 时, Wiener 测度 W_c 集中在 $C_0^{(\alpha)}[0,T]$ 上.

证 不妨设 $T = 1, c = 2$. 令 I 为形如

$$\frac{m}{2^n}, \quad m = 1, 2, \cdots, 2^n; n = 1, 2, \cdots$$

的数全体, 这是一个可列集. 对每个 $t \in I$, 作一维实空间 R_t, 记 $R(I) = \underset{t \in I}{\times} R_t$, 这是 I 上实函数全体. 令 $\mathfrak{B}_1$ 为 $R(I)$ 中 Borel 柱全体所张成的 σ-代数. 根据前面所说, 存在典型的 Gauss 测度空间 $(R(I), \mathfrak{B}_1, P)$, 使得其上的 Gauss 过程具有数学期望 (5.1.22), 相关函数 (5.1.23), 但其中 $t, s \in I$. 我们注意, 这时若 $0 < t_1 < t_2 < \cdots < t_n \leqslant 1, t_m \in I, \hat{E}$ 形如 (5.1.20), 则 $P(\hat{E})$ 取 (5.1.21) 的值.

记 $I_1 = I + \{0\}$. 将 $R(I)$ 中函数延拓到 I_1 上且 $x(0) = 0$. 令 $C_{\alpha K}(I_1), 0 \leqslant \alpha \leqslant 1, K \geqslant 0$ 为 $R(I)$ 中满足条件

$$|x(t_1) - x(t_2)| \leqslant K|t_1 - t_2|^\alpha, \quad t_1, t_2 \in I_1$$

的函数 x 全体. 又记 $C_\alpha(I_1) = \bigcup_{k=1}^\infty C_{\alpha k}(I_1)$.

引理 5.1.6 设 $0 \leqslant \alpha < \frac{1}{2}$, 那么

$$P(R(I) \backslash C_\alpha(I_1)) = 0. \tag{5.1.24}$$

证 对于任何正数 K, 自然数 n, 非负整数 $m, 0 \leqslant m < 2^n$, 令

$$S(K, n, m) = \left\{ x \Big| x \in R(I), \left| x\left(\frac{m+1}{2^n}\right) - x\left(\frac{m}{2^n}\right) \right| > K\left(1 - \frac{1}{2^\alpha}\right) \cdot \frac{1}{2^{\alpha n+1}} \right\}.$$

显然 $S(K, m, n) \in \mathfrak{B}_1$. 今证

$$R(I) \backslash C_{\alpha K}(I_1) \subset \bigcup_{n=1}^\infty \bigcup_{m=0}^{2^n-1} S(K, m, n). \tag{5.1.25}$$

任取 $x \in R(I) \backslash C_{\alpha K}(I_1)$. 必有 $t_1 < t_2, t_1, t_2 \in I_1$, 使得

$$|x(t_2) - x(t_1)| > K|t_2 - t_1|^\alpha.$$

设

$$j = \min\left\{ n \Big| t_2 - t_1 > \frac{1}{2^{n+1}} \right\}, \tag{5.1.26}$$

由于

$$\frac{1}{2^{(j+1)\alpha}} = \sum_{\nu=j+1}^\infty \frac{1}{2^{\alpha\nu}}\left(1 - \frac{1}{2^\alpha}\right),$$

我们得到

$$|x(t_2) - x(t_1)| > K\left(1 - \frac{1}{2^\alpha}\right) \sum_{\nu=j+1}^{\infty} \frac{1}{2^{\alpha\nu}}. \tag{5.1.27}$$

我们要证明这时 $x \in \bigcup\limits_{n=j+1}^{\infty} \bigcup\limits_{m=0}^{2^n-1} S(K, n, m)$. 不然的话, 当 $n \geqslant j+1, 0 \leqslant m < 2^n - 1$ 时 $x \overline{\in} S(K, m, n)$, 即

$$\left|x\left(\frac{m+1}{2^n}\right) - x\left(\frac{m}{2^n}\right)\right| \leqslant K\left(1 - \frac{1}{2^\alpha}\right) \cdot \frac{1}{2^{\alpha n+1}}, \quad 0 \leqslant m < 2^{n-1}, \quad n \geqslant j+1. \tag{5.1.28}$$

称形如 $\left(\frac{m}{2^n}, \frac{m+1}{2^n}\right]$ 的区间为 n 级区间, 由于 (5.1.26), $t_2 - t_1 \leqslant \frac{1}{2^j}$, 因此 $(t_1, t_2]$ 内 $j+1$ 级区间最多只有两个, 取出来记为 $I_{j+1}^{(1)}, I_{j+1}^{(2)}$. 如果 $(t_1, t_2]$ 中 $j+1$ 级区间只有一个或根本没有, 那么 $I_{j+1}^{(1)}, I_{j+1}^{(2)}$ 中有一个或两个是空集. 由于 $(t_1, t_2] \diagdown \left(I_{j+1}^{(1)} \bigcup I_{j+1}^{(2)}\right)$ 必然至多是两个 $j+1$ 级区间的真子集, 因此它最多只含有两个 $j+2$ 级区间, 把它们取出来. 如此继续下去, 得到彼此不交的 $j+l$ 级区间或空集 $I_{j+l}^{(\nu)}, \nu = 1, 2; l = 1, 2, \cdots$, 使得

$$(t_1, t_2] = \bigcup_{l=1}^{m} \left(I_{j+l}^{(1)} + I_{j+l}^{(2)}\right). \tag{5.1.29}$$

然而当 $n \geqslant j+1$ 时,$x(t)$ 在 $I_n^{(\nu)}$ 的两个端点 (假如 $I_{j+l}^{(\nu)}$ 不是空集的话) 的函数值之差有估计式 (5.1.28). 再利用 (5.1.29) 立即可知

$$|x(t_1) - x(t_2)| \leqslant K\left(1 - \frac{1}{2^\alpha}\right) \cdot 2 \sum_{n=j+1}^{\infty} \frac{1}{2^{\alpha n+1}}$$

$$= K\left(1 - \frac{1}{2^\alpha}\right) \sum_{n=j+1}^{\infty} \frac{1}{2^{\alpha n}}. \tag{5.1.30}$$

这和 (5.1.27) 矛盾, 因此 (5.1.25) 成立.

　　记 $b = \left(1 - \frac{1}{2^\alpha}\right)\frac{1}{2}$. 由 (5.1.21) 算出: 当 $m > 0$ 时,

$$P(S(K, m, n)) = \frac{1}{\frac{\pi}{2^{n-1}}\sqrt{m}} \iint_{|x_1-x_2|>\frac{bK}{2^{\alpha n}}} e^{-\frac{1}{2}\left(\frac{2^n x_1^2}{m} + 2^n(x_2-x_1)^2\right)} dx_1 dx_2$$

$$= \beta\left(bK 2^{n\left(\frac{1}{2}-\alpha\right)}\right), \tag{5.1.31}$$

这里 $\beta(t)$ 是函数 $\sqrt{\frac{2}{\pi}} \int_t^{\infty} e^{-\frac{x^2}{2}} dx$. 类似地仍有

$$P(S(K, 0, n)) = \beta\left(bK 2^{n\left(\frac{1}{2}-\alpha\right)}\right). \tag{5.1.31'}$$

然而当 $t \geqslant 2$ 时容易算出 $\beta(t) \leqslant \sqrt{\dfrac{2}{\pi}} e^{-t}$. 因此由 (5.1.25), (5.1.31) 和 (5.1.31') 知道, 当 $K > \dfrac{2^{\frac{1}{2}+\alpha}}{b}$ 时,

$$
\begin{aligned}
P(R(I) \backslash C_{\alpha K}(I_1)) &\leqslant \sum_{n=1}^{\infty} \sum_{m=0}^{2^n-1} P(S(K,m,n)) \\
&\leqslant \sum_{n=1}^{\infty} \sum_{m=0}^{2^n-1} \beta(bK2^{n(\frac{1}{2}-\alpha)}) \\
&\leqslant \sqrt{\frac{2}{\pi}} \sum_{n=1}^{\infty} 2^n e^{-bK2^n(\frac{1}{2}-\alpha)}. \tag{5.1.32}
\end{aligned}
$$

显然, 当 $K \to \infty$ 时, (5.1.32) 右边收敛于零. 然而 $R(I) \backslash C_\alpha(I_1) \subset R(I) \backslash C_{\alpha K}(I_1)$. 在 (5.1.32) 中令 $K \to \infty$ 即得 (5.1.24).

由于当 $x \in C_\alpha(I_1)$ 时, x 在 I_1 上是一致连续的. 我们可以把 $x(t)$ 唯一地延拓成 $[0,1]$ 上的连续函数, 仍记为 x, 且 $x \in C_0^{(\alpha)}[0,1]$. 我们用这个方法把 $C_\alpha(I_1)$ 与 $C_0^\alpha[0,1]$ 一致化, 那么容易看出 $\mathfrak{B}_1$ 在 $C_\alpha(I)$ 上的限制 $\mathfrak{F}^{(\alpha)}$ 就是 $\mathfrak{B}$ 在 $C_0^{(\alpha)}[0,1]$ 上的限制. 我们把 P 在 $C_\alpha(I_1)$ 也就是 $C_0^{(\alpha)}[0,1]$ 上的限制记为 $P^{(\alpha)}$, 这样就得到 Gauss 测度空间 $S^{(\alpha)} = (C_0^{(\alpha)}[0,1], \mathfrak{F}^{(\alpha)}, P^{(\alpha)}), 0 \leqslant \alpha < \dfrac{1}{2}$, 而且显然 $\{x(t), t \in [0,1]\}$ 是 $S^{(\alpha)}$ 上的随机变量. 当 $t \in I_1$ 时, 它们是 Gauss 变量, 又它们的数学期望和相关函数的值仍分别是 (5.1.22) 与 (5.1.23), 但其中 $t, s \in I_1$.

我们再来证明 $t \in [0,1]$ 时, $x(t)$ 也是 $S^{(\alpha)}$ 上的 Gauss 变量, 而且当 $t, s \in [0,1]$ 时, (5.1.22) 和 (5.1.23) 也成立. 设 $t \in [0,1] \backslash I_1$, 使 $t_n \to t_0$, 这时由 (5.1.23) 算出

$$
E((x(t_n) - x(t_m))^2) = |t_n - t_m|,
$$

因此 $\{x(t_n)\}, n = 1, 2, \cdots$ 是 $L^2(S^{(\alpha)})$ 中的基本序列. 又因为 $C_0^{(\alpha)}[0,1]$ 中函数 x 是连续的, $\lim\limits_{n \to \infty} x(t_n) = x(t_0)$, 因此 $\{x(t_n)\}$ 在 $L^2(S^{(\alpha)})$ 中收敛于 $x(t_0)$. 由引理 5.1.1 知道 $x(t_0)$ 是 Gauss 变量, 而且 $E((x(t_n) - x(t_0))^2) \to 0$, 因此易知对于 t_0, (5.1.22) 成立. 若又有 $s_0 \in [0,1]$, 取 $s_n \in I_1$, 使 $s_n \to s_0$, 那么又有 $E((x(s_n) - x(s_0))^2) \to 0$, 因而由

$$
\begin{aligned}
&|E(x(s_0)x(t_0)) - E(x(s_n)x(t_n))| \\
&\leqslant \sqrt{E((x(s_0) - x(s_n))^2)E(x(t_n)^2)} + \sqrt{E(s_0^2)E((x(t_0) - x(t_n))^2)}
\end{aligned}
$$

知道 (5.1.23) 对 s_0, t_0 成立.

对于每个 $\widetilde{E} \in \mathfrak{B}$, 显然 $\widetilde{E} \cap C_0^{(\alpha)}[0,1] \in \mathfrak{F}^{(\alpha)}$. 作

$$
W_c(\widetilde{E}) = P^{(\alpha)}(\widetilde{E} \cap C_0^{(\alpha)}[0,1]),
$$

显然 W_c 是 $(C_0[0,1], \mathfrak{B})$ 上的概率测度, 集中在 $C_0^{(\alpha)}[0,1]$ 上, 而且这时 (5.1.22),(5.1.23) 也成立. 因此 (5.1.21) 成立. 所以 W_c 即是所要的 Wiener 测度. 证毕.

§5.2　Gauss 测度的相互等价性和奇异性

1° 基本定理

在 §5.1 中我们考察过比较特殊的一类 Gauss 测度的相互等价性, 本节中考察更一般的问题. 设 Ω 是一集, $\{\xi_\alpha, \alpha \in \mathfrak{A}\}$ 是 Ω 上的一族实函数, $\mathfrak{B}$ 是由 Ω 的子集组成的使得 $\{\xi_\alpha, \alpha \in \mathfrak{A}\}$ 可测的最小 σ–代数. 设 P_1, P_2 是 $(\Omega, \mathfrak{B})$ 上的两个概率测度, 而且使 $(\Omega, \mathfrak{B}, P_\nu) = S_\nu, \nu = 1, 2$ 上的随机过程 $\{\xi_\alpha(\cdot), \alpha \in \mathfrak{A}\}$ 都是 Gauss 过程. 我们要研究 P_1 和 P_2 的相互等价性和奇异性.

此后记

$$E_k(x) = \int_\Omega x(\omega) dP_k(\omega), \quad D_k(x) = E_k((x - E_k(x))^2), \quad k = 1, 2.$$

令 $\mathscr{L}$ 为 $\{\xi_\alpha, \alpha \in \mathfrak{A}\}$ 以及实常数函数做成的线性组合全体, 它成为线性空间. 在 $\mathscr{L}$ 上引进两个双线性非负定泛函:

$$(x, y)_k = E_k(xy), \quad k = 1, 2.$$

引理 5.2.1　设 Gauss 测度 P_1 与 P_2 不是相互奇异的, 则必有正数 c_1, c_2, 使得对一切 $x \in \mathscr{L}$, 成立着

$$(x, x)_2 \leqslant c_1 (x, x)_1, \tag{5.2.1}$$

$$(x, x)_1 \leqslant c_2 (x, x)_2. \tag{5.2.2}$$

证　如果使 (5.2.1) 成立的 $c_1 > 0$ 不存在, 则必有一列 $x_n \in \mathscr{L}$ 使 $(x_n, x_n)_2 = 1, (x_n, x_n)_1 \to 0 (n \to \infty)$. 记 $E_2(x_n) = a_n$. 作集 $A_n = \{\omega \mid |x_n| \leqslant (x_n, x_n)_1^{1/4}\}$, 那么 $\Omega \setminus A_n = \{\omega \mid |x_n| > (x_n, x_n)_1^{1/4}\}$. 由 Chebyshev 不等式[1] 得知, 当 $(x_n, x_n)_1 > 0$ 时,

$$P_1(\Omega \setminus A_n) \leqslant \frac{1}{(x_n, x_n)_1^{1/2}} \int_\Omega x_n^2 dP_1(\omega) \leqslant (x_n, x_n)_1^{1/2}.$$

当 $(x_n, x_n)_1 = 0$ 时, $x_n = 0$, 因此 $P_1(\Omega \setminus A_n) = 0$. 总之

$$\lim_{n \to \infty} P_1(\Omega \setminus A_n) = 0. \tag{5.2.3}$$

---

[1] 设 $P(\omega)$ 是概率测度, $X(\omega)$ 是随机变量, $E(X) = \int X(\omega) dP(\omega)$, 则

$$P(\{\omega \mid |X(\omega) - E(X)| \geqslant a\}) \leqslant \frac{1}{a^2} \int_{|X(\omega) - E(X)| \geqslant a} (X(\omega) - E(X))^2 dP(\omega).$$

又当 $a_n^2 \neq 1$ 时, 由 (5.1.1) 得知

$$P_2(A_n) = \frac{1}{\sqrt{2\pi(1-a_n^2)}} \int_{|\lambda| \leqslant (x_n,x_n)_1^{1/4}} e^{-\frac{(\lambda-a_n)^2}{2(1-a_n^2)}} d\lambda$$

$$= \frac{1}{\sqrt{2\pi}} \int_{\frac{-a_n-(x_n,x_n)_1^{1/4}}{\sqrt{1-a_n^2}}}^{\frac{-a_n+(x_n,x_n)_1^{1/4}}{\sqrt{1-a_n^2}}} e^{-\frac{\lambda^2}{2}} d\lambda \to 0.$$

又当 $a_n^2 = 1$ 时 $x_n \equiv +1$ 或 $x_n \equiv -1$, 这时, 如 n 充分大, 例如使 $(x_n, x_n)_1 < 1$, 那么 $P_2(A_n) = 0$. 总之,

$$\lim_{n \to \infty} P_2(A_n) = 0. \tag{5.2.4}$$

由 (5.2.3) 和 (5.2.4) 知道 P_1 和 P_2 是相互奇异的. 这和假设矛盾. 因此 (5.2.1) 成立, 同样地讨论 (5.2.2). 证毕.

下面继续假设 P_1 与 P_2 不是相互奇异的. 根据 (5.2.1),(5.2.2),$\mathscr{L}$ 中函数按测度 P_1 概相等与按测度 P_2 概相等是一致的, 我们今后视 $\mathscr{L}$ 中按测度 P_1 概为零 (也就是按测度 P_2 概为零) 的函数为 0. 这样, $(x,y)_\nu$ 成为 $\mathscr{L}$ 上的内积. 令 H 是 $\mathscr{L}$ 在 Hilbert 空间 $L^2(S_1)$ 中的包, 那么由于引理 5.2.1, 两个内积是等价的, 因此 H 也是 $\mathscr{L}$ 按内积 $(x,y)_2$ 的完备化空间, 也就是 $\mathscr{L}$ 在 Hilbert 空间 $L^2(S_2)$ 中的包, 而且由引理 5.1.1,H 中的函数仍为 S_ν 上的 Gauss 变量. 此外, 当 $x \in H$ 时, (5.2.1) 与 (5.2.2) 仍然成立. 今后转入考察 H, 这时 H 按 $(x,y)_1$ 或 $(x,y)_2$ 都成为 Hilbert 空间.

引理 5.2.2 若 P_1 与 P_2 不是奇异的, 则必存在正数 K, 使得对于 H 中任何有限个向量 $\eta_1, \cdots, \eta_n$, 当

$$E_2'(\eta_k) = 0, \quad (\eta_k, \eta_1)_2 = \delta_{kl},$$

$$(\eta_k - E_1(\eta_k), \eta_l - E_1(\eta_l))_1 = D_1(\eta_k)\delta_{kl}$$

时 (其中 δ_{kl} 是 Kronecker 的 δ),

$$\sum_{k=1}^{n} (D_1(\eta_k) - 1)^2 + \sum_{k=1}^{n} E_1(\eta_k)^2 \leqslant K. \tag{5.2.5}$$

证 为方便起见, 记 $E_1(\eta_k) = m_k, D_1(\eta_k) = \sigma_k$. 对于满足引理中条件的 $\{\eta_1, \cdots, \eta_n\}$, 作 $(\Omega, \mathfrak{B})$ 上的可测函数

$$f(\omega) = \sum_{k=1}^{n} \left[\frac{(\eta_k - m_k)^2}{\sigma_k} - \eta_k^2 \right],$$

那么容易算出①

$$E_1(f) = \sum_k (1 - \sigma_k - m_k^2), \quad E_2(f) = \sum_k \left(\frac{1}{\sigma_k} - 1 + \frac{m_k^2}{\sigma_k} \right)$$

$$D_1(f) = \sum_k [2(\sigma_k - 1)^2 + 4\sigma_k m_k^2],$$

$$D_2(f) = \sum_k \left[2\frac{(\sigma_k - 1)^2}{\sigma_k^2} + 4\frac{m_k^2}{\sigma_k} \right]. \tag{5.2.6}$$

记

$$\begin{aligned} a(f) &= \frac{1}{2}(E_2(f) - E_1(f)) \\ &= \frac{1}{2} \sum \left[\frac{(1 - \sigma_k)^2}{\sigma_k} + \left(1 + \frac{1}{\sigma_k^2} \right) m_k^2 \right]. \end{aligned} \tag{5.2.7}$$

令

$$A_1 = \left\{ \omega \,\middle|\, f(\omega) < \frac{1}{2}(E_1(f) + E_2(f)) \right\},$$

$$A_2 = \left\{ \omega \,\middle|\, f(\omega) \geqslant \frac{1}{2}(E_1(f) + E_2(f)) \right\},$$

那么 A_1 与 A_2 互不相交, 而且 $A_1 + A_2 = \Omega$. 根据 Chebyshev 不等式, 算出

$$P_1(A_1) \leqslant P_1(\{\omega \,|\, |f(\omega) - E_1(f)| > a(f)\}) \leqslant \frac{D_1(f)}{a(f)^2}, \tag{5.2.8}$$

$$P_2(A_2) \leqslant P_2(\{\omega \,|\, |f(\omega) - E_2(f)| \geqslant a(f)\}) \leqslant \frac{D_2(f)}{a(f)^2}. \tag{5.2.9}$$

由引理 5.1.1,

$$\sigma_k \leqslant (\eta_k, \eta_k)_1 \leqslant c_2(\eta_k, \eta_k)_2 \leqslant c_2, \tag{5.2.10}$$

$$\frac{1}{c_1} \leqslant \frac{1}{c_1}(\eta_k - m_k, \eta_k - m_k)_2 \leqslant (\eta_k - m_k, \eta_k - m_k)_1 = \sigma_k.$$

---

①例如 $D_1(f)$ 可计算如下: 由于 $k \neq k'$ 时, η_k 与 $\eta_{k'}$ 相互独立, 因此

$$\begin{aligned} E_1((f - E_1(f))^2) &= \sum E_1\left(\frac{(\eta_k - m_k)^2}{\sigma_k} - (\eta_k - m_k)^2 + 2m_k(\eta_k - m_k) - (1 - \sigma_k)^2 \right) \\ &= \sum \left[\left(\frac{1}{\sigma_k} - 1 \right)^2 E_1((\eta_k - m_k)^4) \right. \\ &\quad \left. + \left(4m_k^2 - 2\frac{(1 - \sigma_k)^2}{\sigma_k} \right) E((\eta_k - m_k)^2) + (1 - \sigma_k)^2 \right] \\ &= \sum_k [2(\sigma_k - 1)^2 + 4m_k^2 \sigma_k]. \end{aligned}$$

由 (5.2.6), (5.2.7), (5.2.10), 若记

$$m = \sum_{k=1}^{n}[(1-\sigma_k)^2 + m_k^2],$$

则必有正数 b_1, b_2, b (不依赖于 $\eta_1, \cdots, \eta_n$) 使

$$D_k(f) \leqslant b_k m, \quad k = 1, 2, \quad a(f) \geqslant bm.$$

因此 (5.2.8), (5.2.9) 化成

$$P_\nu(A_\nu) \leqslant \frac{b_\nu}{b}\frac{1}{m}. \tag{5.2.11}$$

如果 n 及 $\{\eta_1, \cdots, \eta_n\}$ 变化时 m 的上界为 $+\infty$, 那么对任意给定的正数 ε, 有一组 $\{\eta_1, \cdots, \eta_n\}$, 使相应的 m 适合 $m \geqslant \frac{1}{b\varepsilon}\max(b_1, b_2)$. 由 (5.2.11), 相应的集 A_1 适合

$$P_1(A_1) < \varepsilon, \quad P_2(\Omega - A_1) < \varepsilon.$$

根据引理 1.1.21, P_1 与 P_2 相互奇异. 这和假设冲突, 引理证毕.

现在令 H 以 $(x,y)_2$ 为内积, 又令 H_0 为 H 中与 1 直交的向量全体, H_0 是 H 的闭子空间, 它按 $(x,y)_2$ 也是 Hilbert 空间. H_0 也就是 H 中按测度 P_2 的平均数为零的函数全体. 作 H_0 上双线性非负泛涵

$$B(\xi, \eta) = (\xi - E_1(\xi), \eta - E_1(\eta))_1,$$

根据 (5.2.2),

$$B(\eta, \eta) = (\eta, \eta)_1 - E_1(\eta)^2 \leqslant c_2(\eta, \eta)_2,$$

即 $B(\eta, \eta)$ 在 H_0 上是有界的. 根据熟知的定理, 必有 H_0 上的线性有界自共轭算子 B, 使得对一切 $\xi, \eta \in H_0$, 成立着

$$B(\xi, \eta) = (B\xi, \eta)_2.$$

引理 5.2.3 设 P_1 与 P_2 不是相互奇异的, 则 $B - I$(I 是 H_0 中恒等算子) 是 H_0 中的 Hilbert–Schmidt 型算子.

证 根据引理 5.2.2, 有如下的正数 K: 若 $\eta_1, \cdots, \eta_n \in H_0, \{\eta_k\}$ 为按内积 $(\xi, \eta)_2$ 的就范直交系, 而且当 $k \neq k'$ 时,

$$B(\eta_k, \eta_{k'}) = 0,$$

即 $((B-I)\eta_k, \eta_{k'})_2 = 0$, 那么

$$\sum_k (1-\sigma_k)^2 = \sum_k(1 - B(\eta_k, \eta_k))^2 = \sum_k((B-I)\eta_k, \eta_k)^2 \leqslant K.$$

根据引理 II.1.5, $B - I$ 是 H_0 到 H_0 中的 Hilbert–Schmidt 型算子. 证毕.

再根据 $B-I$ 的性质 (见 §II.1), 存在 H_0 中的一组完备就范直交系 (关于内积 $(\xi,\eta)_2)\{\eta_\alpha,\alpha\in\mathfrak{A}\}$, 它们是 $B-I$ 的特征向量, 因而也是 B 的特征向量, 设相应的特征值是 $\sigma_\alpha, B\eta_\alpha=\sigma_\alpha\eta_\alpha$, 则

$$\sum_\alpha(\sigma_\alpha-1)^2\leqslant K<\infty. \tag{5.2.12}$$

因此这时 $\sigma_\alpha\neq1$ 的 α 最多只有可列个, 设为 $\alpha=1,2,\cdots$. 再根据引理 5.2.2,

$$\sum_\alpha E_1(\eta_\alpha)^2\leqslant K<\infty. \tag{5.2.13}$$

引理 5.2.4　若 P_1 与 P_2 不是相互奇异的, 则 P_1 与 P_2 必然是相互等价的.

证　由于 $\mathscr{L}$ 是 $(\Omega,\mathfrak{B},P_k)$ 的决定集而 $\mathscr{L}$ 中函数是 H_0 与常数的和, 因此 H_0 亦是 S_k 的决定集. 又由于 $\{\eta_\alpha,\alpha\in\mathfrak{A}\}$ 是 H_0 中的完备就范直交系, 容易看出 $\{\eta_\alpha,\alpha\in\mathfrak{A}\}$ 也成为 S_k 上的决定集. 令 $\Omega_0=\underset{\alpha\in\mathfrak{A}}{\times}R_\alpha$, 此地 R_α 的实数直线, 又令 $\mathfrak{B}_0$ 是 Ω_0 中的 Borel 柱全体张成的 $\sigma-$ 代数. 根据 §5.1 的第 2 段存在 $(\Omega_0,\mathfrak{B}_0)$ 上的概率测度 N_k 使 $(\Omega_0,\mathfrak{B}_0,N_k)$ 成为 S_k 上 Gauss 过程 $\{\eta_\alpha(\cdot),\alpha\in\mathfrak{A}\}$ 的样本测度空间.

然而, 若记 Ω_0 中点 p 的坐标为 p_α, 那么 $(\Omega_0,\mathfrak{B}_0,N_k)$ 上的随机过程 $\{p_\alpha(p),\alpha\in\mathfrak{A}\}$ 与 S_k 上 Gauss 过程 $\{\eta_\alpha(\omega),\alpha\in\mathfrak{A}\}$ 有相同的有限维分布, 因此 $\{p_\alpha,\alpha\in\mathfrak{A}\}$ 是相互独立的 Gauss 分布, 而按测度 N_1,N_2 的数学期望和方差分别是 $E_1(\eta_\alpha),0;1,\sigma_\alpha$, 它们满足条件 (5.2.12) 和 (5.2.13). 由引理 5.1.2 知道,N_1 与 N_2 相互等价, 根据引理 1.3.7 推出 P_1 与 P_2 的等价性. 证毕.

下面是 Gauss 测度等价性的基本定理.

定理 5.2.5　设 $S_\nu=(\Omega,\mathfrak{B},P_\nu),\nu=1,2$ 是两个概率测度空间,$\{\xi_\alpha,\alpha\in\mathfrak{A}\}$ 是 S_ν 上的一族 Gauss 随机变量, 而且成为 S_ν 上的决定函数集, 那么 P_1 与 P_2 或是相互等价的或是相互奇异的.

下面是测度 P_1 与 P_2 相互等价的充分而且必要的条件: 令 $\mathscr{L}$ 是 $\{\xi_\alpha,\alpha\in\mathfrak{A}\}$ 与常数的线性组合全体, $\mathscr{L}$ 中函数按 P_1 概为零与按 P_2 概为零一致 (把概为零的函数视为零). $\mathscr{L}$ 在 Hilbert 空间 $L^2(S_\nu)$ 中分别按内积

$$(\xi,\eta)_\nu=\int_\Omega\xi\overline{\eta}dP_\nu,\quad\nu=1,2,$$

完备化成为 Hilbert 空间 $H_\nu,\nu=1,2$. 把嵌入算子 $T:x\to x$ 看成 H_2 到 H_1 上算子时, 它是等价算子 [①].

证　根据引理 5.2.4, 当 P_1 与 P_2 不是互相奇异时, 必是相互等价的, 因此定理的第一部分证好. 今考察条件的充分性和必要性.

[①]关于等价算子的定义和性质见附录 II.

根据引理 5.2.1 所述, 若 P_1 与 P_2 相互等价, 那么 T 必是 H_2 到 H_1 上的线性有界算子而且 T^{-1} 亦是线性有界算子, 令 Q 为 H_2 到 H_0 的投影算子. 那么 $I - Q$ 是 H_2 到一维子空间 $\{\lambda | -\infty < \lambda < \infty\}$ 的投影算子. 我们令 Q_1 是 H_1 到一维子空间 $\{\lambda | -\infty < \lambda < \infty\}$ 的投影算子, 那么容易看出常数函数 $E_1(\xi) = Q_1\xi$. 先来证明

$$QT^*TQ = QBQ + QT^*Q_1TQ. \tag{5.2.14}$$

事实上, 任取 $\xi, \eta \in H_2$, 记 $\xi_1 = Q\xi, \eta_1 = Q_\eta \in H_0$, 则

$$\begin{aligned}
((QBQ + QT^*Q_1TQ)\xi, \eta)_2 &= ((B + T^*Q_1T)\xi_1, \eta_1)_2 \\
&= B(\xi_1, \eta_1) + (Q_1\xi_1, Q_1\eta_1)_2 \\
&= (\xi_1, \eta_1)_1 = (T^*T\xi_1, \eta_1)_2 \\
&= (QT^*TQ\xi, \eta)_2,
\end{aligned}$$

因此 (5.2.14) 成立. 利用 (5.2.14) 容易算出

$$T^*T - I = (B - I)Q + A, \tag{5.2.15}$$

此地

$$A = (T^*T - I)(I - Q) + (I - Q)(T^*T - I)Q + QT^*Q_1TQ.$$

由于 $I - Q$ 与 Q_1 都是一秩算子, 因此 A 是一秩的. 又根据引理 5.2.3, $(B - I)Q$ 是 Hilbert–Schmidt 型算子, 因此 (5.2.15) 也是 Hilbert–Schmidt 型算子, 即 T 是等价算子.

反之, 若定理中条件成立, 仍可仿照引理 5.2.3 之前所述作 H_0, 由 (5.2.14) 得知, $(B - I)Q = Q(T^*T - I)Q - QT^*Q_1TQ$, 因此 $(B - I)$ 是 H_0 上的 Hilbert–Schmidt 型算子, 然后再仿照引理 5.2.3 之后所述作出随机变量 $\{\eta_\alpha, \alpha \in \mathfrak{A}\}$, 再利用引理 5.2.4 的证明立即知道 P_1 与 P_2 是相互等价的. 定理证毕.

注 由定理 5.2.5 的证明容易看出: 当 $E_k(\xi_\alpha) = 0, k = 1, 2, \alpha \in \mathfrak{A}$ 时, 我们不妨取 $\mathscr{L}$ 为 $\{\xi_\alpha, \alpha \in \mathfrak{A}\}$ 的线性组合全体而无需把常数放入 $\mathscr{L}$, 经过这样的改变, 定理 5.2.5 中关于 $\mathscr{L}$ 的条件仍为 P_1 与 P_2 相互等价的充要条件.

2° 具体的例

下面我们给出利用定理 5.2.5 判别相关函数不同而数学期望相同的两 Gauss 过程相互等价性的例.

例 5.2.1 我们考察如下的一类 Gauss 过程: 它的数学期望是零, 相关函数 $r(s,t), a \leqslant s, t \leqslant b$ 具有下面的一些性质:

(i) 当 $s, t \in [a, b]$ 时, $r(s, t)$ 是连续函数;

(ii) 对每个固定的 $t \in [a, b], r(s, t)$ 是 $s \in [a, b]$ 的全连续函数, 而且.

$$\int_a^b \left| \frac{\partial r(s, a)}{\partial s} \right|^2 ds < \infty;$$

(iii) 对几乎所有 (按 Lebesgue 测度) 的 $s \in [a, b]$, 当 s 固定时, 函数 $\dfrac{\partial r(s, t)}{\partial s}$ 是区间 $[a, s]$ 以及区间 $(s, b]$ 上的全连续函数 (因此 $\dfrac{\partial^2 r(s, t)}{\partial s \partial t}$ 在矩形 $a \leqslant s, t \leqslant b$ 上几乎处处存在而且是可测函数);

(iv) $\displaystyle\int_a^b \int_a^b \left| \frac{\partial^2 r(s, t)}{\partial s \partial t} \right|^2 ds dt < \infty.$

又由条件 (iii) 看出, 对几乎所有的 $s \in [a, b]$, 存在着有限极限

$$q_-(s) = \lim_{t \to s-0} \frac{\partial r(s, t)}{\partial s}, \quad q_+(s) = \lim_{t \to s+0} \frac{\partial r(s, t)}{\partial s}. \tag{5.2.16}$$

容易看出这时 $q_-(s)$ 与 $q_+(s)$ 都是可测函数. 再进一步设

(v) 存在正数 c_1, c_2, 使得函数 $D_r(s) = q_+(s) - q_-(s)$ 几乎处处适合关系

$$c_1 \leqslant D_r(s) \leqslant c_2. \tag{5.2.17}$$

我们称 $D_r(s)$ 是相关函数 r 的示性函数. 又假定 $\dfrac{\partial^2 r(s, t)}{\partial s \partial t}$ 是正定积分核, 即

(vi) 对一切 $f \in L^2[a, b]$, 成立着

$$\int_a^b \int_a^b f(t) f(s) \frac{\partial^2 r(s, t)}{\partial s \partial t} ds dt \geqslant 0.$$

满足上面条件的 Gauss 过程称为属于 $S[a, b]$ 类, 它的相关函数 $r(s, t)$ 称为属于 $s[a, b]$ 类.

容易验证: 若 $u(s), v(s)$ 是 $[a, b]$ 上的实值的全连续函数而且当 $f \in L^2[a, b]$ 时

$$\int_a^b \int_a^t f(t) f(s) v'(t) v'(s) ds dt \geqslant 0,$$

同时,

$$\int_a^b u'(s)^2 ds < \infty, \quad \int_a^b v'(s)^2 ds < \infty.$$

又存在正数 c_1, c_2, 使得对几乎所有的 s, t,

$$c_1 \leqslant v(s) u'(s) - u(s) v'(s) \leqslant c_2,$$

那么函数

$$r(s, t) = \begin{cases} u(s) v(t), & s \leqslant t, \\ u(t) v(s), & s \geqslant t \end{cases}$$

属于 $s[a,b]$ 类而且这时

$$D_r(s) = v(s)u'(s) - u(s)v'(s).$$

特别当 $u(s) = \dfrac{c}{2}s, v(s) \equiv 1$ 时, 即得

$$r(s,t) = \frac{c}{2}\min(s,t),$$

这是 Wiener 过程 (见 §5.1) 的相关函数.

定理 5.2.6　设 $\{\xi(t,\omega), t \in [a,b]\}$ 是 $S_k = (\Omega, \mathfrak{B}, P_k), k = 1, 2$ 上的 Gauss 过程, 且属于 $S[a,b]$ 类, 它们的相关函数分别是 $r_k(s,t), k = 1, 2$. 那么 P_1 与 P_2 等价的充要条件是

(i) 在区间 $[a,b]$ 上它们的示性函数 $D_{r_1}(t)$ 与 $D_{r_2}(t)$ 几乎处处相等;

(ii) $r_1(a,a)$ 与 $r_2(a,a)$ 或者同时为零或者同时不为零.

证　利用定理 5.2.5, 我们造出 $\mathscr{L}$ 在 $L^2(S_k)$ 中的包 H_k, 并且用具体的函数空间来表述 H_k.

1. 令 f 是区间 $[a,b]$ 上的有界变差函数, 且 $f(b) = 0$, 而且在 (a,b) 中是左方连续的. 这种函数全体记为 $V[a,b]$.

对于每个 $f \in V[a,b]$ 以及 $[a,b]$ 上一列分点组

$$0 < t_0^{(n)} < t_1^{(n)} < \cdots < t_n^{(n)} = 1,$$

作 $\mathscr{L}$ 中的函数列 $\{\xi_n\}$ 如下:

$$\xi_n(\omega) = \sum_{k=1}^{n} \xi(t_k^{(n)}, \omega)(f(t_k^{(n)}) - f(t_{k-1}^{(n)})).$$

容易算出

$$(\xi_n, \xi_m)_\nu = \sum_{k=1}^{n}\sum_{l=1}^{m} r_\nu(t_k^{(n)}, t_l^{(m)})(f(t_k^{(n)}) - f(t_{k-l}^{(n)}))(f(t_l^{(m)}) - f(t_{l-1}^{(m)})), \nu = 1, 2.$$

当 $n, m \to \infty$ 时立即得到

$$(\xi_n, \xi_m)_\nu \to \int_a^b \int_a^b r_\nu(s,t)df(s)df(t), \quad \nu = 1, 2, \tag{5.2.18}$$

由是易知 $\{\xi_n\}$ 按内积 $(x,y)_\nu$ 成为基本点列, 因此它收敛于 H_ν 中的向量, 记为 $\xi_f^{(\nu)}$. 利用 (5.2.18) 容易算出: 当 $f, g \in V[a,b]$ 时,

$$(\xi_f^{(\nu)}, \xi_g^{(\nu)})_\nu = \int_a^b \int_a^b r_\nu(s,t)df(s)dg(t). \tag{5.2.19}$$

令 $K_\nu = \{\xi_f^{(\nu)} | f \in V[a,b]\}$, 那么 K_ν 在 H_ν 中稠密, 事实上, 对任一 $t_0 \in (a,b)$, 作函数

$$f(t) = \begin{cases} 0, & t > t_0, \\ -1, & t \leqslant t_0. \end{cases}$$

显然 $f \in V[a,b]$ 而且 $\xi_f(\cdot) = \xi(t_0; \cdot)$, 即 $\xi(t_0; \cdot) \in K_\nu$. 由 $r(s,t)$ 的连续性易知 $\xi(a, \cdot) = \lim\limits_{t_0 \to a} \xi(t_0; \cdot)$. 因此 $\xi(a; \cdot)$ 属于 K_ν 在 H_ν 中的包 K_ν^0. 类似地 $\xi(b; \cdot) \in K_\nu^0$. 又 K_ν 是线性空间, 因此 $\mathscr{L} \subset K_\nu^0$, 即得

$$K_\nu^0 = H_\nu. \tag{5.2.20}$$

由于条件 (ii),$r_\nu(s,t) = r_\nu(t,s)$ 是 t 的全连续函数, 利用分部积分立即可知, 当 $f \in V[a,b]$ 时, 成立着

$$\int_a^b r_\nu(s,t)df(s) = -f(a)r(a,t) - \int_a^b f(s)\frac{\partial r_\nu(s,t)}{\partial s}ds. \tag{5.2.21}$$

利用例 5.2.1 的性质 (iii), 对几乎所有的 $s \in [a,b]$, 当 s 固定时,$\dfrac{\partial r_\nu(s,t)}{\partial s}$ 为 t 在 $[a,s),(s,b]$ 上的全连续函数. 因此, 当 $t < s$ 时,

$$\frac{\partial r_\nu(s,t)}{\partial s} = \int_a^t \frac{\partial^2 r_\nu(s,\eta)}{\partial\eta\partial s}d\eta + \frac{\partial r_\nu(s,a)}{\partial s}. \tag{5.2.22}$$

令 $t \to s - 0$, 我们记 $q_+^{(\nu)}, q_-^{(\nu)}$ 为相应于 r_ν 的函数 (5.2.16), 那么

$$q_-^{(\nu)}(s) = \int_a^s \frac{\partial^2 r_\nu(s,\eta)}{\partial\eta\partial s}d\eta + \frac{\partial r_\nu(s,a)}{\partial s}. \tag{5.2.23}$$

类似于 (5.2.22), 并利用 (5.2.23) 我们得到: 当 $t > s$ 时,

$$\begin{aligned} \frac{\partial r_\nu(s,t)}{\partial s} &= \int_s^t \frac{\partial^2 r_\nu(s,\eta)}{\partial\eta\partial s}d\eta + q_+^{(\nu)}(s) \\ &= \int_a^t \frac{\partial^2 r_\nu(s,\eta)}{\partial\eta\partial s}d\eta + D_{r_\nu}(s) + \frac{\partial r_\nu(s,a)}{\partial s}. \end{aligned} \tag{5.2.24}$$

将 (5.2.22) 和 (5.2.24) 代入 (5.2.21), 并利用 Fubini 定理交换积分顺序即得

$$\begin{aligned} \int_a^b r_\nu(s,t)df(s) = &-f(a)r_\nu(a,t) - \int_a^t \left(\int_a^b \frac{\partial^2 r_\nu(s,\eta)}{\partial\eta\partial s}d\eta\right)f(s)ds \\ &- \int_a^b \frac{\partial r_\nu(s,a)}{\partial s}f(s)ds - \int_a^t D_{r_\nu}(s)f(s)ds. \end{aligned}$$

再利用分部积分就有

$$\int_a^b \int_a^b r_\nu(s,t) df(s) dg(t)$$

$$= f(a)g(a)r_\nu(a,a) + f(a) \int_a^b \frac{\partial r_\nu(a,t)}{\partial t} g(t) dt$$

$$+ \int_a^b \frac{\partial r_\nu(s,a)}{\partial s} f(s) ds g(a) + \int_a^b D_{r_\nu}(s) f(s) g(s) ds$$

$$+ \int_a^b \int_a^b \frac{\partial^2 r_\nu(s,t)}{\partial t \partial s} f(s) g(t) ds dt. \tag{5.2.25}$$

2. 再作如下的函数空间 $L_2^{(\nu)}[a,b]$, 其中的函数属于 $L_2[a,b]$, 然而当 $f,g \in L_2^{(\nu)}[a,b], f(t)$ 与 $g(t)$ 在 (a,b) 上几乎处处相等, 又

$$f(a)r_\nu(a,a) = g(a)r_\nu(a,a)$$

时才把 f 与 g 看成同一向量, 又在 $L_2^{(\nu)}[a,b]$ 中按通常的方法引进线性运算, 规定其中的内积是

$$[f,g]_\nu = \begin{cases} \int_a^b f(t)g(t) D_{r_\nu}(t) dt + f(a)g(a), & r_\nu(a,a) > 0, \\ \int_a^b f(t)g(t) D_{r_\nu}(t) dt, & r_\nu(a,a) = 0. \end{cases}$$

由例 5.2.1 的条件 (v) 知道 $L_2^{(\nu)}[a,b]$ 按 $[f,g]_\nu$ 成为 Hilbert 空间.

再作 $L_2^{(\nu)}[a,b]$ 到 $L_2^{(\nu)}[a,b]$ 的线性算子 A_ν 如下: 当 $f \in L_2^{(\nu)}[a,b]$ 时, 记 $A_\nu f$ 为如下的函数; 当 $t \in (a,b]$ 时,

$$(A_\nu f)(t) = \frac{1}{D_{r_\nu}(t)} \int_a^b \frac{\partial^2 r_\nu(s,t)}{\partial t \partial s} f(s) ds + \frac{f(a)}{D_{r_\nu}(t)} \frac{\partial r_\nu(a,t)}{\partial t},$$

又当 $r_\nu(a,a) \neq 0$ 时,

$$(A_\nu f)(a) = \int_a^b \frac{\partial r_\nu(s,a)}{\partial s} f(s) ds + f(a)(r_\nu(a,a) - 1).$$

我们来证明 A_ν 是 Hilbert–Schmidt 型算子. (1) $r_\nu(a,a) = 0$ 的情况. 这时 $\xi(a,\omega) \equiv 0$, 因此 $r(a,t) \equiv 0, a \leqslant t \leqslant b$. 这时 $L_2^{(\nu)}[a,b]$ 就是 $L_2[a,b]$, 而且

$$(A_\nu f)(t) = \frac{1}{D_{r_\nu}(t)} \int_a^b \frac{\partial^2 r_\nu(s,t)}{\partial t \partial s} f(s) ds. \tag{5.2.26}$$

由例 5.2.1 的条件 (iv) 及 (5.2.17), A_ν 是 Hilbert–Schmidt 型算子, $f \to \int_a^b \frac{\partial^2 r_\nu(s,t)}{\partial s \partial t} f(s) ds$ 与有界算子 $f \to \frac{1}{D_{r_\nu}} f$ 的乘积, 因而是 Hilbert–Schmidt 型的. (2) 当 $r_\nu(a,a) \neq$

0 时, A_ν 是形如 (5.2.26) 的 Hilbert–Schmidt 型算子与有限秩的线性有界算子的和, 因而 A_ν 也是 Hilbert–Schmidt 型的.

我们再注意, 当 $f, g \in L_2^{(\nu)}[a,b]$ 时, (5.2.25) 的右边就是 $[(I + A_\nu)f, g]_\nu$. 特别当 $f, g \in V[a,b]$ 时, 由 (5.2.18) 得到

$$\left(\xi_f^{(\nu)}, \xi_g^{(\nu)} \right)_\nu = [(I + A_\nu)f, g]_\nu. \tag{5.2.27}$$

由于 $V[a,b]$ 是 $L_2^{(\nu)}[a,b]$ 的稠密子空间, 对每个 $f \in L_2^{(\nu)}[a,b]$, 取 $\{f_n\} \subset V[a,b]$ 使 $\{f_n\}$ 在 $L_2^{(\nu)}[a,b]$ 中收敛于 f. 利用 (5.2.27) 立即可知 $\{\xi_{f_n}^{(\nu)}\}$ 是 K_ν 中基本序列. 由 (5.2.27), $\{\xi_{f_n}^{(\nu)}\}$ 在 H_ν 中收敛于一向量, 记之为 $\xi_f^{(\nu)}$, 而且 (5.2.27) 对一切 $f, g \in L_2^{(\nu)}[a,b]$ 成立. 由于 $(\xi_f^{(\nu)}, \xi_f^{(\nu)}) \geqslant 0$, 所以由 (5.2.27) 知道 $B_\nu = I + A_\nu$ 是 $L_2^{(\nu)}[a,b]$ 上的非负的自共轭算子.

我们再来研究 B_ν 的零空间. 还是分两种情况:

(1) 当 $r_\nu(a,a) = 0$ 时, 若 $B_\nu f = 0$, 则由 (5.2.27), 得

$$\begin{aligned} 0 = (B_\nu f, f) &= (f, f) + (A_\nu f, f) \\ &= \int_a^b D_{r_\nu}(t) f(t)^2 dt + \int_a^b \int_a^b \frac{\partial^2 r_\nu(s,t)}{\partial t \partial s} f(s) f(t) ds dt. \end{aligned} \tag{5.2.28}$$

然而由条件 (vi), 上式最右边的第二项 $\geqslant 0$. 因此 $f = 0$. 换句话说, B_ν 具有逆算子. 这时 A_ν 就不以 -1 为特征值, 然而 A_ν 是全连续的, 因此 -1 是 A_ν 的正则点. 因此 B_ν^{-1} 在全空间定义的而且是有界的. 换句话说 B_ν 是 $L_2^{(\nu)}[a,b]$ 到它自身的等价算子.

(2) 当 $r_\nu(a,a) > 0$ 时, 我们要说明, 若 φ, ψ 属于 B_ν 的零空间而且 $\varphi(a) = \psi(a)$, 则 $\varphi = \psi$. 事实上, 这时 $f = \varphi - \psi$ 也在 B_ν 的零空间中而且 $f(a) = 0$. 因此由 A_ν 的表达式知道, 对 f, (5.2.26) 也成立, 所以仍有 (5.2.28), 因此 $f = 0$, 即 $\varphi = \psi$. 因此 B_ν 的零空间 E_ν 是一维的, 或是 $E_\nu = (0)$. 当 $E_\nu = (0)$ 时, 又回到情况 (1) 而 B_ν 是等价算子. 由于 A_ν 是自共轭全连续算子, 容易证明, 当我们把 B_ν 限制在 E_ν 的直交补空间 F_ν 上时, B_ν 是 F_ν 到 F_ν 的拓扑映照. 因此 B_ν 是 F_ν 到 F_ν 的等价算子. 为了和前面情况统一起见, 在 (1) 的情况下我们记 $F_\nu = L_2^{(\nu)}[a,b]$.

所以由 (5.2.27) 知道映照

$$U_\nu: \quad f \to \xi_f^{(\nu)}$$

是 F_ν 到 $U_\nu F_\nu$ 的拓扑映照. 然而由于当 $f \in E_\nu$ 时 $B_\nu f = 0$, 即 $\xi_f^{(\nu)} = 0$, 所以 $U_\nu F_\nu = U_\nu L_2^{(\nu)}[a,b] \supset K_\nu$. 又由于 F_ν 是完备的, 从 (5.2.20) 知道 $U_\nu F_\nu = H_\nu$. 再从 (5.2.27) 立即知道

$$U_\nu^* U_\nu = B_\nu,$$

因此 U_ν 是 F_ν 到 H_ν 的等价算子.

3. 条件的必要性. 设 P_1 与 P_2 等价, 那么 $T' = U_1^{-1} T U_2$ 是 F_2 到 F_1 的恒等算子:$T'f = f, f \in F_2$. 因此或是 (1) 同时 $F_\nu = L_2^{(\nu)}[a,b], \nu = 1, 2$. 即 $r_1(a,a) = r_2(a,a) = 0$, 或是 (2) 同时 $F_\nu \neq L_2^{(\nu)}[a,b], \nu = 1, 2$. 即 $r_1(a,a) \neq 0, r_2(a,a) \neq 0$. 因此条件 (ii) 是必要的. 又由于 U_1, T, U_2 都是等价算子, 从定理 II.1.9 知道 T' 也是等价算子. 我们只讨论 (1):$r_1(a,a) = r_2(a,a) = 0$ 的情况, 这时

$$(T')^* f = \frac{D_{r_1}}{D_{r_2}} f,$$

因此

$$((T')^* T' - I) f = \frac{D_{r_2} - D_{r_1}}{D_{r_2}} f.$$

然而容易证明, 这时除非 $D_{r_2} = D_{r_1}$, 否则 $(T')^* T' - I$ 不可能是全连续算子. 因此条件 (i) 也是必要的. 对于 (2) 的情况也可以类似地讨论.

4. 条件的充分性, 设定理中的条件 (i) 和 (ii) 满足, 那么这时 $L_2^{(1)}[a,b]$ 与 $L_2^{(2)}[a,b]$ 完全一致 (包括内积), 因此 F_1 与 F_2 一致. 作 H_2 到 H_1 的算子

$$T = U_1 U_2^{-1},$$

由定理 II.1.9, T 是等价算子. 又因为当 T 限制在 $\mathscr{L}$ 上时, $T\xi = \xi$. 因此 T 满足定理 5.2.5 中条件. 因此 P_1 与 P_2 是等价的. 证毕.

系 5.2.7　设 $\{\xi(t,\omega), a \leqslant t \leqslant b\}$ 是概率空间 $(\Omega, \mathfrak{F}, P)$ 上的 Gauss 过程而且属于 $S[a,b]$ 类, 设 $r(s,t)$ 是它的相关函数, $D_r(t), a \leqslant t \leqslant b$ 是它的示性函数, 那么必有 $(\Omega, \mathfrak{B})$ 上的概率测度 P' 使 $(\Omega, \mathfrak{B}, P')$ 上的 Gauss 过程 $\{\xi(t;\omega), t \in [a,b]\}$ 具有数学期望零及相关函数

$$\rho(s,t) = \int_a^{\min(s,t)} D_r(\eta) d\eta + r(a,a). \tag{5.2.29}$$

证　这时 $\rho(a,a) = r(a,a)$, 又容易证明 ρ 是正定连续函数,$\rho \in s[a,b]$ 而且 $D_\rho(\eta) = D_r(\eta)$. 因此由引理 5.1.2, 有 $(\Gamma, \mathfrak{B})$ 上 P' 使 $\{\xi(t,\omega), t \in [a,b]\}$ 具有数学期望 0, 相关函数 ρ. 不妨设 $\Omega = \Gamma, \mathfrak{F} = \mathfrak{B}$. 再利用定理 5.2.6 立即知道 P 与 P' 等价.

系 5.2.7 给出了 $S[a,b]$ 中 Gauss 过程的典型形式 (5.2.29). 当 $(\Omega, \mathfrak{B})$ 为例 5.1.2 中 $(C_0[0,1], \mathfrak{B})$ 时这种典型的 Gauss 过程事实上是由 Wiener 过程 (其中取 $c = 2$)$\{x(s,\omega), s \in [0,1]\}$ 作变换而得, 即

$$\xi(t,\omega) = m x(q(t), \omega) + \xi,$$

这里

$$q(t) = \frac{\int_a^t D_r(\eta) d\eta}{\int_a^b D_r(\eta) d\eta}, \quad m = \sqrt{\int_a^b D_r(\eta) d\eta},$$

而 ξ 是与一切 $x(s,\omega)$ 相互独立的一个 Gauss 变量, $E(\xi)=0, E(\xi^2)=r(a,a)$.

§5.3　线性空间上的 Gauss 测度

1° 标准 Gauss 测度空间

在研究与 Gauss 测度有关的调和分析时, 常用到如下的测度空间:

定义 5.3.1　设 Ω 是实线性空间, H 是 Ω 的线性子空间, 且在 H 上有内积 (x,y) 使 H 成为内积空间. 设 $\mathfrak{B}$ 是 Ω 的某些子集所成的 $\sigma-$ 代数, N 是 $(\Omega,\mathfrak{B})$ 上的概率测度, 而 $(\Omega,\mathfrak{B},N)$ 关于 H 是拟不变的. 又设对每个 $x\in H$, 存在 $(\Omega,\mathfrak{B},N)$ 上关于 H 的拟线性泛函 $x(\omega)$, 它在 H 上导出的线性泛函就是 $(x,y), y\in H$. 换言之, 对每个 $y\in H$, 使等式 $x(t\omega+y)=tx(\omega)+(y,x), -\infty<t<\infty$ 不成立的 ω 组成零集, 而且 $x(t\omega)=tx(\omega), -\infty<t<\infty$ 始终成立.

又设 $\{x(\omega),x\in H\}$ 成为 $(\Omega,\mathfrak{B},N)$ 上的决定函数族而且是 $(\Omega,\mathfrak{B},N)$ 上的 Gauss 过程, 其数学期望为 0, 相关数为

$$\int x(\omega)y(\omega)dN(\omega)=\frac{c}{2}(x,y),\quad c>0.$$

那么称 $(\Omega,\mathfrak{B},N)$ 为相应于 H 的 (参数 c 的) 标准 Gauss 测度空间, $\{x(\cdot),x\in H\}$ 称为其上的标准 Gauss 过程.

有时为了标出 c, 写 N 为 N_c.

定理 5.3.1　设 H,Ω 是两个实 Hilbert 空间, 而且 H 是 Ω 的线性子空间, H 在 Ω 中稠密. 又 H 到 Ω 中的嵌入算子是 Hilbert–Schmidt 型的. $\mathfrak{B}$ 是 Ω 中弱 Borel 集所成的 $\sigma-$ 代数. 那么必有相应于 H 的标准 Gauss 测度空间 $(\Omega,\mathfrak{B},N)$.

证　记 H,Ω 中的内积为 (x,y) 与 $(x,y)_1$. 由于 H 到 Ω 的嵌入算子 T 是 Hibert-Schmidt 型算子, $B=T^*T$ 是核算子. B 具有如下性质: 当 $x,y\in H$ 时,

$$(x,y)_1=(Bx,y).$$

令 $\{e_n,n=1,2,\cdots\}$ 是 H 中由 B 的特征向量组成的完备就范直的交系. 令 e_n 相应的特征值是 λ_n. 那么, 由于 B 是核算子, $\sum\limits_{m=1}^{\infty}\lambda_m<\infty$. 又

$$(e_m,e_n)_1=\lambda_m\delta_{mn}.$$

由于 $(e_m,e_m)_1>0$, 所以 $\lambda_m>0$. 令 $l=\bigtimes\limits_{n=1}^{\infty}R_n, R_n$ 是实数直线. l^2 为 l 中适合条件 $\sum x_n^2<\infty$ 的 $x=\{x_n\}$ 全体, 按内积

$$(x,y)=\sum_{\nu=1}^{\infty}x_\nu y_\nu,$$

(其中 $y = \{y_\nu\}$), l^2 成为 Hilbert 空间. 又令 $l^2(\{\lambda_m\})$ 是 l 中适合条件 $\sum \lambda_n x_n^2 < \infty$ 的点 $x = \{x_n\}$ 全体 (见例 4.2.2). 在 $l^2(\{\lambda_m\})$ 中规定内积

$$(x, y)_1 = \sum_{m=1}^{\infty} \lambda_m x_m y_m,$$

那么 $l^2(\{\lambda_m\})$ 成为 Hilbert 空间. 作 Ω 到 $l^2(\{\lambda_m\})$ 的映照

$$U: \quad x \to \{(x, e_1), (x, e_2), \cdots, (x, e_n), \cdots\}.$$

由于 Ω 是适合条件 $(x, x)_1 = \sum_{m=1}^{\infty} \lambda_m |(x, e_m)|^2 < \infty$ 的点全体, 因此 U 是 Ω 到 $l^2(\{\lambda_m\})$ 的酉映照而且 U 又把 H 酉映照成 l^2. 因此不妨视 Ω 为 $l^2(\{\lambda_m\})$, H 为 l^2.

令 $\mathfrak{B}_\omega$ 为 l 中包含一切 Borel 柱的最小 σ-代数. 根据 §5.1 的第 2 段, 必有 $(l, \mathfrak{B}_\omega)$ 上的 Gauss 测度 N, 使 $\{x_\nu\}$ (视为点 x 的函数) 成为一族互相独立的 Gauss 变量而且它们的数学期望为 0, 方差为 $\frac{c}{2}(c > 0)$.

对每个 $y \in l$, 作 $(l, \mathfrak{B}_\omega)$ 上的测度 N_y 如下:

$$N_y(E) = N(E - y), \quad E \in \mathfrak{B}. \tag{5.3.1}$$

这时 $\{x_\nu, \nu = 1, 2, \cdots\}$ 仍为 $(l, \mathfrak{B}_\omega, N_y)$ 上相互独立的 Gauss 变量, 其方差仍为 $\frac{c}{2}$. 但 x_ν 的数学期望为

$$\int x_\nu dN_y(x) = \int x_\nu dN(x - y) = \int (x_\nu + y_\nu) dN(x) = y_\nu.$$

根据引理 5.1.2, N_y 和 N 等价的充分必要条件是 $\sum y_\nu^2 < \infty$, 即 $y \in l^2$. 所以 $(l, \mathfrak{B}_\omega, N)$ 的拟不变点全体是 l^2.

再来证明测度 N 集中在 $l^2(\{\lambda_m\})$ 上. 利用 Levi 引理,

$$\int (x, x)_1 dN(x) = \lim_{n \to \infty} \frac{c}{2} \int \sum_{\nu=1}^{n} \lambda_\nu x_\nu^2 dN(x) = \frac{c}{2} \sum_{\nu=1}^{\infty} \lambda_\nu < \infty,$$

所以 $N(\{x|(x, x)_1 = \infty\}) = 0$. 因此测度 N 集中在 $l^2(\{\lambda_n\})$ 上, 仍记 $\mathfrak{B}_\omega, N$ 在 $l^2(\{\lambda_n\})$ 中的限制为 $\mathfrak{B}_\omega, N$. 因此我们得到关于 l^2 拟不变的 Gauss 测度空间 $(\mathscr{L}^2 (\{\lambda_m\}), \mathfrak{B}_\omega, N)$.

对每个 $y \in l^2$, 作 $(l^2(\{\lambda_m\}), \mathfrak{B}_\omega, N)$ 上的可测函数列

$$y^{(n)}(x) = \sum_{\nu=1}^{n} y_\nu x_\nu, \quad x \in l^2(\{\lambda_m\}).$$

这时, 若 $n \geqslant m, n, m \to \infty$, 则

$$\int [y^{(n)}(x) - y^{(m)}(x)]^2 dN(x) = \frac{c}{2} \sum_{\nu=m+1}^{n} y_\nu^2 \to 0.$$

因此 $\{y^{(n)}(x)\}$ 在 $L^2(N)$ 中收敛. 必有子函数列 $\{y^{(n_k)}(x)\}$ 几乎处处收敛. 令 A_y 是 $l^2(\{\lambda_m\})$ 中使 $\lim\limits_{k\to\infty} y^{(n_k)}(x)$ 存在的点 x 全体, 则 $l^2(\{\lambda_m\})\backslash A_y$ 是 $N-$ 零集. 今作成 $(l^2(\{\lambda_m\}),\mathfrak{B}_\omega,N)$ 上的可测函数 $y(x)$ 如下: 当 $x\in A_y$ 时,

$$y(x) = \lim_{k\to\infty} y^{(n_k)}(x),$$

当 $x\overline{\in} A_y$ 时 $y(x)=0$. 若 $z\in l^2$, 由于 $y^{(n_k)}(x+z)=y^{(n_k)}(x)+\sum\limits_{\nu=1}^{n_k} x_\nu z_\nu$, 因此, 当 $x\in A_y$ 时 $x+z\in A_y$, 而且

$$y(x+z) = y(x)+(x,z).$$

又因为当 $x\in A_y, t$ 是实数时, $tx\in A_y$, 容易推出 $y(x)$ 是拟线性泛函.

根据引理 5.1.1, $y(x), x\in l^2(\{\lambda_m\})$ 作为 Gauss 变量 $y^{(n_k)}(x)$ 的极限也是 Gauss 变量, 而且当 $y,z\in l^2$ 时, 由 (5.3.1),

$$\int y(x)z(x)dN(x) = \lim_{k\to\infty}\int y^{(n_k)}(x)z^{(n_k)}(x)dN(x)$$
$$= \frac{c}{2}\sum_{\nu=1}^\infty y_\nu z_\nu = \frac{c}{2}(y,z).$$

又

$$\int y(x)dN(x) = \lim\int y^{(n_k)}(x)dN(x)=0,$$

因此 $\{y(\cdot),y\in l^2\}$ 是 $(l^2(\{\lambda_m\}),\mathfrak{B}_\omega,N)$ 上相应于 l^2 的标准 Gauss 过程. 最后再通过酉映照 U, 把上述的一切变到 Ω, H 上去就得到所要证明的. 定理证毕.

我们注意, 根据 (5.1.14), 这时

$$\frac{dN_y(x)}{dN(x)} = \lim_{k\to\infty} e^{\frac{1}{c}\sum_{\nu=1}^{n_k}[x_\nu^2-(x_\nu-y_\nu)^2]} = e^{\frac{2}{c}y(x)-\frac{1}{c}(y,y)},$$

返回到 Ω 上就得到

$$\frac{dN_y(\omega)}{dN(\omega)} = e^{\frac{2}{c}y(\omega)-\frac{1}{c}(y,y)},\quad y\in H,\omega\in\Omega. \tag{5.3.2}$$

又从定理 5.3.1 的证明过程易知

系 5.3.2　定理 5.3.1 的证明中出现的 Gauss 测度空间的拟不变点全体就是 H.

系 5.3.3　设 H,Ω 是两个实 Hilbert 空间, 而且 H 是 Ω 的线性子空间, H 到 Ω 中的嵌入算子是 Hilbert–Schmidt 型的. $\mathfrak{B}$ 是 Ω 中弱 Borel 集所成的 $\sigma-$ 代数. 那么必有 $(\Omega,\mathfrak{B})$ 上的概率测度 N (Gauss 测度), 以 H 为拟不变点全体.

证 令 H 在 Ω 中的包是 Ω_1, 这时 H 在 Ω_1 中稠密. 令 $\mathfrak{B}$ 在 Ω_1 上的限制为 $\mathfrak{B}_1$, 对 H 与 $(\Omega_1, \mathfrak{B}_1)$ 应用定理 5.3.1 及系 5.3.2, 我们得知存在 $(\Omega_1, \mathfrak{B}_1)$ 上的有限测度 N_1, 其拟不变点全体是 H. 又在 $\Omega \ominus \Omega_1$ 上作概率测度 N_2, 它集中在 0 点, 那么乘积测度 $N_1 \times N_2$ 就满足我们的需要. 证毕.

系 5.3.4 设 G 是 Hilbert 空间, $\mathfrak{G}$ 是可列 Hilbert 空间, 而且 $\mathfrak{G}$ 是 G 的线性子空间, 又有 n 使 $\mathfrak{G}$ 按第 n 个内积的完备化空间 $\mathfrak{G}_n$ 到 G 中的嵌入算子 (且为同态) 是 Hilbert–Schmidt 型算子. 令 $\mathfrak{B}$ 是 G 上的弱 Borel 集全体, 那么必有 $(G, \mathfrak{B})$ 上的有限测度 μ, 它关于 $\mathfrak{G}$ 是拟不变的.

系 5.3.4 可由系 5.3.3 立即推出. 系 5.3.4 也是定理 4.2.18 之逆. 类似地也可以写出系 4.2.19 的逆定理, 现略去.

又在系 5.3.4 的假设下是否必存在有限测度空间 $(G, \mathfrak{B}, \mu)$ 使 $\mathfrak{G}$ 为拟不变点全体? 这个问题尚不能回答.

2° 关于三类条件等价的定理

定理 5.3.5 设 $\mathfrak{G}$ 和 G 是两个可析的实 Hilbert 空间, $\mathfrak{G}$ 是 G 的线性子空间, 而且 $\mathfrak{G}$ 到 G 中的嵌入算子 T 是连续的, 那么下面三件事是等价的:

(i) T 是 Hilbert–Schmidt 型算子;

(ii) 记 $\mathfrak{B}$ 是 G 中弱 Borel 集全体, 在 $(G, \mathfrak{B})$ 上存在关于 $\mathfrak{G}$ 拟不变的有限测度;

(iii) 记 $\mathfrak{F}^\dagger$ 为 $\mathfrak{G}$ 的共轭空间 $\mathfrak{G}^\dagger$ 中弱 Borel 集全体, 对 G 上的每个正定连续函数 f, 必有 $(\mathfrak{G}^\dagger, \mathfrak{F}^\dagger)$ 上唯一的测度 $P^\dagger$, 使得当 $h \in \mathfrak{G}$ 时, 成立着

$$f(h) = \int_{\mathfrak{G}^\dagger} e^{i\xi(h)} dP^\dagger(\xi). \tag{5.3.3}$$

证 我们写出各种证法如下:

1. 从系 5.3.3 知道 (i) 包含 (ii).

2. 利用定理 4.3.12, 由 (i) 推出 (iii). 事实上, 若记 $G, \mathfrak{G}$ 中的内积分别为 $(\varphi, \psi)_1, (\varphi, \psi)$, 那么, 当 $\varphi, \psi \in \mathfrak{G}$ 时,

$$(\varphi, \psi)_1 = (T^*T\varphi, \psi). \tag{5.3.4}$$

由 (i) 及引理 II.1.1, T^*T 是正的核算子. $\mathfrak{G}$ 是 Hilbert 空间 (也是特殊的可列 Hilbert 空间). 若正定函数 f 按 G 的拓扑连续, 也就按内积 (5.3.4) 连续, 因此, 对每个正数 ε, 有 $\mathfrak{G}$ 上的正核算子 $\dfrac{T^*T}{\varepsilon}$, 使得当 $\varphi \in \left\{ \varphi \,\middle|\, \left(\dfrac{T^*T}{\varepsilon}\varphi, \varphi \right) < 1 \right\}$ 时, $|f(\varphi) - f(0)| < \varepsilon$. 这就证明了 f 按拓扑 $\mathfrak{G}$ (见 §4.3) 连续. 根据定理 4.3.12, 在 $(\mathfrak{G}^\dagger, \mathfrak{F}^\dagger)$ 上有唯一正测度 $P^\dagger$ 使 (5.3.3) 成立.

3. 根据系 4.2.20, 由 (ii) 推出 (i).

4. 根据定理 4.3.12, 由 (ii) 推出 (iii).

5. 现在由 (iii) 来推出 (i). 设 (iii) 成立, 作 G 上的连续函数

$$f(h) = e^{-\frac{1}{2}(h,h)_1}, \quad h \in G,$$

这个函数也是正定的. 事实上, 它必是某个 Gauss 测度空间的特征函数. 根据 (iii), 必有唯一的 $P^\dagger$ 使 (5.3.3) 成立.

再在 (5.3.3) 中易 h 为 $\sum\limits_{\nu=1}^{n} t_\nu h_\nu, h_1, \cdots, h_n \in \mathfrak{G}$, 作 n 维空间上测度

$$P(E) = P^\dagger(\{\xi|(\xi(h_1), \cdots, \xi(h_n)) \in E\}),$$

那么有

$$e^{-\frac{1}{2}\sum(h_l,h_m)t_l t_m} = \int e^{i(t_1 x_1 + \cdots + t_n x_n)} dP(x_1 \cdots, x_n),$$

因此 P 是 Gauss 变量的分布. 当 $\{h_k\}$ 按 $(\cdot, \cdot)_1$ 直交时, 由 (5.1.3) 得到

$$\int_{G^\dagger} \xi(h_k)^2 dP^\dagger(\xi) = \int x_k^2 dP(x) = (h_k, h_k)_1, \quad k = 1, 2, \cdots, n.$$

再由 (5.1.6) 得到

$$\int_{G^\dagger} (\xi(h_k)^2 - (h_k, h_k)_1)(\xi(h_l)^2 - (h_l, h_l)_1) dP^\dagger(\xi)$$
$$= 2(h_k, h_k)_1^2 \delta_{k.l} \quad k; l = 1, 2, \cdots, n, \tag{5.3.5}$$

这里 $\delta_{k,l}$ 是 Kronecker 的 δ.

根据引理 II.1.1, 若 T 不是 Hilbert–Schmidt 型算子, 则 T^*T 不是核算子. 又由引理 II.1.6, 对任何自然数 K 必有 $h_1, \cdots, h_n \in \mathfrak{G}$, 使得 $(h_k, h_l) = \delta_{k,l}$ 和 $(h_k, h_l)_1 = \delta_{k,l}(h_k, h_k)_1$ 成立, 而且

$$\lambda = \sum_{k=1}^{n} (h_k, h_k)_1 > K. \tag{5.3.6}$$

作 $Q(\xi) = \sum\limits_{k=1}^{n} \xi(h_k)^2$, 那么由 (5.3.5) 算出

$$\int_{G^\dagger} (Q(\xi) - \lambda)^2 dP^\dagger(\xi) = 2\sum_{k=1}^{m} (h_k, h_k)_1^2.$$

因此由 Chebyshev 不等式以及 $(h_k, h_k)_1 \leqslant \|T\|^2$ 得到

$$P^\dagger(\{\xi|Q(\xi) - \lambda| > 2\sqrt{\lambda}\|T\|\}) \leqslant \frac{1}{4\lambda\|T\|^2} \int_{G^\dagger} (Q(\xi) - \lambda)^2 dP^\dagger(\xi)$$
$$= \frac{\sum(h_k, h_k)_1^2}{2\lambda\|T\|^2} \leqslant \frac{1}{2}. \tag{5.3.7}$$

然而由 Bessel 不等式及 $\{h_k\}$ 按 $(\cdot,\cdot)$ 的直交性有

$$(\xi,\xi) \geqslant Q(\xi). \tag{5.3.8}$$

因此由 (5.3.7) 及 (5.3.8) 得到

$$
\begin{aligned}
P^{\dagger}(&\{\xi | (\xi,\xi) \geqslant \lambda - 2 \parallel T \parallel \sqrt{\lambda}\}) \\
&\geqslant P^{\dagger}(\{\xi | Q(\xi) \geqslant \lambda - 2 \parallel T \parallel \sqrt{\lambda}\}) \\
&\geqslant P^{\dagger}(\{\xi | |Q(\xi) - \lambda| \leqslant 2 \parallel T \parallel \sqrt{\lambda}\}) \geqslant \frac{1}{2}.
\end{aligned}
\tag{5.3.9}
$$

然而由于

$$\bigcap_{K=1}^{\infty} \{\xi | (\xi,\xi) \geqslant K - 2 \parallel T \parallel \sqrt{K}\} = \varnothing,$$

有

$$\lim_{k \to \infty} P^{\dagger}(\{\xi | (\xi,\xi) \geqslant K - 2 \parallel T \parallel \sqrt{K}\}) = 0. \tag{5.3.10}$$

但是由 (5.3.6),$\lambda > K$,(5.3.9) 和 (5.3.10) 矛盾. 因此 (i) 成立. 证毕.

我们再写出系 4.3.14 的逆.

系 5.3.6 设 $\mathfrak{G}$ 是可析的可列 Hilbert 空间,$\mathfrak{F}^{\dagger}$ 是 $\mathfrak{G}^{\dagger}$ 中弱 Borel 集全体. 如果对于 $\mathfrak{G}$ 上的任何正定连续函数 $f, f(0) = 1$, 必有 $(\mathfrak{G}^{\dagger}, \mathfrak{F}^{\dagger})$ 上的概率测度 $P^{\dagger}$, 使表达式 (5.3.3) 对一切 $h \in \mathfrak{G}$ 成立, 则 $\mathfrak{G}$ 必是核空间.

证 设 $\{\parallel \varphi \parallel_m\}$ 是 $\mathfrak{G}$ 上的范数列,$\mathfrak{G}_m$ 是 $\mathfrak{G}$ 按 $\parallel \varphi \parallel_m$ 的完备化空间, 任取自然数 m, 作

$$f(h) = e^{-\frac{1}{2}(h,h)_m}.$$

若对一切 $n > m$,$\mathfrak{G}_n$ 到 $\mathfrak{G}_m$ 的嵌入算子 T_m^n 不是 Hilbert-Schmidt 型的, 利用定理 5.3.5 的证明中 5 (在其中易 $\mathfrak{G}$ 为 $\mathfrak{G}_n$,G 为 $\mathfrak{G}_m$) [1] 得到

$$
\begin{aligned}
P^{\dagger}(&\{\xi | \parallel \xi \parallel_{-n} = \infty\}) \\
&= \lim_{K \to \infty} P^{\dagger}(\{\xi | \parallel \xi \parallel_{-n}^2 \geqslant K - 2 \parallel T_m^n \parallel \sqrt{K}\}) \geqslant \frac{1}{2},
\end{aligned}
$$

即对一切 $n > m$,

$$P^{\dagger}(\mathfrak{G}^{\dagger} \setminus \mathfrak{G}_n^{\dagger}) \geqslant \frac{1}{2}.$$

然而 $\bigcap_{n=m+1}^{\infty} (\mathfrak{G}^{\dagger} \setminus \mathfrak{G}_n^{\dagger})$ 是空集, 这是矛盾. 因此必有 $n > m$, 使 T_m^n 是 Hilbert-Schmidt 型算子. 因此 $\mathfrak{G}$ 是核空间. 证毕.

---

[1] 这里留意到 $\mathfrak{G}$ 在 $\mathfrak{G}_n$ 中稠密以及引理 II.1.6 后的注。

现在对数列空间写出类似于定理 5.3.5 的部分结果.

例 5.3.1　在例 4.2.2 的假设下, 又设 $1 \leqslant q \leqslant 2$, 那么下面两件事等价:

(i) $\sum a_n < \infty$;

(ii) $(l^p(\{a_n\}), \mathfrak{B})$ 上存在关于 l^q 拟不变的有限测度.

又在 (i) 或 (ii) 的条件下, 有

(iii) 记 $\mathfrak{F}^\dagger$ 为 $l^{q\dagger}$ 中弱 Borel 集全体. 对 $l^p(\{a_n\})$ 上每个正定连续函数 f, 必有 $(l^{q\dagger}, \mathfrak{F}^\dagger)$ 上唯一的测度 $P^\dagger$, 使得当 $h \in l^q$ 时,

$$f(h) = \int_{l^{q\dagger}} e^{i\xi(h)} dP^\dagger(\xi).$$

证　1. 由例 4.2.2,(ii) 推出 (i).

2. 由 (i) 推 (ii): 在例 4.1.2 中取

$$f_\alpha(x) = \frac{1}{\sqrt{2\pi}} e^{-\frac{t^2}{4}}.$$

作出 Gauss 测度 μ. 显然 $\Omega = (l, \mathfrak{B}_\omega, \mu)$ 是关于 l^2 拟不变的. 然而由于 $q \leqslant 2, l^q \subset l^2$, 因此 Ω 关于 l^q 也是拟不变的.

记 $\| \xi \| = (\sum a_n |\xi_n|^p)^{\frac{1}{p}}, \xi = \{\xi_1, \cdots, \xi_n, \cdots\}$. 利用 Levi 引理容易算出

$$\int_l \| \xi \|^p d\mu(\xi) = \lim_{n \to \infty} \int_l \sum_{\nu=1}^n a_\nu |\xi_\nu|^p d\mu(\xi)$$
$$= \sum_{\nu=1}^\infty a_\nu \int_{-\infty}^\infty t^p e^{-\frac{t^2}{2}} dt < \infty.$$

因此 $\mu(\{\xi | \| \xi \| = \infty\}) = 0$. 也就是说, $\mu(l^p(\{a_n\})) = \mu(\{\xi | \| \xi \| < \infty\}) = 1$. 再把 μ 限制到 $l^p(\{a_n\})$ 上就得到我们所要的测度.

3. 根据定理 4.3.11, 由 (ii) 推出 (iii).

何时 (iii) 和 (ii) 等价尚不知道.

问题　对于当 $\mathfrak{G}$ 和 G 是某类的两个可析 Banach 空间时的情况, 建立类似于定理 5.3.5 的定理

3° 再论标准 Gauss 测度空间

我们现在给出由线性拓扑空间上的 Gauss 测度构造标准 Gauss 过程的方法.

定理 5.3.7　设 Ω 是线性拓扑空间, $\Omega^\dagger$ 是它的共轭空间而且是完整的. $\mathfrak{B}$ 是 Ω 中的弱 Borel 集全体所成的 $\sigma-$ 代数, $S = (\Omega, \mathfrak{B}, N)$ 是一正则概率测度空间, 使 $\{f(\cdot), f \in \Omega^\dagger\}$ 是 S 上的 Gauss 过程, 它的数学期望是 0, 记它的相关数是

$$\int f(\omega) g(\omega) dN(\omega) = \frac{c}{2}(f, g),$$

且设当 $f \neq 0$ 时 $(f, f) > 0$. 令 H 是 Ω 中适合条件

$$\| x \| = \sup_{f \in \Omega^\dagger, (f,f) \leqslant 1} |f(x)| < \infty$$

的向量 x 全体. 那么 H 是 Ω 的线性子空间而且按范数 $\| x \|$(显然这个范数 $\| x \|$ 是由内积导出的) 成为 Hilbert 空间. 又 S 关于平移 H 是拟不变拟连续的.

如果 H 又在 Ω 中稠密, 那么必然存在 $\Omega^\dagger$ 按内积 $(\cdot, \cdot)$ 就范直交的向量系 $\{f_n\}$, 它具有如下性质: 当 $\lambda \in H$ 时, 若记

$$\lambda(\omega) = \sum_r f_n(\lambda) f_n(\omega)^{①}, \tag{5.3.11}$$

则 S 按 $\{\lambda(\cdot), \lambda \in H\}$ 成为标准的 Gauss 测度空间.

证 设 $\lambda \in \Omega$. 作 $(\Omega, \mathfrak{B})$ 上的测度 N_λ: 当 $A \in \mathfrak{B}$ 时,

$$N_\lambda(A) = N(A - \lambda).$$

应用定理 5.2.5, 并令 $P_1 = N, P_2 = N_\lambda$. 又令 $\mathscr{L}$ 是 $\Omega^\dagger$ 与常数函数的线性组合全体, 不妨设 $c = 2$. 那么当 a, b 是常数, $f, g \in \Omega^\dagger$ 时,

$$(a + f, b + g)_1 = ab + (f, g),$$
$$(a + f, b + g)_2 = \int (a + f(\omega))(b + g(\omega)) dN_\lambda(\omega)$$
$$= \int [(a + f(\lambda)) + f(\omega)][(b + g(\lambda)) + g(\omega)] dN(\omega)$$
$$= (a + f(\lambda))(b + g(\lambda)) + (f, g).$$

若 N_λ 与 N 等价, 那么两个内积 $(\varphi, \psi)_1, (\varphi, \psi)_2$ 至少是拓扑等价的. 因此存在常数 K, 使

$$f(\lambda)^2 \leqslant (f, f)_2 \leqslant K(f, f)_1 = K(f, f). \tag{5.3.12}$$

反之, 也容易证明若 (5.3.12) 对一切 $f \in \Omega^\dagger$ 成立, 则相应于定理 5.2.5 中的嵌入算子是等价算子. 所以 H 是 S 的拟不变点全体. 显然 H 是 Ω 的线性子空间.

任取 $\Omega^\dagger$ 中的完备就范直交系 $\{f_n\}$, 那么由于 $\{f_n(\omega)\}$ 是概率测度空间 S 上相互独立的, 数学期望为 0, 方差为 1 的 Gauss 变量, 又 $\{f_n(\omega)\}$ 是 $(\Omega, \mathfrak{B}, N_\lambda)$ 上数学期望为 $f_n(\lambda)$, 方差为 1 的相互独立的 Gauss 变量, 根据 (5.1.11), 知道 N 与 N_λ 的 Kakutani 内积是

$$\rho(N, N_\lambda) = e^{-\frac{1}{8} \sum_n f_n(\omega)^2}. \tag{5.3.13}$$

---

①这里的级数既可以看成按内积 (φ, ψ) 收敛, 又可以看成有部分和序列几乎处处收敛. 又当 $\{f_n\}$ 不可列时, 这个级数中只有可列项不为 0.

然而由 Parseval 等式容易证明

$$\| \lambda \|^2 = \sum_n |f_n(\lambda)|^2, \tag{5.3.14}$$

因此由 (1.4.4), (4.1.1) 和 (5.3.13),

$$M_1(\lambda)^2 = 2(1 - e^{-\frac{1}{8}\|\lambda\|^2}).$$

所以 S 关于平移 H 是拟连续的. 由定理 4.1.3, H 按拟距离

$$R_1(\lambda) = 2 \left(\int_0^\infty e^{-t}(1 - e^{-\frac{1}{8}\|\lambda\|^2 t^2})dt \right)^{\frac{1}{2}}$$

(参见 (4.1.3)) 成为完备的线性拟距离空间. 容易看出这个 $R_1(\lambda)$ 导出的拓扑与 $\| \lambda \|$ 导出的拓扑一致. 因此推出 H 按 $\| \lambda \|$ 的完备性.

根据定理 4.1.8, H 上由 $\| \lambda \|$ 导出的 (即由 $R(\lambda)$ 导出的) 拓扑强于 Ω 在 H 上的相对拓扑. 对每个 $f \in \Omega^\dagger$, 我们把 f 限制在 H 上得到一个泛函 f', 这是 M 上的线性连续泛函, 即

$$f \to f'$$

是 $\Omega^\dagger$ 到 $H^\dagger$ 中的映照. 如果 H 在 Ω 中稠密, 那么这个映照又是单调的. 我们把 f 与 f' 一致化, 这样就把 $\Omega^\dagger$ 嵌入 $H^\dagger$, 即

$$\Omega^\dagger \subset H^\dagger.$$

由于 $\Omega^\dagger \subset \Omega_N^2$, 而且显然, Ω_N^2 按内积 $(\varphi, \psi), \varphi, \psi \in \Omega_N^2$ 是完备的. 令 Q 是 $\Omega^\dagger$ 在 Ω_N^2 中的包, 那么 Q 按内积 (φ, ψ) 是完备的. 由于 $\{f_n\}$ 是 $\Omega^\dagger$ 中的按内积 (φ, ψ) 的完备就范直交系, 又对每个 $\lambda \in H$, 由 (5.3.14), $\sum |f_n(\lambda)|^2 < \infty$. 利用 Riesz-Fischer 定理有 Ω_N^2 中元素, 记之为 $\lambda(\cdot)$, 使得 (5.3.11) 成立. 这时对任何 $y \in H$, 由于 $\lambda(\cdot) \in G_\mu$,

$$\lambda(\omega + y) = \lambda(\omega) + \sum f_n(\lambda)f_n(y) = \lambda(\omega) + (y, \lambda). \tag{5.3.15}$$

由于 $\{\lambda(\cdot)|\lambda \in H\} \supset \Omega^\dagger$, 它是 S 上的决定集. 因此由 (5.3.15) 可以知道 $\{\lambda(\cdot)|\lambda \in H\}$ 就是标准 Gauss 过程.

例 5.3.2 考察 Wiener 过程的情况. 下面我们利用例 5.1.2 的记号.

设 Ω 是 $C_0[0,1]$ 按范数 $|x| = \max\limits_{0 \leqslant t \leqslant 1} |x(t)|$ 所成的线性赋范空间. 设 $V_0[0,1]$ 是满足条件 $f(1) = 0$ 的左方连续有界变差函数全体按范数 $\| f \| = \bigvee\limits_0^1 (f)$ (f 的 $[0,1]$ 上的全变差) 所成的线性赋范空间. 对每个 $\alpha \in V_0[0,1]$, 作 $C_0[0,1]$ 上的线性泛函

$$F_\alpha(x) = \int_0^1 x(t)d\alpha(t), \tag{5.3.16}$$

那么容易证明 $\alpha \to F_\alpha$ 是 $V_0[0,1]$ 到 $\Omega^\dagger$ 的同构映照. 利用交换积分顺序的 Fubini 定理及 (5.1.23) 知道, 当 $\alpha, \beta \in V_0[0,1]$ 时,

$$
\begin{aligned}
(F_\alpha, F_\beta) &= \int_{C_0[0,1]} F_\alpha(x) F_\beta(x) dW_c(x) \\
&= \frac{c}{2} \int_0^1 \int_0^1 \min(t,s) d\alpha(t) d\beta(s) \\
&= \frac{c}{2} \int_0^1 \alpha(t) \beta(t) dt.
\end{aligned}
$$

记上式右边除以 $\frac{c}{2}$ 后的数为内积 (α, β). 因此这时定理 5.3.7 中的 H 是 $C_0[0,1]$ 中适合条件

$$
\| x \| = \sup_{\substack{\alpha \in V_0[0,1] \\ (\alpha, \alpha) \leqslant 1}} \left| \int_0^1 x(t) d\alpha(t) \right| < \infty \tag{5.3.17}
$$

的函数 x 全体. 容易验证条件 (5.3.17) 等价于 x 是 [0,1] 上的全连续函数, 而且

$$
\| x \| = \sqrt{\int_0^1 x'(t)^2 dt} < \infty.
$$

因此 H 中内积为

$$
(x, y) = \int_0^1 x'(t) y'(t) dt, \quad x, y \in H.
$$

对每个 $\alpha \in V_0[0,1]$, 当 $x \in H$ 时对 (5.3.16) 进行分部积分得到

$$
F_\alpha(x) = \int_0^1 \alpha(t) x'(t) dt = \left(\int_0^t \alpha(s) ds, x \right),
$$

因此当 $\lambda \in H$ 且 $\lambda' \in V_0[0,1]$ 时,

$$
\lambda(x) = \int_0^1 x(t) d\lambda'(t) = \int_0^1 \lambda'(t) dx(t). \tag{5.3.18}
$$

任取 H 中一列完备就范直交向量系 $\{\lambda_n\}$ 且 $\lambda'_n \in V_0[0,1]$, 则由 (5.3.11),

$$
\lambda(x) = \sum \int_0^1 \lambda_n(t) dx(t) \int_0^1 \lambda'_n(t) d\lambda(t), \tag{5.3.19}
$$

总结起来得知

系 5.3.8 Wiener 测度空间 $\mathscr{W}_c$ 关于 $C_0[0,1]$ 中下述线性子空间 A 的平移是拟不变的, 这里 A 是 $C_0[0,1]$ 中全连续且 $\lambda'(t) \in L^2[0,1]$ 的函数 λ 全体. 又 $\{\lambda(\cdot), \lambda \in A\}$ 为标准 Gauss 过程, 其中 $\lambda(x)$ 的形式见 (5.3.19). 特别当 $\lambda \in H$ 且 $\lambda' \in V_0[0,1]$ 时, (5.3.18) 成立.

最后我们再说明标准 Gauss 测度空间的遍历性.

定理 5.3.9　设 $S = (\Omega, \mathfrak{B}, N)$ 是相应于 H 的标准 Gauss 测度空间, 则 S 关于 H 是遍历的.

证　为了方便起见, 设 H 是可析的. 作 H 中完备就范直交系 $\{x_n\}$. 作 Ω 到实数列全体所成的空间 l 中的映照

$$U: \quad \omega \to \widetilde{\omega} = \{x_1(\omega), \cdots, x_n(\omega), \cdots\}.$$

记 $\widetilde{\Omega} = U\Omega$, 容易看出 $UH = l^2$. 作 l 上的 Gauss 测度 $\widetilde{N}$ 使得 $\lambda_n, n = 1, 2, \cdots (\lambda = \{\lambda_n\} \in l)$ 是 $(l, \mathfrak{B}_\omega, \widetilde{N})$ 上相互独立的 Gauss 变量且数学期望为 0, 方差为 $\frac{c}{2}$.

由于 $\{x(\omega), x \in H\}$ 是 S 上的决定集, 容易证明对每个 $E \in \mathfrak{B}$, 必有 $\widetilde{E} \in \mathfrak{B}_\omega$, 使得 E 与 $U^{-1}\widetilde{E}$ 只相差一 $N-$ 零集, 而且容易证明

$$N(E) = \widetilde{N}(\widetilde{E}). \tag{5.3.20}$$

若 $E \in \mathfrak{B}$ 是拟不变集, 即对每个 $x \in H, N(E\backslash(E + x)) = 0$, 则由 (5.3.20) 易知 $\widetilde{N}(\widetilde{E}\backslash(\widetilde{E} + U_x)) = 0$. 因此 $\widetilde{E}$ 也是拟不变集. 根据定理 3.1.32,$(l, \mathfrak{B}_\omega, \widetilde{N})$ 关于 l^2 是遍历的, 所以 $\widetilde{N}(\widetilde{E}) = 0$ 或 $\widetilde{N}(\widetilde{E}) = 1$, 即得 $N(E) = 0$ 或 $N(E) = 1$. 即 S 关于 H 是遍历的. 证毕.

§5.4　Fourier–Gauss 变换

下面我们考察建立在 Gauss 测度基础上的 L_2–Fourier 交换理论. 我们仅需把 §3.4 和 §4.3 第 5 段所设计的一般理论具体化就行了.

在下面的一些引理和定理中都假设 H 为可析的实 Hilbert 空间, $S_c = (\Omega, \mathfrak{B}, N_c)$ 是以 c 为参数的标准 Gauss 测度空间, $\{x(\omega), x \in H\}$ 是其上标准 Gauss 过程. 并且设 Ω 是线性拓扑空间,$H \to \Omega$ 的嵌入是连续的而且 S_c 是正则的. 以后不再一一交代.

引理 5.4.1　记 N_{ch} 为 $(\Omega, \mathfrak{B})$ 上的概率测度:$N_{ch}(E) = N_c(E - h), E \in \mathfrak{B}, h \in H$, 那么

$$\frac{dN_{ch}(\omega)}{dN_c(\omega)} = e^{\frac{2}{c}h(\omega) - \frac{1}{c}(h,h)}, \quad \omega \in \Omega. \tag{5.4.1}$$

事实上, (5.4.1) 就是 (5.3.2).

引理 5.4.2　标准 Gauss 测度空间 $(\Omega, \mathfrak{B}, N_c)$ 是关于 H 的 (一级) 强循环测度空间而且以 1 为循环元. 又它的伴随函数是

$$\varphi(h) = e^{-\frac{c}{4}(h,h)}. \tag{5.4.2}$$

证 令 H_1 为 $L^2(S)$ 中对一切算子 $\{U(h)|h \in H\}$ (见 §3.1) 不变而且包含 1 的最小闭线性子空间. 利用引理 5.4.1, H_1 包含一切函数

$$U(h)1 = \sqrt{\frac{dN_{ch}(\omega)}{dN_c(\omega)}} = e^{\frac{1}{c}h(\omega)-\frac{1}{2c}(h,h)}. \tag{5.4.3}$$

今证 $H_1 = L^2(\Omega, \mathfrak{B}, N_c)$. 不妨设 $c=1$. 任取 $h_1, \cdots, h_n \in H, (h_l, h_k) = \delta_{lk}, l, k = 1, 2, \cdots, n$. 先证明对于 n 维空间上任何有界连续函数 $\varphi(t_1, \cdots, t_n)$, 有

$$\varphi(h_1(\omega), \cdots, h_n(\omega)) \in H_1. \tag{5.4.4}$$

由于 $h_1(\cdot), \cdots, h_n(\cdot)$ 是 Gauss 变量, 它们的数学期望是 0, 相关数是 δ_{lk}, 我们知道 Baire 函数 $\psi(t_1, \cdots, t_n)$ 使 $\psi(h_1(\omega), \cdots, h_n(\omega)) \in L^2(S_1)$ 的充要条件是

$$\| \psi \|^2 = \frac{1}{(\pi)^{n/2}} \int_{-\infty}^{\infty} \cdots \int_{-\infty}^{\infty} \psi(t_1, \cdots, t_n)^2 e^{-t_1^2-\cdots-t_n^2} dt_1 \cdots dt_n$$
$$= \int \psi(h_1(\omega), \cdots, h_n(\omega))^2 dN_1(\omega) < \infty. \tag{5.4.5}$$

这种函数 ψ 的全体记做 A, 它按上式定义的范数 $\| \psi \|$ 成为 Hilbert 空间 (其中内积的意义自明). 令 $B = \{\psi|\psi \in A, \psi(h_1(\omega), \cdots, h_n(\omega)) \in H_1\}$, 显然 B 是 A 的线性子空间. 由于

$$(\psi, \varphi) = (\psi(h_1(\cdot), \cdots, h_n(\cdot)), \varphi(h_1(\cdot), \cdots, h_n(\cdot))), \tag{5.4.5'}$$

所以 B 又是 A 的闭子空间. 今证 $B=A$. 不然的话, 有 $\psi_0 \in A, \psi_0 \neq 0, \psi_0 \perp B$, 然而函数 $U(\lambda_1 h_1 + \cdots + \lambda_n h_n)1 \in H_1, -\infty < \lambda_1, \cdots, \lambda_n < \infty$, 所以函数

$$\psi(t_1, \cdots, t_n) = e^{-(\lambda_1 t_1+\cdots+\lambda_n t_n)} \in B,$$

即得

$$\frac{1}{(\pi)^{n/2}} \int_{-\infty}^{\infty} e^{-(t_1^2+\cdots+t_n^2)-(\lambda_1 t_1+\cdots+\lambda_n t_n)} \psi_0(t_1, \cdots, t_n) dt_1 \cdots dt_n$$
$$= (\psi, \psi_0) = 0. \tag{5.4.6}$$

由于对一切正数 $\eta_1, \cdots, \eta_n$, 函数 $e^{\eta_1|t_1|+\cdots+\eta_n|t_n|} \in A$, 容易看出当 $\lambda_1, \cdots, \lambda_n$ 是复数时, 函数

$$F(\lambda_1, \cdots, \lambda_n) = \int_{-\infty}^{\infty} e^{-(t_1^2+\cdots+t_n^2)-(\lambda_1 t_1+\cdots+\lambda_n t_n)} \psi_0(t_1, \cdots, t_n) dt_1 \cdots dt_n$$

有确定意义而且是 $\lambda_1, \cdots, \lambda_n$ 的整函数, 由 (5.4.6) 知道整函数 F 恒等于 0. 特别取 $\lambda_l = ix_l, -\infty < x_l < \infty$, 就知道函数

$$e^{-(t_1^2+\cdots+t_n^2)} \psi_0(t_1, \cdots, t_n)$$

的 Fourier 变换为 0, 因此 $\psi_0 = 0$, 这是矛盾, 所以 $A = B$, 因而 (5.4.4) 成立.

令 $\mathfrak{D}$ 是一种形如 $\varphi(h_1(\omega), \cdots, h_n(\omega))$ 的函数全体, 其中 φ 是有界连续函数, 又 $n, \varphi, h_1, \cdots, h_n$ 都可以变动. 显然 $\mathfrak{D}$ 是一个代数, 而且由于 $\{h(\omega)|h \in H\}$ 是决定集, $\mathfrak{D}$ 更是决定集. 根据引理 1.1.6, $\mathfrak{D}$ 在 $L^2(S_1)$ 中稠密. 然而由 (5.4.4), $\mathfrak{D} \in H_1$, 所以 H_1 在 $L^2(S_1)$ 中稠密, 由 H_1 的闭性, $H_1 = L^2(S_1)$.

所以 S_c 是关于 H 强循环的而且以 1 为循环元. 又由 (5.4.3) 得到

$$\psi_c(h) = (U(h)1, 1) = \int e^{\frac{1}{c}h(\omega) - \frac{1}{2c}(h, h)} dN_c(\omega)$$

$$= e^{-\frac{1}{2c}(h, h)} \frac{1}{\sqrt{\pi c}} \int e^{\frac{1}{c}x - \frac{x^2}{c(h, h)}} dx = e^{-\frac{1}{4c}(h, h)}.$$

证毕.

我们注意 S_c 在拟线性泛函空间 $\widehat{H} = \{h(\omega)|h \in H\}$ 的特征函数是

$$\varphi_c(\eta) = \int_\Omega e^{i\eta(\omega)} dN_c(\omega)$$

$$= \frac{1}{\sqrt{\pi c}} \int_{-\infty}^{\infty} e^{ix - \frac{x^2}{c(\eta, \eta)}} dx = e^{-\frac{c}{4}(\eta, \eta)}, \eta \in \widehat{H}. \tag{5.4.7}$$

由 (5.4.2) 和 (5.4.7), 在 H 到 $\widehat{H}$ 的同构映照

$$T: h \to h(\cdot)$$

下得到

$$\psi_c(h) = \varphi_{\frac{1}{c}}(Th), \quad h \in H.$$

即 Gauss 测度空间 $(\Omega, \mathfrak{B}, N_c)$ 的伴随函数与 $(\Omega, \mathfrak{B}, N_{\frac{1}{c}})$ 的特征函数一致. 根据定理 3.4.14, 我们有

定理 5.4.3　Gauss 测度空间 $(\Omega, \mathfrak{B}, N_{\frac{1}{c}})$ 是 $(\Omega, \mathfrak{B}, N_c)$ 的对偶测度空间.

定义 5.4.1　记相应于循环元 1 的由 $L^2(\Omega, \mathfrak{B}, N_c)$ 到 $L^2(\Omega, \mathfrak{B}, N_{\frac{1}{c}})$ 的 Fourier 变换为 F_c, 称之为 Fourier–Gauss 变换.

现在我们来研究 $L^2(\Omega, \mathfrak{B}, N_c)$ 中函数经过 Fourier–Gauss 变换的情形.

根据引理 5.4.2 知道, 形如

$$e^{\frac{1}{c}h(\omega)}, \quad h \in H$$

的函数的线性组合全体在 $L^2(\Omega, \mathfrak{B}, N_c)$ 中稠密, 于是我们只要决定出函数 $F_c(e^{\frac{1}{c}h(\cdot)})$, 就可以决定出算子 F_c.

引理 5.4.4　若 $h \in H$, 则

$$F_c(e^{\frac{1}{c}h(\cdot)})(\omega) = e^{ih(\omega) + \frac{1}{2c}(h, h)}$$

$$= \int e^{\frac{1}{c}(\sqrt{2}h(\omega_1) + ich(\omega))} dN_c(\omega_1). \tag{5.4.8}$$

证   根据 F_c 的定义 (见 (5.4.3),(3.4.48)) 有

$$F_c(e^{-\frac{1}{2c}(h,h)+\frac{1}{c}h(\cdot)}) = e^{ih(\omega)}.$$

再由于 $h(\omega)$ 是 Gauss 变量, 其数学期望为 0, 方差为 $\dfrac{c}{2}(h,h)$, 所以

$$\int e^{\frac{\sqrt{2}}{c}h(\omega_1)}dN_c(\omega_1) = \frac{1}{\sqrt{\pi c(h,h)}}\int_{-\infty}^{\infty} e^{\frac{\sqrt{2}}{c}\lambda - \frac{\lambda^2}{c(h,h)}}d\lambda = e^{\frac{1}{2c}(h,h)},$$

这就得到 (5.4.8). 证毕.

我们再写出后面有用的对多项式泛函的 Fourier 变换公式.

定理 5.4.5   任取多项式 $P(t_1,\cdots,t_n)$ 及 $g_1,\cdots,g_n \in H$, 则多项式泛函 $P(g_1(\cdot), \cdots,g_n(\cdot)) \in L^2(\Omega,\mathfrak{B},N_c)$, 而且

$$\begin{aligned}
&F_c(P(g_1(\cdot),\cdots,g_n(\cdot)))(\omega) \\
&= \int P(\sqrt{2}g_1(\omega_1)+icg_1(\omega),\cdots,\sqrt{2}g_n(\omega_1)+icg_n(\omega))dN_c(\omega_i).
\end{aligned} \tag{5.4.9}$$

又上述类型的多项式泛函全体在 $L^2(\Omega,\mathfrak{B},N_c)$ 中稠密.

证   任取 $g \in H$, 不妨设 $(g,g)=1$. 对于任何非负整数 m, 由于 $t^m \in A$(见引理 5.4.2 的证明), 所以 $g^m(\cdot) \in L^2(\Omega,\mathfrak{B},N_c)$, 而且对任何实数 λ, 函数列 $f_n(\omega) = \sum_{\nu=0}^{n}\left(\dfrac{\lambda}{c}\right)^{\nu}g^{\nu}(\omega), n=1,2,\cdots$ 按 $L^2(\Omega,\mathfrak{B},N_c)$ 的范数收敛于 $e^{\frac{\lambda}{c}g(\omega)}$. 事实上, 这由

$$\lim_{n\to\infty}\frac{1}{\sqrt{\pi}}\int_{-\infty}^{\infty}\left|\sum_{\nu=0}^{n}\left(\frac{\lambda}{c}\right)^{\nu}x^{\nu} - e^{\frac{\lambda}{c}x}\right|^2 e^{-x^2}dx = 0$$

及 (5.4.5) 立即可知. 因此由于 F_c 为线性有界算子, 从 (5.4.7) 得到

$$\begin{aligned}
\sum_{\nu=0}^{\infty}\left(\frac{\lambda}{c}\right)^{\nu}F_c(g^{\nu}(\cdot))(\omega) &= F_c(e^{\frac{\lambda}{c}g(\cdot)})(\omega) \\
&= \int e^{\frac{\lambda}{c}(\sqrt{2}g(\omega_1)+icg(\omega))}dN_c(\omega_1) \\
&= \sum_{\nu=0}^{\infty}\left(\frac{\lambda}{c}\right)^{\nu}\int(\sqrt{2}g(\omega_1)+icg(\omega))^{\nu}dN_c(\omega).
\end{aligned}$$

比较 λ^{ν} 的系数得知 (5.4.9) 对于形如 $g(\cdot)^{\nu}$ 的泛函成立, 当 $g_1,\cdots,g_n \in H$ 时, 令 $g = \lambda_1 g_1 + \cdots + \lambda_n g_n$, 则

$$g(\omega)^{\nu} = \sum_{\nu_1+\cdots+\nu_n=\nu}\lambda_1^{\nu_1}\cdots\lambda_n^{\nu_n}g_1^{\nu_1}(\omega)\cdots g_n^{\nu_n}(\omega). \tag{5.4.10}$$

以 $P(g(\omega)) = g(\omega)^\nu$ 代入 (5.4.9), 并比较 $\lambda_1^{\nu_1} \cdots \lambda_n^{\nu_n}$ 的系数即知 (5.4.9) 在 P 是单项式情况下成立, 因而对一切多项式 P 成立. 又由上所述, $e^{\frac{g(\omega)}{c}}$, $g \in H$, 可由多项式泛函在 $L^2(\Omega, \mathfrak{B}, N_c)$ 中逼近, 而由引理 5.4.2, 形如 $e^{\frac{g(\omega)}{c}}$ 的函数的线性组合全体在 $L^2(S_c)$ 中稠密, 所以多项式泛函全体在 $L^2(S_c)$ 中稠密. 证毕.

下面给出另一种表示 F_c 的方法.

我们现在令 $h_n(t)$ 是 n 次的 Hermite 多项式

$$h_n(t) = (-1)^n e^{t^2} \frac{d^n}{dt^n}(e^{-t^2}), n = 1, 2, \cdots; h_0(t) \equiv 1, \tag{5.4.11}$$

那么如所周知,

$$\int_{-\infty}^{\infty} h_n(t) h_m(t) e^{-t^2} dt = 2^n n! \sqrt{\pi} \delta_{m,n}, \quad m, n = 0, 1, 2, \cdots, \tag{5.4.12}$$

而且函数系 $\{e^{-t^2/2} h_n(t)\}$, $n = 0, 1, 2, \cdots$ 组成 $L^2(-\infty, \infty)$ 中完备直交系. 对任何复数 λ, 当 t 在任何一个有界集中变化时, 一致地成立着

$$e^{-\frac{t^2}{2}} \sum_{k=0}^{\infty} \frac{h_k(t)}{k!} \lambda^k = e^{-(t-\lambda)^2 + \frac{1}{2}t^2}. \tag{5.4.13}$$

事实上, 由 Taylor 展开式, 从 (5.4.11) 立即推出 (5.4.13). 然而由于 (5.4.12), 当 $m, n \to \infty$ 时,

$$\int_{-\infty}^{\infty} \left| \sum_{k=n}^{m} \frac{h_k(t)}{k!} \lambda^k \right|^2 e^{-t^2} dt = \sum_{k=n}^{m} \frac{\lambda^{2k}}{k!} \sqrt{\pi} \to 0, \tag{5.4.14}$$

所以 (5.4.13) 左边在 $L^2(-\infty, \infty)$ 中收敛于右边.

对于任何正整数 n, 记 n 维实空间 R_n 中向量 $u = (u_1, \cdots, u_n), v = (v_1, \cdots, v_n)$ 的内积为 $(u, v) = \sum_{k=1}^{n} u_k v_k$, 又记 $du = du_1 \cdots du_n$. 设 $k = (k_1, \cdots, k_n)$ 是一组非负整数, c 为参数, 记 $k!$ 为 $k_1! \cdots k_n!$, $|k| = k_1 + \cdots + k_n$. 记

$$h_k(u; c) = \frac{1}{2^{|k|/2} \sqrt{k!}} h_{k_1}\left(\frac{u_1}{\sqrt{c}}\right) h_{k_2}\left(\frac{u_2}{\sqrt{c}}\right) \cdots h_{k_n}\left(\frac{u_n}{\sqrt{c}}\right). \tag{5.4.15}$$

由于 (5.4.12).

$$\frac{1}{(c\pi)^{n/2}} \int h_k(u; c) h_{k'}(u; c) e^{-\frac{1}{c}(u,u)} du = \begin{cases} 0, & \text{当} k \neq k', \\ 1, & \text{当} k = k'. \end{cases} \tag{5.4.16}$$

根据 (5.4.5′) 和 (5.4.16). 任取 H 中的一组就范直交系 $\{g_\nu, \nu = 1, 2, \cdots\}$, 那么函数系

$$\mathscr{H}(\{g_\nu\}; c) = \{h_k(g_1(\omega), \cdots, g_n(\omega); c) | k = (k_1, \cdots, k_n)$$
$$\text{为非负整数组}, n = 1, 2, \cdots\} \tag{5.4.17}$$

组成 $L^2(\Omega, \mathfrak{B}, N_c)$ 的就范直交系.

定义 5.4.2 称函数系 $\mathscr{H}(\{g_\nu\};c)$ 为 $L^2(S_c)$ 中 (相应 $\{g_\nu\}$) 的 Hermite 多项式泛函系, 当 $\{g_n\}$ 是 H 中完备就范直交系时, 对于 $f \in L^2(S_c)$. 称

$$a_{k_1\cdots k_n}(f;c) = \int_\Omega f(\omega) h_k(g_1(\omega),\cdots,g_n(\omega);c) dN_c(\omega)$$

为函数 f 的 (相应于 $\{g_n\}$ 的, 指标为 $k_1,\cdots,k_n$ 的) Fourier–Hermite 系数.

引理 5.4.6 设 $\{g_\nu\}$ 是 H 中的完备就范直交系, 则相应的 Hermite 多项式泛函系 (5.4.17) 组成 $L^2(\Omega,\mathfrak{B},N_c)$ 中的完备就范直交系, 而且若记 $k = (k_1,\cdots,k_n)$, 则

$$F_c(h_k(g_1(\cdot),\cdots,g_n(\cdot);c))(\omega)$$
$$= (i)^{|k|} h_k\left(g_1(\omega),\cdots,g_n(\omega);\frac{1}{c}\right). \tag{5.4.18}$$

证 由于多项式必是 Hermite 多项式的线性组合, 由引理 5.4.5 立即知道 $\mathscr{H}(\{g_\nu\};c)$ 的线性组合全体在 $L^2(\Omega,\mathfrak{B},N_c)$ 中稠密, 因此 $\mathscr{H}(\{g_\nu\};c)$ 是完备的.

任取实数组 $\lambda_1,\cdots,\lambda_n$, 根据 (5.4.5′), (5.4.8) 及 (5.4.13) 立即得到

$$\sum_k \frac{(\sqrt{2}\lambda)^k}{\sqrt{k!}} F_c(h_k(g_1(\cdot),\cdots,g_n(\cdot);c))(\omega)$$
$$= F_c\left(\prod_{\nu=1}^n \left(\sum_{k_\nu=0}^\infty \frac{h_{k_\nu}\left(\frac{g_\nu(\cdot)}{\sqrt{c}}\right)}{k_\nu!}\lambda_\nu^{k_\nu}\right)\right)(\omega)$$
$$= F_c\left(\exp\sum_{\nu=1}^n\left\{\frac{2}{\sqrt{c}}\lambda_\nu g_\nu(\cdot) - \lambda_\nu^2\right\}\right)(\omega) = e^{\sum\limits_{\nu=1}^n (\lambda_\nu^2 + i2\sqrt{c}\lambda_\nu g_\nu(\omega))}$$
$$= \sum_k \frac{h_k\left(g_1(\omega),\cdots,g_n(\omega);\frac{1}{c}\right)(i\lambda)^k}{k!}.$$

比较上式两边 λ^k 的系数就得到 (5.4.18).

根据引理 5.4.6, 对每个 $f \in L^2(S)$, 成立着直交展开式

$$f(\omega) = \sum_k a_k(f;c) h_k(g_1(\omega),\cdots,g_n(\omega);c). \tag{5.4.19}$$

由于 F_c 是 $L^2(S_c)$ 到 $L^2(S_{\frac{1}{c}})$ 的酉映照, 从 (5.4.18) 及 (5.4.19) 得到

定理 5.4.7 设 $f \in L^2(\Omega,\mathfrak{B},N_c)$, 则

$$F_c(f)(\omega)$$
$$= \sum a_k(f;c) h_k\left(g_1(\omega),\cdots,g_n(\omega);\frac{1}{c}\right)(i)^{|k|}, \tag{5.4.20}$$

此地 $\{a_k\}$ 是泛函 f 的 Fourier–Hermite 系数 (见 (5.4.19)).

系 5.4.8　$L^2(\Omega, \mathfrak{B}, N_c)$ 到 $L^2(\Omega, \mathfrak{B}, N_{\frac{1}{c}})$ 的 Fourier 变换 F_c 的逆变换 F_c^{-1} 是如下的映照:

$$F_c^{-1}(q) = \overline{F_{\frac{1}{c}}(\overline{q})}, \quad q \in L^2(S_{\frac{1}{c}}). \tag{5.4.21}$$

证　由 (5.4.20), 当 $f \in L^2(S_c)$ 时,

$$a_k\left(F_c(f); \frac{1}{c}\right) = a_k(f; c)(i)^{|k|}. \tag{5.4.22}$$

在 (5.4.22) 中以 $F_c(f) = q$ 代入得到

$$a_k\left(q; \frac{1}{c}\right) = a_k(F_c^{-1}(q); c)(i)^{|k|}. \tag{5.4.23}$$

又在 (5.4.22) 中易 c 为 $\frac{1}{c}$, f 为 $\overline{q}$, 得到

$$a_k(F_{\frac{1}{c}}(\overline{q}); c) = a_k\left(\overline{q}; \frac{1}{c}\right)(i)^{|k|}. \tag{5.4.24}$$

在 (5.4.24) 两边取共轭变数, 注意到 $\overline{a_k\left(\overline{q}; \frac{1}{c}\right)} = a_k\left(q; \frac{1}{c}\right)$ 以及 (5.4.23), 我们得到 $a_k(F_c^{-1}(q); c) = a_k(\overline{F_{\frac{1}{c}}(\overline{q})}; c)$. 再由 (5.4.19) 得到 (5.4.21). 证毕.

下面我们特别考察 Wiener 测度的情况

例 5.4.1　仍沿用例 5.1.2 和例 5.3.2 中的记号, 为方便起见, 我们只考察相关函数为 $\frac{1}{2}\min(s, t)$ 的情况, 这时 $\mathscr{W}_1$ 是它自己的对偶. 任取 $L^2[0,1]$ 中完备的、按内积

$$(\varphi, \psi) = \frac{1}{2}\int \varphi(t)\psi(t)dt$$

就范直交的有界变差函数系 $\{\alpha_n\}$, 且设 $\alpha_n(1) = 0$, 作 $C^0[0,1]$ 上的泛函

$$g_n(x) = \int_0^1 \alpha_n(t)dx(t),$$

那么这就是相应的 H 中的完备就范直交函数系. 这时 Hermite 多项式泛函系成为

$$\left\{ h_k\left(\int_0^1 \alpha_1(t)dx(t), \cdots, \int_0^1 \alpha_n(t)dx(t); 1\right) \,\middle|\, k = (k_1, \cdots, k_n), \right.$$
$$\left. k_\nu \geqslant 0, n = 1, 2, \cdots \right\}.$$

我们自然也可以考察多重 Wiener 测度和相应的 Fourier–Gauss 变换, 然而结果是完全类似的, 读者可以自行作出.

第六章　Bose–Einstein 场交换关系的表示

正如第三章中所指出的拟不变测度的来源之一是量子场论中 (更确切地说是 Bose 子的场 ——Bose–Einstein 场) 交换关系的表示. 我们在这一章中就指出拟不变测度理论与 Bose–Einstein 场的联系. 为了便于读者了解无限个自由度的情况, 我们在 §6.1 中先就量子力学 (有限个自由度的情况) 详细讨论交换关系的表示. 读者把 §6.1 中情况与 §6.2, §6.3 的相应情况比较, 就会发现无限维情况下的困难, 这也是量子场论中数学的困难的症结所在. 在 §6.2 中我们讨论了较一般的情况, 而在 §6.3 中研究一类较具体的表示, 并指出它和 Gauss 测度等的联系.

最后我们再说一下, 虽然这一章中只考察了交换关系的表示, 然而拟不变测度的调和分析绝不仅是为了交换关系的表示, 对于相互作用场方程等的讨论留待以后进行.

§6.1　量子力学中交换关系的表示

1° 交换关系表示的基本性质

在具有一个自由度的量子力学系统的考察中, 需要研究满足下述关系的算子对 p, q:

$$pq - qp = I, \tag{6.1.1}$$

其中 I 为单位算子. 我们首先注意这种算子不可能是有界的. 事实上, 有如下的

定理 6.1.1　设 E 是一 Banach 空间, 则在 E 上不存在适合 (6.1.1) 的有界线性算子 p, q.

证　设 E 上的有界算子 p, q 适合条件 (6.1.1). 对 E 上的任何有界算子 B, 记 $B' = Bq - qB, B'' = (B')', \cdots, B^{(n)} = (B^{(n-1)})', \cdots$, 那么 $p' = I, p'' = 0$. 今证

$$(p^n)^{(n)} = n!I. \tag{6.1.2}$$

由于 $(AB)' = A'B + AB'$, 因此有类似于求微商运算的 Newton-Leibniz 公式

$$(AB)^{(n)} = \sum_{k=0}^{n} C_n^k A^{(k)} B^{(n-k)}. \tag{6.1.3}$$

当 $n = 1$ 时, (6.1.2) 显然成立. 今设对于 $n - 1$, (6.1.2) 成立. 由于 $p^n = p^{n-1}p$, 在 (6.1.3) 中以 $A = p^{n-1}, B = p$ 代入, 利用 $p'' = 0$ 得到 (6.1.2).

显然有 $\| B' \| \leqslant 2 \| q \| \| B \|$. 因此由 (6.1.2) 得到

$$n! \leqslant (2 \| q \|)^n \| p^n \| \leqslant (2 \| p \| \| q \|)^n. \tag{6.1.4}$$

但是 $\lim\limits_{n \to \infty} \dfrac{(2 \| p \| \| q \|)^n}{n!} = 0$. 因此 (6.1.4) 不能成立, 这是矛盾, 所以不能存在满足条件 (6.1.1) 的有界算子. 证毕.

下面我们考察 p, q 限制为 Hilbert 空间中无界算子的情况, 因为在量子力学中实际用到的是 Hilbert 空间, 并且是 p, q 为自共轭算子而且满足关系

$$qp - pq = iI \tag{6.1.5}$$

的情况. 这个关系和 (6.1.1) 是相仿的, 事实上, 只要在 (6.1.1) 中易 q 为 $-iq$ 就可以了.

根据定理 6.1.1, (6.1.5) 中的 p, q 不能是有界算子, 但是对于无界算子, (6.1.5) 的正确写法应当是

$$qp - pq \subset iI, \tag{6.1.6}$$

这里算子 $A \subset B$ 表示 A 的定义域 $\mathfrak{D}_A$ 包含在 B 的定义域 $\mathfrak{D}_B$ 中, 又在 $\mathfrak{D}_B$ 中稠密, 而且对 A 的定义域中的 x 有 $Ax = Bx$.

我们注意, 若 p 是 Hilbert 空间 H 中的自共轭算子, $\{E_\lambda, -\infty < \lambda < \infty\}$ 是算子 p 的谱系, 即

$$p = \int_{-\infty}^{\infty} \lambda dE_\lambda.$$

作酉算子群 $\{U(t); -\infty < t < \infty\}$,

$$U(t) = \int_{-\infty}^{\infty} e^{it\lambda} dE_\lambda,$$

这时 $U(t) = e^{ipt}$.

定理 6.1.2 设 p, q 是 Hilbert 空间中自共轭算子, 那么关系式 (6.1.6) 与关系式

$$e^{ipt}e^{iqs} = e^{its}e^{iqs}e^{ipt}, \quad -\infty < s, t < \infty$$

等价.

由于这个定理证明所用的方法与本书关系较少而且又要费一些篇幅, 所以在此从略. 但是, 今后凡是涉及交换关系都把它表示成定理 6.1.2 中的形式, 这样可避免无界算子的麻烦.

2° 有限个自由度的量子力学体系

设 H 是 Hilbert 空间, $p_1, \cdots, p_n, q_1, \cdots, q_n$ 是 H 中 $2n$ 个自共轭算子而且满足如下的交换关系: $p_1, \cdots, p_n$ 是彼此交换的, $q_1, \cdots, q_n$ 是彼此交换的, 又当 $\mu \neq \nu$ 时 p_ν 与 q_μ 交换而

$$q_\mu p_\mu - p_\mu q_\mu \subset iI.$$

这时称 $\{p_\nu\}$, $\{q_\nu\}$ 满足 Heisenberg 关换关系[①], 或是说 $e^{ip_\nu t_\nu}, e^{iq_\mu s_\mu}, -\infty < t_\nu, s_\mu < \infty$ 满足如下的 Weyl 交换关系, 即 $\{e^{ip_\nu t_\nu}\}$ 是相互交换的, $\{e^{iq_\nu s_\nu}\}$ 是互相交换的, 而当 $\mu \neq \nu$ 时, $e^{ip_\mu t_\mu}$ 与 $e^{iq_\nu s_\nu}$ 交换, 另外,

$$e^{ip_\nu t_\nu}e^{iq_\nu s_\nu} = e^{it_\nu s_\nu}e^{iq_\nu s_\nu}e^{ip_\nu t_\nu}.$$

我们下面用一个较简单的形式叙述这种交换关系.

令 R_n 表示 n 维实向量空间, 其中向量记为 $t = (t_1, \cdots, t_n)$. 又在 R_n 中定义内积 (t, s) 如下: 当 $s = (s_1, \cdots, s_n)$ 时,

$$(t, s) = \sum_{\nu=1}^{n} t_\nu s_\nu.$$

作以 R 中向量为参数的酉算子族 $U(t), V(s)$ 如下:

$$当 \ t = (t_1, \cdots, t_n) \ 时, \quad 令 \ U(t) = e^{ip_1 t_1} \cdots e^{ip_n t_n}, \tag{6.1.7}$$

$$当 \ s = (s_1, \cdots, s_n) \ 时, \quad 令 \ V(s) = e^{iq_1 s_1} \cdots e^{iq_n s_n}. \tag{6.1.8}$$

容易证明, $\{p_\mu\}$ 与 $\{q_\nu\}$ 满足 Weyl 交换关系的充要条件是 $\{U(t), t \in R_n\}$ 与 $\{V(s), s \in R_n\}$ 分别都是加法拓扑群 R_n 在 H 中的弱连续酉表示, 而且

$$U(t)V(s) = e^{i(t,s)}V(s)U(t). \tag{6.1.9}$$

今后我们简称 $\{U(s), V(t); s, t \in R_n\}$ 为交换关系弱连续酉表示.

我们也可以用群的酉表示来表述 Weyl 交换关系.

---

①但要求对定义域作适当的限制.

作群 Γ_n 如下: Γ_n 中元素是形如 $(x, y, \alpha), x, y \in R_n, \alpha \in \mathbb{T}, \mathbb{T}$ 是绝对值为 1 的复数全体, 规定乘法

$$(x, y, \alpha) \cdot (x', y', \alpha') = (x + x', y + y', \alpha\alpha' e^{-i(x', y)}).$$

显然 Γ_n 成为一群. 在 R_n 及 $\mathbb{T}$ 中引进欧几里得拓扑, 我们把 Γ_n 看成拓扑空间 $R_n \times R_n \times \mathbb{T}$ 的子空间, 那么 Γ_n 又是一个拓扑空间. Γ_n 按这个拓扑及群的运算成为拓扑群. 事实上, 还是 $2n + 1$ 维 Lie 群.

我们考察拓扑群 Γ_n 在 Hilbert 空间 H 中弱连续的酉表示 T. 如果 T 又满足条件

$$T(0, 0, \alpha) = \alpha I,$$

这里 I 为恒等算子, 作

$$V(y) = T(0, y, 1), \quad U(x) = T(x, 0, 1),$$

那么容易算出 $\{U(x), x \in R_n\}, \{V(y), y \in R_n\}$ 是 R_n 在 H 中弱连续酉表示, 满足交换关系 (6.1.9). 反之, 任取 R_n 在 H 中的两个弱连续酉表示 $\{U(x), x \in R_n\}, \{V(y), y \in R_n\}$, 如果它们满足交换关系 (6.1.9), 那么作

$$T(x, y, \alpha) = \alpha U(x) V(y),$$

它必是 Γ_n 在 H 中的弱连续的酉表示, 而且 $T(0, 0, \alpha) = \alpha I$.

我们现在举出满足 Weyl 交换关系的酉算子群 $\{U(t)\}, \{V(s)\}$ 的重要例子.

设 $L^2(R_n)$ 是 R_n 上且 Lebesgue 可测的平方可积函数全体所成的线性空间, 当 $f, g \in L^2(R_n)$ 时, 令

$$(f, g) = \int_{R_n} f\overline{g} dx.$$

对任何 $t, s \in R_n$, 作 $L^2(R_n)$ 中的酉算子 $U_0(t)$ 和 $V_0(s)$ 如下:

$$(U_0(t)f)(x) = e^{i(t,x)} f(x),$$
$$(V_0(s)f)(x) = f(x - s).$$

容易算出 $\{U_0(t), t \in R_n\}$ 与 $\{V_0(s), s \in R_n\}$ 都是交换酉算子群而且适合关系 (6.1.9). 称这个 $\{U_0(t), V_0(s), t, s \in R\}$ 为交换关系的 Schrödinger 表示, 或称它们是 Schrödinger 算子.

我们还可以把 Weyl 交换关系用 von Neumann 的形式表述如下: 令 C_n 为 n 维复向量空间, 在 C_n 上规定内积 (z, z') 如下: 当 $z = (z_1, \cdots, z_n), z' = (z'_1, \cdots, z'_n)$ 时, $(z, z') = z_1\overline{z}'_1 + \cdots + z_n\overline{z}'_n$.

设 $\{U(t), V(s), t, s \in R_n\}$ 是一族酉算子, 作

$$W(t + is) = U(t)V(s) e^{-\frac{i}{2}(t,s)} \tag{6.1.10}$$

容易证明 $\{U(t), V(s), t, s \in R_n\}$ 满足 Weyl 交换关系的充要条件是 $\{W(z), z \in R_n\}$ 满足如下的交换关系:

$$W(z)W(z') = e^{-\frac{i}{2}\mathfrak{F}(z,z')}W(z+z').\tag{6.1.11}$$

这个交换关系称为 von Neumann 式的交换关系.

定理 6.1.3　设 H 是 Hilbert 空间, $W = \{W(z), z \in C_n\}$ 是 H 中的酉算子族, 满足交换关系 (6.1.11), 而且 $W(z)$ 关于 z 是弱连续的. 那么存在 H 中的一族互相直交的关于 W 不变的子空间族 $\{H_\alpha, \alpha \in \Lambda\}$, 使 $H = \sum_\alpha \oplus H_\alpha$ 而且 W 在 H_α 中酉等价于 Schrödinger 表示.

证　对每对 $\xi, \eta \in H$, 作双线性泛函 $L(\xi, \eta)$:

$$L(\xi, \eta) = \frac{1}{(2\pi)^n} \int e^{-\frac{1}{4}\|z\|^2}(W(z)\xi, \eta)dz,\tag{6.1.12}$$

这里 $dz = \prod\limits_{\nu=1}^n dx_\nu dy_\nu, z = (x_1+iy_1, \cdots, x_n+iy_n), \|z\| = \sqrt{(z,z)}$. 由于 $(W(z)\xi, \eta)$ 是 $z \in C_n$ 上的有界连续函数, 所以 (6.1.12) 的积分存在而且

$$|L(\xi, \eta)| \leqslant c\|\xi\|\|\eta\|,$$

这里 $c = \frac{1}{(2\pi)^n} \int e^{-\frac{1}{4}\|z\|^2}dz = 1$. 由于 (6.1.11), 有 $W(z)^* = W(-z)$. 容易证明 $L(\xi, \eta) = \overline{L(\eta, \xi)}$, 所以有自共轭的有界线性算子 P 使

$$L(\xi, \eta) = (P\xi, \eta).\tag{6.1.13}$$

今证明当 $z \in C_n$ 时,

$$PW(z)P = e^{-\frac{1}{4}\|z\|^2}P.\tag{6.1.14}$$

事实上, 当 $\xi, \eta \in H$ 时,

$$\begin{aligned}
(PW(z)P\xi, \eta) &= L(W(z)P\xi, \eta) \\
&= \frac{1}{(2\pi)^n} \int e^{-\frac{1}{4}\|z'\|^2}(W(z')W(z)P\xi, \eta)dz' \\
&= \frac{1}{(2\pi)^n} \int e^{-\frac{1}{4}\|z'\|^2}L(\xi, W(z)^*W(z')^*\eta)dz' \\
&= \frac{1}{(2\pi)^{2n}} \int e^{-\frac{1}{4}(\|z'\|^2+\|z''\|^2)}(W(z')W(z)W(z'')\xi, \eta)dz'dz''.
\end{aligned}\tag{6.1.15}$$

利用 (6.1.11) 得到

$$W(z')W(z)W(z'') = e^{-\frac{i}{2}\mathfrak{F}[(z',z)+(z',z'')+(z,z'')]}W(z+z'+z'').$$

在 (6.1.15) 中作变数代换 $z_1 = z + z''$, $z_2 = z + z' + z''$, 并利用等式

$$\frac{1}{(2\pi)^n} \int e^{-\frac{1}{4}(\|z_1 - z_2\|^2 + \|z_1 - z\|^2) - \frac{i}{2}\mathfrak{F}[(z,z_1) + (z_2,z_1)]} dz_1$$

$$= e^{-\frac{1}{4}(\|z\|^2 + \|z_2\|^2)} \prod_{\nu=1}^{n} \frac{1}{2\pi} \int_{-\infty}^{\infty} \int_{-\infty}^{\infty} e^{-\frac{1}{2}(u_\nu - \frac{1}{2}p_\nu)^2 - \frac{1}{2}(v_\nu - \frac{1}{2}p_\nu)^2} du_\nu dv_\nu$$

$$= e^{-\frac{1}{4}(\|z\|^2 + \|z_2\|^2)},$$

这里 $(u_1 + iv_1, \cdots, u_n + iv_n) = z_1$, $(\bar{p}_1, \bar{p}_2, \cdots, \bar{p}_n) = z_2 + z$, 我们将算出 (6.1.15) 为 $e^{-\frac{1}{4}\|z\|^2}(P\xi, \eta)$, 因此 (6.1.14) 成立.

特别, 在 (6.1.14) 中令 $z = 0$, 得知 P 为投影算子. 令 $\mathfrak{M} = PH$. 取子空间 $\mathfrak{M}$ 中的完备就范直交系 $\{\varphi_\alpha, \alpha \in \mathfrak{A}\}$. 令 H_α 为 H 中包含 φ_α 的、对一切 $W(z), z \in C_n$ 不变的、最小闭子空间. 先证明 $H_\alpha \perp H_{\alpha'}, \alpha \neq \alpha'$. 事实上, 由于 $P\varphi_\alpha = \varphi_\alpha, P\varphi_{\alpha'} = \varphi_{\alpha'}$. 利用 (6.1.14) 我们知道, 当 $z, z' \in C_n$ 时,

$$(W(z)\varphi_\alpha, W(z')\varphi_{\alpha'}) = (W(z)P\varphi_\alpha, W(z')P\varphi_{\alpha'})$$
$$= (PW(-z')W(z)P\varphi_\alpha, \varphi_{\alpha'})$$
$$= e^{-\frac{i}{2}\mathfrak{F}(z,z')}(PW(z - z')P\varphi_\alpha, \varphi_{\alpha'})$$
$$= e^{-\frac{1}{4}\|z - z'\|^2 - \frac{i}{2}\mathfrak{F}(z,z')}(\varphi_\alpha, \varphi_{\alpha'}). \qquad (6.1.16)$$

因此, 当 $\alpha \neq \alpha'$ 时 $W(z)\varphi_\alpha \perp W(z')\varphi_{\alpha'}$, 但 H_α 是 $W(z)\varphi_\alpha, z \in C_n$ 的线性组合的包, 因此 $H_\alpha \perp H_{\alpha'}(\alpha \neq \alpha')$. 再证 $\mathfrak{S} = \bigcup_\alpha H_\alpha$ 即为全空间. 显然 $\mathfrak{S}$ 是 $W(z), z \in C_n$ 的不变子空间而且 $\mathfrak{M} \subset \mathfrak{S}$. 因此 $H \ominus \mathfrak{S} = \mathfrak{S}^\perp$ 也是 $W(z), z \in C_n$ 的不变子空间, 而且当 $\varphi \in \mathfrak{S}^\perp$ 时, $P\varphi = 0$. 若 $\mathfrak{S}^\perp \neq (0)$, 取 $\varphi \in \mathfrak{S}^\perp, \varphi \neq 0$. 因为 $W(z)\varphi$ 也属于 $\mathfrak{S}^\perp$, 所以 $PW(z)\varphi = 0$. 由是对一切 $z \in C_n$, 由 (6.1.12), (6.1.13) 和 (6.1.11) 得到

$$(PW(z)\varphi, W(z)\varphi)$$
$$= \frac{1}{(2\pi)^n} \int_{C_n} e^{-\frac{1}{4}\|z'\|^2 + i\mathfrak{F}(z,z')}(W(z')\varphi, \varphi)dz' = 0.$$

由于 $\mathfrak{F}(z', z) = \sum(y'_\nu x_\nu - y_\nu x'_\nu)$, 此地 $z = (x_1 + iy_1, \cdots, x_n + iy_n)$, $z' = (x'_1 + iy'_1, \cdots, x'_n + iy'_n)$. 容易看出 $2n$ 个变元 $x'_\nu, y'_\nu, \nu = 1, 2, \cdots, n$ 的函数 $e^{-\frac{1}{4}\|z'\|^2}(W(z')\varphi, \varphi)$ 的 Fourier 变换为零. 因此 $(W(z')\varphi, \varphi) = 0, z' \in C_n$. 特别取 $z' = 0$ 即得 $\varphi = 0$. 这是矛盾. 因此 $H = \sum_\alpha \oplus H_\alpha$.

现在考察 $W(z)$ 在 H_α 上的变换形式. 记 $W(z)\varphi_\alpha = \varphi_{\alpha,z}$, 那么当 $z' \in C_n$ 时, 由 (6.1.11) 和 (6.1.16) 得到

$$W(z')\varphi_{\alpha,z} = e^{-\frac{i}{2}\mathfrak{F}(z',z)}\varphi_{\alpha,z+z'}, \qquad (6.1.17)$$

$$(\varphi_{\alpha,z}, \varphi_{\alpha,z'}) = e^{-\frac{1}{4}\|z - z'\|^2 - \frac{i}{2}\mathfrak{F}(z,z')}. \qquad (6.1.18)$$

我们在 $L^2(R_n)$ 中取函数 $\varphi_z(z \in C_n$ 为参数) 如下:

$$\varphi_z(u) = \frac{1}{(2\pi)^{n/2}} e^{-\frac{1}{2}\|u\|^2 + (ix+y,u) - \frac{1}{2}\|y\|^2 - \frac{i}{2}(x,y)}, \tag{6.1.19}$$

这里 $x, y \in R_n, z = x + iy$, 那么, 容易算出相应于 Schrödinger 算子 $U_0(x)$ 和 $V_0(y)$ 的 $W_0(x+iy) = U_0(x)V_0(y)e^{-\frac{i}{2}(x,y)}$ 适合关系

$$W_0(z)\varphi_z = e^{-\frac{i}{2}\Im(z',z)}\varphi_{z+z'}, \tag{6.1.20}$$

$$(\varphi_z, \varphi_{z'}) = e^{-\frac{1}{4}\|z-z'\|^2 - \frac{i}{2}\Im(z,z')}. \tag{6.1.21}$$

又作 H_α 到 $L^2(R_n)$ 的线性算子 U_α 如下: $U_\alpha\varphi_{\alpha,z} = \varphi_z$, 再利用线性把 U_α 延拓到 $\varphi_{\alpha,z}, z \in C_n$ 的线性组合上去. 根据 (6.1.18) 和 (6.1.21), U_α 是等矩算子, 又因 $\varphi_{\alpha,z}, z \in C_n$ 的线性组合在 H_α 中稠密, U_α 唯一地延拓成 H_α 到 $L^2(R_n)$ 的等矩算子, 又显而易见 $\{\varphi_z, z \in C_n\}$ 的线性组合全体在 $L^2(R_n)$ 中稠密. 因此 U_α 是酉算子, 再根据 (6.1.9), (6.1.20), 容易看出

$$U_\alpha W(z)U_\alpha^{-1} = W_0(z).$$

这就是说在 H_α 上交换关系与 Schrödinger 表示等价. 证毕.

设 $\{W(z), z \in R_n\}$ 是 Hilbert 空间 H 中的酉算子族, 满足交换关系 (6.1.11). 如果在 H 中不存在异于 (0) 和 H 的、对一切 $W(z)$ 不变的闭线性子空间, 则称 $\{W(z), z \in R_n\}$ 是既约的. 这也就是说群 R_n (见 (6.1.7) 式前面的说明) 在 H 上的弱连续酉表示 $T(T(x,y,\alpha) = \alpha U(x)V(y))$ 是既约的.

定理 6.1.4 $L^2(R_n)$ 上 Schrödinger 表示是既约的.

证 设 $\mathfrak{M} \neq (0)$ 是 $L^2(R_n)$ 的闭线性子空间, 而且关于一切 $W(z), z \in C_n$ 不变. 根据定理 6.1.3, 不妨设 $W(z), z \in C_n$ 在 $\mathfrak{M}$ 上的限制酉等价于 Schrödinger 表示. 不然的话, 取 $\mathfrak{M}$ 的子空间就行了. 根据前面所述, 对于 Schrödinger 表示, 存在一向量 φ 使 $\{U_0(x)\varphi|x \in R_n\}$ 的线性组合全体在全空间稠密, 和 Schrödinger 表示酉等价的算子族也应具有相同的性质. 所以在 $\mathfrak{M}$ 中存在一向量 ψ, 使 $\{U_0(x)\psi|x \in R_n\}$ 的线性组合全体在 $\mathfrak{M}$ 中稠密. 换言之, $\{e^{i(x,u)}\psi(u)|x \in R_n\}$ 的线性组合全体在 $\mathfrak{M}$ 中稠密. 令 $E = \{u|\psi(u) \neq 0\}$, 那么 $\mathfrak{M}$ 应是 $L^2(R_n)$ 中在 E 外为 0 的一切函数全体 $L^2(E)$. 事实上, 由上所述, 显然有 $\mathfrak{M} \subset L^2(E)$. 若 $\mathfrak{M} \neq L^2(E)$, 则有 $f \in L^2(E) \ominus \mathfrak{M}, f \neq 0$. 因此对一切 $x \in R_n$,

$$(U_0(x)\psi, f) = \int_{-\infty}^{\infty} e^{i(x,u)}\psi(u)\overline{f(u)}du = 0$$

对一切 x 成立. 由于 $\psi(u)\overline{f(u)} \in L_1(R_n)$, 所以 $\psi(u)\overline{f(u)}$ 在 R_n 上几乎处处为零, 即 $f(u)$ 在 E 上几乎处处为 0. 又因它在 E 外为 0, 得知 $f = 0$, 这是矛盾.

　　然而 $\mathfrak{M} = L^2(E)$ 对一切 $V(y)$, $y \in R_n$ 是不变的. 因此对一切 $y \in R_n$, $\psi(x-y)$ 在 E 外几乎处处为 0. 这就是说 $E \cap (E+y)$ 为零集. 因此 E 是对平移拟不变的集, 但 Lebesgue 测度是遍历的 (见定理 3.1.31), 因而 E 或是零集或与 R_n 相差一零集. 但 $\mathfrak{M} \neq (0)$, 因此 E 不可能为零集, 只可能 $R_n \backslash E$ 为零集. 这样就证明了 $\mathfrak{M} = L^2(R)$. 证毕.

　　从定理 6.1.3 和 6.1.4 立即得到

　　系 6.1.5　设 $\{W(z), z \in C_n\}$ 是 H 中酉算子族, 满足交换关系 (6.1.11), 那么 H 必可以分解成一族不变线性闭子空间 $H_\alpha, \alpha \in \mathfrak{A}$ 的直交和, 使得 $\{W(z), z \in C_n\}$ 限制在 H_α 中时为既约的.

　　系 6.1.6　若 $\{W(z), z \in C_n\}$ 是 H 中酉算子族, 满足交换关系 (6.1.11) 而且是既约的, 那么它必酉等价于 Schrödinger 表示.

　　因此交换关系的既约表示在容许酉等价的意义下是唯一的.

　　令 $\mathfrak{A}$ 为 $\{U(x), V(x')|x, x' \in R_n\}$ 张成的 H 上的弱闭算子代数. 称 $\mathfrak{A}$ 为 (相应于 H 的、n 个自由度的) 具体 Weyl 代数, 这个代数依赖于空间 H 和表示 $\{U(x), V(x')|x, x' \in R_n\}$, 然而有

　　引理 6.1.7　若 $\{U(x), V(x')|x, x' \in R_n\}$ 在 H 上是既约的, 那么相应的具体 Weyl 代数 $\mathfrak{A}$ 即是 $\mathfrak{B}(H)$ (见 §2.3).

　　证　设 $P \in (\mathfrak{A}')^p$. 则 PH 是 $\{U(x), V(x')|x, x' \in R_n\}$ 的不变子空间, 由既约性知道 $P = 0$ 或 $P = I$. 即 $\mathfrak{A}' = \{\lambda I|\lambda \text{为数}\}$, 因此 $\mathfrak{A} = \mathfrak{B}(H)$. 证毕.

　　引理 6.1.8　设 H 是 Hilbert 空间, φ 是 $\mathfrak{B}(H)$ 到 $\mathfrak{B}(H)$ 的对称同构映照, 则必有 H 到 H 上的酉算子 U, 使得对一切 $A \in \mathfrak{B}(H)$,

$$\varphi(A) = UAU^{-1}. \tag{6.1.22}$$

　　证　任取 H 中单位向量 ξ, 作投影算子 $P_\xi : P_\xi x = (x, \xi)\xi, \xi \in H$. 我们注意, 若 P 是投影算子, 则由于 $\varphi(P)^2 = \varphi(P^2) = \varphi(P), \varphi(P)^* = \varphi(P^*) = \varphi(P)$, 所以 $\varphi(P)$ 也是投影算子. 反之, 若 $\varphi(P)$ 是投影算子, 则 P 也是投影算子. 因为 P_ξ 不可能是两个不为零的投影算子之和, 所以 $\varphi(P_\xi)$ 也不可能是两个投影算子之和, 从而 $\varphi(P_\xi)H$ 也是一维空间. 因此有单位向量 $\eta \in H$ 使 $\varphi(P_\xi) = P_\eta$. 记

$$\eta = U\xi.$$

容易验证 U 是酉算子, 而且对一切有限秩投影算子 A, (6.1.22) 成立. 由于任何投影算子是一族有限秩投影算子的上确界, 又因为 $A \leqslant B$ 时 $\varphi(B) - \varphi(A) = \varphi(\sqrt{B-A})^2 \geqslant 0$, 所以对一切投影算子 A, (6.1.22) 成立. 我们再注意, 对一切 $A \in \mathfrak{B}(H), A$ 的谱和 $\varphi(A)$ 的谱一致, 因此

$$\| A \| = \sqrt{\| A^*A \|} = \sqrt{\| \varphi(A^*A) \|} = \| \varphi(A) \|. \tag{6.1.23}$$

在 (6.1.22) 中取 A 为投影算子的线性组合再取极限, 由 (6.1.23) 知道 (6.1.22) 对一切自共轭算子 A 也成立, 因此对一切 $A \in \mathfrak{B}(H)$, (6.1.22) 成立. 证毕.

引理 6.1.9 设 $\{U_0(x), V_0(x') | x, x' \in R_n\}$ 是 $L^2(R_n)$ 上的 Schrödinger 表示, 设 φ 是 $\mathfrak{B}(L^2(R_n))$ 到 $\mathfrak{B}(L^2(R_n))$ 上的对称同构映照而且

$$\varphi(U_0(x)) = U_0(x), \quad \varphi(V_0(x')) = V_0(x'), \quad x, x' \in R_n, \quad (6.1.24)$$

则 φ 是不动映照.

证 根据定理 6.1.4, 引理 6.1.7 和引理 6.1.8, 有 $U \in \mathfrak{B}(L^2(R_n))$, 使得对一切 $A \in L^2(R_n)$, (6.1.22) 成立. 再利用 (6.1.24) 知道 $U \in \{U_0(x), V(x') | x, x' \in R_n\}' = \mathfrak{B}(L^2(R_n))' = \{\lambda I | \lambda$ 为数$\}$. 因此 $U = \lambda I$. 又由 (6.1.22), (6.1.24), 显然 φ 是不动映照. 证毕.

定理 6.1.10 设 $H^{(k)}, k = 1, 2$ 是两个 Hilbert 空间, $\{U^{(k)}(x), V^{(k)}(x') | x, x' \in R_n\}$ 是交换关系在 $H^{(k)}$ 上的表示, $\mathfrak{A}^{(k)}$ 是相应的具体 Weyl 代数, 则必存在 $\mathfrak{A}^{(1)}$ 到 $\mathfrak{A}^{(2)}$ 上的唯一的对称同构映照 ψ. 这个 ψ 必然使得对一切有界 Baire 函数 f 成立着

$$\psi(f(U^{(1)}(x))) = f(U^{(2)}(x)), \quad x \in R_n, \quad (6.1.25)$$

$$\psi(f(V^{(1)}(x'))) = f(V^{(2)}(x')), \quad x' \in R_n. \quad (6.1.26)$$

证 映照 ψ 的存在性: 根据定理 6.1.3, 存在 $H^{(k)}$ 的一族对 $\{U^{(k)}, V^{(k)}\}$ 不变的闭子空间 $\{H_\alpha^{(k)}, \alpha \in A\}$, 使得 $\{U^{(k)}, V^{(k)}\}$ 在 $H_\alpha^{(k)}$ 上酉等价于 Schrödinger 表示. 设 $H^{(k)}$ 到 $H_\alpha^{(k)}$ 的投影算子为 $P_\alpha^{(k)}$, $L^2(R_n)$ 到 $H_\alpha^{(k)}$ 相应的酉算子是 $Q_\alpha^{(k)}$, 那么

$$U^{(k)}(x) = \sum_\alpha Q_\alpha^{(k)} U_0(x) Q_\alpha^{(k)-1} P_\alpha^{(k)}, \quad (6.1.27)$$

$$V^{(k)}(x) = \sum_\alpha Q_\alpha^{(k)} V_0(x) Q_\alpha^{(k)-1} P_\alpha^{(k)}. \quad (6.1.28)$$

对于每个 $A \in \mathfrak{B}(L^2(R_n))$, 作

$$\varphi^{(k)}(A) = \sum_\alpha Q_\alpha^{(k)} A Q_\alpha^{(k)-1} P_\alpha^{(k)}.$$

由 (6.1.27) 和 (6.1.28) 容易验证 $\varphi^{(k)}$ 是 $\mathfrak{B}(L^2(R_n))$ 到 $\mathfrak{A}^{(k)}$ 的对称同构映照, 而且对一切有界 Baire 函数 f,

$$\varphi^{(k)}(f(U_0(x))) = f(U^{(k)}(x)), \quad x \in R_n, \quad (6.1.29)$$

$$\varphi^{(k)}(f(V_0(x'))) = f(V^{(k)}(x')), \quad x' \in R_n. \quad (6.1.30)$$

作 $\psi = \varphi^{(2)}(\varphi^{(1)-1})$, 立即可知 ψ 满足定理 6.1.10 中的条件.

若 ψ' 是满足定理中条件的另一同构映照, 作

$$\varphi = \varphi^{(2)^{-1}}(\psi'(\varphi^{(1)})), \tag{6.1.31}$$

那么 φ 是 $\mathfrak{B}(L^2(R_n))$ 到 $\mathfrak{B}(L^2(R_n))$ 的对称同构映照而且由 (6.1.25), (6.1.26), (6.1.29), (6.1.30) 知道 φ 满足 (6.1.24), 因此 φ 是不动映照, 由 (6.1.31) 得 $\psi' = \psi$. 证毕.

3° 另一种表示

为了后面的需要, 我们考察下面的类似于 Schrödinger 表示的表示. 我们注意 Schrödinger 表示是建立在 R_n 的 Lebesgue 测度 (平移不变测度) 基础上, 下面表示建立在 Gauss 测度 (拟不变测度) 的基础上.

令 $L^2(R_n, G)$ 为 R_n 上 Lebesgue 可测而且满足条件

$$\int |f(u)|^2 e^{-\|u\|^2} du < \infty$$

的函数全体, 按通常线性运算所成的线性空间, 又规定 $L^2(R_n, G)$ 上的内积

$$(f, g) = \int f(u)\overline{g(u)} e^{-\|u\|^2} du,$$

那么 $L^2(R_n, G)$ 为 Hilbert 空间, 当 $x, x' \in R_n$ 时, 我们规定

$$(U(x)f)(u) = e^{i(u,x)} f(u),$$
$$(V(x')g)(u) = e^{(u,x') - \frac{\|x'\|^2}{2}} f(u - x'),$$

这时 $\{U(x), V(x') | x, x' \in R_n\}$ 显然满足 Weyl 交换关系. 我们注意这里的酉算子族酉等价于 Schrödinger 表示. 事实上, 这可以通过 $L^2(R, G)$ 到 $L^2(R_n)$ 的酉算子

$$f(u) \to e^{-\frac{\|u\|^2}{2}} f(u)$$

来实现, 因此 $\{U(x), V(x') | x, x' \in R_n\}$ 也是既约的. 这时 (6.1.7) 中相应的 p_ν 是如下的自共轭算子: p_ν 的定义域是

$$\mathfrak{D}(p_\nu) = \{\varphi | \varphi \in L^2(R_n, G), u_\nu \varphi(u) \in L^2(R_n, G)\},$$

这里 $u = (u_1, \cdots, u_n)$, 而且当 $\varphi \in \mathfrak{D}(p_\nu)$ 时,

$$(p_\nu \varphi)(u) = u_\nu \varphi(u). \tag{6.1.32}$$

同时 q_ν 的定义域是

$$\mathfrak{D}(q_\nu) = \left\{ \varphi \middle| \varphi \in L^2(R_n, G), \right.$$
$$\varphi(u) = \int^{u_\nu} \frac{d}{dt} \varphi(u_1, \cdots, u_{\nu-1}, t, u_{\nu+1}, \cdots) dt,$$
$$\left. u_\nu \varphi(u) - \frac{\partial}{\partial u_\nu} \varphi(u) \in L^2(R_n, G), \right.$$

而且当 $\varphi \in \mathfrak{D}(q_\nu)$ 时,

$$(q_\nu \varphi)(u) = -i u_\nu \varphi(u) + i \frac{\partial}{\partial u_\nu} \varphi(u). \tag{6.1.33}$$

事实上, 容易证明 (6.1.22) 定义着自共轭算子且当 $\varphi \in \mathfrak{D}(p_\nu)$ 时,

$$(p_\nu \varphi, \psi) = \frac{1}{i} \frac{\partial}{\partial x_\nu} (U(0, \cdots, 0, x_\nu, 0, \cdots, 0)\varphi, \psi) \Big|_{x_\nu = 0},$$

因此 $U(x)$ 与 $\{p_1, \cdots, p_n\}$ 间适合关系 (6.1.7). 对于 $\{q_1, \cdots, q_n\}$ 也可以类似地讨论.

我们令 c_ν 是 $\dfrac{p_\nu + i q_\nu}{\sqrt{2}}$ 的闭扩张, 容易验算, 这时 c_ν 的定义域是

$$\mathfrak{D}(c_\nu) = \Big\{ \varphi \Big| \varphi \in L^2(R_n, G),$$
$$\varphi(u) = \int^{u_\nu} \frac{\partial}{\partial t} \varphi(u_1, \cdots, u_{\nu-1}, t, u_{\nu+1}, \cdots) dt,$$
$$2 u_\nu \varphi(u) - \frac{\partial}{\partial u_\nu} \varphi(u) \in L^2(R_n, G) \Big\}$$

而且当 $\varphi \in \mathfrak{D}(c_\nu)$ 时,

$$(c_\nu \varphi)(u) = \sqrt{2} u_\nu \varphi(u) - \frac{1}{\sqrt{2}} \frac{\partial}{\partial u_\nu} \varphi(u). \tag{6.1.34}$$

这时 c_ν 的共轭算子 c_ν^* 是 $p_\nu - i q_\nu$ 的闭扩张而且

$$\mathfrak{D}(c_\nu^*) = \Big\{ \varphi \Big| \varphi \in L^2(R_n, G), \frac{\partial}{\partial u_\nu} \varphi(u) \in L^2(R_n, G) \Big\}.$$

当 $\varphi \in \mathfrak{D}(c_\nu^*)$ 时,

$$(c_\nu^* \varphi)(u) = \frac{1}{\sqrt{2}} \frac{\partial}{\partial u_\nu} \varphi(u). \tag{6.1.35}$$

我们考察 $L^2(R_n, G)$ 中的完备就范直交系 (参见 (5.4.15))

$$\{h_k(u, 1); k = (k_1, k_2, \cdots, k_n), k_\nu = 0, 1, 2, \cdots\}.$$

以后简记 $h_k(u, 1)$ 为 $h_k(u)$. 对于每个非负整数 m, 令 $H(m, n)$ 是 $L^2(R_n, G)$ 中由 $\{h_k(u) \| |k| = m\}$ 张成的有限维线性子空间, 那么

$$L^2(R_n) = \sum_{m=0}^{\infty} \oplus H(m, n).$$

引理 6.1.11 算子 c_ν 将 $H(m, n)$ 映照到 $H(m+1, n)$ 而且

$$c_\nu h_k(u) = \sqrt{k_\nu'} h_{k'}(u),$$

其中 $k' = (k'_1, \cdots, k'_n)$ 与 $k = (k_1, \cdots, k_n)$ 之间有如下的关系:

$$k'_l = \begin{cases} k_l, & \text{当 } l \neq \nu, \\ k_\nu + 1, & \text{当 } l = \nu. \end{cases} \tag{6.1.36}$$

又 c^*_ν 将 $H(m, n)$ 映照到 $H(m-1, n)$ (记 $H(-1, n) = (0)$) 而且

$$c^*_\nu h_k(u) = \sqrt{k'_\nu} h_{k'}(u),$$

这里 $k' = (k'_1, \cdots, k'_n)$ 与 $k = (k_1, \cdots, k_n)$ 之间有关系:

$$k'_l = \begin{cases} k_l, & \text{当 } l \neq \nu \text{ 时}, \\ \max(k_\nu - 1, 0), & \text{当 } l = \nu \text{ 时}. \end{cases} \tag{6.1.37}$$

事实上, 我们注意 Hermite 多项式 (见 (5.4.11)) 之间有关系

$$h'_m(x) = 2m h_{m-1}(x),$$

$$h_{m+1}(x) - 2x h_m(x) + 2m h_{m-1}(x) = 0.$$

利用上两式和 (6.1.34), (6.1.35) 立即可得到引理 6.1.11.

利用引理 6.1.11 也可以算出

$$c^*_k c_l - c_l c^*_k \subset \delta_{kl} I.$$

我们利用 (6.1.10) 作出相应的 $\{W(z), z \in C_n\}$, 那么有.

引理 6.1.12　对于任意两组整数 $k = (k_1, \cdots, k_n), k' = (k'_1, \cdots, k'_n)$, 成立着

$$(W(e^{i\alpha}z)h_k(\cdot), h_{k'}(\cdot)) = (W(z)h_k(\cdot), h_{k'}(\cdot))e^{i\alpha(|k|+|k'|)}, \tag{6.1.38}$$

其中 α 为任意实数.

证　首先我们注意, 当 $\lambda, \lambda' \in C_n$ 时,

$$(W(z)e^{2(\lambda,t)}, e^{2(\overline{\lambda'},t)}) = \int e^{-\varphi(t;z,\lambda,\lambda')} dt, \tag{6.1.39}$$

这里

$$\varphi(t; z, \lambda, \lambda') = \| t \|^2 - (ix + y + 2\lambda + 2\lambda', t) \\ + \frac{1}{2} \| y \|^2 + 2(\lambda, y) - \frac{i}{2}(x, y),$$

根据 Gauss 积分的公式 (5.1.5), 计算 (6.1.39), 立即得到

$$(W(z)e^{-(\lambda, \overline{\lambda})+2(\lambda, t)}, e^{-(\overline{\lambda'}, \lambda')+2(\overline{\lambda'}, t)}) \\ = e^{-\frac{(z,z)}{4}+2(\lambda, \overline{\lambda'})+i(\lambda, \overline{z})+i(\lambda', z)}. \tag{6.1.40}$$

在 (6.1.40) 中以 $e^{i\alpha}z$ 换 z, 与在 (6.1.30) 中以 $\lambda e^{i\alpha}$ 换 λ, $\lambda' e^{-i\alpha}$ 换 λ' 所得到的结果是一致的, 因此

$$(W(e^{i\alpha}z)e^{-(\lambda,\overline{\lambda})+2(\lambda,t)}, e^{-(\overline{\lambda'},\lambda')+2(\overline{\lambda'},t)})$$
$$= (W(z)e^{-e^{2i\alpha}(\lambda,\overline{\lambda})+2e^{i\alpha}(\lambda,t)}, e^{-e^{-2i\alpha}(\overline{\lambda'},\lambda')+2e^{i\alpha}(\overline{\lambda'},t)}). \tag{6.1.41}$$

利用 (5.4.13), 将 (6.1.31) 的左右两边展开成 λ, λ' 的幂级数并比较 $\lambda^k, \lambda'^{k'}$ 的系数就得到 (6.1.38).

4° 梯度变换

设 H 是 Hilbert 空间, $\{W(z), z \in C_n\}$ 是在 H 上的一族酉算子, 而且满足交换关系 (6.1.11), 而且在 H 上是既约的. 设 U 是 C_n 中的酉算子. 作 H 到 H 上的一族酉算子

$$W'(z) = W(Uz), \quad z \in C_n.$$

显然 $\{W'(z), z \in C_n\}$ 也是对参数 z 弱连续的, 而且 $W'(z)$ 也满足交换关系

$$W'(z)W'(z') = e^{-\frac{i}{2}\mathfrak{F}(z,z')}W(z+z'),$$

而且 $\{W'(z), z \in C_n\}$ 在 H 中也是既约的. 所以 $\{W(z), z \in C_n\}$ 与 $\{W'(z), z \in C_n\}$ 酉等价 (见系 6.1.6). 这就是说, 存在 H 到 H 上的唯一 (不计模为 1 的数值因子) 酉算子 $\Gamma(U)$, 使

$$W(Uz) = \Gamma(U)W(z)\Gamma(U)^{-1}, \quad z \in C_n.$$

我们首先来详细考察 U 为映照 $e^{i\alpha}I : z \to e^{i\alpha}z, z \in C_n$ 的情况, 其中 α 为一实数. 这种变换为梯度变换.

定理 6.1.13 设 H 是 $L^2(R_n, G), W(z)$ 是 3° 中酉算子, 对于任何实数 α,

$$\Gamma(e^{i\alpha}I) = \sum_{n=0}^{\infty} e^{i\alpha m}P_m, \tag{6.1.42}$$

其中 P_m 是 H 到子空间 $H(m,n)$ 的投影算子.

证 由于 (6.1.42) 定义的 $\Gamma(e^{i\alpha}I)$ 具有如下的性质:

$$\Gamma(e^{i\alpha}I)h_k(\cdot) = e^{i\alpha|k|},$$

因此 (6.1.38) 可以改写成

$$(\Gamma(e^{i\alpha}I)W(z)\Gamma(e^{i\alpha}I)^{-1}h_k, h_{k'}) = (W(e^{i\alpha}z)h_k, h_{k'}).$$

但 $\{h_k\}$ 组成 $L^2(R_n, G)$ 中的完备就范直交系, 所以

$$W(e^{i\alpha}z) = \Gamma(e^{i\alpha}I)W(z)\Gamma(e^{i\alpha}I)^{-1}.$$

这就说明了 (6.1.42) 定义的 $\Gamma(e^{i\alpha}I)$ 确是所要求的. 证毕.

§6.2　Bose–Einstein 场交换关系表示的一般概念与拟不变测度

1° 交换关系表示的各种等价概念

现在转入考察一般的 (包括无限个自由度) 情况.

定义 6.2.1　设 $\mathfrak{H}$ 和 $\mathfrak{H}'$ 是两个实线性空间. $B(x, x')$ 是 $(\mathfrak{H}, \mathfrak{H}')$ 上的非奇异的双线性泛函, 即是说:

(i) 任意固定 $x \in \mathfrak{H}$ 时, $B(x, x')$ 是 $x' \in \mathfrak{H}'$ 上的线性泛函; 又任意固定 $x' \in \mathfrak{H}'$ 时, $B(x, x')$ 是 $x \in \mathfrak{H}$ 的线性泛函.

(ii) 对于每个 $x \in \mathfrak{H}, x \neq 0$, 必有 $x' \in \mathfrak{H}'$, 使得 $B(x, x') \neq 0$. 反之, 对每个 $x' \in \mathfrak{H}', x' \neq 0$, 必有 $x \in \mathfrak{H}$ 使得 $B(x, x') \neq 0$.

那么称 $\Sigma = (\mathfrak{H}, \mathfrak{H}', B)$ 是一个单粒子 (态向量) 系统.

后面我们有时要把 $\mathfrak{H}'$ 嵌入 $\mathfrak{H}^{\Lambda}$ 如下: 对每个 $x' \in \mathfrak{H}'$, 作 $f_{x'} \in \mathfrak{H}^{\Lambda}$:

$$f_{x'}(x) = B(x, x'), \quad x \in \mathfrak{H}.$$

显然, $x' \to f_{x'}$ 是 $\mathfrak{H}'$ 到 $\mathfrak{H}^{\Lambda}$ 的某个线性子空间的同构映照. 将 x' 与 $f_{x'}$ 一致起来, 就把 $\mathfrak{H}'$ 视为 $\mathfrak{H}^{\Lambda}$ 的线性子空间.

例 6.2.1　设 $\mathfrak{H}$ 是线性空间, $\mathfrak{H}'$ 是 $\mathfrak{H}$ 上某些线性泛函所成的线性空间而且在 $\mathfrak{H}$ 上是完整的. 当 $x \in \mathfrak{H}, x' \in \mathfrak{H}'$ 时, 令 $B(x, x')$ 为泛函 x' 在 x 处的值, 那么 $(\mathfrak{H}, \mathfrak{H}', B)$ 是单粒子系统.

例 6.2.2　设 $\mathfrak{H}$ 是实内积空间, $\mathfrak{H}' = \mathfrak{H}, B(x, x')$ 是 $\mathfrak{H}$ 上的内积, 那么 $(\mathfrak{H}, \mathfrak{H}, B)$ 也是单粒子系统.

定义 6.2.2　设 $\Sigma = (\mathfrak{H}, \mathfrak{H}', B)$ 是单粒子系统. 令 C 是模为 1 的复数全体. 令 $\Gamma(\Sigma) = \mathfrak{H} \times \mathfrak{H}' \times C$, 其中元素记做 $(x, x', \alpha), x \in \mathfrak{H}, x' \in \mathfrak{H}', \alpha \in C$. 在 $\Gamma(\Sigma)$ 中规定乘法运算如下:

$$(x, x', \alpha)(y, y', \beta) = (x + x', y + y', \alpha\beta e^{-iB(y, x')}),$$

那么 $\Gamma(\Sigma)$ 显然成为一群. 称 $\Gamma(\Sigma)$ 为相应于 Σ 的群. 设 $S: \gamma \to S(\gamma)$ 是群 $\Gamma(\Sigma)$ 在复 Hilbert 空间 H 中的酉表示, 又

$$S(0, 0, \alpha) = \alpha I,$$

这里 I 为恒等算子. 如果对于 $\mathfrak{H}, \mathfrak{H}'$ 的任何有限维子空间 $\mathfrak{M}, \mathfrak{M}'$, 在 $\mathfrak{M}, \mathfrak{M}', C$ 上取欧几里得拓扑, 在 $\mathfrak{M} \times \mathfrak{M}' \times C$ 上取乘积拓扑, 映照 $\gamma \to S(\gamma)$ 在 $\mathfrak{M} \times \mathfrak{M}' \times C$ 上是弱连续的, 则称酉表示 S 是 $\Gamma(\Sigma)$ 在 H 中的一个典型酉表示.

我们也可以引进等价的定义.

定义 6.2.3　设 $\Sigma = (\mathfrak{H}, \mathfrak{H}', B)$ 是单粒子系统. 设 H 是复 Hilbert 空间. $U: x \to U(x)$ 与 $V: x' \to V(x')$ 分别是 $\mathfrak{H}$ 与 $\mathfrak{H}'$ 到 H 上西算子群的西表示, 而且 U, V 之间满足如下的 Weyl 交换关系:

$$U(x)V(x') = e^{iB(x,x')}V(x')U(x), \quad x \in \mathfrak{H}, x' \in \mathfrak{H}'. \tag{6.2.1}$$

又设这两个表示是拟连续的, 即是说, 当 $x(x')$ 限制在 $\mathfrak{H}(\mathfrak{H}')$ 的任何有限维子空间上时, 映照 $x \to U(x)(x' \to U(x'))$ 是弱连续的. 这里有限维子空间上的拓扑取欧几里得拓扑, 而西算子空间的拓扑取弱拓扑, 那么称 $\{U, V\}$ 是 Σ 上的一个典型系统.

对于 Σ 上的任意一个典型系统 $\{U, V\}$, 作 $\Gamma(\Sigma)$ 在 H 上的典型西表示 S 如下: 当 $\gamma = (x, x', \alpha)$ 时,

$$S(x, x', \alpha) = \alpha U(x)V(x').$$

称 S 为相应于 $\{U, V\}$ 的典型西表示. 反之, 对于 $\Gamma(\Sigma)$ 在 H 上的任何典型西表示 S, 只要令

$$U(x) = S(x, 0, 1), \quad V(x') = S(0, x', 1),$$

那么 $\{U(x), V(x')|x, x' \in \Sigma\}$ 就是 Σ 上的典型系统了.

对于典型系统 $\{U, V\}$, 我们考察单参数西算子群的无穷小母元

$$p(x) = \frac{1}{i}\frac{d}{dt}U(xt)\Big|_{t=0}, q(x) = \frac{1}{i}\frac{d}{dt}V(xt)\Big|_{t=0}. \tag{6.2.2}$$

定义 6.2.3′　设 $\Sigma = (\mathfrak{H}, \mathfrak{H}', B)$ 是单粒子系统, H 是复的 Hilbert 空间. $p: x \to p(x); q: x' \to q(x')$ 分别是 $\mathfrak{H}, \mathfrak{H}'$ 到 H 上自共轭算子族的线性映照如果由

$$U(x) = e^{ip(x)}, \quad V(x') = e^{iq(x')} \tag{6.2.3}$$

造出典型系统 $\{U, V\}$ 满足 (6.2.1), 那么称 $\{p(x), q(x')|x \in \mathfrak{H}, x' \in \mathfrak{H}'\}$ 是 Σ 在 H 上的典则系统.

当 $\{p(x), q(x')|x \in \mathfrak{H}, x' \in \mathfrak{H}'\}$ 是 Σ 在 H 上的典则系统时, $p(x)$ 与 $p(y)$ 是交换的, [①] $q(x')$ 与 $q(y')$ 是交换的, 而且 $p(x)$ 与 $q(x')$ 之间有如下的交换关系:

$$q(x')p(x) - p(x)q(x') \subset iB(x,x')I. \tag{6.2.4}$$

我们后面最常用的情况是例 6.2.2 的情况.

设 $\mathfrak{K}$ 是复的内积空间, $(z, z'), z, z' \in \mathfrak{K}$ 是它的内积. $J: x \to x^*$ 是 $\mathfrak{K}$ 到 $\mathfrak{K}$ 的一一映照, 适合条件

$$(x^*)^* = x, (\alpha x + \beta y)^* = \overline{\alpha}x^* + \overline{\beta}y^*, \alpha, \beta \text{ 为复数}, (x^*, y^*) = (y, x).$$

[①]我们注意, 这里和§6.1 一样, 两个 (无界) 自共轭算子 $p(x), p(x')$ 交换的意义是它们的谱系交换, 而且两个自共轭算子 $p(x), p(x')$ 的和是指线性和的包 (自然要假设包存在).

那么称 J 是 H 中的对合. 令 $\mathfrak{H} = \{x|x^* = x, x \in \mathfrak{K}\}$. 那么 $\mathfrak{H}$ 按内积 $(x,y), x,y \in \mathfrak{H}$ (这内积是实数) 成为实的内积空间, 而且对每个 $z \in \mathfrak{K}$, 有唯一的分解式

$$z = x + iy, \quad x, y \in \mathfrak{H}.$$

称 $\mathfrak{K}$ 为 $\mathfrak{H}$ 的复化空间. 我们注意, 对每个复内积空间 $\mathfrak{K}$, 必然存在对合. 事实上, 只要任取 $\mathfrak{K}$ 中一完备就范直交系, 令 $\mathfrak{H}$ 是这个直交系的实线性组合全体所成的包, 那么对每个 $z \in \mathfrak{K}$, 就有唯一的分解式 $z = x + iy, x, y \in \mathfrak{H}$, 只要规定

$$z^* = x - iy,$$

则 $z \to z^*$ 就是所要的对合了. 此外, 若 $\mathfrak{H}$ 是实内积空间, (x,y) 是其上的内积, 显然必有复内积空间 $\mathfrak{K}$ 为 $\mathfrak{H}$ 的复化空间.

如果 $\Sigma = (\mathfrak{H}, \mathfrak{H}, B), B$ 是实内积空间 $\mathfrak{H}$ 的内积, 作 $\mathfrak{H}$ 的复化空间 $\mathfrak{K}$, 那么称 $\mathfrak{K}$ 为 Σ 的态向量空间.

定义 6.2.4　设 $\mathfrak{K}$ 是内积空间, $(z, z'), z, z' \in \mathfrak{K}$ 是其上的内积. 设 $\{W(z)|z \in \mathfrak{K}\}$ 是复 Hilbert 空间 H 上的酉算子族, 它满足 von Neumann 式的交换关系

$$W(z)W(z') = e^{-\frac{i}{2}\mathfrak{F}(z,z')}W(z + z'),$$

而且当把映照 $z \to W(z)$ 限制到 $\mathfrak{K}$ 的任何有限维子空间 $\mathfrak{M}$ 上 (在其上取欧几里得拓扑) 时是弱连续的, 那么称 $\{W(z)|z \in \mathfrak{K}\}$ 为相应于态向量空间 $\mathfrak{K}$ 的 (von Neumann 式的) 典型系统.

若 $\mathfrak{H}$ 是实内积空间, $\mathfrak{K}$ 是它的复化空间, $B(x, x')$ 为 $\mathfrak{H}$ 上的内积. 对于 $\Sigma = (\mathfrak{H}, \mathfrak{H}, B)$ 上的典型系统 $\{U, V\}$, 造出

$$W(x + iy) = e^{-\frac{i}{2}(x,y)}U(x)V(y), \quad x, y \in \mathfrak{H}.$$

那么 $\{W(z)|z \in \mathfrak{K}\}$ 是 von Neumann 式的典型系统. 反之, 若 $\{W(z)|z \in \mathfrak{K}\}$ 满足定义 6.2.3 中条件, 任取 $\mathfrak{K}$ 的实线性子空间 $\mathfrak{H}$ 使 (x,y) 在 $\mathfrak{H}$ 上是实的而且 $\mathfrak{K}$ 是 $\mathfrak{H}$ 的复化空间. 令

$$U(x) = W(x), \quad V(x') = W(ix'), \quad x, x' \in \mathfrak{H}.$$

那么容易证明 $\{U, V\}$ 是 $\Sigma = (\mathfrak{H}, \mathfrak{H}, B), B(x, x') = (x, x')$ 上的典型系统.

2° 典型系统的一般形式

定义 6.2.5　设 $\{U_k, V_k\}, k = 1, 2$ 分别是单粒子系统 Σ 在 Hilbert 空间 H_k 上的典型系统, 若存在 H_1 到 H_2 上的酉算子 Q 使得对一切 $x \in \mathfrak{H}, x' \in \mathfrak{H}'$ 成立着

$$QU_1(x)Q^{-1} = U_2(x), \quad QV_1(x)Q^{-1} = V_2(x'), \tag{6.2.5}$$

那么称这两个典型系统是酉等价的 (亦即群 $\Gamma(\Sigma)$ 相应的两个典型酉表示是酉等价的).

对于酉等价的两个典型系统可以无需区别. 下面我们要找出一些具体的典型系统, 使得一般的典型系统与之等价, 这也就是找出典型系统的一般形式.

设 $\{U, V\}$ 是单粒子系统 $\Sigma = (\mathfrak{H}, \mathfrak{H}', B)$ 在复 Hilbert 空间 H 中的典型系统, 和 §3.4 的情况一样, 分别令 $\mathfrak{A}, \mathfrak{C}$ 为由算子族 $\{U(x)|x \in \mathfrak{H}\}, \{V(x')|x' \in \mathfrak{H}\}$ 张成的弱闭算子代数. 那么 $\mathfrak{A}$ 和 $\mathfrak{C}$ 都是交换的.

引理 6.2.1 对每个势 n 必有投影算子 $P_n \in \mathfrak{A}' \cap \mathfrak{C}'$, 使得 $\mathfrak{A}$ 在 $P_n H$ 上的限制具有均匀重复度 n, 而且 $\sum_n P_n = I$.

证 对交换弱闭算子环 $\mathfrak{A}$ 应用定理 2.4.3 可以知道, 对每个 n, 存在唯一的投影算子 P_n, 满足引理 6.2.1 的各种要求, 除去 $P_n \in \mathfrak{C}'$, 类似于定理 3.4.1 的证明, 作 $\mathfrak{A}$ 上的映照

$$T(x') : \quad A \to V(x') A V(x')^{-1}, \quad A \in \mathfrak{A}.$$

利用 (6.2.1) 可以证明 $T(x')\mathfrak{A} = \mathfrak{A}$, 由此利用 $\{P_n\}$ 的唯一性得到 $T(x')P_n = P_n$, 即 $P_n \in \mathfrak{C}'$. 证毕.

此后我们不妨假设算子环 $\mathfrak{A}$ 在 H 中具有均匀重复度 n. 不然的话, 只要利用引理 6.2.1 把 H 进一步分解就可以了. 当 $\mathfrak{A}$ 具有均匀重复度 n 时, 我们就说 $\{U(x)|x \in \mathfrak{H}\}$ 具有均匀重复度 n. 在量子场论中我们用到的 H 是可析的, 所以后面只限于考察这个情况.

定理 6.2.2 设 $\Sigma = \{\mathfrak{H}, \mathfrak{H}', B\}$ 是单粒子系统, $\{U, V\}$ 是 Σ 在 Hilbert 空间 H 上的典型系统而且 $\{U(x)|x \in \mathfrak{H}\}$ 具有均匀重复度 n. 又设空间 H 是可析的. 那么必有关于 $\mathfrak{H}'$ 拟不变的线性测度空间 $S = (\Omega, \mathfrak{B}, \mu)$——$\Omega$ 是 $\mathfrak{H}^\wedge$ 的线性子空间, $\Omega \supset \mathfrak{H}', \mathfrak{B}$ 是 Ω 中弱 Borel 集全体, μ 是有限测度, 使得 $\{U, V\}$ 酉等价于 Σ 在 $\mathfrak{L}_n^2(\Omega)$ 上的典型系统 $\{\widehat{U}, \widehat{V}\}$, 这里当 $\xi \in \mathfrak{L}_n^2(\Omega)$ 时,

$$\widehat{U}(x) = \xi(f) = e^{if(x)}\xi(f), \tag{6.2.6}$$

$$\widehat{V}(x') = \xi(f) = z(f; x')\xi(f - x')\sqrt{\frac{d\mu_{x'}(f)}{d\mu(f)}}, \tag{6.2.7}$$

其中对每个 $x' \in \mathfrak{H}', z(f; x')$ 是 S 上取值于 n 维复 Hilbert 空间中酉算子的算子值可测函数, 而且当 $x_1, x_2 \in \mathfrak{H}'$ 时, 对几乎所有的 f 成立着

$$z(f; x_1 + x_2) = z(f; x_1)z(f + x_1; x_2), \quad z(f; 0) = 1. \tag{6.2.8}$$

证 由于 H 是可析的, 顺便可知 $n \leqslant \aleph_0$. 因为 $\mathfrak{A}$ 具有均匀重复度 n, 必有 H 的线性闭子空间 $H_\alpha, \alpha = 1, 2, \cdots, n$, 它对于 $\mathfrak{A}$ 不变使 $H = \sum \oplus H_\alpha$, 而且 $\mathfrak{A}$ 在 H_α 上的限制 $\mathfrak{A}_\alpha$ 是极大交换的, 彼此酉等价的. 这时 H_α 也是可析的, 由系 2.4.7, $\mathfrak{A}_\alpha$ 在 H_α 中有循环元 e_α. 作 $\mathfrak{H}$ 上的函数

$$\psi(x) = (U(x)e_\alpha, e_\alpha).$$

容易知道这是 $\mathfrak{H}$ 上的正定拟连续函数. 根据定理 4.3.5, 必有线性测度空间 $S(\Omega, \mathfrak{B}, \mu)$, $\mathfrak{H}' \subset \Omega$ 为 $\mathfrak{H}^\Lambda$ 的线性子空间, $\mu(\Omega) < \infty$, 使

$$\psi(x) = \int_\Omega e^{if(x)} d\mu(f).$$

下面利用定理 3.4.14 的证明可知 S 关于 $\mathfrak{H}'$ 是拟不变的, 而且有 H 到 $\mathfrak{L}_n^2(\Omega)$ 的酉算子 Q 使得 $\widehat{U}(x) = QU(x)Q^{-1}$, 再利用定理 3.4.5 的证明可得定理 6.2.2. 证毕.

注　容易验证, 当 $S = (\Omega, \mathfrak{B}, \mu)$ 是关于 $\mathfrak{H}'$ 拟不变线性测度空间, $\mathfrak{H}' \subset \Omega \subset \mathfrak{H}^\Lambda$, $\mathfrak{B}$ 为 Ω 的弱 Borel 集全体时定义 4.2.3 中条件全被满足. 又当 $\mu(\Omega) < \infty$ 时, 由 (6.2.6), (6.2.7) 定义 (但其中 $z(f; x')$ 是 S 上适合条件 (6.2.8) 的可测酉算子值函数) 的 $\{\widehat{U}, \widehat{V}\}$ 是 Σ 在 $\mathfrak{L}_n^2(S)$ 上的典型系统.[①] 因此定理 6.2.2 给出了具有均匀重复度情况下典型系统的一般形式.

系 6.2.3　在定理 6.2.2 的假设下, (i) 若 $\mathfrak{H} = \mathfrak{H}'$ 是核空间, $B(x, x')$ 是 $\mathfrak{H}$ 上的连续的内积, $\mathfrak{M}$ 是 $\mathfrak{H}$ 按 $B(x, x')$ 的完备化空间,

$$\mathfrak{H} \subset \mathfrak{M} \subset \mathfrak{H}^\dagger$$

是装备 Hilbert 空间, 又设 $x \to U(x)$ 按 $\mathfrak{H}$ 的拓扑弱连续, 那么 Ω 可取做 $\mathfrak{H}^\dagger$.

(ii) 若 $\mathfrak{H} = \mathfrak{H}'$ 是内积空间, $B(x, x')$ 是 $\mathfrak{H}$ 上的内积, 又 $x \to U(x)$ 按 $\mathfrak{H}$ 的拓扑是弱连续的, 那么 Ω 可取为包含 $\mathfrak{H}$ 且使 $\mathfrak{H}$ 到 Ω 中嵌入算子为 Hilbert–Schmidt 型算子的任一 Hilbert 空间.

事实上, 只要在定理 6.2.2 的证明中对正定连续函数 ψ 的讨论, 不用定理 4.3.5 而分别用系 4.3.14, 系 4.3.15 就得到系 6.2.3.

我们最感兴趣的是 $n = 1$ 而且 $z(f, x') \equiv 1$ 的情况 (这也符合量子场论中的需要).

定理 6.2.4　设 $\Sigma = (\mathfrak{H}, \mathfrak{H}', B)$ 是单粒子系统. $\Omega \supset \mathfrak{H}'$ 是 $\mathfrak{H}^\Lambda$ 的线性子空间, $\mathfrak{B}$ 是 Ω 中的弱 Borel 集全体, $\mu_k, k = 1, 2$ 是 $(\Omega, \mathfrak{B})$ 上关于 $\mathfrak{H}'$ 拟不变的有限测度. $\{U_k, V_k\}, k = 1, 2$ 是 Σ 的在 $L^2(\Omega, \mathfrak{B}, \mu_k)$ 上的两个典型系统,

$$U_k(x)\xi(f) = e^{if(x)}\xi(f), \quad x \in \mathfrak{H}, \tag{6.2.9}$$

$$V_k(x')\xi(f) = \xi(f - x')\sqrt{\frac{d\mu_{kx'}(f)}{d\mu_k(f)}}, \quad x' \in \mathfrak{H}', \tag{6.2.10}$$

那么 μ_1 与 μ_2 相互等价的充要条件是两个典型系统 $\{U_1, V_1\}$ 与 $\{U_2, V_2\}$ 酉等价.

证　若 μ_1 与 μ_2 等价. 作 $L^2(\Omega, \mathfrak{B}, \mu_1)$ 到 $L^2(\Omega, \mathfrak{B}, \mu_2)$ 的酉算子 Q:

$$(Q\xi)(f) = \sqrt{\frac{d\mu_2(f)}{d\mu_1(f)}}\xi(f). \tag{6.2.11}$$

[①] 在 $\mathfrak{H}'$ 的有限维子空间上, 酉算子群 $V(x')$ 的弱可测性导出弱连续性.

由 (6.2.9), (6.2.10) 和 (6.2.11) 容易知道 (6.2.5) 成立. 反之, 设 Q 是 $L^2(\Omega, \mathfrak{B}, \mu_1)$ 到 $L^2(\Omega, \mathfrak{B}, \mu_2)$ 的酉算子且适合 (6.2.5). 记 $\xi_0(f) = Q1$, 那么对任意有限个 $x_1, x_2, \cdots, x_n \in \mathfrak{H}$ 和复数 $\lambda_1, \cdots, \lambda_n$, 成立着

$$\int_\Omega \left| \sum_{k=1}^n \lambda_k e^{if(x_k)} \right|^2 d\mu_1(f) = \| \sum \lambda_k U_1(x_k) \|^2 = \| \sum \lambda_k U_2(x_k) \|^2$$
$$= \int_\Omega | \sum \lambda_k e^{if(x_k)} |^2 |\xi_0(f)|^2 d\mu_2(f).$$

由于 $\mathfrak{B}$ 是使函数族 $\{f(x) | x \in \mathfrak{H}\}$ 可测的最小 $\sigma-$ 代数, 那么代数

$$\mathscr{D} = \left\{ \sum_1^n \lambda_k e^{if(x_k)} \middle| x_k \in \mathfrak{H}, \lambda_k \text{ 为复数} \right\}$$

是 $(\Omega, \mathfrak{B})$ 上的决定集. 由引理 1.1.6, $\mathscr{D}$ 在 $L^2(\Omega, \mathfrak{B}, \mu_k), k = 1, 2$ 中稠密. 因此对一切 $\xi \in L^2(\Omega, \mathfrak{B}, \mu_1)$,

$$\int_\Omega |\xi(f)|^2 d\mu_1(f) = \int_\Omega |\xi(f)|^2 |\xi_0(f)|^2 d\mu_2(f).$$

由是可知对一切 $E \in \mathfrak{B}$,

$$\mu_1(E) = \int_E |\xi_0(f)|^2 d\mu_2(f).$$

因此 $\mu_1 \ll \mu_2$. 类似地 $\mu_2 \ll \mu_1$, 即 μ_1 与 μ_2 等价. 证毕.

定义 6.2.6 设 Σ 是单粒子系统, $\{U, V\}$ 是 Σ 在复 Hilbert 空间 H 上的典型系统. 如果 H 中不存在对一切 $U(x), V(x')$ 不变的非平凡闭线性子空间[①], 那么称 $\{U, V\}$ 是既约的 (亦即群 $\Gamma(\Sigma)$ 相应的典型酉表示是既约的).

设 $\mathfrak{K}$ 是复 Hilbert 空间, $\mathfrak{U}$ 是 $\mathfrak{K}$ 中酉算子全体所成的群. 在量子场论中除考察在某个 Hilbert 空间典型系统 $\{W(z) | z \in \mathfrak{K}\}$ 外, 还要考察 $\mathfrak{U}$ 在 H 中的酉表示 $\Gamma : U \to \Gamma(U)$. 在场论中需要考察的是这样的 Γ:

$$\Gamma(U)W(z)\Gamma(U)^{-1} = W(Uz). \tag{6.2.12}$$

我们注意, 当 $\{W(z) | z \in \mathfrak{K}\}$ 是既约的时候, 由 (6.2.12) 唯一地决定了 $\Gamma(U)$. 事实上, 若另有 $\Gamma'(U)$ 使

$$\Gamma'(U)W(z)\Gamma'(U)^{-1} = W(Uz),$$

那么 $\Gamma_0(U) = \Gamma'(U)^{-1}\Gamma(U)$ 适合

$$\Gamma_0(U)W(z) = W(z)\Gamma_0(U).$$

因此 $\Gamma_0(U) \in \{W(z) | z \in \mathfrak{K}\}'$. 由 $\{W(z) | z \in \mathfrak{K}\}$ 的既约性知道 $\Gamma_0(U) = I$.

[①]即 $\{U(x), V(x') | x \in \mathfrak{H}, x' \in \mathfrak{H}'\}' = \{\lambda I | \lambda \text{ 为复数}\}$.

定理 6.2.5　设 $\Sigma = (\mathfrak{H}, \mathfrak{H}', B)$ 是单粒子系统. $\Omega \supset \mathfrak{H}'$ 是 $\mathfrak{H}^{\wedge}$ 的线性子空间, $\mathfrak{B}$ 是 Ω 中弱 Borel 集全体, $S = (\Omega, \mathfrak{B}, \mu)$ 是关于 $\mathfrak{H}'$ 拟不变的有限测度空间, 那么 $L^2(S)$ 中典型系统

$$U(x)\xi(f) = e^{if(x)}\xi(f), x \in \mathfrak{H}, \tag{6.2.13}$$

$$V(x')\xi(f) = \xi(f - x')\sqrt{\frac{d\mu_{x'}(f)}{d\mu(f)}}, \quad x' \in \mathfrak{H}' \tag{6.2.14}$$

成为既约的充要条件是 S 关于平移 $\mathfrak{H}'$ 为遍历的.

证　设 $\{U, V\}$ 是既约的. 若 S 不是遍历的, 必有拟不变集 $E \in \mathfrak{B}$ 使 $\mu(E) > 0, \mu(\Omega \setminus E) > 0$. 令 $M = \{\xi \mid \text{当 } f \in E \text{ 时 } \xi(f) = 0\}$. 这时 $L^2(S) \neq M \neq (0)$, 而且 M 是闭线性子空间, 对一切 $U(x), V(x')$ 都不变, 这和 $\{U, V\}$ 的既约性冲突.

反之, 设 $\{U, V\}$ 不是既约的, 则必有 H 的非平凡的闭线性子空间 M 对一切 $U(x), V(x')$ 不变. 设 P 为 H 到 M 上的投影算子, 那么 $P \in \mathfrak{A}' \cap \mathfrak{C}'$. 然而 $e^{if(x)}, x \in \mathfrak{H}$ 是 $L^2(S)$ 上的决定集, $\mathfrak{A}$ 包含 S 上乘法代数 $\mathfrak{M}(S)$, 然而 μ 是有限的, 由引理 2.4.10, $\mathfrak{M}(S)$ 是极大交换的, 因此 $\mathfrak{M}(S) = \mathfrak{A}$ 也是极大交换的. 所以 $P \in \mathfrak{A}' = \mathfrak{A} = \mathfrak{M}(S)$. 必有 S 上有界可测函数 $\eta(\cdot)$, 使 P 为相应于 $\eta(\cdot)$ 的乘法算子. 由于 P 是投影算子, 容易看出 $\eta(\cdot)$ 是某个集 $E \in \mathfrak{B}$ 的特征函数. 由 $P \in \mathfrak{A}' \cap \mathfrak{C}'$ 易知 E 是拟不变集. 因为 $I \neq P \neq 0, \mu(\Omega) \neq \mu(E) \neq 0$. 因此 S 不是遍历的. 证毕.

我们注意, 对于有限个自由度 ($\mathfrak{H}$ 是有限维) 的情况, 由系 6.1.6, 一切既约的典型系统是彼此西等价的, 然而对于无限个自由度的情况, 问题就很复杂了. 我们知道, 彼此不等价的遍历测度很多 (例如可列维空间 $\mathfrak{H}$ 上互不等价的 Gauss 测度至少有 $\aleph$ 个), 因此形如 (6.2.13), (6.2.14) 这样简单的典型系统互不酉等价的很多. 因而下面的问题就有意义了.

问题　设 $\Omega, \mathfrak{H}$ 是实的可析 Hilbert 空间, 而 $\mathfrak{H}$ 是 Ω 的稠密线性子空间, $\mathfrak{H}$ 到 Ω 的嵌入算子是 Hilbert–Schmidt 型的. 又设 $\mathfrak{B}$ 是弱 Borel 集全体. 决定出 $(\Omega, \mathfrak{B})$ 上关于 $\mathfrak{H}$ 拟不变的一切有限遍历测度 (自然, 相互等价的只要写出一个) 的一般形式.

我们现在用拟不变测度写出 von Neumann 交换关系的形式.

设 $\mathfrak{K}$ 是复 Hilbert 空间, $(z, z'), z, z' \in \mathfrak{K}$ 是其上的内积. 记 $|z| = \sqrt{(z, z)}$. $\mathfrak{K}$ 本身也可以看成实线性空间, 并且按内积

$$[z, z'] = \mathfrak{R}(z, z'), \quad z, z' \in \mathfrak{K}$$

成为实的 Hilbert 空间. 为了把这个 Hilbert 空间与 $\mathfrak{K}$ 区别开来起见, 记它为 $\mathfrak{H}$.

定理 6.2.6 设 $S = (\Omega, \mathfrak{B}, \mu)$ 为相应于 $\mathfrak{H}$ 的标准拟不变测度空间 (见 §4.2). 对每个 $z \in \mathfrak{H}$, 作 Hilbert 空间 $L^2(S)$ 中的酉算子

$$(W(z)f)(\omega) = e^{-\frac{i}{2}(iz)(\omega)} \sqrt{\frac{d\mu_{-z}(\omega)}{d\mu(\omega)}} f(\omega + z), \quad f \in L^2(S), \qquad (6.2.15)$$

这里 $(iz)(\omega), \omega \in \Omega$ 表示相应于 $\mathfrak{H}$ 中向量 iz 的拟线性泛函①. 那么 $\{W(z)|z \in \mathfrak{H}\}$ 满足 von Neumann 交换关系.

事实上, 当 $z, z' \in \mathfrak{H}$ 时,

$$(W(z)W(z')f)(\omega) = e^{-\frac{i}{2}[(iz)(\omega) + (iz')(\omega + z)]} f(\omega + z + z'). \qquad (6.2.16)$$

然而由于 $(iz')(\omega)$ 是相应于 iz' 的拟线性泛函, 几乎处处地成立着

$$(iz')(\omega + z) = (iz')(\omega) + [iz', z], \qquad (6.2.17)$$

容易算出 $[iz', z] = \mathfrak{R}(iz', z) = \mathfrak{F}(z, z')$. 因此由 (6.2.16) 和 (6.2.17) 得知 $\{W(z)\}$ 满足交换关系. 证毕.

3° 观察量代数

设 $\{U, V\}$ 是 Σ 在复 Hilbert 空间 H 上的典型系统. 令 M 为 $\mathfrak{A}$ 和 $\mathfrak{C}$ 张成的弱闭算子代数. 当 $\{U, V\}$ 是既约时, $M' = \{\lambda I | \lambda$ 为数$\}$. 因此 $M = \mathfrak{B}(H)$. 若 $\{U_1, V_1\}$ 是 Σ 在复 Hilbert 空间 H_1 上另一既约典型系统, 那么一般说来, 不可能存在 $\mathfrak{B}(H)$ 到 $\mathfrak{B}(H_1)$ 对称同构 φ 使 $\varphi(U(x)) = U_1(x), \varphi(V(x')) = V_1(x')$. 因为根据引理 6.1.8, 这种 φ 是形如 $\varphi(A) = UAU^{-1}$ 而 U 是酉算子, 然而由定理 6.2.5 知道, 这只当 $\{U, V\}$ 和 $\{U_1, V_1\}$ 酉等价时才行. 这样的算子代数 M 就难以应用. 下面我们将 M 加以缩小.

设 $\Sigma = (\mathfrak{H}, \mathfrak{H}', B)$ 是单粒子系统, $\{U, V\}$ 是在 H 上的典型系统. 设 $\mathfrak{M} \subset \mathfrak{H}, \mathfrak{M}' \subset \mathfrak{H}'$ 都是有限维线性子空间, 而且 $B(x, x')$ 在 $(\mathfrak{M}, \mathfrak{M}')$ 上是非奇异的, 那么称 $(\mathfrak{M}, \mathfrak{M}')$ 为非奇异对.② 这时显然 $\mathfrak{M}$ 与 $\mathfrak{M}'$ 具有相同维数. 对于每个非奇异有限维子空间对 $(\mathfrak{M}, \mathfrak{M}')$, 令 $\mathfrak{W}_{\mathfrak{M}, \mathfrak{M}'}$ 表示由 H 上酉算子族 $\{U(x), V(x')|x \in \mathfrak{M}, x' \in \mathfrak{M}'\}$ 张成的弱闭算子环. 当 $(\mathfrak{M}, \mathfrak{M}')$ 历尽一切非奇异有限维子空间对时, 由所得到的一切 $\mathfrak{W}_{\mathfrak{M}, \mathfrak{M}'}$ 的和集张成的一致闭的算子环记做 $\mathfrak{W}$.

定义 6.2.7 若 $\{U, V\}(\{p, q\})$ 是单粒子系统 Σ 上的典型系统 (典则系统), H 为表示空间, 那么上述的 H 中算子环 $\mathfrak{W}$ 称做 Σ 的一个具体 Weyl 代数. 又称 $\mathfrak{W}$ 中的算子为 Σ 的可观察量.

---

①选择 Ω_μ 的一个子空间 M 使其在同态映照 (4.2.7) 下同构于 $\tilde{\mathfrak{H}}^\mu$, 对 $\mathfrak{H}$ 中的每个 z, 取 $iz(\cdot)$ 为由 iz 导出的在 M 中的函数.

②我们注意, 由于 $B(x, x')$ 在 $\mathfrak{H}, \mathfrak{H}'$ 上的非奇异性, 对每个有限子空间 $\mathfrak{M} \subset \mathfrak{H}$, 必有 $\mathfrak{M}' \subset \mathfrak{H}'$, 使 $(\mathfrak{M}, \mathfrak{M}')$ 组成非奇异对.

定理 6.2.7　设 $\Sigma = (\mathfrak{H}, \mathfrak{H}', B)$ 是单粒子系统, 设 $\{p_1, q_1\}$ 与 $\{p_2, q_2\}$ 是 Σ 上的两个典则系统, $\mathfrak{A}_k$ 为相应的 (表示空间 H_k 上的) 具体 Weyl 代数. 那么存在着 $\mathfrak{A}_1$ 到 $\mathfrak{A}_2$ 上对称、代数同构映照 φ, 适合如下条件: 对任何有界 Baire 函数 f, $\varphi(f(p_1(x))) = f(p_2(x))$,[1] $\varphi(f(q_1(x'))) = f(q_2(x'))$, $x \in \mathfrak{H}, x' \in \mathfrak{H}'$.

证　设 $\mathfrak{M}, \mathfrak{M}'$ 是 $\mathfrak{H}, \mathfrak{H}'$ 的非奇异有限维子空间对. $\mathfrak{M}, \mathfrak{M}'$ 中分别取基 $\{e_1, \cdots, e_r\}$ 与 $\{e_1', \cdots, e_r'\}$, 使得当记 $x = \sum_{\nu=1}^r x_\nu e_\nu \in \mathfrak{M}, x' = \sum_{\nu=1}^r x_\nu' e_\nu' \in \mathfrak{M}'$ 时,

$$B(x, x') = x_1 x_1' + \cdots + x_r x_r'.$$

对于任何 $t = (t_1, \cdots, t_n), s = (s_1, \cdots, s_n) \in R_n$, 作

$$U_k(t) = e^{ip(e_1)t_1} \cdots e^{ip(e_n)t_n},$$
$$V_k(s) = e^{iq(e_1')s_1} \cdots e^{iq(e_n')s_n},$$

那么 $\{U_k(t) | t \in R_n\}$ 和 $\{V_k(s) | s \in R_n\}$ 都是加法拓扑群 R_n 在 H 中弱连续酉表示而且满足交换关系 (6.1.9), $(k = 1, 2)$. 令 $\mathfrak{W}_{\mathfrak{M},\mathfrak{M}'}^{(k)}$ 表示 H 上酉算子族 $\{U_k(t), V_k(s) | t, s \in R_n\}$ 张成的弱闭算子环. 根据定理 6.1.10, 存在着 $\mathfrak{W}_{\mathfrak{M},\mathfrak{M}'}^{(1)}$ 到 $\mathfrak{W}_{\mathfrak{M},\mathfrak{M}'}^{(2)}$ 上唯一的对称同构映照 $\varphi_{\mathfrak{M},\mathfrak{M}'}$, 使得对一切有界 Baire 函数 f,

$$\varphi_{\mathfrak{M},\mathfrak{M}'}(f(p_1(x))) = f(p_2(x)), \tag{6.2.18}$$
$$\varphi_{\mathfrak{M},\mathfrak{M}'}(f(q_1(x'))) = f(q_2(x')). \tag{6.2.19}$$

令 Λ 为一切有限维子空间的非奇异对全体. 当 $(\mathfrak{N}, \mathfrak{N}'), (\mathfrak{M}, \mathfrak{M}') \in \Lambda$ 而且 $\mathfrak{M} \subset \mathfrak{N}, \mathfrak{M}' \subset \mathfrak{N}'$ 时, 记 $(\mathfrak{M}, \mathfrak{M}') \prec (\mathfrak{N}, \mathfrak{N}')$, 那么 Λ 成为向上半序集. 这时

$$\mathfrak{W}^{(k)} = \bigcup_{(\mathfrak{M},\mathfrak{M}') \in \Lambda} \mathfrak{W}_{\mathfrak{M},\mathfrak{M}'}^{(k)}.$$

显然, 当 $(\mathfrak{N}, \mathfrak{N}') \prec (\mathfrak{M}, \mathfrak{M}')$ 时, $\mathfrak{W}_{\mathfrak{N},\mathfrak{N}'}^{(k)} \subset \mathfrak{W}_{\mathfrak{M},\mathfrak{M}'}^{(k)}$. 我们来证明, 这时 $\varphi_{\mathfrak{M},\mathfrak{M}'}$ 在 $\mathfrak{A}_{\mathfrak{N},\mathfrak{N}'}^{(1)}$ 上的限制是 $\varphi_{\mathfrak{N},\mathfrak{N}'}$.

由于 (6.2.18) 和 (6.2.19) 分别当 $x \in \mathfrak{N}, x' \in \mathfrak{N}'$ 时成立, 由定理 6.1.10 的证明容易看出, $\varphi_{\mathfrak{M},\mathfrak{M}'}$ 在 $\mathfrak{W}_{\mathfrak{N},\mathfrak{N}'}^{(1)}$ 上的限制也是 $\mathfrak{W}_{\mathfrak{n},\mathfrak{N}'}^{(1)}$ 到 $\mathfrak{W}_{\mathfrak{n},\mathfrak{N}'}^{(2)}$ 的对称同构映照. 再由定理 6.1.10, $\varphi_{\mathfrak{M},\mathfrak{M}'}$ 在 $\mathfrak{W}_{\mathfrak{N},\mathfrak{N}'}^{(1)}$ 上的限制是 $\varphi_{\mathfrak{N},\mathfrak{N}'}$. 作 $\mathfrak{W}^{(1)}$ 到 $\mathfrak{W}^{(2)}$ 的映照 φ 如下: 对每个 $A \in \mathfrak{W}^{(1)}$, 必有 $(\mathfrak{M}, \mathfrak{M}') \in \Lambda$, 使 $A \in \mathfrak{W}_{\mathfrak{M},\mathfrak{M}'}$. 规定

$$\varphi(A) = \varphi_{\mathfrak{M},\mathfrak{M}'}(A),$$

那么 φ 成为 $\mathfrak{W}^{(1)}$ 到 $\mathfrak{W}^{(2)}$ 的同态, 而且由 (6.2.15) 和 (6.2.16), φ 满足定理中需要的条件. 证毕.

---

[1] 这里采取通常的算子演算, 例如参看 Riesz 和 Bz-Nagy[1].

注 在定理 6.2.7 中, 如果要求映照 φ 又满足条件 $\varphi(\mathfrak{W}^{(1)}_{\mathfrak{M},\mathfrak{M}'}) = \mathfrak{W}^{(2)}_{\mathfrak{M},\mathfrak{M}'}$, 那么这种 φ 是唯一的

4° 典型系统的特征泛函

定义 6.2.8 设 $\Sigma = (\mathfrak{H}, \mathfrak{K}, B)$ 是单粒子系统, $\mathfrak{H}$ 是实内积空间, $\mathfrak{K}$ 为 $\mathfrak{H}$ 的复化空间, $\{W(z)|z \in \mathfrak{K}\}$ 是 Σ 在 H 上的 von Neumann 式典型系统. 又设存在 $\eta_0 \in H$ 使 $\{W(z)\eta_0|z \in \mathfrak{K}\}$ 张成 H, 则称这个典型系统是循环的, η_0 称为循环元, 称

$$\psi(z) = (W(z)\eta_0, \eta_0), \quad z \in \mathfrak{K}$$

为典型系统 (相应于 η_0) 的特征泛函.

利用引理 2.4.4 的证法可以得到

引理 6.2.8 设 $\{W(z)|z \in \mathfrak{K}\}$ 是 Σ 在可析空间 H 上的 von Neumann 式典型系统, 那么必可把 H 分解为直交和

$$H = \sum_{\xi \in \Xi} \oplus H_\xi,$$

其中每个 H_ξ 是 $\{W(z)|z \in \mathfrak{K}\}$ 的约化子空间, 并且当我们把 $\{W(z)|z \in \mathfrak{K}\}$ 限制为 H_ξ 上算子时, 这样得到 H_ξ 上的典型系统是循环的.

因此我们今后不妨只考察循环的典型系统.

当两个典型系统酉等价时, 只要一个循环, 另一个必循环, 而且必可分别找到相应的两循环元使相应的特征泛函相等. 反之有

引理 6.2.9 设 $\{W_k(z)|z \in \mathfrak{K}\}, k = 1, 2$ 是 Σ 在 H_k 上的两个循环典型系统, 而且分别存在 $H_k, k = 1, 2$ 的两循环元 η_k 使相应的特征泛函相同, 那么这两个典型系统是酉等价的.

证 记这个相同的特征泛函是 $\psi(z)$. 由于

$$W_k(z)^* W_k(z') = e^{\frac{i}{2}\mathfrak{F}(z,z')} W_k(z'-z), \tag{6.2.20}$$

我们得知当 $z, z' \in \mathfrak{K}$ 时,

$$(W_1(z)\eta_1, W_1(z)\eta_1) = e^{\frac{i}{2}\mathfrak{F}(z,z')}\psi(z'-z) = (W_2(z')\eta_2, W_2(z)\eta_2). \tag{6.2.21}$$

记 M_k 为向量 $W_k(z)\eta_k$ 的线性组合全体, 作 M_1 到 M_2 上的线性映照 Q 使 $QW_1(z)\eta_1 = W_2(z)\eta_2$, 那么由 (6.2.21), Q 是 M_1 到 M_2 的等距映照. 由于 M_k 在 H_k 中稠密, Q 唯一地延拓成 H_1 到 H_2 的酉映照. 这时

$$\begin{aligned}
QW_1(z)Q^{-1}W_2(z')\eta_2 &= QW_1(z)W_1(z')\eta_1 \\
&= e^{-\frac{i}{2}\mathfrak{F}(z,z')}QW_1(z+z')\eta_1 = e^{-\frac{i}{2}\mathfrak{F}(z,z')}W_2(z+z')\eta_2 \\
&= W_2(z)W_2(z')\eta_2.
\end{aligned}$$

因此对一切 $\xi \in M_2$,

$$QW_1(z)Q^{-1}\xi = W_2(z)\xi.$$

这样就证明了 $QW_1(z)Q^{-1} = W_2(z), z \in \mathfrak{K}$. 证毕.

我们再给出泛函成为典型系统的特征泛函的充要条件.

引理 6.2.10　设 $\mathfrak{K}$ 是复内积空间, $\psi(z)$ 是 $\mathfrak{K}$ 上的函数. 那么 $\psi(z)$ 成为某个复 Hilbert 空间上 von Neumann 式典型系统的充要条件是: (i) ψ 为准连续的; (ii) $\mathfrak{K}$ 上的二元泛函

$$\psi(z_1 - z_2)e^{-\frac{i}{2}\mathfrak{F}(z_1,z_2)}, \quad z_1, z_2 \in \mathfrak{K}$$

是正定核 —— 这就是说, 对于任何一组复数 $\lambda_1, \cdots, \lambda_n$ 及向量 $z_1, \cdots, z_n \in \mathfrak{K}$,

$$\sum_{l,m=1}^{n} \psi(z_l - z_m)e^{-\frac{i}{2}\mathfrak{F}(z_l,z_m)}\lambda_l\overline{\lambda}_m \geqslant 0. \tag{6.2.22}$$

证　必要性. 若 ψ 是 $\{W(z)|z \in \mathfrak{K}\}$ 的特征泛函, 那么由 (6.2.20) 知道, (6.2.22) 的左边等于

$$\left\|\sum_{l=1}^{n} W(z_l)\lambda_l\right\|^2 \geqslant 0.$$

因此有条件 (ii). 又因 $W(z)$ 在 $\mathfrak{K}$ 的有限维子空间上是弱连续的, 因此 ψ 是准连续的.

充分性. 设 ψ 满足条件 (i) 和 (ii). 令 f 是 $\mathfrak{K}$ 上的复值函数, 但只在某有限个点 $z_1, \cdots, z_n \in \mathfrak{K}$ 上函数值不为 0. 令 H_0 是这种复值函数全体按通常线性运算所成的线性空间. 当 $f, g \in H_0$ 时, 规定

$$(f, g) = \sum_{z, z' \in \mathfrak{K}} \psi(z - z')e^{-\frac{i}{2}\mathfrak{F}(z,z')}f(z)\overline{g(z')}. \tag{6.2.23}$$

我们又令 H_0 中适合条件 $(f, f) = 0$ 的函数看成 0, 那么 H_0 按 (6.2.23) 成为内积空间. 令 H 是 H_0 按内积 (f, g) 的完备化空间. 对每个 $z_0 \in \mathfrak{K}$, 我们作 H_0 上的算子 $W_0(z_0)$ 如下:

$$(W_0(z_0)f)(z) = e^{\frac{i}{2}\mathfrak{F}(z,z_0)}f(z - z_0), \tag{6.2.24}$$

那么容易验证

$$(W_0(z_0)f, W_0(z_0)g) = (f, g).$$

特别当 $(f, f) = 0$ 时 $(W_0(z_0)f, W_0(z_0)f) = 0$. 故 $W_0(z_0)$ 是 H_0 到 H_0 中的等距算子. 由于 $W_0(z_0)W_0(-z_0) = I$, 所以 $W_0(z_0)$ 将 H_0 映照到 H_0 上, 因而可以唯一地把 $W_0(z_0)$ 扩张成 H 到 H 中的酉算子 $W(z_0)$. 此外, 由 (6.2.24) 容易算出 $W_0(z)$, 因而 $W_0(z)$ 满足 von Neumann 式交换关系.

再来证明当 z 在有限维空间上时 $W_0(z)$ 是弱连续的. 由于 H_0 在 H 中稠密, 只要证明: 当 $f, g \in H_0$ 时函数

$$(W_0(z)f, g) = \sum \psi(u - u')e^{-\frac{i}{2}\mathfrak{F}(u, u' - z_0)}f(u - z_0)\overline{g(u')} \qquad (6.2.25)$$

是准连续的. 设

$$f(u) = \begin{cases} \lambda_l, & u = \sigma_l, l = 1, 2, \cdots, n, \\ 0, & u \overline{\in} \{\sigma_1, \cdots, \sigma_n\}, \end{cases}$$

$$g(u) = \begin{cases} \mu_k, & u = \tau_k, k = 1, 2, \cdots, m, \\ 0, & u \overline{\in} \{\tau_1, \cdots, \tau_m\}. \end{cases}$$

那么 (6.2.25) 化成

$$\sum_{l=1}^{n} \sum_{k=1}^{m} \psi(\sigma_l - \tau_k + z)e^{-\frac{i}{2}\mathfrak{F}(\sigma_l + z, \tau_k - z)}\lambda_l \overline{\mu}_k. \qquad (6.2.26)$$

由于 ψ 是拟连续的, 所以 (6.2.26) 也是拟连续的. 证毕.

§6.3   寻常自由场系统与 Gauss 测度, 直交变换不变测度的联系

1° Fock-Cook 自由场系统

我们写出量子场论中常用的 Fock-Cook 自由场系统.

设 $\mathfrak{K}$ 是一个 (复) Hilbert 空间, 而且是无限维的. 令 $\mathfrak{K}^{(0)}$ 表示复数全体按内积 $(\lambda, \mu) = \lambda\overline{\mu}$ 所成的一维 Hilbert 空间, 令 $\mathfrak{K}^{(n)}$ 表示 n 个 $\mathfrak{K}$ 所作的张量积 $\prod_{\nu=1}^{n} \otimes \mathfrak{K}$ (关于张量积空间及其中算子的一些术语见附录 II.2). 这时 $\mathfrak{K}^{(1)} = \mathfrak{K}$. 设 M_n 是 $n(n \geqslant 1)$ 阶对称张量空间, $M_0 = \mathfrak{K}^{(0)}$, 再令

$$\mathfrak{L} = \sum_{n=0}^{\infty} \oplus \mathfrak{K}^{(n)},$$

这是 Hilbert 空间. 我们再考察 $\mathfrak{L}$ 的线性闭子空间

$$H = \sum_{n=0}^{\infty} \oplus M_n.$$

再令 X 表示 $\mathfrak{L}$ 中由 $\mathfrak{K}^{(n)}, n = 0, 1, \cdots$ 所张成的线性子空间, M 表示 $X \cap H, M$ 称为 $\mathfrak{H}$ 上对称张量代数.

对每个 $x \in \mathfrak{K}$, 作 M 上的算子 $C_1(x)$ 如下: 当 $z \in M, z = z_0 + z_1 + \cdots + z_n, z_k \in \mathfrak{K}^{(k)}$ 时,

$$C_1(x)z = \sum_{k=0}^{n} \sqrt{k+1}S_{k+1}(x \otimes z_k), \qquad (6.3.1)$$

这里 $x \otimes z_k$ 表示向量 x 与 k 级张量 z_k 的张量积, $x \otimes z_k \in \mathfrak{K}^{(k+1)}$, $C_1(x)$ 是 M 到 M 的线性算子, 而且 $C_1(x)$ 是 M_n 到 M_{n+1} 的线性有界算子.

又作 M 上的算子 $C_2(x)$ 如下: 当 $z \in M, z = z_0 + z_1 + \cdots + z_n, z_k \in \mathfrak{K}^{(k)}$ 时,

$$C_2(x)z = \sum_{k=1}^{\infty} \sqrt{k} z'_{k-1}, \tag{6.3.2}$$

这里 $z'_{k-1} \in M_{k-1}$, 而且对一切 $y \in M_{k-1}$,

$$(z'_{k-1}, y) = (z_k, S_k(x \otimes y_{k-1})). \tag{6.3.3}$$

容易看出, 这样的 z'_{k-1} 是存在的, 唯一的. 例如, 当 $z = S_k(x_1 \otimes \cdots \otimes x_k)$ 时,

$$C_2(x)z = \frac{1}{\sqrt{k}} \sum_{\nu} (x_{\nu}, x) S_{k-1}(x_1 \otimes \cdots \otimes x_{\nu-1} \otimes x_{\nu+1} \cdots \otimes x_k).$$

又 $C_2(x)$ 是 M 到 M 的线性有界算子而且是 M_n 到 $M_{n-1}(n \geqslant 1)$ 的线性有界算子, $C_n \mathfrak{K}^{(0)} = 0$.

这些空间和算子的物理意义如下: $M_n(n \geqslant 1)$ 表示 n 个粒子的态向量空间, M_0 表示真空向量空间. $C_1(x)(C_2(x))$ 表示产生 (湮灭) 一个波函数为 x 的粒子的算子.

引理 6.3.1　　$C_1(x)$ 与 $C_2(x)$ 有如下的关系:

$$(C_1(x)z, y) = (z, C_2(x)y), \quad z, y \in M. \tag{6.3.4}$$

证　只要证明当 $z \in M_n, y \in M_{n'}$ 时 (6.3.4) 成立就可以了. 由于 $C_1(x)M_n \subset M_{n+1}, C_2(x)M_{n'} \subset M_{n'-1}$, 因此只要证明当 $z \in M_n, y \in M_{n+1}$ 时 (6.3.4) 成立就可以了, 然而这时 $C_1(x)z = \sqrt{k+1}S_{k+1}x \otimes z$, 因此由 (6.3.3).

$$(C_1(x)z, y) = (\sqrt{k+1}S_{k+1}x \otimes z, y) = (z, C_2(x)y). \tag{6.3.5}$$

我们由 $C_1(x), C_2(x)$ 的映照情况和 (6.3.5) 容易证明 $C_1(x)$ 的包存在, 记它为 $C(x)$, 而且 $C(x)^*$($C(x)$ 的共轭算子) 就是 $C_2(x)$ 的包. 分别称 $C(x), C(x)^*$ 为相应于 x 的参生, 湮灭算子. 又记

$$P(x) = \frac{1}{\sqrt{2}}(C(x) + C(x)^*), \quad Q(x) = \frac{i}{\sqrt{2}}(C(x) - C(x)^*).$$

任取 $\mathfrak{K}$ 的实内积子空间 $\mathfrak{H}$ 使 $\mathfrak{K}$ 是 $\mathfrak{H}$ 的复化空间, 那么下面要证明 $\{P(x), Q(x')|x, x' \in \mathfrak{H}\}$ 是 $(\mathfrak{H}, \mathfrak{H}, B)$ 上的典则系统, 称它为 Fock-Cook 典则系统.

我们来造出与 Fock-Cook 系统酉等价的形如 (6.2.13), (6.2.14) 的典型系统, 设 $S = (\Omega, \mathfrak{B}, N)$ 是相应于 $\mathfrak{H}$ 的以 1 为参数的标准 Gauss 测度空间, $\{x(\omega), x \in \mathfrak{H}\}$ 是相应的标准 Gauss 过程.

我们现在作出 H 到 $L^2(S)$ 的线性映照 D 如下: 任意取定 $\mathfrak{K}$ 中完备就范直交系 $\{g_m\}$, 根据引理 II.2.4, H 中向量的一般形式是

$$x = \sum_{k=(k_1,\cdots,k_n)} a_k S_{|k|}(g_1^{k_1} \otimes g_2^{k_2} \otimes \cdots \otimes g_n^{k_n})\sqrt{\frac{|k|!}{k!}},$$

$$\sum |a_k|^2 = \| x \|^2 < \infty.$$

我们规定

$$Dx(\omega) = \sum_{k=(k_1,\cdots,k_n)} a_k h_k(g_1(\omega),\cdots,g_n(\omega)).^{①}$$

根据引理 5.4.6,

$$\| Dx \|^2 = \sum |a_k|^2 = \| x \|^2.$$

又因为 $\{h_k\}$ 是完备的, $D(H) = L^2(S)$, 即 D 是 H 到 $L^2(S)$ 的酉算子. 可以证明这个酉算子 D 与完备就范直交系 $\{g_m\}$ 的选取无关.

我们记形如 $P(g_1(\omega),\cdots,g_n(\omega))(P(t_1,\cdots,t_n)$ 是 $t_1,\cdots,t_n$ 的多项式) 的多项式泛函全体为 $\mathfrak{P}$, 则 $\mathfrak{P}$ 是 $L^2(S)$ 的稠密子空间. 又记由形如 $h_k(g_1(\omega),\cdots,g_n(\omega)),|k| = m$ 的一切泛函张成的线性闭子空间为 $H(m)$, 称 $H(m)$ 为 m 个粒子的空间. 事实上,

$$H(m) = DM_m.$$

我们仿照 (6.2.13) 和 (6.2.14) 作出交换关系的表示如下: 当 $f \in L^2(S)$ 时,

$$(U(x)f)(\omega) = e^{ix(\omega)}f(\omega), \tag{6.3.6}$$

$$(V(x')f)(\omega) = e^{x'(\omega)-\frac{1}{2}(x',x')}f(\omega - x'). \tag{6.3.7}$$

我们注意, 这里 $V(x')$ 也可以写成

$$(V(x')f)(\omega) = \sqrt{\frac{dN_{x'}(\omega)}{dN(\omega)}}f(\omega - x'). \tag{6.3.8}$$

由 (6.3.6) 和 (6.3.8) 容易知道 $\{U(x),V(x')|x,x' \in H\}$ 满足 Weyl 交换关系 (6.2.1).

我们注意, 类似于 (6.1.32), 这时 $p(x) = \dfrac{d}{dt}U(xt)\Big|_{t=0}$ 具有表达式

$$\mathfrak{D}(p(x)) = \{\varphi | \varphi \in L^2(S), x(\cdot)\varphi(\cdot) \in L^2(S)\},$$

$$p(x)\varphi(\omega) = x(\omega)\varphi(\omega), \quad \varphi \in \mathfrak{D}(p(x)). \tag{6.3.9}$$

然而这时相应于 (6.1.33) 的表达式就比较复杂了, 我们仍然利用完备就范直交系 $\{g_m\}$, 并引用 (6.2.2) 中的记号, 再记 $p_m = p(g_m),q_m = q(g_m)$. 那么由 (6.3.9) 有

$$\begin{cases} \mathfrak{D}(p_\nu) = \{\varphi | \varphi \in L^2(S), g_\nu(\cdot)\varphi(\cdot) \in L^2(S)\}, \\ p_\nu\varphi(\omega) = g_\nu(\omega)\varphi(\omega), \quad \varphi \in \mathfrak{D}(p_\nu). \end{cases}$$

---

①这里和 §6.1 中一样, 记 $h_k(u_1,\cdots,u_n;1)$ 为 $h_k(u_1,\cdots,u_n)$.

而类似于 (6.1.33), q_ν 是如下算子 q_ν' 的包, $\mathfrak{D}(q_\nu') = \mathfrak{P}$, 而且

$$q_\nu'\varphi(\omega) = -ig_\nu(\omega)\varphi(\omega) + i\frac{\partial}{\partial g_\nu}\varphi(\omega), \quad \varphi \in \mathfrak{P}.$$

记

$$c_\nu = \frac{1}{\sqrt{2}}(p_\nu + iq_\nu), c_\nu^* = \frac{1}{\sqrt{2}}(p_\nu - iq_\nu),$$

那么 c_ν^* 是 c_ν 的共轭算子而且类似于引理 6.1.11 有

引理 6.3.2　算子 c_ν 将 $H(m)$ 映照到 $H(m+1)$, 且在 $H(m)$ 上是有界的.

$$c_\nu h_k(g_1(\omega), \cdots, g_n(\omega)) = \sqrt{k_\nu'}h_{k'}(g_1(\omega), \cdots, g_n(\omega)),$$

这里 k 与 k' 之间关系如 (6.1.36). 又 c_ν^* 将 $H(m)$ 映照到 $H(m-1)$[①] 且在 $H(m)$ 上是有界的.

$$c_\nu^* h_k(g_1(\omega), \cdots, g_n(\omega)) = \sqrt{k_\nu'}h_{k'}(g_1(\omega), \cdots, g_n(\omega)),$$

这里 k 与 k' 之间的关系见 (6.1.37).

利用 (6.3.1), (6.3.2) 和引理 6.3.1, 以及 c_ν 在 $H(m)$ 上的有界性, $C(g_\nu)$ 在 M_m 上的有界性, 可以算出

$$c_\nu = DC(q_\nu)D^{-1}.$$

同样地

$$c_\nu^* = DC(q_\nu)^*D^{-1}.$$

一般地, 若记 $c(x) = \frac{1}{\sqrt{2}}(p(x) + iq(x))$, 那么有

$$c(x) = DC(x)D^{-1},$$
$$c(x)^* = DC(x)^*D^{-1}.$$

因此

$$p(x) = DP(x)D^{-1}, \quad q(x) = DQ(x)D^{-1}.$$

这样, 由 $\{p, q\}$ 为典则系统推知 $\{P, Q\}$ 为典则系统, 而且通过酉映照 D 把 Fock-Cook 的典型系统酉等价于 (6.3.6) 和 (6.3.7). 由于标准 Gauss 测度空间是遍历的, 根据定理 6.2.5, Fock-Cook 系统是既约的. 仿照定理 6.1.13 我们也可以证明

定理 6.3.3　若记 P_m 为 H 到 M_m 的投影算子, 那么对于任何实数 α,

$$\Gamma(e^{i\alpha}I) = \sum_{m=0}^{\infty} e^{im\alpha}P_m \tag{6.3.10}$$

[①]这里 $H(-1)$ 应理解为 (0).

是 H 上的酉算子而且若记 $\{W(z)|z \in \mathfrak{K}\}$ 为 von Neumann 形式的 Fock-Cook 系统, 则

$$\Gamma(e^{i\alpha}I)W(z)\Gamma(e^{i\alpha}I)^{-1} = W(e^{i\alpha}z).$$

换言之, (6.3.10) 定义了梯度交换.

容易看出 Fock-Cook 系统是循环的, 而且以真空态 1 为循环元. 我们再写出这个系统相应于循环元 1 的特征泛函, 只要考察与这个系统酉等价的 (6.3.6), (6.3.7) 就可以了. 那么

$$(W(z)1,1) = \int_\Omega e^{ix(\omega)+y(\omega)-\frac{1}{2}(y,y)-\frac{i}{2}(x,y)}dN(\omega). \tag{6.3.11}$$

不妨设 $x \neq 0$. 那么必有互相独立的 Gauss 变量 $U(\omega), V(\omega)$, 它们的数学期望为 0, 方差为 $\frac{1}{2}$, 而且 [1]

$$x(\omega) = \parallel x \parallel U(\omega),$$
$$y(\omega) = \left(y, \frac{x}{\parallel x \parallel}\right)U(\omega) + \left\parallel y - \left(y, \frac{x}{\parallel x \parallel}\right)\frac{x}{\parallel x \parallel}\right\parallel V(\omega). \tag{6.3.12}$$

把 (6.3.12) 代入 (6.3.11) 得到

$$(W(z)1,1)$$
$$= \frac{1}{\pi}\int_{-\infty}^{\infty}\int_{-\infty}^{\infty} e^{i\parallel x\parallel U+\left(y,\frac{x}{\parallel x\parallel}\right)U+\parallel y-\left(y,\frac{x}{\parallel x\parallel}\right)\frac{x}{\parallel x\parallel}\parallel V-\frac{1}{2}(y,y)-\frac{i}{2}(x,y)-(U^2+V^2)}dUdV$$
$$= e^{-\frac{1}{4}(\parallel x\parallel^2+\parallel y\parallel^2)}.$$

因此 Fock-Cook 的相应于真空态 1 的特征泛函是

$$(W(z)1,1) = e^{-\frac{1}{4}\parallel z\parallel^2}. \tag{6.3.13}$$

我们再写出一类与 Fock-Cook 系统相仿的也是由 Gauss 测度描述的典型系统.

设 $\mathfrak{K}$ 是复 Hilbert 空间, $\mathfrak{H}$ 是 $\mathfrak{K}$ 按内积 $[z,z'] = \mathfrak{R}(z,z')$ 所成的实 Hilbert 空间, $S_c = (\Omega, \mathfrak{B}, N_c)$ 是相应于 $\mathfrak{H}$ 的标准 Gauss 测度空间. 利用 (6.2.15), 对每个 $z \in \mathfrak{H}$ 作 Hilbert 空间 $L^2(S_c)$ 中酉算子

$$(W_c(z)f)(\omega) = e^{-\frac{i}{2}(iz)(\omega)}\sqrt{\frac{dN_{c(-z)}(\omega)}{dN_c(\omega)}}f(\omega+z), f \in L^2(S_c). \tag{6.3.14}$$

类似于定理 6.2.6 的证法可以证明 $\{W_c(z)|z \in \mathfrak{K}\}$ 是典型系统, 又容易证明它是既约的循环的, 而且以 1 为循环元, 相应的特征泛函是

$$(W_c(z)1,1) = \int_\Omega e^{-\frac{i}{2}(iz)(\omega)-\frac{1}{c}z(\omega)-\frac{1}{2c}(z,z)}dN_c(\omega). \tag{6.3.15}$$

---

[1] $\parallel x \parallel = \sqrt{(x,x)}$.

由于
$$[z,z] = [iz, iz] = |z|^2, [z, iz] = [iz, z] = \Re(z, iz) = 0$$

所以两 Gauss 变量 $z(\omega), (iz)(\omega)$ 相互独立而且 (6.3.15) 化成

$$(W_c(z)1, 1) = \frac{1}{\pi |z|^2} \int_{-\infty}^{+\infty} \int_{-\infty}^{+\infty} e^{-\frac{i}{2}s - \frac{1}{c}t - \frac{1}{2c}|z|^2 - \frac{s^2 + t^2}{c|z|^2}} \, ds dt$$

$$= e^{-\frac{|z|^2}{8}\left(\frac{c}{2} + \frac{2}{c}\right)}. \tag{6.3.16}$$

特别, 当 $c = 2$ 时 (6.3.16) 化成 (6.3.13). 因此 Fock-Cook 系统是这里的特殊情况. 此外, 我们注意, 若记

$$k = \frac{1}{8}\left(\frac{c}{2} + \frac{2}{c}\right),$$

在 (6.3.16) 中改记 $W_c(z)$ 为 $W_k(z)$, 那么 (6.3.16) 又可以改写成

$$(W_k(z)1, 1) = e^{-\|z\|^2 k}, \quad \frac{1}{4} \leqslant k < \infty. \tag{6.3.17}$$

2° 更广的一类系统

定义 6.3.1　设 $\mathfrak{K}$ 是复 Hilbert 空间, $\mathfrak{U}$ 是 $\mathfrak{K}$ 上酉算子全体所成的群, 我们以 $\mathfrak{K}$ 为单粒子态向量空间, 设 $\{W(z) | z \in \mathfrak{K}\}$ 是 H 上的酉表示 $\Gamma : U \to \Gamma(U)$ 适合条件

$$\Gamma(U) W(z) \Gamma(U)^{-1} = W(Uz). \tag{6.3.18}$$

又设 $\{W(z) | z \in \mathfrak{K}\}$ 是循环的而且有循环向量 η 使 $\Gamma(U)\eta = \eta$, 那么称 $\{W(z) | z \in \mathfrak{H}\}$ 为寻常自由场系统, η 称为真空态向量.

我们注意 (6.3.14) 所定义的系统 $\{W_c(z) | z \in \mathfrak{K}\}$ 是寻常自由场系统. 事实上, 若令 $\mathfrak{D}$ 是形如 $W_c(z)1, z \in \mathfrak{H}$ 的向量全体张成的线性空间, 则类似于 §5.4 的方法可知 $\mathfrak{D}$ 在 $L^2(S_c)$ 中稠密, 对于每个 $U \in \mathfrak{U}$, 我们作 $\mathfrak{D}$ 上的线性算子 $\Gamma(U)$, 使

$$\Gamma(U) W_c(z) 1 = W_c(Uz) 1. \tag{6.3.19}$$

由于 (6.2.20), (6.3.16), 当 $z, z' \in \mathfrak{K}$ 时,

$$(\Gamma(U) W_c(z')1, \Gamma(U) W_c(z)1) = e^{\frac{i}{2}\Im(Uz, Uz') - \frac{1}{8}\|U(z' - z)\|^2\left(\frac{c}{2} + \frac{2}{c}\right)}$$

$$= e^{\frac{i}{2}\Im(z, z') - \frac{1}{8}\|z' - z\|^2\left(\frac{c}{2} + \frac{2}{c}\right)}$$

$$= (W_c(z')1, W_c(z)1).$$

因此 $\Gamma(U)$ 是等距映照. 由 $\Gamma(U)^{-1} = \Gamma(U^{-1}), \Gamma(U)$ 可以唯一地延拓成 $L^2(S_c)$ 上的酉算子, 仍然把它记为 $\Gamma(U)$. 由 (6.3.19) 易知 $U \to \Gamma(U)$ 是群 $\mathfrak{U}$ 的酉表示而且 (6.3.18) 成立, 这时 1 就是真空态向量.

下面我们来研究寻常自由场系统相应于真空态向量的特征泛函的一般形式. 为此, 我们先写出下述关于直交变换不变的测度的一个引理.

引理 6.3.4　设 $\mathfrak{H}$ 是无限维实内积空间, $\psi(\xi), \xi \in \mathfrak{H}$ 是 $\mathfrak{H}$ 上的正定拟连续函数, 而且 $\psi(\xi)$ 的值只依赖于 $\| \xi \| = \sqrt{(\xi, \xi)}$(此地 $(\cdot, \cdot)$ 表示 $\mathfrak{H}$ 上的内积), 那么必有 $[0, \infty)$ 上的有限测度 m 使得

$$\psi(\xi) = \int_0^\infty e^{-\|\xi\|^2 t} dm(t), \quad \xi \in H. \tag{6.3.20}$$

证　由于 $\psi(\xi)$ 只依赖于 $\| \xi \|$, 因此 $\psi(\xi)$ 形如 $\varphi(\| \xi \|)$. 任取 $\mathfrak{H}$ 中一个单位向量 e, 则 $\varphi(t) = \psi(te)$ 是 t 的连续函数, 因此, $\psi(\xi) = \varphi(|\xi|)$ 为 ξ 的连续泛函, 任取 $\mathfrak{H}$ 中的一列就范直交向量 $\{e_n, n = 1, 2, \cdots\}$, 那么 $\psi(\xi_1 e_1 + \cdots + \xi_n e_n)$ 是实变数 $\xi_1, \cdots, \xi_n$ 的正定连续函数. 令 l 为实数列全体, $\mathfrak{B}$ 为 l 中 Borel 柱张成的 $\sigma-$ 代数, 由 Kolmogorov 定理 (见系 1.3.5′), 必有 $(l, \mathfrak{B})$ 上的正有限测度 P, 使

$$\psi(\xi_1 e_1 + \cdots + \xi_n e_n) = \int_l e^{i \sum\limits_{\nu=1}^{n} \xi_\nu x_\nu} dP(x), \quad x = (x_1, \cdots, x_n, \cdots). \tag{6.3.21}$$

令 Ω_n 为 n 维欧几里得空间上的单位球面, 记

$$\rho = \sqrt{\sum_{\nu=1}^{n} \xi_\nu^2}, \quad \tau = \sqrt{\sum_{\nu=1}^{n} x_\nu^2}.$$

令 $\omega = (\omega_1, \cdots, \omega_n)$ 为 Ω_n 中点的坐标, 此外, 按球面坐标有

$$\begin{aligned}
\omega_1 &= \cos \varphi_1, & 0 &\leqslant \varphi_k < \pi, & 1 &\leqslant k \leqslant n-2, \\
\omega_2 &= \sin \varphi_1 \cos \varphi_2, & 0 &\leqslant \varphi_{n-1} < 2\pi, \\
&\cdots\cdots\cdots\cdots \\
\omega_n &= \sin \varphi_1 \cdots \sin \varphi_{n-1}.
\end{aligned}$$

这时 Ω_n 上的面积元素 $dQ_n(\omega)$ 是 $\sin^{n-2} \varphi_1 \cdots \sin \varphi_{n-2} d\varphi_1 \cdots d\varphi_{n-1}$. 又 Ω_n 的面积为 $\dfrac{(2\pi)^{\frac{n}{2}}}{\Gamma\left(\dfrac{n}{2}\right)}$, 记做 $|\Omega_n|$, 由于当记 $\xi_\nu = \rho \omega_\nu, \nu = 1, 2, \cdots, n$ 时,

$$\frac{1}{|\Omega_n|} \int_{\Omega_n} e^{i \sum\limits_1^n \xi_\nu x_\nu} dQ_n(\omega) \tag{6.3.22}$$

只依赖于 τ. 不妨取 $(x_1, \cdots, x_n) = (\tau, 0, \cdots, 0)$. 因此 (6.3.22) 化成

$$\frac{|\Omega_{n-1}|}{|\Omega_n|} \int_0^\pi e^{i\rho\tau \cos \varphi_1} \sin^{n-2} \varphi_1 d\varphi_1$$

$$= \frac{\Gamma\left(\dfrac{n}{2}\right)}{\Gamma\left(\dfrac{n-1}{2}\right) \sqrt{\pi}} \int_{-1}^1 (1-t^2)^{\frac{n-3}{2}} \cos \rho\tau t \, dt, \quad t = \cos \varphi_1.$$

把上式记为 $\psi_n(\rho\tau)$. 再将 (6.3.21) 两边作积分 $\displaystyle\int_{\Omega_n}\cdots dQ_n(\omega)$ 得

$$\varphi(\rho) = \frac{1}{|\Omega_n|}\int \varphi\left(\rho\sum_\nu \xi_\nu e_\nu\right)dQ_n(\omega) = \int_l \psi_n(\rho\tau)dP(x)$$

$$= \int_0^\infty \psi_n(\rho\tau)d\sigma_n(\tau), \tag{6.3.23}$$

其中 $\sigma_n(\tau) = P\left(\left\{x\left|\sum_{\nu=1}^n x_\nu^2 \leqslant \tau^2\right.\right\}\right)$. 在 (6.3.23) 的右边以 $\tau = \sqrt{n}u$ 代入, 由于 $\sigma_n(\sqrt{n}n), u = 1, 2, \cdots$ 是 $[0, \infty]$ 上的均匀有界的单调增加非负函数列, 由 Helly 定理, 必有子列 $\{\sigma_{n_k}(\sqrt{n_k}u)\}$ 在 $[0, \infty]$ 上处处收敛于有界的单调增加非负函数 $\alpha(u)$. 另一方面, 由于 $\displaystyle\lim_{n\to\infty}\frac{\Gamma\left(\dfrac{n}{2}\right)}{\Gamma\left(\dfrac{n-1}{2}\right)\sqrt{n\pi}} = \frac{1}{\sqrt{2\pi}}$,[①] 又当 $n\to\infty$ 时,

$$\sqrt{n}\int_{-1}^1 (1-t^2)^{\frac{n-3}{2}}\cos\rho\tau\sqrt{n}t\,dt$$

$$= \int_{-\sqrt{n}}^{\sqrt{n}}\left(1-\frac{v^2}{n}\right)^{\frac{n-3}{2}}\cos\rho\tau v\,dv \to \int_{-\infty}^\infty e^{-\frac{v^2}{2}}\cos\rho\tau v\,dv$$

$$= \sqrt{2\pi}e^{-\frac{\rho^2\tau^2}{2}}.$$

因此

$$\lim_{n\to\infty}\psi_n(\sqrt{n}\rho\tau) = e^{-\frac{\rho^2\tau^2}{2}}.$$

类似地可以证明函数列 $\{\psi_n(\sqrt{n}\rho\tau)\}$ 关于 τ 均匀收敛, 因此在 (6.3.23) 中取 $n = n_k$, 并令 $k\to\infty$ 即得

$$\varphi(\rho) = \int_0^\infty e^{-\frac{\rho^2\tau^2}{2}}d\alpha(\tau) = \int_0^\infty e^{-\rho^2 t}dm(t),$$

此地 $m(t) = \alpha(\sqrt{2t})$.

我们把以引理 6.3.4 中函数为特征函数的测度称为对直交变换不变的测度. 由 (6.3.20) 可以看出, 对直交变换不变的测度必是 Gauss 测度的叠加.

定理 6.3.5　设 $\mathfrak{K}$ 是复无限维 Hilbert 空间, $\{W(z)|z\in\mathfrak{K}\}$ 是寻常自由场系统, 那么必存在 $\left[\dfrac{1}{4}, \infty\right)$ 上的有限测度 m, 使得 $\{W(z)|z\in\mathfrak{H}\}$ 的相应于真空态向量 η 的特征泛函为

$$(W(z)\eta, \eta) = \int_{\frac{1}{4}}^\infty e^{-\|\xi\|^2 t}dm(t). \tag{6.3.24}$$

[①]这里利用了 Stirling 公式 $\Gamma(s+1)\sim\sqrt{2\pi s}s^s e^{-s}, s\to\infty$.

证 由于 $\Gamma(U)\eta = \eta_0$, 特征泛函 $\psi(z)$ 具有如下的性质: 当 $U \in \mathfrak{U}, z \in \mathfrak{K}$ 时

$$\psi(z) = (W(z)\eta, \eta) = (W(z)\Gamma(U)\eta, \Gamma(U)\eta)$$
$$= (W(Uz)\eta, \eta) = \psi(Uz). \tag{6.3.25}$$

由于当 $\| z \| = \| z' \|$ 时, 必有 $U \in \mathfrak{U}$ 使 $z' = Uz$, 因此由 $(6.3.25), \psi(z)$ 只与 $\| z \|$ 有关. 我们任意取 $\mathfrak{K}$ 的实线性子空间 $\mathfrak{H}$ 使 $\mathfrak{H}$ 为实内积空间, 而且 $\mathfrak{K}$ 为 $\mathfrak{H}$ 的复化空间, 当 z 限制在 $\mathfrak{H}$ 上时, $\psi(z)$ 仍然只依赖于 $\| z \|$, 因为 $\mathfrak{H}$ 也是无限维的, 我们知道必有 $[0,\infty)$ 上的有限测度 m, 使得当 $\xi \in \mathfrak{H}$ 时, $(6.3.20)$ 成立. 然而在 $\mathfrak{K}$ 上 $\psi(\xi)$ 只依赖于 $\| \xi \|$, 因此对一切 $\xi \in \mathfrak{K}, (6.3.20)$ 成立. 利用引理 6.2.10 中条件经过较复杂的计算可以证明

$$m\left(\left[0, \frac{1}{4}\right)\right) = 0,$$

从而得到 $(6.3.24)$.

附录 I 有关拓扑群及线性拓扑空间的某些知识

§I.1 拟距离、凸函数、拟范数

定义 I.1.1 设 R 是一集, $\rho(x,y), x,y \in R$ 是 R 上的实函数, 满足条件: (i) $\infty > \rho(x,y) \geqslant 0, \rho(x,x) = 0$;(ii)$\rho(x,y) \leqslant \rho(x,z) + \rho(y,z)$, 那么称 ρ 是 R 上的拟距离. 如果 R 又是一群而且又有 $\rho(y,x) = \rho(x^{-1}y,e)$, 那么称 ρ 是 R 上的 (左) 不变拟距离.

设 $\{\rho_\alpha, \alpha \in \mathfrak{A}\}$ 是 R 上的一族拟距离[1]. 我们考察形如

$$\{x|\rho_{\alpha_k}(x,y) < \varepsilon, k = 1,2,\cdots,n\}, \quad \alpha_k \in \mathfrak{A}, \varepsilon > 0$$

的集全体张成的拓扑. 称之为由 $\{\rho_\alpha, \alpha \in \mathfrak{A}\}$ 导出的拓扑. R 按这个拓扑称为拟距离空间.

如 R 是群, ρ 是 (左) 不变拟距离, 则 R 按 ρ 导出的拓扑成为拓扑群.

定义 I.1.2 设 G 是一群, $N(g), g \in G$ 是 G 上的实函数, 满足条件: (i) $\infty > N(g) \geqslant 0, N(e) = 0$; (ii) $N(yx^{-1}) \leqslant N(x) + N(y)$, 那么称 N 是群 G 上的凸函数 (有时也称做拟范数).

容易验证凸函数又满足条件: (iii) $N(x) = N(x^{-1})$. 对于群 G 上的凸函数 N, 引入 $G \times G$ 上的函数

$$\rho(g,h) = N(h^{-1}g). \tag{I.1.1}$$

---

[1]这包括 $\mathfrak{A}$ 中只有一个指标的情况, 我们不再讨论这个特殊情况了.

容易验证这是 G 上的 (左) 不变拟距离. 称 (I.1.1) 中的 ρ 为相应于凸函数 N 的拟距离. 反之, 若 ρ 是 G 上 (左) 不变拟距离, 作

$$N(g) = \rho(g, e),$$

那么 N 是 G 上的凸函数, 而且这时的 ρ 就是相应于 N 的拟距离.

若 $\{N_\alpha, \alpha \in \mathfrak{A}\}$ 是群 G 上的凸函数族, $\{\rho_\alpha, \alpha \in \mathfrak{A}\}$ 为相应的拟距离族. 我们也把由 $\{\rho_\alpha, \alpha \in \mathfrak{A}\}$ 导出的拓扑称做由 $\{N_\alpha, \alpha \in \mathfrak{A}\}$ 导出的拓扑.

定义 I.1.3 设 R 是线性空间 (它按加法也成为一群), N 是 R 上的函数.(i) 如果 N 是凸函数又满足如下条件: 当 t 是数, $x \in R$ 时, 成立着

$$N(tx) = |t| N(x),$$

那么称 $N(x)$ 为 R 上的拟范数. (ii) 如果 N 满足条件

$$N(tx) \leqslant N(x), \quad |t| \leqslant 1,$$

那么称 N 是均衡凸函数, 它的相应的拟距离称为均衡不变拟距离.(iii) 如果 N 满足条件:$0 \leqslant N(h) \leqslant \infty, N(g+h) \leqslant N(g) + N(h), N(th) = |t| N(h)$, 那么称 N 是凸泛函.

根据线性拓扑空间的定义有如下的引理.

引理 I.1.1 设 R 是线性空间, ρ 是 R 上的不变拟距离. 如果 ρ 又满足条件: (i) 当 $\{\lambda_n\}$ 是收敛于零的数列时, $\lim\limits_{n\to\infty} \rho(\lambda_n x, 0) = 0$;(ii) 当 $\{\lambda_n\}$ 是有界数列而且 $\lim\limits_{n\to\infty} \rho(h_n, 0) = 0$ 时, $\lim\limits_{n\to\infty} \rho(\lambda_n h_n, 0) = 0$. 那么 R 按 ρ 导出的拓扑成为线性拓扑空间.

我们称这样的线性拓扑空间为线性拟距离空间. 如果这时拟距离成为距离, 那么就称之为线性距离空间.

我们注意当 ρ 是均衡的时候引理中的条件 (ii) 必自动满足.

引理 I.1.1 的证明从略. 下面我们给出由不变拟距离造出满足引理 I.1.1 中条件的拟距离来.

引理 I.1.2 设 $\mathfrak{G}$ 为实线性空间, $M(h), h \in \mathfrak{G}$ 是 $\mathfrak{G}$ 上的非负有界泛函, 适合如下条件: (i) 若 $h_1, h_2 \in \mathfrak{G}$, 则 $M(h_1 + h_2) \leqslant M(h_1) + M(h_2)$;(ii) 对每个 $h \in \mathfrak{G}, M(ht)$ 为 t 的连续函数, $-\infty < t < \infty, M(0) = 0$;(iii) $M(-h) = M(h)$, 作

$$R(h) = \left[\int_0^\infty e^{-t} M(th)^2 dt \right]^{\frac{1}{2}}, \quad h \in \mathfrak{G},$$

那么 $\mathfrak{G}$ 按拟距离 $R(h_1 - h_2), h_1, h_2 \in \mathfrak{G}$ 成为线性拟距离空间.

证 由条件 (i) 显然有 $R(h_1 + h_2) \leqslant R(h_1) + R(h_2), h_1, h_2 \in \mathfrak{G}$. 由 (iii) 有 $R(h) = R(-h)$. 设 $h \in \mathfrak{G}, \{t_n\}$ 为一列收敛于零的实数. 记 $M(h)$ 的上界为 M,

$$R(t_n h)^2 = R(|t_n|h)^2 \leqslant \int_0^\lambda e^{-t} M(|t_n|h)^2 dt + M^2 e^{-\lambda}$$
$$\leqslant \max_{0 \leqslant t \leqslant \lambda |t_n|} M(th)^2 + M^2 e^{-\lambda}.$$

再由条件 (ii), $\lim\limits_{n \to \infty} R(t_n h) = 0$.

又若 $\{h_n\} \subset \mathfrak{G}, R(h_n) \to 0, \{t_n\}$ 为有界实数列, 那么有

$$R(t_n h_n) \leqslant R((|t_n| + 1)h_n) + R(h_n). \tag{I.1.2}$$

有正数 c 使 $(|t_n| + 1) \leqslant c$, 任取一正数 λ, 有

$$R((|t_n| + 1)h_n)^2 = \int_0^\infty \frac{1}{|t_n| + 1} e^{-\frac{t}{|t_n|+1}} M(th_n)^2 dt$$
$$\leqslant \int_0^\infty e^{-\frac{1}{c}t} M(th_n)^2 dt$$
$$\leqslant e^\lambda \int_0^\lambda e^{-t} M(th_n)^2 dt + cM^2 e^{-\frac{1}{c}\lambda}$$
$$\leqslant e^\lambda R(h_n)^2 + cM^2 e^{-\frac{1}{c}\lambda} \tag{I.1.3}$$

因此由 $R(h_n) \to 0$, (I.1.2) 和 (I.1.3) 得到

$$\varlimsup_{n \to \infty} R(t_n h_n)^2 \leqslant cM^2 e^{-\frac{1}{c}\lambda}.$$

再令 $\lambda \to \infty$ 即得 $\lim\limits_{n \to \infty} R(t_n h_n) = 0$. 因此根据引理 I.1.1, $\mathfrak{G}$ 按 $R(h_1 - h_2), h_1, h_2 \in \mathfrak{G}$ 为拟距离空间. 证毕.

§I.2 半连续函数的一些性质

1° 半连续函数的概念

设 $f(x)$ 是集 M 上的实函数, B 为 M 的子集, 记

$$S(f, B) = \sup_{x \in B} f(x), \quad I(f, B) = \inf_{x \in B} f(x).$$

设 M 又是拓扑空间, $x_0 \in M$. $\mathscr{V}_{x_0}$ 表示 x_0 点的环境系, 记

$$S(x_0, f) = \inf_{V \in \mathscr{V}_{x_0}} S(f, V), \quad I(x_0, f) = \sup_{V \in \mathscr{V}_{x_0}} I(f, V),$$

分别称它们是 f 在 x_0 点的上、下界. 如果在 x_0 点, $S(x_0, f) = f(x_0)$, 那么称 x_0 是 f 的上半连续点; 如果在 x_0 点, $I(x_0, f) = f(x_0)$, 那么称 x_0 是 f 的下半连续点. 如果每个 $x_0 \in M$ 都是 f 的上 (下) 半连续点, 那么称 f 在 M 上是上 (下) 半连续的.

又对每个 $x \in M$, 记 $\omega(x, f) = S(x, f) - I(x, f)$.

引理 I.2.1 对每个正数 c, 集 $\{x | \omega(x, f) < c\}$ 是开集.

证 设 $\omega(x_0, f) < c$. 则 $S(x_0, f) < +\infty, I(x_0, f) > -\infty$. 因此对于任何正数 $\varepsilon < \frac{1}{2}(c - \omega(x_0))$, 必有 x_0 的环境 V 使得

$$S(f, V) < S(x_0, f) + \varepsilon, \quad I(f, V) > I(x_0, f) - \varepsilon.$$

从而当 $x \in V$ 时,

$$\omega(x, f) \leqslant S(f, V) - I(x, V) < \omega(x_0, f) + 2\varepsilon < c.$$

即 $V \subset \{x | \omega(x, f) < c\}$. 证毕.

引理 I.2.2 设 M 是第二纲的拓扑空间, f 是 M 上的上半连续函数, 而且对每点 $x_0, I(x_0, f) > -\infty$. 那么在 M 中必有 f 的连续点.

证 任取正数 c, 今证开集 $O_c = \{x | \omega(x, f) < c\}$ 是稠密的. 事实上, 任取 $x_0 \in M$, 由于 $I(x_0, f) > -\infty$, 必有 $V \in \mathscr{V}_{x_0}$, 使 $I(f, V) > -\infty$. 这时任取 x_0 的环境 $U \subset V$, 必然 $I(f, U) > -\infty$. 下面不妨设 $I(f, U) < \infty$. 因此有 $x \in U$, 使

$$f(x) < I(f, U) + c.$$

然而

$$I(f, U) \leqslant I(x, f) \leqslant f(x) = S(x, f),$$

由 (I.1.1) 和 (I.1.2) 得到

$$\omega(x, f) = f(x) - I(x, f) \leqslant f(x) - I(f, U) < c,$$

即 U 与 O_c 相交. 由于 O_c 是稠密开集, $\{x | \omega(x, f) \geqslant c\}$ 是疏朗闭集. 因而由 M 的第二纲性得知 $M \neq \bigcup_{n=1}^{\infty} \left\{ x | \omega(x, f) \geqslant \frac{1}{n} \right\}$. 因而 $\bigcap_{n=1}^{\infty} O_{\frac{1}{n}} = \{x | \omega(x, f) = 0\}$ 不是空集. 然而这个集中的点是 f 的连续点, 所以 f 必有一连续点. 证毕.

引理 I.2.3 设 $\mathfrak{G}$ 是第二纲的线性拓扑空间, $M(h)$ 是 $\mathfrak{G}$ 上非负的、下半连续泛函, 适合如下条件:

(i) 当 $h_1, h_2 \in \mathfrak{G}$ 时, $M(h_1 + h_2) \leqslant M(h_1) + M(h_2)$;

(ii) 当 $h \in \mathfrak{G}$ 时, $M(h) = M(-h)$;

(iii) 当 $h \in \mathfrak{G}$ 时, $\lim_{n \to \infty} M\left(\frac{1}{n} h\right) = 0$,

那么 $M(h)$ 在 $\mathfrak{G}$ 上是连续的.

证　对于给定的正数 ε, 作集 $E_\varepsilon = \{h | M(h) \leqslant \varepsilon\}$. 由于 $M(h)$ 是下半连续函数, E_ε 是闭集. 由条件 (ii), 对每个 $h \in \mathfrak{G}$ 必有 n 使 $M\left(\dfrac{1}{n}h\right) \leqslant \varepsilon$, 即 $h \in nE_\varepsilon$. 因此

$$\mathfrak{G} = \sum_{n=1}^{\infty} nE_\varepsilon.$$

然而 $\mathfrak{G}$ 是第二纲的, 必有 n 使 nE_ε 不是疏朗集. 又因 $\mathfrak{G}$ 是线性拓扑空间, $h \to \dfrac{1}{n}h$ 是 $\mathfrak{G}$ 到自身的拓扑映照, 所以 E_ε 不是疏朗集. 然而 E_ε 是闭集, 因此 E_ε 必含一非空开集 V. 记 $U = \{x - y | x, y \in V\}$, 那么 U 是 0 的环境. 由条件 (i), 当 $h = x - y \in U(x, y \in V)$ 时,

$$M(h) \leqslant M(x) + M(y) \leqslant 2\varepsilon. \tag{I.2.1}$$

对任一 $x_0 \in \mathfrak{G}$, 当 $x \in x_0 + U$ 时, 由 (i) 及 (I.2.1),

$$|M(x) - M(x_0)| \leqslant M(x - x_0) \leqslant 2\varepsilon.$$

所以 $M(h)$ 是连续泛函. 证毕.

2° Banach 空间上的下半连续凸泛函序列

我们只就本书中所用到的形式来叙述并证明下面的结果, 更一般的情况参看 Gel'fand–Vilenkin[1].

定理 I.2.4　设 Φ 是 Banach 空间, $\{p_n(\varphi), n = 1, 2, \cdots\}$ 是 Φ 上的下半连续凸泛函序列 (但每个 $p_n(\varphi)$ 不一定处处是有限的), 而且对每个 $\varphi \in \Phi$, 必有 n 使 $p_n(\varphi) < \infty$, 那么必有 n_0 使 $p_{n_0}(\varphi)$ 在 Φ 上是有限的、连续的. 换句话说, 存在 n_0 与正数 $c < \infty$, 使得

$$p_{n_0}(\varphi) \leqslant c \| \varphi \|, \quad \varphi \in \Phi,$$

这里 $\| \cdot \|$ 是 Φ 中的范数.

证　作 Φ 中的闭集 $A_n = \{\varphi | p_n(\varphi) \leqslant 1\}$. 对于每个 $\varphi \in \Phi$, 必有 n 使 $p_n(\varphi) < \infty$, 因此有自然数 k 使 $p_n(\varphi) \leqslant k$, 即 $\varphi \in kA_n$. 因此

$$\Phi = \bigcup_{k,n=1}^{\infty} (kA_n).$$

由于 Φ 是完备空间, 它具有第二纲性, 因此必有一个 kA_n 不是疏朗集. 但是 kA_n 是闭集, 它必然包含一个球 $\{\varphi | \| \varphi - \varphi_0 \| < \varepsilon\}$, 若 $\psi \in \Phi, \| \psi \| < \dfrac{\varepsilon}{k}$, 那么 $k\psi \pm \varphi_0 \in \{\varphi | \| \varphi - \varphi_0 \| < \varepsilon\} \subset kA_n$. 因此 $\psi \pm \dfrac{1}{k}\varphi_0 \in A_n$, 即得

$$p_n(\psi) \leqslant \frac{1}{2}\left(p_n\left(\psi + \frac{1}{k}\varphi_0\right) + p_n\left(\psi - \frac{1}{k}\varphi_0\right)\right) \leqslant 1.$$

所以当 $\psi \in \Phi$ 时,

$$p_n(\psi) \leqslant \frac{k}{\varepsilon} \parallel \psi \parallel.$$

证毕.

§I.3 可列 Hilbert 空间, 装备 Hilbert 空间

1° 赋可列范空间

定义 I.3.1 设 Φ 是线性空间, $\{\parallel \varphi \parallel_n, n = 1, 2, \cdots\}$ 是 Φ 上的一列拟范数. 称由 Φ 按拟距离

$$\rho(\varphi, \psi) = \sum_{n=1}^{\infty} \frac{1}{2^n} \frac{\parallel \varphi - \psi \parallel_{n}}{1 + \parallel \varphi - \psi \parallel_{n}}, \quad \varphi, \psi \in \Phi \tag{I.3.1}$$

所成的线性拟距离空间为赋可列拟范空间, $\{\parallel \varphi \parallel_n, n = 1, 2, \cdots\}$ 称做定义 Φ 的拓扑的拟范数列.

容易看出, 这时不妨设

$$\parallel \varphi \parallel_1 \leqslant \parallel \varphi \parallel_2 \leqslant \cdots \leqslant \parallel \varphi \parallel_n \leqslant \cdots, \tag{I.3.2}$$

不然的话, 把 $\{\parallel \varphi \parallel_n, n = 1, 2, \cdots\}$ 换成

$$|\varphi|_n = \max_{1 \leqslant \nu \leqslant n} |\varphi|_{\nu},$$

那么 $\{|\varphi|_n\}$ 满足条件 (I.3.1) 而且利用 (I.3.1) 造出的相应的拟距离与原来的拟距离导出相同的拓扑.

我们注意, 这时 Φ 中点列 $\{\varphi_n\}$ 按拓扑收敛于 φ 的充要条件是对每个自然数 k,

$$\lim_{n \to \infty} \parallel \varphi_n - \varphi \parallel_k = 0.$$

而 $\{\varphi_n\}$ 成为 Φ 中基本点列的充要条件是对每个 k,

$$\lim_{m, n \to \infty} \parallel \varphi_m - \varphi_n \parallel_k = 0.$$

定义 I.3.2 设 Φ 是线性空间, $\parallel \cdot \parallel_1$ 与 $\parallel \cdot \parallel_2$ 是 Φ 上的两个范数. 如果对于按 $\parallel \varphi \parallel_1$ 与 $\parallel \varphi \parallel_2$ 都是基本的点列 $\{\varphi_n\}$, 由 $\parallel \varphi_n \parallel_1 \to 0$ 推出 $\parallel \varphi_n \parallel_2 \to 0$, 又由 $\parallel \varphi_n \parallel_2 \to 0$ 也能推出 $\parallel \varphi_n \parallel_1 \to 0$, 那么称 Φ 上的这两个范数 $\parallel \varphi \parallel_1$ 与 $\parallel \varphi \parallel_2$ 是相容的.

设 Φ 是线性空间, $\{\parallel \varphi \parallel_n, n = 1, 2, \cdots\}$ 是 Φ 上的一列范数, 满足条件 (I.3.2), 而且任何两个 $\parallel \varphi \parallel_m$ 与 $\parallel \varphi \parallel_n$ 都是相容的, 那么称 Φ 是赋可列范空间.

赋可列范空间是一种特殊的赋可列拟范空间, 它的拓扑也是由 (I.3.1) 导出的.

我们作 Φ 按范数 $\| \varphi \|_1$ 的完备化空间 Φ_1. 设 $\varphi \in \Phi_1$, 而且有点列 $\{\varphi_n\} \subset \Phi$, 使得

$$\lim_{m,n \to \infty} \| \varphi_n - \varphi_m \|_2 = 0, \quad \lim_{n \to \infty} \| \varphi - \varphi_n \|_1 = 0. \tag{I.3.3}$$

这种 φ 的全体记成 Φ_2, 显然 Φ_2 是 Φ_1 的线性子空间. 当 $\varphi \in \Phi_2$ 时, 作出 Φ 中满足 (I.3.3) 的点列, 由 (I.3.3), $\lim_{m,n \to \infty} | \| \varphi_n \|_2 - \| \varphi_m \|_2 | = 0$. 我们规定

$$\| \varphi \|_2 = \lim_{n \to \infty} \| \varphi_n \|_2. \tag{I.3.4}$$

我们首先来验证这样的定义 $\| \varphi \|_2$ 与点列 $\{\varphi_n\}$ 的选取无关. 事实上, 若又有 $\{\psi_n\} \subset \Phi$ 使

$$\lim_{m,n \to \infty} \| \psi_m - \psi_n \|_2 = 0, \quad \lim_{n \to \infty} \| \psi_n - \varphi \|_1 = 0, \tag{I.3.5}$$

作 $\{\psi_n - \varphi_n\}$, 由 (I.3.3), (I.3.5), 它是按 $\| \varphi \|_2$ (因而由 (I.3.2) 也是按 $\| \varphi \|_1$) 的基本点列, 而且 $\lim_{n \to \infty} \| \psi_n - \varphi_n \|_1 = 0$. 由 $\| \cdot \|_2$ 与 $\| \cdot \|_1$ 的相容性, $\lim_{n \to \infty} \| \psi_n - \varphi_n \|_2 = 0$. 所以 $\lim_{n \to \infty} \| \psi_n \|_2 = \lim_{n \to \infty} \| \varphi_n \|_2$. 特别当 $\varphi \in \Phi$ 时取 $\varphi_n = \varphi$, 那么按 (I.3.4) 定义的 $\| \varphi \|_2$ 与原来的范数一致. 又当 $\varphi \in \Phi_2$, $\{\varphi_n\}$ 满足条件 (I.3.3) 时,

$$\| \varphi - \varphi_n \|_2 = \lim_{m \to \infty} \| \varphi_m - \varphi_n \|_2,$$

因此

$$\lim_{n \to \infty} \| \varphi - \varphi_n \|_2 = 0. \tag{I.3.6}$$

这就证明了 Φ 在 Φ_2 中的稠密性. 再证 Φ_2 按 $\| \varphi \|_2$ 是完备的. 设 $\{\psi_n\} \subset \Phi_2$ 按范数 $\| \varphi \|_2$ 是基本的. 由于 Φ 在 Φ_2 中稠密, 取 $\varphi_n \in \Phi_2$ 使

$$\| \psi_n - \varphi_n \|_2 < \frac{1}{n}, \quad n = 1, 2, \cdots \tag{I.3.7}$$

那么 $\{\varphi_n\}$ 按 $\| \varphi \|_2$ 也是基本的, 因此按 $\| \varphi \|_1$ 也是基本的. 所以有 $\varphi \in \Phi_1$ 使 (I.3.3) 成立. 这样, $\varphi \in \Phi_2$ 而且 (I.3.6) 成立. 因此再由 (I.3.7) 得到

$$\lim_{n \to \infty} \| \varphi - \psi_n \|_2 = 0,$$

所以 Φ_2 是 Φ 按 $\| \varphi \|_2$ 的完备化空间. 如是继续讨论下去, 我们得到下面的结果:

引理 I.3.1　设 Φ 是赋可列范空间, $\{\| \varphi \|_n, n = 1, 2, \cdots\}$ 是它的范数列, 对每个 n, 可以选取 Φ 按 $\| \varphi \|_n$ 的完备化空间 Φ_n, 使得

$$\Phi_1 \supset \Phi_2 \supset \cdots \supset \Phi_n \supset \cdots \supset \Phi.$$

引理 I.3.2 Φ 是完备空间的充要条件为

$$\Phi = \bigcap_{n=1}^{\infty} \Phi_n. \tag{I.3.8}$$

证   设 Φ 是完备的. 任取 $\varphi \in \bigcap\limits_{n=1}^{\infty} \Phi_n$, 由于 Φ 在 Φ_n 中按范数 $\| \varphi \|_n$ 稠密, 有 $\varphi_n \in \Phi$ 使

$$\| \varphi - \varphi_n \|_n < \frac{1}{n},$$

那么当 $l, m \geqslant n$ 时,

$$\| \varphi_l - \varphi_m \|_n \leqslant \| \varphi - \varphi_l \|_n + \| \varphi - \varphi_m \|_n$$
$$\leqslant \| \varphi - \varphi_l \|_l + \| \varphi - \varphi_m \|_m < \frac{1}{l} + \frac{1}{m}.$$

因此对每个 $n, \{\varphi_l\}$ 按 $\| \varphi \|_n$ 是基本的, 即 $\{\varphi_l\}$ 是 Φ 中基本点列, 所以有 $\psi \in \Phi$ 使得

$$\lim_{l \to \infty} \| \psi - \varphi_l \|_n = 0,$$

因此 $\varphi = \psi, \varphi \in \Phi$. 所以 (I.3.8) 成立.

反之, 设 (I.3.8) 成立. 若 $\{\varphi_m\}$ 是 Φ 中基本点列, 则 $\{\varphi_m\}$ 也是 Φ_n(按 $\| \varphi \|_n$) 中基本点列. 由 Φ_n 的完备性, 有 $\varphi^{(n)} \in \Phi_n$ 使得

$$\lim_{m \to \infty} \| \varphi_m - \varphi^{(n)} \|_n = 0. \tag{I.3.9}$$

但是 $\Phi_{n+1} \subset \Phi_n$, 所以 $\varphi^{(n+1)} \in \Phi_n$,

$$\| \varphi^{(n+1)} - \varphi^{(n)} \|_n \leqslant \| \varphi_m - \varphi^{(n+1)} \|_n + \| \varphi_m - \varphi^{(n)} \|_n$$
$$\leqslant \| \varphi_m - \varphi^{(n+1)} \|_{n+1} + \| \varphi_m - \varphi^{(n)} \|_n \to 0.$$

因此 $\varphi^{(n)} = \varphi^{(n+1)}, n = 1, 2, \cdots$. 记这个元素为 φ, 那么 $\varphi \in \bigcap\limits_{n=1}^{\infty} \Phi_n$, 因此 $\varphi \in \Phi$. 再由 (I.3.9) 知道, $\{\varphi_m\}$ 在 Φ 中收敛于 φ, 即 Φ 是完备的. 证毕

任取 $m \geqslant n$, 这时 Φ_m 是 Φ_n 的子空间, 我们把 Φ_n, Φ_m 分别看成按范数 $\| \varphi \|_n$, $\| \varphi \|_m$ 的 Banach 空间, 得到 Φ_m 到 Φ_n 的算子

$$T_n^m : \varphi \to \varphi, \quad \varphi \in \Phi_m.$$

由 (I.3.1) 知道 $T_n^m (m \geqslant n)$ 是线性有界算子, 称 T_n^m 为 Φ_m 到 Φ_n 的嵌入算子.

我们称完备的赋可列范空间为可列 Banach 空间. 如果定义赋可列范空间 Φ 的范数 $\| \varphi \|_n$ 是由 Φ 上的内积 $(\varphi, \psi)_n$ 给出的:

$$\| \varphi \|_n = \sqrt{(\varphi, \varphi)_n},$$

那么称 Φ 是可列内积空间. 称完备的可列内积空间为可列 Hilbert 空间.

例 I.3.1　设 Δ 是实数直线上的有限区间 $[a,b]$. 令 φ 是直线上无限次可微函数而且在 Δ 外取值为 0, 这种函数全体记做 $K(\Delta)$, 它按通常的函数运算成为线性空间. 对每个 $\varphi \in K(\Delta)$, 规定

$$(\varphi, \psi)_n = \left(\sum_{\nu=0}^{n} \int_\Delta \varphi^{(\nu)}(t)\overline{\psi^{(\nu)}(t)}dt \right)^{\frac{1}{2}}, \quad n = 1, 2, \cdots, \tag{I.3.10}$$

其中 $\varphi^{(0)}$ 就是 φ. 记 $\| \varphi \|_n = \sqrt{(\varphi, \psi)_n}$.

显然 $K(\Delta)$ 按 $\{\| \varphi \|_n, n = 1, 2, \cdots\}$ 成为可列内积空间.

设 φ 是直线上具有 $n-1$ 阶全连续导函数的函数, 而且 $\varphi^{(n)} \in L^2(\Delta)$, 又 φ 在 Δ 外为 0. 这种函数全体记做 $K_n(\Delta)$. 在 $K_n(\Delta)$ 定义内积 (I.3.10), 显然, $K_n(\Delta)$ 按通常的函数运算及内积 (I.3.10) 成为 Hilbert 空间. $K_n(\Delta)$ 就是 $K(\Delta)$ 按范数 $\| \varphi \|_n$ 的完备化空间, 而且 $K_1(\Delta) \supset K_2(\Delta) \supset \cdots \supset K_n(\Delta) \supset \cdots$,

$$K(\Delta) = \bigcap_{n=1}^{\infty} K_n(\Delta),$$

因此 $K(\Delta)$ 是可列 Hilbert 空间.

2° 线性连续泛函空间

设 Φ 是赋可列范空间, $\{\| \varphi \|_n, n = 1, 2, \cdots\}$ 是它的范数列, Φ_n 是 Φ 按 $\| \varphi \|_n$ 的完备化空间, 这是 Banach 空间. 记 $\Phi_n^\dagger$ 为 Φ_n 的共轭空间, 其中的范数记做

$$\| F \|_{-n} = \sup_\varphi \frac{|F(\varphi)|}{\| \varphi \|_n}, \quad F \in \Phi_n.$$

当 $m \geqslant n$ 时, $\Phi_n^\dagger$ 的元素看成 Φ_m 上的泛函时按 Φ_m 的范数也是连续的, 类似地看成 Φ 上的泛函时按 Φ 的拓扑也是连续的. 我们记 Φ 上的线性连续泛函全体所成的线性空间为 $\Phi^\dagger$, 那么有

$$\Phi_1^\dagger \subset \Phi_2^\dagger \subset \cdots \subset \Phi_n^\dagger \subset \cdots \subset \Phi^\dagger, \tag{I.3.11}$$

并且还有关系式

$$\Phi^\dagger = \bigcup_{n=1}^{\infty} \Phi_n^\dagger. \tag{I.3.12}$$

事实上, 若 $F \in \Phi^\dagger$, 则必有正数 ε, 使得当 $\varphi \in \Phi, \rho(\varphi, 0) < \varepsilon$ 时 $|F(\varphi)| < 1$. 取 n_0 充分大使 $\sum_{n=n_0+1}^{\infty} \frac{1}{2^n} < \frac{\varepsilon}{2}$, 又取正数 $\delta < 1$, 使得 $\frac{\delta}{1+\delta} < \frac{\varepsilon}{2}$, 那么当 $\| \varphi \|_{n_0} < \delta$ 时,

$$\rho(\varphi, 0) \leqslant \frac{\delta}{1+\delta} \sum_{n=1}^{n_0} \frac{1}{2^n} + \sum_{n=n_0+1}^{\infty} \frac{1}{2^n} < \varepsilon,$$

因此 $|F(\varphi)| < 1$. 所以对一切 $\varphi \in \Phi, |F(\varphi)| \leqslant \frac{1}{\delta} \parallel \varphi \parallel_{n_0}$, 即 $F \in \Phi_{n_0}^{\dagger}$. 这就得到了 (I.3.12).

设 Φ 是可列内积空间，$\{(\varphi, \psi)_n, n = 1, 2, \cdots\}$ 是定义它的拓扑的一列内积. 设 $(\varphi, \psi), \varphi, \psi \in \Phi$ 是 Φ 上的 (另一个) 内积，而且关于 Φ 的拓扑是连续的. 换句话说，存在正数 ε，使得当 $\varphi, \psi \in \Phi, \rho(\varphi, 0) < \varepsilon, \rho(\psi, 0) < \varepsilon$ 时，$|(\varphi, \psi)| < 1$. 利用前面的讨论知道，这时有正数 δ 及自然数 n_0，使得当 $\parallel \varphi \parallel_{n_0} < \delta, \parallel \psi \parallel_{n_0} < \delta$ 时，$|(\varphi, \psi)| < 1$，因此

$$|(\varphi, \psi)| \leqslant M \parallel \varphi \parallel_{n_0} \parallel \psi \parallel_{n_0}, \quad \varphi, \psi \in \Phi, \tag{I.3.13}$$

这里 $M = \frac{1}{\delta^2}$.

我们把 Φ 按新的内积 (φ, ψ) 完备化，得到一个 Hilbert 空间 $H \supset \Phi$. 由于 H 是内积空间，按照通常的习惯，把 H 与它的线性连续泛函空间一致化，对每个 $\xi \in H$，把 $\xi : \varphi \to (\varphi, \xi)$ 看成 Φ 上的线性泛函，那么由 (I.3.13)，

$$|(\varphi, \xi)| \leqslant \sqrt{(\varphi, \varphi)} \sqrt{(\xi, \xi)} \leqslant \sqrt{M(\xi, \xi)} \parallel \varphi \parallel_{n_0}$$

因此 $\xi : \varphi \to (\varphi, \xi), \varphi \in \Phi$ 就是 Φ 上的线性连续泛函而且 $\xi \in \Phi_{n_0}^{\dagger}$. 在这种意义下，$H$ 嵌入 $\Phi^{\dagger}$. 这样我们得到了空间组

$$\Phi \subset H \subset \Phi^{\dagger}. \tag{I.3.14}$$

当 Φ 是完备时，称这个空间组为装备 Hilbert 空间.

例 I.3.2 我们在 $K(\Delta)$ 上引进内积

$$(\varphi, \psi) = \int_{\Delta} \varphi(t) \overline{\psi(t)} dt,$$

那么 $K(\Delta)$ 按 (φ, ψ) 的完备化空间是 $L^2(\Delta)$. 这时 $K(\Delta)^{\dagger}$ 就是广义函数空间，$K(\Delta) \subset L^2(\Delta) \subset K^{\dagger}(\Delta)$ 就是装备 Hilbert 空间.

3° 准确和空间

例 I.3.3 设 $K = \bigcup_{n=1}^{\infty} K(\Delta_n), \Delta_n = [-n, n]$. 在 K 中规定元素列 $\{\varphi_n\}$ 收敛于 φ(记做 $\varphi_n \to \varphi$) 的意义如下：存在一 k，使 $\{\varphi_n\} \subset K(\Delta_k), \varphi \in K(\Delta_k)$，而且 $\{\varphi_n\}$ 按 $K(\Delta_k)$ 中拓扑收敛于 φ. 设 f 是 K 上的线性泛函，如果当 $\{\varphi_n\}$ 收敛于 φ 时 $f(\varphi_n) \to f(\varphi)$，那么称 f 是 K 上的线性连续泛函. 可以证明 K 是 $\{K(\Delta_n), n = 1, 2, \cdots\}$ 的准确和空间 (见定义 4.3.5).

附录 II 有关 Hilbert 空间上泛函分析的某些知识

§II.1 Hilbert–Schmidt 型算子, 核算子, 等价算子

1° H.S. 型算子及核算子的基本性质

这里只限于考察 Hilbert 空间的情况.

设 H 和 G 是两个 Hilbert 空间, T 是 H 到 G 中的线性全连续算子. 令 T^* 表示 T 的共轭算子, 那么 T^*T 是 H 到 H 中的线性全连续算子, 而且当 $\varphi \in H$ 时,

$$(T^*T\varphi, \varphi) = (T\varphi, T\varphi) \geqslant 0,$$

所以 T^*T 又是正的全连续算子. 根据自共轭全连续算子的谱分解定理, 必有 H 中就范直交向量系 $\{e_n\}$, 以及 T^*T 的特征值 $\lambda_n^2 > 0$, 使得当 $\varphi \in H$ 时,

$$T^*T\varphi = \sum_{n=1}^{\infty} \lambda_n^2 (\varphi, e_n) e_n. \tag{II.1.1}$$

令 $g_n = \dfrac{1}{\lambda_n} T e_n$, 那么当 $m \neq n$ 时,

$$(g_m, g_n) = \frac{1}{\lambda_n \lambda_m}(T e_n, T e_m) = \frac{1}{\lambda_n \lambda_m}(T^* T e_n, e_m) = \delta_{n,m},$$

这里 $\delta_{n,m}$ 是 Kronecker 的 δ. 因此, $\{g_n\}$ 是 G 中的就范直交系, 对每个 $\varphi \in H$, 必有 $u \perp \{e_n\}$ 而且使 $\varphi = \sum(\varphi, e_n)e_n + u$. 由于 $u \perp \{e_n\}, u \perp T^*Tu$, 即 $(Tu, Tu) = 0$.

因此 $T\varphi = \sum(\varphi, e_n)Te_n$. 从而

$$T\varphi = \sum_{n=1}^{\infty} \lambda_n(\varphi, e_n)g_n, \tag{II.1.2}$$

这里 $\lambda_n > 0, \lim\limits_{n\to\infty} \lambda_n = 0$.

定义 II.1.1　如果在 (II.1.1) 中 $\sum\limits_{n=1}^{\infty} \lambda_n^2 < \infty$, 那么称 T 是 Hilbert–Schmidt 型算子, 简写为 H.S. 型算子. 如果在 (II.1.1) 中 $\sum\limits_{n=1}^{\infty} \lambda_n < \infty$, 那么称 T 是核算子.

显然, 核算子必是 H.S. 型算子, 但 H.S. 型算子不一定是核算子. 有限秩 (即值域是有限维的) 线性连续算子是核算子.

引理 II.1.1　设 T 是 Hilbert 空间 H 到 Hilbert 空间 G 中的线性有界算子, 那么 T 是 H.S. 型算子的充要条件是 T^*T 为核算子.

证　必要性是显然的. 反之, 若 T^*T 是核算子, 则必有 $\lambda_n > 0, \sum \lambda_n^2 < \infty$ 及 H 中就范直交系使 (II.1.1) 成立, 因此 (II.1.2) 也成立. 由是可知 T 是全连续算子而且是 H.S. 型算子. 证毕.

引理 II.1.2　设 T 是内积空间 H 到 Hilbert 空间 G 中的线性全连续算子, 那么 T 是 H.S. 型算子的充要条件为存在正数 M, 使得对于 H 中的任何就范直交系 $\{\varphi_\nu\}$, 总有

$$\sum_{\nu=1}^{\infty} \| T\varphi_\nu \|^2 \leqslant M < \infty. \tag{II.1.3}$$

证　设 T 是 H.S. 型算子, 那么分别有 H, G 中的就范直交系 $\{e_\nu\}, \{g_\nu\}$ 使 (II.1.2) 成立. 由 (II.1.2), 当 $\varphi \in H$ 时,

$$\| T\varphi \|^2 = \sum_{\nu=1}^{\infty} \lambda_\nu^2 |(\varphi, e_\nu)|^2. \tag{II.1.4}$$

如果 $\{\varphi_n\}$ 是 H 中的就范直交系, 那么由 Bessel 不等式得到

$$\sum_n |(\varphi_n, e_\nu)|^2 \leqslant \| e_\nu \|^2 = 1. \tag{II.1.5}$$

因此从 (II.1.4) 和 (II.1.5) 得到

$$\sum_n \| T\varphi_n \|^2 = \sum_\nu \sum_n \lambda_\nu^2 |(\varphi_n, e_\nu)|^2 \leqslant \sum_\nu \lambda_\nu^2.$$

只要取 $M = \sum \lambda_\nu^2 < \infty$ 就得到 (II.1.3).

反之, 设有 $M < \infty$, 使 (II.1.3) 对 H 中一切就范直交系 $\{\varphi_\nu\}$ 成立. 作分解式 (II.1.2), 取 $\varphi_\nu = e_\nu$, 那么由 $Te_\nu = \lambda_\nu g_\nu$ 及 (II.1.3) 得到 $\sum \lambda_\nu^2 < \infty$.

注　只要假设 T 是线性有界算子, 当 (II.1.3) 对一切就范直交系成立时, T 就是全连续的, 因而是 H.S. 型的.

引理 II.1.3　设 T 是 Hilbert 空间 H 到 G 中的 H.S. 型算子, 则 T^* 是 G 到 H 中的 H.S. 型算子.

证　我们知道这时 T^* 也是全连续的. 若 $\{\psi_n\}$ 是 G 中的就范直交系, $\{\varphi_n\}$ 是 H 中的完备就范直交系, 那么由 Parseval 等式和 Bessel 不等式得到

$$\sum \| T^*\psi_n \|^2 = \sum_n \sum_\nu |(T^*\psi_n, \varphi_\nu)|^2$$
$$= \sum_n \sum_\nu |(\psi_n, T\varphi_\nu)|^2 \leqslant \sum_\nu \| T\varphi_\nu \|^2 .$$

由引理 II.1.2, 有正数 M 使 (II.1.3) 成立, 因此

$$\sum \| T^*\psi_n \|^2 \leqslant M.$$

再对 T^* 应用引理 II.1.2 即知 T^* 是 H.S. 型的.

引理 II.1.4　由 Hilbert 空间 H 到 G 中的 H.S. 型算子按加法及数乘成为线性空间. 若 T 是 H 到 G 中的 H.S. 型算子, B 是 Hilbert 空间 H_1 到 H 的线性有界算子, C 是 G 到 Hilbert 空间 G_1 的线性有界算子, 则 TB 与 CT 是 H.S. 型算子.

证　利用引理 II.1.2 很容易知道 H.S. 型算子组成线性空间. 若 T 是 H.S. 型, C 是有界算子, 由条件 (II.1.3), 对 H 中任何就范直交系 $\{\varphi_\nu\}$,

$$\sum \| CT\varphi_\nu \|^2 \leqslant \| C \|^2 \sum \| T\varphi_\nu \|^2 \leqslant \| C \|^2 M.$$

再由引理 II.1.2, CT 是 H.S. 型的.

若 T 是 H.S. 型的, B 是线性有界算子, 那么 T^* 也是 H.S. 型的, 因此 B^*T^* 是 H.S. 型算子, 再由引理 II.1.3, $TB = (B^*T^*)^*$ 是 H.S. 型的.

再给出本书中用到的有界自共轭算子为 H.S. 型的条件.

定理 II.1.5　设 B 是 Hilbert 空间 H 中的有界自共轭算子, 如果存在正数 $K < \infty$, 使得对于 H 中任何有限个适合条件

$$(\eta_k, \eta_l) = \delta_{kl}, \quad k, l = 1, 2, \cdots, n, \tag{II.1.6}$$

$$\text{当 } k \neq l \text{ 时, } (B\eta_k, \eta_l) = 0, \quad k, l = 1, 2, \cdots, n \tag{II.1.7}$$

的向量 $\eta_1, \cdots, \eta_n$, 恒有

$$\sum_{k=1}^n (B\eta_k, \eta_k)^2 \leqslant K, \tag{II.1.8}$$

那么 B 是 H.S. 型算子.

证 (i) 先证明若 λ_0 是 B 的谱点, $\lambda_0 \neq 0$. 则 λ_0 是孤立谱点. 不妨设 $\lambda_0 > 0$. 设 $\{E_\lambda, a \leqslant \lambda \leqslant b\}$ 是算子 B 的谱系, 如果 λ_0 不是孤立的, 例如有一列谱点小于 λ_0 而收敛于 λ_0, 那么必有 $\{\lambda_n\}, \{\mu_n\}$, 使得

$$\frac{\lambda_0}{2} < \lambda_1 < \mu_1 < \lambda_2 < \mu_2 < \cdots < \lambda_n < \mu_n < \cdots < \lambda_0$$

而 $E_{\mu_n} - E_{\lambda_n} \neq 0$. 任取向量 $\eta_n \in (E_{\mu_n} - E_{\lambda_n})H, \|\eta_n\| = 1$, 那么对每个 $n, \eta_1, \cdots, \eta_n$ 适合条件 (II.1.6) 和 (II.1.7) (因为 $(E_{\mu_n} - E_{\lambda_n})H$ 是 B 的不变子空间而且彼此直交). 然而

$$(B\eta_k, \eta_k) = \int_{\lambda_k}^{\mu_k} \lambda d(E_\lambda \eta_k, \eta_k) \geqslant \frac{\lambda_0}{2} \int_{\lambda_k}^{\mu_k} d(E_\lambda \eta_k, \eta_k)$$
$$\geqslant \frac{\lambda_0}{2} \|\eta_k\|^2 . \tag{II.1.9}$$

因此, 从 (II.1.8) 和 (II.1.9) 得到

$$n\left(\frac{\lambda_0}{2}\right)^2 \leqslant \sum_{k=1}^{n} (B\eta_k, \eta_k)^2 \leqslant K.$$

但 n 是任意的, 这是矛盾. 因此非零谱点是孤立点, 而且也就必须是特征值.

(ii) 相应于 B 的非零特征值 λ_0 的特征向量空间 H_{λ_0} 必是有限维的. 不然的话, 存在 H_{λ_0} 中无限个就范直交向量 $\{\eta_k\}$, 对每个 $n, \eta_1, \cdots, \eta_n$ 仍适合 (II.1.6) 和 (II.1.7) (注意到 $B\eta_k = \lambda_0 \eta_k$). 然而这时 (II.1.8) 化成

$$n\lambda_0^2 \leqslant K, \quad n = 1, 2, \cdots,$$

这也是不可能的. 由 (i) 和 (ii) 就知道 B 是全连续算子.

(iii) 设 $\mu_1, \mu_2, \cdots, \mu_n, \cdots$ 是 B 的特征值全体, $\eta_1, \eta_2, \cdots, \eta_n, \cdots$ 是相应的就范直交特征向量系, B 的特征分解是

$$B\varphi = \sum_{k=1}^{\infty} \mu_k(\varphi, \eta_k)\eta_k \tag{II.1.10}$$

那么对于任何 $n, \eta_1, \cdots, \eta_n$ 适合条件 (II.1.6) 和 (II.1.7). 这时, (II.1.8) 化成

$$\sum_{k=1}^{n} \mu_k^2 \leqslant K. \tag{II.1.11}$$

把 (II.1.2) 与 (II.1.10) 比较, 并注意到 (II.1.11), 即知 B 是 H.S. 型算子. 证毕.

仿照定理 II.1.5 的证明可以得到

定理 II.1.6　设 B 是 Hilbert 空间 H 中有界自共轭算子, 如果存在正数 $K < \infty$, 使得对于 H 中任何有限个适合条件 (II.1.6) (II.1.7) 的向量 $\eta_1, \cdots, \eta_n$, 恒有

$$\sum_{k=1}^{n} |(B\eta_k, \eta_k)| \leqslant K, \tag{II.1.12}$$

那么 B 是核算子.

当 B 是核算子时, 记

$$\| B \|_1 = \sup \sum_{k=1}^{n} |(B\eta_k, \eta_k)|,$$

这里 sup 是对满足定理 II.1.6 中条件的 $\{\eta_k\}$ 取的, 称之为迹范数. 容易验证 $\| B \|_1 < \infty$.

注　在定理 II.1.6 (定理 II.1.5) 中, 只要对 H 的某个稠密线性子空间中满足条件 (II.1.6), (II.1.7) 的 $\eta_1 \cdots, \eta_n$, (II.1.12) (相应地 (II.1.8)) 成立, 定理的结论仍然正确.

下面再来考虑 H.S. 型算子和核算子的关系.

定理 II.1.7　两个 H.S. 型算子的积是核算子.

证　设 H_1, H_2, H_3 是三个 Hilbert 空间, B, C 分别是 H_2 到 H_3, H_1 到 H_2 的 H.S. 型算子. 记 $T = BC$, 它是 H_1 到 H_3 的全连续算子. 由 (II.1.2), 必有 H_1 中就范直交向量系 $\{e_\nu\}$ 及 H_3 中就范直交向量系 $\{g_n\}$, 数 $\lambda_n > 0$, 使得

$$T\varphi = \sum \lambda_n (\varphi, e_n) g_n.$$

现在要证明的是

$$\sum_{n=1}^{\infty} \lambda_n < \infty.$$

事实上,

$$\begin{aligned}
\lambda_n &= (Te_n, g_n) = (BCe_n, g_n) = (Ce_n, B^*g_n) \\
&\leqslant \frac{1}{2}(\| Ce_n \|^2 + \| B^*g_n \|^2).
\end{aligned}$$

利用引理 II.1.3, B^* 是 H.S. 型的, 由引理 II.1.2,

$$\sum \lambda_n \leqslant \frac{1}{2}(\sum_n \| Ce_n \|^2 + \sum_n \| B^*g_n \|^2) < \infty.$$

证毕.

注 也可以证明核算子一定可以分解成两个 H.S. 型算子的积.

再写出判断算子为核算子的另一个常用的条件.

定理 II.1.8 设 T 是 Hilbert 空间 H 到 Hilbert 空间 G 的线性算子. 如果分别存在 H 和 G 中的两族向量 $\{h_n\}$ 和 $\{\psi_n\}$, 使得 T 有表达式

$$T\varphi = \sum (\varphi, h_n)\psi_n, \quad \varphi \in H,$$

而且

$$\sum \| h_n \| \| \psi_n \| < \infty, \tag{II.1.13}$$

那么 T 是核算子.

证 根据 (II.1.13), 不妨设 $\{h_n\}$ 和 $\{\psi_n\}$ 是可列的. 作算子

$$T_n\varphi = \sum_{\nu=1}^{n} (\varphi, h_\nu)\psi_\nu, \quad \varphi \in H,$$

那么 T_n 是有限秩线性连续算子, 因而是全连续的. 又因为

$$\| (T - T_n)\varphi \| = \left\| \sum_{\nu=n+1}^{\infty} (\varphi, h_\nu)\psi_\nu \right\| \leqslant \sum_{\nu=n+1}^{\infty} \| h_\nu \| \| \psi_\nu \| \| \varphi \|,$$

所以由 (II.1.13) 得知

$$\lim_{n\to\infty} \| T - T_n \| = 0.$$

这样一来, T 是全连续的. 作 T 的表达式 (II.1.2), 再利用 Bessel 不等式得到

$$\begin{aligned}
\sum_n \lambda_n = \sum_n |(Te_n, g_n)| &\leqslant \sum_\nu \sum_n |(e_n, h_\nu)(\psi_\nu, g_n)| \\
&\leqslant \sum_\nu \sqrt{\sum_n |(e_n, h_\nu)|^2} \sqrt{\sum_n |(\psi_\nu, g_n)|^2} \\
&\leqslant \sum_\nu \| h_\nu \| \cdot \| \psi_\nu \| < \infty,
\end{aligned}$$

所以 T 是核算子. 证毕.

2° 等价算子

J.Feldman[1] 在研究 Gauss 测度的相互等价性时引进如下的等价算子概念:

定义 II.1.2 设 A 是 Hilbert 空间 H 到 Hilbert 空间 K 的线性算子而且具有如下性质:

(i) A 是 H 到 K 上的拓扑映照:

(ii) $A^*A - I$ 是 H 上的 H.S. 型算子, 这里 I 是 H 中的恒等算子,

那么就称 A 是 (H 到 K 上的) 等价算子.

我们注意, 在上述定义中条件 (ii) 可以换成

(ii)′ $\sqrt{A^*A} - I$ 是 H 上的 H.S. 型算子.

事实上, 若 A 是等价算子, $A^*A - I = T, T$ 为自共轭 H.S. 型算子, 设它的特征展开式是

$$T\varphi = \sum \lambda_n(\varphi, e_n)e_n, \quad \sum \lambda_n^2 < \infty, \lambda_n > -1,$$

其中 $\{e_n\}$ 是 H 中就范直交系, 那么容易算出

$$(\sqrt{A^*A} - I)\varphi = \sum(\sqrt{1 + \lambda_n} - 1)(\varphi, e_n)e_n.$$

然而 $\sqrt{1 + \lambda_n} - 1$ 是实数而且 $\sum(\sqrt{1 + \lambda_n} - 1)^2 \leqslant \sum \lambda_n^2 < \infty$, 所以 (ii)′ 成立.

反之, 若 (ii)′ 成立, 记 $S = \sqrt{A^*A} - I$, 则

$$A^*A - I = (I + S)^2 - I = 2S + S^2,$$

显然 (ii) 也成立.

定理 II.1.9　等价算子的逆算子, 共轭算子, 两等价算子的积都是等价算子.

证　设 A 是 H 到 K 上的等价算子, B 是 G 到 K 上的等价算子, 今证 AB 是等价算子. 显然 AB 适合等价算子的条件 (i). 记

$$A^*A = I + T, \quad Q = \sqrt{B^*B} = I + S,$$

由条件 (ii) 和 (ii)′, T 和 S 都是 H.S. 型算子.

设 $x \in G$ 且 $Qx = 0$, 则 $\| Bx \|^2 = (B^*Bx, x) = (Q^2x, x) = 0$, 但 B^{-1} 存在, 所以 $x = 0$. 即 S 不以 -1 为特征值, 故 -1 是全连续算子 S 的正则点, 因此 $(I + S)^{-1}$ 在全空间定义且是有界的. 作 $V = BQ^{-1}$, 那么 V 是 G 到 K 的一一映照, 而且当 $x \in G$ 时,

$$(Vx, Vx) = (BQ^{-1}x, BQ^{-1}x) = (B^*BQ^{-1}x, Q^{-1}x) = (x, x),$$

所以 V 是 G 到 K 的酉算子. 因此

$$
\begin{aligned}
(AB)^*(AB) &= QV^*A^*AVQ = Q(I + V^*TV)Q \\
&= I + (2S + V^*TV + 2SV^*TV + SV^*TVS).
\end{aligned}
$$

因此由引理 II.1.4, $(AB)^*(AB) - I$ 是 H.S. 型算子, 即 AB 是等价算子. 对定理的其余部分, 可以类似地证明.

3° 核空间

定义 II.1.3   设 Φ 是可列 Hilbert 空间, $\{(\varphi, \psi)_n\}$ 是它的内积列, Φ_n 是 Φ 按 $(\varphi, \psi)_n$ 的完备化空间, 当 $m \geqslant n$ 时, T_n^m 是 Φ_m 到 Φ_n 中的嵌入算子. 如果对每个 n, 必有 $m \geqslant n$, 使 T_n^m 是核算子, 那么称 Φ 是核空间.

由于两个 H.S. 型算子的积是核算子 (见定理 II.1.7), 我们容易看出可列 Hilbert 空间成为核空间的充要条件是对每个 n, 必有 $m \geqslant n$ 使 T_n^m 是 Φ_m 到 Φ_n 的 H.S. 型算子.

又由于有界算子与核 (H.S. 型) 算子的积仍是核 (H.S. 型) 算子 (见引理 II.1.4), 我们容易看出, 可列 Hilbert 空间成为核空间的充要条件是存在一列自然数

$$n_1 < n_2 < \cdots < n_k < \cdots,$$

使得 $T_{n_k}^{n_{k+1}}$ 为核 (或 H.S. 型) 算子.

例 II.1.1 $K(\Delta)$ (见例 I.3.1) 是核空间.

我们先来证明 $K_{n+1}(\Delta)$ 到 $K_n(\Delta)$ 的嵌入算子 T_n^{n+1} 是 H.S. 型算子. 为书写方便起见, 设 $\Delta = [0, 2\pi]$. 记 $K_n'(\Delta)$ 为 Δ 上具有 $n-1$ 阶全连续导函数而且其 n 阶导函数 (几乎处处有意义.) 平方可积的函数 φ 全体, 按通常的线性运算及内积 $(\cdot, \cdot)_n$ 所成的 Hilbert 空间, 那么 $K_n(\Delta)$ 是 $K_n'(\Delta)$ 的线性闭子空间. 记 $K_n'(\Delta)$ 到 $K_n(\Delta)$ 的投影算子为 P_n, $K_{n+1}'(\Delta)$ 到 $K_n'(\Delta)$ 的嵌入算子是 A_n, $K_{n+1}(\Delta)$ 到 $K_{n+1}'(\Delta)$ 的嵌入算子是 C_{n+1}, 那么

$$T_n^{n+1} = P_n A_n C_{n+1}.$$

由于 C_{n+1}, P_n 都是线性有界算子, 根据引理 II.1.4, 只要证明 A_n 是 H.S. 型算子, 那么 T_n^{n+1} 就是 H.S. 型算子了.

作 $K_{n+1}'(\Delta)$ 中的就范直交系 $\{e_m\}$:

$$e_m(t) = \frac{e^{imt}}{\sqrt{2\pi} \sqrt{\sum_{\nu=0}^{n+1} m^{2\nu}}}, \quad m = 0, \pm 1, \pm 2, \cdots,$$

又作 $K_n'(\Delta)$ 中的就范直交系 $\{g_m\}$:

$$g_m(t) = \frac{e^{imt}}{\sqrt{2\pi} \sqrt{\sum_{\nu=0}^{n} m^{2\nu}}}, \quad m = 0, \pm 1, \pm 2, \cdots.$$

对于每个 $\varphi \in K_n'(\Delta)$, 将它展开成 Fourier 级数就知道

$$T_n^{n+1} \varphi = \sum_m \lambda_m (\varphi, e_m)_{n+1} g_m \tag{II.1.14}$$

而

$$\lambda_m = \sqrt{\frac{\sum\limits_{\nu=0}^{n} m^{2\nu}}{\sum\limits_{\nu=0}^{n+1} m^{2\nu}}}. \tag{II.1.15}$$

事实上, (II.1.14) 及 (II.1.15) 是由

$$\varphi(s) = \frac{1}{2\pi} \sum_m \int_0^{2\pi} \varphi(t) e^{-imt} dt e^{ims}$$

以及利用分部积分而得的公式

$$(\varphi, e_m)_{n+1} = \sqrt{\frac{\sum\limits_{\nu=0}^{n+1} m^{2\nu}}{2\pi}} \int_0^{2\pi} \varphi(t) e^{-imt} dt$$

推出的. 由 (II.1.15) 容易算出 $\sum \lambda_m^2 < \infty$, 因此 A_n 是 H.S. 型算子.

§II.2 Hilbert 空间的张量积

如同有限维空间的张量积一样, 可以定义无限维空间的张量积. 本书中只要用内积空间的张量积 (参看 J.von Neumann[2]).

定义 II.2.1 设 $\mathfrak{H}_1, \cdots, \mathfrak{H}_n$ 是 n 个向量空间 (譬如复系数的), 我们考察 n 元共轭线性泛函 $\Phi(f_1, \cdots, f_n), f_\nu \in \mathfrak{H}_\nu, \nu = 1, 2, \cdots, n$. 即 Φ 适合条件

(i) $\Phi(\cdots, \alpha f_\nu, \cdots) = \bar{\alpha} \Phi(\cdots, f_\nu, \cdots), \alpha$ 为复数;

(ii) $\Phi(\cdots, f_\nu + g_\nu, \cdots) = \Phi(\cdots, f_\nu, \cdots) + \Phi(\cdots, g_\nu, \cdots)$.

这些 n 元线性泛函全体按照通常的泛函加法同泛函与数的乘法成为线性空间, 记做 $\prod\limits_{\nu=1}^{n} \otimes \mathfrak{H}_\nu$.

下面再进一步假设 $\mathfrak{H}_\nu$ 是内积空间.

特别, 当 $f_\nu^0 \in \mathfrak{H}_\nu, \nu = 1, 2, \cdots, n$ 时, 记泛函 $\Phi(f_1, \cdots, f_n) = \prod\limits_{\nu=1}^{n} (f_\nu^0, f_\nu)$ 为 $\prod\limits_{\nu=1}^{n} \otimes f_\nu^0$ 或 $f_1^0 \otimes \cdots \otimes f_n^0$. 我们把一切形如

$$\Phi = \sum_{p=1}^{l} \prod_{\nu=1}^{n} \otimes f_{\nu,p}^0 \quad f_{\nu,p}^0 \in \mathfrak{H}_\nu \tag{II.2.1}$$

的泛函全体所成的线性空间记做 $\prod\limits_{\nu=1}^{n}{}'\otimes\mathfrak{H}_\nu$. 如果又有

$$\Psi=\sum_{q=1}^{m}\prod_{\nu=1}^{n}\otimes g_{\nu,q}^0\quad g_{\nu,q}^0\in\mathfrak{H}_\nu,\tag{II.2.2}$$

我们规定

$$(\Phi,\Psi)=\sum_{p=1}^{l}\sum_{q=1}^{m}\prod_{\nu=1}^{n}(f_{\nu,p}^0,g_{\nu,q}^0).\tag{II.2.3}$$

引理 II.2.1　(II.2.3) 式规定的 (Φ,Ψ) 只依赖于泛函 Φ 和 Ψ 而和 Φ,Ψ 的表达形式 (II.2.1), (II.2.2) 无关, 而且是 $\prod\limits_{\nu=1}^{n}{}'\otimes\mathfrak{H}_\nu$ 上的内积.

证　任取 Φ 的两个表达式, 将它们相减得到一个形如 (II.2.1) 的表达式, 但其中 $\Phi=0$. 要证明 (II.2.3) 与 Φ 的表达式无关, 只要在 (II.2.1) 中 $\Phi=0$ 的情况下证明 (II.2.1) 的右边为 0 就可以了. 然而 (II.2.3) 可写成

$$(\Phi,\Psi)=\sum_{q=1}^{m}\Phi(g_{1,q}^0,\cdots,g_{n,q}^0),\tag{II.2.4}$$

所以当 $\Phi=0$ 时, (II.2.4) 式为 0, 因此 (II.2.3) 与 Φ 的表达形式无关. 注意到 $(\Phi,\Psi)=\overline{(\Psi,\Phi)}$, 立即知道 (II.2.3) 与 Ψ 的表达形式无关.

又 (Φ,Ψ) 关于 Φ 显然为线性的, 我们再证明对一切 $\Phi,(\Phi,\Phi)\geqslant 0$. 我们注意对任何复数组 $\xi_1,\cdots,\xi_l$,

$$\sum_{p,q=1}^{l}(f_{\nu,p}^0,f_{\nu,q}^0)\xi_p\xi_q=\|\sum_{p=1}^{l}f_{\nu,p}^0\xi_p\|^2\geqslant 0,$$

因此方阵 $((f_{\nu,p}^0,f_{\nu,q}^0))_{p,q=1,2,\cdots,l}$ 是非负定的. 这时这个方阵必是有限个一秩阵 $(\alpha_{\nu,p}^{(s)}\overline{\alpha}_{\nu,q}^{(s)})_{p,q=1,2,\cdots,l},s=1,2,\cdots,l$ 的和[①], 因此

$$(\Phi,\Phi)=\sum_{1\leqslant s_\nu\leqslant l}\sum_{p,q=1}^{l}\prod_{\nu=1}^{n}\alpha_{\nu,p}^{(s_\nu)}\overline{\alpha}_{\nu,q}^{(s_\nu)}$$

$$=\sum_{1\leqslant s_\nu\leqslant l}\left|\sum_{p=1}^{l}\prod_{\nu=1}^{n}\alpha_{\nu,p}^{(s_\nu)}\right|^2\geqslant 0.\tag{II.2.5}$$

[①]设 $X=(x_{pq})_{p,q=1,2,\cdots,l}$ 是 l 行 l 列非负定阵, 则必有 l 行 l 列酉阵 $U=(u_{p,q})$, 使 $X=U\Lambda U^*$, 这里 Λ 是对角阵, 而对角线上的数是 X 的特征值 $\lambda_1,\cdots,\lambda_l(\lambda_\nu\geqslant 0)$, 因此 X 是 l 个一秩阵

$$((u_{p,\nu}\sqrt{\lambda_\nu})(u_{q,\nu}\sqrt{\lambda_\nu}))_{p,q=1,2,\cdots,l}$$

的和.

由 (II.2.5) 立即推出 Schwartz 不等式

$$|(\Phi, \Psi)| \leqslant \sqrt{(\Phi, \Phi)(\Psi, \Psi)}.$$

因此若 $\Phi \in \prod_{\nu=1}^{n}{}' \otimes \mathfrak{H}_\nu, (\Phi, \Phi) = 0$，则对一切 $\Psi \in \prod_{\nu=1}^{n} \otimes \mathfrak{H}_\nu, (\Phi, \Psi) = 0$. 特别取 $\Psi = \prod_{\nu=1}^{n} \otimes f_\nu, f_\nu \in \mathfrak{H}_\nu$，就得到

$$\Phi(f_1, \cdots, f_n) = \left(\Phi, \prod_{\nu=1}^{n} \otimes f_\nu \right) = 0.$$

因此 $\Phi = 0$. 这就证明了 (Φ, Ψ) 是内积. 证毕

下面总是在 $\prod_{\nu=1}^{n}{}' \otimes \mathfrak{H}_\nu$ 上取上述内积成为内积空间, 记

$$\| \Phi \| = \sqrt{(\Phi, \Phi)}.$$

容易验证

$$\left\| \prod_{\nu=1}^{n} \otimes f_\nu \right\| = \prod_{\nu=1}^{n} \| f_\nu \|.$$

又因为当 $\Phi \in \prod_{\nu=1}^{n}{}' \otimes \mathfrak{H}_\nu$ 时,

$$\Phi(f_1, \cdots, f_n) = \left(\Phi, \prod_{\nu=1}^{n} \otimes f_\nu \right).$$

所以

$$|\Phi(f_1, \cdots, f_n)| \leqslant \| \Phi \| \prod_{\nu=1}^{n} \| f_\nu \|. \tag{II.2.6}$$

引理 II.2.2　设 $\{\Phi_s\}, s = 1, 2, \cdots$ 是 $\prod_{\nu=1}^{n}{}' \otimes \mathfrak{H}_\nu$ 中的基本序列, 则必有 $\Phi \in \prod_{\nu=1}^{n} \otimes \mathfrak{H}_\nu$, 使得

$$\Phi(f_1, \cdots, f_n) = \lim_{s \to \infty} \Phi_s(f_1, \cdots, f_n)$$

对一切 $f_\nu \in \mathfrak{H}_\nu, \nu = 1, 2, \cdots, n$ 成立.

证　由 (II.2.6) 得到

$$|\Phi_s(f_1, \cdots, f_n) - \Phi_{s'}(f_1, \cdots, f_n)| \leqslant \| \Phi_s - \Phi_{s'} \| \prod_{\nu=1}^{n} \| f_\nu \|.$$

因此对任何一组固定的 $f_1, \cdots, f_n, \lim\limits_{s \to \infty} \Phi_s(f_1, \cdots, f_n)$ 存在, 记它为 $\Phi(f_1, \cdots, f_n)$, 这是 n 元泛函. 容易验证 $\Phi(f_1, \cdots, f_n) \in \prod\limits_{\nu=1}^{n} \otimes \mathfrak{H}_\nu$.

令 $\prod\limits_{\nu=1}^{n} \otimes \mathfrak{H}_\nu$ 为 $\prod\limits_{\nu=1}^{n} \otimes \mathfrak{H}_\nu$ 中适合下述条件的泛函 Φ 的全体: 存在 $\prod\limits_{\nu=1}^{n}{}' \otimes \mathfrak{H}_\nu$ 中基本点列 $\{\Phi_s\}$, 使当 $f_\nu \in \mathfrak{H}_\nu$ 时,

$$\Phi(f_1, \cdots, f_n) = \lim_{s \to \infty} \Phi_s(f_1, \cdots, f_n). \tag{II.2.7}$$

这时称 $\{\Phi_s\}$ 为 Φ 的定义序列. 若 $\Psi \in \prod\limits_{\nu=1}^{n} \otimes \mathfrak{H}_\nu, \{\Psi_s\}$ 是它的定义序列, 规定 Φ 和 Ψ 的内积为

$$(\Phi, \Psi) = \lim_{n \to \infty} (\Phi_s, \Psi_s). \tag{II.2.8}$$

显然 (Φ, Ψ) 与 Φ 及 Ψ 的定义序列无关, 而且 $\prod\limits_{\nu=1}^{n} \otimes \mathfrak{H}_\nu$ 按内积 (II.2.8) 成为内积空间. 读者也容易由引理 II.2.2 推出

定理 II.2.3 $\prod\limits_{\nu=1}^{n} \otimes \mathfrak{H}_\nu$ 成为 Hilbert 空间.

定义 II.2.2 称 Hilbert 空间 $\prod\limits_{\nu=1}^{n} \otimes \mathfrak{H}_\nu$ 为内积空间 $\mathfrak{H}_1, \cdots, \mathfrak{H}_n$ 的张量积.

事实上, $\prod\limits_{\nu=1}^{n} \otimes \mathfrak{H}_\nu$ 是 $\prod\limits_{\nu=1}^{n}{}' \otimes \mathfrak{H}_\nu$ 的完备化空间.

例 II.2.1 设 $\Omega_\nu = (G_\nu, \mathfrak{B}_\nu, P_\nu), \nu = 1, 2, \cdots, n$ 是一族测度空间, $L^2(\Omega_\nu)$ 是 Ω_ν 上可测的平方可积函数全体按照通常的线性运算和内积 $(f, g) = \int_{G_\nu} f(\omega_\nu)\overline{g(\omega_\nu)} dP_\nu(\omega_\nu)$ 所成的 Hilbert 空间. 令 $\Omega = (G, \mathfrak{B}, P)$ 是 $\Omega_1, \cdots, \Omega_n$ 的乘积测度空间, 那么当 $\Phi \in L^2(\Omega)$ 时, Φ 可以视为 n 元泛函, 即当 $f_\nu \in L^2(\Omega_\nu), \nu = 1, 2, \cdots, n$ 时,

$$\Phi(f_1, \cdots, f_n) = \int_\Omega \Phi(\omega)\overline{f_1(\omega_1)} \cdots \overline{f_n(\omega_n)} dP(\omega),$$
$$\omega = (\omega_1, \cdots, \omega_n).$$

这样, $\prod\limits_{\nu=1}^{n} \otimes f_\nu$ 即是 $L^2(\Omega)$ 中的函数 $f_1(\omega_1) \cdots f_n(\omega_n)$. 容易看出 $L^2(\Omega)$ 就是张量积 $\prod\limits_{\nu=1}^{n} \otimes L^2(\Omega_\nu)$.

下面考察 $\mathfrak{H}_1 = \cdots = \mathfrak{H}_n = \mathfrak{H}$ 的情况. 记 $\mathfrak{H}^{(n)}$ 为 $\prod\limits_{\nu=1}^{n} \otimes \mathfrak{H}_\nu$. 令 $\sum_n$ 是 $1, 2, \cdots, n$ 的一切置换所成的对称群. 当 $\pi \in \sum_n$ 时, 令 $\pi(1), \cdots, \pi(n)$ 分别表示 $1, \cdots, n$ 在置换 π 下的结果. 作 $\prod\limits_{\nu=1}^{n}{}' \otimes \mathfrak{H}_\nu$ 中的线性算子 $V^{(n)}(\pi)$ 如下: 当 $\Phi = \sum\limits_{p=1}^{l} \prod\limits_{\nu=1}^{n} \otimes f_\nu^{(p)}, f_\nu^{(p)} \in \mathfrak{H}_\nu$ 时,

$$V^{(n)}(\pi)\Phi = \sum_{p=1}^{l} \prod_{\nu=1}^{n} \otimes f_{\pi(\nu)}^{(p)}.$$

容易看出 $V^{(n)}(\pi)$ 是 $\prod\limits_{\nu=1}^{n}{}' \otimes \mathfrak{H}_\nu$ 到自身的线性算子, 而且是酉算子. 因为 $\prod\limits_{\nu=1}^{n}{}' \otimes \mathfrak{H}_\nu$ 在 $\mathfrak{H}^{(n)}$ 中稠密, $V^{(n)}(\pi)$ 可以唯一地延拓成 $\mathfrak{H}^{(n)}$ 到它自身的酉算子. 更进一步, $\pi \to V^{(n)}(\pi)$ 就是对称群 $\sum_n$ 在 Hilbert 空间 $\mathfrak{H}^{(n)}$ 上的酉表示 (酉表示的定义见 §II.3).

群 $\sum_n$ 中元素共有 $n!$ 个, 我们作 $\mathfrak{H}^{(n)}$ 上的线性有界算子

$$S_n = \frac{1}{n!} \sum_{\pi \in \sum_n} V^{(n)}(\pi),$$

这是 $\mathfrak{H}^{(n)}$ 空间中投影算子. 事实上, 由 $V^{(n)}(\pi)^* = V^{(n)}(\pi^{-1})$ 得到

$$S_n^* = \frac{1}{n!} \sum_{\pi} V^{(n)}(\pi^{-1}) = S_n.$$

任取 $\pi \in \sum_n, \{\pi\pi' | \pi' \in \sum_n\} = \{\pi'\pi | \pi' \in \sum_n\} = \sum_n$. 因此

$$V^{(n)}(\pi)S_n = \frac{1}{n!} \sum_{\pi'} V^{(n)}(\pi\pi') = S_n = S_n V^{(n)}(\pi). \tag{II.2.9}$$

从而

$$S_n^2 = \frac{1}{n!} \sum_{\pi} V^{(n)}(\pi)S_n = S_n.$$

(II.2.9) 又说明了 S_n 的像 $M_n = S_n \mathfrak{H}^{(n)}$ 中的向量对一切 $V^{(n)}(\pi), \pi \in \sum_n$ 不变. 称 M_n 中张量为 n 阶对称张量, 称 M_n 为 n 阶对称张量空间. 称投影算子 S_n 为对称化算子.

n 阶对称张量空间按内积 (Φ, Ψ) 成为 Hilbert 空间.

例 II.2.2　在例 II.2.1 中令 $\Omega_1 = \Omega_2 = \cdots = \Omega_n$, 那么 $L^2(\Omega)$ 中的对称张量就是 $L^2(\Omega)$ 中的对称函数 $f(\omega)$. 换言之, 对一切置换 $\pi \in \sum_n$,

$$f(\omega_1, \cdots, \omega_n) = f(\omega_{\pi(1)}, \cdots, \omega_{\pi(n)}).$$

引理 II.2.4 设 $\{g_n\}$ 是 $\mathfrak{H}$ 中完备就范直交系, 那么 [1]

$$\sqrt{\frac{n!}{k_1!k_2!\cdots k_l!}}S_n(g_1^{k_1}\otimes\cdots\otimes g_1^{k_l}), 0\leqslant k_\nu, \sum_{\nu=1}^{l}k_\nu=n \tag{II.2.10}$$

成为 n 阶对称张量空间的完备就范直交系.

证 (II.2.10) 显然是就范直交系. 只要证明它的完备性. 任取 $g\in M_n$, 若它和 (II.2.10) 中向量直交, 则 $(g, S_n(g_1^{k_1}\otimes\cdots\otimes g_1^{k_l}))=(S_ng, g_1^{k_1}\otimes\cdots\otimes g_l^{k_l})=0$. 然而 $\mathfrak{H}^{(n)}$ 中向量是形如 $g_1^{k_1}\otimes\cdots\otimes g_l^{k_l}$ 的线性组合的极限. 又 $S_ng=g$. 因此 g 与 $\mathfrak{H}^{(n)}$ 直交, 所以 $g=0$, 即 (II.2.10) 是完备的. 证毕.

§II.3 群的酉表示

1° 一般概念

定义 II.3.1 设 $\mathfrak{G}$ 是一群, H 是一 Hilbert 空间. 如果对每个 $g\in\mathfrak{G}$, 有 H 上的酉算子 $U(g)$ 与之相应, 而且满足下面的条件:

(i) 当 $g_1, g_2\in\mathfrak{G}$ 时, $U(g_1)U(g_2)=U(g_1g_2)$,

(ii) 对于 $\mathfrak{G}$ 中单位元 e, $U(e)=I$,

这里 I 表示 H 中的恒等算子. 那么称映照

$$U: g\to U(g), \quad g\in\mathfrak{G}$$

为群 $\mathfrak{G}$ 在内积空间 H 中的酉表示. 若记 $\mathfrak{U}$ 为 H 中酉算子全体所成的群, 那么 $\mathfrak{G}$ 在 H 中的酉表示 U 即是 $\mathfrak{G}$ 到 $\mathfrak{U}$ 中的一个同态映照. 如果在 H 中不存在对一切 $U(g)$ 不变的非平凡闭线性子空间 M, 那么称表示 U 为既约的.

显然 U 为既约的充要条件是与 $\{U(g)|g\in G\}$ 交换的算子必然是 λI, 其中 λ 为数, I 是 H 中恒等算子.

设 $\mathfrak{G}$ 是拓扑群, U 是 $\mathfrak{G}$ 在 Hilbert 空间 H 中的酉表示. 如果对每对 $\varphi, \psi\in H$, $\mathfrak{G}$ 上的函数

$$(U(h)\varphi, \psi)$$

是连续的, 那么称表示 U 是弱连续的. 换句话说, 若在 $\mathfrak{U}$ 上取弱拓扑 (见 §2.3 第一段), 则 U 是 $\mathfrak{G}$ 到 $\mathfrak{U}$(按弱拓扑) 中的连续同态.

如果对每个 $\varphi\in H$, 映照

$$h\to U(h)\varphi, \quad h\in\mathfrak{G}$$

[1] 这里 $g_1^{k_1}$ 表示 $\underbrace{g_1\otimes\cdots\otimes g_1}_{k_1\text{ 次}}$

是 $\mathfrak{G}$ 到 H(按范数) 的连续映照, 那么称表示 U 是强连续的. 当我们在 $\mathfrak{U}$ 上取强拓扑 (见 §2.3 第一段) 时, U 的强连续性意味着 U 是 $\mathfrak{G}$ 到 $\mathfrak{U}$ (按强拓扑) 的连续映照.

显然强连续酉表示必然是弱连续的. 其逆亦真.

引理 II.3.1　弱连续的酉表示也是强连续的.

证　设 U 是拓扑群 $\mathfrak{G}$ 在内积空间 H 中的弱连续酉表示, 那么利用酉表示的性质 (i),(ii) 以及 $U(g)$ 是酉算子这件事, 容易算出: 当 $\varphi \in H, g_0, g \in \mathfrak{G}$ 时,

$$\| (U(g) - U(g_0))\varphi \|^2 = 2\mathfrak{R}\{(\varphi, \varphi) - (U(g_0^{-1}g)\varphi, \varphi)\}. \tag{II.3.1}$$

然而 U 是弱连续的, 对每个正数 ε, 必有 $\mathfrak{G}$ 中单位元的环境 V, 使得当 $h \in V$ 时,

$$|(U(h)\varphi, \varphi) - (U(e)\varphi, \varphi)| < \varepsilon. \tag{II.3.2}$$

但 $(U(e)\varphi, \varphi) = (\varphi, \varphi)$, 所以当 $g \in g_0V(g_0$ 的环境$)$ 时, 由 (II.3.1) 和 (II.3.2) 得到

$$\| (U(g) - U(g_0))\varphi \| < \varepsilon,$$

因此 U 是强连续的. 证毕.

设 $U_k : g \to U_k(g), g \in G, k = 1, 2$ 分别是群 G 在 Hilbert 空间 H_k 上的酉表示. 如果存在 H_1 到 H_2 的酉算子 Q, 使得 $U_2(g) = QU_1(g)Q^{-1}, g \in G$, 那么称 U_1 与 U_2 是酉等价的.

2°　单参数酉算子群

设 H 是一内积空间, $\{U(t), -\infty < t < \infty\}$ 是 H 中的一族酉算子, 而且

$$U(t_1 + t_2) = U(t_1)U(t_2), -\infty < t_1, t_2 < \infty, U(0) = I, \tag{II.3.3}$$

那么称 $\{U(t), -\infty < t < \infty\}$ 为 H 中的单参数酉算子群.[①] 如果记 R 是实数全体按加法所成的群, 那么所谓单参数酉算子群 $\{U(t), -\infty < t < \infty\}$ 就是说:$t \to U(t)$ 为群 R 在 H 中的酉表示. 如果这个酉表示是强 (弱) 连续的, 那么称这个单参数酉算子群是强 (弱) 连续的.

如果对于每对 $\varphi, \psi \in H$,

$$(U(t)\varphi, \psi), \quad -\infty < t < \infty$$

是 t 的 Lebesgue 可测函数, 那么称这个单参数酉算子群是弱可测的.

显然, 弱连续的单参数酉算子群是弱可测的. 反之有

引理 II.3.2　在可析空间上, 弱可测的单参数酉算子群也是弱连续的.

[①]这里所以称为单参数, 是因为以实数 $t, -\infty < t < \infty$ 为群的参数.

这是 von Neumann 定理, 它的证明可参看关肇直 [2]. 由于证明中用到的知识与本书关系不大而且要占据篇幅, 故略去证明.

根据 Riesz,Sz-Nagy[1] 我们有

引理 II.3.3 设 $\{U(t), -\infty < t < \infty\}$ 是 Hilbert 空间 H 中强连续单参数酉算子群, 则必有谱系 $\{P_\lambda, -\infty < \lambda < \infty\}$ 使

$$U(t) = \int_{-\infty}^{\infty} e^{it\lambda} dP_\lambda.$$

令 A 为 H 中如下的线性算子, 它的定义域是

$$\mathfrak{D}(A) = \left\{ x \Big| \int_{-\infty}^{\infty} \lambda^2 d \parallel P_\lambda x \parallel^2 < \infty \right\},$$

而当 $x \in \mathfrak{D}(A)$ 时,

$$Ax = \int_{-\infty}^{\infty} \lambda dP_\lambda x,$$

这时我们记

$$U(t) = e^{itA}, \tag{II.3.4}$$

称 A 为这个单参数酉算子群的无穷小母元. 在 (II.3.4) 中右边也可以理解为

$$e^{itA} = \lim_{n \to \infty} e^{itA(P_n - P_{-n})} = \lim_{n \to \infty} \sum_{k=0}^{\infty} \frac{(itA(P_n - P_{-n}))^k}{k!}.$$

此外, 还可以证明, 当 $x \in \mathfrak{D}(A)$ 时,

$$Ax = \lim_{t \to 0} \frac{U(t) - I}{it} x.$$

我们就把它简写成

$$A = \frac{1}{i} \frac{d}{dt} U(t) \Big|_{t=0}.$$

文 献 索 引

第一章

§1.1 中除去常用的一些知识外, 第 3,5 段参看 Segal[3]. 第 6 段准 σ^- 有限测度概念是著者为方便起见引入的, 引理 1.1.13—系 1.1.15 参看 Naĭmark[1]. 第 7 段引理 1.1.16 是 Prohorov 的, 参看 Gel'fand–Vilenkin[1]. 第 8 段参看 Doob[1].

§1.2 参看 Segal[1].

§1.3 中的一部分可参看 Bochner[1], 夏道行 [2].

§1.4 中除去引理 1.4.3 是著者的结果外, 其余都是 Kakutani[1] 的.

第二章

§2.1 中关于线性拓扑代数的基本概念和性质参看 Naĭmark[1], 夏道行 [2]. 关于线性可乘泛函的表示 (引理 2.1.1) 见夏道行 [1].

§2.2 中结果在赋范代数情况原是 Gel'fand 和 Naĭmark 的结果, 但这里讨论的是一般情况: 引理 2.2.1, 系 2.2.2, 引理 2.2.3, 定理 2.2.4 是著者的 (见夏道行 [2]), 这里采用的方法与 Gel'fand, Naĭmark 的完全不同. 特别, 利用 Kolmogorov 定理研究正泛函把正泛函理论和测度论进一步联系起来是著者 (见夏道行 [1]) 作的.

§2.3 的一些概念是属于 von Neumann 的, 参看 von Neumann[2] 或 Naĭmark[1] 第八章.

§2.4 参看 Segal[1],[2].

第三章

§3.1 中引理 3.1.3 对 G 是有限维空间的情况见 Gel'fand 和 Vilenkin[1]. 定理 3.1.13 是严绍宗 [1] 首次利用 Girsanov 和 Mityagin[1] 的方法获得的. 引理 3.1.31 也曾由严绍宗 [1] 用另外的方法得到过. 关于遍历测度的定理 3.1.32 是 Segal[5] 首先获得的 (但 Segal[5] 中相应的定理的形式与此处不同). 除了这些以外, §3.1 的其余结果是著者的, 一部分是在此首次发表的, 一部分结果参看夏道行 [5],[9]. 与 §3.1 的 3° 有关的研究见 Sudakov[1].

§3.2 关于特征标的一些基本概念以及局部紧群情况下的一些结果是熟知的 (例如见 Naĭmark[1]), 其余是著者的. 一部分是在此首次发表的, 另一部分见夏道行 [5]-[9].

§3.3 关于距离群上正定函数的引理 3.3.3, 定理 3.3.4, 和关于局部紧群的例 3.3.2, 引理 3.3.9 等是熟知的, 例如参看 Naĭmark[1]. 其余的结果是著者的, 曾经对存在有限拟不变测度情况发表过, 见夏道行 [6].

§3.4 局部紧群上 Fourier 变换理论是熟知的, 例如参看 Naĭmark[1]. 定理 3.4.8 对 $k-$ 级循环测度情况, 曾由区锐森 [2] 讨论过. 本节其余的结果是著者的. 此外, 关于这方面的研究读者还可参看区锐森 [2], 沈海玉 [2].

第四章

§4.1 的一切结果除例 4.1.2 外是著者的, 而且是首次发表的.

§4.2 中关于线性空间上线性泛函的一些概念和命题都是熟知的. 关于拟线性泛函特别是从定义 4.2.5 到第 2 段为止的一些结果是著者的 (其中一部分参看夏道行 [8]). 引理 4.2.16 和 4.2.17 是 Erohin 的, 定理 4.2.18 也是著者的, 但系 4.2.19 是沈海玉首先做出的, 系 4.2.20 是 Mityagin[1] 首先用几何的考察得到的. 例 4.2.1 是陈静剑在他的大学毕业论文中先举出的. 严绍宗 [3] 利用 L_2-Fourier 变换解出与量子场论中泛函变分方程类似的一种泛函变分方程.

§4.3 柱测度的概念属于 Gel'fand(见 Gel'fand–Vilenkin[1]). 引理 4.3.7 是 Mityagin[1] 的, 系 4.3.9 是 Erohin 的, 定理 4.3.12 见夏道行 [3]. 对于正定连续泛函表示问题还有另一种处理办法, 见夏道行 [3], 区锐森 [1], 沈海玉 [1]. 第 5 段参见 Gel'fand–Vilenkin[1]. 广义随机过程概念是 Gel'fand 首先提出的 (参看 Gel'fand–Vilenkin[1]), 与第 6 段有关的有夏道行 [3], 严绍宗 [2].

第五章

§5.1 关于 Gauss 测度的一般性质参看 Doob[1]. 定理 5.1.4 是著者的,Feldman[2] 曾经试图给出不等价于 Gauss 测度的遍历测度的例, 但是该文中引理 6 的证明有问题 (因为其中 $C^k \to 0$ 缺乏根据), 他的例在一般情况下是否正确尚未知道. 关于 Wiener 过程的知识参看 Doob[1] 和 Paley 和 Wiener [1], 在 Koval'čik[1] 一文后附有较全的文献.

§5.2 关于检验 Gauss 测度的等价性的基本定理 5.2.5 是首先由 Feldman[1] 和 Hájek[1] 得到的. 这里著者的证明是由改变 Rozanov[1] 的证明而得, 避免了一些较复杂的工具如熵等. 在 Brody[1] 中有一简单且易于理解的证明. 例 5.2.1 见夏道行 [4]. 关于 Gauss 测度等价性定理在 Rosenblatt:Time Series Analysis(1962) 一书上有好几篇综合性论文可以参考.

§5.3 关于标准 Gauss 测度的概念是著者为方便起见引进的. 定理 5.3.5 是综合 Minlos(见 Gel'fand–Vilenkin[1]) 和 Mityagin[1] 的结果, 其中有些证明是著者的. 例 5.3.1 是属于区锐森 [1], 陈静剑的. 定理 5.3.7 是著者的. 关于 Wiener 测度的一些性质是熟知的.

§5.4 所用的在这种形式下的一般结果是这里首先写出的, 但实质上不是新的, 其来源在于 Cameron–Martin[1] 和 Segal[4] 的关于 Wiener 测度和 Gauss 测度的一些结果.

第六章

§6.1 定理 6.1.1 见 Wielandt[1], 定理 6.1.3—系 6.1.6 见 von Neumann[1]. 其余结果是来源于 Segal[3],[6].

§6.2 第 1 段和第 3 段见 Segal[6],[7],[8], 第 2 段中定理 6.2.6 是著者首先写出的. §6.3 中引理 6.3.2 是 Yasuo Umemura[1] 利用 Bernstein 的证明得到的, 这里的证明是著者的. 定理 6.3.3 是 Segal[8] 首先得到的, 这里的证明是著者的. §6.2, §6.3 的其余部分类似于 Segal[4],[5],[6], [7],[8] 中利用弱分布的概念所得的结果, 但这里采取利用拟不变测度来表述的形式. Gel'fand (见 Gel'fand–Vilenkin[1]) 曾利用装备核空间上拟不变测度写出一类特殊的交换关系酉表示.

参 考 文 献

区锐森

[1]   空间 l^p 上的测度. 复旦大学学报, 8 (1963), 39–46.
[2]   巴拿赫空间上的测度. 复旦大学 1964 年研究生毕业论文.

关肇直

[1]   拓扑空间概论. 北京: 科学出版社, 1958.
[2]   泛函分析讲义. 北京: 高等教育出版社, 1958.

陈建功

[1]   实函数论. 北京: 科学出版社, 1958.

沈海玉

[1]   函数空间 L^p 上的测度. 复旦大学学报, 8 (1963), 205–220.
[2]   巴拿赫空间及群上的测度. 复旦大学 1964 年研究生毕业论文.

严绍宗

[1]   关于拟不变测度的注记.
[2]   关于广义随机过程. 复旦大学学报, 9 (1964).
[3]   关于一类泛函变分方程.

杨亚立

[1]   关于遍历拟不变测度. 中国科学, 9 (1980), 830–837. On the ergodic quasi-invariant measures, Scientia Sinica 24 (1981), 739–748.

[2]　关于拟不变测度和弱积分. 复旦大学学报, 3 (1980), 277–283.

[3]　关于拟不变变换群上的拓扑和无限维李群. 复旦大学学报, 4 (1980), 452–462.

[4]　Minlos 定理的推广. 复旦大学学报, 1 (1981), 31–37.

[5]　交换李群上的拟不变测度和相应拓扑. 复旦大学学报, 1 (1982), 87–93.

[6]　On the zero–one laws for the ergodic quasi-invariant measures, Chin. Ann. Math. 4B (2), (1983),145–152.

[7]　抽象 Wiener 空间和一个鞅的收敛定理. 复旦大学学报, 2 (1984), 165–170.

[8]　关于遍历拟不变测度 0–1 律的一些结果. 科学通报, 14 (1984), 837–839.

[9]　关于遍历拟不变测度中可列可加群的 0–1 律. 数学年刊, 6A (3) (1985), 307–310.

[10]　关于线性拓扑空间上测度的可允许方向. 数学年刊, 6A (5) (1985), 527–532.

[11]　关于遍历拟不变测度的 Banach 支柱. 科学通报, 35 (1990), 1: 19–21.
　　　On Banach support of an ergodic and quasi-invariant measure, Chinese Science Bulletin 35 (1990), 15: 1233–1236.

张荫南

[1]　Smooth point measures and diffeomorphism groups, Chinese Ann. Math. 1 (1984), 11–20.

[2]　Girsanov's theorem on abstract Wiener spaces, Chinese Ann. Math B (1) 18 (1997), 35–46.

[3]　Lévy Laplacian and Brownian particles in Hilbert spaces, J. Funct, Analysis, 133 (1995), 425–441.

夏道行

[1]　代数上的正泛函. 苏联科学院院报, 121(1958), 233–235.

[2]　关于带对合的赋半范环. 苏联科学院院报, 124 (1959), 1223–1225, 苏联科学进展, 数学类, 23 (1959), 509–528.

[3]　泛函空间上的测度. 复旦大学学报, 7 (1962) 121–131, 8 (1963), 261–262, 中国科学, 7 (1963), 479–494.

[4]　关于一类高斯过程的等价性. 复旦大学学报, 8 (1963), 151–161.

[5]　关于具拟不变测度的线性拓扑空间. 复旦大学学报, 8 (1963), 273–277.

[6]　具有拟不变测度的交换拓扑群上的正定函数. 数学学报, 14 (1964), 340–352.

[7]　关于对偶的拟不变测度. 数学学报, 14 (1964), 680–688.

[8]　关于拟不变测度的某些性质. 数学学报, 15 (1965), 81–90.

[9]　关于线性空间上的拟不变测度.

夏道行, 吴卓人, 严绍宗

[1]　实变数函数论与泛函分析概要. 上海科学技术出版社, 1963.

夏道行, 严绍宗, 舒五昌, 童裕孙

[1]　泛函分析第二教程. 北京: 高等教育出版社, 1987. (该书的第二版将由高等教育出版社于 2009 年出版.)

夏道行, 杨亚立

[1]　线性拓扑空间引论. 上海: 上海科学技术出版社, 1986.

Bochner, S.

[1]　Harmonic Analysis and the Theory of Probability, Univ. Cal. Press, Berkeley and Los Angeles, 1955.

Brody, E. J.

[1]　An elementary proof of the Gaussian dichotomy theorem, Z. Wahrscheinlichkeitstheorie und Verw. Gebiete, 20 (1971),217–226.

Brush, S. G.

[1]　Functional integrals and statistical physics, Rev Modern Phys. 33 (1961), 79–92. 泛函积分与统计物理. 数学译丛 (1964), No. 1, 35–54.

Cameron, R. H, Martin, W. T.

[1]　The orthogonal development of nonlinear functionals in series of Fourier-Hermite functionals, Ann of Math. 48 (1947), 385–392.

[2]　Fourier-Winer transforms of functionals belonging to L_2 over the space C, Duke Math. J. 14 (1947), 99–107.

Doob, J. L.

[1]　Stochastic Processes, Wiley, New York, 1953.

Feldman, J.

[1]　Equivalence and perpendicularity of Gaussian processes, Pacific J. Math. 8 (1958), 699–707.

Gel'fand, I. M.

[1]　Some problems in analysis and differential equations (俄文), Uspekhi Mat. Nauk 14 (1959), No. 3 (87), 3–19. [英译本: Amer. Math. Soc. Transl. Ser. 2, 26 (1963), 201–219.]

Gel'fand, I. M., Vilenkin N. Y.

[1]　Generalized Functions, Vol. 4 (俄文). [中译本: 广义函数, 第四卷. 夏道行译, 北京: 科学出版社, 1965.]

Girsanov, I. V., Mityagin, B. S.

[1]　Quasi-invariant measures and linear topological spaces (俄文), Naučn. Dokl, Vysš, Školy Fiz-Mat. Nauki 2 (1959), 5–9.

Hájek, J.

[1]　On a property of normal distribution of any stochastic processes (俄文), Czechoslovak Math. J. 8 (1958), 610–618. [英译本: Selected translations in Mathematical Statistics and Probability, Amer. Math. Soc., Providence, RI, 1961, 245–252.]

Halmos, P. R.

[1]　Measure Theory, Van Nostrand, Princeton NJ, 1950. [中译本: 测度论, 王建华译, 北京: 科学出版社, 1958.]

Kakutani, S.

[1]　On equivalence of infinite product measures, Ann. of Math. 49 (1948), 214–224.

Kolmogorov, A. N.

[1]　Foundations of Probability Theory (俄文), Moscow-Leningrad, 1936. [中译本: 概率论基础, 丁寿田译, 北京: 商务印书馆, 1952, 英译本: Chelsea, New York, 1950.]

Koval'čik, I. M.

[1]　维纳尔积分(俄文), Uspekhi, Math. Nauk 18 (1963), No. 1 (109), 97–134. [中译本, 数学译丛 (1964), No.1, 35–54.]

Malliavin, P., Thalmaier, A.

[1]　Stochastic Calculus of Variations in Mathematical Finance, Springer-Verlag, Berlin, Heidelberg, 2006.

Mityagin, B. S.

[1]　A remark on quasi-invariant measures (俄文), Uspekhi Math. Nauk 16 (1961), No. 5 (101), 191–193.

Naĭmark, M. A.

[1]　Normed Rings (俄文), Moscow, 1958. [英译本: Noordhoff, Groningen, 1959.]

Paley, R. E. A. C., Wiener, N.

[1]　Fourier Transforms in the Complex Domain, Chap. 9, Amer. Math. Soc. Colloq. Publ. 19, 1934.

Riesz, F., Sz-Nagy, B.

[1]　Leçons d'Analyse Fonctionnelle, Budapest, 1952. [中译本: 梁文骐译, 北京: 科学出版社, 第一卷, 1963.]

Rozanov, Yu. A.

[1] On the density of one Gaussian measure with respect to another (俄文), Teor. Veroyatnost
i Primenen, 7 (1962), 84–89.

Sazonov, V. V.

[1] On characteristic functionals (俄文), Proceedings of the Sixth All-Union Conference on
Probability Theory and Mathematical Statistics, 455–462, Vilnius, 1960, Gosudarstv.
Izdat. Političeski i Naučn. Lit. Litovsk, SSSR, Vilnius, 1962.

Schwartz. L

[1] Radon Measures on Arbitrary Topological Spaces and Cylindrical Measures, Oxford
Univ. Press, London, 1973.

Skorokhod, A. V.

[1] Integration in Hilbert Spaces, New York, Heidelberg, Springer-Verlag, 1974.

Segal, I. E.

[1] Equivalences of measure spaces, Amer. J. Math. 73 (1951), 275–313.
[2] Decompositions of operator algebras Ⅱ, Mem. Amer. Math. Soc. 9 (1951). 1–66.
[3] Abstract probabitity spaces and a theorem of Kolmogoroff, Amer. J. Math. 76 (1954),
721–732.
[4] Tensor algebras over Hilbert spaces, Ⅰ, Trans. Amer. Math. Soc. 81 (1956), 106–134.
[5] Distributions in Hilbert spaces and canonical systems of operators, Trans. Amer. Math.
Soc. 88 (1958). 12–41.
[6] Foundations of the theory of dynamical systems of infinitely many degrees of freedom,
Ⅰ. Danske. Videnskab. Selskab. Mat-Fys. Medd. 31 (1959), No. 12, 1–33.
[7] Foundations of the theory of dynamical systems of infinitely many degrees of freedom.
Ⅱ. Canad. J. Math. 13 (1961), 1–18.
[8] Foundations of the dynamics of infinite systems, Ⅲ: Mathematical characterization of
the physical vacuum for a linear Bose–Einstein field, Illinois J. Math. 6 (1962), 500–523.

Sudakov, V. N.

[1] Linear set with quasi-invariant measures (俄文), Dokl. Akad. Nauk SSSR, 127 (1959)
524–525.

Umemura. Y.

[1] Rotionally invariant measures in the dual space of a nuclear space, Proc. Japan Acad.
38 (1962). 15–17.

von Neumann, J.

[1]　Die Eindeutigkeit der Schrödingershen Operatoren, Math. Ann. 104 (1928), 570–578.

[2]　On a certain topology for rings of operators, Ann. Math. 37 (1936), 111–115.

[3]　(with F.J.Murray) On rings of operators, Ann. Math. 37 (1936), 116–229.

[4]　On rings of operators II, Trans. Amer. Math. Soc. 41 (1937), 208–248.

[5]　On rings of operators III, Ann. of Math. 41 (1940), 94–161.

[6]　On some algebraical properties of operators rings, Ann. of Math. 44 (1943), 709–715.

[7]　On rings of operators IV, Ann, of Math. 44 (1943), 716–808.

[8]　On rings of operators, Reduction theory, Ann. Math. 50 (1949), 401–485.

Watanabe, S.

[1]　Lectures on Stochastic Differential Equations and Malliavin Calculus, Tata Institute of Fundamental Research Lectures on Mathematics and Physics, V. 73, 1984.

Wielandt, H.

[1]　Über die Unbeschränktheit der Schrödingerschen Operatoren der Quantenmechanik, Math, Ann. 121(1949), 21.

名 词 索 引

现代数学基础图书清单

序号	书号	书名	作者
1	9787040217179	代数和编码（第三版）	万哲先 编著
2	9787040221749	应用偏微分方程讲义	姜礼尚、孔德兴、陈志浩
3	9787040235975	实分析（第二版）	程民德、邓东皋、龙瑞麟 编著
4	9787040226171	高等概率论及其应用	胡迪鹤 著
5	9787040243079	线性代数与矩阵论（第二版）	许以超 编著
6	9787040244656	矩阵论	詹兴致
7	9787040244618	可靠性统计	茆诗松、汤银才、王玲玲 编著
8	9787040247503	泛函分析第二教程（第二版）	夏道行 等编著
9	9787040253177	无限维空间上的测度和积分 —— 抽象调和分析（第二版）	夏道行 著
10	9787040257724	奇异摄动问题中的渐近理论	倪明康、林武忠
11	9787040272611	整体微分几何初步（第三版）	沈一兵 编著
12	9787040263602	数论 I —— Fermat 的梦想和类域论	[日]加藤和也、黑川信重、斋藤毅 著
13	9787040263619	数论 II —— 岩泽理论和自守形式	[日]黑川信重、栗原将人、斋藤毅 著
14	9787040380408	微分方程与数学物理问题（中文校订版）	[瑞典] 纳伊尔·伊布拉基莫夫 著
15	9787040274868	有限群表示论（第二版）	曹锡华、时俭益
16	9787040274318	实变函数论与泛函分析（上册,第二版修订本）	夏道行 等编著
17	9787040272482	实变函数论与泛函分析（下册,第二版修订本）	夏道行 等编著
18	9787040287073	现代极限理论及其在随机结构中的应用	苏淳、冯群强、刘杰 著
19	9787040304480	偏微分方程	孔德兴
20	9787040310696	几何与拓扑的概念导引	古志鸣 编著
21	9787040316117	控制论中的矩阵计算	徐树方 著
22	9787040316988	多项式代数	王东明 等编著
23	9787040319668	矩阵计算六讲	徐树方、钱江 著
24	9787040319583	变分学讲义	张恭庆 编著
25	9787040322811	现代极小曲面讲义	[巴西] F. Xavier、潮小李 编著
26	9787040327113	群表示论	丘维声 编著
27	9787040346756	可靠性数学引论（修订版）	曹晋华、程侃 著
28	9787040343113	复变函数专题选讲	余家荣、路见可 主编
29	9787040357387	次正常算子解析理论	夏道行
30	9787040348347	数论 —— 从同余的观点出发	蔡天新

序号	书号	书名	作者
31	9787040362688	多复变函数论	萧荫堂、陈志华、钟家庆
32	9787040361681	工程数学的新方法	蒋耀林
33	9787040345254	现代芬斯勒几何初步	沈一兵、沈忠民
34	9787040364729	数论基础	潘承洞 著
35	9787040369502	Toeplitz 系统预处理方法	金小庆 著
36	9787040370379	索伯列夫空间	王明新
37	9787040372526	伽罗瓦理论 —— 天才的激情	章璞 著
38	9787040372663	李代数（第二版）	万哲先 编著
39	9787040386516	实分析中的反例	汪林
40	9787040388909	泛函分析中的反例	汪林
41	9787040373783	拓扑线性空间与算子谱理论	刘培德
42	9787040318456	旋量代数与李群、李代数	戴建生 著
43	9787040332605	格论导引	方捷
44	9787040395037	李群讲义	项武义、侯自新、孟道骥
45	9787040395020	古典几何学	项武义、王申怀、潘养廉
46	9787040404586	黎曼几何初步	伍鸿熙、沈纯理、虞言林
47	9787040410570	高等线性代数学	黎景辉、白正简、周国晖
48	9787040413052	实分析与泛函分析（续论）（上册）	匡继昌
49	9787040412857	实分析与泛函分析（续论）（下册）	匡继昌
50	9787040412239	微分动力系统	文兰
51	9787040413502	阶的估计基础	潘承洞、于秀源
52	9787040415131	非线性泛函分析（第三版）	郭大钧
53	9787040414080	代数学（上）（第二版）	莫宗坚、蓝以中、赵春来
54	9787040414202	代数学（下）（修订版）	莫宗坚、蓝以中、赵春来
55	9787040418736	代数编码与密码	许以超、马松雅 编著
56	9787040439137	数学分析中的问题和反例	汪林
57	9787040440485	椭圆型偏微分方程	刘宪高
58	9787040464832	代数数论	黎景辉
59	9787040456134	调和分析	林钦诚
60	9787040468625	紧黎曼曲面引论	伍鸿熙、吕以辇、陈志华
61	9787040476743	拟线性椭圆型方程的现代变分方法	沈尧天、王友军、李周欣

序号	书号	书名	作者
62	9787040479263	非线性泛函分析	袁荣
63	9787040496369	现代调和分析及其应用讲义	苗长兴
64	9787040497595	拓扑空间与线性拓扑空间中的反例	汪林
65	9787040505498	Hilbert 空间上的广义逆算子与 Fredholm 算子	海国君、阿拉坦仓
66	9787040507249	基础代数学讲义	章璞、吴泉水
67.1	9787040507256	代数学方法（第一卷）基础架构	李文威
68	9787040522631	科学计算中的偏微分方程数值解法	张文生
69	9787040534597	非线性分析方法	张恭庆

购书网站： 高教书城（www.hepmall.com.cn），高教天猫（gdjycbs.tmall.com），京东，当当，微店

其他订购办法：

各使用单位可向高等教育出版社电子商务部汇款订购。书款通过银行转账，支付成功后请将购买信息发邮件或传真，以便及时发货。购书免邮费，发票随书寄出（大批量订购图书，发票随后寄出）。

单位地址：北京西城区德外大街 4 号
电　　话：010-58581118
传　　真：010-58581113
电子邮箱：gjdzfwb@pub.hep.cn

通过银行转账：

户　　名：高等教育出版社有限公司
开 户 行：交通银行北京马甸支行
银行账号：110060437018010037603